W0262597

Teubner Studienbücher

Mathematik

Afflerbach: **Statistik-Praktikum mit dem PC.** DM 24,80

Ahlswede/Wegener: **Suchprobleme.** DM 37,–

Aigner: **Graphentheorie.** DM 34,–

Ansorge: **Differenzenapproximationen partieller Anfangswertaufgaben.** DM 32,– (LAMM)

Behnen/Neuhaus: **Grundkurs Stochastik.** 2. Aufl. DM 39,80

Bohl: **Finite Modelle gewöhnlicher Randwertaufgaben.** DM 36,– (LAMM)

Böhmer: **Spline-Funktionen.** DM 32,–

Bröcker: **Analysis in mehreren Variablen.** DM 38,–

Bunse/Bunse-Gerstner: **Numerische Lineare Algebra.** DM 38,–

v. Collani: **Optimale Wareneingangskontrolle.** DM 29,80

Collatz: **Differentialgleichungen.** 7. Aufl. DM 38,– (LAMM)

Collatz/Krabs: **Approximationstheorie.** DM 29,80

Constantinescu: **Distributionen und ihre Anwendung in der Physik.** DM 23,80

Dinges/Rost: **Prinzipien der Stochastik.** DM 38,–

Fischer/Kaul: **Mathematik für Physiker**
Band 1: Grundkurs. 2. Aufl. DM 48,–

Fischer/Sacher: **Einführung in die Algebra.** 3. Aufl. DM 28,80

Floret: **Maß- und Integrationstheorie.** DM 39,80

Grigorieff: **Numerik gewöhnlicher Differentialgleichungen**
Band 2: DM 38,–

Hackbusch: **Integralgleichungen.** Theorie und Numerik. DM 38,– (LAMM)

Hackbusch: **Iterative Lösung großer schwachbesetzter Gleichungssysteme.**
DM 42,– (LAMM)

Hackbusch: **Theorie und Numerik elliptischer Differentialgleichungen.** DM 38,–

Hackenbroch: **Integrationstheorie.** DM 23,80

Hainzl: **Mathematik für Naturwissenschaftler.** 4. Aufl. DM 39,80 (LAMM)

Hässig: **Graphentheoretische Methoden des Operations Research.** DM 26,80 (LAMM)

Hettich/Zenke: **Numerische Methoden der Approximation und semi-infiniten Optimierung.** DM 29,80

Hilbert: **Grundlagen der Geometrie.** 13. Aufl. DM 32,–

Ihringer: **Allgemeine Algebra.** DM 24,80

 B. G. Teubner Stuttgart

Teubner Studienbücher Mathematik

W. Hackbusch
Iterative Lösung großer
schwachbesetzter Gleichungssysteme

Leitfäden der angewandten Mathematik und Mechanik LAMM

Herausgegeben von
Prof. Dr. G. Hotz, Saarbrücken
Prof. Dr. P. Kall, Zürich
Prof. Dr. Dr.-Ing. E. h. K. Magnus, München
Prof. Dr. E. Meister, Darmstadt

Band 69

Die Lehrbücher dieser Reihe sind einerseits allen mathematischen The
rien und Methoden von grundsätzlicher Bedeutung für die Anwendur
der Mathematik gewidmet; andererseits werden auch die Anwendung
gebiete selbst behandelt. Die Bände der Reihe sollen dem Ingenieur ur
Naturwissenschaftler die Kenntnis der mathematischen Methoden, de
Mathematiker die Kenntnisse der Anwendungsgebiete seiner Wisse
schaft zugänglich machen. Die Werke sind für die angehenden Industri
und Wirtschaftsmathematiker, Ingenieure und Naturwissenschaftler b
stimmt, darüber hinaus aber sollen sie den im praktischen Beruf Tätig
zur Fortbildung im Zuge der fortschreitenden Wissenschaft dienen.

Iterative Lösung großer schwachbesetzter Gleichungssysteme

Von Prof. Dr. rer. nat. Wolfgang Hackbusch
Universität Kiel

Mit zahlreichen Abbildungen, Beispielen
und Übungsaufgaben

B. G. Teubner Stuttgart 1991

Prof. Dr. rer. nat. Wolfgang Hackbusch

Geboren 1948 in Westerstede. Von 1967 bis 1971 Studium der Mathematik und Physik an den Universitäten Marburg und Köln; Diplom 1971 und Promotion 1973 in Köln. Von 1973 bis 1980 Assistent am Mathematischen Institut der Universität zu Köln und Habilitation im Jahre 1979. Von 1980 bis 1982 Professor an der Ruhr-Universität Bochum. Seit 1982 Professor am Institut für Informatik und Praktische Mathematik der Christian-Albrechts-Universität zu Kiel.

CIP-Titelaufnahme der Deutschen Bibliothek

Hackbusch, Wolfgang:
Iterative Lösung großer schwachbesetzter Gleichungssysteme / von Wolfgang Hackbusch. — Stuttgart: Teubner, 1991
   (Leitfäden der angewandten Mathematik und Mechanik; Bd. 69)
   (Teubner-Studienbücher: Mathematik)
   ISBN 978-3-519-02372-2   ISBN 978-3-663-01354-9 (eBook)
   DOI 10.1007/978-3-663-01354-9
NE: 1. GT

Das Werk einschließlich aller seiner Teile ist urheberrechtlich geschützt. Jede Verwendung außerhalb der engen Grenzen des Urheberrechtsgesetzes ist ohne Zustimmung des Verlages unzulässig und strafbar. Das gilt besonders für Vervielfältigungen, Übersetzungen, Mikroverfilmungen und die Einspeicherung und Verarbeitung in elektronischen Systemen.
© B. G. Teubner Stuttgart 1991

Gesamtherstellung: Druckhaus Beltz, Hemsbach/Bergstraße
Umschlaggestaltung: P. P. K, S-Konzepte, T. Koch, Ostfildern/Stuttgart

C.F.Gauß in einem Brief vom 26.12.1823 an Gerling:

«Ich empfehle Ihnen diesen Modus zur Nachahmung. Schwerlich werden Sie je wieder direct eliminiren, wenigstens nicht, wenn Sie mehr als 2 Unbekannte haben. Das indirecte Verfahren läßt sich halb im Schlafe ausführen, oder man kann während desselben an andere Dinge denken.»

[C. F. Gauß: Werke Bd. 9, S. 280f, Göttingen 1903]

Vorwort

Welcher Unterschied könnte zwischen der Lösung «großer» und kleiner» Gleichungssysteme bestehen? Die jedem Hörer der Linearen Algebra geläufigen Verfahren sind für jede Dimension - gleich ob groß oder klein - anwendbar. Aber der benötigte Rechenaufwand steigt mit der Dimension so stark an, daß man zur Lösung von *1000, 10 000* oder einer Million Gleichungen nach besseren Verfahren suchen muß. Die Suche wird bestimmt durch die speziellen Eigenschaften der Matrizen, die diese Gleichungssysteme in der Praxis haben. Ein wichtiges praktisches Beispiel für das Auftreten großer Gleichungssysteme ist die Diskretisierung partieller Differentialgleichungen. In diesem Falle sind die Matrizen schwachbesetzt (d.h. sie enthalten überwiegend Nullen) und eignen sich besonders gut zur iterativen Lösung. Wegen des Hintergrundes der partiellen Differentialgleichungen stellt das vorliegende Buch eine Fortsetzung der Monographie «Theorie und Numerik elliptischer Differentialgleichungen» dar, die der Autor in der gleichen Teubner-Reihe veröffentlicht hat.

Das Buch entstand aus einem Vorlesungsmanuskript, das der Autor an der Christian-Albrechts-Universität zu Kiel für Studenten der Mathematik gelesen hat Es versucht, den heutigen Stand der iterativen und damit verwandten Verfahren zu beschreiben, ohne allerdings auf zu spezielle Gebiete einzugehen. Mit der Beschränkung auf iterative Verfahren ist bereits ein Auswahl getroffen: Verschiedene schnelle, direkte Verfahren für spezielle Aufgaben wie auch optimierte Versionen der Gaußschen Eliminationsmethode bzw. des Cholesky-Verfahrens oder die Bandbreitenreduktion werden nicht berücksichtigt.

Obwohl das besondere Interesse den modernen, effektiven Verfahren (konjugierte Gradienten, Mehrgitterverfahren) gilt, wird auch Wert auf die Theorie der klassischen Iterationsverfahren gelegt. Andererseits werden einige effektive Algorithmen nicht oder nur am Rande berücksichtigt, wenn sie zu eng mit Diskretisierungstechniken verknüpft sind. Die iterative Behandlung nichtlinearer Probleme oder Eigenwertaufgaben bleibt völlig unerwähnt. Ein Kapitel über die in vielen Bereichen auftretenden Sattelpunktprobleme (spezielle indefinite Aufgaben) wurde aus Gründen des Buchumfanges nicht verwirklicht.

Das Buch setzt keine speziellen Kenntnisse voraus, die über die Anfangsvorlesungen «Analysis» und «Lineare Algebra» hinausgingen.

Die aus der Linearen Algebra benötigten Grundlagen sind noch einmal in Kapitel 2 dieses Buches zusammengestellt. Damit soll zum einen eine geschlossene Darstellung ermöglicht werden, zum anderen ist es notwendig, die aus der Linearen Algebra bekannten Sätze in die hier benötigte Formulierung zu bringen.

Vom Umfang her eignet sich eine Auswahl des vorliegenden Stoffes für eine 4-stündige Vorlesung nach dem Vordiplom. Eine Teilauswahl ist auch für die Vorlesung «Numerische Mathematik II» empfehlenswert.

Die aufgeführten Übungsaufgaben, die auch als Bemerkungen ohne Beweis verstanden werden können, sind in die Darstellung integriert. Wird dieses Buch als Grundlage einer Vorlesung benutzt, können sie als Übungen dienen. Aber auch der Leser sollte versuchen, sein Verständnis der Lektüre an den Aufgaben zu testen.

Die Diskussion der Verfahren ist durch zahlreiche numerische Beispiele zumeist anhand des Poisson-Modellproblems illustriert. Damit der interessierte Leser die Verfahren mit anderen Parametern, Schrittweiten etc. testen kann, sind die Verfahren auch explizit als Pascal-Programme angegeben. Die Sammlung der Quelltexte ist als Diskette erhältlich (siehe [Prog] im Literaturverzeichnis und Bestellformular auf den Seiten 381/2). Diese Programmsammlung könnte auch unabhängig vom Buch zur Unterstützung von Vorlesungen oder Seminaren mit numerischen Beispielen herangezogen werden.

Der Autor dankt seinen Mitarbeitern, insbesondere Herrn J. Burmeister für Literaturrecherchen und die Unterstützung beim Lesen und Korrigieren des Manuskriptes. Diskussionen mit den Kollegen Niethammer, Maeß, Dryja, Wittum, u.a. verdanke ich viele Anregungen und Literaturhinweise. Dem Teubner-Verlag gilt der Dank für die stets freundliche Zusammenarbeit.

Kiel, im September 1990   W. Hackbusch

Hinweise als Lesefahrplan:

§1:   Ein Präludium zum Einstimmen
§2:   Im wesentlichen zum Nachschlagen gedacht. Man sollte jedoch einen Blick auf §2.1 werfen.
§3:   Zuerst §§3.1-3 lesen. Rest ad libitum.
§4:   Die Abschnitte 4.2-3 (klassische Iterationsverfahren) sind Grundlage fast aller anderen Erörterungen. §4.4 enthält die zugehörige Konvergenzanalyse. §§4.1 und 4.7 beziehen sich auf das Poisson-Modellproblem und dienen mehr der Illustration. §§4.5 und 4.8 können zunächst ausgelassen werden.
§5:   Dient im wesentlichen der SOR-Analyse und kann gegebenenfalls ausgelassen werden.
§6:   Eigenständiges Kapitel, auf das später nur gelegentlich zurückgegriffen wird.
§7:   Notwendige Vorbereitung für §9
§§8-11: Jeweils eigenständige Kapitel

Inhaltsverzeichnis

Notationen

Formelnummern: Gleichungen im Unterkapitel x.y sind mit (x.y.1), (x.y.2) usw. durchnumeriert. Die Gleichung **(3.2.1)** wird im gleichen Unterkapitel 3.2 nur mit **(1)** zitiert, während sie in anderen Unterkapiteln des Hauptkapitels 3 als **(2.1)** bezeichnet wird.

Satznumerierung: Alle Sätze, Definitionen, Lemmata etc. werden *gemeinsam* durchnumeriert. Die Zitierung ist analog zum oben Gesagten: Das **Lemma 3.2.7** wird in Unterkapitel 3.2 als «**Lemma 7**» bezeichnet, während es in anderen Unterkapiteln des Abschnittes 3 «**Lemma 2.7**» heißt.

Spezielle Symbole, Abkürzungen und Konventionen:

a, b	Schranken für $\sigma(M)$; vgl. (4.8.4c), Satz 7.3.8
A, A_ℓ	Matrix des Gleichungssystems; vgl. (1.2.5), (10.1.8a)
$A^{\alpha\beta}, A^{ij}$	Block von A; vgl. (2.5.2b,c)
$A_{\alpha\beta}, a_{\alpha\beta}, A_{ij}, a_{ij}$	Komponenten einer Matrix A
b, b_ℓ	rechte Seite des Gleichungssystems; vgl. (1.2.5), (10.1.8a)
$\mathrm{Bild}(\Phi)$	Bildraum der Abbildung Φ
blockdiag{...}	Blockdiagonalmatrix; vgl. (2.5.3a,b)
blocktridiag{...}	Blocktridiagonalmatrix; vgl. (2.5.4)
$\mathbb{C}$	komplexe Zahlen
cond	Kondition, cond_2: Spektralkondition; vgl. (2.10.7)
$D, D', D_1, ...$	(Block–)Diagonalmatrix
det	Determinante
diag{...}	Diagonalmatrix bzw. Diagonalanteil; vgl. (2.1.5a–c)
e^m	Fehler $x^m - x$ der m-ten Iterierten
E	strikte untere Dreiecksmatrix; vgl. (1.4.2)
F	strikte obere Dreiecksmatrix; vgl. (1.4.2)
$G(A)$	Graph einer Matrix; vgl. (6.2.1)
h, h_ℓ	Gitterweite; vgl. (1.2.2)
i, j, k	Indizes der angeordneten Indexmenge $I = \{1, ..., n\}$
I	Einheitsmatrix
I	Indexmenge (nicht notwendig angeordnet)
I_α	Blockindexteilmenge; vgl. (2.5.1)
$\mathbb{K}$	wahlweise der Körper $\mathbb{R}$ oder $\mathbb{C}$

$\mathbb{K}^I$	Raum der Vektoren zur Indexmenge I
$\mathbb{K}^{I \times I}$	Raum der Matrizen zur Indexmenge I
ℓ	Stufenzahl in der Diskretisierungshierarchie; vgl. §10.1.2
$L, L', \hat{L}$	untere (Block-)Dreiecksmatrix
$\log$	natürlicher Logarithmus
m	Iterationszahl; vgl. x^m
n, n_ℓ	Dimension des Gleichungssystems; vgl. §3.3, (10.1.8b)
N	Anzahl der Gitterpunkte pro Zeile bzw. Spalte; vgl. (1.2.2)
$\mathbb{N}$	natürliche Zahlen $\{1, 2, 3, \ldots\}$
$\mathbb{N}_0$	$\mathbb{N} \cup \{0\} = \{0, 1, 2, \ldots\}$
$O(\cdot)$	Landau-Symbol: $f(\alpha) = O(g(\alpha))$, falls $|f(\alpha)| \leqslant C |g(\alpha)|$ beim zugrundeliegenden Grenzprozeß $\alpha \to 0$ oder $\alpha \to \infty$. In der Schreibweise $f(h) = 1 - O(h^\varkappa)$ ist spezieller gemeint: $f(h) \leqslant 1 - C h^\varkappa$ mit $C > 0$ für $h \to 0$.
o.B.d.A.	ohne Beschränkung der Allgemeinheit
p	Prolongation; §10.1.3, (11.2.1)
Q	häufig unitäre Matrix
r	Restriktion; vgl. §10.1.4, (11.2.8a)
$r(A)$	Wertebereich einer Matrix A; vgl. §2.9.5
$\mathbb{R}$	reelle Zahlen
S_ℓ	Iterationsmatrix der Glättung $\mathscr{S}_\ell$; vgl. Lemma 10.2.1
$\mathscr{S}_\ell$	Glättungsiteration; vgl. §10.1.1, §10.2.1
$\mathrm{span}\{\ldots\}$	von $\{\ldots\}$ aufgespannter linearer Raum
T_ℓ, T_r	Links-, Rechtstransformation; vgl. (8.1.4), (8.1.11)
$\mathrm{tridiag}\{\ldots\}$	Tridiagonalmatrix; vgl. (2.1.6)
u_{ij}	Komponenten der Gitterfunktion $u = x$; vgl. (1.2.6b)
$U, U', \hat{U}$	obere (Block-)Dreiecksmatrix
x	Vektor; meist Lösung der Gleichung $Ax = b$
x^*	Lösung der Gleichung $Ax = b$, falls das Symbol x als Variable benötigt wird
x_ℓ, x_ℓ^*	Vektoren x, x^* auf der Stufe ℓ; vgl. §10
x^0	Startwert der Iteration
x^m	m-te Iterierte
x^α, x^i	Block von x zum Index α bzw. i; vgl. (2.5.2a)
x_α, x_i	Komponenten eines Vektors x
$\mathbb{Z}$	ganze Zahlen

griechische Buchstaben:

α, β, γ	Indizes der Indexmenge; vgl. §2.1
γ	in §10: Anzahl der sekundären Mehrgitterschritte für die Grobgittergleichung; vgl. $(10.4.2d_2)$
γ, Γ	untere, obere Eigenwertschranken von $W^{-1}A$; vgl. (4.8.4c)
δ_{ij}	Kronecker-Symbol: $\delta_{ij}=1$ für $i=j$, $\delta_{ij}=0$ sonst
ζ	häufig für Kontraktionszahl; vgl. (10.3.21b), (10.5.3)
$\eta(\nu)$	Nullfolge für Glättungseigenschaft, vgl. (10.6.4b)
$\eta_0(\nu)$	spezielle Funktion, definiert in Lemma 10.6.1
ϑ, Θ	Dämpfungsfaktor; vgl. §§4.3.1-2
$\varkappa(A)$	Konditionszahl (2.10.8)
λ, Λ	Eigenwertschranken von A; vgl. Satz 9.2.3, Satz 4.4.8
$\lambda_{\max}(A)$	maximaler Eigenwert der Matrix A, wenn $\sigma(A)\subset\mathbb{R}$
$\lambda_{\min}(A)$	minimaler Eigenwert der Matrix A, wenn $\sigma(A)\subset\mathbb{R}$
ν, ν_1, ν_2	in §10: Anzahl der Glättungsschritte; vgl. §§10.2.1-2
$\rho(A)$	Spektralradius der Matrix A; vgl. Def. 2.4.1
$\rho_{m+k,m}$	Konvergenzfaktoren; vgl. (3.2.18a,b)
$\sigma(A)$	Spektrum der Matrix A; vgl. (2.4.1)
ω	Relaxationsparameter; vgl. §4.3.3.1
Ω_h	Gitter; vgl. (1.2.3)

Symbole:

$\mathbf{1}$	Vektor $(1,1,\ldots,1)^T$
A^T, A^H, A^{-H}	vgl. (2.1.1/2)
Δ	Laplace-Operator; vgl. (1.2.1a)
$\langle\cdot,\cdot\rangle$	(Euklidisches) Skalarprodukt; vgl. (2.2.1a-c)
$\langle\cdot,\cdot\rangle_A$	Energie-Skalarprodukt; vgl. (2.10.5b)
$\|\cdot\|$, $\|\!\|\cdot\|\!\|$	Norm (von Vektoren oder Matrizen)
$\|\cdot\|_A$	Energienorm; vgl. (2.10.5a)
$\|\cdot\|_2$	Euklidische Norm; vgl. (2.6.2). Spektralnorm; vgl. (2.9.4a)
$\|\cdot\|_\infty$	Maximumnorm; vgl. (2.6.2). Zeilensummennorm; vgl. (2.6.8)
$\|\cdot\|_{Y\leftarrow X}$	vgl. (2.6.11): Norm einer Abbildung (Matrix) von X nach Y
$|\cdot|$	Betrag, in §6 auch auf Matrizen angewandt
$<,\leqslant,>,\geqslant$	bezeichnet bei Matrizen im allgemeinen die Ordnungsrelation aus §2.10.2; nur in §6 (und Teilen von §8.5) wird es im Sinne von (6.1.1a,b) verwandt

1. Einleitung

1.1 Historische Bemerkungen zu Iterationsverfahren

Iterationsverfahren sind knapp 170 Jahre alt. Das erste Iterationsverfahren für lineare Gleichungssysteme stammt von Carl Friedrich Gauß. Seine Methode der «kleinsten Fehlerquadrate» führte ihn auf Gleichungssysteme, die zu groß waren, als daß er sie mit der direkten Methode der Gauß-Elimination bequem berechnen konnte. Das in seinem "Supplementum theoriae combinationis observationum erroribus minime obnoxiae" (1819-1822) beschriebene Iterationsverfahren bezeichnet man heute als blockweises Gauß-Seidel-Verfahren. Welchen Wert Gauß seinem Iterationsverfahren zumaß, kann man seinem Brief von 1823 entnehmen, der im Auszug dem Vorwort vorangestellt ist.

Ein sehr ähnliches Verfahren beschrieb Carl Gustav Jacobi 1845 in seiner Arbeit "Über eine neue Auflösungsart der bei der Methode der kleinsten Quadrate vorkommenden linearen Gleichungen" (Astronom. Nachr.). Phillip Ludwig Seidel, ein Schüler von Jacobi, schrieb 1874 "Über ein Verfahren, die Gleichungen, auf welche die Methode der kleinsten Quadrate führt, sowie lineare Gleichungen überhaupt, durch successive Annäherung aufzulösen" (Münch. Abh.).

Seitdem die Gleichungssysteme auf elektronischen Rechnern gelöst werden konnten, stieg die Anzahl der Gleichungen um eine weitere Größenordnung, und die oben genannten Verfahren erwiesen sich als zu langsam. Nach 100 Jahren Stillstand auf diesem Gebiet experimentierte Southwell [1-3] mit Varianten der Gauß-Seidel-Methode («Relaxation») und Young [1] gelang 1950 ein Durchbruch mit einer wesentlichen Beschleunigung des Gauß-Seidel-Verfahrens. Dieses sogenannte SOR-Methoden werden wir in Kapitel 1.4 als ein Beispiel eines Iterationsverfahrens beschreiben. In der Folgezeit entstanden viele weitere, noch effektivere Verfahren, die in ihrer Mehrzahl in diesem Buch behandelt werden.

1.2 Das Modellproblem (Poisson-Gleichung)

Während zur Zeit von Gauß, Jacobi und Seidel die Gleichungen der kleinsten-Quadrat-Methode den Anlaß für eine größere Anzahl von Gleichungen ergab, sind es heute vor allem die Randwertaufgaben, d.h. die partiellen Differentialgleichungen vom elliptischem Typ, die eine Gleichungsanzahl der Größenordnung 1000 bis eine Million ergeben können. Im folgenden werden wir immer wieder auf ein Modellproblem zurückgreifen, das das einfachste nichttriviale Beispiel einer Randwertaufgabe darstellt. Es ist die *Poisson-Gleichung*

$$(1.2.1a) \qquad -\Delta u(x,y) = f(x,y) \qquad\qquad \text{für } (x,y) \in \Omega,$$

$$(1.2.1b) \qquad u(x,y) \quad = \varphi(x,y) \qquad\qquad \text{auf } \Gamma = \partial\Omega.$$

Dabei ist

$$\Delta = \frac{\partial^2}{\partial x^2} + \frac{\partial^2}{\partial y^2}$$

der *Laplace-Operator*. Ω ist hier als Einheitsquadrat

(1.2.1c) $\Omega = (0,1) \times (0,1)$

gewählt. In (1a,b) sind der «Quellterm» f und die «Randwerte» φ gegeben, während die Funktion u gesucht ist.

Zur Diskretisierung der Differentialgleichung (1a–c) wird Ω mit einem Gitter der Schrittweite h überzogen (vgl. Abb. 1a). Jeder Gitterpunkt (x,y) muß die Darstellung $x = ih$, $y = jh$ $(0 \leqslant i,j \leqslant N)$ haben, wobei

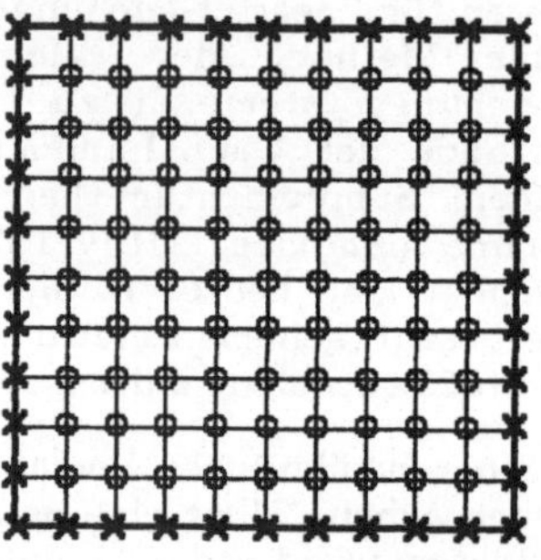

Abb. 1.2.1a innere Gitterpunkte (∘) und Randpunkte (×)

(1.2.2) $h = 1/N$.

Als Gitter bezeichnen wir die Menge der *inneren* Gitterpunkte:

(1.2.3) $\Omega_h := \{ (x,y) = (ih,jh) : 1 \leqslant i,j \leqslant N-1 \}$

Die gesuchten Werte $u(x,y) = u(ih,jh)$ kürzen wir mit u_{ij} ab. Eine Näherung für die Differentialgleichung (1a) stellt die sogenannte *Fünfpunktformel*

(1.2.4a) $h^{-2} [4u_{ij} - u_{i-1,j} - u_{i+1,j} - u_{i,j-1} - u_{i,j+1}] = f_{ij}$

mit $f_{ij} := f(ih,jh)$ für $1 \leqslant i,j \leqslant N-1$ dar. Die linke Seite in (4a) stimmt bis auf $O(h^2)$ mit $-\Delta u(ih,jh)$ überein, wenn die Lösung u von (1a,b) eingesetzt wird (vgl. Hackbusch [15]). Für Gitterwerte auf dem Rand, d.h. für $i=0$, $i=N$, $j=0$ oder $j=N$, ist u_{ij} wegen der Randwertvorgabe (1b) bekannt:

(1.2.4b) $u_{ij} := \varphi(ih,jh)$ für $i=0, i=N, j=0$ oder $j=N$.

Die Anzahl der unbekannten u_{ij} ist $n := (N-1)^2$ und entspricht der Anzahl der inneren Gitterpunkte. Um das Gleichungssystem aufzustellen, hat man in (4a) die eventuell vorkommenden aus (4b) bekannten Randwerte zu eliminieren. Für $N \geqslant 3$ erhält man beispielsweise zum Index $(i,j) = (1,1)$ die Gleichung

$$h^{-2} [4u_{11} - u_{12} - u_{21}] = g_{11} \quad \text{mit } g_{11} := f(h,h) + h^{-2} [\varphi(0,h) + \varphi(h,0)].$$

Abb. 1.2.1b lexikographische Anordnung

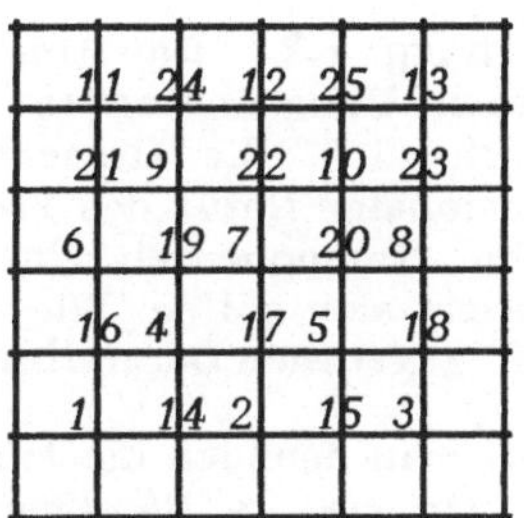

Abb. 1.2.1c Schachbrettanordnung

Um die Gleichungen in der herkömmlichen Matrixformulierung

$$(1.2.5) \qquad A x = b$$

mit einer $n \times n$-Matrix A und n-dimensionalen Vektoren x und b mit $n = (N-1)^2$ aufzuschreiben, ist man genötigt, die zweidimensional indizierten Unbekannten u_{ij} durch einen einfach indizierten Vektor x darzustellen. Dies bedeutet, daß die (inneren) Gitterpunkte in irgendeiner Weise durchnumeriert werden müssen. Abbildung 1b zeigt die lexikographische Numerierung. Die exakte Definition der Matrix A und der rechten Seite b ist dem folgenden Programm zu entnehmen:

(1.2.6a)   Definition der Matrix A und des Vektors b bei lexikographischer Anordnung für das Poisson-Modellproblem:

$N1 := N-1$; $\quad n := N1 * N1$; $\quad h2 := 1 / (N*N)$;
$k := 0$; $\qquad \{1 \leqslant k \leqslant n$ ist der Index bezüglich der lex. Anordnung$\}$
$A := 0$; $\qquad \{$ alle Elemente von A auf null setzen$\}$
for $j := 1$ to $N1$ do for $i := 1$ to $N1$ do
begin $k := k+1$; $\quad a_{kk} := 4 * h2$; $\quad b_k := f(ih, jh)$;
$\qquad$ if $i > 1$ then $a_{k-1,k} \; := -h2$ else $b_k := b_k + h2 * \varphi(0, jh)$;
$\qquad$ if $i < N1$ then $a_{k+1,k} \; := -h2$ else $b_k := b_k + h2 * \varphi(1, jh)$;
$\qquad$ if $j > 1$ then $a_{k,k-N1} := -h2$ else $b_k := b_k + h2 * \varphi(ih, 0)$;
$\qquad$ if $j < N1$ then $a_{k,k+N1} := -h2$ else $b_k := b_k + h2 * \varphi(ih, 1)$
end;

Umgekehrt ist die Lösung der Gleichung $Ax = b$ so zu interpretieren, daß

$$(1.2.6b) \qquad x_k = u_{ij} = u(ih, jh) \qquad \text{für} \quad k = i + (j-1)*(N-1) \quad \text{mit} \quad 0 \leqslant i, j \leqslant N.$$

Wenn x als Gitterfunktion interpretiert wird, werden wir auf die Notation u_{ij} oder $u(x,y)$ mit $x = ih$, $y = jh$ zurückgreifen.

Bemerkung 1.2.1 Die Umformulierung der zweidimensional angeordneten Unbekannten in einen eindimensionalen Vektor ist recht unanschaulich. Die Ursache sollte man dabei nicht in der zweidimensionalen Natur des Problems sehen, sondern in der Vorstellung, daß die Komponenten eines Vektors stets in linearer Reihenfolge numeriert sein sollen. Wir werden sehen, **daß die Matrix A nie in der in (1.6) gegebenen Darstellung gebraucht wird.**

Will man dennoch die Matrix A in der gewohnten Form darstellen, muß man sie als *Blockmatrix* schreiben. Der Vektor x zerfällt in natürlicher Weise in $N-1$ Blöcke

$$(1.2.7) \qquad x^{(j)} := \begin{bmatrix} x_{k+1} \\ \vdots \\ x_{k+N-1} \end{bmatrix} = \begin{bmatrix} u_{1,j} \\ \vdots \\ u_{N-1,j} \end{bmatrix} \qquad \begin{array}{l} \text{mit } k := (j-1)*(N-1) \\ \text{für } j = 1, \ldots, N-1, \end{array}$$

die der j-ten Zeile im Gitter Ω_h entsprechen. Dementsprechend stellt sich die Matrix A als tridiagonale Blockmatrix dar bestehend aus $(N-1)\times(N-1)$ Blöcken T, die wiederum tridiagonale $(N-1)\times(N-1)$-Matrizen sind:

$$(1.2.8) \qquad A = h^{-2} \begin{bmatrix} T & -I & & & \\ -I & T & -I & & \\ & -I & T & -I & \\ & & \ddots & \ddots & \ddots \\ & & & -I & T & -I \\ & & & & -I & T \end{bmatrix}, \quad T = \begin{bmatrix} 4 & -1 & & & \\ -1 & 4 & -1 & & \\ & -1 & 4 & -1 & \\ & & \ddots & \ddots & \ddots \\ & & & -1 & 4 & -1 \\ & & & & -1 & 4 \end{bmatrix}.$$

I ist die $(N-1)\times(N-1)$-Einheitsmatrix. Nicht eingetragene Matrixelemente bzw. -blöcke sind stets Nullen bzw. Nullblöcke. Die Darstellung (8) beweist die

Bemerkung 1.2.2. Bei lexikographischer Anordnung der Unbekannten besitzt A Blocktridiagonalstruktur.

Die lexikographische Numerierung ist keineswegs die einzig denkbare. Ebenso häufig wird die Schachbrettnumerierung (vgl. Abb. 1c) angewandt. Dabei werden zunächst die u_{ij} mit gerader Summe $i+j$ («schwarze Felder») und danach jene mit ungerader Summe $i+j$ («weiße Felder») lexikographisch durchnumeriert. Im Laufe der nächsten Kapitel werden weitere Anordnungen erwähnt werden. Eine reiche Zusammenstellung praktisch interessanter Numerierungen enthält die Arbeit Duff – Meurant [1].

Übungsaufgabe 1.2.3. Bei der Schachbrettanordnung zerfällt A in zwei Blöcke, die den «weißen» und «schwarzen» Indizes entsprechen. Man zeige, daß A bei dieser Numerierung die folgende Blockstruktur mit einer rechteckigen Untermatrix B und Einheitsmatrizen I_w, I_s besitzt, wobei die Blockgröße durch die Anzahl der weißen bzw. schwarzen Gitterpunkte gegeben ist:

$$(1.2.9) \qquad A = \begin{bmatrix} D_w & B \\ B^\tau & D_s \end{bmatrix}, \qquad D_w = 4h^{-2}I_w, \qquad D_s = 4h^{-2}I_s.$$

1.3 Aufwand für direkte Lösung des Gleichungssystems

Als *direkte* Verfahren bezeichnet man solche, die nach endlich vielen Rechenschritten die (bis auf Rundungsfehler) exakte Lösung des Gleichungssystems liefern. Die bekannteste direkte Methode ist das Gaußsche Eliminationsverfahren. Im Falle des Modellproblems aus §1.2 kann man dieses Verfahren *ohne* Pivotwahl durchführen (vgl. §6.4.4). Für die Bewertung des Rechenaufwandes wird im folgenden nicht zwischen einer Addition, Subtraktion, Multiplikation oder Division unterschieden. Jede wird als eine (arithmetische) Operation gezählt. Arithmetische Operationen im Indexbereich, Umspeicherungen und ähnliches werden traditionell nicht mitgezählt.

Bemerkung 1.3.1 Im allgemeinen Fall benötigt die Gauß-Elimination für die Lösung eines Gleichungssystems $Ax = b$ mit n Unbekannten $2n^3/3 + O(n^2)$ Operationen. Der Speicherbedarf beträgt $n^2 + n$.

Beweis. Im i-ten Eliminationsschritt enthält die i-te Zeile $n-i$ Nichtnullelemente, deren Vielfache von $n-i-1$ Matrixzeilen zu subtrahieren sind. Summation dieser $2(n-i)^2 + O(n)$ Operationen über $1 \leqslant i \leqslant n$ ergibt die Behauptung.   ⬛

Für das Modellproblem ist $n = (N-1)^2 = h^{-2} + O(h^{-1})$. Daher die

Folgerung 1.3.2 Eine naive Anwendung des Verfahrens der Gaußschen Elimination auf das Modellproblem aus §1.2 benötigt $2N^6/3 + O(N^5) = 2h^{-6}/3 + O(h^{-5})$ Operationen und einen Speicherbedarf von $N^4 + O(N^3) = h^{-4} + O(h^{-3})$.

Eine Halbierung der Schrittweite h vervierundsechzigfacht den Rechenaufwand. Angenommen die Gleichungsauflösung benötige 1 CPU sec für eine Schrittweite h, so benötigt die gleiche Rechnung für die geviertelte Schrittweite $h/4$ mehr als eine CPU-Stunde!

Die Aufwand verringert sich jedoch, wenn die Matrix A des Gleichungssystems eine Bandmatrix ist.

Definition 1.3.3 A ist eine *Bandmatrix* der *Bandbreite* w, wenn $a_{ij} = 0$ für alle Indizes mit $|i-j| > w$.

Eine Bandmatrix enthält außer der Diagonalen maximal $2w$ Nebendiagonalen. Zur Analyse der Eigenschaften einer Bandmatrix sei auf Berg [1] verwiesen.

Bemerkung 1.3.4 Die Matrix A, die sich gemäß (2.7) bei lexikographischer Numerierung für das Modellproblem ergibt, ist eine Bandmatrix der Bandbreite $w = N - 1$.

Der überwiegende Anteil des in Bemerkung 1 genannten Aufwand besteht in der überflüssigen Multiplikation und Addition mit Nullen. Im i-ten Eliminationsschritt enthält die i-te Zeile $w+1$ Nichtnullelemente. Bei der Elimination sind nur die w darunterstehenden Zeilen zu berücksichtigen. Dies führt zu $2w^2$ Operationen. Insgesamt erhält man die

Bemerkung 1.3.5 Der Aufwand der Gauß-Elimination ohne Pivotwahl zur Lösung eines Gleichungssystems mit einer $n \times n$ - Bandmatrix der Bandbreite w beträgt $2nw^2 + O(nw + w^3)$. Der Speicherbedarf reduziert sich auf $2n(w+1)$, wenn nur die $2w+1$ Diagonalen von A und die rechte Seite b gespeichert werden.

Folgerung 1.3.6 Für das Modellproblem aus §1.2 ist $w = N - 1$. Daher benötigt die Band-Gauß-Elimination $2N^4 + O(N^3) = 2h^{-4} + O(h^{-3})$ Operationen und $2N^3 + O(N^2)$ Speicherplätze.

In der letztgenannten Version werden $2w+1$ Diagonalen von A verwendet, obwohl die Matrix A aus (2.8) nur 5 Diagonalen, die Hauptdiagonale, zwei Nebendiagonalen im Abstand 1 und zwei weitere im Abstand $N-1$ besitzt. Leider läßt sich diese Eigenschaft bei der Gauß-Elimination nicht ausnutzen, denn es gilt die

Bemerkung 1.3.7 Die Nullen in den zweiten bis $(N-2)$-ten Nebendiagonalen der Matrix A aus (2.8) werden während des Eliminationsprozesses sämtlich (mit der Ausnahme des ersten Blockes) mit Nichtnullen aufgefüllt.

Dieser Vorgang wird als *Auffüllen* (engl. *fill-in*) bezeichnet und weist auf einen grundsätzlichen Nachteil der Gauß-Elimination bei Anwendung auf <u>schwachbesetzte</u> Matrizen hin. Dabei heißt eine $n \times n$ - Matrix schwachbesetzt, wenn die Anzahl ihrer Nichtnullelemente deutlich kleiner als n^2 ist. Andernfalls wird eine Matrix *vollbesetzt* genannt. Aufgrund der Äquivalenz der Gauß-Elimination mit der *Dreiecks- oder LU-Zerlegung* (vgl. Stoer [1,§4.1]) ergibt sich die

Folgerung 1.3.8 Die Zerlegung $A = LU$ in eine untere Dreiecksmatrix L und eine obere Dreiecksmatrix U ergibt für die schwachbesetzte Matrix A aus (2.8) Faktoren L und U, die innerhalb der Bandbreite $w = N - 1$ vollbesetzt sind. Gleiches gilt für die Cholesky-Zerlegung.

Es gibt auch spezielle direkte Verfahren , die das in §1.2 beschriebene Gleichungssystem mit einem Aufwand zwischen $O(n) = O(N^2)$ bis $O(n \log n) = O(N^2 \log N)$ lösen können. Hierzu gehören der Buneman-Algorithmus und das Verfahren der totalen Reduktion, die beide im Buch Meis - Markowitz [1] beschrieben sind (vgl. Buneman [1], Björstad [1], Duff - Erisman - Reid [1], Schröder-Trottenberg [1]).

1.4 Beispiele für iterative Verfahren

Bei der iterativen Lösung eines Gleichungssystems berechnet man ausgehend von einem beliebigen *Startvektor* x^0 eine Folge von *Iterierten* x^m für $m = 1, 2, \ldots$:

$$x^0 \mapsto x^1 \mapsto x^2 \mapsto x^3 \mapsto \ldots \mapsto x^m \mapsto x^{m+1} \mapsto \ldots .$$

Im folgenden ist x^{m+1} nur von x^m abhängig, so daß die Abbildung $x^m \mapsto x^{m+1}$ das Iterationsverfahren bestimmt. Die Wahl des Startwertes x^0 ist nicht Teil des Verfahrens.

Die schon in §1.1 erwähnte Gauß-Seidel-Iteration zur Lösung der Aufgabe (2.5): $Ax = b$ lautet

---

Gauß-Seidel-Iteration

$(1.4.1)$ for $i := 1$ to n do $x_i^{m+1} := (b_i - \sum\limits_{j=1}^{i-1} a_{ij} x_j^{m+1} - \sum\limits_{j=i+1}^{n} a_{ij} x_j^m)/a_{ii}$

Bemerkung 1.4.1 (a) Die Gauß-Seidel-Iteration (1) ist immer dann durchführbar, wenn alle Diagonalelemente $a_{ii} \neq 0$.
(b) Bei der Ausführung der Iteration kann der Speicherplatz von x_i^m mit dem neuen Wert x_i^{m+1} überschrieben werden.
(c) Verschiedene Numerierungen (z.B. lexikographische oder Schachbrettanordnung) ergeben unterschiedliche Iterationsverfahren.

Jede Matrix A läßt sich eindeutig in die Summe

$(1.4.2)$ $A = D - E - F$ $\left(\begin{matrix} D \text{ Diagonalmatrix,} \\ E \text{ strikte untere, } F \text{ strikte obere Dreiecksmatrix} \end{matrix} \right)$

zerlegen. Dabei heißt E *untere Dreiecksmatrix*, falls $E_{ij} = 0$ für $j > i$, und *strikte untere Dreiecksmatrix*, falls $E_{ij} = 0$ für $j \geqslant i$. Analog ist die *(strikte) obere Dreiecksmatrix* definiert. Das Gleichungssystem $Ax = b$ ist äquivalent zu

$(1.4.3)$ $(D - E)x = b + Fx .$

Setzt man auf der rechten Seite x^m und auf der linken Seite x^{m+1} an die Stelle von x, so erhält man die Iterationsvorschrift

$(1.4.4a)$ $(D - E)x^{m+1} = b + Fx^m$

oder

$(1.4.4b)$ $x^{m+1} = (D - E)^{-1}(b + Fx^m) .$

Übungsaufgabe 1.4.2 Man zeige: (4a/b) und (1) sind äquivalent. D.h. (4a) oder (4b) sind die Vektordarstellungen der Gauß-Seidel-Iteration, während (1) die komponentenweise Darstellung ist.

Eine Pascal-Prozedur, die einen Iterationsschritt $x^m \mapsto x^{m+1}$ ausführt, könnte im Fall einer *allgemeinen* Matrix A wie folgt aussehen:

(1.4.5)
```
const n =... ;
type Vektor = array [1:n] of real; Matrix = array [1:n] of Vektor;
procedure GaußSeidel(var x,b : Vektor; var A: Matrix);
var i,j: integer;  s: real;
begin for i :=1 to n do
      begin s :=0; for j := 1 to i-1  do s :=s+ A[i,j]*x[j];
                   for j := i+1  to  n do s :=s+ A[i,j]*x[j];
            x[i] := (b[i] -s) / A[i,i]
end   end ;
```

Anstatt A und b für das Modellproblem (2.4a,b) in aufwendiger Weise durch (2.6a) zu definieren und in (5) einzusetzen, verwendet man die Originaldaten $f_{ij}=f[i,j]$ aus (2.4a) und die Randdaten $\varphi(ih,jh)= u_{ij}=u[i,j]$, die auf den Randpunkten des Feldes u abzuspeichern sind. In Anlehnung an die Aufgabenstellung und wie in (2.6b) werden die Variablen u und f anstelle von x und b verwendet. Das Gauß-Seidel-Verfahren für das Modellproblem nimmt dann die folgende Form an:

```
const N =...       {N aus (2.2)};
type Gitterfunktion = array [0:N,0:N] of real;
var u,f: Gitterfunktion;  i,j: integer;
```

(1.4.6)
```
procedure GaußSeidel(var u,f: Gitterfunktion);
var i,j: integer; h2: real;
begin h2 :=1 /(N*N);                                {h2=h²}
for j := 1 to N-1 do  for i := 1 to N-1 do          {lex. Anordnung}
  u[i,j] :=
    (h2*f[i,j]+u[i-1,j]+u[i+1,j]+u[i,j-1]+u[i,j+1])/4
end;
```

```
begin    {Hauptprogramm für das Beispiel f=-4, φ(x,y)=x²+y²}
  for i := 1 to N-1 do for j := 1 to N-1 do f[i,j] :=-4;
  for i :=0 to N do
  begin u[i,0] :=i*i/(N*N);     u[0,i] :=u[i,0]; {Definition der}
        u[i,N] :=1+i*i/(N*N); u[N,i] :=u[i,1] {Randwerte    }
  end;
  for i := 1 to N-1 do for j := 1 to N-1 do u[i,j] := 0; {Startwert}
  for i := 1 to 300 do GaußSeidel(u,f); ...              {Iteration}
end.
```

Die Matrix A ist in der Doppelschleife von (6) durch ihre Nichtnullelemente direkt repräsentiert. Die Indizierung wird durch die «natürlichen» Doppelindizes vorgenommen. Die lexikographische Anordnung der Gitterpunkte ergibt sich aus der Anordnung der j- und i-Schleife. Zur Realisierung der Schachbrettanordnung kann die Schleife in (6) wie folgt verändert werden:

(1.4.7) $w := 0$; {«weiße Felder»} for $j := 1$ to $N-1$ do
begin $w := -1-w$; $i := w$; while $i \leq N-3$ do
begin $i := i+2$; $u[i,j] := (h2 * f[i,j] + u[i-1,j]$
$+ u[i+1,j] + u[i,j-1] + u[i,j+1])/4$
end end;
$w := -1$; {«schwarze Felder»} for $j := 1$ to $N-1$ do ... {wie oben}

Da man sofort $h2 * f[i,j]$ anstelle von $f[i,j]$ abspeichern kann, ergibt sich die

Bemerkung 1.4.3 Pro Iteration benötigt das Gauß–Seidel–Verfahren (unabhängig von der Anordnung) im Falle des Modellproblems $5n$ Operationen ($4n$ Additionen, n Divisionen).

Bemerkung 1.4.4 In Programm (6) ist das Beispiel $f_{ij} = -4$, $\varphi(x,y) = x^2+y^2$ realisiert. Für diese Daten lautet die Lösung $u_h(x,y) = x^2+y^2$, d.h. $u_{ij} = (i^2+j^2)h^2$. Als Startwert dient $u_{ij}^0 = 0$. Das Gleichungssystem (4a) mit diesen Daten bezeichnen wir im folgenden als _Poisson-Modellproblem_ und werden im Laufe der nächsten Kapitel die verschiedenen Iterationsverfahren hieran testen.

Tabelle 1 zeigt für $h = 1/32$ die Fehler

$$\varepsilon_m := \max\{ |u_{ij}^m - (i^2+j^2)h^2| : 1 \leq i, j \leq N-1 \}$$

der m-ten Iterierten und den Wert $u_{16,16}^m$ im Mittelpunkt $(16h, 16h) = (\frac{1}{2}, \frac{1}{2})$, der gegen den Wert $u(\frac{1}{2}, \frac{1}{2}) = 0.5$ konvergieren soll. Man entnimmt den tabellierten Werten zwar, daß das Gauß–Seidel–Verfahren konvergiert, aber die Langsamkeit der Konvergenz ist enttäuschend. Nach 100 Iterationen ist die erste Dezimale von $u_{16,16}^m$ noch völlig falsch! Die dritte Spalte enthält den «Reduktionsfaktor»: den Quotienten $\varepsilon_{m-1}/\varepsilon_m$

m	lexikographische Anordnung			Schachbrettanordnung		
	$u_{16,16}$	ε_m	$\varepsilon_{m-1}/\varepsilon_m$	$u_{16,16}$	ε_m	$\varepsilon_{m-1}/\varepsilon_m$
0	0.0	1.877	0.93756	0.0	1.877	0.93704
1	-0.002	1.760	0.93563	-0.001	1.759	0.90323
2	-0.004	1.646		-0.003	1.589	
9	-0.018	1.276	0.97637	-0.017	1.202	0.96903
10	-0.019	1.246		-0.019	1.165	
99	0.1102	0.404	0.98989	0.1353	0.380	0.98994
100	0.1135	0.400		0.1385	0.376	
199	0.3479	0.152	0.99041	0.3585	0.142	0.99041
200	0.3494	0.151		0.3598	0.140	
299	0.4421	0.058	0.99039	0.4461	0.054	0.99039
300	0.4426	0.057		0.4466	0.053	

Tabelle 1.4.1 Resultate der Gauß–Seidel–Iteration für $N = 32$

zweier aufeinanderfolgender Fehler. Der Faktor gibt an, um wieviel der Fehler pro Iteration verkleinert wird. Der Vergleich der Daten in Tabelle 1 zeigt, daß die Anordnung zwar die Ergebnisse, nicht aber die Konvergenzgeschwindigkeit beeinflußt.

Die Gauß-Seidel-Iteration (1) ist äquivalent mit der Darstellung

$$(1.4.8) \quad \text{for } i := 1 \text{ to } n \text{ do } x_i^{m+1} := x_i^m - \Big(\sum_{j=1}^{i-1} a_{ij} x_j^{m+1} + \sum_{j=i}^{n} a_{ij} x_j^m - b_i \Big)/a_{ii},$$

die verdeutlicht, daß sich x_i^{m+1} aus x_i^m durch Subtraktion einer Korrektur ergibt. Man beachte, daß die zweite Summe in (8) anders als in (1) mit $j=i$ beginnt. Eine scheinbar geringfügige Änderung stellt die Multiplikation dieser Korrektur mit einem Faktor ω dar. Das entstehende Verfahren heißt *Überrelaxationsverfahren*. Die englische Bezeichnung «successive overrelaxation method» erklärt das Kürzel «*SOR-Verfahren*». Im allgemeinen Fall lautet es wie folgt.

SOR-Verfahren

$$(1.4.9) \quad \text{for } i := 1 \text{ to } n \text{ do } x_i^{m+1} := x_i^m - \omega \Big(\sum_{j=1}^{i-1} a_{ij} x_j^{m+1} + \sum_{j=i}^{n} a_{ij} x_j^m - b_i \Big)/a_{ii}$$

Im Modellfall muß man in (6) bzw. (7) lediglich die Wertzuweisung an u durch $u[i,j] := u[i,j] - \omega * (4*u[i,j] - u[i-1,j] - u[i+1,j] - u[i,j-1] - u[i,j+1] - h2*f[i,j])/4$ ersetzen. In §5.6 werden wir beweisen, daß $\omega = 2/(1+\sin(\pi h))$ (d.h. $\omega = 1.821...$ für $N=32$) ein geeigneter Wert ist. Tabelle 2 gibt für das gleiche Beispiel wie oben die Fehler ε_m der ersten 150 Iterationen wieder. Die Konvergenz ist offenbar erheblich schneller als beim Gauß-Seidel-Verfahren. Die Analyse der genannten Verfahren und die Konstruktion noch effektiverer Iterationen ist der Zweck der nachfolgenden Kapitel.

m	$u_{16,16}^m$	ε_m	$\varepsilon_{m-1}/\varepsilon_m$	m	$u_{16,16}^m$	ε_m	$\varepsilon_{m-1}/\varepsilon_m$
0	0.0	1.877	0.94677				
1	-0.016	1.777		39	0.4805	0.050	0.85661
2	-0.027	1.680	0.94512	40	0.4838	0.043	
9	-0.065	1.046	0.91970	49	0.4964	0.0055	0.88303
10	-0.070	0.962		50	0.4970	0.0049	
19	0.1111	0.399	0.91550	99	0.4999996	$9.05_{10}-7$	0.79768
20	0.1486	0.365		100	0.4999997	$7.23_{10}-7$	
29	0.4198	0.166	0.90620	129	$0.5-1.5_{10}-9$	$3.57_{10}-9$	0.78805
30	0.4445	0.150		130	$0.5-1.2_{10}-9$	$2.81_{10}-9$	

Tabelle 1.4.2 Resultate der SOR-Iteration (lexikographisch) für $N=32$ und $\omega = 1.821465$

2. Grundlagen aus der Linearen Algebra

2.1 Bezeichnungen für Vektoren und Matrizen

2.1.1 Nichtangeordnete Indexmengen

Gemäß Bemerkung 1.2.1 werden die Indizes der Vektoren zunächst als *nicht angeordnet* angesehen. Die stets endliche *Indexmenge* wird mit I bezeichnet. Ein Vektor $b \in \mathbb{R}^I$ bzw. $b \in \mathbb{C}^I$ ist eine Abbildung $b: I \to \mathbb{K}$ mit $\mathbb{K} = \mathbb{R}$ im reellen und $\mathbb{K} = \mathbb{C}$ im komplexen Falle. Der Wert von b für $\alpha \in I$ wird als Vektorkomponente b_α geschrieben. Ein aus seinen Komponenten b_α zusammengesetzter Vektor wird in der Form

$$b = (b_\alpha)_{\alpha \in I}$$

dargestellt. Ist die Indexmenge I *angeordnet*, so werden die Indizes mit $1, 2, \ldots, n := \#I$ (Elementeanzahl von I) identifiziert, wenn nicht explizit anders angegeben. Die Indizes werden dann im allgemeinen mit $i, j, k, \ldots$ statt $\alpha, \beta, \gamma, \ldots$ bezeichnet.

Bemerkung 2.1.1 Sei $n := \#I$ und $I_n = \{1, \ldots, n\}$. Eine Anordnung der Elemente von I kann als surjektive Abbildung $\alpha: I_n \to I$ dargestellt werden: $\alpha(i) \in I$ ist der i-te Index in I. Ersetzt man den Namen $\alpha(i)$ durch i, erhält man die oben erwähnte Identifizierung von I mit I_n.

Im allgemeinen wird ein unterer Index nur zur Bezeichnung einer Komponente benutzt. Gelegentlich muß ein unterer Index auch für einen indizierten Vektor verwandt werden, z.B. könnte der erste Spaltenvektor einer Matrix mit a_1 bezeichnet werden. Um Verwechslungen mit Vektorkomponenten zu vermeiden, werden die Vektorvariablen dann wie im Beispiel fett gedruckt. Wenn nicht anders angegeben, bezeichnet e_α den α-*Einheitsvektor* mit den Komponenten $(e_\alpha)_\beta = \delta_{\alpha\beta}$. Dabei ist

$$\delta_{\alpha\beta} = 1 \text{ für } \alpha = \beta \quad \text{und} \quad \delta_{\alpha\beta} = 0 \text{ für } \alpha \neq \beta \qquad (\alpha, \beta \in I)$$

das *Kronecker-Symbol*.

Quadratische Matrizen sind Abbildungen der Indexpaarmenge $I \times I$ in $\mathbb{K}$. Die Menge dieser Matrizen wird mit $\mathbb{K}^{I \times I}$ bezeichnet. Matrizen sind im folgenden durch Großbuchstaben symbolisiert. Die Matrixkomponente von A zum Indexpaar $(\alpha, \beta) \in I \times I$ wird im allgemeinen durch $a_{\alpha\beta}$ oder $a_{\alpha,\beta}$ mit einem Kleinbuchstaben, gelegentlich auch durch $A_{\alpha\beta}$ wiedergegeben. Insbesondere wird $(A + B)_{\alpha\beta}$, $(A^{-1})_{\alpha\beta}$ u.s.w. für Komponenten von Matrixausdrücken geschrieben. Die aus ihren Komponenten zusammengesetzte Matrix ist

$$A = (a_{\alpha\beta})_{\alpha, \beta \in I}.$$

Die Matrixmultiplikation lautet $(AB)_{\alpha\beta} = \sum_{\gamma \in I} a_{\alpha\gamma} b_{\gamma\beta}$ in dieser Schreibweise. Entsprechend ist $(Ax)_\alpha = \sum_{\beta \in I} a_{\alpha\beta} x_\beta$. Das Symbol

$$I = (\delta_{\alpha\beta})_{\alpha,\beta \in I}$$

wird auch für die _Einheitsmatrix_ benutzt, da diese nicht mit der Indexmenge I verwechselt werden kann.

Bei Rechtecks- oder Untermatrizen können die Indizes α und β aus verschiedenen Mengen I und J stammen: $A = (a_{\alpha\beta})_{\alpha \in I, \beta \in J}$ ist eine $I \times J$-Matrix. Die Menge dieser Matrizen ist $\mathbb{K}^{I \times J}$. Ist die Menge J einelementig, so wird die $I \times J$-Matrix mit einem I-Vektor (genauer Spaltenvektor) identifiziert. Ist umgekehrt I einelementig, wird die $I \times J$-Matrix als J-Zeilenvektor angesehen.

Ist die Indexmenge I angeordnet, d.h. $I = \{1, \ldots, n\}$, werden wie üblich Indizes a_{ij} oder A_{ij} verwendet.

2.1.2 Bezeichnungen und Notationen

Ist $A = (a_{\alpha\beta})_{\alpha,\beta \in I}$, so bezeichnet man A^T als _transponierte_ Matrix, $\bar{A}$ als _komplex konjugierte_ Matrix und A^H als _adjungierte_ (oder Hermitesch transponierte) Matrix zu A, wobei

$$(2.1.1) \qquad A^T = (a_{\beta\alpha})_{\alpha,\beta \in I}, \qquad \bar{A} = (\bar{a}_{\alpha\beta})_{\alpha,\beta \in I}, \qquad A^H = \bar{A}^T = (\bar{a}_{\alpha\beta})_{\alpha,\beta \in I}.$$

Für die Inverse der adjungierten Matrix hat sich die Bezeichnung

$$(2.1.2) \qquad A^{-H} := (A^H)^{-1}$$

eingebürgert. Im Rahmen dieses Buches wird die Notation A^T nur für reellwertige Matrizen benutzt, so daß sie nicht von A^H abweicht. Weil mit $(x_1, x_2, \ldots)$ ein Zeilenvektor bezeichnet wird, schreibt man $(x_1, x_2, \ldots)^T$ für den entsprechenden Spaltenvektor. Die Definition der Notationen A^T, A^H für rechteckige Matrizen $A \in \mathbb{K}^{I \times J}$, $I \neq J$, ist analog.

Übungsaufgabe 2.1.2 Man zeige für ^{T} und ^{H} die Rechenregeln ($\lambda \in \mathbb{K}$):

$$(2.1.3a) \qquad (A+B)^T = A^T + B^T, \ (AB)^T = B^T A^T, \ (\lambda A)^T = \lambda A^T, \ (A^{-1})^T = (A^T)^{-1},$$

$$(2.1.3b) \qquad (A+B)^H = A^H + B^H, \ (AB)^H = B^H A^H, \ (\lambda A)^H = \bar{\lambda} A^H, \ (A^{-1})^H = (A^H)^{-1} = A^{-H}.$$

Definition 2.1.3 Sei $A \in \mathbb{K}^{I \times I}$. Die Matrix A heißt

$(2.1.4a) \qquad$ _symmetrisch_, $\quad$ wenn $A = A^T$,

$(2.1.4b) \qquad$ _Hermitesch_, $\quad$ wenn $A = A^H$,

$(2.1.4c) \qquad$ _regulär_, $\quad$ wenn A^{-1} existiert,

$(2.1.4d) \qquad$ _unitär_, $\quad$ wenn $A A^H = I$ (d.h. A regulär und $A^{-1} = A^H$),

$(2.1.4e) \qquad$ _normal_, $\quad$ wenn $A A^H = A^H A$.

Bemerkung 2.1.4 (a) Ist eine Matrix A Hermitesch oder unitär, so ist sie auch normal.
(b) Jede der Eigenschaften (4a-e) übertragen sich von A auf ihre Adjungierte A^H.
(c) Produkte regulärer (unitärer) Matrizen sind wieder regulär (unitär).

Für eine _Diagonalmatrix_ D reicht die Angabe der Diagonalelemente. Man schreibt

$$(2.1.5a) \qquad D = \mathrm{diag}\{d_\alpha : \alpha \in I\} \quad \text{für} \quad D \text{ mit } D_{\alpha\alpha} = d_\alpha, \quad D_{\alpha\beta} = 0 \quad (\alpha \neq \beta).$$

Ist I angeordnet, ist auch die Aufzählung

$$(2.1.5b) \qquad D = \mathrm{diag}\{d_1, d_2, \ldots, d_n\}$$

möglich. Ist $A \in \mathbb{K}^{I \times I}$ eine beliebige Matrix, so wird mit

$$(2.1.5c) \qquad D = \mathrm{diag}\{A\}$$

der _Diagonalanteil_ $\mathrm{diag}\{a_{\alpha\alpha} : \alpha \in I\}$ von A bezeichnet.

Im Falle einer angeordneten Indexmenge heißt eine Matrix T _tridiagonal_ oder _Tridiagonalmatrix_, falls $T_{ij} = 0$ für alle $|i - j| > 1$, d.h. wenn T die Bandbreite 1 besitzt (vgl. Definition 1.3.3). Die Elemente $\alpha_i = T_{i,i-1}$ definieren die untere Nebendiagonale, $\beta_i = T_{ii}$ die (Haupt-) Diagonale und $\gamma_i = T_{i,i+1}$ die obere Nebendiagonale, während alle anderen Elemente von T gleich null sind. Eine solche Matrix wird abgekürzt durch das Symbol

$$(2.1.6) \qquad T = \mathrm{tridiag}\{(\alpha_i, \beta_i, \gamma_i) : i \in I\}.$$

Man beachte, daß die Werte α_1 und γ_n, $n = \#I$, in (6) ohne Bedeutung sind. $\mathrm{tridiag}\{A\}$ bezeichnet den tridiagonalen Anteil einer beliebigen Matrix A.

2.1.3 Sternnotation

In §1.2 trat die Indexmenge $I = \Omega_h$ auf. Im folgenden kann Ω_h allgemeiner als in (1.2.3) eine beliebige Teilmenge des zweidimensionalen, unendlichen Gitters $\{(x,y) = (ih, jh) : i, j \in \mathbb{Z}\}$ sein. Der Vektor $x \in \mathbb{K}^I$ wird dann als _Gitterfunktion_ interpretiert. Da das Symbol x sowohl den Vektor als auch die erste Komponente im Index $(x,y) \in \Omega_h$ bezeichnet, schreiben wir in Anlehnung an die Gleichung (1.2.1a,b) u anstelle von $x \in \mathbb{K}^I$:

$$(2.1.7a) \qquad x_\alpha = u(x,y) \qquad\qquad \text{für } \alpha = (x,y) \in I = \Omega_h.$$

Wenn es schreibtechnisch vorteilhaft erscheint, wird das Argument $(x,y) = (ih, jh)$ durch die Indizes «$_{ij}$» ersetzt:

$$(2.1.7b) \qquad u(ih, jh) = u_{ij} \qquad\qquad \text{für } (ih, jh) \in \Omega_h.$$

Die erste Indexkomponente x oder i entspricht der Gitterzeile (von links nach rechts gezählt), die zweite Komponente y oder j entspricht der Gitterspalte (von unten nach oben orientiert).

Für Abbildungen (Matrizen) auf $\mathbb{K}^I$ mit $I = \Omega_h$ bedient man sich der sogenannten _Sternschreibweise_. Der _Neunpunktstern_

$$(2.1.8a) \qquad \begin{bmatrix} a_{-1,1} & a_{01} & a_{1,1} \\ a_{-1,0} & a_{00} & a_{1,0} \\ a_{-1,-1} & a_{0,-1} & a_{1,-1} \end{bmatrix} \quad \text{oder} \quad \begin{bmatrix} a^{ij}_{-1,1} & a^{ij}_{01} & a^{ij}_{1,1} \\ a^{ij}_{-1,0} & a^{ij}_{00} & a^{ij}_{1,0} \\ a^{ij}_{-1,-1} & a^{ij}_{0,-1} & a^{ij}_{1,-1} \end{bmatrix}$$

repräsentiert eine Matrix A, die *pro Zeile* die in (8a) auftretenden neun Koeffizienten a_{pq} $(-1 \leqslant p,q \leqslant 1)$ besitzt: Die Komponente von Ax zum Index $(ih, jh) \in \Omega_h$ lautet

$$(2.1.8b) \qquad \sum_{p,q=-1}^{1} a_{pq}\, u_{i+p,j+q} \quad \text{bzw.} \quad \sum_{p,q=-1}^{1} a_{pq}^{ij}\, u_{i+p,j+q}\,,$$

wobei $u = x$ gemäß (7a). Im ersten Fall sind die Matrixelemente wie beim Poisson-Modellproblem unabhängig, im zweiten abhängig vom Gitterpunkt. $a_{00} = a_{00}^{ij}$ ist das Diagonalelement (zum Index «ij»). Das in (8a) z.B. rechts von der Mitte stehende Element $a_{1,0}$ ist der Matrixeintrag, mit dem der rechte Nachbar $u_{i+1,j}$ vom Gitterpunkt $(ih, jh) \in \Omega_h$ zu multiplizieren ist u.s.w.

Wenn $(ih, jh) \in \Omega_h$, muß der in (8b) auftretende Index «$i+p, j+q$», genauer der Gitterpunkt $((i+p)h, (j+q)h)$ nicht mehr zu Ω_h gehören. In diesem Falle ist der Summand $a_{pq}^{ij} u_{i+p,j+q}$ in (8b) zu ignorieren. Der gleiche Effekt wird erreicht, wenn man formal $u_{i+p,j+q} := 0$ setzt.

Die *Fünfpunktformel* des Poisson-Modellproblems schreibt sich als

$$(2.1.9) \qquad h^{-2} \begin{bmatrix} & -1 & \\ -1 & 4 & -1 \\ & -1 & \end{bmatrix}.$$

Nicht eingetragene Werte a_{pq} wie hier in den Positionen $p,q = \pm 1$ sind als Nullen zu lesen. Die «Sterne» sind nicht auf das Format 3×3 beschränkt. Die Interpretation des 3×5-Sternes

$$\frac{h^{-2}}{12} \begin{bmatrix} & & -12 & & \\ 1 & -16 & 54 & -16 & 1 \\ & & -12 & & \end{bmatrix}$$

ist offensichtlich. Das Format $\ell \times k$ darf jedoch nur ungradzahlige ℓ und k verwenden, damit die Mitte (und damit das Diagonalelement) eindeutig erkennbar ist.

2.2 Lineare Gleichungssysteme

Sei $A \in \mathbb{K}^{I \times I}$ und $b \in \mathbb{K}^I$. Zu lösen ist das Gleichungssystem

$$(2.2.1) \qquad Ax = b, \quad \text{d.h.} \quad \sum_{\beta \in I} a_{\alpha\beta}\, x_\beta = b_\alpha \qquad \text{für alle } \alpha \in I.$$

Bedingungen für die Lösbarkeit dieser Gleichung lassen sich sofort angeben, sind aber im numerischen Zusammenhang von geringerem Interesse. Da z.B. die rechte Seite b durch Eingabefehler (Rundungsfehler etc.) gestört sein kann, steht die Frage «wann ist (1) für *alle* $b \in \mathbb{K}^I$ lösbar» im Vordergrund. Der folgende Satz erinnert daran, daß diese Eigenschaft mit der Regularität von A äquivalent ist.

Satz 2.2.1 Sei $A \in \mathbb{K}^{I \times I}$. Die folgenden Eigenschaften sind äquivalent: **(a)** A regulär, **(b)** $\text{rang}(A) = \#I$ (Elementeanzahl von I), **(c)** $\det(A) \neq 0$, **(d)** $Ax = 0$ hat nur die triviale Lösung $x = 0$, **(e)** $Ax = b$ ist für jedes b lösbar, **(f)** $Ax = b$ hat höchstens eine Lösung, **(g)** $Ax = b$ ist für alle b eindeutig lösbar.

2.3 Permutationsmatrizen

Jede surjektive Abbildung $\pi : I \to I$ heißt *Permutation*. Die zugehörige *Permutationsmatrix* $P = P_\pi$ ist definiert durch

(2.3.1) $(P x)_\alpha = x_{\pi(\alpha)}$ für alle $\alpha \in I$ und $x \in \mathbb{K}^I$.

Lemma 2.3.1 (a) Die komponentenweise Darstellung der zu π gehörenden Permutationsmatrix P lautet $P_{\alpha\beta} = \delta_{\pi(\alpha),\beta} = \delta_{\alpha,\pi^{-1}(\beta)}$. **(b)** P ist reell und unitär: $P^{-1} = P^T$.

Beweis. $P_{\alpha\beta} = (P e_\beta)_\alpha$. $(P P^H)_{\alpha\beta} = \sum_k \delta_{k,\pi(\alpha)} \delta_{k,\pi(\beta)} = \delta_{\pi(\alpha),\pi(\beta)} = \delta_{\alpha\beta} = (I)_{\alpha\beta}$. ▨

Übungsaufgabe 2.3.2 Man zeige: Die Multiplikation $A \mapsto PA$ permutiert die Zeilen der Matrix A, während $A \mapsto AP$ die Spalten permutiert.

Ist $A \in \mathbb{K}^{I \times I}$, so definieren wir die π-permutierte Matrix A_π durch

(2.3.2) $A_\pi = P_\pi A P_\pi^T$.

Definition 2.3.3 Matrizen $A, B \in \mathbb{K}^{I \times I}$ heißen *p-äquivalent* (permutationsäquivalent, in Zeichen $A \underset{\text{p}}{\sim} B$), falls eine Permutation $\pi : I \to I$ existiert, so daß $B = A_\pi$. Zu jedem A gehört eine Äquivalenzklasse $\varkappa(A) := \{ B : A \underset{\text{p}}{\sim} B \}$.

Im folgenden wollen wir feststellen, welche Eigenschaften Matrizen haben können, wenn wir keine Anordnung der Indizes definieren. Beispiele für eine mit $E(A)$ abgekürzte Eigenschaft von A sind: «A ist Hermitesch», «A ist Diagonalmatrix».

Bemerkung 2.3.4 (a) Sei I nicht angeordnet. $E(A)$ sei eine Eigenschaft, die von der Benennung der Indizes unabhängig ist. Da sich jedes $B \underset{\text{p}}{\sim} A$ nur in der Indexbenennung von A unterscheidet, überträgt sich die Eigenschaft $E(A)$ auf die gesamte Äquivalenzklasse $\varkappa(A)$. **(b)** I sei angeordnet. Genau dann, wenn eine Eigenschaft E mit $\underset{\text{p}}{\sim}$ verträglich ist (d.h. $E(A)$ und $E(B)$ sind äquivalent für $A \underset{\text{p}}{\sim} B$), läßt sich E als Eigenschaft der Matrix $A = (a_{\alpha\beta})_{\alpha,\beta \in I}$ mit nichtgeordneter Indexmenge I erklären.

Aus Teil (a) der Bemerkung folgt, daß alle in (1.4a-e) genannten Eigenschaften (symmetrisch, Hermitesch,...) unabhängig von der Numerierung der Indizes sind. Mit Teil (b) läßt sich entscheiden, ob sich eine für übliche Matrizen definierte Eigenschaft übertragen läßt.

Beispiel 2.3.5 (a) Ist $A \in \mathbb{K}^{I \times I}$ (I angeordnet) eine Diagonalmatrix, so rechnet man nach, daß A_π wieder eine Diagonalmatrix ist. Daher ist der Begriff «Diagonalmatrix» für nichtgeordnete Indexmengen sinnvoll. Ihre direkte Definition ist: A ist *Diagonalmatrix*, wenn $a_{\alpha\beta} = 0$ für $\alpha \ne \beta$. **(b)** Die *Determinante* ist wegen $\det(P^T) = \det(P^{-1}) = 1/\det(P)$ und $\det(A_\pi) = \det(P A P^T) = \det(P)\det(A)\det(P^T) = \det(A)$ invariant, so daß $\det(A)$ auch für $A \in \mathbb{K}^{I \times I}$ mit nichtgeordnetem I erklärt werden kann.

Übungsaufgabe 2.3.6 Man zeige, daß sich die Begriffe «tridiagonale Matrix» oder «obere Dreiecksmatrix» nicht für Matrizen ohne Indexanordnung übertragen lassen.

2.4 Eigenwerte und Eigenvektoren

Sei $A \in \mathbb{K}^{I \times I}$ ($\mathbb{K} = \mathbb{R}$ oder $\mathbb{K} = \mathbb{C}$). Das *Spektrum* der Matrix A ist definiert durch

$$(2.4.1) \qquad \sigma(A) := \{ \lambda \in \mathbb{C} : \det(A - \lambda I) = 0 \}.$$

Jedes $\lambda \in \sigma(A)$ heißt *Eigenwert* von A. Ein Eigenwert hat die *algebraische Vielfachheit* k, falls er k-fache Nullstelle des *charakteristischen Polynoms* $\det(A - \lambda I)$ ist. Da $\det(A - \lambda I)$ den Grad $n = \#I$ besitzt, existieren genau n Eigenwerte, wenn sie gemäß ihrer algebraischen Vielfachheit gezählt werden.

Die Eigenschaften der Determinante beweist die

Bemerkung 2.4.1 $\sigma(A^T) = \sigma(A)$, $\sigma(A^H) = \sigma(\bar{A}) = \overline{\sigma(A)} := \{ \bar{\lambda} : \lambda \in \sigma(A) \}$.

$e \in \mathbb{K}^I$ heißt *Eigenvektor* der Matrix A, falls $e \neq 0$ und

$$(2.4.2) \qquad A e = \lambda e.$$

Nach Satz 2.1c,d folgt aus (2), daß λ ein Eigenwert sein muß. Umgekehrt beweist der gleiche Satz das

Lemma 2.4.2 Zu jedem $\lambda \in \sigma(A)$ existiert ein Eigenvektor e, der das Eigenwertproblem (2) erfüllt.

Übungsaufgabe 2.4.3 $A = (a_{ij})_{i,j \in I}$ sei eine obere oder untere Dreiecksmatrix oder Diagonalmatrix. Man zeige: $\sigma(A) = \{ a_{ii} : i \in I \}$.

Definition 2.4.4 Zwei Matrizen $A, B \in \mathbb{K}^{I \times I}$ heißen *ähnlich*, wenn es eine reguläre Matrix T gibt, so daß

$$(2.4.3) \qquad A = T^{-1} B T.$$

Satz 2.4.5 (a) Die Eigenwerte ähnlicher Matrizen A und B stimmen einschließlich ihrer Vielfachheiten überein: $\sigma(A) = \sigma(B)$.
(b) Ist T die Ähnlichkeitstransformation aus (3) und e ein Eigenvektor von A, so ist Te ein Eigenvektor von B.

Beweis. (i) Teil (a) ist Folge von $\det(A - \lambda I) = \det(T^{-1}(B - \lambda I)T) = \det(T^{-1}) \det(B - \lambda I) \det(T) = (1/\det(T)) \det(B - \lambda I) \det(T) = \det(B - \lambda I)$.
(b) $B(Te) = TT^{-1}BTe = TAe = T(\lambda e) = \lambda(Te)$. □

Satz 2.4.6 Die Produkte AB und BA haben bis eventuell auf den Eigenwert null das gleiche Spektrum:

$$(2.4.4) \qquad \sigma(AB) \setminus \{0\} = \sigma(BA) \setminus \{0\}.$$

Diese Aussage gilt auch für Rechtecksmatrizen $A \in \mathbb{K}^{I \times J}$, $B \in \mathbb{K}^{J \times I}$.

Beweis. Zum Eigenwert $\lambda \in \sigma(AB) \setminus \{0\}$ gehöre der Eigenvektor $e \neq 0$: $ABe = \lambda e$. Da $\lambda e \neq 0$, verschwindet $v := Be$ nicht. Multiplikation mit B liefert $BABe = \lambda Be$, d.h. $BAv = \lambda v$ mit $v \neq 0$. $\lambda \in \sigma(BA) \setminus \{0\}$ beweist $\sigma(AB) \setminus \{0\} \subset \sigma(BA) \setminus \{0\}$. Analog ergibt sich die umgekehrte Inklusion. ▨

Ist $P(\xi) = \sum_{\nu} a_{\nu} \xi^{\nu}$ ein Polynom in $\xi \in \mathbb{C}$, so erweitert man den Definitionsbereich von P durch

$$(2.4.5a) \qquad P(A) := \sum_{\nu} a_{\nu} A^{\nu} \qquad\qquad \text{für beliebige } A \in \mathbb{K}^{I \times I}$$

auf (quadratische) Matrizen. Dabei ist A^0 durch I definiert. Am Ende des §2.8.1 wird folgendes Lemma bewiesen werden.

Lemma 2.4.7 (a) Für die Spektren von A und $P(A)$ gilt der Zusammenhang: $\sigma(P(A)) = P(\sigma(A)) := \{ P(\lambda) : \lambda \in \sigma(A) \}$.
(b) Die algebraische Vielfachheit des Eigenwertes $P(\lambda)$ von $P(A)$ ist die Summe der Vielfachheiten aller Eigenwerte $\lambda_1, \lambda_2, \ldots, \lambda_k$ von A, für die $P(\lambda_j) = P(\lambda)$ $(1 \leq j \leq k)$ zutrifft.
(c) Jeder Eigenvektor von A zum Eigenwert λ ist auch Eigenvektor von $P(A)$ zum Eigenwert $P(\lambda)$.

Übungsaufgabe 2.4.8 Man zeige: **(a)** Enthält $\sigma(A)$ keine Nullstelle von $P(\xi)$, so ist $P(A)$ regulär.
(b) Die Eigenschaften «diagonal», «obere Dreiecksmatrix», «untere Dreiecksmatrix» übertragen sich von A auf $P(A)$. Hat P reelle Koeffizienten, gilt dies auch für die Begriffe «symmetrisch» und «Hermitesch».
(c) A sei regulär. Alle in (b) genannten Eigenschaften übertragen sich von A auf A^{-1}.

Lemma 2.4.9 $A \in \mathbb{K}^{I \times I}$ sei eine *strikte* (obere oder untere) Dreiecksmatrix, d.h. auch die Diagonalelemente sind null (vgl. §1.4). Dann gilt für jedes $m \geq \#I$, daß $A^m = 0$. Ebenso gilt $A_1 D_1 A_2 D_2 \cdot \ldots \cdot A_m D_m = 0$ für das Produkt mit $m \geq \#I$ strikten oberen Dreiecksmatrizen A_i und beliebigen Diagonalmatrizen D_i.

Beweis. Man beweist man durch Induktion, daß A^m für $m \in \mathbb{N}$ außer der Diagonalen $m-1$ verschwindende Nebendiagonalen besitzt: $(A^m)_{ij} = 0$ für $|i - j| < m$. Da $|i - j| < m$ für $m \geq \#I$ alle Indizes umfaßt, ist $A^m = 0$. ▨

Zwei Matrizen A, B heißen _vertauschbar_, wenn $AB = BA$.

Übungsaufgabe 2.4.10 Man zeige: **(a)** Sind A und B vertauschbar, so auch $P(A)$ und $Q(B)$ für beliebige Polynome P und Q. Vertauschbar sind insbesondere $P(A)$ und $Q(A)$ oder noch spezieller: $P(A)$ und A.
(b) Ist A regulär, so sind $P(A)$ und $P(A^{-1})$ vertauschbar.
(c) Unter der Voraussetzung von (a) sind $P(A), P(A)^{-1}, Q(B), Q(B)^{-1}$ wechselseitig vertauschbar, solange die Inversen existieren.

Zwei Polynome P und Q definieren die rationale Funktion $R(\xi) := P(\xi)/Q(\xi)$. Nach Übungsaufgabe 8a ist die Matrix

$$(2.4.5b) \qquad R(A) := P(A)(Q(A))^{-1}$$

genau dann definiert, wenn $\sigma(A)$ keine Nullstelle des Nennerpolynoms Q enthält. Die vorhergehenden Resultate beweisen die

Bemerkung 2.4.11 $\sigma(A)$ enthalte keine Polstelle der rationalen Funktion R. Dann gilt: **(a)** (5b) ist gleichbedeutend mit $R(A)=(Q(A))^{-1}P(A)$. **(b)** Lemma 7 gilt auch für R anstelle von P. Insbesondere ist $\sigma(R(A))=R(\sigma(A))$ das Spektrum von $R(A)$.
(c) Die Eigenschaften «diagonal», «obere Dreiecksmatrix», «untere Dreiecksmatrix» übertragen sich von A auf $R(A)$. Hat R reelle Koeffizienten, gilt dies auch für die Begriffe «symmetrisch» und «Hermitesch».

Übungsaufgabe 2.4.12 $\sigma(A)$ enthalte keine Polstelle der rationalen Funktion R. Man zeige: **(a)** Gilt die Ähnlichkeitsbeziehung $A=T^{-1}BT$ (vgl. (3)), so auch $R(A)=T^{-1}R(B)T$. **(b)** Ist $D=\mathrm{diag}\{d_\alpha:\alpha\in I\}$, so auch $R(D)=\mathrm{diag}\{R(d_\alpha):\alpha\in I\}$.

Einen für Iterationsverfahren fundamentalen Begriff enthält die

---

Definition 2.4.13 Der _Spektralradius_ $\rho(A)$ einer Matrix A ist der betragsmäßig größte Eigenwert:
$$\rho(A):=\max\{|\lambda|:\lambda\in\sigma(A)\}.$$

Lemma 2.4.14 Der Spektralradius genügt den folgenden Rechenregeln:

$$(2.4.6a)\qquad \rho(\zeta A)=|\zeta|\,\rho(A)\qquad\text{für alle }\zeta\in\mathbb{C}\text{ und }A\in\mathbb{K}^{I\times I},$$
$$(2.4.6b)\qquad \rho(A^k)=\big(\rho(A)\big)^k\qquad\text{für alle }k\in\mathbb{N}_0\text{ und }A\in\mathbb{K}^{I\times I},$$
$$(2.4.6c)\qquad \rho(A)=\rho(B)\qquad\text{für ähnliche Matrizen }A,B\in\mathbb{K}^{I\times I},$$
$$(2.4.6d)\qquad \rho(A)=\rho(A^H)=\rho(A^T)\qquad\text{für alle }A\in\mathbb{K}^{I\times I}.$$

Beweis. (i) Das Maximum von $\{|\lambda|:\lambda\in\sigma(A)\}$ sei für $\lambda'\in\sigma(A)$ angenommen: $|\lambda'|=\rho(A)$. Dann nehmen auch $|\zeta\lambda|$ und $|\lambda^k|$ $(\lambda\in\sigma(A))$ ihre Maxima für $\lambda=\lambda'$ an, was (6a,b) beweist.
(ii) Für ähnliche Matrizen A,B ist $\sigma(A)=\sigma(B)$ (vgl. Satz 5a). Dies impliziert (6c).
(iii) (6d) ist Folge der Bemerkung 1. ▮

Übungsaufgabe 2.4.15 Man beweise: **(a)** Für eine Diagonal- oder Dreiecksmatrix gilt $\rho(A)=\max\{|a_{\alpha\alpha}|:\alpha\in I\}$.
(b) Es gilt $\rho(A)=0$ für strikte Dreiecksmatrizen A.

Lemma 2.4.16 Es gilt $\rho(AB)=\rho(BA)$ für alle $A\in\mathbb{K}^{I\times J}$, $B\in\mathbb{K}^{J\times I}$.

Beweis. Die Spektren von AB und BA unterscheiden sich gemäß (4) höchstens um den Eigenwert 0, der bei der Definition des Spektralradius keine Rolle spielt. ▮

Für mehrfache Produkte ergibt sich $\rho(A_0A_1\cdots A_m)=\rho(A_1\cdots A_mA_0)$.

2.5 Blockvektoren, Blockmatrizen

Wie die Matrix (1.2.8) des Modellproblems zeigt, haben die Vektoren und Matrizen häufig eine spezielle Blockgestalt. Zur exakten Definition der _Blockstruktur_ gehen wir von einer Zerlegung der Indexmenge I in disjunkte, nichtleere Teilmengen aus:

$$(2.5.1) \qquad I = \bigcup_{\varkappa \in B} I_\varkappa, \qquad\qquad I_\varkappa, I_\lambda \; (\varkappa, \lambda \in B) \text{ paarweise disjunkt.}$$

B ist die Indexmenge der Blöcke. Der Vektor $x \in \mathbb{K}^I$ zerfällt in die _Blöcke_ $x^\varkappa \; (\varkappa \in B)$:

$$(2.5.2\mathrm{a}) \qquad x^\varkappa := (x_\alpha)_{\alpha \in I_\varkappa}, \quad x = (x^\varkappa)_{\varkappa \in B}.$$

Beispiel 2.5.1 Im Falle des Modellproblems aus §1.2 ist das Gitter Ω_h aus (1.2.3) die naheliegende Indexmenge. Das Gitter besteht aus $N-1$ «Zeilen» $I_j = \{(ih, jh) : 1 \leqslant i \leqslant N-1\}, \quad j = 1, \ldots, N-1$. In diesem Falle ist $B = \{j : 1 \leqslant j \leqslant N-1\}$ die Blockindexmenge.

Sei $A \in \mathbb{K}^{I \times I}$. Die Zerlegung (1) von I definiert für jedes Paar $\varkappa, \lambda \in B$ einen _Block_ (_Untermatrix_)

$$(2.5.2\mathrm{b}) \qquad A^{\varkappa \lambda} := (a_{\alpha \beta})_{\alpha \in I_\varkappa, \beta \in I_\lambda} \qquad\qquad \text{für jedes } \varkappa, \lambda \in B.$$

Im allgemeinen sind die Blöcke $A^{\varkappa \lambda}$ rechteckige Untermatrizen. Aus den Blöcken kann die Gesamtmatrix zusammengesetzt werden:

$$(2.5.2\mathrm{c}) \qquad A = (A^{\varkappa \lambda})_{\varkappa, \lambda \in B}.$$

Ein Block ist eine spezielle Untermatrix. Als _Hauptuntermatrix_ bezeichnet man jede Matrix $(a_{\alpha \beta})_{\alpha, \beta \in K}$ zu einer Teilmenge $K \subset I$. Die Diagonalblöcke $A^{\varkappa \varkappa}$ aus (2b) sind spezielle Hauptuntermatrizen. Der Begriff «Block» ist mehrdeutig. Er wird für die Indexuntermenge $I_\varkappa$, für einen Vektorblock $x^\varkappa$ wie auch für eine Block-Untermatrix verwendet. Unter den möglichen Blockzerlegungen gibt es zwei extreme Fälle: Ist B einelementig, besteht A nur aus einem Block, der mit A übereinstimmt. Ist $B = I$, d.h. sind alle Untermengen $I_\varkappa = \{\varkappa\}$ einelementig, fallen die Begriffe «Block» und «Matrixelement» zusammen.

Sind die Blockindizes $B = \{1, \ldots, k\}$ angeordnet, läßt sich eine Blockmatrix in der Form

$$A = \begin{bmatrix} A^{11} & A^{12} & \ldots & A^{1k} \\ A^{21} & A^{22} & \ldots & A^{2k} \\ \vdots & \vdots & & \vdots \\ A^{k1} & A^{k2} & \ldots & A^{kk} \end{bmatrix}$$

darstellen. Man beachte, daß im allgemeinen nur die Diagonalblöcke A^{ii} quadratische Untermatrizen sind.

Beispiel 2.5.2 Für das Modellproblem seien die Zeilen als Blöcke verwendet, wie in Beispiel 1 definiert. Dann sind $A^{jj} = h^{-2} T$ (vgl. (1.2.8)) die Diagonalblöcke und $A^{j,j-1} = A^{j,j+1} = -h^{-2} I$ die Nebendiagonalblöcke. Alle weiteren Blöcke sind Nullblöcke und daher nicht in (1.2.8) dargestellt. Man beachte, daß eine Darstellung durch (1.2.8) erst möglich ist, wenn die Indizes angeordnet sind.

Bemerkung 2.5.3 Blockmatrizen lassen sich in zweierlei Weise interpretieren. Zum einen kann man sie als Matrizen verstehen, die durch die Indexzerlegung (1) strukturiert worden sind. Zum anderen kann man sie auch als Matrizen zur Indexmenge B (nicht I) darstellen, deren Matrixelemente matrixwertig (nicht $\mathbb{K}$-wertig) sind. Zum Beispiel kann man die Matrixmultiplikation AB direkt über $(AB)^{\varkappa\lambda} = \sum_{\gamma \in B} A^{\varkappa\gamma} B^{\gamma\lambda}$ durch seine Blöcke definieren.

Die zweite Interpretation aus Bemerkung 3 gestattet es, die Begriffe «Diagonal-, Tridiagonal-, und Dreiecksmatrix» sofort auf Blockmatrizen zu übertragen: Bezüglich einer Indexzerlegung (1) heißt A _Blockdiagonalmatrix_, falls $A^{\varkappa\lambda} = 0$ (Nullblock) für alle $\varkappa \neq \lambda$, $\varkappa, \lambda \in B$. In Analogie zu (1.5a) schreibt man

$$(2.5.3a) \qquad A = \text{blockdiag}\{D^{\varkappa} : \varkappa \in B\}$$

für eine Blockdiagonalmatrix mit $A^{\varkappa\varkappa} = D^{\varkappa}$. Ist $C \in \mathbb{K}^{I \times I}$ eine beliebige Matrix, bezeichnet

$$(2.5.3b) \qquad A = \text{blockdiag}\{C\} := \text{blockdiag}\{C^{\varkappa\varkappa} : \varkappa \in B\}$$

den _Blockdiagonalanteil_ von C, der nach Nullsetzen aller Außerdiagonalblöcke entsteht. Unterschiedliche Blockstrukturen B können zu unterschiedlichen Blockdiagonalanteilen blockdiag$\{C\}$ führen!

Entsprechend schreiben wir

$$(2.5.4) \qquad A = \text{blocktridiag}\{(E^j, D^j, F^j) : j \in B\}$$

für eine _Blocktridiagonalmatrix_ (vgl. (1.6)), wenn B angeordnet ist. A ist eine obere (untere) _Blockdreiecksmatrix_, wenn $A^{ij} = 0$ für alle $i, j \in B$ mit $i > j$ $(i < j)$.

Übungsaufgabe 2.5.4 Man zeige: **(a)** $(A^T)^{\varkappa\lambda} = (A^{\lambda\varkappa})^T$, $(A^H)^{\varkappa\lambda} = (A^{\lambda\varkappa})^H$. **(b)** Die Diagonalblöcke Hermitescher Matrizen sind wieder Hermitesch. **(c)** A sei eine Blockdiagonal- oder Blockdreiecksmatrix mit Diagonalblöcken $A^{\varkappa\varkappa}$ $(\varkappa \in B)$. Das charakteristische Polynom von A ist das Produkt der charakteristischen Polynome von $A^{\varkappa\varkappa}$ $(\varkappa \in B)$. Für das Spektrum und den Spektralradius von A gilt

$$(2.5.5a) \qquad \sigma(A) = \cup\{\sigma(A^{\varkappa\varkappa}) : \varkappa \in B\},$$

$$(2.5.5\text{b}) \qquad \varrho(A) = \max\{|\lambda|: \lambda \text{ Eigenwert von } A^{\varkappa\varkappa}: \varkappa \in B\}$$
$$= \max\{\varrho(A^{\varkappa\varkappa}): \varkappa \in B\}.$$

(d) Für die Diagonalblöcke von Blockdreiecks- und Blockdiagonal-matrizen gilt

$$(2.5.5\text{c}) \qquad (P(A))^{\varkappa\varkappa} = P(A^{\varkappa\varkappa}) \qquad\qquad (\varkappa \in B, \ P \text{ Polynom}).$$

(e) Die Blockdiagonalstruktur bleibt bei Anwendung von Polynomen P erhalten:

$$(2.5.5\text{d}) \qquad P(\text{blockdiag}\{D^{\varkappa}: \varkappa \in B\}) = \text{blockdiag}\{P(D^{\varkappa}): \varkappa \in B\}.$$

2.6 Normen
2.6.1 Vektornormen

Im folgenden sei V ein endlichdimensionaler Vektorraum über dem Körper $\mathbb{K}$, der wahlweise für $\mathbb{R}$ oder $\mathbb{C}$ eingesetzt wird. In den bisherigen Anwendungen trat der Vektorraum $V = \mathbb{K}^I$ auf. Eine Abbildung $\|\cdot\|$: $V \to [0,\infty)$ heißt *Norm* (auf V), wenn

$$(2.6.1\text{a}) \qquad \|x\| = 0 \qquad\qquad \text{nur für } x = 0,$$

$$(2.6.1\text{b}) \qquad \|x+y\| \leqslant \|x\| + \|y\| \qquad \text{für alle } x,y \in V, \quad \text{(Dreiecksungleichung)}$$

$$(2.6.1\text{c}) \qquad \|\lambda x\| = |\lambda|\,\|x\| \qquad \text{für alle } \lambda \in \mathbb{K} \text{ und } x \in V.$$

Gelegentlich wird auch $\|\!\|\cdot\|\!\|$ als Normsymbol verwendet. Spezielle Normen werden durch Indizes gekennzeichnet.

Beispiel 2.6.1 Spezielle Normen sind die *Maximumnorm* $\|\cdot\|_\infty$ und die *Euklidische Norm* $\|\cdot\|_2$, die wie folgt definiert sind:

$$(2.6.2) \qquad \|x\|_\infty := \{|x_\alpha|: \alpha \in I\}, \qquad \|x\|_2 := \left(\sum_{\alpha \in I} |x_\alpha|^2 \right)^{1/2}.$$

Übungsaufgabe 2.6.2 (a) Man prüfe die Eigenschaften (1a–c) für die Normen (2) nach. Man zeige:
(b) Sei $c > 0$. Ist $\|\cdot\|$ eine Norm auf V, so auch $\|\!\|x\|\!\| := c\,\|x\|$.
(c) Ist $\|\cdot\|$ eine Norm auf $V = \mathbb{K}^I$ und $A \in \mathbb{K}^{I \times I}$ eine reguläre Matrix, so ist $\|\!\|x\|\!\| := \|Ax\|$ ebenfalls eine Norm auf V.

Lemma 2.6.3 Es gilt die «umgekehrte Dreiecksungleichung»

$$(2.6.3) \qquad \big|\,\|x\| - \|y\|\,\big| \leqslant \|x-y\| \qquad\qquad \text{für alle } x,y \in V.$$

Jede Norm definiert eine Topologie auf V. Im normierten Vektorraum $(V, \|\cdot\|)$ ist die Stetigkeit von Abbildungen definiert. Ungleichung (3) führt unmittelbar zur

Folgerung 2.6.4 Die Norm $\|\cdot\|$ ist eine stetige (sogar Lipschitz-stetige) Abbildung von $(V, \|\cdot\|)$ in $\mathbb{R}$.

2.6.2 Äquivalenz aller Normen

Zwei Normen $\|\cdot\|$, $\|\cdot\|$ auf V heißen *äquivalent*, wenn es eine Konstante C gibt mit

$$(2.6.4) \qquad \|x\| \leq C\,\|x\|, \quad \|x\| \leq C\,\|x\| \qquad \text{für alle } x \in V.$$

Übungsaufgabe 2.6.5 Man beweise: **(a)** Es gilt die Transitivität: Sind $(\|\cdot\|_a, \|\cdot\|_b)$ und $(\|\cdot\|_b, \|\cdot\|_c)$ zwei Paare äquivalenter Normen, so sind auch $\|\cdot\|_a$ und $\|\cdot\|_c$ äquivalent.
(b) Für die Euklidische Norm und die Maximumnorm gilt

$$(2.6.5) \qquad \|x\|_\infty \leq \|x\|_2, \quad \|x\|_2 \leq \sqrt{\#I}\,\|x\|_\infty \qquad \text{für alle } x \in V = \mathbb{K}^I.$$

Da im folgenden stets der endlichdimensionale Raum $V = \mathbb{K}^I$ betrachtet wird ($\#I < \infty$), gilt generell die Voraussetzung des folgenden Satzes.

Satz 2.6.6 Ist $\dim(V) < \infty$, so sind alle Normen auf V äquivalent.

Beweis. (i) Sei $\{e_\alpha : \alpha \in I\}$ eine Basis von V. Durch

$$\|x\| := \max\{|a_\alpha| : \alpha \in I\} \text{ mit } a_\alpha \text{ aus der Darstellung } x = \sum_\alpha a_\alpha e_\alpha$$

definieren wir eine Referenznorm. $\|\cdot\|$ sei eine weitere Norm auf V. Wegen der Transitivität (vgl. Übungsaufgabe 5a) reicht es, die Äquivalenz von $\|\cdot\|$ und $\|\cdot\|$ zu zeigen.
(ii) Die zweite Ungleichung in (4): $\|x\| \leq c\,\|x\|$, folgt mit $c := \sum_\alpha \|e_\alpha\|$ aus der Dreiecksungleichung:

$$\|x\| = \|\sum a_\alpha e_\alpha\| \leq \sum |a_\alpha|\,\|e_\alpha\| \leq c \max_\alpha |a_\alpha| = c\,\|x\|.$$

(iii) Die Menge $S := \{x \in V : \|x\| = 1\}$ ist in $(V, \|\cdot\|)$ beschränkt (die Schranke ist *1*) und als Urbild des Wertes *1* unter einer stetigen Abbildung (vgl. Folgerung 4) abgeschlossen. Da $\dim(V) < \infty$, ist S somit kompakt. Ungleichung (3) und Teil (ii) ergeben $|\,\|x\| - \|y\|\,| \leq \|x - y\| \leq c\,\|x - y\|$, d.h. auch $\|\cdot\|$ ist bezüglich des durch $\|\cdot\|$ normierten Raumes $(V, \|\cdot\|)$ stetig. Da eine stetige Funktion auf einer kompakten Menge ihr Minimum annimmt, gibt es ein $x_0 \in S$ mit

$$\|x_0\| \leq \|x'\| \qquad\qquad \text{für alle } x' \in S.$$

(iv) Da (4) für $x = 0$ trivial ist, sei $x \neq 0$ angenommen. Wegen (1a) ist $\xi := \|x\| > 0$, so daß $x' := x/\xi$ wohldefiniert ist und $\|x'\| = 1$, d.h. $x' \in S$ erfüllt. Teil (iii) liefert

$$\|x\| = \xi \leq \xi\|x'\| / \|x_0\| = c_0\xi\|x'\| = c_0\|\xi x'\| = c_0\|x\|$$

für $c_0 := 1/\|x_0\|$. Damit ist (4) mit $C := \max\{c, c_0\}$ bewiesen.   ▨

Bemerkung 2.6.7 (a) Die Konstante C aus (4) hängt zwar nicht von $x \in V$, wohl aber von V, genauer von $\dim(V)$ ab, wie das Beispiel (5) zeigt.

(b) Da nach Ungleichung (4) die in $(V, \|\cdot\|)$ offenen Mengen auch in $(V, \|\!|\cdot|\!\|)$ offen sind, läßt sich die Äquivalenz der Normen auch wie folgt ausdrücken: In einem endlichdimensionalen normierten Raum $(V, \|\cdot\|)$ ist die Auswahl der die Topologie definierenden Norm $\|\cdot\|$ beliebig.

2.6.3 Zugeordnete Matrixnormen

Der Raum $\mathbb{K}^{I\times I}$ der $I\times I$-Matrizen ist ebenfalls ein linearer Vektorraum der Dimension $(\#I)^2$, so daß man auf ihm Normen (die sogenannten *Matrixnormen*) definieren kann. Normen auf $\mathbb{K}^I$ werden im Unterschied dazu *Vektor*normen genannt.

Beispiel 2.6.8 Die Verallgemeinerung der Euklidischen Norm ergibt die *Frobenius-Norm* $\|A\|_F := \left(\sum_{\alpha,\beta\in I} |a_{\alpha,\beta}|^2 \right)^{1/2}$.

Da die Matrizen aufgrund der Matrixmultiplikation auch eine Algebra bilden, ist eine Teilklasse der Matrixnormen von größerem Interesse.

Definition 2.6.9 $\|\cdot\|$ sei eine (Vektor-)Norm auf $\mathbb{K}^I$. Die *zugeordnete Matrixnorm* ist

$$(2.6.6) \qquad \|\!|A|\!\| := \sup\left\{ \frac{\|Ax\|}{\|x\|} : 0 \neq x \in \mathbb{K}^I \right\}.$$

Übungsaufgabe 2.6.10 Man zeige: **(a)** $\|\!|A|\!\|$ aus (6) ist eine Norm auf $\mathbb{K}^{I\times I}$.
(b) Das Supremum (6) wird angenommen, so daß «sup» durch «max» ersetzbar ist.
(c) Unterscheiden sich zwei Vektornormen nur um einen Faktor (vgl. Übungsaufgabe 2b), so sind die zugeordneten Matrixnormen identisch.
(d) $\|\!|A|\!\|$ ist die kleinste Schranke C in der Ungleichung

$$(2.6.7) \qquad \|Ax\| \leqslant C\,\|x\| \qquad\qquad \text{für alle } x \in \mathbb{K}^I.$$

Im folgenden werden die Vektor- und die zugeordnete Matrixnorm stets mit dem gleichen Normsymbol bezeichnet, da eine Verwechslung wegen der disjunkten Definitionsbereiche nicht möglich ist. Insbesondere sind $\|A\|_\infty$, $\|A\|_2$ die der Maximumnorm $\|x\|_\infty$ bzw. der Euklidischen Norm $\|x\|_2$ zugeordneten Matrixnormen. Wegen seiner Nähe zum Spektralradius (vgl. §2.9.2) wird $\|A\|_2$ als *Spektralnorm* bezeichnet. Der Name *Zeilensummennorm* für $\|A\|_\infty$ erklärt sich aus

Übungsaufgabe 2.6.11 Man zeige: **(a)** $\|A\|_\infty$ hat die Darstellung

$$(2.6.8) \qquad \|A\|_\infty = \max\left\{ \sum_{\beta\in I} |a_{\alpha\beta}| : \alpha \in I \right\} \qquad (A \in \mathbb{K}^{I\times I}).$$

(b) Für eine Diagonalmatrix gilt $\|D\|_\infty = \|D\|_2 = \max\{|d_\alpha| : \alpha \in I\} = \rho(D)$.

Satz 2.6.12 $\|\cdot\|$ bezeichne sowohl die Vektornorm auf K^I als auch die zugeordnete Matrixnorm (6) auf $K^{I\times I}$. Dann gilt:

(2.6.9a) $\|AB\| \leqslant \|A\|\,\|B\|$ für alle $A, B \in K^{I\times I}$ (Submultiplikativität),

(2.6.9b) $\|Ax\| \leqslant \|A\|\,\|x\|$ für alle $A \in K^{I\times I}$, $x \in K^I$.

Beweis. (b) Nach Übung 10d kann man $C := \|A\|$ in (7) einsetzen.
   (a) Man wende (9b) für Bx anstelle von x an: $\|ABx\| \leqslant \|A\|\|Bx\|$. Anwendung von (9b) auf Bx liefert $\|ABx\| \leqslant \|A\|\|B\|\|x\|$. Damit ist (7) mit $C := \|A\|\|B\|$ und AB statt B erfüllt. Übung 10d zeigt $\|AB\| \leqslant C$.   ▨

Übungsaufgabe 2.6.13 (a) $\|I\| = 1$ für jede zugeordnete Matrixnorm. **(b)** Die Frobenius-Norm aus Beispiel 8 ist keiner Vektornorm zugeordnet. **(c)** Zu einer Vektornorm $\|\cdot\|$ und einer regulären Matrix T sei $\|\cdot\|_T$ durch $\|x\|_T := \|Tx\|$ als weitere Vektornorm definiert (vgl. Übung 2c). Für die gleichbezeichnete zugeordnete Matrixnorm gilt dann die Beziehung

(2.6.10) $\|A\|_T = \|TAT^{-1}\|$ für alle $A \in K^{I\times I}$.

Definition 9 ordnet jeder Vektor- eine Matrixnorm zu. Diese Zuordnung ist nicht injektiv (vgl. Übung 10d). Zu jeder zugeordneten Matrixnorm $\|\cdot\|_M$ läßt sich aber die zugrundeliegende Vektornorm $\|\cdot\|_V$ bis auf einen Faktor zurückgewinnen. Dazu wähle man $0 \neq a \in K^I$. Das Produkt xa'' $(x \in K^I)$ stellt die Matrix $(x_\alpha a_\beta)_{\alpha,\beta \in I}$ dar. $\|x\|_a := \|xa''\|_M$ ist eine Vektornorm, die sich von $\|\cdot\|_V$ nur um einen Faktor unterscheidet. Ist $\|\cdot\|_{a,M}$ die $\|\cdot\|_a$ zugeordnete Matrixnorm, so gilt: Eine beliebige Matrixnorm $\|\cdot\|_M$ ist genau dann zugeordnet, wenn $\|\cdot\|_M = \|\cdot\|_{a,M}$.

Sind X und Y zwei normierte Räume mit den Normen $\|\cdot\|_X$ und $\|\cdot\|_Y$, und stellt $A: X \to Y$ eine lineare Abbildung dar, so bezeichnet

(2.6.11) $\|A\|_{Y\leftarrow X} := \sup\{\|Ax\|_Y / \|x\|_X : 0 \neq x \in X\}$

die zugehörige Matrixnorm.

2.7 Skalarprodukt

Ein *Skalarprodukt* auf einem Vektorraum V ist eine positive, symmetrische Sesquilinearform $\langle\cdot,\cdot\rangle: V \times V \to K$ ($K = R$ oder $K = C$), d.h. es erfüllt

(2.7.1a) $\langle x, x \rangle > 0$ für alle $0 \neq x \in V$,

(2.7.1b) $\langle x + \lambda x', y \rangle = \langle x, y \rangle + \lambda \langle x', y \rangle$ für alle $x, x', y \in V$, $\lambda \in K$,

(2.7.1c) $\langle x, y \rangle = \overline{\langle y, x \rangle}$ für alle $x, y \in V$.

Aus (1b,c) folgert man die Halblinearität im zweiten Argument:

(2.7.1b') $\langle x, y + \lambda y' \rangle = \langle x, y \rangle + \bar{\lambda}\langle x, y' \rangle$ für alle $x, y, y' \in V$, $\lambda \in K$.

Für den reellen Fall $K = R$ können die Querstriche für die komplex konjugierten Werte ignoriert werden. Bekannte Eigenschaften des

Skalarproduktes enthält die

Bemerkung 2.7.1 Jedes Skalarprodukt induziert durch

$$(2.7.2) \qquad \| x \| := \sqrt{\langle x, x \rangle}$$

eine Norm auf V. Es gelten die _Schwarzsche Ungleichung_

$$(2.7.3) \qquad |\langle x, y \rangle| \leqslant \| x \| \, \| y \| \qquad\qquad \text{für alle } x, y \in V,$$

wobei Gleichheit nur für linear abhängige Vektoren x, y zutrifft, und die Dualitätsaussage

$$(2.7.4) \qquad \| x \| = \max\{ |\langle x, y \rangle| / \| y \| : 0 \neq y \in V \}.$$

Das _Euklidische Skalarprodukt_ auf $V = \mathbb{K}^I$ ist durch

$$(2.7.5) \qquad \langle x, y \rangle := \sum_{\alpha \in I} x_\alpha \bar{y}_\alpha$$

definiert. Wenn nicht explizit anders definiert, ist im folgenden mit $\langle \cdot, \cdot \rangle$ stets das Euklidische Skalarprodukt (5) gemeint. Das Euklidische Skalarprodukt $\langle x, y \rangle$ läßt sich auch in der Form $y^H x$ schreiben.

Bemerkung 2.7.2 (a) Die vom Euklidischen Skalarprodukt induzierte Norm (2) ist die Euklidische Norm $\| \cdot \|_2$ aus (6.2).
(b) Es gilt

$$(2.7.6) \qquad \langle Ax, y \rangle = \langle x, A^H y \rangle \qquad\qquad \text{für } x, y \in \mathbb{K}^I, \; A \in \mathbb{K}^{I \times I}.$$

Zwei Vektoren $x, y \in V$ heißen _orthogonal_ (bezüglich $\langle \cdot, \cdot \rangle$), in Zeichen $x \perp y$, falls $\langle x, y \rangle = 0$. x, y heißen _orthonormal_, falls sie orthogonal und normiert sind, d.h. $\langle x, x \rangle = \langle y, y \rangle = 1$. Eine Basis $\{ b^\alpha : \alpha \in I \}$ heißt _Orthonormalbasis_, falls die Vektoren b^α paarweise orthonormal sind.

Bemerkung 2.7.3 (Orthogonalisierungsverfahren) Sind $b^1, b^2, \ldots, b^m$ m linear unabhängige Vektoren aus V, so definiert die Vorschrift

$$(2.7.7) \qquad w^i := b^i - \sum_{j=1}^{i-1} \langle v^j, b^i \rangle v^j, \quad v^i := w^i / \| w^i \| \qquad (i = 1, 2, \ldots, m)$$

mit $\| \cdot \|$ aus (2) m paarweise orthonormale Vektoren v^i, die den gleichen Unterraum aufspannen:

$$\mathrm{span}\{ b^1, \ldots, b^m \} = \mathrm{span}\{ v^1, \ldots, v^m \}.$$

Dabei ist $\mathrm{span}\{ x^\alpha : \alpha \in J \} := \{ x = \sum_{\alpha \in J} a_\alpha x^\alpha : a_\alpha \in \mathbb{K} \}$.

Ist W ein Unterraum des Vektorraums V, so heißt $x \in V$ orthogonal auf W (in Zeichen: $x \perp W$), wenn $x \perp w$ für alle $w \in W$. $W^\perp$ bezeichnet den _Orthogonalraum_ zu W:

$$W^\perp := \{ x \in V : x \perp W \}.$$

Lemma 2.7.4 Sei $\mathbf{a}_\alpha = (a_{\alpha\beta})_{\beta\in I}$ für $\alpha\in I$ der α-Spaltenvektor von $A = (a_{\alpha\beta})_{\alpha,\beta\in I}$. A ist genau dann eine unitäre Matrix, wenn $\{\mathbf{a}_\alpha : \alpha\in I\}$ eine Orthonormalbasis darstellt.

Beweis. Folgt aus $(A^H A)_{\alpha\beta} = \mathbf{a}_\alpha^H \mathbf{a}_\beta = \langle \mathbf{a}_\beta, \mathbf{a}_\alpha\rangle = \delta_{\alpha\beta}$, d.h. $A^H A = I$. ◻

2.8 Normalformen

2.8.1 Schur-Normalform

Der folgende Satz besagt, daß jede Matrix unitär-ähnlich zu einer oberen Dreiecksmatrix ist. Selbstverständlich könnte die obere auch durch eine untere Dreiecksmatrix ersetzt werden. Damit von einer Dreiecksmatrix gesprochen werden kann, ist die Indexmenge I als angeordnet angenommen.

Satz 2.8.1 (Schur-Normalform) Zu jeder Matrix $A\in\mathbb{K}^{I\times I}$ gibt es eine unitäre Matrix Q und eine obere Dreiecksmatrix U, so daß

$$(2.8.1) \qquad A = QUQ^H .$$

Q beschreibt eine unitäre Ähnlichkeitstransformation von A auf obere Dreiecksgestalt (Normalform):

$$(2.8.1') \qquad U = Q^H A Q .$$

Der Name «Normalform» beinhaltet nicht, daß Q und U eindeutig bestimmt sind.

Beweis des Satzes 1 durch Induktion nach $n := \#I$. Für $n = 1$ erfüllen $Q := I$ und $U := A$ Gleichung (1). Sei nun die Behauptung für $n-1$ vorausgesetzt. Man wähle einen Eigenwert $\lambda\in\sigma(A)$ und einen zugehörigen Eigenvektor e (möglich nach Lemma 4.2). Der normierte Vektor $x^1 := e / \|e\|_2$ kann durch $x^2,\ldots,x^n$ zu einer Orthonormalbasis fortgesetzt werden. $X := [x^1, x^2,\ldots,x^n]$ bezeichne die Matrix mit den Spaltenvektoren x^i. Gemäß Lemma 7.4 ist X eine unitäre Matrix. e^1 sei der erste Einheitsvektor: $e_i^1 = \delta_{1i}$. Die erste Spalte von $A' := X^H A X$ ist $A'e^1 = X^H A X e^1 = X^H A x^1 = \lambda X^H x^1 = \lambda X^H X e^1 = \lambda e^1$, da x^1 ebenso wie e ein Eigenvektor zu λ ist. Die Zerlegung der Indexmenge $I = \{1,\ldots,n\}$ in $I_1 := \{1\}$ und $I_2 := \{2,\ldots,n\}$ induziert die Blockzerlegung von A' in

$$A' = [\lambda e^1,\ldots] = \begin{bmatrix} \lambda & a \\ 0 & A'' \end{bmatrix} \quad \text{mit einer } I_2\times I_2\text{-Matrix } A'' \text{ und einem}$$

I_2-Zeilenvektor a. Da $\#I_2 = n-1$, gibt es nach Induktionsvoraussetzung eine unitäre $I_2\times I_2$-Matrix Y, so daß $Y^H A'' Y = U'$ eine obere $I_2\times I_2$-Dreiecksmatrix ist. Lemma 7.4 zeigt, daß die um eine Zeile und Spalte erweiterte $I\times I$-Matrix $Y' := \begin{bmatrix} 1 & 0 \\ 0 & Y \end{bmatrix}$ wieder unitär ist. Das Produkt $U := Y'^H A' Y' = Y'^H X^H A X Y'$ ergibt sich zu

$$Y'^{H} \begin{bmatrix} \lambda & aY \\ 0 & A''Y \end{bmatrix} = \begin{bmatrix} 1 & 0 \\ 0 & Y^{H} \end{bmatrix} \begin{bmatrix} \lambda & aY \\ 0 & A''Y \end{bmatrix} = \begin{bmatrix} \lambda & aY \\ 0 & Y^{H}A''Y \end{bmatrix} = \begin{bmatrix} \lambda & aY \\ 0 & U'' \end{bmatrix}.$$

Mit U'' ist auch U eine obere Dreiecksmatrix. Das Produkt $Q := XY'$ ist unitär (vgl. Bemerkung 1.4c). Damit sind (1') und (1) bewiesen.   ☒

Übungsaufgabe 4.3 und Satz 4.5 liefern den

Zusatz 2.8.2 Die Diagonale von U aus (1) enthält die Eigenwerte von A:

$$\sigma(A) = \{u_{ii}: i \in I\}.$$

Beweis zu Lemma 4.7. P sei ein Polynom. A sei gemäß (1) durch QUQ^{H} dargestellt. Wegen $P(A)=QP(U)Q^{H}$ (vgl. Übungsaufgabe 4.12a) stimmen die charakteristischen Polynome von $P(A)$ und $P(U)$ überein (vgl. Satz 4.5a). $P(U)$ ist wieder obere Dreiecksmatrix (vgl. Übungsaufgabe 4.11c) mit den Diagonalelementen $(P(U))_{ii}=P(U_{ii})$ (vgl. Übungsaufgabe 4.12c). Da die U_{ii} die Eigenwerte von A mit der gleichen Vielfachheit durchläuft (vgl. Satz 4.5a), folgen die Aussagen (a), (b) des Lemmas. Teil (c) ergibt sich unmittelbar.   ☒

2.8.2 Jordan-Normalform

Durch eine Untersuchung der Kerne von $(A-\lambda I)^{k}$ für $\lambda \in \sigma(A)$ und $k=n, n-1, \ldots, 1$ läßt sich eine Basis bestehend aus Haupt- und Eigenvektoren finden, die eine Transformation T auf die Jordan-Normalform erzeugt (vgl. Gantmacher [1,VII.§7]). Die Jordan-Normalform ist eine obere Dreiecksmatrix mit stärkerer Struktur als U aus (1). Ihr Nachteil ist, daß T im allgemeinen nicht unitär ist.

Die $k \times k$-Bidiagonalmatrix («Jordan-Block»)

$$(2.8.2) \qquad J(\lambda,k) = \left. \begin{bmatrix} \lambda & 1 & & & O \\ & \lambda & 1 & & \\ & & \ddots & \ddots & \\ & & & \lambda & 1 \\ O & & & & \lambda \end{bmatrix} \right\} \; k \text{ Zeilen und Spalten}$$

hat den Eigenwert λ zur algebraischen Vielfachheit k. Da aber nur ein Eigenvektor existiert, beträgt die geometrische Vielfachheit 1.

Satz 2.8.3 (Jordan-Normalform) Zu jeder Matrix $A \in K^{I \times I}$ gibt es eine reguläre Matrix T, die A auf seine Jordan-Normalform J transformiert:

$$(2.8.3a) \qquad A = TJT^{-1} \quad \text{bzw.} \quad J = T^{-1}AT.$$

Dabei ist J eine obere Dreiecksmatrix mit der Blockdiagonalgestalt:

(2.8.3b) $J = \text{blockdiag}\{\, J(\lambda_i, k_i) : i = 1, \ldots, K\,\}$ mit $k_i \geqslant 1$, $\displaystyle\sum_{i=1}^{K} k_i = n := \#\, I$.

Die λ_i durchlaufen alle Eigenwerte $\sigma(A)$. Die Summe der k_i zu gleichen Eigenwerten λ_i ergibt die algebraische Vielfachheit von λ_i. K stimmt mit der Maximalanzahl linear unabhängiger Eigenvektoren überein.

Da A und J ähnlich sind, haben sie das gleiche charakteristische Polynom (vgl. Satz 4.5a). Gemäß Übungsaufgabe 5.4c lautet das gemeinsame charakteristische Polynom

(2.8.4a) $\displaystyle \chi(\xi) = \prod_{i=1}^{K} \det(J(\lambda_i, k_i) - \xi I) = \prod_{i=1}^{K} (\lambda_i - \xi)^{k_i}$.

Da die λ_i in (4a) nicht paarweise verschieden zu sein brauchen, ist k_i nicht notwendigerweise die Vielfachheit von λ_i. Wir definieren

(2.8.4b) $\bar{k}(\lambda) :=$ algebraische Vielfachheit von $\lambda \in \sigma(A)$,

(2.8.4c) $\underline{k}(\lambda) := \max\{k_i : \lambda_i = \lambda,\ 1 \leqslant i \leqslant K\}$ für $\lambda \in \sigma(A)$.

Offenbar gilt $\bar{k}(\lambda) \geqslant \underline{k}(\lambda)$ und $\displaystyle \chi(\xi) = \prod_{\lambda \in \sigma(A)} (\lambda - \xi)^{\bar{k}(\lambda)}$, wobei das Produkt über die *verschiedenen* Eigenwerte aus $\sigma(A)$ zu bilden ist. Damit ist das Polynom

(2.8.4d) $\displaystyle \mu(\xi) := \prod_{\lambda \in \sigma(A)} (\lambda - \xi)^{\underline{k}(\lambda)}$

ein Teiler des charakteristischen Polynoms $\chi(\xi)$. $\mu(\xi)$ heißt *Minimalpolynom* von A, weil es das Polynom kleinsten Grades ist, das die Forderung (5) erfüllt.

Satz 2.8.4 (Cayley-Hamilton) μ und χ seien das Minimalpolynom bzw. das charakteristische Polynom zu einer Matrix A. Dann gilt

(2.8.5) $\mu(A) = \chi(A) = 0$ ($0 \cong$ Nullmatrix).

Beweis. (i) Will man $p(B) = 0$ für ein Polynom p beweisen, genügt es, $q(B) = 0$ für ein Teilerpolynom q nachzuweisen.

(ii) Man setze $q(\xi) := (\lambda - \xi)^{\underline{k}(\lambda)}$ mit $\lambda = \lambda_i$ für ein $i \in \{1, \ldots, K\}$. Da $\lambda_i I - J(\lambda_i, k_i)$ eine strikte obere Dreiecksmatrix ist und nach Definition (4c) $\underline{k}(\lambda) \geqslant k_i$ gilt, ergibt $q(J(\lambda_i, k_i))$ die Nullmatrix (vgl. Lemma 4.9). $q(\xi)$ ist Teiler von $\mu(\xi)$, also $\mu(J(\lambda_i, k_i)) = 0$ nach Teil (i) für alle $i = 1, \ldots, K$.

(iii) Übung 5.4e angewandt auf die Blockdiagonalmatrix J ergibt $\mu(J) = \text{blockdiag}\{\mu(J(\lambda_i, k_i)) : 1 \leqslant i \leqslant K\} = \text{blockdiag}\{0 : 1 \leqslant i \leqslant K\} = 0$. Nach Übung 4.12a schließt man aus (3a), daß $\mu(A) = T\mu(J)T^{-1} = 0$. Da μ Teiler von χ, folgt der restliche Teil der Aussage (5) aus (i).   ∎

2.8.3 Diagonalisierbarkeit

Wenn $k_i = 1$ für alle $i = 1, \ldots, K$, wird J aus (3b) zur Diagonalmatrix. In diesem Falle beschreibt (3a) eine Transformation auf Diagonalgestalt.

Satz 2.8.4 (Diagonalisierbarkeit) Sei $A \in \mathbb{K}^{I \times I}$. Eine reguläre Matrix T, die A auf Diagonalform transformiert,

$$(2.8.6) \qquad A = T D T^{-1}, \qquad D = \mathrm{diag}\{\lambda_\alpha : \alpha \in I\},$$

existiert genau dann, wenn es $n := \#I$ linear unabhängige Eigenvektoren gibt. In diesem Falle heißt A *diagonalisierbar*. Sind zudem alle λ_α $(\alpha \in I)$ reell, heißt A *reell diagonalisierbar*.

Beweis. Gilt (6), so schließt man aus $AT = TD$, daß die α-Spaltenvektoren $e^\alpha := T e_\alpha$ (e_α: α-Einheitsvektor) von T die (linear unabhängigen) Eigenvektoren von A sind. Setzt man umgekehrt aus den n linear unabhängigen Eigenvektoren als Spaltenvektoren die Matrix T zusammen, folgt $AT = TD$, d.h. (6).   ■

Bemerkung 2.8.5 Sind A und B ähnlich, so ist A genau dann diagonalisierbar, wenn auch B diagonalisierbar ist.

Die Transformationsmatrix T aus (6) ist i.a. nicht unitär. Genauer gilt:

Satz 2.8.6 Eine *unitäre* Matrix Q, die A auf Diagonalform transformiert,

$$(2.8.7) \qquad A = Q D Q^H, \qquad Q \text{ unitär}, \qquad D = \mathrm{diag}\{\lambda_{\alpha\alpha} : \alpha \in I\},$$

existiert genau dann, wenn A normal ist.

Beweis. (i) Gilt $A = QBQ^H$ mit unitärem Q, so ist A genau dann normal, wenn B normal ist, denn $A^H A = (QB^H Q^H)(QBQ^H) = QB^H BQ^H$ und $AA^H = (QBQ^H)(QB^H Q^H) = QBB^H Q^H$.

(ii) Falls (7) gilt, kann (i) mit $B = D$ angewandt werden: Eine Diagonalmatrix ist stets normal, also auch A.

(iii) A sei normal und QUQ^H ihre Schur-Normalform. Nach Teil (i) ist U normal. Durch Induktion nach $n := \#I$ wollen wir beweisen: Eine normale obere Dreiecksmatrix ist diagonal. Für $n = 1$ fallen diese Begriffe zusammen. Die $n \times n$-Matrix U kann in der Blockgestalt

$$U = \begin{bmatrix} \lambda & a^H \\ 0 & U' \end{bmatrix}$$

mit einer oberen $(n-1) \times (n-1)$-Dreiecksmatrix U' und einem $(n-1)$-Zeilenvektor a^H geschrieben werden. Der Vergleich von

$$UU^H = \begin{bmatrix} \lambda & a^H \\ 0 & U' \end{bmatrix}\begin{bmatrix} \bar\lambda & 0 \\ a & U'^H \end{bmatrix} = \begin{bmatrix} |\lambda|^2 + a^H a & \ldots \\ \ldots & U' U'^H \end{bmatrix} \text{ mit } U^H U = \begin{bmatrix} \bar\lambda & 0 \\ a & U'^H \end{bmatrix}\begin{bmatrix} \lambda & a^H \\ 0 & U' \end{bmatrix} =$$

$$\begin{bmatrix} |\lambda|^2 & \ldots \\ \ldots & U'^H U' \end{bmatrix}$$

zeigt $a^H a = \langle a, a \rangle = 0$, also $a = 0$. Ferner ist U' normal, also nach Induktionsannahme diagonal. Damit ist auch U diagonal, d.h. $D := U$ erfüllt (7).   ■

Da Hermitesche Matrizen A insbesondere normal sind (vgl. Bemerkung 1.4a), existiert die Darstellung (7). $A = A^H$ ist äquivalent zu $D = D^H$. Andererseits charakterisiert $D = D^H$ die reellen Diagonalmatrizen. Somit folgt der

Satz 2.8.7 Eine unitäre Matrix Q, die A auf *reelle* Diagonalform transformiert,

$$(2.8.8) \qquad A = QDQ^H, \quad Q \text{ unitär}, \quad D = \text{diag}\{\lambda_\alpha: \alpha \in I\} \text{ reell},$$

existiert genau dann, wenn A *Hermitesch* ist.

Auf diagonalisierbare Matrizen lassen sich nicht nur Polynome, sondern auch allgemeine Funktionen anwenden:

Bemerkung 2.8.8 A sei diagonalisierbar. Ist $f: \sigma(A) \to \mathbb{K}$ eine beliebige Funktion, so ist die Matrix $f(A)$ durch

$$(2.8.9a) \qquad f(A) := T \, \text{diag}\{f(\lambda_\alpha): \alpha \in I\} \, T^{-1}$$

mit T und $D = \text{diag}\{\lambda_\alpha: \alpha \in I\}$ aus (6) definiert. A und $f(A)$ sind vertauschbar. Ist $g: \sigma(A) \to \mathbb{K}$ eine zweite Funktion, sind $f(A)$ und $g(A)$ vertauschbar. Ferner gilt für alle regulären $S \in \mathbb{K}^{I \times I}$

$$(2.8.9b) \qquad f(SAS^{-1}) = S \, f(A) \, S^{-1}.$$

Satz 2.8.9 Seien A, B normal. A, B sind genau dann vertauschbar, wenn eine simultane unitäre Transformation auf Diagonalform existiert:

$$(2.8.10) \qquad Q^H A Q = \text{diag}\{\lambda_\alpha: \alpha \in I\}, \quad Q^H B Q = \text{diag}\{\mu_\alpha: \alpha \in I\}.$$

Die Spaltenvektoren von Q sind die gemeinsamen Eigenvektoren von A, B.

Beweis. (i) Da Diagonalmatrizen stets vertauschbar sind, folgt aus (10)

$$Q^H A B Q = (Q^H A Q)(Q^H B Q) = (Q^H B Q)(Q^H A Q) = Q^H B A Q$$

und damit $AB = BA$.

(ii) Sei T unitär mit $T^H A T = D_A := \text{diag}\{\lambda_\alpha: \alpha \in I\}$. Aus $AB = BA$ folgt $D_A X = X D_A$ mit $X := T^H B T$. Sei zunächst $\lambda_\alpha \neq \lambda_\beta$ für $\alpha \neq \beta$ angenommen. Aus $\lambda_\alpha X_{\alpha\beta} = (D_A X)_{\alpha\beta} = (X D_A)_{\alpha\beta} = \lambda_\beta X_{\alpha\beta}$ folgt $X_{\alpha\beta} = 0$ für $\alpha \neq \beta$. Also ist X diagonal, d.h. $Q := T$ transformiert auch B auf die Diagonalmatrix $X = T^H B T$. Im Falle mehrfacher Eigenwerte ist X eine Blockdiagonalmatrix. Man kann $S = \text{blockdiag}\{S^\varkappa: \varkappa \in B\}$ so wählen, daß $S^\varkappa$ unitär ist und den Diagonalblock $X^{\varkappa\varkappa}$ auf Diagonalform bringt. $Q := T S$ hat die gewünschten Eigenschaften. ∎

Folgerung 2.8.10 Sind A, B vertauschbar und normal mit Eigenwerten $\lambda_\alpha, \mu_\alpha$ $(\alpha \in I)$, so hat $aA + bB$ die Eigenwerte $a\lambda_\alpha + b\mu_\alpha$ $(\alpha \in I)$.

2.9 Zusammenhang zwischen Normen und Spektralradius

2.9.1 Zugeordnete Matrixnormen als obere Eigenwertschranken

Lemma 2.9.1 $\|\cdot\|$ sei eine zugeordnete Matrixnorm. Dann gilt

$$(2.9.1a) \qquad |\lambda| \le \|A\| \qquad \text{für alle Eigenwerte } \lambda \text{ der Matrix } A,$$
$$(2.9.1b) \qquad \rho(A) \le \|A\| \qquad \text{für alle Matrizen } A.$$

Beweis. Nach Lemma 4.2 gibt es zu λ einen Eigenvektor e mit $Ae=\lambda e$. Elementare Normeigenschaften (vgl. (6.1c) und (6.9b)) liefern $|\lambda|\|e\| = \|\lambda e\| = \|Ae\| \le \|A\|\|e\|$, damit (1a). (1b) folgt aus (1a). ∎

2.9.2 Die Spektralnorm

In §2.6.3 wurde die *Spektralnorm* $\|\cdot\|_2$ als die der Euklidischen Vektornorm zugeordnete Matrixnorm definiert.

Lemma 2.9.2 Die Euklidische Norm und die Spektralnorm sind im folgende Sinne invariant gegen unitäre Transformationen. Für eine unitäre Matrix $Q\in\mathbb{K}^{I\times I}$ gilt

$$(2.9.2a) \qquad \|Qx\|_2 = \|x\|_2 \qquad\qquad \text{für alle } x\in\mathbb{K}^I,$$
$$(2.9.2b) \qquad \|Q\|_2 = \|Q^H\|_2 = 1,$$
$$(2.9.2c) \qquad \|QA\|_2 = \|AQ\|_2 = \|Q^HA\|_2 = \|AQ^H\|_2 = \|Q^HAQ\|_2 = \|QAQ^H\|_2 = \|A\|_2.$$

Beweis. (a) Es gilt $\|Qx\|_2^2 = \langle Qx,Qx\rangle = \langle x,Q^HQx\rangle = \langle x,x\rangle = \|x\|_2^2$ wegen (7.2), (1.4d) und (7.6).

(b) Da nach Bemerkung 1.4b mit Q auch Q^H unitär ist, reicht es, die Aussagen für Q zu beweisen. (2b) folgt aus Definition (6.6) wegen (2a).

(c) (6.9a) und (2b) ergeben $\|QA\|_2 \le \|Q\|_2\|A\|_2 = \|A\|_2$. Die gleiche Abschätzung mit Q^H und QA für Q und A zeigt $\|A\|_2 = \|Q^HQA\|_2 \le \|QA\|_2$, so daß $\|QA\|_2 = \|A\|_2$ bewiesen ist. Alle weiteren Aussagen in (2c) werden analog bewiesen oder ergeben sich aus den vorhergehenden. ∎

Lemma 2.9.3 Eine äquivalente Definition der Spektralnorm ist

$$(2.9.3) \qquad \|A\|_2 = \max\{|\langle Ax,y\rangle|/(\|x\|_2\|y\|_2): 0\ne x,y\in\mathbb{K}^I\}.$$

Beweis. Man drücke $\|Ax\|_2$ in (6.6) mit Hilfe von (7.4) aus. ∎

Aus (3), (7.6) und (7.1c) ergibt sich sofort der ersten Teil der

Folgerung 2.9.4 $\quad \|A^H\|_2 = \|\bar A\|_2 = \|A^T\|_2 = \|A\|_2.$

Der Name «Spektralnorm» beruht darauf, daß diese Norm für normale Matrizen mit dem Spektralradius übereinstimmt und auch im allgemeinen Fall aus dem Spektralradius hervorgeht, wie der folgende Satz zeigt.

Satz 2.9.5 Für die Spektralnorm gilt

(2.9.4a) $\|A\|_2 = \sqrt{\rho(A^H A)} = \sqrt{\rho(A A^H)}$ für alle $A \in \mathbb{K}^{I \times I}$,

(2.9.4b) $\|A\|_2 = \rho(A)$ für alle *normalen* Matrizen $A \in \mathbb{K}^{I \times I}$.

(4a) gilt auch für rechteckige Matrizen $A \in \mathbb{K}^{I \times J}$.

Beweis. (i) Nach Definition 6.9 ist das Quadrat $\|A\|_2^2$ das Maximum von $\|Ax\|_2^2 / \|x\|_2^2 = \langle Ax, Ax \rangle / \langle x, x \rangle = \langle A^H A x, x \rangle / \langle x, x \rangle$ über alle $x \neq 0$. Die Hermitesche Matrix $A^H A$ hat die Darstellung QDQ^H mit der Diagonalmatrix $\mathrm{diag}\{\lambda_\alpha\}$ aus den Eigenwerten λ_α von $A^H A$. Diese Eigenwerte sind reell und ≥ 0 (vgl. Übung 10.10a, Lemma 10.3). Sei $\rho(A^H A) = \lambda_\beta$ für $\beta \in I$. Substitution $y = Q^H x$ und (2a) ergeben $\|Ax\|_2^2 / \|x\|_2^2 = \langle y, Dy \rangle / \langle y, y \rangle$. Letzteres ist maximal für den Einheitsvektor $y = e_\beta$ und liefert den Wert $\|A\|_2^2 = \rho(A^H A)$. Die zweite Gleichheit in (4a) ergibt sich aus Lemma 4.16.

(ii) Nach Satz 8.6 gibt es zu einer normalen Matrix A eine unitäre Matrix Q und eine Diagonalmatrix D derart, daß $A = QDQ^H$. (2c) zeigt $\|A\|_2 = \|D\|_2$. Gemäß Übungsaufgabe 6.11b ist aber $\|D\|_2 = \rho(D)$. Da A und D ähnliche Matrizen sind, ist $\rho(A) = \rho(D)$, so daß (4b) bewiesen ist.   ☒

Da $A^H A$ und $A A^H$ als Hermitesche Matrizen normal sind, zeigen (4a,b) auch, daß

(2.9.4c) $\|A\|_2^2 = \|A^H A\|_2 = \|A A^H\|_2$ für alle $A \in \mathbb{K}^{I \times J}$.

Übungsaufgabe 2.9.6 Man beweise: **(a)** Für alle $A \in \mathbb{K}^{I \times I}$ mit $n := \# I$ gilt $\|A\|_2 \leq [\|A^H\|_\infty \|A\|_\infty]^{1/2}$, $\|A\|_2 \leq \sqrt{n} \|A\|_\infty$, $\|A\|_\infty \leq \sqrt{n} \|A\|_2$.
(b) $\|A\|_2 \leq \|A\|_\infty$ für normale A.
(c) $|a_{\alpha\beta}| \leq \|A\|_2$ für jedes Matrixelement von A.
(d) $|a_{\alpha\beta}| \leq C$ für alle $\alpha, \beta \in I$ impliziert $\|A\|_2 \leq nC$.

2.9.3 Den Spektralradius approximierende Matrixnormen

Lemma 2.9.7 Zu jeder Matrix $A \in \mathbb{K}^{I \times I}$ und jedem $\varepsilon > 0$ gibt es eine zugeordnete Matrixnorm $\|\cdot\|_{A,\varepsilon}$ mit der Eigenschaft

(2.9.5) $\rho(A) \leq \|A\|_{A,\varepsilon} \leq \rho(A) + \varepsilon$.

Beweis. Sei $A = QUQ^H$ die Schur-Normalform (8.1). Die Eigenwerte von A sind die Diagonalelemente $\lambda_i := u_{ii}$ von U (vgl. Übungsaufgabe 4.3). Für die Diagonalmatrix $D := \mathrm{diag}\{\lambda_1, \ldots, \lambda_n\}$, $n := \# I$, gilt daher (vgl. (4b))

(2.9.6a) $\rho(A) = \rho(D) = \|D\|_2$.

Wir setzen $\xi := \min\{1, \varepsilon / [n \|A\|_2]\}$ und wenden die Ähnlichkeitstransformation mit der Diagonalmatrix $X := \mathrm{diag}\{1, \xi, \xi^2, \ldots, \xi^{n-1}\}$ auf U an:

$$V := X^{-1} U X = \begin{bmatrix} \lambda_1 & \xi u_{12} & \xi^2 u_{13} & \cdots \\ O & \lambda_2 & \xi\, u_{23} & \cdots \\ & & \ddots & \end{bmatrix} = D + R, \quad R_{ij} = \begin{cases} 0 & \text{für } i \geqslant j, \\ \xi^{j-i} u_{ij} & \text{für } i < j. \end{cases}$$

Gemäß Übung 6c, (2c) und $\xi \leqslant 1$ ist $|R_{ij}| \leqslant \xi^{j-i}|u_{ij}| \leqslant \xi\|U\|_2 = \xi\|A\|_2 \leqslant \varepsilon/n$ für $i < j$ nach Wahl von ξ. Übung 6d liefert $\|R\|_2 \leqslant \varepsilon$. Wir definieren die Vektornorm $\|x\|_{A,\varepsilon} := \|X^{-1}Q^H x\|_2$ (vgl. Übung 6.2c). Die zugeordnete Matrixnorm ist $\|A\|_{A,\varepsilon} = \|X^{-1}Q^H A Q X\|_2$ (vgl. (6.10)). Damit erhalten wir

$$(2.9.6b) \qquad \|A\|_{A,\varepsilon} = \|X^{-1}Q^H A Q X\|_2 = \|X^{-1} U X\|_2 = \|V\|_2 \leqslant \|D\|_2 + \|R\|_2 .$$

Gleichung (6a) und $\|R\|_2 \leqslant \varepsilon$ ergeben $\|A\|_{A,\varepsilon} \leqslant \rho(A) + \varepsilon$. Der erste Teil der Ungleichung (5) ist trivial wegen (1b). ▨

Der folgende Satz zeigt den asymptotischen Zusammenhang einer beliebigen Norm mit dem Spektralradius.

Satz 2.9.8 Für alle $A \in \mathbb{K}^{I \times I}$ und jede (auch nicht-zugeordnete) Matrixnorm gilt

$$(2.9.7) \qquad \rho(A) = \lim_{m \to \infty} \|A^m\|^{1/m} .$$

Beweis. (i) O.B.d.A. darf (7) für eine *fest gewählte*, zugeordnete Norm $\|\cdot\|$ bewiesen werden. Denn gilt (7) für $\|\cdot\|$ und ist $\|\|\cdot\|\|$ eine andere Matrixnorm, folgert man aus der Äquivalenz $\|\cdot\|/C \leqslant \|\|\cdot\|\| \leqslant C\|\cdot\|$ (vgl. Satz 6.6), daß $\rho(A) = \lim\|A^m\|^{1/m} = \lim(\frac{1}{C}\|A^m\|)^{1/m} \leqslant \underline{\lim}\,\|\|A^m\|\|^{1/m} \leqslant \overline{\lim}\,\|\|A^m\|\|^{1/m} \leqslant \lim(C\|A^m\|)^{1/m} = \lim\|A^m\|^{1/m} = \rho(A)$; also gilt (7) auch für $\|\|\cdot\|\|$. Insbesondere zeigt diese Argumentation, daß

$$(2.9.7') \qquad \overline{\lim}\,\|\|A^m\|\|^{1/m} = \overline{\lim}\,\|A^m\|^{1/m} \quad \text{für beliebige Normen } \|\|\cdot\|\|,\, \|\cdot\| .$$

(ii) Sei zunächst $\rho(A) = 0$ angenommen. Die Schur-Normalform ergibt U mit $\rho(U) = 0$, d.h. U ist strikte Dreiecksmatrix (vgl. Übung 4.15a). Die Behauptung folgt aus Lemma 4.9: Es ist $A^m = 0$ für alle $m \geqslant \#I$.

(iii) Es sei jetzt $\rho := \rho(A) > 0$ angenommen und $B := \frac{1}{\rho}A$ gesetzt. Die Behauptung ist damit äquivalent zu

$$(2.9.7'') \qquad \lim_{m \to \infty} \|B^m\|^{1/m} = 1,$$

da $\rho(B) = 1$. Für die Norm $\|\cdot\| = \|\cdot\|_{B,\varepsilon}$ $(\varepsilon > 0)$ aus Lemma 7 zeigt (5), daß $1 = \rho(B) = \rho(B^m)^{1/m} \leqslant \|B^m\|^{1/m} \leqslant (\|B\|^m)^{1/m} = \|B\| \leqslant \rho(B) + \varepsilon = 1 + \varepsilon$ für alle m, also auch $\overline{\lim}\,\|B^m\|_{B,\varepsilon}^{1/m} \leqslant 1 + \varepsilon$. Da diese Abschätzung für alle $\varepsilon > 0$ richtig ist und nach (7') der Limes superior von ε unabhängig ist, folgt (7'') aus $1 \leqslant \underline{\lim}\,\|B^m\|^{1/m} \leqslant \overline{\lim}\,\|B^m\|^{1/m} \leqslant 1$. ▨

2.9.4 Die geometrische Reihe (Neumannsche Reihe) für Matrizen

Für die endliche geometrische Reihe rechnet man sofort nach, daß

$$(2.9.8) \qquad \left[\sum_{\nu=0}^{m-1} A^\nu \right] [I-A] = I - A^m \, .$$

gilt. Ist 1 kein Eigenwert von A, d.h. $I-A$ regulär, formt man (8) um zu

$$(2.9.8') \qquad \sum_{\nu=0}^{m-1} A^\nu = (I-A^m)(I-A)^{-1} \, .$$

Lemma 2.9.9 Sei $A \in \mathbb{K}^{I \times I}$. $\lim\limits_{m \to \infty} \| A^m \| = 0$ gilt genau dann, wenn $\rho(A) < 1$.

Beweis. (i) Wenn $\rho := \rho(A) < 1$, schließt man aus (7): $\| A^m \|^{1/m} \to \rho$ für jedes ρ' mit $\rho < \rho' < 1$, daß $\| A^m \| < \rho'^m \to 0$ für $m \geqslant m_0$ mit hinreichend großem m_0. Also ist $\rho(A) < 1$ hinreichend für $\| A^m \| \to 0$.

(ii) Wenn $\rho := \rho(A) \geqslant 1$, zeigt (1b), daß $\| A^m \| \geqslant \rho(A^m) = \rho(A)^m \geqslant 1$ (vgl. (4.6b)). Also ist $\rho(A) < 1$ auch notwendig für $\| A^m \| \to 0$.   ▨

> **Satz 2.9.10** Genau dann wenn $\rho(A) < 1$, konvergiert die geometrische Reihe und ergibt
>
> $$(2.9.9) \qquad \sum_{\nu=0}^{\infty} A^\nu = (I-A)^{-1} \, .$$

Beweis. (i) Für $\rho(A) < 1$ kann man nach Lemma 9 in (8) den Limes $m \to \infty$ durchführen und erhält $(\sum_{\nu=0}^{\infty} A^\nu)(I-A) = I$, d.h. (9).

(ii) Für $\rho(A) \geqslant 1$ bilden die Reihenglieder A^ν nach Lemma 9 keine Nullfolge, so daß die geometrische Reihe divergieren muß.   ▨

2.9.5 Der numerische Radius einer Matrix

Eine Stellung zwischen Spektralradius und Spektralnorm nimmt die folgende Größe ein, die der *numerische Radius* der Matrix A heißt:

$$(2.9.10) \qquad r(A) := \max \{ |\langle Ax, x \rangle| / \| x \|_2^2 : 0 \neq x \in \mathbb{K}^I \} \, .$$

Die interessante Eigenschaft ist die Abschätzbarkeit gegenüber der Spektralnorm in (11b,d).

Lemma 2.9.11 Der numerische Radius $r(A)$ erfüllt die Eigenschaften

$(2.9.11a)$	$r(A^H) = r(A)$	für alle $A \in \mathbb{K}^{I \times I}$,
$(2.9.11b)$	$\rho(A) \leqslant r(A) \leqslant \| A \|_2$	für alle $A \in \mathbb{K}^{I \times I}$,
$(2.9.11c)$	$r(A) = \| A \|_2 = \rho(A)$	für alle normalen A,
$(2.9.11d)$	$\| A \|_2 \leqslant 2\, r(A)$	für alle $A \in \mathbb{K}^{I \times I}$.

Beweis. (i) (11a) ist Folge von (7.6) und (7.1c): $|\langle Ax, x \rangle| = |\langle A^H x, x \rangle|$.

(ii) Aus $|\langle Ax, x \rangle| \leqslant \| Ax \|_2 \| x \|_2 \leqslant \| A \|_2 \| x \|_2^2$ schließt man $r(A) \leqslant \| A \|_2$. Sei x der Eigenvektor von A zum Eigenwert λ mit $|\lambda| = \rho(A)$. $|\langle Ax, x \rangle| = |\lambda| \langle x, x \rangle$ führt auf $r(A) \geqslant |\lambda| = \rho(A)$.

(iii) (11b) und (4b) beweisen (11c).

(iv) Eine beliebige Matrix A hat die eindeutige Zerlegung

$$(2.9.12) \qquad A = A_0 + i A_1, \quad A_0 := \tfrac{1}{2}(A+A^H), \quad A_1 := \tfrac{1}{2i}(A-A^H)$$

in den symmetrischen Anteil A_0 und schiefsymmetrischen Anteil $i A_1$ von A. Man prüft nach, daß A_0 und A_1 Hermitesch sind:

$$A_0 = A_0^H, \quad A_1 = A_1^H.$$

Hermitesche Matrizen sind normal, so daß $\|A_k\|_2 = r(A_k)$ $(k=0,1)$ und

$$(2.9.11\text{d}') \qquad \|A\|_2 \leqslant \|A_0\|_2 + \|A_1\|_2 = r(A_0) + r(A_1).$$

Da $\langle By, y\rangle$ für jede Hermitesche Matrix B und alle y *reell* ist, besteht $\langle Ax, x\rangle$ aus dem Realteil $\langle A_0 x, x\rangle$ und dem Imaginärteil $\langle A_1 x, x\rangle$, so daß mit $\zeta := \langle Ax, x\rangle / \|x\|_2^2$ gilt: $\langle A_k x, x\rangle / \|x\|_2^2 \leqslant |\zeta| \leqslant r(A)$, $k=0,1$. Maximierung über alle x liefert $r(A_k) \leqslant r(A)$. Mit (11d') folgt (11d).   ☒

Weitere an eine Norm erinnernde Eigenschaften sind (vgl. Pearcy [1]):

$$(2.9.11\text{e}) \qquad r(A) = 0 \quad \text{nur für } A=0,$$

$$(2.9.11\text{f}) \qquad r(A+B) \leqslant r(A) + r(B) \qquad\qquad \text{für } A, B \in \mathbb{K}^{I \times I},$$

$$(2.9.11\text{g}) \qquad r(\lambda A) = |\lambda| r(A) \qquad\qquad\quad \text{für } \lambda \in \mathbb{K}, \ A \in \mathbb{K}^{I \times I},$$

$$(2.9.11\text{h}) \qquad r(A^n) \leqslant r(A)^n \qquad\qquad\quad \text{für } n \in \mathbb{N}_0, \ A \in \mathbb{K}^{I \times I}.$$

Übungsaufgabe 2.9.12 (a) Sei A wie in (12) zerlegt. Man beweise:

$$(2.9.13\text{a}) \qquad r(A) \leqslant \sqrt{r(A_0)^2 + r(A_1)^2} = \sqrt{\|A_0\|^2 + \|A_1\|^2}.$$

(b) Zu $\vartheta \in \mathbb{C}$ sei ϑA gemäß (12) in $\vartheta A = A_{\vartheta,0} + i A_{\vartheta,1}$ zerlegt. Man zeige:

$$(2.9.13\text{b}) \qquad r(A) = \inf\{\sqrt{\|A_{\vartheta,0}\|^2 + \|A_{\vartheta,1}\|^2} : \vartheta \in \mathbb{C}, \ |\vartheta| = 1\}.$$

2.10 Positiv definite Matrizen

2.10.1 Definition und Bezeichnungen

Definition 2.10.1 Sei $\langle \cdot, \cdot \rangle$ das Euklidische Skalarprodukt auf $\mathbb{K}^I$ und $A \in \mathbb{K}^{I \times I}$. Dann heißt A

(2.10.1a)   *positiv definit*, wenn A Hermitesch und
$$\langle Ax, x\rangle > 0 \ \text{ für alle } 0 \neq x \in \mathbb{K}^I,$$

(2.10.1b)   *positiv semidefinit*, wenn A Hermitesch und
$$\langle Ax, x\rangle \geqslant 0 \ \text{ für alle } x \in \mathbb{K}^I,$$

(2.10.1c)   *negativ definit*, wenn $-A$ positiv definit ist,

(2.10.1d)   *negativ semidefinit*, wenn $-A$ positiv semidefinit ist.

Die Begriffe «positiv/negativ (semi)definit» definieren eine partielle Ordnung unter den Hermiteschen Matrizen. Im Falle von (1a) (bzw. (1b,c,d)) schreiben wir $A>0$ (bzw. $A\geqslant 0$, $A<0$, $A\leqslant 0$). Für beliebige Hermitesche A, B wird definiert:

$$(2.10.2) \qquad A>B, \quad \text{falls} \quad A-B>0, \quad \text{d.h.} \quad A-B \text{ positiv definit}$$

($A\geqslant B$, $A<B$, $A\leqslant B$ analog). **Eine Ungleichung der Art $A>B$ soll stets auch beinhalten, daß die beteiligten Matrizen Hermitesch sind.**

Die Definitionen (1a–d) hängen von der Wahl des Skalarproduktes ab (vgl. Übungsaufgabe 10c). Es sei auch darauf hingewiesen, daß der Begriff «positiv definit» anderenorts auch für <u>nicht</u>-Hermitesche Matrizen mit $\langle Ax,x\rangle>0$ für alle $0\neq x\in\mathbb{K}^I$ benutzt wird.

2.10.2 Rechenregeln und Kriterien für positiv definite Matrizen

Lemma 2.10.2 In der Schreibweise (2) gelten die Regeln:

$$(2.10.3a) \qquad A>0 \iff CAC^H>0 \qquad \text{für jedes reguläre } C\in\mathbb{K}^{I\times I},$$

$$(2.10.3a') \qquad A>B \iff CAC^H>CBC^H \qquad \text{für jedes reguläre } C\in\mathbb{K}^{I\times I},$$

$$(2.10.3b) \qquad A\geqslant 0 \implies CAC^H\geqslant 0 \qquad \text{für jedes } C\in\mathbb{K}^{I\times I},$$

$$(2.10.3b') \qquad A\geqslant B \implies CAC^H\geqslant CBC^H \qquad \text{für jedes } C\in\mathbb{K}^{I\times I},$$

$$(2.10.3c) \qquad A, B\geqslant 0 \implies A+B\geqslant 0$$
$$\text{und } A+B>0, \quad \text{falls außerdem } A>0 \text{ oder } B>0,$$

$$(2.10.3d) \qquad A>0 \iff \xi A>0 \qquad \text{für jedes } \xi>0,$$

$$(2.10.3e) \qquad \zeta I\leqslant A\leqslant\xi I \iff \sigma(A)\subset[\zeta,\xi] \qquad \text{für Hermitesche } A\in\mathbb{K}^{I\times I}.$$

$$(2.10.3f) \qquad -\xi I\leqslant A\leqslant\xi I \iff \|A\|_2\leqslant\xi \qquad \text{für Hermitesche } A\in\mathbb{K}^{I\times I}.$$

$$(2.10.3g) \qquad A\geqslant B>0 \iff 0<A^{-1}\leqslant B^{-1}$$

Beweis. (i) $x\neq 0$ impliziert $y:=C^Hx\neq 0$, so daß die Ungleichung $0<\langle Ay,y\rangle=\langle AC^Hx,C^Hx\rangle=\langle CAC^Hx,x\rangle$ zeigt, daß $CAC^H>0$. Erneute Anwendung mit C^{-1} statt C ergibt die umgekehrte Richtung.

(ii) (3b) ist analog zu (3a). (3c) und (3d) ergeben sich sofort aus der Definition (1a,b).

(iii) A wird durch ein unitäres Q diagonalisiert: $A=QDQ^H$. (3b') mit $C=Q^H$ bringt (3e) auf die Form $\zeta I\leqslant D\leqslant\xi I$, wobei die Diagonalmatrix D die Eigenwerte $\lambda\in\sigma(A)$ als Elemente enthält. Die Äquivalenz von $\zeta I\leqslant D\leqslant\xi I$ zu $\sigma(A)\subset[\zeta,\xi]$ ist leicht zu sehen.

(iv) Setzt man $\zeta=-\xi$ in (3e) und beachtet die Äquivalenz von $\sigma(A)\subset[-\xi,\xi]$ und $\rho(A)=\|A\|_2\leqslant\xi$, erhält man (3f).

(v) Der Beweis zu (3g) wird nach Bemerkung 6 nachgeholt. ⬛

Lemma 2.10.3 Eine Matrix A ist genau dann positiv definit (semidefinit), falls A Hermitesch ist und alle Eigenwerte positiv (nichtnegativ) sind.

Beweis. Der Nachweis dieser Behauptung für eine Diagonalmatrix D ist elementar. Sei $A = QDQ^H$ die Diagonalisierung von A (vgl. (8.8)). Aufgrund von Lemma 2 sind die Positivdefinitheit von A und D äquivalent. Da beide Matrizen die gleichen Eigenwerte haben, ist die Behauptung bewiesen. ■

2.10.3 Folgerungen für positiv definite Matrizen

Lemma 2.10.4 **(a)** Eine positiv definite Matrix ist regulär. **(b)** A ist genau dann positiv definit, wenn A^{-1} positiv definit ist:

(2.10.4a) $A > 0 \quad \Longleftrightarrow \quad A^{-1} > 0$.

(c) Jede Hauptuntermatrix $(a_{\alpha\beta})_{\alpha,\beta \in J}$ $(J \subset I)$ einer positiv (semi-) definiten Matrix ist positiv (semi)definit:

(2.10.4b) $A > 0 \Longrightarrow (a_{\alpha\beta})_{\alpha,\beta \in J} > 0$ bzw. $A \geqslant 0 \Longrightarrow (a_{\alpha\beta})_{\alpha,\beta \in J} \geqslant 0$ für $J \subset I$.

(d) Alle Diagonalelemente einer positiv (semi)definiten Matrix sind positiv (nichtnegativ):

(2.10.4c) $A > 0 \Longrightarrow a_{\alpha\alpha} > 0$ bzw. $A \geqslant 0 \Longrightarrow a_{\alpha\alpha} \geqslant 0$ für alle $\alpha \in I$.

(e) A sei positiv (semi)definit. Der Diagonalanteil $D = \mathrm{diag}\{A\}$ und jeder Blockdiagonalanteil $D = \mathrm{blockdiag}\{A\}$ von A sind wieder positiv (semi)definit.

Beweis. (a,b) Nach Lemma 3, da A^{-1} die inversen Eigenwerte von A besitzt (vgl. Bemerkung 4.11b).
(c) Nach Definition (1a), wenn man x den Unterraum mit $x_\alpha = 0$ für $\alpha \notin J$ beschränkt.
(d) Spezialfall von (c) für $J := \{\alpha\}$. (e) Folge von (d) und (c). ■

Lemma 2.10.5 **(a)** $0 \leqslant A \leqslant B$ impliziert $\|A\|_2 \leqslant \|B\|_2$ und $\rho(A) \leqslant \rho(B)$. **(b)** $0 \leqslant A < B$ impliziert $\|A\|_2 < \|B\|_2$ und $\rho(A) < \rho(B)$.

Beweis. Wegen $\rho(A) = \|A\|_2$ und $\rho(B) = \|B\|_2$ reicht es, $\rho(A) \leqslant \rho(B)$ zu zeigen. $A \geqslant 0$ hat einen Eigenwert $\lambda = \rho(A)$ und zugehörigen Eigenvektor x mit $\|x\|_2 = 1$. $\rho(A) = \langle Ax, x \rangle \leqslant \langle Bx, x \rangle \leqslant r(B) = \rho(B)$ (vgl. (9.11c)) beweist die Behauptung (a). (b) folgt analog. ■

Die Anwendung der Bemerkung 8.8 und des Lemmas 3 für die auf $[0, \infty)$ wohldefinierte nichtnegative Wurzel $f(\xi) = \sqrt{\xi}$ liefert die Matrix $A^{1/2} := f(A)$. Allgemein ist A^α für $\alpha > 0$ wohldefiniert.

Bemerkung 2.10.6 (a) Wenn A positiv semidefinit ist, stellt $A^{1/2}$ wieder eine positiv definite Matrix dar. Für ihre Inverse schreibt man $A^{-1/2}$. Es ist $A^{-1/2} = (A^{1/2})^{-1}$. Für positiv semidefinite A ist $A^{1/2}$ positiv semidefinit.
(b) $A^{1/2}$ ist mit A und jedem Polynom in A vertauschbar.
(c) $A^{1/2}$ ist die eindeutige, positiv semidefinite Lösung der Matrixgleichung $X^2 = A \geqslant 0$.

Beweis zu Lemma 2, (3g). (3b') mit $C = B^{-1/2}$ ergibt $X := B^{-1/2} A B^{-1/2} \geqslant I$.
Nach (3e) sind alle X-Eigenwerte $\geqslant 1$. Die Eigenwerte von X^{-1} sind
folglich $\leqslant 1$. Mit (3e) schließt man auf $X^{-1} \leqslant I$, also $B^{1/2} A^{-1} B^{1/2} \leqslant I$.
Erneute Anwendung von (3b') zeigt $A^{-1} \leqslant B^{-1/2} I B^{-1/2} = B^{-1}$.   ▨

(3c) besagt, daß die positiv (semi)definiten Matrizen eine Halbgruppe
bezüglich der Matrixaddition bilden. Dies gilt nicht für die Multiplikation: AB ist i.a. nicht mehr positiv (semi)definit. Es gilt aber noch die

Bemerkung 2.10.7 Sind A und B positiv (semi)definit, so ist das
Produkt AB reell diagonalisierbar und besitzt nur positive (nichtnegative) Eigenwerte.

Beweis. Der Beweis ist einfach, wenn einer der Faktoren regulär ist
(z.B. A). Man verwendet dann die Ähnlichkeitstransformation $AB \mapsto$
$A^{-1/2} A B A^{1/2} = A^{1/2} B A^{1/2}$. Der allgemeine Beweis gliedert sich wie folgt.

(i) Sind X und Y ähnlich, so ist die reelle Diagonalisierbarkeit von X
mit der von Y äquivalent.

(ii) Die positiv semidefinite Matrix B läßt sich unitär auf Diagonalgestalt transformieren: $B = QDQ^H$ mit $D = \operatorname{diag}\{d_\alpha : \alpha \in I\}$, $d_\alpha \geqslant 0$. Damit
ist AB ähnlich zu $A'D$ mit der positiv semidefiniter Matrix $A' := Q^H A Q$.

(iii) Sei $J := \{\alpha \in I : d_\alpha = 0\}$ sowie $d'_\alpha = 1$ für $\alpha \in J$ und $d'_\alpha = d_\alpha$ sonst. Die
Diagonalmatrix $D' := \operatorname{diag}\{d'_\alpha : \alpha \in I\}$ ist regulär und erfüllt $D = D'P = PD'$
und $D^{1/2} = D'^{1/2}P$, wobei $P := \operatorname{diag}\{p_\alpha : \alpha \in I\}$ mit $p_\alpha = 0$ für $\alpha \in J$, $p_\alpha = 1$ sonst.

(iv) $A'D = A'PD'$ ist ähnlich zu $D'^{1/2} A' P D'^{1/2} = D'^{1/2} A' D'^{1/2} P = A''P$
mit der positiv semidefiniten Matrix $A'' = D'^{1/2} A' D'^{1/2}$.

(v) O.B.d.A. sei I so numeriert, daß $I \setminus J = \{1, \ldots, k\}$ und $J = \{k+1, \ldots, n\}$.
A'' hat dann die Blockdarstellung $A'' = \begin{bmatrix} C & E^H \\ E & F \end{bmatrix}$ mit positiv definitem
Block C (vgl. (4b)). Durch $T = \begin{bmatrix} I & 0 \\ S & I \end{bmatrix}$ mit $S := -E C^{-1}$ wird $A''P = \begin{bmatrix} C & 0 \\ E & 0 \end{bmatrix}$ in
$A''' := T A'' P T^{-1} = \begin{bmatrix} C & 0 \\ 0 & 0 \end{bmatrix}$ transformiert Damit ist auch A''' positiv
semidefinit und somit reell diagonalisierbar. (ii) bis (v) zeigt die
Ähnlichkeit von A''' und AB. Nach (i) ist daher auch AB reell
diagonalisierbar. Wegen $A''' \geqslant 0$ hat AB nur nichtnegative Eigenwerte.

(vi) Sind A und B positiv definit, ist auch AB regulär und kann daher
nur positive Eigenwerte besitzen.   ▨

Sei A eine positiv definite Matrix. Nach Übung 6.2c beschreibt

$$(2.10.5a) \qquad \| x \|_A := \| A^{1/2} x \|_2 \qquad\qquad (x \in \mathbb{K}^I)$$

wieder eine Norm, die sogenannte *Energienorm* (bezüglich A). Die
Notationen in (5a) und (6.10) hängen über $\| \cdot \|_A = \| \cdot \|_{A^{1/2}}$ zusammen.
Mit der Definition (5a) und Übung 6.13c beweist man die folgende

Bemerkung 2.10.8 A sei positiv definit. Die Norm $\|\cdot\|_A$ aus (5) wird vom («Energie»-)Skalarprodukt

$$(2.10.5b) \qquad \langle x,y \rangle_A := \langle Ax,y \rangle$$

erzeugt. Eine äquivalente Darstellung von $\|\cdot\|_A$ ist

$$(2.10.5c) \qquad \|x\|_A := \langle Ax,x \rangle^{1/2} \qquad\qquad (x \in \mathbb{K}^I).$$

Die zugehörige Matrixnorm $\|\cdot\|_A$ hängt mit der Spektralnorm über

$$(2.10.5d) \qquad \|B\|_A = \|A^{1/2} B A^{-1/2}\|_2 \qquad\qquad (B \in \mathbb{K}^{I \times I})$$

zusammen.

Die positiv definiten Matrizen entsprechen eineindeutig den Skalarprodukten. In (5b) wird jeder Matrix $A>0$ ein Skalarprodukt zugeordnet. Die umgekehrte Richtung enthält die

Bemerkung 2.10.9 Sind $\langle\!\langle \cdot,\cdot \rangle\!\rangle$ ein beliebiges Skalarprodukt auf $\mathbb{K}^I$ und $\langle \cdot,\cdot \rangle$ das Euklidische Skalarprodukt, so gibt es eine positiv definite Matrix A mit

$$(2.10.6) \qquad \langle\!\langle x,y \rangle\!\rangle = \langle Ax,y \rangle = \langle A^{1/2}x, A^{1/2}y \rangle \quad \text{für alle } x,y \in \mathbb{K}^I.$$

Beweis. Mit den Einheitsvektoren e_α definiere man $a_{\alpha\beta} := \langle\!\langle e_\beta, e_\alpha \rangle\!\rangle$. ▨

Übungsaufgabe 2.10.10 Man zeige: **(a)** Stets gilt $C C^H \geqslant 0$ und $C^H C \geqslant 0$. **(b)** Ist C regulär, sind diese Matrizen auch positiv definit.
(c) Die *Adjungierte* $C^* \in \mathbb{K}^{I \times J}$ einer Matrix $C \in \mathbb{K}^{J \times I}$ bezüglich zweier Skalarprodukte in $\mathbb{K}^I$ und $\mathbb{K}^J$ ist durch $\langle Cx,y \rangle_J = \langle x, C^* y \rangle_I$ für alle $x \in \mathbb{K}^I$, $y \in \mathbb{K}^J$ definiert. Wenn $\langle \cdot,\cdot \rangle_J = \langle \cdot,\cdot \rangle_I = \langle\!\langle \cdot,\cdot \rangle\!\rangle$ durch (6) definiert ist, gilt $C^* = A^{-1} C^H A$. C ist bezüglich $\langle\!\langle \cdot,\cdot \rangle\!\rangle$ *selbstadjungiert*, wenn $C^H A = A C$.

Die *Kondition* einer regulären Matrix (bezüglich einer Norm $\|\cdot\|$) ist allgemein durch (7) definiert:

$$(2.10.7) \qquad \text{cond}(A) := \|A\| \, \|A^{-1}\|.$$

Mit $\text{cond}_2(\cdot)$ wird insbesondere die *Spektralkondition* bezeichnet, die zur Euklidischen Norm gehört. Um von der Norm unabhängig zu sein, definieren wir außerdem

$$(2.10.8) \qquad \varkappa(A) := \rho(A)\, \rho(A^{-1}).$$

Übungsaufgabe 2.10.11 Man zeige: **(a)** Für normale A ist $\text{cond}_2(A) = \varkappa(A)$. **(b)** Für reguläre A ist $\varkappa(A) = \max\{|\lambda| : \lambda \in \sigma(A)\} \,/\, \min\{|\lambda| : \lambda \in \sigma(A)\}$. **(c)** Hat A ein positives Spektrum mit λ_{min} als minimalem und λ_{max} als maximalem Eigenwert, so gilt

$$(2.10.9) \qquad \varkappa(A) = \lambda_{max} / \lambda_{min}.$$

(d) Für positiv definite Matrizen A hat $\text{cond}_2(A) = \varkappa(A)$ die Darstellung (9), wobei die extremen Eigenwerte gegeben sind durch

$$(2.10.10) \qquad \lambda_{max} := \|A\|_2, \quad \lambda_{min} := 1/\|A^{-1}\|_2.$$

3. Allgemeines zu iterativen Verfahren

In diesem Kapitel werden allgemeine Eigenschaften iterativer Verfahren untersucht. Dazu gehört die *Konsistenz*, die den Zusammenhang zwischen dem Iterationsverfahren und dem vorgelegten Gleichungssystem schafft, sowie die *Konvergenz*, die den Erfolg der Iteration garantieren soll. Das wesentliches Ergebnis dieses Abschnittes ist die Charakterisierung der Konvergenz linearer Iterationsverfahren durch den Spektralradius der Iterationsmatrix in §3.1.3. Da nur iterative Verfahren für Gleichungssysteme mit regulärer Matrix untersucht werden, wird nicht auf Iterationsverfahren für singuläre Systeme oder Systeme mit Rechtecksmatrizen eingegangen. Hierzu findet man Hinweise bei Maeß [2], Marek [1], Kosmol – Zhou [1].

3.1 Allgemeine Aussagen zur Konvergenz

3.1.1 Bezeichnungen

Zu lösen ist die *lineare Gleichung*

$$(3.1.1) \qquad A x = b \qquad\qquad (A \in \mathbb{K}^{I \times I},\ b \in \mathbb{K}^{I}\ \text{gegeben}).$$

Damit diese für alle $b \in \mathbb{K}^{I}$ lösbar ist, wird generell vorausgesetzt:

$$(3.1.2) \qquad A\ \text{ist regulär}.$$

Ein Iterationsverfahren, das aus dem Startwert x^0 die Iterierten x^1, $x^2, \ldots$ produziert, kann durch eine Vorschrift $x^{m+1} := \Phi(x^m)$ charakterisiert werden. Φ wird von den Daten A und b aus (1) abhängen. Insbesondere die Abhängigkeit von b wollen wir explizit in die Notation aufnehmen und schreiben

$$(3.1.3) \qquad x^{m+1} := \Phi(x^m, b) \qquad\qquad (m \geqslant 0,\ b\ \text{aus (1)}).$$

Definition 3.1.1 Ein *Iterationsverfahren* ist eine (lineare oder nichtlineare) Abbildung

$$(3.1.4) \qquad \Phi: \mathbb{K}^{I} \times \mathbb{K}^{I} \to \mathbb{K}^{I}.$$

Die Folgenglieder (die sogenannten *Iterierten*), die durch die Vorschrift (3) aus einem Startwert $x^0 \in \mathbb{K}^{I}$ erzeugt werden, seien mit $x^m(x^0, b)$ bezeichnet:

$$(3.1.5) \qquad x^0(y,b) := y; \quad x^{m+1}(y,b) := \Phi(x^m(y,b),b) \quad \text{für } m \geqslant 0.$$

3.1.2 Fixpunkte

Definition 3.1.2 $x^* = x^*(b)$ heißt *Fixpunkt* des Iterationsverfahrens Φ zu $b \in \mathbb{K}^{I}$, falls

$$(3.1.6) \qquad x^* = \Phi(x^*, b).$$

Wenn die Folge $\{x^m\}$ der Iterierten aus (3) konvergiert, geht man in (3) zum Limes über und erhält das

Lemma 3.1.3 Die Iteration Φ sei stetig im ersten Argument. Wenn $x^*:=\lim_{m\to\infty} x^m(y,b)$ existiert (vgl. (5)), ist x^* Fixpunkt von Φ zu $b\in\mathbb{K}^I$.

3.1.3 Konsistenz

Lemma 3 besagt, daß mögliche Resultate des Iterationsverfahrens unter den Fixpunkten zu suchen sind. Eine Mindestforderung ist daher, daß sich die Lösung des Systems (1) zur rechten Seite $b\in\mathbb{K}^I$ unter den Fixpunkten zu b befindet. Diese Eigenschaft ist Gegenstand der

> **Definition 3.1.4** Das Iterationsverfahren Φ heißt *konsistent* zum Gleichungssystem (1), wenn für alle $b\in\mathbb{K}^I$ gilt: Jede Lösung von (1), $Ax=b$, ist Fixpunkt von Φ zu b.

Die Konsistenz bedeutet nach Definition 4: Für alle $b,x\in\mathbb{K}^I$ gilt: $Ax=b \implies x=\Phi(x,b)$. Die Umkehr der Implikation ergäbe eine alternative Definition:

$$(3.1.7) \qquad Ax=b \text{ für alle Fixpunkte } x \text{ von } \Phi \text{ zu } b \text{ und alle } b\in\mathbb{K}^I.$$

3.1.4 Konvergenz

Eine naheliegende Festlegung der Konvergenz eines Iterationsverfahrens Φ wäre

$$(3.1.8) \qquad \lim_{m\to\infty} x^m(y,b) \quad \text{existiert für alle } y,b\in\mathbb{K}^I,$$

wobei $x^m(y,b)$ die in (5) definierten Iterierten von Φ zum Startwert $x^0:=y$ sind. Da der Startwert nicht Teil des Iterationsverfahrens Φ ist, könnte eine (8) erfüllende Iteration zwar konvergieren, aber gegen einen vom Startwert *abhängigen* Grenzwert. Aus diesem Grund wird die Unabhängigkeit des Limes vom Startwert in die Definition mit aufgenommen.

> **Definition 3.1.5** Ein Iterationsverfahren Φ heißt *konvergent*, wenn für alle $b\in\mathbb{K}^I$ ein vom Startwert $x^0=y\in\mathbb{K}^I$ unabhängiger Grenzwert $x^*(b)$ der Iterierten (5) existiert.

3.1.5 Konvergenz und Konsistenz

Im folgenden werden die Iterationsverfahren Φ als konvergent *und* konsistent vorausgesetzt. Dabei zeigt sich, daß die gewählten Festlegungen der Begriffe Konvergenz und Konsistenz von Φ zusammengenommen mit den alternativen Möglichkeiten (7) und (8) fast äquivalent sind.

Satz 3.1.6 Φ sei stetig im ersten Argument. Dann ist Φ genau dann konsistent und konvergent, wenn A regulär ist und Φ die Bedingungen (7) und (8) erfüllt.

Beweis. (i) Sei Φ konsistent und konvergent. (8) gilt, da es eine Abschwächung der Konvergenzdefinition 5 darstellt. Wäre A singulär, hätte die Gleichung $Ax = 0$ außer $x^* = 0$ eine nichttriviale Lösung $x^{**} \neq 0$. Aufgrund der Konsistenz sind beides Fixpunkte von Φ zu $b = 0$. Daher führt Φ bei Wahl der Startwerte $x^0 = x^*$ bzw. $x^0 = x^{**}$ zu konstanten Folgen $x^m(x^*, 0) = x^*$ bzw. $x^m(x^{**}, 0) = x^{**}$. Die Konvergenzdefinition besagt, daß die Limites x^* und x^{**} vom Startwert $x^0 = x^*$ bzw. $x^0 = x^{**}$ unabhängig sind, so daß $x^* = x^{**}$ im Widerspruch zur Annahme steht. Also muß A regulär sein. Es bleibt (7) zu zeigen. Die vorhergehende Argumentation zeigt, daß ein konvergentes Iterationsverfahren nur *einen* Fixpunkt zu b besitzen kann. Wegen der Regularität von A hat $Ax = b$ eine Lösung, die aufgrund der Konsistenz ein Fixpunkt von Φ zu b ist. Damit ist (7) bewiesen.

(ii) Sei $\Phi(x, b)$ stetig in x und erfülle (7) und (8). Ferner sei A regulär. Nach Lemma 3 ist $x^* := \lim x^m(y, b)$ ein Fixpunkt von Φ zu b und damit nach (7) eine Lösung von $Ax = b$. Infolge der Regularität von A ist die Lösung des Gleichungssystems eindeutig und somit auch der Grenzwert der $x^m(y, b)$, der deshalb nicht von y abhängen darf. Damit ist Φ konvergent im Sinne der Definition 5. Die Konvergenz erzwingt die Eindeutigkeit des Fixpunktes zu b (vgl. (i)). Da dieser nach (7) die eindeutig bestimmte Lösung von $Ax = b$ darstellt, ist Φ auch konsistent.   ▨

3.2 Lineare Iterationsverfahren

3.2.1 Bezeichnungen, erste Normalform

Man wird erwarten, daß Iterationsverfahren zur Lösung linearer Gleichungen wieder linear sind. Die meisten Verfahren, die in diesem Buch behandelt werden, sind auch linear, aber es gibt auch wichtige nichtlineare Iterationen wie die in §9 behandelten Gradienten-Verfahren.

Definition 3.2.1 Ein Iterationsverfahren Φ heißt *linear*, wenn $\Phi(x, b)$ in x und b linear ist, d.h. wenn es Matrizen M und N gibt, so daß

$$(3.2.1) \qquad \Phi(x, b) = Mx + Nb.$$

Die Matrix M heißt dabei die *Iterationsmatrix* der Iteration Φ.

Die Iteration (1.3) nimmt somit die Gestalt (2) an, die als *erste Normalform* des Verfahrens bezeichnet sei:

$$(3.2.2) \qquad x^{m+1} := Mx^m + Nb \qquad\qquad (m \geq 0,\ b \text{ aus } (1.1)).$$

3.2.2 Konsistenz, zweite und dritte Normalform

Ist eine lineare Iteration Φ konsistent, muß jede Lösung von $Ax=b$ ein Fixpunkt zu b sein: $x = Mx + Nb$. Jedes $x \in \mathbb{K}^I$ tritt als Lösung von $Ax=b$ (nämlich für $b := Ax$) auf. Da dann $x = Mx + Nb = Mx + NAx$ für alle x gilt, folgt die Matrixgleichung

$$(3.2.3) \qquad M + NA = I,$$

die eine Beziehung zwischen M und N aus (2) herstellt. Sie beweist den

Satz 3.2.2 Eine lineare Iteration Φ ist genau dann konsistent, wenn sich die Iterationsmatrix M durch

$$(3.2.3') \qquad M = I - NA$$

aus N ergibt. Ist außerdem A regulär, läßt sich (3) nach N auflösen:

$$(3.2.3'') \qquad N = (I - M)\, A^{-1}.$$

Nimmt man die Formeln (2) und (3') zusammen, kann man eine lineare und konsistente Iteration in der _zweiten Normalform_ (4) schreiben:

$$(3.2.4) \qquad x^{m+1} := x^m - N(Ax^m - b) \qquad (m \geqslant 0,\ b \text{ aus } (1.1)).$$

Die Matrix N wird wird im folgenden als «Matrix der zweiten Normalform von Φ» bezeichnet. Gleichung (4) macht deutlich, daß x^{m+1} aus x^m durch eine Korrektur hervorgeht, die sich aus der Multiplikation des _Defektes_ $Ax^m - b$ von x^m mit N ergibt. Da der Defekt für eine Lösung von $Ax=b$ verschwindet, ergibt sich sofort die

Bemerkung 3.2.3 Die zweite Normalform (4) mit beliebigem $N \in \mathbb{K}^{I \times I}$ repräsentiert genau alle linearen und konsistenten Iterationen.

Die _dritte Normalform_ einer Iteration lautet:

$$(3.2.5) \qquad W(x^m - x^{m+1}) = Ax^m - b \qquad (m \geqslant 0,\ b \text{ aus } (1.1)).$$

W heißt die «Matrix der dritten Normalform von Φ». Gleichung (5) ist algorithmisch in der Form

$$(3.2.5') \qquad \text{löse } W\delta = Ax^m - b \quad \text{und setze} \quad x^{m+1} := x^m - \delta$$

zu lesen und stellt genau dann eine Definition von x^{m+1} dar, wenn W regulär ist. Unter dieser Voraussetzung kann man aber nach x^{m+1} auflösen, und ein Vergleich mit (4) beweist

Bemerkung 3.2.4 Ist W in (5) regulär, stimmt die Iteration (5) mit der zweiten Normalform (4) überein, wenn man dort

$$(3.2.6) \qquad N = W^{-1}$$

setzt. Umgekehrt läßt sich die Darstellung (4) mit regulärem N in (5) mit $W = N^{-1}$ umschreiben. Für die interessierenden Fälle wird N regulär sein (vgl. Bemerkung 9).

3.2.3 Darstellung der Iterierten x^m

In (1.5) wurde durch die Notation $x^m(x^0, b)$ die Abhängigkeit vom Startwert x^0 und von der rechten Seite b des Gleichungssystems deutlich gemacht. Die explizite Darstellung beschreibt der

> **Satz 3.2.5** Die lineare Iteration (1) liefert die Iterierten
> $$(3.2.7) \qquad x^m(x^0, b) = M^m x^0 + \sum_{k=0}^{m-1} M^k N b \quad \text{für } m \geqslant 0.$$

Beweis durch Induktion. Für $m = 0$ nimmt (7) die Form $x^0(x^0, b) = x^0$ in Übereinstimmung mit (1.5) an. Ist (7) für $m-1$ richtig, ergibt (1), daß

$$x^m(x^0, b) = M x^{m-1} + N b = M\left(M^{m-1} x^0 + \sum_{k=0}^{m-2} M^k N b \right) + N b =$$

$$= M^m x^0 + \sum_{k=1}^{m-1} M^k N b + N b. \qquad \blacksquare$$

Im folgenden wird e^m den *(Iterations-)Fehler* von x^m darstellen:

$$(3.2.8) \qquad e^m := x^m - x, \text{ wobei } x \text{ die Lösung von } A x = b \text{ ist.}$$

Ist das Verfahren konsistent, haben wir $x = M x + N b$ für die Lösung x aus (8). Bildet man die Differenz zu (2): $x^{m+1} = M x^m + N b$, erhält man die einfache Beziehung

$$(3.2.9a) \qquad e^{m+1} = M e^m \quad (m \geqslant 0), \qquad\qquad e^0 = x^0 - x,$$

zwischen zwei aufeinanderfolgenden Fehlern. Eine triviale Folgerung ist

$$(3.2.9b) \qquad e^m = M^m e^0 \qquad\qquad\qquad (m \geqslant 0).$$

Im Anschluß an (4) wurde bereits der Begriff des *Defektes* $A\bar{x} - b$ eines Vektors $\bar{x}$ benutzt. Insbesondere bezeichnet

$$(3.2.10) \qquad d^m := A x^m - b$$

den Defekt der m-ten Iterierten x^m.

Übungsaufgabe 3.2.6 Man zeige: **(a)** Der Defekt $\bar{d} = A\bar{x} - b$ sowie der Fehler $\bar{e} = \bar{x} - x$ erfüllen die Gleichung

$$(3.2.11) \qquad A\bar{e} = \bar{d}.$$

(b) Sind das Iterationsverfahren linear und konsistent und A regulär, so erfüllen die Defekte die Gleichungen

$$(3.2.12) \qquad d^{m+1} = A M A^{-1} d^m, \quad d^0 = A x^0 - b, \quad d^m = (A M A^{-1})^m d^0.$$

3.2.4 Konvergenz

Ein hinreichendes und notwendiges Konvergenzkriterium ist durch den Spektralradius der Iterationsmatrix gegeben:

> **Satz 3.2.7** Ein lineares Iterationsverfahren (1) mit der Iterationsmatrix M ist genau dann konvergent, wenn
>
> $$(3.2.13) \qquad \rho(M) < 1.$$
>
> $\rho(M)$ heißt die _Konvergenzrate_ der Iteration (1).

Die Begriffe _Konvergenzrate, Konvergenzgeschwindigkeit, Iterationsgeschwindigkeit_ werden im folgenden synonym für $\rho(M)$ verwendet. Diese Namensgebung ist nicht einheitlich: Bei vielen Autoren wird der negative Logarithmus $-\log(\rho(M))$ als Konvergenzrate definiert (vgl. (3.3a) und Varga [2], Young [2]).

Beweis. (i) Das Iterationsverfahren (1) sei konvergent. Wir setzen in Definition 1.5 $b := 0$ und verwenden die Darstellung (7): $x^m = M^m x^0$. Der Startwert $x^0 := 0$ liefert den Grenzwert $x^* = 0$, der nach der Konvergenzdefinition für jeden Startwert gelten muß. Wäre $\rho(M) \geqslant 1$, könnte man $x^0 \neq 0$ als Eigenvektor zu einem Eigenwert λ mit $|\lambda| = \rho(M) \geqslant 1$ wählen und erhielte mit $x^m = \lambda^m x^0$ keine gegen $x^* = 0$ konvergente Folge. Also ist die Ungleichung (13) notwendig für die Konvergenz.

(ii) Gelte umgekehrt (13): $\rho(M) < 1$, so konvergiert $M^m x^0$ nach Lemma 2.9.9 gegen null, während Satz 2.9.10 $\sum_{k=0}^{m-1} M^k \to (I-M)^{-1}$ beweist. Gemäß Darstellung (7) konvergiert x^m gegen $(I-M)^{-1}Nb$. Da der Grenzwert nicht vom Startwert x^0 abhängt, ist die Iteration (1) konvergent. ∎

Der Beweis enthält bereits die erste Aussage aus

Zusatz 3.2.8 (a) Wenn das Iterationsverfahren (1) konvergent ist, so konvergieren die Iterierten gegen $(I-M)^{-1}Nb$.
(b) Ist es außerdem konsistent, so sind A und N regulär, und die Iterierten x^m konvergieren gegen die eindeutige Lösung $x = A^{-1}b$.

Beweis zu (b). Die Regularität von A erhält man aus Satz 1.6. Direkter ist jedoch die Herleitung aus der Konsistenzbedingung (3), die man in der Form $NA = I - M$ schreibt. Wegen $\rho(M) < 1$ ist 1 kein Eigenwert von M und daher $I - M$ regulär. Dann müssen aber beide Faktoren N und A aus $NA = I - M$ ebenfalls regulär sein: $(I-M)^{-1}N = A^{-1}$ beweist (b). ∎

Bemerkung 3.2.9 Da nur konvergente _und_ konsistente Iterationsverfahren von Interesse sind und für diese nach Zusatz 8b A und N regulär sind, sind die Darstellung (3") von N und die dritte Normalform (5) mit der Matrix $W = N^{-1}$ möglich.

Die Konvergenz $x^m \to x$ ist eine asymptotische Aussage für $m \to \infty$, die keine Rückschlüsse auf den Fehler $e^m = x^m - x$ für festes m zuläßt.

Die in den Tabellen 1.4.1 und 1.4.2 angegebenen Werte für $u_{16,16}$ verschlechtern sich sogar zunächst, bevor sie monoton gegen den Grenzwert $\frac{1}{2}$ streben. Häufig möchte man Aussagen für eine feste Iterationszahl m erhalten. In diesem Fall ist das Konvergenzkriterium (13) durch eine Normabschätzung zu verstärken.

Satz 3.2.10 Sei $\|\cdot\|$ eine zugeordnete Matrixnorm. Eine hinreichende Bedingung für die Konvergenz einer Iteration ist die Abschätzung

(3.2.14) $\| M \| < 1$

der Iterationsmatrix M. Ist die Iteration konsistent, gelten die Fehlerabschätzungen

(3.2.15) $\| e^{m+1} \| \leqslant \| M \| \, \| e^m \|, \qquad \| e^m \| \leqslant \| M \|^m \, \| e^0 \|.$

Beweis. (14) impliziert (13) (vgl. (2.9.1b)). (15) ist Folge von (9a,b).   ⬛

$\| M \|$ heißt die *Kontraktionszahl* der Iteration (bzgl. der Norm $\|\cdot\|$). Im Falle von (14) heißt die Iteration *monoton konvergent* in der Norm $\|\cdot\|$, da $\| e^{m+1} \| < \| e^m \|$. Gilt für eine Norm $\|\cdot\|$ die Gleichheit $\rho(M) = \| M \|$, so stimmen «Konvergenz» und «monotone Konvergenz» überein.

3.2.5 Konvergenzgeschwindigkeit

Die Ungleichung (15), $\| e^{m+1} \| \leqslant \zeta \, \| e^m \|$ mit $\zeta := \| M \| < 1$, beschreibt *lineare Konvergenz*. Schnellere als lineare Konvergenz ist nur mit nichtlinearen Verfahren zu erreichen (vgl. §9.4.3). Die Kontraktionszahl ζ hängt von der Wahl der Norm ab. Wegen (2.9.1b) ist die Kontraktionszahl ζ stets größer oder gleich der Konvergenzrate $\rho(M)$. Andererseits garantiert Lemma 2.9.7, daß bei geeigneter Wahl der Norm die Kontraktionszahl ζ der Konvergenzrate $\rho(M)$ beliebig nahe kommen kann.

Sowohl die Kontraktionszahl als auch die Konvergenzrate bestimmen die Güte eines Iterationsverfahrens. Beide Größen lassen sich aus den Fehlern e^m wie folgt bestimmen.

Bemerkung 3.2.11 Die Kontraktionszahl ist das Maximum der Quotienten $\| e^1 \| / \| e^0 \|$ genommen über alle Startwerte $x^0 \neq x := A^{-1}b$.

Beweis. (9b) und Übungsaufgabe 2.6.10d.   ⬛

Übungsaufgabe 3.2.12 Man zeige: **(a)** Die Behauptung der Bemerkung 11 wird im allgemeinen falsch, wenn $\| e^1 \| / \| e^0 \|$ durch den Quotienten $\| e^{m+1} \| / \| e^m \|$ ersetzt wird.
(b) Der letztgenannte Quotient nimmt als Maximum

$$(3.2.16) \qquad \zeta_m := \begin{cases} \max\{ \| Mx \| / \| x \|\colon 0 \neq x \in \mathrm{Bild}(M^m) \}, & \text{falls } M^m \neq 0, \\ 0 & \text{sonst.} \end{cases}$$

an, das sich als zugeordnete Matrixnorm der Abbildung $x \mapsto Mx$ beschränkt auf den Unterraum $V_m := \mathrm{Bild}(M^m) := \{ y\colon y = M^m x, \ x \in \mathbb{K}^I \}$ interpretieren läßt.

(c) Es gilt die Inklusion $V_{m+1} \subset V_m$ mit Gleichheit spätestens ab $m \geqslant \#I$.
(d) Es gilt $\rho(M) \leqslant \zeta_{m+1} \leqslant \zeta_m \leqslant \zeta_1 = \zeta := \|M\|$.
(e) Für reguläres M ist $\zeta_m = \zeta$ für alle m.

Die Übungsaufgabe 12 zeigt, daß der Begriff der Kontraktionszahl etwas zu grob ist, d.h. es besteht die Gefahr, daß die Kontraktionszahl eine zu pessimistische Vorhersage der Konvergenzgeschwindigkeit ergibt. Etwas günstiger ist die Abschätzung mit Hilfe des numerischen Radius $r(\cdot)$ der Matrix M^m (vgl. §2.9.5). Aufgrund der Ungleichungen

$$(3.2.17a) \qquad \|M^m\|_2 \leqslant 2\,r(M^m) \leqslant 2\,r(M)^m \qquad (\text{vgl. } (2.9.11d,e))$$

ergibt sich aus (9b) die Fehlerabschätzung

$$(3.2.17b) \qquad \|e^m\|_2 \leqslant 2\,r(M)^m\,\|e^0\|_2 \qquad (m \geqslant 0)$$

in der Euklidischen Norm. Ist $\|\cdot\|_C$ die mit positiv definitem C definierte Norm aus (2.10.5a), so beweist man analog die Ungleichung

$$(3.2.17c) \qquad \|e^m\|_C \leqslant 2\,r(C^{1/2}MC^{-1/2})^m\,\|e^0\|_C.$$

Zur praktischen Beurteilung der Konvergenzgeschwindigkeit aus einem «Experiment» – d.h. aus einer Folge von Fehlern e^m zu einem speziellen Startwert x^0 – kann man die *Reduktionsfaktoren*

$$(3.2.18a) \qquad \rho_{m+1,m} := \|e^{m+1}\| / \|e^m\|$$

heranziehen. Diese finden sich z.B. in den letzten Spalten der Tabellen 1.4.1/2. Interessanter als ein einzelner Wert $\rho_{m+1,m}$ ist das geometrische Mittel $\rho_{m+k,m} := [\,\rho_{m+k,m+k-1} \cdots \rho_{m+1,m}\,]^{1/k}$, das nach Definition (18a) einfacher durch

$$(3.2.18b) \qquad \rho_{m+k,m} := [\,\|e^{m+k}\| / \|e^m\|\,]^{1/k}$$

darzustellen ist. Die Eigenschaften von $\rho_{m+k,m}$ sind zusammengestellt in

Bemerkung 3.2.13 (a) Die Abhängigkeit der Größe $\rho_{m+k,m}$ vom Startwert x^0 sei durch $\rho_{m+k,m}(x^0)$ ausgedrückt. Es gilt

$$(3.2.18c) \qquad \lim_{k\to\infty} \max\{\,\rho_{m+k,m}(x^0):\ x^0 \in \mathbb{K}^I\} = \rho(M) \qquad \text{für alle } m.$$

(b) Es gilt sogar ohne die Maximumbildung über alle $x^0 \in \mathbb{K}^I$, daß

$$(3.2.18d) \qquad \lim_{k\to\infty} \rho_{m+k,m}(x^0) = \rho(M) \qquad \text{für alle } m.$$

wenn x^0 nicht in dem speziellen Unterraum $U \subset \mathbb{K}^I$ der Dimension $< \#I$ liegt, der von allen Eigen- und eventuellen Hauptvektoren der Matrix M zu Eigenwerten λ mit $|\lambda| < \rho(M)$ aufgespannt wird. Da ein zufälliger Startwert x^0 mit der Wahrscheinlichkeit 0 in einem niederdimensionalen Unterraum liegt, gilt (18d) «fast immer».
(c) Die einfachen Reduktionsfaktoren konvergieren gegen $\rho(M)$:

$$(3.2.18e) \qquad \lim_{m\to\infty} \rho_{m+1,m}(x^0) = \rho(M)$$

für alle $x^0 \notin U$ mit $\dim U < \#I$ genau dann, wenn es nur einen Eigenwert $\lambda \in \sigma(M)$ mit $|\lambda| = \rho(M)$ gibt und für diesen die geometrischen und algebraischen Vielfachheiten übereinstimmen. Hinreichend sind: (i) $\lambda \in \sigma(M)$ mit $|\lambda| = \rho(M)$ ist einfacher Eigenwert; oder: (ii) $M \geqslant 0$. **(d)** Zu (18a) sei $\|\cdot\| = \|\cdot\|_C$ ($C > 0$, vgl. (17c)) gewählt. Wenn $C^{1/2} M C^{-1/2}$ Hermitesch ist, konvergiert $\rho_{m+1,m}(x^0)$ ($x^0 \notin U$) *monoton steigend* gegen $\rho(M)$.

Beweis zu a: Man beachte $\rho(M) \leqslant \max\{\rho_{m+k,m}(x^0): x^0 \in \mathbb{K}^I\} \leqslant \max\{\rho_{m,0}(x^0): x^0 \in \mathbb{K}^I\} = \|M^m\|^{1/m}$ und Satz 2.9.8: $\|M^m\|^{1/m} \to \rho(M)$.

zu b: Sei $I_0 \subset I$ die nichtleere Indexuntermenge $I_0 := \{i \in I: |J_{ii}| = \rho(M)\}$, wobei J_{ii} die Diagonalelemente der Jordan-Normalform gemäß (2.8.3a,b) sind: $M = T J T^{-1}$. Der Unterraum $U := \{x: (T^{-1}x)_i = 0$ für alle $i \in I_0\}$ ist der maximale Unterraum mit der Eigenschaft $\lim[\|M^m x\|/\|x\|]^{1/m} < \rho(M)$. Es gilt $\dim(U) = \#I - \#I_0 < \#I$.

zu d: Wir setzen $\hat{M} := C^{1/2} M C^{-1/2}$ und $\hat{e}^m := C^{1/2} e^m$. Da sich die Norm gemäß $\|e^m\|_C = \|\hat{e}^m\|_2$ umrechnet, erhalten wir für $m \geqslant 1$

$$\|\hat{e}^m\|_2^2 = \|\hat{M}^m \hat{e}^0\|_2^2 = \langle \hat{M}^m \hat{e}^0, \hat{M}^m \hat{e}^0 \rangle = \langle \hat{M}^{m+1} \hat{e}^0, \hat{M}^{m-1} \hat{e}^0 \rangle =$$
$$= \langle \hat{e}^{m+1}, \hat{e}^{m-1} \rangle \leqslant \|\hat{e}^{m+1}\|_2 \|\hat{e}^{m-1}\|_2.$$

Also folgt $\rho_{m+1,m} = \|e^{m+1}\|/\|e^m\| = \|\hat{e}^{m+1}\|_2/\|\hat{e}^m\|_2 \geqslant \|\hat{e}^m\|_2/\|\hat{e}^{m-1}\|_2 = \rho_{m,m-1}$.   ∎

Bemerkung 13 gestattet es, den Wert $\rho_{m+k,m}$ und eventuell auch $\rho_{m+1,m}$ für hinreichend großes m als gute Näherung des Spektralradius zu betrachten. Diese Sichtweise läßt sich auch umkehren:

Bemerkung 3.2.14 Die Konvergenzrate $\rho(M)$ ist das geeignete Maß zur (asymptotischen) Beurteilung der Konvergenzgeschwindigkeit. Dies gilt auch, wenn die Konvergenz bezüglich einer speziellen Norm zu untersuchen ist.

Beweis. Nach Satz 2.9.8 gibt es zu jedem $\varepsilon > 0$ ein m_0, so daß $\rho(M) \leqslant \|M^m\|^{1/m} \leqslant \rho(M) + \varepsilon$ für $m \geqslant m_0$. Also ist $\|e^m\| \leqslant (\rho(M) + \varepsilon)^m \|e^0\|$.   ∎

3.2.6 Bemerkungen zu den Normalformmatrizen M, N und W

Die Untersuchungen der §§3.2.4–5 ergaben, daß die Iterationsmatrix M unmittelbar mit der Konvergenz(geschwindigkeit) zusammenhängt. M beschreibt direkt die Fehlerentwicklung (vgl. (9a)). Vereinfacht gesagt, ist die Konvergenz um so besser, je kleiner M ist. Optimal wäre $M = 0$; dann wäre Φ ein direktes Verfahren, denn x^1 wäre die exakte Lösung.

Die Matrix N transformiert den Defekt $A x^m - b$ in die Korrektur $x^m - x^{m+1}$. Der oben als optimal bezeichnete Fall $M = 0$ entspricht $N = A^{-1}$. Daher kann man N als *eine Näherung der Inversen von A* ansehen.

Für die Implementierung ist jedoch die Matrix W der dritten Normalform (5) entscheidend. Wegen der Relation (6): $W = N^{-1}$, wäre $W = A$ optimal. Doch wäre dann die Bestimmung der Korrektur $x^m - x^{m+1}$ schon mit der Auflösung der ursprünglichen Gleichung identisch. Man muß daher nach Näherungen W von A suchen, so daß Gleichungssysteme der Form $W\delta = d$ *hinreichend einfach* nach δ aufgelöst werden können.

3.2.7 Produktiterationen

Definition 3.2.15 Sind Φ und Ψ zwei Iterationen, so beschreibt $\Phi \circ \Psi$ die *Produktiteration*

$$(3.2.19) \qquad x^{m+1} = (\Phi \circ \Psi)(x^m, b) := \Phi(\Psi(x^m, b), b).$$

Spezielle Produktiterationen werden z.B. in §4.8 untersucht.

Übungsaufgabe 3.2.16 (a) Mit Φ und Ψ ist auch $\Phi \circ \Psi$ konsistent. **(b)** Für die Iterationsmatrizen von Φ, Ψ und $\Phi \circ \Psi$ gilt

$$(3.2.20a) \qquad M_{\Phi \circ \Psi} = M_\Phi M_\Psi.$$

Die Konvergenzeigenschaften von $\Phi \circ \Psi$ und $\Psi \circ \Phi$ sind identisch.

(c) Seien N_Φ, N_Ψ und $N_{\Phi \circ \Psi}$ die Matrizen der zweiten und W_Φ, W_Ψ und $W_{\Phi \circ \Psi}$ jene der dritten Normalform von Φ, Ψ bzw. $\Phi \circ \Psi$. Es gilt der Zusammenhang

$$(3.2.20b) \qquad N_{\Phi \circ \Psi} = M_\Phi N_\Psi + N_\Phi = N_\Phi + N_\Psi - N_\Phi A N_\Psi.$$

(d) Seien W_Φ, W_Ψ und $W_{\Phi \circ \Psi}$ die Matrizen der dritten Normalform von Φ, Ψ bzw. $\Phi \circ \Psi$. W_Φ und W_Ψ seien regulär. Falls $W_\Phi + W_\Psi - A$ singulär ist, divergiert $\Phi \circ \Psi$. Andernfalls ist

$$(3.2.20c) \qquad W_{\Phi \circ \Psi} = W_\Psi (W_\Phi + W_\Psi - A)^{-1} W_\Phi.$$

Bemerkung 3.2.17 Anders als bei der Konsistenz kann man aus der Konvergenz der Faktoren Φ und Ψ *nicht* auf die Konvergenz des Produktverfahrens schließen. Hinreichend für die Konvergenz von $\Phi \circ \Psi$ ist jedoch, daß Φ und Ψ das Kriterium (14) aus Satz 10 für die gleiche Norm erfüllen: $\|M_\Phi\| < 1$ und $\|M_\Psi\| < 1$, wobei in einer der Ungleichungen "< 1" durch "$\leqslant 1$" ersetzt werden darf.

Umgekehrt können Produkte divergenter Verfahren konvergieren.

Definition 3.2.18 (a) Eine Abbildung $P : \mathbb{K}^I \to \mathbb{K}^I$ heißt *Projektion* auf $U \subset \mathbb{K}^I$, wenn $P^2 = P$ und $U := \{Px : x \in \mathbb{K}^I\}$ der Bildraum von P ist. **(b)** P heißt *orthogonale Projektion* (auf U), wenn P eine Hermitesche Projektion ist: $P = P^H$. **(c)** Eine lineare Iteration Φ heißt (orthogonale) Projektion, wenn sie mit dem Produktverfahren $\Phi \circ \Phi$ übereinstimmt (und die Iterationsmatrix M Hermitesch ist).

Übungsaufgabe 3.2.19 Man beweise: **(a)** $P = P^2$ ist genau dann ortho

gonale Projektion, wenn $P = 0$ oder $\|P\|_2 = 1$ bezüglich der Spektralnorm.
(b) Ist P orthogonale Projektion auf U, so liefern $u := Px$ und $u^{\perp} := x - u$
die eindeutig bestimmte Zerlegung $x = u + u^{\perp}$ in $u \in U$ und $u^{\perp} \in U^{\perp}$.
(c) Eine lineare Iteration Φ ist genau dann eine orthogonale Projektion,
wenn M eine orthogonale Projektion ist und $MN = 0$ gilt.
(d) Eine orthogonale Projektion P erfüllt $0 \leqslant P \leqslant I$.

3.2.8 Drei-Term-Rekursionen (Zweischrittiterationen)

Gelegentlich treten lineare Iterationen auf, die zur Berechnung von
x^{m+1} auf x^m *und* x^{m-1} zurückgreifen:

$$(3.2.21) \qquad x^{m+1} = M_0 x^m + M_1 x^{m-1} + N_0 b \qquad (m \geqslant 1).$$

Zum Start benötigt man zwei Startwerte x^0 und x^1. Derartige Dreiterm-
rekursionen lassen sich formal auf die bisher untersuchten Iterationen,
die nun als «Zweitermrekursionen» oder «Einschrittiterationen» zu
bezeichnen wären, im Raum $(\mathbb{K}^I)^2$ zurückführen:

$$(3.2.22) \qquad \begin{pmatrix} x^{m+1} \\ x^m \end{pmatrix} = \mathbf{M} \begin{pmatrix} x^m \\ x^{m-1} \end{pmatrix} + \begin{pmatrix} N_0 b \\ 0 \end{pmatrix} \qquad \text{mit } \mathbf{M} := \begin{pmatrix} M_0 & M_1 \\ I & 0 \end{pmatrix}.$$

Damit lautet die Konvergenzbedingung: $\rho(\mathbf{M}) < 1$.

Übungsaufgabe 3.2.20 Ausgehend von einer Iteration $x^{m+1} = Mx^m + Nb$
können die Matrizen M_0, M_1, N_0 in (21) durch

$$M_0 := \Theta M + \vartheta I, \quad M_1 := (1 - \Theta - \vartheta)I, \quad N_0 := \Theta N$$

mit $\vartheta, \Theta \in \mathbb{R}$ definiert werden. Die Dreitermrekursion (21) lautet dann

$$(3.2.23) \qquad x^{m+1} = \Theta \left\{ (Mx^m + Nb) - x^{m-1} \right\} + \vartheta(x^m - x^{m-1}) + x^{m-1}.$$

Man zeige: **(a)** $\mathbf{M}$ hat das Spektrum

$$\sigma(\mathbf{M}) = \left\{ \tfrac{1}{2}(\Theta \lambda + \vartheta) \pm \sqrt{1 - \Theta - \vartheta + \tfrac{1}{4}(\Theta \lambda + \vartheta)^2} : \lambda \in \sigma(M) \right\}.$$

(b) Aus $\rho(M) < 1$ und $\Theta > 0$, $\vartheta \geqslant 0$, $\Theta + \vartheta \leqslant 1$ folgt $\rho(\mathbf{M}) < 1$.

3.3 Effektivität von Iterationsverfahren

Die Konvergenzrate kann kein alleiniges Kriterium für die Güte
iterativer Verfahren darstellen, da hierfür auch der möglicherweise
unterschiedliche Rechenaufwand zu berücksichtigen ist.

3.3.1 Rechenaufwand

Aus der Darstellung (2.5') geht hervor, daß jede Iteration als
Mindestaufwand die Berechnung des Defektes $Ax^m - b$ verlangt. Ist
$A \in K^{I \times I}$ eine Matrix der Größe $n := \#I$, so würde eine allgemeine Matrix
für die Multiplikation $A*x^m$ $2n^2$ Operationen benötigen. Realistischer

ist es jedoch, A als _schwachbesetzt_ vorauszusetzen; d.h. die Anzahl $s(n)$ der Nichtnullelement von A ist deutlich kleiner als n^2. Für Matrizen, die aus Diskretisierungen partieller Differentialgleichungen stammen, gilt

$$(3.3.1) \qquad s(n) \leqslant C_A n$$

(vgl. Hackbusch [15]). Für die Fünfpunktformel (1.2.4a) des Modellproblems ist (1) mit $C_A = 5$ erfüllt. Unter der Voraussetzung (1) kann die Matrixvektormultiplikation mit $2C_A n$ Operationen durchgeführt werden.

Nach der Auswertung von $d := Ax^m - b$ muß in (2.5') noch das Gleichungssystem $W\delta = d$ gelöst werden. Von jedem praktikablen Iterationsverfahren wird man daher fordern, daß die Auflösung von $W\delta = d$ nur $O(n)$ Operationen benötigt, so daß auch der Gesamtaufwand von der Ordnung $O(n)$ ist. Indem wir die Konstante in $O(n)$ in Relation zu C_A bringen, gelangen wir zu folgender Forderung:

$$(3.3.2) \qquad \text{Anzahl der arithmetischen Operationen pro Iterationsschritt des Verfahrens } \Phi \text{ sei } Aufwand(\Phi, A) \leqslant C_\Phi C_A n.$$

Dabei ist $Aufwand(\Phi, A)$ der Aufwand der Φ-Iteration bei Anwendung auf $Ax = b$. Man beachte, daß C_Φ eine iterationsspezifische Konstante sein soll, während $C_A n$ den Grad der Schwachbesetztheit von A kennzeichnet. Die Konstante C_Φ kann daher _Kostenfaktor der Iteration_ Φ genannt werden.

3.3.2 Effektivität

Eine Iteration Φ kann man «effektiver» als Ψ nennen, wenn sie bei gleichen Kosten schneller ist oder bei gleicher Konvergenzrate weniger Rechenaufwand verlangt. Ein Maß gewinnt man, indem man nach dem Aufwand fragt, der notwendig ist, um eine Reduktion des Fehlers um einen festen Faktor zu erreichen. Da der Logarithmus verwendet werden wird, wählen wir $1/e$ als Faktor. Gemäß Bemerkung 2.14 ziehen wir die Konvergenzrate $\rho(M)$ zur (asymptotischen) Beschreibung der Fehlerreduktion pro Iteration heran. Nach m Iterationsschritten beträgt die asymptotische Fehlerreduktion $\rho(M)^m$. Damit diese Zahl $\leqslant 1/e$ wird, hat man $m \geqslant -1/\log(\rho(M))$ zu wählen, vorausgesetzt es liegt überhaupt Konvergenz vor: $\log(\rho(M)) < 0$. Wir definieren daher

$$(3.3.3a) \qquad It(\Phi) := -1/\log(\rho(M))$$

als (asymptotische) _Anzahl der Iterationsschritte zur Fehlerreduktion um den Faktor_ $1/e$.

Bemerkung 3.3.1 (a) Konvergenz von Φ ist mit $0 \leqslant It(\Phi) < \infty$ äquivalent. **(b)** Φ sei konvergent und konsistent. Um (im asymptotischen Sinne) den Iterationsfehler um einen Faktor $\varepsilon < 1$ zu reduzierten, benötigt man

$$(3.3.3b) \qquad It(\Phi, \varepsilon) := -It(\Phi)\log(\varepsilon)$$

Iterationsschritte.

(c) Gilt $\rho(M) = \|M\|$ oder ersetzt man $\rho(M)$ in (3a) durch $\|M\| < 1$, so ist

(3.3.3c) $\|e^{m+k}\| \leqslant \varepsilon \|e^m\|$ für $k \geqslant It(\Phi,\varepsilon)$

garantiert (nicht nur «asymptotisch»).
(d) Falls $r(M) < 1$ für den numerischen Radius von M gilt (vgl. §2.9.5),
kann man Definition (3b) durch $It(\Phi,\varepsilon) := \log(\varepsilon/2)/\log(r(M))$
ersetzen. Dann ist Ungleichung (3c) in der Euklidischen Norm erfüllt.

Der mit der Fehlerreduktion um $1/e$ verbundene Rechenaufwand ist
das Produkt $It(\Phi)\,Aufwand(\Phi,A) \leqslant It(\Phi)\,C_\Phi C_A n$ (vgl. (2)). Als Kenngröße wählen wir den «*effektiven Aufwand*»

(3.3.4a) $Eff(\Phi) := It(\Phi)\,C_\Phi = -C_\Phi/\log(\rho(M))$

Mit $Eff(\Phi)$ wird der Aufwand zur $(1/e)$-Fehlerreduktion in der
Maßeinheit «$C_A\,n$ arithmetische Operationen» gemessen. Entsprechend
beträgt der effektive Aufwand zur Fehlerreduktion um den Faktor ε

(3.3.4b) $Eff(\Phi,\varepsilon) := -It(\Phi)\,C_\Phi\log(\varepsilon) = C_\Phi\log(\varepsilon)/\log(\rho(M))$.

Beispiel 3.3.2 Im Falle des Modellproblems gilt für die Gauß-Seidel-
Iteration $C_\Phi = 1$ (wegen $C_A = 5$, vgl. Bemerkung 1.4.3). Die numerischen
Werte aus Tabelle 1.4.1 legen $\rho(M) = 0.99039$ für die Schrittweite
$h = 1/32$ nahe. Dies ergibt einen effektiven Aufwand von $Eff(\Phi) = 103.6$.
Schätzt man $\rho(M) = 0.82$ für das SOR-Verfahren aus der Tabelle 1.4.2
und berücksichtigt $C_\Phi = 7/5$, ist der effektive Aufwand des SOR-
Verfahrens für $h = 1/32$ mit $Eff(\Phi) = 7.05$ zu bewerten.

3.3.3 Ordnung der linearen Konvergenz

Die Konvergenzraten $\rho(M)$ aus Beispiel 2 liegen typischerweise nahe
bei 1. Wir können daher den Ansatz

(3.3.5a) $\rho(M) = 1 - \eta$ (η klein)

machen. Taylor-Entwicklung um $\eta = 0$ liefert $\log(1-\eta) = -\eta + O(\eta^2)$ und
$-1/\log(1-\eta) = 1/[\eta(1+O(\eta)] = 1/\eta + O(1)$ wegen $1/(1-\zeta) = 1 + \zeta + O(\zeta^2)$.
Unter der Voraussetzung (5a) beträgt der effektive Aufwand somit

(3.3.5b) $Eff(\Phi) = C_\Phi/\eta + O(1)$.

Für die Zahlen aus Beispiel 2 ergäbe sich $C_\Phi/\eta = 104$ bzw. 7.8.

Für die meisten der noch zu diskutierenden Verfahren ist Annahme
(5a) bei Anwendung auf das Modellproblem richtig, wobei η gemäß

(3.3.5c) $\eta = C_\eta h^\varkappa + O(h^{2\varkappa})$, d.h. $\rho(M) = 1 - C_\eta h^\varkappa + O(h^{2\varkappa})$ mit $\varkappa > 0$,

mit der Schrittweite $h = 1/N = 1/(1+\sqrt{n})$ zusammenhängt. (5b) ergibt

(3.3.5d) $Eff(\Phi) = C_{eff} h^{-\varkappa} + O(1)$ mit $C_{eff} := C_\Phi/C_\eta$.

Bemerkung 3.3.3 (a) $\varkappa$ aus (5c) kann *Ordnung der Konvergenzrate* genannt werden. Hat Φ eine größere Ordnung als Ψ, so ist Φ bei hinreichend kleinem h aufwendiger als Ψ. *Je kleiner die Ordnung ist, desto besser ist das Verfahren.*
(b) Sind Φ_1 und Φ_2 zwei Verfahren gleicher Ordnung, aber mit verschiedenen Konstanten $C_{eff,1} < C_{eff,2}$, so ist Φ_2 um den Faktor $C_{eff,2}/C_{eff,1}$ aufwendiger.

Aus praktischer Sicht sei noch ein Kommentar zu der anzustrebenden Größe des Iterationsfehlers $\|e^m\|$ gegeben. Läßt man die Iteration unbegrenzt arbeiten, pegelt sich der Fehler auf Grund der Rundungsfehler bei «const·$\|x\|$·eps» (eps = relative Maschinengenauigkeit) ein. Zum Testen der Iterationen kann man bis zu dieser unteren Grenze gehen, in der Praxis besteht aber selten Anlaß für eine derartige Genauigkeit.

Bemerkung 3.3.4 Die zu berechnende Lösung x des Poisson-Modellproblems aus §1.2 stellt selbst nur eine Approximation der eigentlich gesuchten Lösung der Randwertaufgabe (1.2.1a,b) dar. Diese weicht von der diskreten Lösung um einen Diskretisierungsfehler ab, der hier die Größenordung $O(h^2)$ hat (vgl. Hackbusch [15,§4.5]). Daher ist ein zusätzlicher Iterationsfehler der gleichen Ordung $O(h^2)$ akzeptabel. In der Praxis heißt dies, daß eine Iteration bei $\|e^m\|/\|x\| \leqslant 1/100$ bis $1_{10}-4$ gestoppt werden kann.

3.4 Test iterativer Verfahren

In den weiteren Kapiteln werden zahlreiche Iterationsverfahren vorgestellt werden. Für die Präsentation numerischer Ergebnisse hat man sich zu fragen, wie man Iterationen testen soll. Die Güte einer Iterationsmethode wird (zumindest in asymptotischer Sicht) durch den effektiven Aufwand $Eff(\Phi)$ gegeben. Den Rechenaufwand pro Iteration bestimmt man durch Abzählen der Operationen. Es bleibt die Konvergenzgeschwindigkeit experimentell zu bestimmen. Die folgende triviale Bemerkung zeigt, daß man das Verfahren keineswegs mit verschiedenen rechten Seiten b und damit verschiedenen Lösungen x zu testen braucht.

Bemerkung 3.4.1 Eine lineare Iteration angewandt auf die beiden Gleichungen $Ax=b$ und $Ax'=b'$ ergibt die gleichen Fehler x^m-x und x'^m-x', wenn die Startwerte x^0, x'^0 über $x^0-x=x'^0-x'$ zusammenhängen.

Folgerung 3.4.2 O.B.d.A. kann man stets $x=b=0$ mit irgendeinem Startwert $x^0 \neq 0$ wählen.

Abweichend vom Vorschlag $x=b=0$ werden wir wie schon in §1.4 für die *Poisson-Modellaufgabe* die Lösung x mit den Komponenten

$$(3.4.1a) \qquad u_{ij} = (ih)^2+(jh)^2 \qquad\qquad (1 \leqslant i,j \leqslant N-1)$$

und die rechte Seite (1b) verwenden (vgl. Bemerkung 1.4.4):

(3.4.1b) b definiert durch (1.2.6) mit $f = -4$.

Gemäß Bemerkung 1 kann sich ein Test darauf beschränken, für ein oder mehrere Startvektoren x^0 die Fehler $e^m = x^m - x$ und die Quotienten ihrer Normen

$$\varrho_{m+1,m} := \| e^{m+1} \| / \| e^m \| \qquad \text{(vgl. (2.18a))}$$

zu berechnen.

Indem man den Startwert ändert, ergeben sich andere Resultate. Da die geometrischen Mittel (2.18b): $\varrho_{m+k,m} := \left[\| e^{m+k} \| / \| e^m \| \right]^{1/k}$ jedoch gegen $\varrho(M)$ konvergieren, macht sich der Unterschied nur in den ersten Iterationen bemerkbar. Man beachte aber die folgende

Bemerkung 3.4.3 Wenn der Startfehler $e^0 = x^0 - x$ in dem Unterraum liegt, der von allen Eigen- und eventuellen Hauptvektoren der Matrix M zu Eigenwerten λ mit $|\lambda| < \varrho(M)$ aufgespannt wird, approximiert $\varrho_{m+k,m}$ einen Wert $< \varrho(M)$.

In der Praxis ist dieser Ausnahmefall schwer zu treffen, zumal wenn die Lösung x unbekannt ist.

Die Berechnung von $\varrho_{m+1,m} = \| e^{m+1} \| / \| e^m \|$ setzt voraus, daß die exakte Lösung bekannt ist. Hierzu ist auf Bemerkung 2 hinzuweisen: O.B.d.A. kann das Gleichungssystem mit $x = 0$ verwendet werden, so daß $\varrho_{m+1,m} = \| x^{m+1} \| / \| x^m \|$. Wenn jedoch während der iterativen Berechnung einer noch unbekannten Lösung x die Konvergenzrate gemessen werden soll, kann man die Größen

$$\hat{\varrho}_{m+1,m} := \| x^{m+1} - x^m \| / \| x^m - x^{m-1} \|$$

und $\hat{\varrho}_{m+k,m} := (\hat{\varrho}_{m+k,m+k-1} \times \cdots \times \hat{\varrho}_{m+1,m})^{1/k}$ heranziehen.

Übungsaufgabe 3.4.4 Man beweise: Trotz $1 \in \sigma(M)$ kann $\hat{\varrho}_{m+k,m} \to \varrho < 1 \leqslant \leqslant \varrho(M)$ für $k \to \infty$ gelten. Falls $1 \notin \sigma(M)$, gilt $\hat{\varrho}_{m+k,m} \to \varrho(M)$ für alle Startfehler e^0, die nicht in dem speziellen Unterraum aus Bemerkung 3 liegen.

3.5 Erläuterungen zu den Pascal-Prozeduren

3.5.1 Zu Pascal

Wie einfach oder wie kompliziert ein Verfahren ist, erweist sich letztlich bei seiner Programmierung. Deshalb wird zu allen erwähnten Iterationen stets eine Pascal-Prozedur angegeben.

Die folgenden Ausführungen dieses Abschnittes richten sich an Leser ohne Kenntnisse in der Programmiersprache Pascal (vgl. Jensen – Wirth [1]). Die meisten Programmteile sind selbsterklärend. In Pascal ist es

möglich, über «real», «integer», «Boolean» hinaus eigene Typen von
Variablen zu definieren. Zum einen kann man *Felder* von Variablen eines
schon definierten Typus bilden (z.B. **array [3:10] of** ...). In (9) wird der
Aufzählungstyp verwendet werden. Ein Beispiel für einen standardmäßig definierten Aufzählungstyp ist **type Boolean = (false, true)**. Die
dritte, wichtige Konstruktionsmethode ist der Record, der Variablen
schon definierter Typen zu einem Gesamttyp zusammenfaßt. Im Beispiel

(3.5.1)   **type R = record A: real; B: Boolean; C: type1 end;**

werden drei Variablen zusammengefaßt. «**type1**» steht für einen schon
definierten Typ. Eine Variable x des Recordtyps **R** definiert man durch

      var x: R;

Um die einzelnen Komponenten «**A**», «**B**», «**C**» von x anzusprechen,
indiziert man in der Form

      x.A := 3.14; x.B := true;

Wenn **type1** in (1) wiederum ein Record mit den Komponenten «**P**», «**Q**»,
«**R**»,... ist, spricht man diese mit «**x.C.P**», «**x.C.Q**», «**x.C.R**», ... an. Eine
Vereinfachung der Schreibweise (nämlich das Weglassen des Präfix
«**x.**») erlaubt das **with**-Statement:

      with x do begin A:= 3.14; B :=true; C.P := ... end;

3.5.2 Zu den Testbeispielen

Programme zu Iterationsverfahren lassen sich nur schreiben, wenn
festgelegt ist, von welcher Struktur die Gleichungssysteme sind. Je
einfacher die Struktur der Matrix A, desto einfacher werden die
Programme. Das Modellproblem aus §1 hat unter allen nichttrivialen
Beispielen die einfachste Struktur. Wir wollen die Programme aber
nicht auf diesen Fall begrenzen. Die nächste Stufe wäre ein Gleichungssystem, in dem die Koeffizienten $4, -1$ der Fünfpunktformel (1.2.4a)
durch fünf andere Konstanten ersetzt sind. Mit dem «Fünfpunktstern»

$$(3.5.2) \qquad \begin{bmatrix} & \alpha_{01} & \\ \alpha_{-1,0} & \alpha_{00} & \alpha_{10} \\ & \alpha_{0,-1} & \end{bmatrix}$$

charakterisiert man die Matrix A, die zu den Gleichungen

$$(3.5.3) \qquad \alpha_{00}u_{ij} + \alpha_{-1,0}u_{i-1,j} + \alpha_{01}u_{i,j+1} + \alpha_{0,-1}u_{i,j-1} + \alpha_{10}u_{i+1,j} = f_{ij}$$
$$(1 \leq i,j \leq N-1)$$

(vgl. §2.1.3) gehört. Für $\alpha_{00} = 4\,h^{-2}$, $\alpha_{-1,0} = \alpha_{10} = \alpha_{01} = \alpha_{0,-1} = -h^{-2}$ erhält
man die Fünfpunktformel (2.1.9) des Poisson-Problems (1.2.4a).

Spätestens wenn die Differentialgleichung gemischte Ableitungen
$\partial^2 u/\partial x \partial y$ enthält, reicht ein Fünfpunktstern nicht mehr aus

(vgl. Hackbusch [15, §5.1.4]). Deshalb wird als allgemeinster Fall der «Neunpunktstern» (2.1.8a) hinzugenommen, der die Gleichungen (2.1.8b) beschreibt. Zu Neunpunktformeln für die Poisson-Gleichung sei auf Hackbusch [15, §4.6 und dortige Übungsaufgabe 8.3.16] verwiesen.

Da der Neunpunktstern die vorhergehenden Fälle umfaßt, könnte man sich darauf beschränken, Programme nur für die Neunpunktformel anzugeben. Dieser Weg wird aber absichtlich nicht eingeschlagen. *Schwachbesetzte Gleichungssysteme zu lösen heißt immer, die vorhandene Struktur auszunutzen.* Indem die Terme $\alpha_{11}=\ldots=0$ bei der Fünfpunktformel vermieden werden und indem Multiplikationen mit $h^2\alpha_{01}=1$ beim Poisson-Modellproblem überflüssig werden, kann der Aufwand wesentlich reduziert werden. Wir werden deshalb in den Prozeduren stets die Fallunterscheidung

(3.5.4a)   Poisson-Modellproblem: (1.2.4a) bzw. (2.1.9)
(3.5.4b)   Fünfpunktformel: (2)
(3.5.4c)   Neunpunktformel: (2.1.8a,b)

vornehmen. Schreibtechnisch ist diese Fallunterscheidung kürzer als die Angabe von drei verschiedenen Prozeduren, die jeweils einem Fall entsprechen. Es ist jedem Anwender überlassen, den Quelltext zu kürzen, indem die Programmteile für die nicht interessierenden Fälle gestrichen werden.

Im folgenden ist zugelassen, daß das Quadrat $\Omega=(0,1)\times(0,1)$ (vgl. (1.2.1c)) durch ein Rechteck ersetzt wird und das Gitter Ω_h innere Knoten (ih,jh) mit

(3.5.5) $1\leqslant i\leqslant Nx-1,\quad 1\leqslant j\leqslant Ny-1$

besitzt. Diese Verallgemeinerung wird insbesondere deshalb eingeführt, um in den Programmen klarer erkennen zu können, welche Schleifen über Zeilen- und Spaltenindizes laufen.

3.5.3 Konstanten und Typen

Die Konstanten und Typen, die im weiteren benötigt werden, lauten wie folgt:

(3.5.6)   Konstanten

```
const Nmax=128; ITmax=300; Mmax=49; Wmax=8; Lmax=5; ADImax=16;
      pi=3.14159265358979323846264338327;
```

(3.5.7)   Typen

```
type Spalte = array[0:Nmax] of real;
Gitterfunktion = array[0:Nmax] of Spalte;
Matrixart=(Poisson_Modellproblem,Fuenfpunktformel,Neunpunktformel);
Restriktionsart = (triviale_Restriktion,Fuenfpunktrestriktion,
    Siebenpunktrestriktion, Neunpunktrestriktion,allgemeine_Restriktion,
    matrixabhaengige_Restriktion);
```

```
Prolongationsart = (Fuenfpunktprolongation,Siebenpunktprolongation,
   Neunpunktprolongation,allgemeine_Prolongation,
   matrixabhaengige_Prolongation);
Vergleichsdaten = record z: ^Gitterfunktion; Anfang,aktuell: integer end;
Spaltenstern = array[-1:1] of real;
Stern = array[-1:1] of Spaltenstern;
Restriktionsdaten = record Art: Restriktionsart; S: Stern end;
Prolongationsdaten = record Art: Prolongationsart; S: Stern end;
ADIParameter = array [1:ADImax] of real;
OD_Parameter = record qalt,w: Gitterfunktion end;
CR_Parameter = record a,aalt,palt,w: Gitterfunktion end;
cg_Parameter = record r,p: Gitterfunktion; rho: real; CR: ^CR_Parameter;
   OD: ^OD_Parameter end;
Parameterfeld = record Laenge,aktuell: integer; om: ADIParameter end;
tridiag = record Zerlegung_berechnet: boolean; unten,diag,oben: Spalte end;
Gleichungsdaten_B = record M: array[1:Mmax,-Wmax:Wmax] of real;
   RS: array[1:Mmax] of real; dim,w: integer; aufgestellt,zerlegt: Boolean end;
Gleichungsdaten = record M: array[1:Mmax,1:Mmax] of real;
   RS: array[1:Mmax] of real; dim: integer; aufgestellt,zerlegt: Boolean;
   perm: array[1:Mmax] of integer end;
ABFG = record A,B,F,G: Gitterfunktion end;
ffZTyp = record alpha: real; my: integer; Tl: tridiag end;
Iterationsparameter=record Nr: integer; omega,theta,gmg,gpg,sigma,diag:real;
   vorher,Res: ^Gitterfunktion; zykl: ^Parameterfeld; cg: ^cg_Parameter end;
MG_Parameter = record gamma,ny1,ny2,lm,lmin,aktuelle_Stufe: integer;
   direkt,Galerkin: Boolean; R: Restriktionsdaten; P: Prolongationsdaten end;
Diskretisierungsdaten = record Art: Matrixart; S: Stern; T: ^tridiag;
   ILUD: ^Gitterfunktion; ILU7: ^ABFG; nx,ny: integer; h,h2: real;
   Bandmatrix: ^Gleichungsdaten_B; Matr: ^Gleichungsdaten end;
Diskretisierungshierarchie = array[0:Lmax] of Diskretisierungsdaten;
H_Stern = array [0:2] of Stern;
MG_Daten = record AL: Diskretisierungshierarchie; SH: H_Stern;
   Ml: MG_Parameter; IP: array[0:Lmax] of Iterationsparameter end;
Iterationsdaten = record x,b: Gitterfunktion; A: Diskretisierungsdaten;
   IP: Iterationsparameter end;
Iterationsgeschichte = record Wert: array[0:Itmax] of real; Belegt: integer end;
```

Mit **Nmax** aus (6) ist die obere Grenze von Nx und Ny aus (5) bezeichnet. Auch **ITmax**, **Mmax**, **Wmax**, **Lmax**, **ADImax** werden als Feldgrenzen verwendet. Ihre Werte können je nach zur Verfügung stehendem Speicherplatz verändert werden.

Unter den aufgeführten Typen interessieren im Augenblick nur die folgenden: **Gitterfunktion** ist schon in (1.4.6) eingeführt. **Matrixart** enthält die in (4a–c) erwähnten Fälle.

3.5.4 Format der Iterationsprozeduren

Alle Iterationsverfahren haben den folgenden Prozedurkopf:

(3.5.8)　　　　　**procedure Iterationsname(var neu: Gitterfunktion;**
　　　　　　　　　　　var A: Diskretisierungsdaten; var x,b: Gitterfunktion;
　　　　　　　　　　　var IP: Iterationsparameter);

Ein Aufruf von **Iterationsname**(...) produziert aus $x^{m-1}=x$ die neue Iterierte $x^m=$**neu**. Dabei ist es stets zugelassen, daß für **neu** und x ein

und dieselbe Variable eingesetzt wird, d.h. **Iterationsname(x,A,x,b,IP)** mit
$x=x^{m-1}$ als Eingabe liefert $x=x^m$. Sicherheitshalber wird stets dafür
gesorgt, daß die Variable x unverändert bleibt, wenn verschiedene
Variablen für **neu** und x eingesetzt werden. Der Parameter **IP** enthält die
Parameter, die von manchen Verfahren benötigt werden (z.B. den Relaxationsparameter ω des SOR-Verfahrens). Da stets der gleiche Prozedurkopf verwendet werden soll, wird der Parameter formal auch in
solchen Iterationsprozeduren auftreten, die keine Parameter brauchen.

3.5.5 Testumgebung

Um die Iteration (8) zu testen, sind folgende Schritte durchzuführen:
(i) Definition der Diskretisierungsdaten, (ii) Definition der rechten Seite
und der Randwerte, (iii) Definition der Startiteration, (iv) Definition der
exakten Lösung für Vergleichszwecke, (v) Berechnung der Normen
$\|x^m-x\|$ und ihrer Quotienten (vgl. §3.4). Mit den in [Prog]
vorhandenen Prozeduren kann der Aufruf wie folgt lauten:

(3.5.9)   Beispiel für ein Rahmenprogramm

```
program Iterationsaufruf;
{Konstanten und Typen aus (6), (7) einfügen. Für das hier gewählte Beispiel
 sind z.B. die Prozeduren "lex_SOR" und "Maximum_Norm" einzufügen}
var it: Iterationsdaten; i,itzahl: integer;
    v: Vergleichsdaten; Max: Iterationsgeschichte;
function rechte_Seite(x,y: real): real; begin rechte_Seite:=-4 end;
function Nullfunktion(x,y: real): real; begin Nullfunktion:=0 end;
function exakte_Loesung(x,y: real): real; begin exakte_Loesung:=x*x+y*y end;
function Randwerte(x,y: real): real; begin Randwerte:=x*x+y*y end;
begin initialisiere_IT(it); initialisiere_Vergleichdaten(v);
  repeat Freigabe_IT(it); Freigabe_Vergleichdaten(v);
   definiere_Problem(it,Randwerte,Rechte_Seite); writeln('Problem definiert.');
   definiere_SOR_Parameter(it);     writeln('SOR-Parameter ω=',it.IP.omega);
   definiere_Startiteration(it,Nullfunktion);        writeln('Startwert definiert.');
   definiere_Vergleichsloesung(v,it.A,exakte_Loesung);    writeln('Vergleich:');
   Vergleich_mit_exakter_Loesung(max,v,it,Maximum_Norm);
   write(' --> Anzahl der Iterationen = '); readln(itzahl);
   for i:=1 to itzahl do
   begin Iteration_1(it,lex_SOR);
        Vergleich_mit_exakter_Loesung(max,v,it,Maximum_Norm);
        writeln('Iterationsnr. ',it.IP.Nr,' Maximumnorm: ',max.Wert[i-1])
   end;
   writeln('Lauf beendet.'); {Es folgt die Darstellung der Resultate:}
   writeln('*** Auswertung der Iterationsgeschichte ***');
   writeln('lex. Gauß-Seidel-Verfahren / Maximumnorm');
   schreibe_Diskretisierungsdaten_Bildschirm(it.A);
   writeln('SOR-Parameter ist omega=',it.IP.omega);
   writeln('Anzahl der registrierten Einträge: ',max.belegt+1);
   writeln; writeln(' Nr    Norm          Quotient      gemittelt');
   for i:=0 to max.belegt do
   begin writeln; write(i:3,'   ');
        Auswertung_der_Iterationsgeschichte_Bildschirm(max,i)
   end; writeln; {hier Möglichkeit, die berechneten Daten abzuspeichern.}
   write('Wird eine Wiederholung gewünscht?')
  until not ja_nein
end.
```

Zum Auffinden der zu vereinbarenden Prozeduren und Funktionen **initialisiere_IT**, **initialisiere_Vergleichdaten**, etc. sei auf das Verzeichnis «Pascal-Namen» auf Seite 381 verwiesen.

Durch den Aufruf von **definiere_Problem** lassen sich die Größen Nx, Ny (vgl. (5) und $h := \text{Intervallänge}/Nx$ interaktiv bestimmen. Die rechte Seite b des Gleichungssystems läßt sich wie in §1.4 beschrieben aus den Randwerten und der rechten Seite der Differentialgleichung ermitteln. Hierfür sind Funktionen **Randwerte** und **Rechte_Seite** einzusetzen.

Mittels **definiere_Startiteration** wird die Startiterierte x^0 bestimmt (vgl. (11c)). Im Beispiel ist $x^0 := 0$ (vgl. Bemerkung 1.4.4).

```
procedure definiere_Gleichungsdaten(var It: Iterationsdaten;
    function Randwerte(x,y: real): real; function RechteSeite(x,y: real): real);
begin with it do with A do
   begin rechte_Seite_setzen(it,RechteSeite);
   if Art=Poisson_Modellproblem then Faktor_mal_Vektor(nx,ny,b,h2,b);
   definiere_Randwerte(nx,ny,x,Randwerte)
end end;

procedure definiere_Problem (var It: Iterationsdaten;
    function Randwerte(x,y: real): real; function RechteSeite(x,y: real): real);
begin with it do with A do
   begin bestimme_nxnyh(nx,ny,h); h2:=h*h; bestimme_Diskretisierung(A) end;
   definiere_Gleichungsdaten(it,Randwerte,RechteSeite)
end;

procedure definiere_Startiteration (var It: Iterationsdaten;
                              function Startwert(x,y: real): real);
begin definiere_innere_Punkte(it.A.nx,it.A.ny,it.x,Startwert); it.IP.Nr:=0 end;
```

Wenn benötigt, sind Parameter zu definieren. Im vorliegenden Falle kann ω interaktiv mittels **definiere_SOR_Parameter** gesetzt werden.

Falls gewünscht, kann durch **definiere_Vergleichsloesung** auf der hier **v** genannten Variablen die exakte Lösung x bereitgestellt werden. Dann ist es möglich, nach Berechnung einer neuen Iterierten die Fehlernorm und ihre Quotienten mittels **Vergleich_mit_exakter_Loesung** abzuspeichern. Die verwendete Variable heißt hier **max**, da die **Maximum_Norm** zugrundelegt wurde. In [Prog] stehen weitere Funktionen zur Verfügung: **Euklidische_Norm**, **A_Norm** (=Energienorm), **Wert_in_der_Mitte**. Die Variable **max** kann höchstens **itmax** Einträge aufnehmen. Mit **schreibe_Diskretisierungsdaten_Bildschirm** werden die in **it.A** enthaltenen Daten ausgegeben.

Durch **Iteration_1** wird ein Iterationsschritt des im Parameter angegebenen Verfahrens durchgeführt. Die Funktion **ja_nein** fragt interaktiv nach **true** bzw. **false**.

4. Jacobi–, Gauß–Seidel– und SOR–Verfahren im positiv definiten Fall

Die Verfahren von Jacobi, Gauß-Seidel und die SOR-Methode hängen eng zusammen und werden deshalb gemeinsam analysiert. Allerdings unterscheidet sich die Analyse bei positiv definiter Matrix A wesentlich von anderen Fällen, die den §§5-6 vorbehalten sind. Daß der positiv definite Fall von praktischem Interesse ist, belegt der Abschnitt 4.1: Die Poisson-Modellmatrix ist positiv definit. Das Kapitel 4.2 ist eine Rekapitulation und Verallgemeinerung der aus §1.4 schon bekannten Algorithmen. §4.3 und §4.6 enthalten einfache Modifikationen dieser Iterationen. Konvergenzresultate qualitativer und quantitativer Art finden sich in §4.4. Abschnitt 4.8 ist den symmetrischen Iterationen, insbesondere dem SSOR-Verfahren gewidmet.

4.1 Eigenwertanalyse des Modellproblem

Die Eigenwerte der Matrix A aus §1.2 (z.B. in der Darstellung (1.2.8)) können explizit angegeben werden.

Satz 4.1.1 Die $n \times n$–Matrix A des Poisson-Modellproblems aus §1.2 mit $n = (N-1)^2$ hat die folgenden n Eigenwerte

$$(4.1.1a) \qquad \lambda_{ij} = 4h^{-2} [\sin^2(i\pi h/2) + \sin^2(j\pi h/2)] \qquad (1 \leqslant i,j \leqslant N-1),$$

die nicht alle verschieden sind. Die Vielfachheit von $\lambda = \lambda_{ij}$ ist durch die Anzahl der Indizes $i', j' \in [1, N-1]$ mit $\lambda_{ij} = \lambda_{i'j'}$ gegeben. Der minimale Eigenwert wird für $i = j = 1$, der maximale für $i = j = N-1$ angenommen:

$$(4.1.1b) \qquad \lambda_{\min} = \|A^{-1}\|_2^{-1} = 8h^{-2} \sin^2(\pi h/2),$$

$$(4.1.1c) \qquad \lambda_{\max} = \|A\|_2 \quad = 8h^{-2} \cos^2(\pi h/2).$$

Insbesondere ist A eine positiv definite Matrix.

Beweis. (1.2.8) zeigt $A = A^H$. Die Positivdefinitheit ist Folge von (1a) und Lemma 2.10.3. Auch (1b,c) schließt man aus (1a). λ_{ij} aus (1a) hängt monoton von $1 \leqslant i,j \leqslant N-1$ ab, so daß $\lambda_{\max} = \lambda_{N-1,N-1} = \rho(A) = \|A\|_2$ und $\lambda_{\min} = \lambda_{1,1} = 1/\rho(A^{-1}) = 1/\|A^{-1}\|_2$. Behauptung (1a) ergibt sich aus

Lemma 4.1.2 Die n linear unabhängigen und sogar *orthonormalen* Eigenvektoren zur Matrix A aus §1.2 zu den Eigenwerten λ_{ij} aus (1a) sind die Vektoren e^{ij} mit

$$(4.1.2) \qquad (e^{ij})_{\nu\mu} = \tfrac{1}{2}h \sin(ih\nu\pi) \sin(jh\mu\pi) \qquad (1 \leqslant i,j,\nu,\mu \leqslant N-1).$$

Beweis. e^{ij} kann als Tensorprodukt $e^i \otimes e^j$ mit den Vektoren

$$e^k \in \mathbb{R}^{N-1}, \quad (e^k)_\nu = \sqrt{\tfrac{h}{2}} \sin(kh\nu\pi) \qquad (1 \leqslant k,\nu \leqslant N-1)$$

angesehen werden, da

$$(e^{ij})_{\nu\mu} = (e^i)_\nu (e^j)_\mu \, .$$

Das Skalarprodukt im $\mathbb{R}^n$ ist

$$\langle e^{ij}, e^{k\ell}\rangle = \sum_{\nu,\mu} e^{ij}_{\nu\mu} e^{k\ell}_{\nu\mu} = \sum_{\nu,\mu} e^i_\nu e^j_\mu e^k_\nu e^\ell_\mu = \sum_\nu e^i_\nu e^k_\nu \sum_\mu e^j_\mu e^\ell_\mu =$$
$$= \langle e^i, e^k\rangle \langle e^j, e^\ell\rangle,$$

wobei die letztnotierten Skalarprodukte jene des $\mathbb{R}^{N-1}$ sind. Aus der Identität der Skalarprodukte geht hervor, daß $\{e^{ij}:\ 1\leqslant i,j\leqslant N-1\}$ eine Orthonormalbasis bildet, wenn $\{e^i:\ 1\leqslant i\leqslant N-1\}$ eine Orthonormalbasis des $\mathbb{R}^{N-1}$ ist. Letzteres ist Gegenstand der

Übungsaufgabe 4.1.3 Sei $hN=1$ und $1\leqslant k,\ell\leqslant N-1$. Man zeige:

$$(4.1.3) \qquad \sum_{\nu=1}^{N-1} \sin kh\nu\pi \, \sin \ell h\nu\pi \ = \ \begin{cases} 1/(2h) & \text{für } k=\ell, \\ 0 & \text{sonst.} \end{cases}$$

Für die Modellmatrix A erhält man für Ae^{ij} im inneren Gitterpunkt $(x,y)=(kh,\ell h)\in\Omega_h$ den Wert

$$(4.1.4) \qquad \begin{aligned} (Ae^{ij})(x,y) = h^{-2}\tfrac{h}{2}\, [\, &4\sin ix\pi \, \sin jy\pi \\ &- \sin i(x+h)\pi \, \sin jy\pi - \sin i(x-h)\pi \, \sin jy\pi \\ &- \sin ix\pi \, \sin j(y+h)\pi - \sin ix\pi \, \sin j(y-h)\pi\,]. \end{aligned}$$

Mit Hilfe des Sinusadditionstheorems erhält man

$$(4.1.5a) \qquad \begin{aligned} \sin i(x+h)\pi + \sin i(x-h)\pi &= 2\sin ix\pi \cos ih\pi, \\ \sin j(y+h)\pi + \sin j(y-h)\pi &= 2\sin jy\pi \cos jh\pi \end{aligned}$$

und damit

$$(Ae^{ij})(x,y) = h^{-2}\tfrac{h}{2}\sin ix\pi \, \sin jy\pi\,[\,4-2\cos ih\pi-2\cos jh\pi\,].$$

Über die Identität

$$(4.1.5b) \qquad 1-\cos\xi = 2\sin^2\tfrac{\xi}{2}$$

ergibt sich die Behauptung (1a): $Ae^{ij}=\lambda_{ij}e^{ij}$. Gleichung (4) erfordert noch eine Zusatzüberlegung. Wenn alle Nachbarn $(x\pm h,y)$ und $(x,y\pm h)$ des Gitterpunktes (x,y) wieder zu Ω_h gehören, stellt (4) unmittelbar die dem Punkt (x,y) entsprechende Komponente des Vektors Ae^{ij} dar. Wenn dagegen ein Nachbar Q - z.B. $Q=(x-h,y)$ wegen $x=h$ - kein innerer Gitterpunkt ist, dürfte der Summand $-h^{-2}e^{ij}(Q)$ nicht mehr auftreten. Da aber in diesem Falle $e^{ij}(Q)=0$ gilt (warum?), ist Gleichung (4) weiterhin gültig. QED

In der Pascal-Realisierung enthält A für den Poisson-Modellfall keinen Faktor h^{-2} (dafür ist die rechte Seite mit h^2 multipliziert), so daß h^{-2} auch in (1a-c) entfällt. $\lambda_{\min}$ und $\lambda_{\max}$ entsprechen den Funktionen

```
function minimaler_EW(var A: Diskretisierungsdaten): real;
begin minimaler_EW:=4*(sqr(sin(pi/(2*A.nx)))+sqr(sin(pi/(2*A.ny)))) end;
function maximaler_EW(var A: Diskretisierungsdaten): real;
begin maximaler_EW:=8-minimaler_EW(A) end;
```

4.2 Konstruktion der Iterationsverfahren

4.2.1 Jacobi-Iteration

4.2.1.1 Die additive Aufspaltung der Matrix A

Gegeben das Gleichungssystem

$$(4.2.1) \qquad Ax = b \qquad\qquad (A \in \mathbb{K}^{I \times I},\ b \in \mathbb{K}^{I}),$$

spalte man A in

$$(4.2.2) \qquad A = W - R \qquad\qquad (W\ \text{regulär})$$

auf. Das Gleichungssystem (1) ist äquivalent zu

$$(4.2.1') \qquad Wx = Rx + b.$$

Hieraus gewinnt man das Iterationsverfahren

$$(4.2.3) \qquad Wx^{m+1} = Rx^{m} + b.$$

Lemma 4.2.1 (a) Es gelte (2): $A = W - R$. Dann ist das Iterationsverfahren (3) stets konsistent. Die Matrizen der ersten Normalform (3.2.2) lauten

$$M = W^{-1}R, \quad N = W^{-1}.$$

Die Notation «W» für die Matrix in (2) ist so gewählt, daß die dritte Normalform (3.2.5):

$$(4.2.3') \qquad W(x^{m} - x^{m+1}) = Ax^{m} - b$$

mit der gleichen Matrix W gültig ist.

(b) Umgekehrt läßt sich jedes konsistente Iterationsverfahren Φ mit regulärem N durch eine additive Aufspaltung (2) gewinnen.

Beweis. (a) Ein Vergleich der aus (3) folgenden Iterationsdarstellung $x^{m+1} = W^{-1}Rx^{m} + W^{-1}b$ mit (3.2.2) zeigt $M = W^{-1}R$, $N = W^{-1}$.
(b) Man wähle in (2) $W := N^{-1}$ und $R := W - A$.   ▨

4.2.1.2 Definition des Jacobi-Verfahrens

<table>
<tr><td>

Das *Jacobi-Verfahren* (auch *Gesamtschrittverfahren* genannt) ergibt sich aus (3) für die Wahl

$$(4.2.4) \qquad W := D := \text{diag}\{A\} \quad \text{und} \quad R := D - A,$$

</td></tr>
</table>

d.h. D ist der Diagonalanteil $\text{diag}\{a_{\alpha\alpha}: \alpha \in I\}$ der Matrix A, während R den Außerdiagonalanteil mit umgekehrtem Vorzeichen enthält.

Bemerkung 4.2.2 (a) Das Jacobi-Verfahren ist genau dann wohldefiniert, wenn $a_{\alpha\alpha} \neq 0$ für alle $\alpha \in I$.

(b) Die Normalformen des Jacobi-Verfahrens lauten

(4.2.5a)
$$x^{m+1} = M^{Jac}x^m + N^{Jac}b \quad \text{mit}$$
$$M^{Jac} = D^{-1}(D-A) = I - D^{-1}A, \qquad N^{Jac} = D^{-1},$$

(4.2.5b) $\quad x^{m+1} = x^m - D^{-1}(Ax^m - b),$

(4.2.5c) $\quad D(x^m - x^{m+1}) = Ax^m - b.$

(c) Das Jacobi-Verfahren hängt nicht von der Indexanordnung ab.

Die Aussage (c) hat das Jacobi-Verfahren in der letzten Zeit wieder interessant gemacht, denn sie zeigt, daß das Verfahren nicht sequentiell ablaufen muß, sondern auch parallel organisiert werden kann. Damit lassen sich die sämtliche Operationen in $x^m \mapsto D^{-1}[(A-D)x^m + b]$ mit Hilfe von arithmetischen *Vektoroperationen* berechnen.

In §1.1 wurde auf die Originalarbeit von Jacobi aus dem Jahr 1845 hingewiesen. Von H. Liebmann stammt eine Arbeit («Die angenäherte Ermittelung harmonischer Funktionen und konformer Abbildungen», Sitzungsber. der Math.-Phys. Klasse der K.B. Akad. der Wiss. zu München, Bd 47) aus dem Jahr 1918, in der die Jacobi-Iteration auf das Poisson-Problem angewandt wird und zurückverwiesen wird auf Vorlesungen von L. Boltzmann im Wintersemester 1892/93.

4.2.1.3 Pascal-Prozedur

Da für **neu** und x möglicherweise die gleichen Variablen eingesetzt werden, darf neu[i,j] nicht sofort mit dem neuen Resultat überschrieben werden. In der nachfolgenden Prozedur wird die $(i-1)$-te Spalte **v** auf neu[i-1] übertragen, sobald die i-te Spalte vollständig berechnet ist.

(4.2.6)   **procedure Jacobi_punktweise**

```
procedure Jacobi_punktweise (var neu: Gitterfunktion; var A:
    Diskretisierungsdaten; var x,b: Gitterfunktion; var IP: Iterationsparameter);
var i,j: integer; v,z: Spalte;
begin with A do
 begin v:=x[0]; for i:=1 to nx-1 do
   begin case Art of
Poisson_Modellproblem:
     for j:=1 to ny-1 do z[j]:=(b[i,j]+x[i-1,j]+x[i+1,j]+x[i,j-1]+x[i,j+1])/4;
Fuenfpunktformel:
     for j:=1 to ny-1 do z[j]:=(b[i,j]-S[0,-1]*x[i,j-1]-S[-1,0]*x[i-1,j]-
                     S[1,0]*x[i+1,j]-S[0,1]*x[i,j+1])/S[0,0];
Neunpunktformel:
     for j:=1 to ny-1 do z[j]:=(b[i,j]-S[-1,-1]*x[i-1,j-1]-S[0,-1]*x[i,j-1]
              -S[1,-1]*x[i+1,j-1]-S[-1,0]*x[i-1,j]-S[1,0]*x[i+1,j]
              -S[-1,1]*x[i-1,j+1]-S[0,1]*x[i,j+1]-S[1,1]*x[i+1,j+1])/S[0,0]
```

```
    end {case};
    neu[i-1]:=v; v:=z
  end;  neu[nx-1]:=v;  Randwerte_uebertragen(nx,ny,x,neu)
end end;
```

Dabei wird die Prozedur **Randwerte_uebertragen** benötigt, um die Randwerte der alten Iterierten x, die zur rechten Seite b des Gleichungssystems beitragen, auf die neue Iterierte zu übertragen:

```
procedure Randwerte_uebertragen(nx,ny: integer; var von,auf:Gitterfunktion);
var i: integer;
begin for i:=0 to  nx  do begin auf[i,0]:=von[i,0]; auf[i,ny]:=von[i,ny] end;
       for i:=1 to ny-1 do begin auf[0,i]:=von[0,i]; auf[nx,i]:=von[nx,i] end
end;
```

4.2.2 Gauß-Seidel-Verfahren

4.2.2.1 Definition

Die Indexmenge I sei angeordnet und mit $\{1,\ldots,n\}$ identifiziert.
Dann ist die Zerlegung von

(4.2.7a) $A = D - E - F$

in

(4.2.7b) D: Diagonalmatrix (Diagonalanteil von A),

(4.2.7c) E: strikte untere Dreiecksmatrix,

(4.2.7d) F: strikte obere Dreiecksmatrix

eindeutig bestimmt (vgl. (1.4.2)).

Das *Gauß-Seidel-Verfahren* (auch *Einzelschrittverfahren* genannt)
ergibt sich aus (3) für die Wahl

(4.2.8) $W = D - E$ $(D,E$ aus (7a)$)$.

Die folgenden offensichtlichen Eigenschaften sind teilweise schon in
Bemerkung 1.4.1 aufgeführt.

Bemerkung 4.2.3 (a) Das Gauß-Seidel-Verfahren ist genau dann
wohldefiniert, wenn I angeordnet und $a_{ii}\neq0$ für alle $i\in I$.

(b) Die Normalformen des Gauß-Seidel-Verfahrens lauten

(4.2.9a) $x^{m+1} = M^{GS}x^m + N^{GS}b$ mit
                $M^{GS} = (D-E)^{-1}F, \quad N^{GS} = (D-E)^{-1},$

(4.2.9b) $x^{m+1} = x^m - (D-E)^{-1}(Ax^m - b),$

(4.2.9c) $(D-E)(x^m - x^{m+1}) = Ax^m - b, \quad$ i.e. $W^{GS} = D - E.$

(c) Im Gegensatz zum Jacobi-Verfahren hängt die Gauß-Seidel-Iteration von der Anordnung der Indizes ab.

Wegen Teil (c) gehört zur präzisen Bezeichnung des Gauß-Seidel-Verfahrens auch die Nennung der Anordnung, wenn diese noch nicht durch das Problem festgelegt ist. Im Modellfall (1.2.4a) spricht man z.B. vom *lexikographischen Gauß-Seidel-Verfahren* bzw. vom *Schachbrett-Gauß-Seidel-Verfahren* bei entsprechender Anordnung der Gitterpunkte.

Die komponentenweise Darstellung

$$(4.2.10) \quad \text{for } i := 1 \text{ to } n \text{ do } x_i^{m+1} := (b_i - \sum_{j=1}^{i-1} a_{ij} x_j^{m+1} - \sum_{j=i+1}^{n} a_{ij} x_j^{m}) / a_{ii}$$

zeigt, daß das Verfahren sequentiell abläuft. Anders als in der Jacobi-Iteration (5) kommt man ohne Zwischenspeicherung aus. Die Vektorkomponenten können direkt überschrieben werden (vgl. Bemerkung 1.4.1b). Dafür ist die parallele Durchführung über Vektoroperationen erschwert (bei der Schachbrettvariante für das Modellproblem ist die parallele Behandlung der beiden Farben möglich; vgl. Niethammer [3]).

4.2.2.2 Pascal-Prozedur

Der Poisson-Modellfall wurde bereits in (1.4.6) angegeben. Die lexikographische Variante lautet jetzt wie folgt.

(4.2.11)   procedure lex_Gauss_Seidel

```
procedure lex_Gauss_Seidel (var neu: Gitterfunktion;
    var A: Diskretisierungsdaten; var x,b: Gitterfunktion;
    var IP: Iterationsparameter); var i,j: integer;
begin with A do begin case Art of
Poisson_Modellproblem:
    for j:=1 to ny-1 do for i:=1 to nx-1 do
    neu[i,j]:=(b[i,j]+neu[i-1,j]+x[i+1,j]+neu[i,j-1]+x[i,j+1])/4;
Fuenfpunktformel:
    for j:=1 to ny-1 do for i:=1 to nx-1 do
    neu[i,j]:=(b[i,j]-S[0,-1]*neu[i,j-1]-S[-1,0]*neu[i-1,j]-S[1,0]*x[i+1,j]
            -S[0,1]*x[i,j+1])/S[0,0];
Neunpunktformel:
    for j:=1 to ny-1 do for i:=1 to nx-1 do
    neu[i,j]:=(b[i,j]-S[-1,-1]*neu[i-1,j-1]-S[0,-1]*neu[i,j-1]
            -S[1,-1]*neu[i+1,j-1]-S[-1,0]*neu[i-1,j]-S[1,0]*x[i+1,j]
            -S[-1,1]*x[i-1,j+1]-S[0,1]*x[i,j+1]-S[1,1]*x[i+1,j+1])/S[0,0]
    end {case};
    Randwerte_uebertragen(nx,ny,x,neu)
end end;
```

Die Schachbrettnumerierung kann im Fall der Neunpunktformel verallgemeinert werden, indem man eine _Vierfarbennumerierung_ einführt:

$$\Omega_h^1 := \{(x,y)=(ih,jh)\in\Omega_h:\ i,j \text{ gerade}\},$$

(4.2.12)
$$\Omega_h^2 := \{(x,y)=(ih,jh)\in\Omega_h:\ i,j \text{ ungerade}\},$$

$$\Omega_h^3 := \{(x,y)=(ih,jh)\in\Omega_h:\ i \text{ gerade},\ j \text{ ungerade}\},$$

$$\Omega_h^4 := \{(x,y)=(ih,jh)\in\Omega_h:\ i \text{ ungerade},\ j \text{ gerade}\}.$$

Zunächst werden die Punkte von Ω_h^1, dann die von Ω_h^2, von Ω_h^3 und schließlich jene von Ω_h^4 durchnumeriert. Da $\Omega_h^1 \cup \Omega_h^2$ die schwarzen und $\Omega_h^3 \cup \Omega_h^4$ die weißen Felder darstellen und da bei der Fünfpunktformel die Numerierung innerhalb einer Farbe belanglos ist, stimmt die oben definierte Vierfarbennumerierung für jede Fünfpunktformel mit der Schachbrettnumerierung überein. Die Einzelschritte auf Ω_h^j, die einem Viertel der Iteration entsprechen, werden ausgeführt durch

(4.2.13) **procedure Schachbrett_Gauss_Seidel_Viertelschritt**

```
procedure Schachbrett_Gauss_Seidel_Viertelschritt (var neu: Gitterfunktion;
      var A: Diskretisierungsdaten;
      var x,b: Gitterfunktion; istart,jstart: integer; UB: Boolean);
var i,j: integer;
begin with A do
  begin i:=istart; if UB then Randwerte_uebertragen(nx,ny,x,neu);
    while i<nx do
    begin j:=jstart;
    case Art of
Poisson_Modellproblem:
    while j<ny do
    begin neu[i,j]:=(b[i,j]+x[i-1,j]+x[i+1,j]+x[i,j-1]+x[i,j+1])/4; j:=j+2 end;
Fuenfpunktformel:
    while j<ny do
    begin neu[i,j]:=(b[i,j]-S[0,-1]*x[i,j-1]-S[-1,0]*x[i-1,j]-S[1,0]*x[i+1,j]
                -S[0,1]*x[i,j+1])/S[0,0]; j:=j+2 end;
Neunpunktformel:
    while j<ny do
    begin neu[i,j]:=(b[i,j]-S[-1,-1]*x[i-1,j-1]-S[0,-1]*x[i,j-1]
        -S[1,-1]*x[i+1,j-1]-S[-1,0]*x[i-1,j]-S[1,0]*x[i+1,j]-S[-1,1]*x[i-1,j+1]
        -S[0,1]*x[i,j+1]-S[1,1]*x[i+1,j+1])/S[0,0]; j:=j+2
    end end {case};
    i:=i+2
end end end;
```

Die Schachbrett-Gauß-Seidel-Iteration lautet damit wie folgt:

(4.2.14)   **procedure Schachbrett_Gauss_Seidel**

```
procedure Schachbrett_Gauss_Seidel (var neu: Gitterfunktion;
   var A: Diskretisierungsdaten; var x,b: Gitterfunktion;
   var IP: Iterationsparameter);
begin {schwarze Felder:}
   Schachbrett_Gauss_Seidel_Viertelschritt(neu,A,x,b,1,1,true);
   Schachbrett_Gauss_Seidel_Viertelschritt(neu,A,neu,b,2,2,false);
   {weiße Felder:}
   Schachbrett_Gauss_Seidel_Viertelschritt(neu,A,neu,b,1,2,false);
   Schachbrett_Gauss_Seidel_Viertelschritt(neu,A,neu,b,2,1,false)
end;
```

Wenn man die lexikographische Numerierung umkehrt (d.h. die bisherige Nummer i wird zu $n+1-i$) und diese dem Gauß-Seidel-Verfahren zu Grunde legt, erhält man die *rückwärts durchgeführte lexikographische Gauß-Seidel-Iteration.* In [Prog] findet sich die zugehörige Pascal-Prozedur unter dem Namen

(4.2.15)   **procedure lex_Gauss_Seidel_rueckwaerts**

4.3 Gedämpfte bzw. extrapolierte Iterationsverfahren

4.3.1 Gedämpftes Jacobi-Verfahren

4.3.1.1 Definition

Sei ein lineares Iterationsverfahren Φ durch seine zweite Normalform

(4.3.1a) $x^{m+1} = x^m - N(A\,x^m - b)$

gegeben. Man bezeichnet das um den skalaren Faktor ϑ angereicherte Verfahren

(4.3.1b) $x^{m+1} = x^m - \vartheta N(A\,x^m - b)$ $(\vartheta \in \mathbb{R})$

als das zugehörige *gedämpfte Verfahren* Φ_ϑ. Dabei trifft der Name «gedämpft» im eigentlichen Sinne nur für $0 < \vartheta < 1$ zu. Für $\vartheta = 1$ erhält man das (ungedämpfte) Originalverfahren zurück, während man bei $\vartheta > 1$ gelegentlich vom «*extrapolierten Verfahren*» spricht. Es gilt die

Bemerkung 4.3.1 Das Verfahren (1b) ist für alle ϑ konsistent.

Im Falle des Jacobi-Verfahrens mit $N^{\mathrm{Jac}} = D^{-1}$ (vgl. (2.5b)) nimmt das *gedämpfte Jacobi-Verfahren* die Gestalt

(4.3.2) $x^{m+1} = x^m - \vartheta D^{-1}(A\,x^m - b)$ $(\vartheta \in \mathbb{R})$

an, wobei D der Diagonalanteil von A ist.

4.3.1.2 Pascal-Prozeduren

Der Dämpfungsparameter ϑ kann durch **setze_theta** oder **bestimme_theta** definiert bzw. interaktiv bestimmt werden:

```
procedure setze_theta(var IP: Iterationsparameter; theta: real);
begin IP.theta:=theta end;

procedure bestimme_theta(var IP: Iterationsparameter);
begin write(' --> theta = '); readln(IP.theta) end;
```

Die Dämpfung einer beliebigen Iteration $\Phi(x,b)$ ergibt

$$\Phi_\vartheta(x,b) := x + \vartheta(\Phi(x,b)-x) = (1-\vartheta)x + \vartheta\Phi(x,b).$$

Φ_ϑ erhält man mittels

```
procedure gedaempfte_Iteration(var neu: Gitterfunktion;
   var A: Diskretisierungsdaten; var x,b: Gitterfunktion;
   var IP: Iterationsparameter));
   procedure Iteration(var neu: Gitterfunktion; var A: Diskretisierungsdaten;
                       var x,b: Gitterfunktion; var IP: Iterationsparameter));
var y: Gitterfunktion;
begin Iteration(y,A,x,b,IP);
  Faktor_mal_Vektor_plus_Faktor_mal_Vektor(A.nx,A.ny,neu,
                                            IP.theta,y,1-IP.theta,x);
  Randwerte_uebertragen(A.nx,A.ny,x,neu)
end;
```

wobei die Prozeduren **Randwerte_uebertragen** (vgl. §4.2.1.3) und **Faktor_mal_Vektor_plus_Faktor_mal_Vektor** zu vereinbaren sind:

```
procedure Faktor_mal_Vektor_plus_Faktor_mal_Vektor(nx,ny: integer;
   var resultat: Gitterfunktion; Faktor1: real; var x: Gitterfunktion;
   Faktor2: real; var y: Gitterfunktion);
var i,j: integer;
begin
for i:=1 to nx-1 do for j:=1 to ny-1 do resultat[i,j]:=faktor1*x[i,j]+faktor2*y[i,j]
end;
```

Das gedämpfte Jacobi-Verfahren nimmt damit folgende Gestalt an:

```
procedure gedaempfte_Jacobi_Iteration(var neu: Gitterfunktion;
  var A: Diskretisierungsdaten; var x,b: Gitterfunktion;
  var IP: Iterationsparameter);
begin gedaempfte_Iteration(neu,A,x,b,IP,Jacobi_punktweise) end;
```

Eine Prozedur zur Bestimmung des optimalen Dämpfungsparameters wird in Bemerkung 9.2.9 zu finden sein.

4.3.2 Richardson-Iteration

4.3.2.1 Definition

Wenn wie beim Modellproblem die Diagonale D ein Vielfaches der Einheitsmatrix ist: $D = dI$, kann man die Faktoren d und ϑ zu $\Theta := \vartheta/d$ zusammenfassen und erhält das mit (2) identische Verfahren

$$(4.3.3) \qquad x^{m+1} = x^m - \Theta(Ax^m - b) \qquad (\Theta \in \mathbb{R}).$$

Der Wert $\Theta := 1/d$ liefert das (ungedämpfte) Jacobi-Verfahren (5a) zurück. Für Matrizen mit nichtkonstanten Diagonalelementen stellt (3) eine neue Iteration dar: die (stationäre) _Richardson-Iteration_. Wie das Jacobi- ist auch das Richardson-Verfahren unabhängig von der Indexanordnung.

Die Namensgebung «Richardson-Verfahren» für (3) ist nicht ganz korrekt, da unter dieser Bezeichnung eigentlich ein modifiziertes Verfahren (3) mit vom Iterationsindex m abhängigen Parametern $\Theta = \Theta_m$ verstanden wird (vgl. §7). Letzteres soll im weiteren das «instationäre Richardson-Verfahren» oder das «semiiterative Richardson-Verfahren» genannt werden. Im Gegensatz dazu heißt (3) «stationäre Richardson-Iteration» oder der Einfachheit halber nur «Richardson-Verfahren».

Die Richardson-Iteration mit $\Theta = 1$ ist in dem folgenden Sinne das _Grundmuster jeder linearen Iteration_. Sei eine beliebige konsistente Iteration Φ mit regulärem N gegeben (zur Regularität von N vergleiche man Bemerkung 3.2.9). Die Iteration Φ habe die zweite Normalform (1a): $x^{m+1} = x^m - N(Ax^m - b)$. Indem man das Gleichungssystem $Ax = b$ in das äquivalente System

$$(4.3.4) \qquad \hat{A}x = \hat{b} \quad \text{mit } \hat{A} := NA, \ \hat{b} := Nb$$

überführt, schreibt sich (1a) als

$$(4.3.5) \qquad x^{m+1} = x^m - (\hat{A}x^m - \hat{b}).$$

Bemerkung 4.3.2 Also läßt sich jedes lineare Iterationsverfahren mit regulärem N als Richardson-Iteration mit $\Theta = 1$ angewandt auf das transformierte Gleichungssystem (4) ansehen.

4.3.2.2 Pascal-Prozeduren

Es werden die folgenden Prozeduren benötigt:

```pascal
procedure Vektor_plus_Faktor_mal_Vektor (nx,ny: integer;
        var resultat,x: Gitterfunktion; Faktor: real; var y: Gitterfunktion);
var i,j: integer;
begin for i:=1 to nx-1 do for j:=1 to ny-1 do resultat[i,j]:=x[i,j]+faktor*y[i,j] end;
```

```
procedure Null_Randwerte (nx,ny: integer; var x: Gitterfunktion);
var i: integer;
begin for i:=0 to nx do begin x[i,0]:=0; x[i,ny]:=0 end;
      for i:=1 to ny-1 do begin x[0,i]:=0; x[nx,i]:=0 end
end;

procedure Residuum (var R: Gitterfunktion;
                    var A: Diskretisierungsdaten;
                    var x,b: Gitterfunktion);
{Berechnung von r:=b-Ax, wobei die Gitterfunktion x nichthomogene
 Randwerte tragen darf.}
var i,j: integer; v,z: Spalte;
begin with A do
 begin v:=x[0];
   for i:=1 to nx-1 do
   begin case Art of
Poisson_Modellproblem:
     for j:=1 to ny-1 do z[j]:=b[i,j]-4*x[i,j]+x[i,j-1]+x[i,j+1]+x[i-1,j]+x[i+1,j];
Fuenfpunktformel:
     for j:=1 to ny-1 do  z[j]:=b[i,j]-S[-1,0]*x[i-1,j]-S[1,0]*x[i+1,j]
                                 -S[0,-1]*x[i,j-1]-S[0,1]*x[i,j+1]-S[0,0]*x[i,j];
Neunpunktformel:
     for j:=1 to ny-1 do  z[j]:=b[i,j]-S[-1,-1]*x[i-1,j-1]-S[0,-1]*x[i,j-1]
            -S[1,-1]*x[i+1,j-1]-S[-1,0]*x[i-1,j]-S[0,0]*x[i,j]-S[1,0]*x[i+1,j]
            -S[-1,1]*x[i-1,j+1]-S[0,1]*x[i,j+1]-S[1,1]*x[i+1,j+1]
   end {case};
   R[i-1]:=v; v:=z
   end;
   R[nx-1]:=v; Null_Randwerte(nx,ny,R)
end end;
```

Die Prozeduren **setze_theta** und **bestimme_theta** aus §4.3.1.2 können zur Definition des Faktors Θ verwandt werden. Mit **Residuum** wird $r := b - Ax$ berechnet. Die eigentliche Iteration lautet dann:

```
procedure Richardson_Iteration (var neu: Gitterfunktion;
                                var A: Diskretisierungsdaten;
                                var x,b: Gitterfunktion;
                                var IP: Iterationsparameter);
var r: Gitterfunktion;
begin Residuum(r,A,x,b);
      Vektor_plus_Faktor_mal_Vektor(A.nx,A.ny,neu,x,IP.theta,r)
end;
```

4.3.3 SOR-Verfahren

4.3.3.1 Definition

Das *SOR-Verfahren* (successive overrelaxation) oder *Über-relaxationsverfahren* wurde bereits in (1.4.9) durch

$$(4.3.6) \quad \text{for } i := 1 \text{ to } n \text{ do } x_i^{m+1} := x_i^m - \omega\left(\sum_{j=1}^{i-1} a_{ij}\, x_j^{m+1} + \sum_{j=i}^{n} a_{ij}\, x_j^m - b_i\right)/a_{ii}$$

definiert. Zwar ist jede Korrektur von x_i^m durch den (Relaxations-) Faktor ω gedämpft (bzw. extrapoliert), trotzdem ist die Iteration (6) *nicht* von der Form (1b). Der Grund ist, daß die rechte Seite in (6) teilweise die bereits gedämpften x^{m+1}-Komponenten enthält.

Übungsaufgabe 4.3.3 Man beweise mit Hilfe der Darstellung (6), daß das SOR-Verfahren konsistent ist.

Bemerkung 4.3.4 (a) Für $\omega = 1$ stimmt das SOR-Verfahren (6) mit dem Gauß-Seidel-Verfahren (2.10) überein, das gelegentlich auch mit dem Namen «*Relaxation*» bezeichnet wird. Für $0 < \omega < 1$ heißt (6) «*Unterrelaxationsverfahren*» und für $\omega > 1$ «*Überrelaxationsverfahren*». **(b)** Wie das Gauß-Seidel-Verfahren ist auch die SOR-Methode von der Indexanordnung abhängig.

Die Darstellung der SOR-Iteration in der Matrixformulierung ist etwas umständlicher als die komponentenweise Darstellung (6).

Lemma 4.3.5 Die SOR-Iteration (6) lautet in Matrixschreibweise

$$(4.3.7a) \qquad x^{m+1} = M_\omega^{\mathbf{SOR}}\, x^m + N_\omega^{\mathbf{SOR}}\, b$$

mit

$$(4.3.7b) \qquad \begin{aligned} M_\omega^{\mathbf{SOR}} &:= (I - \omega L)^{-1}\left\{(1-\omega)I + \omega U\right\} \\ &= (D - \omega E)^{-1}\left\{(1-\omega)D + \omega F\right\}, \end{aligned}$$

$$(4.3.7c) \qquad N_\omega^{\mathbf{SOR}} := \omega(I - \omega L)^{-1} D^{-1} = \omega(D - \omega E)^{-1}, \quad \text{wobei}$$

$$(4.3.7d) \qquad L := D^{-1}E, \quad U := D^{-1}F \quad \text{mit} \quad A = D - E - F \quad \text{gemäß (2.7a-d)}.$$

Die Matrix der dritten Normalform ist

$$(4.3.7e) \qquad W_\omega^{\mathbf{SOR}} := \tfrac{1}{\omega}(D - \omega E) = \tfrac{1}{\omega}D - E.$$

Beweis. (7a) erhält nach Multiplikation mit $I - \omega L$ die Gestalt

$$(I - \omega L)x^{m+1} = \left\{(1-\omega)I + \omega U\right\}x^m + \omega D^{-1}b$$

oder

$$(4.3.7f) \qquad x^{m+1} = x^m - \omega\left[-Lx^{m+1} + \{I - U\}x^m - D^{-1}b\right].$$

Indem man D^{-1} aus der Klammer nimmt, bleibt dort gemäß Definition (7d) von L und U der Ausdruck $[-Ex^{m+1} + \{D-F\}x^m + b]$. Die komponentenweise Darstellung dieser Gleichung stimmt mit (6) überein. ▨

4.3.3.2 Pascal-Prozeduren

Der Relaxationsparameter ω kann mittels **setze_omega** oder **bestimme_omega** definiert werden (vgl. §4.3.1.3). Eine Alternative ist die Prozedur **definiere_SOR_Parameter**, deren Begründung sich aus §5.6.2 ergeben wird (vgl. auch das Beispiel (3.5.9)).

```
procedure setze_omega(var IP: Iterationsparameter; omega: real);
begin IP.omega:=omega end;

procedure bestimme_omega(var IP: Iterationsparameter);
begin write(' --> omega = '); readln(IP.omega) end;

function Jacobi_Konvergenz_Faktor(nx,ny: integer): real;        (vgl. Satz 7.2)
begin Jacobi_Konvergenz_Faktor:=(cos(pi/nx)+cos(pi/ny))/2 end;

function optimales_omega_fuer_SOR(beta: real): real;
begin optimales_omega_fuer_SOR:=2/(1+sqrt((1+beta)*(1-beta))) end;

procedure definiere_SOR_Parameter(var it: Iterationsdaten); var beta: real;
begin with it do with A do with IP do
  begin writeln(
      'Wahl des SOR-Parameters. Omega kann über beta definiert werden.');
    write('Soll omega direkt eingegeben werden?');
    if ja_nein then bestimme_omega(IP) else
    begin if Art=Poisson_Modellproblem then
        beta:=Jacobi_Konvergenz_faktor(nx,ny) else
        begin write('Jacobi-Konvergenz-Faktor angeben: '); readln(beta) end;
        setze_omega(IP,optimales_omega_fuer_SOR(beta))
end end end;
```

In Analogie zum Gauß-Seidel-Verfahren lauten die SOR-Prozeduren zu lexikographischer und Schachbrettnumerierung folgendermaßen:

```
procedure lex_SOR(var neu: Gitterfunktion; var A: Diskretisierungsdaten;
      var x,b: Gitterfunktion; var IP: Iterationsparameter);
var i,j: integer; om1,om4: real;
begin with A do with IP do
  begin om1:=1-omega; om4:=omega/S[0,0];
    Randwerte_uebertragen(nx,ny,x,neu);
    case Art of
Poisson_Modellproblem:   for j:=1 to ny-1 do for i:=1 to nx-1 do
    neu[i,j]:=om1*x[i,j]+om4*(b[i,j]+neu[i-1,j]+x[i+1,j]+neu[i,j-1]+x[i,j+1]);
Fuenfpunktformel:
    for j:=1 to ny-1 do for i:=1 to nx-1 do neu[i,j]:=om1*x[i,j]+om4*(b[i,j]
        -S[0,-1]*neu[i,j-1]-S[-1,0]*neu[i-1,j]-S[1,0]*x[i+1,j]-S[0,1]*x[i,j+1]);
Neunpunktformel:
    for j:=1 to ny-1 do for i:=1 to nx-1 do
      neu[i,j]:=om1*x[i,j]+om4*(b[i,j]-S[-1,-1]*neu[i-1,j-1]-S[0,-1]*neu[i,j-1]
          -S[1,-1]*neu[i+1,j-1] -S[-1,0]*neu[i-1,j]-S[1,0]*x[i+1,j]
          -S[-1,1]*x[i-1,j+1]-S[0,1]*x[i,j+1]-S[1,1]*x[i+1,j+1])
end end end;
```

```
procedure Schachbrett_SOR_Viertelschritt(var neu: Gitterfunktion;
   var A: Diskretisierungsdaten; var x,b: Gitterfunktion; var omega: real;
   istart,jstart: integer; UB: Boolean);
var i,j: integer; om1,om4: real;
begin with A do with IP do
 begin i:=istart;  if UB then Randwerte_uebertragen(nx,ny,x,neu);
   om1:=1-omega; om4:=omega/S[0,0]; while i<nx do
   begin j:=jstart;
   case Art of
Poisson_Modellproblem:
   while j<ny do
   begin neu[i,j]:=om1*x[i,j]+om4*(b[i,j]+x[i-1,j]+x[i+1,j]+x[i,j-1]+x[i,j+1]);
       j:=j+2
   end;
Fuenfpunktformel:
   while j<ny do
   begin neu[i,j]:=om1*x[i,j]+om4*(b[i,j]-S[0,-1]*x[i,j-1]-S[-1,0]*x[i-1,j]
                              -S[1,0]*x[i+1,j]-S[0,1]*x[i,j+1]);   j:=j+2
   end;
Neunpunktformel:  while j<ny do
   begin  neu[i,j]:=om1*x[i,j]+om4*(b[i,j]-S[-1,-1]*x[i-1,j-1]-S[0,-1]*x[i,j-1]
                       -S[1,-1]*x[i+1,j-1]-S[-1,0]*x[i-1,j]-S[1,0]*x[i+1,j]
                       -S[-1,1]*x[i-1,j+1]-S[0,1]*x[i,j+1]-S[1,1]*x[i+1,j+1]);
       j:=j+2
   end end {case};
   i:=i+2
end end end;

procedure Schachbrett_SOR(var neu: Gitterfunktion;
   var A: Diskretisierungsdaten; var x,b: Gitterfunktion;
   var IP: Iterationsparameter);
begin {schwarze Felder:}
   Schachbrett_SOR_Viertelschritt(neu,A,x,b,IP.omega,1,1,true);
   Schachbrett_SOR_Viertelschritt(neu,A,neu,b,IP.omega,2,2,false);
   {weiße Felder:}
   Schachbrett_SOR_Viertelschritt(neu,A,neu,b,IP.omega,1,2,false);
   Schachbrett_SOR_Viertelschritt(neu,A,neu,b,IP.omega,2,1,false)
end;
```

Wenn man die lexikographische Numerierung umkehrt, erhält man in Analogie zu (2.15) die *rückwärts durchgeführte lexikographische SOR–Iteration*, die in [Prog] unter dem Namen

procedure lex_SOR_rueckwaerts

zu finden ist. Die *rückwärts ausgeführte Schachbrett-SOR-Variante* erhält man durch Umkehrung der vier «Farben» von Ω_h^1, Ω_h^2, Ω_h^3 und Ω_h^4:

procedure Schachbrett_SOR_rueckwaerts

4.4 Konvergenzuntersuchung

Die Konvergenzüberlegungen gehen im folgenden von der Annahme aus, daß A positiv definit ist oder verwandte abgeschwächte Eigenschaften besitzt. In §§5-6 werden andere Annahmen vorausgesetzt.

4.4.1 Richardson-Iteration

Die Iterationsmatrix des Richardson-Verfahrens

$$(4.4.1) \qquad x^{m+1} = x^m - \Theta\,(A\,x^m - b) \qquad\qquad (\Theta\in\mathbb{C})$$

ist

$$(4.4.2) \qquad M_\Theta^{\mathrm{Rich}} = I - \Theta A,$$

also $M_\Theta^{\mathrm{Rich}} = P(A)$ für das Polynom $P(\xi)=1-\Theta\xi$. Sind $\lambda_\nu\in\sigma(A)$ die Eigenwerte von A, so sind $\mu_\nu = P(\lambda_\nu)=1-\Theta\lambda_\nu$ jene von M_Θ^{Rich} (vgl. Lemma 2.4.7a). Da die Funktion $|1-\Theta\xi|$ keine lokalen Maxima besitzt, erhält man das

Lemma 4.4.1 A habe nur *reelle* Eigenwerte. Seien $\lambda_{\min} := \min\{\lambda: \lambda\in\sigma(A)\}$ und $\lambda_{\max} := \max\{\lambda: \lambda\in\sigma(A)\}$ die extremen Eigenwerte von A. Dann ist das Spektrum von M_Θ^{Rich} für $\Theta\in\mathbb{R}$ reell: $\sigma(M_\Theta^{\mathrm{Rich}})\subset\mathbb{R}$. Für alle $\Theta\in\mathbb{C}$ gilt

$$(4.4.3) \qquad \rho(M_\Theta^{\mathrm{Rich}}) = \max\{|1-\Theta\lambda_{\min}|,\, |1-\Theta\lambda_{\max}|\}.$$

Satz 4.4.2 A habe nur *positive* Eigenwerte. $\lambda_{\max}(A)$ sei der maximale Eigenwert von A. Θ sei reell. Dann konvergiert das Richardson-Verfahren genau dann, wenn

$$(4.4.4) \qquad 0 < \Theta < 2\,/\,\lambda_{\max}(A).$$

Die Konvergenzrate ist durch (3) gegeben.

Beweis. (i) Für $0 < \Theta < 2/\lambda_{\max}$ gilt $-1 < 1-\Theta\lambda_{\max}\leqslant 1-\Theta\lambda_{\min} < 1$. Nach (3) erhält man $\rho(M_\Theta^{\mathrm{Rich}}) < 1$, also Konvergenz.

(ii) Ist umgekehrt Konvergenz angenommen: $\rho(M_\Theta^{\mathrm{Rich}})<1$, schließt man aus $1>\rho(M_\Theta^{\mathrm{Rich}})\geqslant|1-\Theta\lambda_{\max}|\geqslant 1-\Theta\lambda_{\max}$, daß $\Theta\lambda_{\max}>0$ und damit $\Theta>0$ wegen $\lambda_{\max}>0$. Ebenso zeigt $-1<-\rho(M_\Theta^{\mathrm{Rich}})\leqslant-|1-\Theta\lambda_{\max}|\leqslant 1-\Theta\lambda_{\max}$, daß $\Theta\lambda_{\max}<2$, so daß auch die zweite Ungleichung in (4) notwendig ist. ▢

Die Darstellung (3) ermöglicht es, den Faktor Θ so zu bestimmen, daß $\rho(M_\Theta^{\mathrm{Rich}})$ *minimal* wird. Der <u>optimale Dämpfungsfaktor</u> Θ ergibt sich als Schnitt der Geraden $y(\Theta)= {}=\Theta\lambda_{\max}-1$ und $y=1-\Theta\lambda_{\min}$.

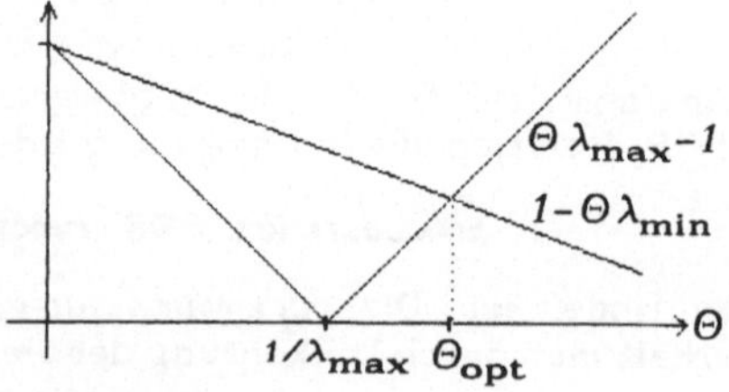

Abb. 4.4.1 Optimales Θ

Satz 4.4.3 A habe nur *positive* Eigenwerte. λ_{max} und λ_{min} seien der maximale bzw. minimale Eigenwert von A. Die optimale Konvergenzrate des Richardson-Verfahrens ergibt sich für

$$(4.4.5) \qquad \Theta_{opt} = \frac{2}{\lambda_{max} + \lambda_{min}} \,, \qquad \rho(M_{\Theta_{opt}}^{Rich}) = \frac{\lambda_{max} - \lambda_{min}}{\lambda_{max} + \lambda_{min}} \,.$$

Die Voraussetzung, daß A nur positive Eigenwerte besitzt, ist insbesondere für *positiv definite Matrizen* erfüllt.

Korollar 4.4.4 A sei positiv definit und Θ reell. Das Richardson-Verfahren konvergiert genau dann, wenn

$$(4.4.6a) \qquad 0 < \Theta < 2 / \| A \|_2 \,.$$

Die Konvergenz ist monoton in der Euklidischen Norm $\| \cdot \|_2$ und in der Energienorm $\| \cdot \|_A$, die in (2.10.5a,c) als $\| x \|_A := \| A^{1/2} x \|_2$ definiert ist. Darüberhinaus stimmen Konvergenzrate und Kontraktionszahl überein:

$$(4.4.6b) \qquad \rho(M_{\Theta}^{Rich}) = \| M_{\Theta}^{Rich} \|_2 = \| M_{\Theta}^{Rich} \|_A \,.$$

Die optimale Konvergenzrate (5) läßt sich allein mit Hilfe der *Konditionszahl* $\varkappa(A) = \text{cond}_2(A) := \| A \|_2 \| A^{-1} \|_2$ ausdrücken:

$$(4.4.6c) \qquad \rho(M_{\Theta_{opt}}^{Rich}) = \frac{\varkappa(A) - 1}{\varkappa(A) + 1} \quad \text{für} \quad \Theta_{opt} = \frac{2\| A^{-1} \|_2}{\varkappa(A) + 1} \,.$$

Beweis. In (6a) wird $\lambda_{max} = \| A \|_2$ ausgenutzt. Mit $\lambda_{min} = 1/\| A^{-1} \|_2$ (vgl. (2.10.10)) und $\varkappa(A) = \lambda_{max}/\lambda_{min}$ läßt sich (5) in (6c) umformen. Mit A ist auch $M := M_{\Theta}^{Rich}$ normal, so daß $\rho(M) = \| M \|_2$ folgt (vgl. (2.9.4b)). Die zweite Gleichheit in (6b) ergibt sich aus $\| M \|_A = \| A^{1/2} M A^{-1/2} \|_2$ und der Vertauschbarkeit $A^{1/2} M = M A^{1/2}$ (vgl. (2.10.5d), Bemerkung 2.10.6b). ∎

Daß die Voraussetzung der Positivität der Eigenwerte wichtig ist, zeigen die Gegenbeispiele der

Übungsaufgabe 4.4.5 Man beweise: **(a)** Wenn A mindestens einen positiven und einen negativen Eigenwert besitzt, divergiert das Richardson-Verfahren für jede Wahl von $\Theta \in \mathbb{C}$.
(b) Wenn A unter anderem zwei komplexe Eigenwerte λ_1, λ_2 mit entgegengesetztem Vorzeichen besitzt: $\lambda_1 / | \lambda_1 | = - \lambda_2 / | \lambda_2 |$, so divergiert das Richardson-Verfahren ebenfalls.

Trotzdem läßt sich die Voraussetzung der Positivität abschwächen:

Übungsaufgabe 4.4.6 (a) Das Spektrum $\sigma(A)$ von A liege in einem abgeschlossenen Kreis um $\mu \in \mathbb{C} \setminus \{ 0 \}$ mit dem Radius $r < | \mu |$. Man zeige: Die Wahl $\Theta = 1/\mu$ führt zur Konvergenz des Richardson-Verfahrens:

$$\rho(M_{\Theta}^{Rich}) \leqslant r / | \mu | < 1 \,.$$

(b) Sei g eine beliebige Gerade der komplexen Zahlenebene, die durch den Ursprung $z=0$ verläuft und $\mathbb{C}\setminus g$ in zwei Halbebenen zerfallen läßt. Liegt $\sigma(A)$ in einer der Halbebenen, so konvergiert das Richardson-Verfahren für geeignetes Θ.

Im nicht-Hermiteschen Fall kann man A in den symmetrischen und schiefsymmetrischen Anteil zerlegen (vgl. (2.9.12)):

$$(4.4.7)\qquad A = A_0 + i A_1 \quad \text{mit } A_0 := \tfrac{1}{2}(A+A^H), \quad A_1 := \tfrac{1}{2i}(A-A^H).$$

Bei geeigneten Abschätzungen der Hermiteschen Matrizen A_0 und A_1 gelingen die folgenden Konvergenzaussage für das Richardson-Verfahren (vgl. Sätze 7,8 und (10c,d), Samarskii-Nikolaev [1,§6.4]).

Satz 4.4.7 Für A und A_0 aus (7) gebe es Konstanten $0<\lambda\leqslant\Lambda$, so daß

$$(4.4.8a)\qquad 0 \leqslant \lambda I \leqslant A_0,$$

$$(4.4.8b)\qquad A^H A \leqslant \Lambda A_0.$$

Dann konvergiert das Richardson-Verfahren für die Parameter

$$(4.4.8c)\qquad 0 < \Theta < \frac{2}{\Lambda}$$

monoton in der Euklidischen Norm:

$$(4.4.9a)\qquad \varrho(M_\Theta^{\mathrm{Rich}}) \leqslant \|M_\Theta^{\mathrm{Rich}}\|_2 \leqslant \sqrt{1-\Theta\lambda(2-\Theta\Lambda)} < 1.$$

Die Schranke auf der rechten Seite ist minimal für $\Theta' := 1/\Lambda$:

$$(4.4.9b)\qquad \varrho(M_{\Theta'}^{\mathrm{Rich}}) \leqslant \|M_{\Theta'}^{\mathrm{Rich}}\|_2 \leqslant \sqrt{1-\lambda/\Lambda}$$

Beweis. (8a,b) ermöglichen die Abschätzung

$$(M_\Theta^{\mathrm{Rich}})^H(M_\Theta^{\mathrm{Rich}}) = (I-\Theta A)^H(I-\Theta A) = I-\Theta(A+A^H)+\Theta^2 A^H A \leqslant$$
$$\leqslant I-2\Theta A_0+\Theta^2\Lambda A_0 = I-\Theta(2-\Theta\Lambda)A_0 \leqslant I-\Theta\lambda(2-\Theta\Lambda)I,$$

die $\|M_\Theta^{\mathrm{Rich}}\|_2^2 = \|(M_\Theta^{\mathrm{Rich}})^H(M_\Theta^{\mathrm{Rich}})\|_2 \leqslant 1-\Theta\lambda(2-\Theta\Lambda)$ und damit (9a) nach sich zieht (vgl. (2.10.3f)). Die Konvergenz: $1-\Theta\lambda(2-\Theta\Lambda)<1$ ist durch (8c) gesichert. (9b) ist einfach nachzuprüfen. ∎

Bedingung (8b) kann auch als (8b') geschrieben werden:

$$(4.4.8b')\qquad \langle Ax,Ax\rangle \leqslant \Lambda\langle A_0 x,x\rangle \qquad\qquad \text{für alle } x\in\mathbb{K}^I.$$

Im positiv definiten Fall sind (8a,b) mit $\lambda=\lambda_{\min}$, $\Lambda=\lambda_{\max}$ erfüllt. Trotzdem sind die optimalen Parameter Θ_{opt} und Θ' aus den Sätzen 3 und 7 verschieden und ergeben auch unterschiedliche Schranken in (6c) und (9b). Eine schärfere Abschätzung als (9b) wird möglich, wenn der schiefsymmetrische Anteil A_1 zusätzlich abgeschätzt wird.

Satz 4.4.8 Für A_0 und A_1 aus (7) gebe es Konstanten $0 < \lambda \leqslant \Lambda$, $\tau \geqslant 0$ mit

(4.4.10a) $\lambda I \leqslant A_0 \leqslant \Lambda I$,

(4.4.10b) $\| A_1 \|_2 \leqslant \tau$.

Dann konvergiert das Richardson-Verfahren für

(4.4.11a) $0 < \Theta < \dfrac{2\lambda}{\lambda\Lambda + \tau^2}$

monoton bezüglich der Spektralnorm:

(4.4.11b) $\| M_\Theta^{\mathbf{Rich}} \|_2 \leqslant \frac{1}{2}\Theta(\Lambda - \lambda) + \sqrt{[1 - \frac{1}{2}\Theta(\Lambda + \lambda)]^2 + \Theta^2 \tau^2} < 1$.

Die beste obere Schranke ist

(4.4.11c) $\| M_{\Theta'}^{\mathbf{Rich}} \|_2 \leqslant \dfrac{1-\xi}{1+\xi}$ für $\Theta' = \dfrac{2}{\lambda + \Lambda}\left(1 - s\,\dfrac{1-\xi}{1+\xi}\right)$,

wobei $s := \tau / \sqrt{\lambda\Lambda + \tau^2}$, $\xi := \dfrac{1-s}{1+s}\dfrac{\lambda}{\Lambda}$.

Beweis. Sei $\vartheta \in (0,1)$ beliebig. Der erste Summand in

$$\| M_\Theta^{\mathbf{Rich}} \|_2 = \| I - \Theta A \|_2 = \| [\vartheta I - \Theta A_0] + [(1-\vartheta)I - i\Theta A_1] \|_2 \leqslant$$
$$\leqslant \| \vartheta I - \Theta A_0 \|_2 + \| (1-\vartheta)I - i\Theta A_1 \|_2$$

hat in Analogie zu (3) die Schranke $\| \vartheta I - \Theta A_0 \|_2 \leqslant \max\{ |\vartheta - \Theta\lambda|, |\vartheta - \Theta\Lambda| \}$. Da $C := (1-\vartheta)I - i\Theta A_1$ normal ist, gilt $\| C \|_2 = \rho(C)$. Aus $\sigma(C) = \{1 - \vartheta + i\Theta\mu : \mu \in \sigma(A_1)\}$ und $\sigma(A_1) \subset [-\tau, \tau]$ (vgl. (2.10.3e)) folgt $\rho(C) \leqslant [(1-\vartheta)^2 + \Theta^2 \tau^2]^{1/2}$. Zusammen erhält man

$$\| M_\Theta^{\mathbf{Rich}} \|_2 \leqslant \max\{ |\vartheta - \Theta\lambda|, |\vartheta - \Theta\Lambda| \} + [(1-\vartheta)^2 + \Theta^2 \tau^2]^{1/2}.$$

Für die optimale Wahl $\vartheta = \frac{1}{2}\Theta(\Lambda + \lambda)$ ergibt sich (11b). Man prüft nach, daß diese Schranke unter der Bedingung (11a) unter *1* bleibt. ▨

Für den Hermiteschen Fall $(\tau = 0)$ entspricht die Abschätzung (11c) exakt der Konvergenzrate (6c). Für $\tau \neq 0$ läßt sich die Konvergenzrate noch schärfer als durch die $\| M_\Theta^{\mathbf{Rich}} \|_2$-Schranke aus (11c) abschätzen.

Satz 4.4.9 Unter den Voraussetzungen (10a,b) gilt

(4.4.12a) $\rho(M_\Theta^{\mathbf{Rich}}) \leqslant r_\Theta := \sqrt{[\max\{ |1 - \Theta\lambda|, |1 - \Theta\Lambda| \}]^2 + \Theta^2 \tau^2}$.

Die Konvergenz ist in der Form $r_\Theta < 1$ gesichert, wenn

(4.4.12b) $0 < \Theta < \bar{\Theta}$ mit $\bar{\Theta} := \begin{cases} 2\Lambda / (\Lambda^2 + \tau^2) & \text{falls } \tau^2 < \lambda\Lambda, \\ 2\lambda / (\lambda^2 + \tau^2) & \text{falls } \tau^2 > \lambda\Lambda. \end{cases}$

r_Θ wird minimal für $\Theta' := \min\{ \dfrac{\lambda}{\lambda^2 + \tau^2}, \dfrac{2}{\lambda + \Lambda} \}$. Ferner gilt die Normabschätzung

(4.4.12c) $\| (M_\Theta^{\mathbf{Rich}})^m \|_2 \leqslant 2\, r_\Theta^m$ $(m \geqslant 0)$.

Beweis. (2.9.13a) zeigt, daß r_Θ eine obere Schranke des numerischen Radius $r(M_\Theta^{\mathrm{Rich}})$ der Iterationsmatrix ist. Die Analyse von r_Θ als Funktion von Θ liefert (12b) und den Wert Θ'. (12c) folgt aus (2.9.11d).   ▨

Während (10b) die Ungleichung $-\tau I \leqslant A_1 \leqslant \tau I$ darstellt, ist es auch möglich, A_1 relativ zu A_0 abzuschätzen:

$$(4.4.10\mathrm{c}) \qquad A_1^2 \leqslant \tau A_0$$

oder auch nur

$$(4.4.10\mathrm{d}) \qquad -\sqrt{\tau}\, A_0^{1/2} \leqslant A_1 \leqslant \sqrt{\tau}\, A_0^{1/2}.$$

(10c) impliziert (10d). Aus (10d) kann man über (10a) die Abschätzung (10b) mit $\sqrt{\tau \Lambda}$ statt τ gewinnen. Eine Abschätzung, die *direkt* auf (10a) und (10c) beruht, findet man bei Samarskii–Nikolaev [1, Seite 101].

Zusatz 4.4.10 Sei $K > 0$ eine beliebige positiv definite Matrix und $\|\cdot\|_K$ die zugehörige Norm (2.10.5a,c). Um monotone Konvergenz der Richardson-Iteration bezüglich $\|\cdot\|_K$ zu erhalten, hat man in Satz 7 die Voraussetzung (8a,b) durch

$$(4.4.13) \qquad A^H K + K A \geqslant 2\lambda K, \quad A^H K A \leqslant \tfrac{1}{2}\Lambda(A^H K + K A)$$

zu ersetzen. Diese Ungleichungen sind äquivalent zu

$$(4.4.13'\mathrm{a}) \qquad \mathrm{Re}\langle Ax, Kx\rangle \geqslant \lambda\langle Kx, x\rangle, \qquad \text{für alle } x \in \mathbb{K}^I.$$

$$(4.4.13'\mathrm{b}) \qquad \langle Ax, KAx\rangle \leqslant \Lambda\,\mathrm{Re}\langle Ax, Kx\rangle \qquad \text{für alle } x \in \mathbb{K}^I.$$

Unter der Voraussetzung (13) gelten die entsprechenden Abschätzungen (9a,b) mit $\|M_\Theta^{\mathrm{Rich}}\|_K$ anstelle von $\|M_\Theta^{\mathrm{Rich}}\|_2$.

Beweis. Sei $M := M_\Theta^{\mathrm{Rich}} = I - \Theta A$. Mit (13) schließt man über

$$M^H K M = K - \Theta(A^H K + K A) + \Theta^2 A^H K A \leqslant$$

$$\leqslant K - \Theta(1 - \tfrac{1}{2}\Theta\Lambda)(A^H K + K A) \leqslant$$

$$\leqslant K - \Theta(2 - \Theta\Lambda)K$$

auf $I - \Theta(2 - \Theta\Lambda)I \geqslant K^{-1/2} M^H K M K^{-1/2} = (K^{1/2} M K^{-1/2})^H (K^{1/2} M K^{-1/2})$. Dies ist äquivalent zu $1 - \Theta(2 - \Theta\Lambda) \geqslant \|K^{1/2} M K^{-1/2}\|_2^2 = \|M\|_K^2 \geqslant \rho(M)^2$ (vgl. (2.10.3f)) und zeigt (9a) mit der $\|\cdot\|_K$-Norm.   ▨

4.4.2 Jacobi-Iteration

> **Satz 4.4.11** Hinreichend für die Konvergenz des Jacobi-Verfahrens
> (2.5b) sind die Bedingungen (14), die auch $\sigma(M^{\text{Jac}}) \subset (-1,1)$ implizieren.
>
> (4.4.14) A und $2D-A$ sind positiv definit: $2D > A > 0$.
>
> Die Kontraktionszahlen bezüglich der Normen $\|\cdot\|_A$ und $\|\cdot\|_D$ stimmen
> mit der Konvergenzrate überein:
>
> (4.4.15) $\rho(M^{\text{Jac}}) = \|M^{\text{Jac}}\|_A = \|M^{\text{Jac}}\|_D < 1$.

Beweis. Im nachfolgenden Kriterium 12a setze man $W := D$.   ▣

Kriterium 4.4.12 W sei die Matrix der dritten Normalform (3.2.5),
so daß $M = I - W^{-1}A$ die Iterationsmatrix ist.
(a) Unter der Voraussetzung

(4.4.16a) $2W > A > 0$

konvergiert die Iteration $x^{m+1} = x^m - W^{-1}(A x^m - b)$. Außerdem ist
die Konvergenz monoton in der Energienorm $\|\cdot\|_A$ und der Norm $\|\cdot\|_W$:

(4.4.16b) $\rho(M) = \|M\|_A = \|M\|_W < 1$.

(b) Für reelle λ, Λ mit $0 < \lambda \leqslant \Lambda$ gelte

(4.4.16c) $0 < \lambda W \leqslant A \leqslant \Lambda W$.

Dann ist das Spektrum von M reell und enthalten in

(4.4.16d) $\sigma(M) \subset [1-\Lambda, 1-\lambda]$

und die Konvergenzrate beträgt

(4.4.16e) $\rho(M) = \|M\|_A = \|M\|_W \leqslant \max\{1-\lambda, \Lambda-1\}$,

wobei die Gleichheit anstelle von «$\leqslant$» gilt, wenn λ und Λ die optimalen
Schranken in (16c) sind. Letztere lassen sich wie folgt ausdrücken:

(4.4.16f) $\lambda = 1/\|W^{1/2}A^{-1}W^{1/2}\|_2$, $\Lambda = \|W^{-1/2}AW^{-1/2}\|_2$.

(c) Seien $W > 0$, $A = A^H$ und $0 < \lambda \leqslant \Lambda$. Die Bedingungen (16c) und (16d)
sind äquivalent. Insbesondere sind (16a) äquivalent zu $\sigma(M) \subset (-1,1)$
und

(4.4.16g) $W \geqslant A > 0$ $\Longleftrightarrow$ $\sigma(M) \subset [0,1)$.

Beweis. (i) Ähnlich zur Iterationsmatrix $M = I - W^{-1}A$ sind die Matrizen
$$M' := A^{1/2}MA^{-1/2} = I - A^{1/2}W^{-1}A^{1/2},$$
$$M'' := W^{1/2}MW^{-1/2} = I - W^{-1/2}AW^{-1/2},$$

so daß $\rho(M) = \rho(M') = \rho(M'')$. M' und M'' sind Hermitesch, so daß $\rho(M') = \|M'\|_2 = \|M\|_A$ und $\rho(M'') = \|M''\|_2 = \|M\|_W$ (vgl. (2.9.4b), (2.10.5d)).

(ii) Multiplikation von (16a) und (16c) mit $W^{-1/2}$ von beiden Seiten liefert nach (2.10.3a',b') die Ungleichungen

$$2I > A' := W^{-1/2} A W^{-1/2} > 0 \qquad \text{bzw.} \quad \lambda I \leqslant A' \leqslant \Lambda I.$$

Nach (2.10.3e) hat A' damit ein Spektrum in $(0,2)$ bzw. $[\lambda, \Lambda]$. Aus $M'' = I - A'$ folgert man $\sigma(M'') \subset (-1,1)$ bzw. $\sigma(M'') \subset [1 - \Lambda, 1 - \lambda]$. Der erste Fall beweist mit Teil (i) die Behauptung (16b). Der zweite Fall führt auf (16d).

(iii) (16e) ist eine Konsequenz von $\rho(M) \leqslant \max\{|\xi| : \xi \in [1 - \Lambda, 1 - \lambda]\} = \max\{|1 - \Lambda|, |1 - \lambda|\}$. Aus $0 < \lambda \leqslant \Lambda$ schließt man $\ldots = \max\{1 - \lambda, \Lambda - 1\}$.

(iv) Da das Spektrum von M mit dem von $M'' = W^{1/2} M W^{-1/2}$ übereinstimmt und letzteres unter der Voraussetzung $W > 0$, $A = A^H$ reell ist, gibt es einen minimalen und maximalen Eigenwert ρ_{min} bzw. ρ_{max}. $\lambda := 1 - \rho_{max}$ und $\Lambda := 1 - \rho_{min}$ sind die minimalen und maximalen Eigenwerte von $A' := W^{-1/2} A W^{-1/2}$. Aus $\sigma(A') \subset [\lambda, \Lambda]$ schließt man nach (2.10.3e) auf $\lambda I \leqslant A' \leqslant \Lambda I$ und damit auf (16c) mit den oben genannten extremen Eigenwerten von A'. (16f) folgt aus $\|A'\|_2 = \rho(A') = \Lambda$ und $0 < \lambda = 1 / \|A'^{-1}\|_2$. Damit ist auch die in Teil (c) des Kriteriums behauptete Äquivalenz von (16d) und (16c) gezeigt.   ▨

Die optimalen Schranken λ und Λ aus (16c) sind die minimalen und maximalen Eigenwerte des *verallgemeinerten Eigenwertproblems*

$$(4.4.17) \qquad Ae = \lambda W e \qquad\qquad (W > 0,\ e \neq 0).$$

Bemerkung 4.4.13 (a) Die Matrizen A und $2D - A$ haben gleiche Diagonalelemente und im Vorzeichen entgegengesetzte Außerdiagonaleinträge. **(b)** Die Aussagen $A > 0$ und $2D - A > 0$ sind für 2×2-Matrizen identisch, fallen für höhere Dimensionen jedoch auseinander.

Die Voraussetzung $2D - A > 0$ in (14) kann bei geeigneter Dämpfung entfallen:

Satz 4.4.14 A sei positiv definit. Die mit ϑ *gedämpfte Jacobi-Iteration* (3.2) konvergiert für

$$(4.4.18) \qquad 0 < \vartheta < 2 / \Lambda \quad \text{mit} \quad \Lambda := \|D^{-1/2} A D^{-1/2}\|_2 = \rho(D^{-1}A).$$

Eine äquivalente Formulierung der Bedingung (18) ist

$$(4.4.18') \qquad 0 < \vartheta A < 2D.$$

Beweis. Die Matrix der dritten Normalform ist $W := \tfrac{1}{\vartheta} D$. Kriterium 12a führt auf $2W > A > 0$, also (18').   ▨

Die Aussage des Satzes 14 entspricht dem Satz 2, wenn man das Jacobi-Verfahren als Richardson-Verfahren für $\hat{A}x = \hat{b}$ mit $\hat{A} := D^{-1}A$ auffaßt (vgl. Bemerkung 3.2). In Analogie zu Satz 3 beweist man die

Übungsaufgabe 4.4.15 Sei A positiv definit, und seien $0 < \lambda \leqslant \Lambda$ die besten Schranken in

$$(4.4.19) \qquad \lambda D \leqslant A \leqslant \Lambda D.$$

(a) Das *gedämpfte Jacobi-Verfahren* hat für alle $\vartheta \in \mathbb{C}$ die Konvergenzrate (20a), wobei $0 < \vartheta < 2/\Lambda$ (vgl. (18)) $\rho(M_\vartheta^{Jac}) < 1$ garantiert:

$$(4.4.20a) \qquad \rho(M_\vartheta^{Jac}) = \| M_\vartheta^{Jac} \|_A = \| M_\vartheta^{Jac} \|_D = \max\{|1 - \vartheta\lambda|, |1 - \vartheta\Lambda|\}$$

(b) Die optimale Konvergenzrate ist

$$(4.4.20b) \qquad \rho(M_\vartheta^{Jac}) = \| M_\vartheta^{Jac} \|_A = \| M_\vartheta^{Jac} \|_D = \frac{\Lambda - \lambda}{\Lambda + \lambda} \qquad \text{für } \vartheta = \frac{2}{\Lambda + \lambda}.$$

(c) Eine untere Abschätzung für λ aus (19) ist $\lambda \geqslant 1/\varkappa(A) = 1/\text{cond}_2(A)$. *Hinweis:* $\| D \|_2 \leqslant \| A \|_2$, $D \leqslant \| A \|_2 I$, $A \geqslant \| A^{-1} \|_2^{-1} I$.

Wenn A nicht Hermitesch, aber reell ist, gilt $D = \text{diag}\{A\} = \text{diag}\{A_0\}$ für A_0 aus der Zerlegung (7). Die Aussage des Satzes 8 läßt sich wie folgt übertragen.

Satz 4.4.16 Der symmetrische Anteil A_0 aus (7): $A = A_0 + iA_1$ sei positiv definit: $A_0 > 0$. Für $D = \text{diag}\{A_0\}$ gebe es Konstanten $0 < \lambda \leqslant \Lambda$ und $\tau \geqslant 0$ mit

$$(4.4.21) \qquad \lambda D \leqslant A_0 \leqslant \Lambda D, \qquad -\tau D \leqslant A_1 \leqslant \tau D.$$

Dann konvergiert das *gedämpfte Jacobi-Verfahren* für $0 < \vartheta < \dfrac{2\lambda}{\lambda\Lambda + \tau^2}$ monoton bezüglich der Norm $\| \cdot \|_D$:

$$(4.4.22) \qquad \| M_\vartheta^{Jac} \|_D \leqslant \tfrac{1}{2}\vartheta(\Lambda - \lambda) + \sqrt{[1 - \tfrac{1}{2}\vartheta(\Lambda + \lambda)]^2 + \vartheta^2\tau^2} < 1.$$

Das optimale ϑ bestimmt man wie in (11c).

Beweis. M_ϑ^{Jac} ist ähnlich zu $M := D^{1/2}M_\vartheta^{Jac}D^{-1/2} = I - \vartheta D^{-1/2}AD^{-1/2}$. M kann als Iterationsmatrix der Richardson-Methode für $\Theta = \vartheta$ und $A' := D^{-1/2}AD^{-1/2}$ anstelle von A aufgefaßt werden. Die Zerlegung (7) für A induziert die Aufspaltung $A' = A_0' + iA_1'$ mit den Hermiteschen Matrizen

$$(4.4.23) \qquad A_0' = D^{-1/2}A_0D^{-1/2}, \qquad A_1' = D^{-1/2}A_1D^{-1/2}.$$

Die Ungleichungen (10a,b) angewandt auf A' sind äquivalent zu (21). Die aus Satz 8 folgende Abschätzung (11b) bezieht sich auf die Iterationsmatrix M: $\| M \|_2 = \| D^{1/2}M_\vartheta^{Jac}D^{-1/2} \|_2 = \| M_\vartheta^{Jac} \|_D$. ⬛

Bemerkung 4.4.17 In keinem der Beweise wurde von der Diagonalgestalt der Matrix D Gebrauch gemacht. Verwendet wurde nur, daß aus $A > 0$ auch $D > 0$ folgt. Wenn daher $D = \text{diag}\{A\}$ durch irgendeine andere positiv definite Matrix W (vgl. Kriterium 12) ersetzt wird, bleiben alle Aussagen des Abschnittes 4.4.2 gültig. Ausnahme: Übung 15c bleibt nur für Blockdiagonalen von A gültig.

4.4.3 Gauß–Seidel- und SOR-Verfahren

Satz 4.4.18 Das Gauß–Seidel-Verfahren konvergiert für positiv definite Matrizen A. Die Konvergenz ist monoton in der Energienorm:

$$(4.4.24) \qquad \rho(M^{GS}) \leqslant \|M^{GS}\|_A < 1.$$

Beweis. $A > 0$ impliziert $D > 0$. Die Matrix $W = W^{GS}$ aus (2.8) erfüllt

$$W + W^H = D - E + (D - E)^H = 2D - E - F = D + A > A.$$

Damit ist das nachfolgende Konvergenzkriterium erfüllt.   ▨

Kriterium 4.4.19 Für die Matrix W der dritten Normalform gelte

$$(4.4.25) \qquad W + W^H > A > 0.$$

Dann konvergiert die Iteration monoton in der Energienorm $\|\cdot\|_A$:

$$\rho(M) \leqslant \|M\|_A < 1 \qquad\qquad \text{für } M = I - W^{-1}A.$$

Beweis. Da $\rho(M) \leqslant \|M\|_A$ nach (2.9.1b), ist nur $\|M\|_A < 1$ zu zeigen. Nach (2.10.5d) ist $\|M\|_A = \|A^{1/2}MA^{-1/2}\|_2 = \|\hat{M}\|_2$ für $\hat{M} := I - A^{1/2}W^{-1}A^{1/2}$. Man prüft nach, daß

$$(4.4.26) \quad \begin{aligned} \hat{M}^H\hat{M} &= (I - A^{1/2}W^{-H}A^{1/2})(I - A^{1/2}W^{-1}A^{1/2}) = \\ &= I - A^{1/2}(W^{-H} + W^{-1})A^{1/2} + A^{1/2}W^{-H}AW^{-1}A^{1/2} = \\ &= I - A^{1/2}W^{-H}(W + W^H)W^{-1}A^{1/2} + A^{1/2}W^{-H}AW^{-1}A^{1/2} < \\ &< I - A^{1/2}W^{-H}AW^{-1}A^{1/2} + A^{1/2}W^{-H}AW^{-1}A^{1/2} = I, \end{aligned}$$

also nach Lemma 2.10.5b

$$\|M\|_A = \|\hat{M}\|_2 = \rho(\hat{M}^H\hat{M})^{1/2} < \rho(I)^{1/2} = 1.$$ ▨

Man beachte: Die Bedingung (25) stimmt für $W = D$ mit (14) überein.

Da das Gauß–Seidel-Verfahren der Spezialfall $\omega = 1$ des SOR-Verfahrens ist, werden wir weitere Konvergenzaussagen, z.B. quantitative Beschreibungen, für das SOR-Verfahren formulieren. Fragt man nach den reellen Werten von ω, für die Konvergenz des SOR-Verfahrens auftritt, muß notwendigerweise $0 < \omega < 2$ gelten, wie das folgende Lemma lehrt.

Lemma 4.4.20 Ohne weitere Voraussetzungen an A gilt

$$(4.4.27) \qquad \rho(M_\omega^{SOR}) \geqslant |\omega - 1| \qquad\qquad \text{für alle } \omega \in \mathbb{C}.$$

Beweis. Sei $n := \#I$ die Matrixgröße. Da $I - \omega L$ und $(1-\omega)I + \omega U$ Dreiecksmatrizen sind, gilt $\det(I-\omega L) = 1$ und $\det\big((1-\omega)I + \omega U\big) = (1-\omega)^n$, also

$$\det(M_\omega^{SOR}) = \frac{1}{\det(I-\omega L)}\, \det\big((1-\omega)I + \omega U\big) = (1-\omega)^n.$$

Andererseits führt die Identität $\det(\lambda I - M_\omega^{SOR}) = \prod_{\nu=1}^{n}(\lambda - \lambda_\nu)$ mit den Eigenwerten λ_ν von M_ω^{SOR} auf

$$(-1)^n \det(M_\omega^{SOR}) = \det(\lambda I - M_\omega^{SOR})|_{\lambda=0} = \prod_{\nu=1}^{n}(\lambda - \lambda_\nu)|_{\lambda=0} = (-1)^n \prod_{\nu=1}^{n} \lambda_\nu.$$

Zusammen ergibt sich $\prod_{\nu=1}^{n} \lambda_\nu = (1-\omega)^n$ oder $\prod_{\nu=1}^{n} |\lambda_\nu| = |1-\omega|^n$. Damit muß mindestens ein Faktor (Eigenwert) λ_ν existieren mit $|\lambda_\nu| \geqslant |1-\omega|$ und so zur Behauptung (27) führen. ∎

Die Ungleichung (27) erlaubt $\varrho(M_\omega^{SOR}) < 1$ nur für $0 < \omega < 2$. Daß $0 < \omega < 2$ nicht nur notwendig, sondern auch hinreichend für Konvergenz ist, zeigt der

---

Satz 4.4.21 (Ostrowski [2])   Es gelte: A sei positiv definit und zerlegt in

(4.4.28a) $A = D - E - E^H$

mit den Eigenschaften (28b,c):

(4.4.28b) E ist strikte untere Dreiecksmatrix,
(4.4.28c) D ist Diagonale von A.

Ferner sei

(4.4.28d) $0 < \omega < 2$.

Dann konvergiert die SOR-Iteration (3.7a-c):

(4.4.28e) $\varrho(M_\omega^{SOR}) < 1$.

Das Konvergenzverhalten ist monoton in der Energienorm:

(4.4.28f) $\varrho(M_\omega^{SOR}) \leqslant \| M_\omega^{SOR} \|_A < 1$.

Die Aufspaltung (28a) unterscheidet sich nicht von $A = D - E - F$ aus (2.7a-d), da $F = E^H$ für jede Hermitesche Matrix A gelten muß. Die Voraussetzungen des Satzes 21 können abgeschwächt werden und beziehen sich dann auf allgemeinere Verfahren als die bisherige SOR-Methode. Der Beweis des Satzes 21 erübrigt sich daher mit dem Beweis von

Zusatz 4.4.22 Sei $A > 0$. Die Aussagen (28e–g) des Satzes 21 bleiben gültig, wenn anstelle von (28b) und (28c) lediglich vorausgesetzt wird:

(4.4.28b') E ist beliebig,

(4.4.28c') D ist eine beliebige positiv definite Matrix.

Die Matrix $D - \omega E$ ist unter den Bedingungen (28a,c') stets regulär.

Wegen Lemma 2.10.4e ist die Diagonale D aus (28c) eine positiv definite Matrix und erfüllt somit auch (28c'). Es sei angemerkt, daß die Voraussetzung «A positiv definit» aus Satz 21 nicht nur hinreichend, sondern auch notwendig ist (vgl. Varga [2, S. 77]).

Beweis. Die Matrix der dritten Normalform ist $W = W_\omega^{SOR} = \frac{1}{\omega} D - E$ (vgl. (3.7e)). Die Ungleichung (25) des Konvergenzkriteriums 19 ist erfüllt:

$$(4.4.29) \qquad W + W^H = \tfrac{2}{\omega} D - E - F = A + (\tfrac{2}{\omega} - 1) D > A > 0$$

wegen (28c') und $\frac{2}{\omega} - 1 > 0$ ($\Longleftrightarrow 0 < \omega < 2$). Um die Regularität von W zu zeigen, sei $Wx = 0$ angenommen. Aus $0 = \langle Wx, x \rangle + \langle x, Wx \rangle = \langle (W + W^H) x, x \rangle$ folgt wegen $W + W^H > 0$, daß $x = 0$. $\blacksquare$

Satz 21 macht keine Aussagen, welches ω am günstigsten ist. Diese Frage wird später in Satz 5.6.5 für den Spektralradius $\rho(M_\omega^{SOR})$ beantwortet werden. Stattdessen kann man auch die Kontraktionszahl $\| M_\omega^{SOR} \|_A$ bzw. ihre obere Schranke als Funktion von ω untersuchen und ein in diesem Sinne optimales ω suchen.

Lemma 4.4.23 Unter den Voraussetzungen $A > 0$ und (28a,b',c',d) gilt

$$(4.4.30) \qquad \| M_\omega^{SOR} \|_A = \sqrt{ 1 - (\tfrac{2}{\omega} - 1) / \| A^{-1/2} W_\omega^{SOR} D^{-1/2} \|_2^2 } .$$

Die Norm $\| A^{-1/2} W_\omega^{SOR} D^{-1/2} \|_2^2$ in (30) kann durch

$$(4.4.31a) \qquad \| A^{-1/2} W_\omega^{SOR} D^{-1/2} \|_2^2 \leqslant 1/c$$

genau dann abgeschätzt werden, wenn (31b) oder (31c) zutreffen:

$$(4.4.31b) \qquad W D^{-1} W^H \leqslant \tfrac{1}{c} A, \qquad\qquad\qquad (W = W_\omega^{SOR})$$

$$(4.4.31c) \qquad W^{-H} D W^{-1} \geqslant c A^{-1}.$$

Beweis. (i) Die Äquivalenz von (31b) und (31c) ergibt sich aus (2.10.3g). Die Äquivalenz von (31b) und (31a) erhält man über:

$$\begin{aligned}
\tfrac{1}{c} I &\geqslant A^{-1/2} W D^{-1} W^H A^{-1/2} = &\text{(vgl. (2.10.3b'))}\\
&= [A^{-1/2} W D^{-1/2}][A^{-1/2} W D^{-1/2}]^H \; (\geqslant 0),\\
\tfrac{1}{c} &\geqslant \| [A^{-1/2} W D^{-1/2}][D^{-1/2} W^H A^{-1/2}] \|_2 = \\
&= \| A^{-1/2} W D^{-1/2} \|_2^2 &\text{(vgl. (2.10.3f)).}
\end{aligned}$$

(ii) Sei $\hat{M} := A^{1/2} M_\omega^{SOR} A^{-1/2}$. Aus der Ungleichung (26), der Darstellung (29): $A - W - W^H = (1 - \frac{2}{\omega}) D$ und (31c) erhält man

$$\hat{M}^H \hat{M} = I + A^{1/2} W^{-H} [A - W - W^H] W^{-1} A^{1/2} =$$
$$= I - (\tfrac{2}{\omega} - 1) A^{1/2} W^{-H} D W^{-1} A^{1/2}.$$

Der größte Eigenwert von $\hat{M}^H \hat{M}$ ist 1 minus das $(\frac{2}{\omega} - 1)$-fache des kleinsten Eigenwertes von $A^{1/2} W^{-H} D W^{-1} A^{1/2} = X^{-H} X^{-1} = (X X^H)^{-1}$ für $X := A^{-1/2} W D^{-1/2}$. Letzterer ist $1/\rho(X X^H) = 1/\|X\|_2^2$. (30) ergibt sich aus

$$\|M_\omega^{SOR}\|_A^2 = \|\hat{M}\|_2^2 = \rho(\hat{M}^H \hat{M}) = 1 - (\tfrac{2}{\omega} - 1)/\|A^{-1/2} W_\omega^{SOR} D^{-1/2}\|_2^2. \quad \blacksquare$$

Die rechte Seite in (30) hängt über $\frac{2}{\omega} - 1$ explizit von ω ab. Aber auch $W_\omega^{SOR} = \frac{1}{\omega} D - E$ enthält den Parameter ω. Die Minimierung der Norm $\|M_\omega^{SOR}\|_A$ ist Gegenstand des folgenden Satzes (vgl. Samarskii – Nikolaev [1], Young [2, Seite 464])

Satz 4.4.24 Es gebe Konstanten $\gamma, \Gamma > 0$ mit

(4.4.32a) $\quad 0 < \gamma D \leqslant A$,

(4.4.32b) $\quad (\frac{1}{2} D - E) D^{-1} (\frac{1}{2} D - E^H) \leqslant \frac{1}{4} \Gamma A$.

Ferner gelte (28a,d). Dann kann in (31a-c) der Wert

(4.4.32c) $\quad w = 1 / [\frac{\Omega^2}{\gamma} + \Omega + \frac{\Gamma}{4}] \qquad$ mit $\Omega := \frac{2 - \omega}{2\omega} \epsilon (0, \infty)$

gewählt werden. Die SOR-Kontraktionszahl ist abschätzbar durch

(4.4.33a) $\quad \|M_\omega^{SOR}\|_A \leqslant \sqrt{1 - 2\Omega / [\frac{\Omega^2}{\gamma} + \Omega + \frac{\Gamma}{4}]}$.

Die rechte Seite nimmt folgendes Minimum an:

(4.4.33b) $\quad \|M_{\omega'}^{SOR}\|_A \leqslant \sqrt{\frac{\sqrt{\Gamma} - \sqrt{\gamma}}{\sqrt{\Gamma} + \sqrt{\gamma}}} \qquad$ für $\omega' := 2 / (1 + \sqrt{\gamma \Gamma})$.

Beweis. Wir schreiben $W := W_\omega^{SOR} = \frac{1}{\omega} D - E$ als

(4.4.34) $\qquad W = \Omega D + (\frac{1}{2} D - E) \qquad$ mit $\Omega := \frac{2 - \omega}{2\omega} = \frac{1}{\omega} - \frac{1}{2}$

und schließen wie folgt:

$$W D^{-1} W^H = [\Omega D + (\tfrac{1}{2} D - E)] D^{-1} [\Omega D + (\tfrac{1}{2} D - E^H)] =$$
$$= \Omega^2 D + \Omega(\tfrac{1}{2} D - E + \tfrac{1}{2} D - E^H) + (\tfrac{1}{2} D - E) D^{-1} (\tfrac{1}{2} D - E^H) =$$
$$= \Omega^2 D + \Omega A + (\tfrac{1}{2} D - E) D^{-1} (\tfrac{1}{2} D - E^H) \underset{(28a),(32a,b)}{\leqslant}$$
$$\leqslant (\tfrac{\Omega^2}{\gamma} + \Omega + \tfrac{\Gamma}{4}) A.$$

Also gilt (31b) mit $\frac{1}{c} = \frac{\Omega^2}{\gamma} + \Omega + \frac{\Gamma}{4}$. Einsetzen der Ungleichung (31a) in (30) liefert (33a). Die Funktion $\Omega / [\frac{\Omega^2}{\gamma} + \Omega + \frac{\Gamma}{4}]$ hat in $(0, \infty)$ ihr globales Maximum bei $\Omega = \frac{1}{2}\sqrt{\gamma\,\Gamma}$, was ω' entspricht. Einsetzen ergibt (33b).

Zu den Konstanten γ und Γ seien die folgenden Kommentare gegeben.

Zusatz 4.4.25 Es gelte (28a,b). **(a)** Das Jacobi-Verfahren sei mit Hilfe von D aus (28a) definiert: $M^{\mathrm{Jac}} := D^{-1}(E + E^H)$. Die optimale Schranke in (32a) ist

$$(4.4.35a) \qquad \gamma = 1 - \rho(M^{\mathrm{Jac}}).$$

(b) Sei $d := \rho(D^{-1}E D^{-1}E^H) = \|D^{-1/2}E D^{-1/2}\|_2^2$. Abschätzung (32b) gilt mit

$$(4.4.35b) \qquad \Gamma = \max\{2,\ 2 + \frac{4d-1}{\gamma}\}.$$

Beweis. **(a)** Die beste Schranke in (32a) ist der kleinste Eigenwert von $D^{-1}A = I - D^{-1}(E + E^H) = I - M^{\mathrm{Jac}}$.
(b) Ausmultiplizieren in (32b) liefert

$$\frac{1}{4}D - \frac{1}{2}(E + E^H) + E D^{-1}E^H \ \leqslant\ \frac{1}{4}D - \frac{1}{2}(E + E^H) + dD \ =$$
$$= \ \frac{1}{4}\left\{(4d+1)D - 2(E + E^H)\right\}.$$

Falls $d \leqslant 1/4$, wendet man $E + E^H = D - A$ an. Sonst schließt man über $E + E^H \leqslant \rho(M^{\mathrm{Jac}})D$, (35a) und $D \leqslant \frac{1}{\gamma}A$:

$$\frac{1}{4}\left\{(4d+1)D - 2(E + E^H)\right\} = \frac{1}{4}\left\{4d+1 - 2(1-\gamma)\right\}.D \leqslant \frac{1}{4}\left\{4d - 1 + 2\gamma\right\}\frac{1}{\gamma}A.$$

Die Bezeichnung M_ω^{SOR} in (33a,b) und M^{Jac} in (35a) sind nur berechtigt, wenn D die Diagonale oder Blockdiagonale von A ist. Ist dagegen D in Satz 24 eine andere Matrix, liegt ein neues Verfahren vor, dessen Iterationsmatrix in (33a,b) auch anders bezeichnet werden sollte.

Folgerung 4.4.26 (Ordnungsverbesserung) Es gelte (28a,b) und $d := \rho(D^{-1}E D^{-1}E^H) \leqslant 1/4$. Sei $\varkappa$ die Ordnung des Jacobi-Verfahrens: $\rho(M^{\mathrm{Jac}}) = 1 - \gamma = 1 - Ch^\varkappa + O(h^{2\varkappa})$. Die Schranke (33a) hat für den Fall der Gauß–Seidel-Iteration ($\omega = 1$) die gleiche Ordnung:

$$(4.4.36a) \qquad \|M_1^{\mathrm{SOR}}\|_A = \|M^{\mathrm{GS}}\|_A \leqslant \sqrt{1 - 4/(\Gamma + 2 + \frac{1}{\gamma})} = (1 + 4\gamma)^{-1/2}.$$

Dagegen verbessert (halbiert) sich die Ordnung für $\omega = \omega'$ aus (33b):

$$(4.4.36b) \qquad \|M_{\omega'}^{\mathrm{SOR}}\|_A \leqslant 1 - \sqrt{\gamma/\Gamma} + O(\gamma/\Gamma) = 1 - \sqrt{\frac{C}{2}}\,h^{\varkappa/2} + O(h^\varkappa).$$

(36b) gilt mit anderer Konstante auch dann, wenn die Bedingung $d \leqslant 1/4$ in $d \leqslant 1/4 + O(h^\varkappa)$ abgeschwächt wird. Für (36a) reicht $d = O(1)$.

Beweis. Man setze die Werte (35a,b) in (33a,b) ein.

Die Verbesserung der Ordnung wird in §5.6.3 noch deutlicher werden.

Eine Diskussion der optimalen Wahl von ω für _verallgemeinerte SOR-Verfahren_, in denen L und U nicht notwendigerweise strikte Dreiecksgestalt haben, findet man bei Hanke - Neumann - Niethammer [1].

In Übereinstimmung mit der Kapitelüberschrift behandeln die Sätze 21 und 24 die Konvergenz nur für positiv definite Matrizen A. In den Kapiteln §5 und §6 werden Matrizen anderer Struktur zugelassen, die auch nichtsymmetrisch sein können. Trotzdem werden von §§5-6 nicht alle Matrizen erfaßt. Deshalb seien hier noch Resultate zum nichtsymmetrischen und insbesondere schiefsymmetrischen Fall erwähnt, die von Niethammer [1] stammen. In allen Aussagen wird

$$(4.4.37) \qquad D = \operatorname{diag}\{A\} = I$$

verlangt. Diese Bedingung läßt sich durch die Transformationen $A \mapsto D^{-1}A$ oder $A \mapsto D^{-1/2}AD^{-1/2}$ stets erreichen, wenn D regulär ist.

Satz 4.4.27 Für die reelle Matrix A gelte (37) und $A + A^T > 0$. Für Λ, $\tilde{\Lambda}$ aus

$$\Lambda := \lambda_{\max}(\tfrac{1}{2}(L + L^T + U + U^T)), \qquad \tilde{\Lambda} := \lambda_{\max}(\tfrac{1}{2}(L + L^T - U - U^T)),$$

$$\sigma := \rho(\tfrac{1}{2}(L - L^T + U - U^T)), \qquad \tilde{\sigma} := \rho(\tfrac{1}{2}(L - L^T - U + U^T))$$

gilt $0 \leqslant \Lambda < 1$ und $\tilde{\Lambda} \geqslant 0$. Das SOR-Verfahren konvergiert für ω mit

$$(4.4.38) \qquad 0 < \omega < 2 \,/\, [\,1 + \tilde{\Lambda} + \sigma\tilde{\sigma}/(1 - \Lambda)\,].$$

Für $A > 0$ ergibt sich $\sigma = \tilde{\Lambda} = 0$, so daß (38) zu $0 < \omega < 2$ wird (vgl. Satz 21). Wenn $A - I$ schiefsymmetrisch ist, d.h. $L = -U^T$, erhält man wegen $\Lambda = \tilde{\sigma} = 0$, $\tilde{\Lambda} = \rho(U - L)$ den

Zusatz 4.4.28 Sei $A = I - L + L^T$ (L untere Dreiecksmatrix). Dann konvergiert das SOR-Verfahren für ω mit $0 < \omega < 2 \,/\, (1 + \rho(L + L^T))$. Ist außerdem L elementweise $\geqslant 0$ und $\rho(L + L^T) < 1$, so _divergiert_ die SOR-Iteration für alle anderen reellen ω.

Eine ähnliche Divergenzaussage läßt sich auch für $L \neq -U^T$ zeigen, wenn $L - U$ elementweise $\geqslant 0$ ist. Für den optimalen Relaxationsparameter läßt sich $\omega_{\mathrm{opt}} < 1$ zeigen.

Konvergenzresultate für _komplexe Matrizen_ findet man bei Niethammer [2].

4.5 Blockversionen

4.5.1 Block-Jacobi-Verfahren

4.5.1.1 Definition

Gegeben sei eine Blockstruktur $\{I_\varkappa : \varkappa \in B\}$, wie sie in §2.5 beschrieben ist. Mit D sei im folgenden nicht die Diagonale, sondern die _Block-diagonale_ von A bezeichnet:

$$(4.5.1) \qquad D := \text{blockdiag}\{A\} = \text{blockdiag}\{A^{\varkappa\varkappa} : \varkappa \in B\} = \begin{bmatrix} \ast & & 0 \\ & \ast & \\ & & \ast \\ 0 & & \ddots \\ & & & \ast \end{bmatrix}$$

Dabei sind $A^{\varkappa\varkappa}$ die Diagonalblöcke von A.

Das _Block-Jacobi-Verfahren_ ist die Iteration (2.3) mit

$$(4.5.2) \qquad W := D \ \text{ aus (1)}, \quad R := D - A.$$

Bemerkung 4.5.1 (a) Das Block-Jacobi-Verfahren ist genau dann wohldefiniert, wenn alle Diagonalblöcke $A^{\varkappa\varkappa}$ $(\varkappa \in B)$ regulär sind.
(b) Wenn A positiv definit ist, sind D und alle Diagonalblöcke $A^{\varkappa\varkappa}$ positiv definit und damit insbesondere regulär (vgl. Lemma 2.10.4e).
(c) Die Darstellungen (2.5a-c) sind weiterhin gültig, wenn D durch (1) definiert ist.
(d) Das Block-Jacobi-Verfahren hängt weder von der Anordnung der Blöcke noch von der Indexanordnung innerhalb der Blöcke ab.
(e) Wenn $\{1, 2, \ldots, \beta\}$ die Numerierung der Blöcke und $(x^m)^i$, A^{ij} die Blöcke von x^m und A sind, lautet die blockweise Darstellung wie folgt:

$$(4.5.3) \qquad \text{for } i := 1 \text{ to } \beta \text{ do } (x^{m+1})^i := (A^{ii})^{-1} \left\{ b^i - \sum_{\substack{j=1 \\ j \neq i}}^{\beta} A^{ij}(x^m)^j \right\}$$

Die auftretende Inverse $(A^{ii})^{-1}$ macht deutlich, daß zur Berechnung des i-ten Blockes $(x^{m+1})^i$ je ein Gleichungssystem $A^{ii}\delta = r$ aufzulösen ist.

Für das Modellproblem können jeweils die Spalten $(x = ih$ konstant$)$

$$u^i := \left(u_{i,1}, u_{i,2}, \ldots, u_{i,N-1} \right)^T \qquad (1 \leq i \leq N-1)$$

der Unbekannten als Blöcke gewählt werden. Im Falle des Poisson-Modellproblems lauten die Matrixblöcke gemäß (1.2.8):

$$A^{ii} = h^{-2} \begin{bmatrix} 4 & -1 & & \\ -1 & 4 & -1 & \\ & \ddots & \ddots & \ddots \\ & & -1 & 4 \end{bmatrix}, \quad A^{i,i\pm1} = -h^{-2}I, \quad A^{i,j} = 0 \text{ sonst.}$$

Bilden wie hier die «Spalten» die Blöcke, spricht man vom _Spalten-Jacobi-Verfahren_. Ebenso könnte man die _Zeilen-Jacobi-Iteration_ definieren.

4.5.1.2 Pascal-Prozeduren

Zunächst wird ein Löser für das tridiagonale Blocksystem benötigt:

```
procedure definiere_Tridiag (var A: Diskretisierungsdaten;
                             u,d,o: real; neu: Boolean);  var i: integer; q: real;
begin with A do if T=nil then begin new(T); T^.Zerlegung_berechnet:=false end;
  with A do with T^ do if neu or not Zerlegung_berechnet then
   begin for i:=1 to ny-1 do begin unten[i]:=u; diag[i]:=d; oben[i]:=o end;
    for i:=1 to ny-2 do {LU-Dreieckszerlegung erzeugen};
    begin q:=unten[i+1]/diag[i]; unten[i+1]:=q; diag[i+1]:=diag[i+1]-q*oben[i] end;
    Zerlegung_berechnet:=true
end end;
procedure loese_Tridiag (var A: Diskretisierungsdaten; var R, z: Spalte);
var i: integer; label 1;
begin if A.T=nil then 1: definiere_Tridiag(A,A.S[0,-1],A.S[0,0],A.S[0,1],true);
   if not A.T^.Zerlegung_berechnet then goto 1;                {Standardwahl}
   with A do with T^ do
   begin for i:=0 to ny-2 do R[i+1]:=z[i+1]-unten[i+1]*R[i];
          for i:=ny-1 downto 1 do R[i]:=(R[i]-oben[i]*R[i+1])/diag[i]
end end;
```

Die Komponente **A.T^.Zerlegung_berechnet** zeigt an, ob die Blockmatrix bereits in die Faktoren **L** (untere Dreiecksmatrix) und **U** (obere Dreiecksmatrix) zerlegt ist. Wenn ein neues Problem mit einer anderen Matrix behandelt wird, muß durch **Zerlegung_berechnet:=false** angezeigt werden, daß die Zerlegung neu zu erstellen ist. Der hierfür benötigte Speicherbereich wird erst im Bedarfsfall mittels **new(T)** angelegt und kann durch **dispose(T)** wieder freigegeben werden. Damit **T** an Anfang nicht undefiniert ist, sondern als leerer Zeiger **T=nil** definiert wird, ist zu Beginn die Initialisierung der Variablen **A** vom Typ **Diskretisierungsdaten** notwendig:

```
procedure initialisiere_Diskretisierungsdaten(var A: Diskretisierungsdaten);
begin A.T:=nil; A.Bandmatrix:=nil; A.ILUD:=nil; A.ILU7:=nil; A.Matr:=nil end;
```

Wenn die Komponente **A** wie im Beispiel (3.5.9) in der Variablen **it** enthalten ist, impliziert der Aufruf **initialisiere_IT(it)** die Initialisierung von **it.A**.

Das Block-Jacobi-Verfahren (genauer: Spalten-Jacobi-Verfahren) nimmt die folgende Gestalt an:

```
procedure Spalten_Jacobi(var neu: Gitterfunktion;
           var A: Diskretisierungsdaten; var x,b: Gitterfunktion;
           var IP: Iterationsparameter);
var i,j: integer; v,z: Spalte;
begin with A do begin v:=x[0]; for i:=1 to nx-1 do
   begin case Art of
```

Poisson_Modellproblem: for j:=1 to ny-1 do z[j]:=b[i,j]+x[i-1,j]+x[i+1,j];
Fuenfpunktformel:
    for j:=1 to ny-1 do z[j]:=b[i,j]-S[-1,0]*x[i-1,j]-S[1,0]*x[i+1,j];
Neunpunktformel:
    for j:=1 to ny-1 do z[j]:=b[i,j]-S[-1,-1]*x[i-1,j-1]-S[1,-1]*x[i+1,j-1]
        -S[-1,0]*x[i-1,j]-S[1,0]*x[i+1,j]-S[-1,1]*x[i-1,j+1]-S[1,1]*x[i+1,j+1]
    end {case};
    neu[i-1]:=v; v[0]:=x[i,0]; v[ny]:=x[i,ny]; loese_Tridiag(A,v,z)
  end; neu[nx-1]:=v; Randwerte_uebertragen(nx,ny,x,neu)
end end;

Man beachte, daß die Randwerte bei $j = 0$ und $j = N$ in die rechte Seite des
Block-Gleichungssystems eingehen müssen. Im Poisson-Modellfall
lautet das zur i-ten Spalte gehörende tridiagonale Gleichungssystem

$$(4.5.4a) \qquad \begin{bmatrix} 4 & -1 & & \\ -1 & 4 & -1 & \\ & \ddots & \ddots & \ddots \\ & & -1 & 4 \end{bmatrix} v = z' + \begin{bmatrix} u[i,0] \\ 0 \\ \vdots \\ u[i,N] \end{bmatrix} =: z \qquad (N-1 \text{ Gleichungen})$$

mit $z'[j] = h^2 f[i,j] + u[i-1,j] + u[i+1,j]$. Da die Faktoren L und U der
LU-Zerlegung jeweils nur 2 Nichtnulldiagonalen haben und zudem
$L_{ii} = 1$ gilt, erfordert die Auflösung von $LUv = z$ nur

$$(4.5.4b) \qquad 5N \text{ arithmetische Operationen pro Problem (4a)}.$$

4.5.2 Block-Gauß-Seidel- und Block-SOR-Verfahren

4.5.2.1 Definition

Beim *Block-Gauß-Seidel-Verfahren* sind lediglich die Bedingungen
(2.7b-d) zu ändern:

$$(4.5.5a) \qquad A = D - E - F,$$

$(4.5.5b) \qquad D$: Blockdiagonalmatrix blockdiag{A},

$(4.5.5c) \qquad E$: strikte untere Blockdreiecksmatrix,

$(4.5.5d) \qquad F$: strikte obere Blockdreiecksmatrix.

Mit dieser Bedeutung der Matrizen D, E, F liefern (2.9a-c) die Normalformen des Block-Gauß-Seidel-Verfahrens.

Bemerkung 4.5.2 (a) Das Block-Gauß-Seidel-Verfahren ist unter den
gleichen Voraussetzungen wie die Block-Jacobi-Iteration wohldefiniert.
(b) Das Block-Gauß-Seidel-Verfahren hängt von der Anordnung der
Blöcke ab, nicht jedoch von der Indexanordnung innerhalb der Blöcke.
(c) Die blockweise Beschreibung des Verfahrens lautet (vgl. (3)):

$$(4.5.6) \qquad \text{for } i := 1 \text{ to } \beta \text{ do}$$
$$(x^{m+1})^i := (A^{ii})^{-1} \left\{ b^i - \sum_{j=1}^{i-1} A^{ij} (x^{m+1})^j - \sum_{j=i+1}^{\beta} A^{ij} (x^m)^j \right\}$$

(d) Wenn das in §4.2.2 behandelte (nicht blockweise) Gauß-Seidel-Verfahren im Gegensatz zur Block-Version gemeint ist, bezeichnet man es als _punktweises Gauß-Seidel-Verfahren_.

Für das Modellproblem kann man die Zeilen bzw. Spalten als Blöcke einführen und so zu dem _Zeilen-Gauß-Seidel-_ bzw. _Spalten-Gauß-Seidel-Verfahren_ gelangen. In Analogie zur lexikographischen und Schachbrettanordnung werden das _lexikographische Spalten-Gauß-Seidel-Verfahren_ (8) und die _«Zebra»-Spalten-Gauß-Seidel-Iteration_ (9) im nachfolgenden Abschnitt vorgestellt. Letzteres bedeutet, daß zunächst die Spalten mit ungerader Zahl («schwarz») und dann jene mit gerader Zahl («weiß») durchnumeriert werden.

Sind die Matrizen in $A = D - E - F$ gemäß (5b-d) definiert und L und U durch (3.7d): $L = D^{-1}E$, $U = D^{-1}F$ bestimmt, definiert (3.7a-c) das _Block-SOR-Verfahren_. Die blockweise Beschreibung lautet

(4.5.7) for $i := 1$ to β do
$$(x^{m+1})^i := (x^m)^i + \omega (A^{ii})^{-1} \left\{ b^i - \sum_{j=1}^{i-1} A^{ij}(x^{m+1})^j - \sum_{j=i}^{\beta} A^{ij}(x^m)^j \right\}.$$

Bemerkung 4.5.3 Da in allen genannten Blockversionen die Anordnung der Indizes innerhalb eines Blockes beliebig ist, können auf der Blockebene arithmetische _Vektor_operationen verwendet werden, soweit es die Berechnung von $z := h2 * f[i] - u[i-1] - u[i+1]$ in (4a) betrifft. Der Aufruf von **loese_Tridiag** ist in der vorgeschlagenen Form sequentiell. Im Falle der Zebra-Versionen (9), (11) und (12b,d) ist eine Parallelisierung innerhalb der gleichen «Farbe» möglich.

4.5.2.2 Pascal-Prozeduren

Die Prozeduren
(4.5.8)   procedure lex_Spalten_Gauss_Seidel
(4.5.9)   procedure Zebra_Spalten_Gauss_Seidel
ergeben sich aus den nachfolgenden SOR-Varianten, indem man **omega** als _1_ (und damit **om1** $:= 0$) wählt. Die Statements

    loese_Tridiag(A,z,z); for j:=1 to ny-1 do neu[i,j]:=om1*x[i,j]+omega*z[j]

in (10/11) kann man somit zu **loese_Tridiag(A,neu[i],z)** vereinfachen.

Die SOR-Versionen lauten

(4.5.10)   procedure lex_Spalten_SOR

```
procedure lex_Spalten_SOR (var neu: Gitterfunktion;
            var A: Diskretisierungsdaten; var x,b: Gitterfunktion;
            var IP: Iterationsparameter);
var i,j: integer; z: Spalte; om1: real;
begin with A do with IP do
  begin Randwerte_uebertragen(nx,ny,x,neu); om1:=1-omega;
```

```
        for i:=1 to nx-1 do begin case Art of
Poisson_Modellproblem:  for j:=1 to ny-1 do z[j]:=b[i,j]+neu[i-1,j]+x[i+1,j];
Fuenfpunktformel:
        for j:=1 to ny-1 do z[j]:=b[i,j]-S[-1,0]*neu[i-1,j]-S[1,0]*x[i+1,j];
Neunpunktformel:
        for j:=1 to ny-1 do  z[j]:=b[i,j]-S[-1,-1]*neu[i-1,j-1]-S[1,-1]*x[i+1,j-1] -
        S[-1,0]*neu[i-1,j]-S[1,0]*x[i+1,j]-S[-1,1]*neu[i-1,j+1]-S[1,1]*x[i+1,j+1]
        end {case};
        z[0]:=x[i,0]; z[ny]:=x[i,ny]; loese_Tridiag(A,z,z);
        for j:=1 to ny-1 do neu[i,j]:=om1*x[i,j]+omega*z[j]
end end end;
```

(4.5.11)   procedure Zebra_Spalten_SOR

```
procedure Zebra_Spalten_SOR(var neu: Gitterfunktion;
            var A: Diskretisierungsdaten; var x,b: Gitterfunktion;
            var IP: Iterationsparameter);
var i,j,Farbe: integer; z: Spalte; om1: real;
begin with A do with IP do
  begin Randwerte_uebertragen(nx,ny,x,neu); om1:=1-omega;
    for Farbe:=1 to 2 do  begin i:=Farbe; while i<n do  begin case Art of
Poisson_Modellproblem:    for j:=1 to ny-1 do z[j]:=b[i,j]+neu[i-1,j]+x[i+1,j];
Fuenfpunktformel:  for j:=1 to ny-1 do
                                z[j]:=b[i,j]-S[-1,0]*neu[i-1,j]-S[1,0]*x[i+1,j];
Neunpunktformel:
      for j:=1 to ny-1 do  z[j]:=b[i,j]-S[-1,-1]*neu[i-1,j-1]-S[1,-1]*x[i+1,j-1] -
        S[-1,0]*neu[i-1,j]-S[1,0]*x[i+1,j]-S[-1,1]*neu[i-1,j+1]-S[1,1]*x[i+1,j+1]
      end {case}; z[0]:=x[i,0]; z[ny]:=x[i,ny]; loese_Tridiag(A,z,z);
      for j:=1 to ny-1 do neu[i,j]:=om1*x[i,j]+omega*z[j]; i:=i+2
end end end end;
```

Der Bestimmung des Relaxationsparameters dienen die Prozeduren

```
function Spalten_Jacobi_Konvergenz_Faktor(nx,ny: integer): real; (vgl. (7.6))
begin Spalten_Jacobi_Konvergenz_Faktor
                                :=cos(pi_/nx)/(1+2*sqr(sin(pi_/ny))) end;
procedure definiere_Spalten_SOR_Parameter(var it: Iterationsdaten);
var beta: real;
begin with it do with A do with IP do
  begin writeln('Wahl des Spalten-SOR-Parameters.
                                'Omega kann über beta definiert werden.');
    write('Soll omega direkt eingegeben werden?');
    if ja_nein then bestimme_omega(IP) else
    begin if Art=Poisson_Modellproblem then
      beta:=Spalten_Jacobi_Konvergenz_Faktor(nx,ny) else
      begin write('Spalten-Jacobi-Konvergenz-Faktor angeben: '); readln(beta)
      end;    setze_omega(IP,optimales_omega_fuer_SOR(beta))
end end end;
```

In [Prog] sind auch die «Zeilen»-Versionen

```
                function Zeilen_Jacobi_Konvergenz_Faktor
                procedure definiere_Zeilen_SOR_Parameter
(4.5.12a)       procedure lex_Zeilen_Gauss_Seidel
(4.5.12b)       procedure Zebra_Zeilen_Gauss_Seidel
(4.5.12c)       procedure lex_Zeilen_SOR
(4.5.12d)       procedure Zebra_Zeilen_SOR
```

und die rückwärts ausgeführten Varianten

```
(4.5.13a)       procedure lex_Spalten_Gauss_Seidel_rueckwaerts
(4.5.13b)       procedure lex_Zeilen_Gauss_Seidel_rueckwaerts
(4.5.13c)       procedure lex_Spalten_SOR_rueckwaerts
(4.5.13d)       procedure lex_Zeilen_SOR_rueckwaerts
```

vorhanden.

4.5.3 Konvergenz der Blockvarianten

Satz 4.5.4 Die Sätze 4.11, 4.14, 4.16 und Zusatz 4.12 gelten auch für das *Block-Jacobi-Verfahren*, wenn D in allen Formeln (4.14-23) die Blockdiagonale darstellt.

Beweis. Nicht nur die Diagonale, sondern auch die Blockdiagonale ist positiv definit (vgl. Bemerkung 1b), so daß sich die Behauptung aus Bemerkung 4.17 ergibt.

Der Bemerkung 4.13b entspricht eine interessante Feststellung:

Übungsaufgabe 4.5.5 A sei eine 2×2-Blockmatrix, d.h. es gelte $\#B = 2$. Man zeige: A und $2D - A$ (D: Blockdiagonale von A) haben die gleichen Eigenwerte: $\sigma(A) = \sigma(2D - A)$.

Aus Übungsaufgabe 5 folgert man, daß mit A auch $2D - A$ positiv definit ist und erhält den

Zusatz 4.5.6 Für eine positiv definite 2×2-Blockmatrix A konvergiert das Block-Jacobi-Verfahren.

Im Falle der blockweisen Gauß-Seidel- und SOR-Verfahren erfüllt die Blockdiagonale D einer positiv definiten Matrix A die Bedingungen (4.28b',c'). Damit gilt zum Beispiel die Aussage des Satzes von Ostrowski (Satz 4.21) auch für das Block-SOR-Verfahren und enthält für $\omega = 1$ die Block-Gauß-Seidel-Iteration.

Satz 4.5.7 Die Sätze 4.18, 4.21, 4.24 mit Zusatz 4.22 und die Lemmata 4.20, 4.23 bleiben für die Blockversionen der *Gauß-Seidel-* und *SOR-Iteration* gültig.

4.6 Aufwand der Verfahren

4.6.1 Der Fall allgemeiner, schwachbesetzter Matrizen

Sei im folgenden $s(n) \leqslant C_A n$ die Zahl der Nichtnullelemente von A (vgl. (3.3.1)). Da die Diagonalelemente von null verschieden sind, enthält die Iterationsmatrix $M^{Jac} = D^{-1}(D-A)$ des Jacobi-Verfahrens $s(n) - n \leqslant (C_A - 1)n$ Nichtnullelemente. Vorweg wird $\hat{b} := N^{Jac} b = D^{-1} b$ berechnet und anstelle von b abgespeichert. Die Multiplikation $M^{Jac} x$ benötigt $(C_A - 1)n$ Multiplikation und $(C_A - 2)n$ Additionen. Für $x^{m+1} = M^{Jac} x^m + \hat{b}$ ergibt sich der Aufwand:

$$(4.6.1a) \qquad Aufwand(\Phi^{Jac}, A) \leqslant 2(C_A - 1)n.$$

Da sich das Gauß-Seidel-Verfahren von der Jacobi-Iteration nur dadurch unterscheidet, daß teilweise x^{m+1}- statt x^m- Komponenten verwandt werden, erhält man den gleichen Aufwand:

$$(4.6.1b) \qquad Aufwand(\Phi^{GS}, A) \leqslant 2(C_A - 1)n.$$

Um mit möglichst wenig Operationen beim SOR-Verfahren auszukommen, nehmen wir den Term $a_{ij} x_j^m / a_{ii}$ für $j = i$ aus der Klammer und erhalten

$$x_i^{m+1} := (1 - \omega) x_i^m - \omega(\sum_{j=1}^{i-1} a_{ij} x_j^{m+1} + \sum_{j=i+1}^{n} a_{ij} x_j^m - b_i)/a_{ii},$$

wobei $\omega' := 1 - \omega$ vorweg ausgerechnet wird. Ebenso werden a_{ij}/a_{ii}, b_i/a_{ii} vorweg ausgewertet. Damit ergibt sich der

$$(4.6.1c) \qquad Aufwand(\Phi^{SOR}, A) \leqslant (2C_A + 1)n \quad \{bzw. = 2C_A n\}.$$

Der Klammerfall {...} bezieht sich auf die Möglichkeit, auch den Faktor ω vorweg mit a_{ij}/a_{ii} und b_i/a_{ii} zu multiplizieren. Da man in der Praxis jedoch ω gelegentlich während der Iteration variiert (vgl. §5.6.4), ist dieses Vorgehen nicht immer angebracht.

Für das Richardson-Verfahren (3.3) findet man

$$(4.6.1d) \qquad Aufwand(\Phi_\Theta^{Rich}, A) \leqslant 2 C_A n \qquad \{=(2C_A + 2)n\},$$

wenn $I - \Theta A$ vorher bereitgestellt wird. Der Wert in Klammern ergibt sich, wenn $x^{m+1} = x^m - \Theta(A x^m - b)$ über den Defekt $d := A x^m - b$ und $x^{m+1} = x^m - \Theta d$ ausgewertet wird. Analoges gilt für das gedämpfte Jacobi-Verfahren (3.1b):

$$(4.6.1e) \qquad Aufwand(\Phi_\omega^{gedämpftes\ Jac}, A) \leqslant 2 C_A n \qquad \{=(2C_A + 2)n\}.$$

Die in §3.3.1 definierten *Kostenfaktoren* sind demnach

$$(4.6.2a,b) \qquad C_\Phi^{Jac} = C_\Phi^{GS} = 2 - \frac{2}{C_A},$$

$$(4.6.2c) \qquad C_\Phi^{SOR} = 2 + \frac{1}{C_A} \qquad\qquad \{bzw. = 2\},$$

$$(4.6.2d) \qquad C_\Phi^{Rich} = C_\Phi^{gedämpftes\ Jac} = 2 \qquad \{= 2 + 2/C_A\}.$$

Der Aufwand der Blockvarianten hängt von der Struktur der Diagonalblöcke ab. Zur weiteren Behandlung sei angenommen:

$$\text{es gibt } \beta \text{ Blöcke der Größe } n/\beta,$$
(4.6.3) $\qquad$ der Aufwand zur Lösung von $A^{ii}u = z$ ist $\leqslant C_B n/\beta,$
$$A - D \text{ hat } s_1(n) \leqslant C_{AD} n \text{ Nichtnullelemente},$$

wobei $D = \text{blockdiag}\{A\}$ ist. Dann zählt man

(4.6.4a) $\quad Aufwand\,(\Phi^{\mathrm{BlockJac}}, A) = Aufwand\,(\Phi^{\mathrm{BlockGS}}, A) \leqslant (C_B + 2C_{AD})n,$

(4.6.4b) $\quad Aufwand\,(\Phi^{\mathrm{BlockSOR}}, A) = Aufwand\,(\Phi^{\mathrm{ged\ddot{a}mpftes\ BlockJac}}, A) =$
$$= (C_B + 2C_{AD} + 3)n \qquad\qquad \{\,bzw.\ (C_B + 2C_{AD} + 2)n\,\},$$

wobei die Klammer zutrifft, wenn der Dämpfungsfaktor schon in der Matrix steckt, so daß keine Multiplikation mit ω bzw. Θ notwendig ist.

4.6.2 Aufwand im Modellfall

Für das Modellproblem aus §1.2 ergibt sich ein geringerer Aufwand, als man ihn aus den Zahlen (1-4) mit

$$C_A = 5,\quad C_B = 5,\quad C_{AD} = 2$$

erhielte. Der Grund ist, daß die Multiplikation mit den Koeffizienten -1 entfällt. Der Vorwegberechnung von $D^{-1}b$ entspricht die Ersetzung von f durch $h^2 f$. Nachzählen der Operationen in (2.6) u.s.w. zeigt:

(4.6.5a) $\qquad Aufwand\,(\Phi^{\mathrm{Jac}}, A) = Aufwand\,(\Phi^{\mathrm{GS}}, A) \leqslant 5n,$

(4.6.5b) $\qquad Aufwand\,(\Phi^{\mathrm{SOR}}, A) = Aufwand\,(\Phi^{\mathrm{Rich}}_{\Theta}, A) =$
$$= Aufwand\,(\Phi^{\mathrm{ged\ddot{a}mpftes\ Jac}}, A) \leqslant 7n.$$

Für die Blockvarianten ergibt sich wegen (4c$_3$) $C_B = 5$ und

(4.6.6a) $\qquad Aufwand\,(\Phi^{\mathrm{BlockJac}}, A) = Aufwand\,(\Phi^{\mathrm{BlockGS}}, A) \leqslant 7n,$

(4.6.6b) $\qquad Aufwand\,(\Phi^{\mathrm{BlockSOR}}, A) =$
$$= Aufwand\,(\Phi^{\mathrm{ged\ddot{a}mpftes\ BlockJac}}, A) \leqslant 9n \qquad \{\,bzw.\ 10n\,\},$$

wobei $9n$ für den Fall gilt, daß anstelle von $h^2 A^{ii}$ die Matrizen $h^2 A^{ii}/\omega$ oder $h^2 A^{ii}/\Theta$ LU-zerlegt wird.

Die *Kostenfaktoren* lauten für das Modellproblem somit

(4.6.7a) $\qquad C_\Phi^{\mathrm{Jac}} = C_\Phi^{\mathrm{GS}} = 1$

(4.6.7b) $\qquad C_\Phi^{\mathrm{SOR}} = C_\Phi^{\mathrm{Rich}} = C_\Phi^{\mathrm{ged\ddot{a}mpftes\ Jac}} =$
$$= C_\Phi^{\mathrm{BlockJac}} = C_\Phi^{\mathrm{BlockGS}} = 7/5 = 1.4$$

(4.6.7c) $\qquad C_\Phi^{\mathrm{BlockSOR}} = C_\Phi^{\mathrm{ged\ddot{a}mpftes\ BlockJac}} = 9/5 = 1.8 \quad \{\,= 2\,\}.$

Interessant werden diese Zahlen erst, wenn wir auch die verschiedenen Konvergenzgeschwindigkeiten kennen und dann abwägen können, ob beispielsweise das Block-Gauß-Seidel-Verfahren trotz des *1.4*-fachen Aufwandes der punktweisen Gauß-Seidel-Iteration vorzuziehen ist.

4.7 Konvergenzraten im Falle des Modellproblems

Aufgrund der bisherigen Ergebnisse können wir zunächst nur für das Richardson-, das Jacobi- und das Block-Jacobi-Verfahren die Konvergenzraten im Modellfall bestimmen. Die Diskussion der Gauß-Seidel-Iteration und des SOR-Verfahrens werden in §5.6 nachgeholt werden. Dort werden dann auch die im Satz 4.24 abgeschätzten Kontraktionszahlen diskutiert.

4.7.1 Richardson- und Jacobi-Iteration

Die Konvergenzrate $\rho(M_\Theta^{Rich}) = \max\{|1 - \Theta\,\lambda_{min}|, |1 - \Theta\,\lambda_{max}|\}$ des Richardson-Verfahrens hängt lediglich von den extremen Eigenwerten λ_{min}, λ_{max} der Matrix A ab (vgl. (4.3)). Setzt man die in (1.1b,c) angegebenen Werte für λ_{min} und λ_{max} in (4.3–5) ein, erhält man den

Satz 4.7.1 Im Modellfall hat das *Richardson-Verfahren* die Rate

$$(4.7.1) \qquad \rho(M_\Theta^{Rich}) =$$
$$= \max\{|1 - 8\Theta\,h^{-2}\sin^2(\pi h/2)|, |1 - 8\Theta\,h^{-2}\cos^2(\pi h/2)|\}.$$

Konvergenz liegt für $0 < \Theta < h^2/[4\cos^2(\pi h/2)]$ vor. Die optimale Konvergenzrate ergibt sich für $\Theta = h^2/4$ und lautet

$$(4.7.2) \qquad \rho(M_\Theta^{Rich}) = 1 - 2\sin^2\left(\frac{\pi h}{2}\right) \qquad \text{für } \Theta = \Theta_{opt} = h^2/4.$$

Im Modellfall ist $D = 4h^{-2}I$. Damit ist das Jacobi-Verfahren $x^{m+1} = x^m - D^{-1}(Ax^m - b)$ für $\Theta = h^2/4$ mit der Richardson-Iteration $x^{m+1} = x^m - \Theta(Ax^m - b)$ identisch. Aussage (2) ergibt sofort den

> **Satz 4.7.2** Im Modellfall hat das *Jacobi-Verfahren* die Konvergenzrate
>
> $$(4.7.3) \qquad \rho(M^{Jac}) = 1 - 2\sin^2\left(\frac{\pi h}{2}\right) = \cos\pi h.$$

Für das Modellproblems über einem Rechteck (statt eines Quadrates) erhält man für $\rho(M^{Jac})$ die Funktion **Jacobi_Konvergenz_Faktor** aus §4.3.3.2.

Bemerkung 4.7.3 Die Konvergenzrate (3) des Jacobi-Verfahrens hat die Form (3.3.5a): $\rho(M^{Jac}) = 1 - \eta^{Jac}$ mit

$$(4.7.4a) \qquad \eta^{Jac} = 2\sin^2\left(\frac{\pi h}{2}\right) = \frac{\pi^2}{2}h^2 + O(h^4),$$

d.h. die Konvergenz ist von der Ordnung $\varkappa = 2$ und in (3.3.5c) ist

$$(4.7.4b) \qquad C_\eta^{Jac} = \pi^2/2.$$

4.7.2 Block-Jacobi-Iteration

Der in (1.2) definierte Eigenvektor e^{ij} von A ist auch Eigenvektor der Blockdiagonalmatrix D von A, wobei die Zeilen die Blöcke seien. Aus Symmetriegründen erhält man die gleichen Resultate, wenn man die Spalten anstelle der Zeilen als Blöcke wählt.

Lemma 4.7.4 A habe Zeilenblockstruktur, und D sei die zugehörige Blockdiagonalmatrix. Dann ist e^{ij} Eigenvektor von D zum Eigenwert d_{ij}:

(4.7.5) $\qquad D\,e^{ij} = d_{ij}\,e^{ij}$ mit $d_{ij} = h^{-2}\,[\,2 + 4\sin^2\frac{ih\pi}{2}\,]$ für $1 \leqslant i,j \leqslant N-1$.

Beweis. Für jeden Gitterpunkt $(x,y)=(\nu h,\mu h)\epsilon\,\Omega_h$ gilt (vgl. (1.4-5))

$$(D\,e^{ij})(x,y) = h^{-2}\,[\,4\sin ix\pi\,\sin jy\pi$$
$$- \sin i(x+h)\pi\,\sin jy\pi - \sin i(x-h)\pi\,\sin jy\pi\,] =$$

$$= h^{-2}\,[\,4 - 2\cos ih\pi\,]\,e^{ij}(x,y) = h^{-2}\,[\,2 + 4\sin^2\frac{ih\pi}{2}\,]\,e^{ij}(x,y). \quad \blacksquare$$

Die Eigenwerte von $2D-A$ sind $2d_{ij}-\lambda_{ij}=4h^{-2}\,[\cos^2\frac{ih\pi}{2} + \sin^2\frac{ih\pi}{2}\,]$ (vgl. λ_{ij} aus (1.1a)). Ihre Positivheit beweist $2D-A>0$. Also konvergiert das Block-Jacobi-Verfahren (vgl. Satz 5.4). Zur Bestimmung der Konvergenzgeschwindigkeit hat man die Eigenwerte der Iterationsmatrix $M = I - D^{-1}A$ zu untersuchen:

$$\sigma(M^{\text{BlockJac}}) = \left\{ \frac{d_{ij}-\lambda_{ij}}{d_{ij}} : 1 \leqslant i,j \leqslant N-1 \right\}.$$

Da

$$\left|\frac{d_{ij}-\lambda_{ij}}{d_{ij}}\right| = \left|\frac{1 - 2\,\sin^2(jh\pi/2)}{1 + 2\,\sin^2(ih\pi/2)}\right| \qquad (1 \leqslant i,j \leqslant N-1),$$

kann man Zähler und Nenner getrennt optimieren. Der Zähler ist für $j=1$ maximal, der Nenner für $i=1$ minimal. Dies liefert

(4.7.6) $\qquad \rho\,(M^{\text{BlockJac}}) = \dfrac{1 - 2\,\sin^2(h\pi/2)}{1 + 2\,\sin^2(h\pi/2)} .$

Für das Modellproblem über einem Rechteck sei auf die Funktion **Spalten_Jacobi_Konvergenz_Faktor** aus §4.5.2.2 verwiesen. Die asymptotische Entwicklung von (6) bezüglich h ergibt

$$\rho\,(M^{\text{BlockJac}}) = 1 - 4\sin^2(h\pi/2) + O(h^4) = 1 - \pi^2 h^2 + O(h^4) =$$
$$= 1 - \eta^{\text{BlockJac}}$$

mit

(4.7.7a) $\qquad \eta^{\text{BlockJac}} = \pi^2 h^2 + O(h^4),$

d.h. es hat die Ordnung $\varkappa = 2$, und in (3.3.5c) lautet die Konstante

(4.7.7b) $\qquad C_\eta^{\text{BlockJac}} = \pi^2.$

Mit den Kostenfaktoren C_Φ aus (6.7a,b) und den Größen C_η aus (4b/7b) ermittelt man den Koeffizienten C_{eff} des effektiven Aufwandes (vgl. (3.3.5d)):

$$(4.7.8a) \qquad Eff(\Phi^{Jac}) = \frac{2}{\pi^2} h^{-2} + O(1),$$

$$(4.7.8a) \qquad Eff(\Phi^{BlockJac}) = \frac{7}{5\pi^2} h^{-2} + O(1).$$

Dies beweist die

Bemerkung 4.7.5 Für das Poisson-Modellproblem aus §1.2 ist das *Block*-Jacobi-Verfahren um den Faktor 0.7 effektiver als das *punktweise* Jacobi-Verfahren.

4.7.3 Numerische Beispiele zu den Jacobi-Varianten

Die nachfolgende Tabelle 1 gibt die Resultate des punktweisen und des blockweisen Jacobi-Verfahrens wieder. Wie in Tabelle 1.4.1 beziehen sich die Zahlen auf das Poisson-Modellproblem zur Schrittweite $h=1/32$. Die Tabelle gibt zur Iterationszahl m den Wert $u_{16,16}^m$ im Mittelpunkt wieder, der gegen $u(\frac{1}{2},\frac{1}{2})=0.5$ konvergieren soll. Ferner enthält sie die Maximumnorm $\varepsilon_m := \|u^m - u_h\|_\infty$ des Fehlers $e^m = u^m - u_h$ und den Reduktionsfaktor $\wp_{m,m-1} = \varepsilon_m / \varepsilon_{m-1}$.

punktweises Jacobi-Verfahren				blockweises Jacobi-Verfahren			
m	$u_{16,16}$	ε_m	$\wp_{m,m-1}$	m	$u_{16,16}$	ε_m	$\wp_{m,m-1}$
1	-0.0010	1.759		1	-0.0019	1.666	
2	-0.0019	1.644	0.93504	2	-0.0039	1.560	0.93621
3	-0.0029	1.588	0.96598	3	-0.0059	1.475	0.94605
62	-0.0480	0.795	0.99321	37	-0.0449	0.734	0.98597
63	-0.0480	0.789	0.99311	38	-0.0426	0.727	0.98953
64	-0.0480	0.784	0.99313	39	-0.0429	0.715	0.98478
100	-0.0230	0.629	0.99468	100	0.14077	0.374	0.98565
101	-0.0217	0.626	0.99462	101	0.14176	0.372	0.99433
102	-0.0205	0.623	0.99464	102	0.14713	0.367	0.98619
103	-0.0192	0.619	0.99458	103	0.14812	0.364	0.99376
200	0.14011	0.374	0.99497	200	0.36033	0.141	0.99008
201	0.14173	0.372	0.99493	201	0.36077	0.139	0.99077
202	0.14333	0.370	0.99497	202	0.36299	0.138	0.98996
203	0.14493	0.368	0.99493	203	0.36342	0.137	0.99090
297	0.27122	0.231	0.99508	297	0.44474	0.055	0.99411
298	0.27231	0.230	0.99512	298	0.44563	0.055	0.98671
299	0.27340	0.229	0.99508	299	0.44580	0.054	0.99414
300	0.27447	0.228	0.99512	300	0.44666	0.053	0.98668

Tabelle 4.7.1 Resultate der Jacobi-Iteration für $N=32$ im Modellfall

Bei den Reduktionsfaktoren fällt auf, daß sie gegen verschiedene Werte für gerade und ungerade m konvergieren. Die Erklärung ist, daß mit $r := \rho(M^{[\text{Block}]\text{Jac}})$ auch $-r$ Eigenwert der Iterationsmatix ist (vgl. Bemerkung 5.2.2). Der dominierende Fehleranteil hat damit die Gestalt

$$r^m e_1 + (-r)^m e_2 = r^m [\, e_1 + (-1)^m e_2 \,]$$

und oszilliert mit der Periode 2. Das geometrische Mittel zweier auf aufeinanderfolgender Faktoren stellt eine Näherung des Spektralradius $\rho(M^{[\text{Block}]\text{Jac}})$ dar. Dieses lautet

$$\sqrt{\varepsilon_{300}/\varepsilon_{298}} = \begin{cases} 0.995099 & \text{für das punktweise Verfahren,} \\ 0.990401 & \text{für das blockweise Verfahren,} \end{cases}$$

und stimmt gut überein mit den Werten $\rho(M^{\text{Jac}}) = \cos\pi/32 = 0.99518$ und $\rho(M^{\text{BlockJac}}) = 0.990416$, die sich für $h = 1/32$ aus (3) und (6) ergeben.

4.7.4 SOR- und Block–SOR-Iteration mit numerischen Beispielen

Zur Auswertung der SOR-Schranken aus Satz 4.24 sind die Konstanten γ, Γ anzugeben.

Lemma 4.7.6 Das punktweise SOR-Verfahren für das Modellproblem mit lexikographischer Anordnung erfüllt (4.32a,b) mit $\gamma = 2\sin^2(\pi h/2)$ und $\Gamma = 2$. Das optimale ω' aus (4.33b) ist

$$(4.7.9a) \qquad \omega' = 2/[\,1 + 2\sin\frac{\pi h}{2}\,] = 2 - 2\pi h + O(h^2).$$

Die Schranken für $\omega = 1$ und $\omega = \omega'$ sind

$$(4.7.9b) \qquad \| M^{\text{GS}} \|_A \;\leqslant\; \sqrt{1/[\,1 + 8\sin^2\frac{\pi h}{2}\,]} = 1 - \pi^2 h^2 + O(h^4),$$

$$(4.7.9c) \qquad \| M^{\text{SOR}}_{\omega'} \|_A \;\leqslant\; \cos\frac{\pi h}{2} / [\,1 + \sin\frac{\pi h}{2}\,] = 1 - \frac{\pi h}{2} + O(h^2).$$

Beweis. (i) γ in (4.32a) ist der kleinste Eigenwert von $D^{-1}A = \frac{1}{4}h^2 A$, also $\gamma = \frac{1}{4}h^2\lambda_{\min} = 2\sin^2(\pi h/2)$ (vgl. 1.1b)).

(ii) Bei lexikographischer Anordnung enthält E pro Zeile und Spalte höchstens zwei Elemente $-h^{-2}$, so daß $\| E \|_\infty \leqslant 2h^{-2}$ und $\| E^H \|_\infty \leqslant 2h^{-2}$. Daher gilt $\rho(EE^H) \leqslant \| EE^H \|_\infty \leqslant 4h^{-4}$. Die Ungleichung

$$(\tfrac{1}{2}D - E)D^{-1}(\tfrac{1}{2}D - E^H) = \tfrac{1}{4}D - \tfrac{1}{2}(E + E^H) + ED^{-1}E^H =$$
$$= -\tfrac{1}{4}D - \tfrac{1}{2}A + ED^{-1}E^H = -h^{-2}I + \tfrac{1}{2}A + \tfrac{1}{4}h^2 EE^H \leqslant$$
$$\leqslant -h^{-2}I + \tfrac{1}{2}A + \tfrac{1}{4}h^2 4h^{-4}I = \tfrac{1}{2}A$$

zeigt (4.32b) mit $\Gamma = 2$.

(iii) Die übrigen Aussagen (9a-c) ergeben sich durch Einsetzen. ∎

Die letzte Abschätzung zeigt, daß die Ordnung der Konvergenz von $1 - O(h^2)$ auf $1 - O(h)$ verbessert wurde. Allerdings ist die Schranke in (9b) deutlich ungünstiger als die Konvergenzraten $\rho(M^{\text{SOR}}_{\omega'})$. Dagegen stimmen die Schranke in (9b) und die Konvergenzrate $\rho(M^{\text{GS}})$

bis auf $O(h^4)$ überein. Tabelle 2 stellt die Schranken (9b,c) den Spektralradien gegenüber, die in Satz 5.6.5 bestimmt werden. Da sich die jeweils optimalen Parameter ω' aus (9a) und ω_{opt} aus (5.6.5b) geringfügig unterscheiden, sind die Resultate für beide Werte angegeben.

h	$1/8$	$1/16$	$1/32$	$1/64$	$1/128$
Schranke (9b) für $\|M^{\mathrm{GS}}\|_A$	0.8756	0.9637	0.9905	0.9975996	0.9993982
$\varrho(M^{\mathrm{GS}})$	0.8536	0.9619	0.9904	0.9975924	0.9993977
ω'	1.4387	1.6722	1.8213	1.9064278	1.9520897
ω_{opt}	1.4465	1.6735	1.8215	1.9064547	1.9520932
Schranke (9c) für $\|M^{\mathrm{SOR}}_{\omega'}\|_A$	0.8207	0.9063	0.9521	0.9757526	0.9878028
$\varrho(M^{\mathrm{SOR}}_{\omega'})$	0.5174	0.6991	0.8293	0.9086167	0.9526634
Schranke für $\|M^{\mathrm{SOR}}_{\omega_{\mathrm{opt}}}\|_A$	0.8207	0.9063	0.9521	0.9757527	0.9878028
$\varrho(M^{\mathrm{SOR}}_{\omega_{\mathrm{opt}}})$	0.4465	0.6735	0.8215	0.9064547	0.9520932

Tabelle 4.7.2 Kontraktionsschranken und Konvergenzraten im Modellfall

Im Fall des Block-SOR-Verfahrens ist γ der kleinste Eigenwert von $D^{-1}A$ mit $D=\mathrm{diag}(A)$. Ähnliche Überlegungen wie in §4.7.2 zeigen $\gamma = 1 - [\,1 - 2\sin^2(\pi h/2)\,]/[\,1 + 2\sin^2(\pi h/2)\,]$. Lemma 4 zeigt $d_{ij} \geqslant 2h^{-2}$. Dies impliziert $D \geqslant 2h^{-2}I$ und $\|D^{-1}\|_2 = \varrho(D^{-1}) \leqslant \frac{1}{2}h^2$. Die Matrix E aus $A = D - E - E^H$ enthält pro Zeile und Spalte nur einen Eintrag $-h^{-2}$, so daß $\|E\|_\infty = \|E^H\|_\infty = h^{-2}$ und $\varrho(EE^H) \leqslant \|EE^H\|_\infty \leqslant h^{-4}$. Wie zuvor erhält man $\Gamma = 2$ aus

$$(\tfrac{1}{2}D-E)D^{-1}(\tfrac{1}{2}D-E^H) = -\tfrac{1}{4}D - \tfrac{1}{2}A + ED^{-1}E^H = -h^{-2}I + \tfrac{1}{2}A + \tfrac{1}{4}h^2 EE^H \leqslant \tfrac{1}{2}A$$

wegen $ED^{-1}E^H \leqslant \tfrac{1}{2}h^2 EE^H \leqslant \tfrac{1}{2}h^{-2}I \leqslant \tfrac{1}{4}D$. Dies beweist

Lemma 4.7.7 Das Block-SOR-Verfahren für das Modellproblem mit lexikographischer Blockanordnung erfüllt (4.32a,b) mit $\Gamma = 2$ und $\gamma = 1 - [\,1 - 2\sin^2\frac{\pi h}{2}\,]/[\,1 + 2\sin^2\frac{\pi h}{2}\,]$. Das optimale ω' aus (4.33b) ist

$$(4.7.10\mathrm{a}) \qquad \omega' = 2/[\,1 + \sqrt{8}\,\sin\frac{\pi h}{2}/\sqrt{1 + 2\sin^2\frac{\pi h}{2}}\,] = 2 - 2\sqrt{2}\,\pi h + O(h^2).$$

Die Schranken für $\omega = 1$ und $\omega = \omega'$ sind

$$(4.7.10\mathrm{b}) \qquad \|M^{\mathrm{BlockGS}}\|_A \;\leqslant\; 1 - 2\pi^2 h^2 + O(h^4),$$

$$(4.7.10\mathrm{c}) \qquad \|M^{\mathrm{BlockSOR}}_\omega\|_A \;\leqslant\; 1 - \frac{\pi h}{\sqrt{2}} + O(h^2).$$

4.8 Symmetrische Verfahren

4.8.1 Allgemeine Form der symmetrischen Iteration

Auch wenn A Hermitesch ist, braucht die Iterationsmatrix M im allgemeinen noch nicht Hermitesch zu sein. Während M^{Jac} im Falle des Jacobi-Verfahrens wenigstens noch positive Eigenwerte besitzt, enthält das Spektrum der SOR-Iterationsmatrix im allgemeinen auch komplexe Eigenwerte.

Wir gehen im folgenden von der dritten Normalform

$$(4.8.1a) \qquad W(x^m - x^{m+1}) = Ax^m - b$$

aus und nehmen (1b) an:

$$(4.8.1b) \qquad W \text{ positiv definit, } A \text{ Hermitesch: } W > 0, \ A = A^H.$$

Eine Iteration der Form (1a,b) heiße *symmetrische Iteration*. Eine allgemeinere Definition lautet: Die Matrix N der zweiten Normalform sei Hermitesch. Für konvergentes Φ und $A > 0$ folgt dann jedoch (1b).

Beispiel 4.8.1 Ein Beispiel für (1a,b) sind das punktweise und das Block-Jacobi-Verfahren mit $W = D$, falls A positiv definit ist.

4.8.2 Konvergenz

Die Konvergenz ist bereits in Kriterium 4.12 untersucht worden. Die wesentlichen Aussagen seien noch einmal in den folgenden Bemerkungen wiederholt.

Bemerkung 4.8.2 (a) Die Iterationsmatrix der symmetrischen Iteration (1a) ist

$$(4.8.2a) \qquad M = I - W^{-1}A.$$

(b) Es gelte (1b). Die Iterationsmatrix M ist ähnlich zu

$$(4.8.2b) \qquad \hat{M} := W^{1/2}MW^{-1/2} = I - W^{-1/2}AW^{-1/2}.$$

(c) Wenn A positiv definit ist, ist die Iterationsmatrix M ähnlich zu

$$(4.8.2c) \qquad \check{M} := A^{1/2}MA^{-1/2} = I - A^{1/2}W^{-1}A^{1/2}.$$

(d) Es seien $A, W > 0$. Bezüglich der Normen $\|\cdot\|_A$ und $\|\cdot\|_W$ (vgl. (2.10.5a)) stimmen die Kontraktionszahlen mit der Konvergenzrate überein:

$$(4.8.2d) \qquad \varrho(M) = \|M\|_A = \|M\|_W.$$

(e) Bezüglich der Energienorm $\|\cdot\|_A$ ist für symmetrische Iterationen Bemerkung 3.2.13d anwendbar: $\varrho(M) \geqslant \varrho_{m+1,m} \geqslant \varrho_{m,m-1}$.

Die transformierte Matrix $\hat{M}$ ist unter der Voraussetzung (1b) wieder Hermitesch. Die Positivdefinitheit von W wird benötigt, um $W^{1/2}$ definieren zu können (vgl. Lemma 2.10.6). $\check{M}$ ist Hermitesch, falls W Hermitesch und A positiv definit sind.

Bemerkung 4.8.3 Es gelte (1a,b). **(a)** Die Konvergenz der symmetrischen Iteration ist äquivalent zu (3a) wie auch zu (3b):

(4.8.3a) $2W > A > 0$,

(4.8.3b) $\sigma(M) = \sigma(\hat{M}) \subset (-1,1)$.

(b) Die verschärfte Ungleichung

(4.8.4a) $W \geqslant A > 0$

ist äquivalent zu

(4.8.4b) $\sigma(M) = \sigma(\hat{M}) \subset [0,1)$.

(c) Sei $a<b$ und $W>0$. Die Inklusion $\sigma(M)\subset[a,b]$ ist äquivalent zu

(4.8.4c) $\gamma W \leqslant A \leqslant \Gamma W$ mit $\gamma := 1-b$, $\Gamma := 1-a$.

Zur *optimalen Dämpfung* einer symmetrischen Iteration sei auf Übungsaufgabe 8.3.1 verwiesen.

4.8.3 Symmetrisches Gauß–Seidel–Verfahren

Die Gauß–Seidel–Iteration ist nicht von der Form (1a,b), da $W = D-E$ bis auf den uninteressanten Fall $A = D$, $E = F \approx 0$, nicht symmetrisch ist. Daß die Aufspaltung von $A=W-R$ so gewählt wurde, daß die Matrix E in $W=D-E$ und F in R erscheint, ist willkürlich. Genauso könnte man die Matrix $A=D-E-F$ in

(4.8.5a) $W = D-F,\quad R = E$ $(A = W-R)$

aufteilen und so die Iteration

(4.8.5b) $(D-F)\,x^{m+1} = E\,x^m + b$

definieren. Falls $D=\mathrm{diag}\{A\}$, lautet die Iteration (5b) komponentenweise

(4.8.5c) for $i:=n$ downto 1 do $x_i^{m+1} := (b_i - \sum_{j=1}^{i-1} a_{ij}\,x_j^m - \sum_{j=i+1}^{n} a_{ij}\,x_j^{m+1})\,/\,a_{ii}$,

d.h. (5b) beschreibt das Gauß–Seidel–Verfahren, das der *umgekehrten Indexanordnung* entspricht, sozusagen die *rückwärts ausgeführte Gauß–Seidel–Iteration*, deren Pascal-Realisierung schon in §4.3.3.2 angegeben wurde.

Bemerkung 4.8.4 Die rückwärts durchgeführte Gauß–Seidel–Iteration ist charakterisiert durch die Matrizen

(4.8.6) $M^{rGS} = (D-F)^{-1}E$, $N^{rGS} = (D-F)^{-1}$, $W^{rGS} = D-F$.

Definition 4.8.5 Seien Φ^{GS} und Φ^{rGS} die normale bzw. die rückwärts ausgeführte Gauß-Seidel-Iteration. Das Produktverfahren

$$(4.8.7) \qquad \Phi^{symGS} := \Phi^{rGS} \circ \Phi^{GS}$$

definiert das *symmetrische Gauß-Seidel-Verfahren*.

Lemma 4.8.6 Die Iterationsmatrix des symmetrischen Gauß-Seidel-Verfahrens ist

$$(4.8.8a) \qquad M^{symGS} = (D-F)^{-1}E(D-E)^{-1}F .$$

Die Matrix der zweiten Normalform lautet

$$(4.8.8b) \qquad N^{symGS} = (D-F)^{-1}D(D-E)^{-1} .$$

Die Matrix der dritten Normalform ist

$$(4.8.8c) \qquad W^{symGS} = (D-E)\, D^{-1}(D-F) = A + ED^{-1}F .$$

Beweis. (8a) ergibt sich aus (3.2.20a), (8c) aus der nachfolgenden Charakterisierung (11), und schließlich (8b) aus (8c) und (3.2.6).   ▨

Satz 4.8.7 A sei positiv definit. **(a)** Die Matrix W^{symGS} der dritten Normalform ist ebenfalls positiv definit, so daß das symmetrische Gauß-Seidel-Verfahren von der Form (1a,b) ist.
(b) Die symmetrische Gauß-Seidel-Iteration konvergiert.
(c) Das Spektrum der Iterationsmatrix ist nichtnegativ:

$$\sigma(M^{symGS}) \subset [0,1) .$$

Beweis. (i) Mit A sind auch D und D^{-1} positiv definit. Aus $D^{-1}>0$ folgt $ED^{-1}F = ED^{-1}E^H \geqslant 0$, also $W^{symGS} = A + ED^{-1}F \geqslant A > 0$. (4a) beweist die Behauptungen (b), (c) des Satzes.   ▨

Quantitative Abschätzungen der Konvergenzrate werden im allgemeineren Zusammenhang des SSOR-Verfahrens in §4.8.5 folgen.

4.8.4 Adjungierte und zugehörige symmetrische Iterationen

Die Konstruktion einer symmetrischen Iteration aus einer gegebenen nichtsymmetrischen Iteration ist nicht nur bei der Gauß-Seidel-Iteration möglich, sondern läßt sich allgemein durchführen.

Sei $W(A)$ die Matrix der dritten Normalform (1a) von Φ angewandt auf $Ax = b$ und analog $W(A^H)$ die entsprechende Matrix bei Anwendung auf $A^H x' = b'$. Die *adjungierte Iteration* Φ^* ist durch (9) definiert:

$$(4.8.9) \qquad W(A^H)^H (x^m - x^{m+1}) = Ax^m - b .$$

Übungsaufgabe 4.8.8 Man zeige: **(a)** Seien M_A^Φ die Iterationsmatrix von Φ angewandt auf $Ax=b$ und $M_{A^H}^{\Phi^*}$ diejenige der adjungierten Iteration Φ^* angewandt auf $A^H x'=b'$. Dann gilt die Ähnlichkeit

$$(4.8.10) \qquad M_A^\Phi = A^{-1} (M_{A^H}^{\Phi^*})^H A.$$

(b) Sei $A=A^H$. Es gilt $\rho(M_A^\Phi)=\rho(M_{A^H}^{\Phi^*})$, so daß Φ nur gleichzeitig mit Φ^* konvergiert.

(c) Sei $A=A^H$. Eine Iteration mit $\Phi=\Phi^*$ hat eine Hermitesche Matrix N (zweite Normalform). Falls N regulär, ist auch W Hermitesch.

(d) Stets gilt $\Phi^{**}=\Phi$.

Sei $A>0$. Zu jeder konsistenten, linearen Iteration Φ läßt sich die *zugehörige symmetrische Iteration*

$$(4.8.11) \qquad \Phi^{\mathrm{sym}} := \Phi^* \circ \Phi$$

definieren.

Bemerkung 4.8.9 Man zeige: Sei $W=W(A)$ die Matrix der dritten Normalform einer Iteration Φ bei Anwendung auf $Ax=b$. Mit W^H sei $W(A^H)^H$ abgekürzt. Zur zugehörigen symmetrischen Iteration (11) gehören die Matrizen

$$(4.8.12a) \qquad M^{\mathrm{sym}} = (I-W^{-H}A)(I-W^{-1}A) = I-(W^{\mathrm{sym}})^{-1}A,$$

$$(4.8.12b) \qquad W^{\mathrm{sym}} = W(W+W^H-A)^{-1}W^H \qquad \text{(falls Inverse existiert)}.$$

Beweis. Man wende Übungsaufgabe 3.2.16b,d an.   ⬛

Satz 4.8.10 Sei $A>0$. Zu Φ mögen die Matrizen M und W gehören. Die zugehörige symmetrische Iteration (11) konvergiert genau dann, wenn

$$(4.8.13) \qquad W+W^H > A.$$

Φ^{sym} aus (11) erfüllt dann (1a,b). Die Konvergenzrate stimmt stets mit der Kontraktionszahl bezüglich der Energienorm überein:

$$(4.8.14) \qquad \rho(M^{\mathrm{sym}}) = \|M^{\mathrm{sym}}\|_A = \|M\|_A^2.$$

Das Spektrum zu Φ^{sym} ist nichtnegativ: $\sigma(M^{\mathrm{sym}}) \subset [0, \rho(M^{\mathrm{sym}})]$. (13) ist auch hinreichend für die Konvergenz von Φ: $\|M\|_A^2<1$.

Angemerkt sei, daß unter der Voraussetzung (13) die Zerlegung $A=W-R$ mit regulärem W bei Ortega [1] als *P-regulär* bezeichnet wird.

Beweis. (i) Die Matrix M^{sym} aus (12a) ist ähnlich zu $A^{1/2}M^{\mathrm{sym}}A^{-1/2} = (A^{1/2}M^{\Phi^*}A^{-1/2})(A^{1/2}M^\Phi A^{-1/2})$. Da sich der erste Faktor zu

$$A^{1/2}M^{\Phi^*}A^{-1/2} = I - A^{1/2}W^{-H}A^{1/2} = (I - A^{1/2}W^{-1}A^{1/2})^H = (A^{1/2}M^{\Phi}A^{-1/2})^H$$

umformen läßt, ist $A^{1/2}M^{\mathrm{sym}}A^{-1/2}$ Hermitesch und positiv semidefinit (d.h. $\sigma(M^{\mathrm{sym}}) \subset [0, \rho(M^{\mathrm{sym}})])$. (14) folgt aus

$$\rho(M^{\mathrm{sym}}) = \rho(A^{1/2}M^{\mathrm{sym}}A^{-1/2}) = \|A^{1/2}M^{\mathrm{sym}}A^{-1/2}\|_2 = \|M^{\mathrm{sym}}\|_A$$

(vgl. Satz 2.9.5, (2.10.5d)) und

$$\|A^{1/2}M^{\mathrm{sym}}A^{-1/2}\|_2 = \|(A^{1/2}M^{\Phi}A^{-1/2})^H(A^{1/2}M^{\Phi}A^{-1/2})\|_2 =$$
$$= \|A^{1/2}M^{\Phi}A^{-1/2}\|_2^2 = \|M^{\Phi}\|_A^2 \qquad (M^{\Phi} = M).$$

(ii) Unter der Annahme (13) folgt aus Kriterium 4.19 die Abschätzung $\|M\|_A < 1$. Die Darstellung (14) garantiert die Konvergenz der symmetrischen Iteration. Sei nun angenommen, daß (13) nicht zutrifft. Dann haben $W + W^H - A$ und folglich auch $X := A^{1/2}W^{-H}(W + W^H - A)W^{-1}A^{1/2}$ einen nichtpositiven Eigenwert (vgl. Lemma 2.10.3). Im singulären Fall ist die Divergenz schon in Bemerkung 9 vermerkt. Andernfalls hat X einen negativen Eigenwert $\mu < 0$, und M^{sym} besitzt wegen der Ähnlichkeit zu $I - X$ den Eigenwert $1 - \mu > 1$, d.h. $\rho(M^{\mathrm{sym}}) > 1$. ❏

Satz 10 macht deutlich, daß die bisher nur hinreichende Konvergenzbedingung $\|M\|_A < 1$ (die monotone Konvergenz bezüglich der Energienorm) jetzt auch eine notwendige Forderung ist. Damit gewinnen die Energienormabschätzungen von $\|M\|_A$ in Korollar 4.4, Satz 4.11, Zusatz 4.12, (4.21a,b), Lemma 4.23, Satz 4.24 an Bedeutung.

4.8.5 SSOR: Symmetrisches SOR

Das zur SOR-Iteration adjungierte Verfahren erhält man durch Austausch von U und L (bzw. E und F). Es ist die *rückwärts ausgeführte SOR-Iteration* $\Phi_{\omega}^{\mathrm{rSOR}}$:

(4.8.15)
$$\text{for } i := n \text{ downto } 1 \text{ do}$$
$$x_i^{m+1} := x_i^m - \omega\left(\sum_{j=1}^{i} a_{ij}x_j^m + \sum_{j=i+1}^{n} a_{ij}x_j^{m+1} - b_i\right)/a_{ii}.$$

Das *symmetrische SOR-Verfahren* (Abkürzung: SSOR) ist das Produkt

(4.8.16)
$$\Phi_{\omega}^{\mathrm{SSOR}} := \Phi_{\omega}^{\mathrm{rSOR}} \circ \Phi_{\omega}^{\mathrm{SOR}}.$$

Satz 4.8.11 A sei positiv definit. Das symmetrische SOR-Verfahren (15) konvergiert für $0 < \omega < 2$. Das Spektrum $\sigma(M_{\omega}^{\mathrm{SSOR}})$ der Iterationsmatrix ist in $[0, 1)$ enthalten. Gleiches gilt für die Block-SSOR-Version.

Beweis. Da das SOR-Verfahren gemäß Satz 4.21 (Ostrowski) monoton in der Norm $\|\cdot\|_A$ konvergiert (vgl. (4.28f)), ist Satz 10 anwendbar. ❏

Das SSOR-Verfahren wurde erstmals 1955 von Sheldon [1] beschrieben. Der Aufwand für die symmetrische SOR-Iteration erscheint zunächst doppelt so groß wie der des Original-SOR-Verfahrens, da ein SSOR- Schritt aus zwei SOR–Schritten besteht. Es gilt jedoch die

Bemerkung 4.8.12 (Niethammer [2],[3]) Die SSOR-Iteration erfordert im wesentlichen den *gleichen Aufwand* wie das SOR-Verfahren, wenn man den zusätzlichen Speicheraufwand für einen Hilfsvektor in Kauf nimmt. Der Kostenfaktor (vgl. §3.3) beträgt

$$(4.8.17a) \qquad C_\Phi^{SSOR} = 2 + 6/C_A = C_\Phi^{SOR} + 5/C_A$$

bei optimaler Implementierung anstelle von

$$(4.8.17b) \qquad C_\Phi^{SSOR} = 2\,C_\Phi^{SOR} = 4 + 2/C_A \qquad \text{bei naiver Ausführung.}$$

Beweis. Der erste SSOR-Halbschritt $x^m \mapsto x^{m+1/2}$ läßt sich als

$$(4.8.17c) \qquad x^{m+1/2} = x^m + \omega\{L\,x^{m+1/2} - x^m + U\,x^m + D^{-1}b\}$$

schreiben (vgl. (3.7f)). Der zweite, rückwärts ausgeführte SOR-Schritt

$$(4.8.17d) \qquad x^{m+1} = x^{m+1/2} + \omega\{U\,x^{m+1} - x^{m+1/2} + L\,x^{m+1/2} + D^{-1}b\}$$

enthält den bereits in (17c) ausgewerteten Summanden $L\,x^{m+1/2}$. Analog kann der in (17d) berechnete Term $U\,x^{m+1}$ im folgenden Halbschritt

$$x^{m+3/2} = x^{m+1} + \omega\{L\,x^{m+3/2} - x^{m+1} + U\,x^{m+1} + D^{-1}b\}$$

verwertet werden. Damit entfallen im Mittel auf einen SSOR-Schritt je eine Auswertung von $L x$ und $U x$.   QED

Dieses und die folgenden Resultate übertragen sich auf das symmetrische Gauß–Seidel-Verfahren wegen der

Bemerkung 4.8.13 Für $\omega = 1$ stimmt das SSOR-Verfahren mit der symmetrischen Gauß–Seidel-Methode überein: $\Phi_1^{SSOR} = \Phi^{symGS}$.

Die Aussagen des Satzes 4.24 übertragen sich in der folgenden Form auf das SSOR-Verfahren.

Satz 4.8.14 Es gelte $A = D - E - E'' > 0$ und $0 < \omega < 2$. Ferner gebe es Konstanten $\gamma > 0$ und Γ mit (18a,b) (vgl. (4.32a,b)):

$$(4.8.18a) \qquad 0 < \gamma D \leqslant A,$$

$$(4.8.18b) \qquad (\tfrac{1}{2}D - E)\,D^{-1}(\tfrac{1}{2}D - E'') \leqslant \tfrac{1}{4}\Gamma A.$$

Dann gilt die Abschätzung

$$(4.8.18c) \qquad \rho(M_\omega^{SSOR}) = \|M_\omega^{SSOR}\|_A \leqslant 1 - 2\,\Omega/[\tfrac{\Omega^2}{\gamma} + \Omega + \tfrac{\Gamma}{4}] \quad \text{mit } \Omega := \frac{2-\omega}{2\,\omega}.$$

Für $\omega' = 2/(1 + \sqrt{\gamma\,\Gamma})$ wird die Schranke in (18c) minimal:

$$(4.8.18d) \qquad \rho(M_{\omega'}^{SSOR}) \leqslant \frac{\sqrt{\Gamma} - \sqrt{\gamma}}{\sqrt{\Gamma} + \sqrt{\gamma}} = \frac{1 - \sqrt{\gamma/\Gamma}}{1 + \sqrt{\gamma/\Gamma}}.$$

Beweis. Man kombiniere (14) mit Satz 4.24.

In Analogie zu Folgerung 4.26 gilt die

Folgerung 4.8.15 (Ordnungsverbesserung) Wenn $\rho(D^{-1}ED^{-1}E^H) \leqslant 1/4$ (oder $\leqslant 1/4 + O(1-\rho(M^{\text{Jac}}))$), ist durch die Wahl $\omega = \omega'$ eine Verbesserung der Ordnung möglich. Ist $\varkappa$ die Ordnung des Jacobi- (und des symmetrischen Gauß-Seidel-)Verfahrens, so ist $\varkappa/2$ die Ordnung des SSOR-Verfahrens mit $\omega = \omega'$.

Die Bedingung $\rho(D^{-1}ED^{-1}E^H) \leqslant 1/4$ ist wesentlich. Sie ist für das Modellproblem mit Schachbrettanordnung nicht erfüllt. Dann - so werden wir in §5.8.4 sehen - ist auch keine Ordnungsverbesserung möglich.

	symmetrisches Gauß-Seidel-Verfahren				SSOR mit $\omega = 1.8213$	
m	$\|e^m\|_\infty$	$\|e^m\|_A$	$\dfrac{\|e^m\|_\infty}{\|e^{m-1}\|_\infty}$	$\dfrac{\|e^m\|_A}{\|e^{m-1}\|_A}$	$\|e^m\|_A$	$\dfrac{\|e^m\|_A}{\|e^{m-1}\|_A}$
1	1.48	202			$2.3_{10}+02$	
2	1.35	159	0.91627	0.790646	$1.6_{10}+02$	0.71534
3	1.27	137	0.94025	0.858495	$1.2_{10}+02$	0.72622
4	1.20	122	0.94528	0.891046	$9.0_{10}+01$	0.73679
5	1.14	111	0.94734	0.910237	$6.7_{10}+01$	0.74876
94	0.158	11.2	0.98074	0.980884	$3.2_{10}-04$	0.87961
95	0.155	11.0	0.98075	0.980891	$2.8_{10}-04$	0.87961
96	0.152	10.8	0.98075	0.980897	$2.5_{10}-04$	0.87961
97	0.149	10.6	0.98076	0.980903	$2.2_{10}-04$	0.87961
98	0.146	10.4	0.98076	0.980909	$1.9_{10}-04$	0.87961
99	0.144	10.2	0.98077	0.980914	$1.7_{10}-04$	0.87961
100	0.141	10.0	0.98077	0.980919	$1.5_{10}-04$	0.87961

Tabelle 4.8.1 Symmetrische Gauß-Seidel-Methode und SSOR bei $h = 1/32$

4.8.6 Pascal-Prozeduren und numerische Resultate zum SSOR-Verfahren

Die folgenden Prozeduren machen der Verfachung halber keinen Gebrauch von der Niethammerschen Technik aus Bemerkung 12. Das symmetrische lexikographische Gauß-Seidel-Verfahren lautet

(4.8.20a)   **procedure symmetrisches_lex_Gauss_Seidel**

```
procedure symmetrisches_lex_Gauss_Seidel(var neu: Gitterfunktion;
          var A: Diskretisierungsdaten; var x,b: Gitterfunktion;
          var IP: Iterationsparameter);
begin lex_Gauss_Seidel(neu,A,x,b,IP);
      lex_Gauss_Seidel_rueckwaerts(neu,A,x,b,IP)
end;
```

Ebenso einfach sind die weiteren in [Prog] enthaltenen Iterationen realisiert:

(4.8.20b)   **procedure symmetrisches_Spalten_Gauss_Seidel**
(4.8.20c)   **procedure symmetrisches_Zeilen_Gauss_Seidel**
(4.8.20d)   **procedure lex_SSOR**
(4.8.20e)   **procedure Spalten_SSOR**
(4.8.20f)   **procedure Zeilen_SSOR**

Um ω als das optimale ω' aus (4.33b) zu wählen, steht die folgende Prozedur zur Verfügung:

```
function optimales_omega_fuer_SSOR(kleinG,grossG: real): real;
begin optimales_omega_fuer_SSOR:=2/(1+sqrt(kleinG*grossG)) end;

procedure definiere_optimalen_SSOR_Parameter(var it: Iterationsdaten);
var kg,gg: real;
begin with it do with A do with IP do
  begin if Art=Poisson_Modellproblem then
    begin gg:=2; kg:=sqr(sin(pi/nx)+sqr(sin(pi/ny) end else
    begin writeln('Bestimmung des optimalen SSOR-Parameters.');
    write(' --> obere Schranke Groß-Gamma aus (4.8.18b) = '); readln(gg);
    write(' --> untere Schranke Klein-Gamma aus (4.8.18a) = '); readln(kg);
    setze_omega(IP,optimales_Omega_fuer_SSOR(kg,gg))
end end end;
```

Für Iterationen mit der Iterationsmatrix $0 \leqslant M \leqslant \rho(M)I$ ist Bemerkung 3.2.13d anwendbar: Die Quotienten $\| e^{m+1} \|_A / \| e^m \|_A$ konvergieren monoton gegen $\rho(M)$. Da $M = M_\omega^{SSOR}$ diese Voraussetzung erfüllt, beobachtet man dieses Verhalten auch beim SSOR-Verfahren und für $\omega = 1$ beim symmetrischen Gauß-Seidel-Verfahren. Tabelle 1 enthält die Resultate des symmetrischen Gauß-Seidel-Verfahrens bei lexikographischer Anordnung. Für die Schrittweite $h = 1/32$ erhält man die Konvergenzrate 0.98092. Nach Tabelle 7.2 ist $\omega = \omega' = 1.8213$ der optimale Wert für die Schranke (7.9c), die $\| M_\omega^{SSOR} \|_A \leqslant 0.9065$ lautet. Tabelle 2 zeigt die Konvergenzraten für verschiedene ω. Offenbar ist $\rho(M_\omega^{SSOR})$ nicht bei $\omega = \omega'$, sondern bei $\omega = \omega_{opt}$ aus $[1.845, 1.846]$ optimal. Die Werte der Tabelle 2 demonstrieren, daß – anders als beim SOR-Verfahren – die Konvergenzrate ein flaches Minimum durchläuft. Geringe Fehler in der Wahl von $\omega = \omega_{opt}$ verschlechtern die Konvergenzrate nur unwesentlich. Insofern ist die Wahl $\omega = \omega'$ völlig hinreichend.

ω	$\rho(M_\omega^{SSOR})$
1	0.98092
1.8	0.88376
1.81	0.88163
1.8213	0.87962
1.83	0.87845
1.84	0.87765
1.8450	0.877529
1.8455	0.877528
1.8460	0.877528
1.847	0.877538
1.85	0.87762
1.86	0.87855
1.87	0.88066

Tab. 4.8.2 Konvergenzraten des SSOR-Verfahrens bei $h = 1/32$

5. Analyse im 2-zyklischen Fall

Ziel dieses Kapitels sind *quantitative* Konvergenzaussagen für die klassischen Verfahren (Jacobi-, Gauß-Seidel-, SOR-Iteration).

5.1 Die 2-zyklischen Matrizen

Zunächst sei der Begriff «schwach 2-zyklisch» für Matrizen und für das Paar $\{A,D\}$ definiert, wobei im letzteren Falle D die Diagonale oder der Blockdiagonalanteil von A ist.

Definition 5.1.1 Eine Matrix $A \in \mathbb{K}^{I \times I}$ heißt _schwach 2-zyklisch_ (oder: _schwach zyklisch vom Index 2_). wenn eine Blockstruktur $\{I_1, I_2\}$ mit nichtleeren Indexteilmengen $I_1, I_2 \subset I$ existiert, so daß

$$(5.1.1) \qquad a_{\alpha\beta} = 0 \qquad \text{für } \alpha,\beta \in I_1 \text{ wie auch } \alpha,\beta \in I_2.$$

Die Bedingung (1) bedeutet, daß die Diagonalblöcke verschwinden:

$$(5.1.1') \qquad A^{11} = 0, \ A^{22} = 0.$$

Oft hat nicht A, sondern $A - D$ die in (1) verlangte Gestalt. Für diesen Fall setzen wir in

Definition 5.1.2 Das Paar $\{A,D\}$, $A,D \in \mathbb{K}^{I \times I}$, heißt _schwach 2-zyklisch_, wenn $A - D$ schwach 2-zyklisch ist. Äquivalent ist die Forderung, daß eine Blockstruktur $\{I_1, I_2\}$ mit nichtleeren Indexteilmengen $I_1, I_2 \subset I$ existiert, so daß

$$(5.1.2) \qquad D = \text{blockdiag}\{A^{11}, A^{22}\}.$$

Sei B die Blockstruktur $\{I_1, I_2\}$ aus Definition 1. Mit $\text{blockdiag}_B\{\cdot\}$ sei der Blockdiagonalanteil einer Matrix bezüglich B bezeichnet. Dann ist A genau dann schwach 2-zyklisch, wenn

$$(5.1.1'') \qquad \text{blockdiag}_B\{A\} = 0.$$

Das Paar $\{A,D\}$ ist genau dann schwach 2-zyklisch, wenn

$$(5.1.2') \qquad \text{blockdiag}_B\{A\} = D.$$

Der Zusatz «schwach» vor «2-zyklisch» weist darauf hin, daß die Indexanordnung keine Rolle spielt. Anders ist es in

Definition 5.1.3 A bzw. $\{A,D\}$ heißen _2-zyklisch_, falls die Indexmenge I angeordnet ist und die Matrix A bzw. das Paar $\{A,D\}$ schwach 2-zyklisch bezüglich der Blöcke $I_1 = \{1,\ldots,n_1\}$, $I_2 = \{n_1+1,\ldots,n\}$ für ein geeignetes n_1 mit $1 \leqslant n_1 \leqslant n-1$ ist.

Die Eigenschaft «2-zyklisch» ist *verschieden* von der Eigenschaft «_zyklisch vom Index 2_», wie sie z.B. bei Varga [2,S.35] zu finden ist. Eine 2-zyklische Matrix A hat die Gestalt

$$(5.1.3a) \qquad A = \begin{array}{c} \left. \begin{array}{|c|c|} \hline 0 & A_1 \\ \hline A_2 & 0 \\ \hline \end{array} \right. \begin{array}{l} \} I_1 \\ \} I_2 \end{array} \\ \underbrace{\quad}_{I_1} \underbrace{\quad}_{I_2} \end{array}$$

Man beachte, daß $A_1 = A^{12} \in \mathbb{K}^{I_1 \times I_2}$ und $A_2 = A^{21} \in \mathbb{K}^{I_2 \times I_1}$ im allgemeinen nichtquadratische Blockmatrizen sind. Das Paar $\{A, D\}$ ist 2-zyklisch, wenn

$$(5.1.3b) \qquad A = \begin{array}{|c|c|} \hline D_1 & A_1 \\ \hline A_2 & D_2 \\ \hline \end{array} \qquad \text{und} \qquad D = \begin{array}{|c|c|} \hline D_1 & 0 \\ \hline 0 & D_2 \\ \hline \end{array} \, , \quad A - D = \begin{array}{|c|c|} \hline 0 & A_1 \\ \hline A_2 & 0 \\ \hline \end{array} \, .$$

Aus den Definitionen folgt sofort die

Bemerkung 5.1.4 **(a)** Die Eigenschaft «2-zyklisch» für eine spezielle Indexanordnung impliziert «schwach 2-zyklisch» für jede Indexanordnung.

(b) Die Eigenschaft «schwach 2-zyklisch» ist unabhängig von der Indexanordnung, während beim Begriff «2-zyklisch» die Indizes nur *innerhalb* der jeweiligen Blöcke I_1, I_2 permutiert werden können.

(c) Seien A bzw. $\{A, D\}$ schwach 2-zyklisch. Falls I nicht angeordnet ist, gibt es eine Indexanordnung, so daß bezüglich dieser A bzw. $\{A, D\}$ 2-zyklisch sind. Falls I bereits angeordnet ist, gibt es eine Permutation der Indizes mit zugehöriger Permutationsmatrix P, só daß $\hat{A} := P A P^T$ bzw. $\{\hat{A}, \hat{D} := P D P^T\}$ 2-zyklisch sind.

Beispiele für (schwach) 2-zyklische Matrizen finden sich für das Modellproblem:

Beispiel 5.1.5 A sei die Matrix des Modellproblems aus §1.2. **(a)** Ist $D = \text{diag}\{a^{\alpha\alpha}: \alpha \in I\}$ die Diagonale von A, so ist $\{A, D\}$ schwach 2-zyklisch. Wenn die *Schachbrettanordnung* aus Abb. 1.2.1c zugrundegelegt wird, ist $\{A, D\}$ sogar 2-zyklisch. Die exakte Definition der Schachbrettblockstruktur (*engl.*: chequer-board ordering, red-black ordering) lautet:

$$(5.1.4a) \qquad I_1 = I_{\text{schwarz}} = \{(x, y) = (ih, jh) \in \Omega_h: i + j \text{ gerade}\},$$

$$(5.1.4b) \qquad I_2 = I_{\text{weiß}} \quad = \{(x, y) = (ih, jh) \in \Omega_h: i + j \text{ ungerade}\}.$$

(b) Die Zeilen (oder Spalten) des Gitters Ω_h mögen die Blockstruktur B bilden. D sei als $D = \text{blockdiag}\{A^{\alpha\alpha}: \alpha \in B\}$ gewählt. Dann ist $\{A, D\}$ schwach 2-zyklisch. Wenn die Zeilen (bzw. Spalten) im Zebramuster (vgl. §4.5.2) angeordnet werden, ist $\{A, D\}$ sogar 2-zyklisch. Die exakte Definition der *Zebra-(Zeilen-)Blockstruktur* lautet:

$$(5.1.5a) \qquad I_1 = I_{\text{schwarz}} = \{(x, y) = (ih, jh) \in \Omega_h: j \text{ gerade}\},$$

$$(5.1.5b) \qquad I_2 = I_{\text{weiß}} \quad = \{(x, y) = (ih, jh) \in \Omega_h: j \text{ ungerade}\}.$$

Bei der *Zebra-Spalten-Blockstruktur* ist in (5a,b) «j (un)gerade» durch «i (un)gerade» zu ersetzen.

Beweis. (i) Wenn die Schachbrettanordnung zugrundeliegt, hat A die Blockstruktur (1.2.9) mit Diagonalmatrizen $4h^{-2}I$ in den Diagonalblöcken. Daher stimmen die Diagonale und der Blockdiagonalanteil von A überein: $D = 4h^{-2}I$. Damit ist (2) erfüllt, also $\{A, D\}$ 2-zyklisch. Bei der Schachbrettanordnung ist $I_1 = \{1, \dots, n_1\}$, $I_2 = \{n_1+1, \dots, n\}$ mit $n_1 := \#I_1 =$ Anzahl der «schwarzen» Gitterpunkte. Für alle $n > 1$ (d.h. $h < \frac{1}{2}$) ist $n_1 \in [1, n-1]$. Gemäß Bemerkung 4a ist A bei beliebiger oder keiner Indexanordnung schwach 2-zyklisch.

(ii) Für die Zeilenblockstruktur sind die Diagonalblöcke von A durch die Matrizen $h^{-2}T$ aus (1.2.8) gegeben: $T = \text{tridiag}\{-1, 4, -1\}$. Die in (1.2.8) angegebene Blockstruktur von A entspricht der lexikographischen Anordnung der Zeilen. Die Zebra–Anordnung (5a,b) führt auf

$$(5.1.6) \qquad A = h^{-2} \begin{pmatrix} \begin{matrix} T & & \\ & T & \\ & & \ddots \\ & & & T \end{matrix} & \begin{matrix} -1 & & \\ -1 & -1 & \\ & \ddots & \ddots \\ & & -1 \\ & & -1 \end{matrix} \\ \begin{matrix} -1 & -1 & \\ & \ddots & \ddots \\ & & -1 & -1 \end{matrix} & \begin{matrix} T & & \\ & T & \\ & & \ddots \\ & & & T \end{matrix} \end{pmatrix} \qquad \text{mit } T \text{ aus (1.2.8).}$$

Wenn man die feinere Zeilenblockstruktur zur gröberen Zebrablockstruktur zusammenfaßt, lauten die Diagonalblöcke von A: $A^{ii} = h^{-2}\text{blockdiag}\{T, \dots, T\}$ für $i = 1, 2$, wobei die Anzahl der T-Diagonalblöcke durch die Anzahl der «schwarzen» ($i = 1$) bzw. «weißen» ($i = 2$) Zeilen bestimmt ist. Die Blockdiagonalanteile D von A bezüglich der Zeilenblockstruktur wie der Zebrablockstruktur stimmen überein. Dies zeigt (2): $\{A, D\}$ ist 2-zyklisch. Wie in (i) ergibt sich, daß $\{A, D\}$ unabhängig von der Indexanordnung schwach 2-zyklisch ist. ▨

Die Modellgleichung (1.2.4a) heißt *Fünfpunktformel*, weil die Gleichung in (ih, jh) nur die fünf Unbekannten u_{ij}, $u_{i+1,j}$, $u_{i-1,j}$, $u_{i,j+1}$, $u_{i,j-1}$ enthält. Für allgemeinere Probleme als die Poisson-Gleichung (1.2.1a) kommt man nicht mit Fünfpunktformeln aus, sondern muß *Neunpunktformeln* verwenden. In diesem Falle enthält die Gleichung in (ih, jh) die neun Unbekannten

$$\{u_{k\ell} : k = i-1, i, i+1, \ \ell = j-1, j, j+1\}.$$

Da nicht ausgeschlossen wird, daß die entsprechenden Matrixkoeffizienten verschwinden, sind die Fünfpunktformeln eine Teilmenge der Neunpunktformeln.

Übungsaufgabe 5.1.6 Man zeige: **(a)** Repräsentiert A eine Neunpunktformel, so ist $\{A, D\}$ mit der Diagonalen D von A im allgemeinen *nicht* schwach 2-zyklisch. Insbesondere findet man keine Numerierung, so daß $\{A, D\}$ 2-zyklisch ist.

(b) Repräsentiert A eine Neunpunktformel und ist D die Zeilen- oder Spaltenblockdiagonale von A, so ist $\{A,D\}$ wie in Beispiel 5b schwach 2-zyklisch und für die Zebrablockanordnung sogar 2-zyklisch.

Die Aussage von Übung 6b läßt sich wie folgt verallgemeinern.

Lemma 5.1.7 Ist A eine *Tridiagonalmatrix* mit der Diagonalen D oder eine *Blocktridiagonalmatrix* bezüglich einer Blockstruktur $\{I_1, I_2, \ldots\}$ mit der Blockdiagonalen D, so ist $\{A,D\}$ schwach 2-zyklisch.

Beweis. Es genügt ein Beweis für die Blockversion. Durch $J_1 := I_1 \cup I_3 \cup \ldots$, $J_2 := I_2 \cup I_4 \cup \ldots$ wird eine übergeordnete Blockstruktur definiert. Man prüft nach, daß die Blockdiagonale bezüglich der Blockstruktur $\{J_1, J_2\}$ wieder mit D übereinstimmt.   ▨

5.2 Vorbereitende Lemmata

In diesem Abschnitt werden die Eigenschaften einer schwach 2-zyklischen Matrix B untersucht. Bei geeigneter Anordnung der Indizes hat sie die Gestalt

$$(5.2.1) \qquad B = \begin{array}{|c|c|} \hline 0 & B_1 \\ \hline B_2 & 0 \\ \hline \end{array} \; .$$

Lemma 5.2.1 Das Spektrum einer schwach 2-zyklischem Matrix B mit den Außerdiagonalblöcken $B_1 = B^{12}$, $B_2 = B^{21}$ ist durch (2a) gegeben:

$$(5.2.2a) \qquad \sigma(B) = \pm\sqrt{\sigma(B_1 B_2)} \; \cup \; \pm\sqrt{\sigma(B_2 B_1)} \; .$$

Dabei gelte $\pm\sqrt{\sigma(C)} := \{\lambda \in \mathbb{C} : \lambda^2 \in \sigma(C)\}$. Die Spektren $\sigma(B_1 B_2)$ und $\sigma(B_2 B_1)$ stimmen bis auf einen eventuellen Nulleigenwert überein:

$$(5.2.2b) \qquad \sigma(B_1 B_2) \setminus \{0\} = \sigma(B_2 B_1) \setminus \{0\}.$$

Beweis. (i) Sei e ein Eigenvektor von B, und seien e^1, e^2 die entsprechenden Blockvektoren. Es gilt die Äquivalenz

$$(5.2.3a) \qquad Be = \lambda e \quad \Longleftrightarrow \quad \begin{cases} B_1 e^2 = \lambda e^1 \\ B_2 e^1 = \lambda e^2 \end{cases}$$

Setzt man die rechten Gleichungen ineinander ein, erhält man

$$(5.2.3b) \qquad \lambda^2 e^1 = B_1 B_2 e^1, \quad \lambda^2 e^2 = B_2 B_1 e^2.$$

Da $e \neq 0$, muß entweder $e^1 \neq 0$ oder $e^2 \neq 0$ gelten und damit $\lambda^2 \in \sigma(B_1 B_2)$ bzw. $\lambda^2 \in \sigma(B_2 B_1)$. In jedem Falle ist $\lambda \in \pm\sqrt{\sigma(B_1 B_2)} \cup \pm\sqrt{\sigma(B_2 B_1)}$. Da $\lambda \in \sigma(B)$ beliebig, ist $\sigma(B) \subset \pm\sqrt{\sigma(B_1 B_2)} \cup \pm\sqrt{\sigma(B_2 B_1)}$ bewiesen.

(ii) Sei $0 \neq \lambda \in \pm\sqrt{\sigma(B_1 B_2)}$, d.h. $0 \neq \lambda^2 \in \sigma(B_1 B_2)$. Der zugehörige Eigenvektor sei $e^1 \neq 0$: $\lambda^2 e^1 = B_1 B_2 e^1$. Für $e^2 := \frac{1}{\lambda} B_2 e^1$ findet man

$$B_1 e^2 = \frac{1}{\lambda} B_1 B_2 e^1 = \frac{1}{\lambda} \lambda^2 e^1 = \lambda e^1.$$

Nach Definition von e^2 gilt $B_2 e^1 = \lambda e^2$. Also genügt $e := \binom{e^1}{e^2}$ den Gleichungen (3a), d.h. $\lambda \epsilon \sigma(B)$.

(iii) Ist $0 = \lambda^2 \epsilon \sigma(B_1 B_2) \cup \sigma(B_2 B_1)$, so muß eine der Matrizen B_1, B_2 einen nichttrivialen Kern besitzen. Sei dies z.B. B_1: $B_1 e^2 = 0$ für $e^2 \neq 0$. Mit $e^1 := 0$ folgt $B_2 e^1 = 0$, so daß $e := \binom{e^1}{e^2}$ der Eigenvektor zum Eigenwert $0 = \lambda \epsilon \sigma(B)$ ist.

(iv) Die Teile (ii) und (iii) beweisen $\sigma(B) \supset \pm \sqrt{\sigma(B_1 B_2)} \cup \pm \sqrt{\sigma(B_2 B_1)}$. Zusammen mit (i) erhält man die Behauptung (2a). (2b) ist Gegenstand des Satzes 2.4.6. ∎

Aus der Definition von $\pm \sqrt{\sigma(C)}$ folgt die

Bemerkung 5.2.2 Ist λ ein Eigenwert einer schwach 2-zyklischen Matrix, so auch $-\lambda$.

Lemma 5.2.3 Unter den Voraussetzungen von Lemma 1 gilt für die Spektralradien

$$(5.2.4) \qquad \rho(B) = \sqrt{\rho(B_1 B_2)} = \sqrt{\rho(B_2 B_1)}.$$

Beweis. Nach Lemma 2.4.16 gilt $\rho(B_1 B_2) = \rho(B_2 B_1)$. Dies liefert mit (2a) die Behauptung. ∎

Bemerkung 5.2.4 Im symmetrischen Falle $B = B^H$ gilt für die Blöcke aus Lemma 1 $B_1 = B_2^H$. Nach Satz 2.9.5 stimmt $\rho(B_1 B_2) = \rho(B_2 B_1) = \rho(B_1^H B_1) = \rho(B_2^H B_2)$ mit $\|B_1\|_2^2 = \|B_2\|_2^2$ überein, so daß

$$(5.2.5) \qquad \rho(B) = \|B_1\|_2 = \|B_2\|_2.$$

Übungsaufgabe 5.2.5 Für eine allgemeine Matrix der Form (1) zeige man

$$(5.2.6) \qquad \|B\|_2 = \max\{\|B_1\|_2, \|B_2\|_2\}.$$

5.3 Analyse der Richardson-Iteration

Zunächst behandeln wir den Fall der Parameterwahl $\Theta = 1$. Als Block-diagonale soll A die Einheitsmatrix I besitzen. Bei geeigneter Index-numerierung hat A damit die Gestalt

$$(5.3.1) \qquad A = \begin{array}{|c|c|} \hline I & A_1 \\ \hline A_2 & I \\ \hline \end{array}.$$

Satz 5.3.1 $\{A, I\}$ sei schwach 2-zyklisch mit den Außerdiagonal-blöcken $A_1 = A^{12}$, $A_2 = A^{21}$ (vgl. (1)). Dann hat die *Richardson-Iteration* $x^{m+1} = x^m - \Theta(A x^m - b)$ mit $\Theta = 1$ die Konvergenzrate

$$(5.3.2) \qquad \rho(M_1^{\text{Rich}}) = \sqrt{\rho(A_1 A_2)} = \sqrt{\rho(A_2 A_1)}.$$

Beweis. Die Iterationsmatrix $M_1^{\mathrm{Rich}} = I - A$ stimmt mit B aus §5.2 überein, wenn $B_i := -A_i$, so daß (2.4) aus Lemma 2.3 das Resultat (2) liefert. ☐

Wenn wir $\Theta \neq 1$ zulassen, erhält man aufgrund von $M_\Theta^{\mathrm{Rich}} = I - \Theta A$:

$$(5.3.3) \qquad \sigma(M_\Theta^{\mathrm{Rich}}) = \{\, \lambda = 1 - \Theta(1 - \mu) : \mu \in \sigma(B) \,\} \quad \text{mit } B = I - A$$

und $\sigma(B)$ aus (2.2a), wobei $B_1 := -A_1$, $B_2 := -A_2$. Für ein beliebiges, komplexes Spektrum $\sigma(B)$ fällt es schwer, den Spektralradius $\rho(M_\Theta^{\mathrm{Rich}})$ in einfacher Weise zu charakterisieren. Es sei deshalb angenommen, daß

$$(5.3.4) \qquad \beta := \rho(B) \in \sigma(B) \qquad \text{für } B = I - A = -\begin{bmatrix} 0 & A_1 \\ A_2 & 0 \end{bmatrix}.$$

Die Bedingung (4) besagt, daß $\rho(B)$ nicht nur der Betrag $|\lambda|$ eines geeigneten Eigenwertes $\lambda \in \sigma(B)$, sondern selbst Eigenwert von B ist. Hinreichende Bedingungen für (4) werden nach Satz 2 angegeben.

Satz 5.3.2 $\{A, I\}$ sei schwach 2-zyklisch und erfülle (4). Dann hat die Richardson-Iteration $x^{m+1} = x^m - \Theta(A x^m - b)$ die Konvergenzrate

$$(5.3.5a) \qquad \rho(M_\Theta^{\mathrm{Rich}}) = \begin{cases} 1 - \Theta(1 - \rho(B)) & \text{für } 0 \leq \Theta \leq 1, \\ \Theta(1 + \rho(B)) - 1 & \text{für } \Theta \geq 1, \\ 1 + |\Theta|(1 + \rho(B)) & \text{für } \Theta \leq 0. \end{cases}$$

mit

$$(5.3.5b) \qquad \rho(B) = \sqrt{\rho(A_1 A_2)} = \sqrt{\rho(A_2 A_1)}.$$

Wenn $\rho(B) \geq 1$, ist das Verfahren für alle $\Theta \in \mathbb{R}$ divergent. Wenn $\rho(B) < 1$, konvergiert das Verfahren für $0 < \Theta < 2/(1 + \rho(B))$, wobei sich für $\Theta = 1$ die optimale Konvergenzrate (2) ergibt.

Beweis. (i) Sei $\Theta \in [0, 1]$, $\mu \in \sigma(B)$ und $\beta := \rho(B)$. Gemäß (3) ist $\lambda = 1 - \Theta(1 - \mu)$ abzuschätzen. Da $|\mu| \leq \beta$ nach Voraussetzung (4), gilt

$$(5.3.6) \quad |\lambda| = |1 - \Theta(1 - \mu)| = |(1 - \Theta) + \Theta\mu| \leq 1 - \Theta + \Theta|\mu| \leq 1 - \Theta + \Theta\beta = 1 - \Theta(1 - \beta).$$

Für $\mu = \beta \in \sigma(B)$ gilt in (6) die Gleichheit, so daß $1 - \Theta(1 - \beta)$ die kleinste Schranke für $\rho(M_\Theta^{\mathrm{Rich}})$ ist. Somit ist die erste Zeile in (5a) bewiesen.
(ii) Die Fälle $\Theta \geq 1$ und $\Theta \leq 0$ in (5a) sind analog zu behandeln.
(iii) Aus (5a) folgen direkt die weiteren Aussagen. ☐

Die in Satz 2 benötigte Bedingung (4) ist Gegenstand der folgenden Kriterien.

Kriterium 5.3.3 Wenn B nur *reelle* Eigenwerte besitzt, ist die Bedingung (4) erfüllt. Insbesondere reicht die Symmetrie von B aus: $A_1 = A_2^H$.

Beweis. Seien $\beta_{\min}$ und $\beta_{\max}$ der minimale bzw. der maximale

Eigenwert von B. Da das Spektrum $\sigma(B)$ nach Bemerkung 2.2 symmetrisch ist, muß $\beta_{min} = -\beta_{max} \leqslant 0 \leqslant \beta_{max}$ gelten und beweist $\rho(B) = \max\{|\beta_{min}|, |\beta_{max}|\} = \beta_{max} \in \sigma(B)$.

Kriterium 5.3.4 Wenn alle Matrixelemente von A_1 und A_2 nichtnegativ (oder alle nichtpositiv) sind, ist die Bedingung (4) erfüllt.

Beweis. Auch die Matrixelemente von $C := A_1 A_2$ sind nichtnegativ. Satz 6.3.10 wird $\gamma := \rho(C) \in \sigma(C)$ zeigen. Die Eigenwerte von B sind $\mu = \pm\sqrt{\alpha}$ für $\alpha \in \sigma(A_1 A_2)$ (vgl. Lemma 2.1), so daß

$$|\mu| \leqslant \sqrt{|\alpha|} \leqslant \sqrt{\gamma} = \sqrt{\rho(A_1 A_2)} \underset{(5b)}{=} \rho(B) =: \beta.$$

Zu $\alpha := \gamma \in \sigma(A_1 A_2)$ gehört der Eigenwert $\mu = {}_+\sqrt{\gamma} = \beta$ von B, so daß $\rho(B) = \beta \in \sigma(B)$, d.h. Bedingung (4) gilt.

5.4 Analyse des Jacobi-Verfahrens

Im folgenden sei D die (punktweise) Diagonale oder der Blockdiagonalanteil von A. Bezüglich einer Blockstruktur $\{I_1, I_2\}$ sei $\{A, D\}$ schwach 2-zyklisch mit den Außerdiagonalblöcken $A_1 = A^{12}$, $A_2 = A^{21}$. Bei geeigneter Indexnumerierung haben A und D die Gestalt

$$(5.4.1) \qquad A = \begin{bmatrix} D_1 & A_1 \\ A_2 & D_2 \end{bmatrix} \quad \text{und} \quad D = \begin{bmatrix} D_1 & 0 \\ 0 & D_2 \end{bmatrix}.$$

Die Matrix $A' := D^{-1}A$ hat die Darstellung

$$(5.4.2a) \qquad D^{-1}A = \begin{bmatrix} I & A'_1 \\ A'_2 & I \end{bmatrix} = I - B \quad \text{mit} \quad B := -\begin{bmatrix} 0 & A'_1 \\ A'_2 & 0 \end{bmatrix},$$

wobei

$$(5.4.2b) \qquad A'_1 := D_1^{-1}A_1, \quad A'_2 := D_2^{-1}A_2.$$

Je nachdem ob D die Diagonale oder die Blockdiagonale von A ist, beschreibt der folgende Satz das *punktweise* bzw. das *blockweise* *Jacobi-Verfahren.*

Satz 5.4.1 $\{A, D\}$ sei schwach 2-zyklisch. Dann hat das *Jacobi-Verfahren* $x^{m+1} = x^m - D^{-1}(Ax^m - b)$ die Konvergenzrate

$$(5.4.3) \qquad \rho(M^{\text{Jac}}) = \rho(B) = \sqrt{\rho(A'_1 A'_2)} = \sqrt{\rho(D_1^{-1}A_1 D_2^{-1}A_2)}.$$

Beweis. Das Jacobi-Verfahren ist mit der Richardson-Iteration angewandt auf $A'x = b'$ mit $A' := D^{-1}A$, $b' := D^{-1}b$ und $\Theta = 1$ identisch (vgl. Bemerkung 4.3.2), so daß (3) aus Satz 3.1 folgt.

Um Aussagen über das *gedämpfte Jacobi-Verfahren* zu gewinnen, hat man die Bedingung (3.4) für B aus (2a) zu erfüllen. Neben den Kriterien 3.3 und 3.4 steht hierfür das folgende zur Verfügung:

Kriterium 5.4.2 $\{A, D\}$ sei schwach 2-zyklisch. **(a)** Wenn D positiv definit und A Hermitesch, hat $B = M^{\text{Jac}}$ nur reelle Eigenwerte, und es gilt

$$(5.4.4) \qquad \rho(B) \in \sigma(B) \qquad\qquad\qquad \text{für } B = I - D^{-1}A.$$

(b) Wenn A positiv definit ist, gilt neben (4) auch $\rho(B) < 1$, d.h. die Jacobi-Iteration konvergiert.

Beweis. (a) Als Hermitesche Matrix besitzt $\hat{B} := D^{-1/2}(D-A)D^{-1/2}$ nur reelle Eigenwerte. Da $\hat{B}$ zu $B = D^{-1}(D-A)$ ähnlich ist, gilt $\sigma(\hat{B}) = \sigma(B)$. Also besitzt B nur reelle Eigenwerte, und Kriterium 3.3 ist anwendbar.

(b) Nach Zusatz 4.5.6 konvergiert die Jacobi-Iteration. Da $B = M^{\text{Jac}}$, folgt $\rho(B) < 1$. ▨

Eine weitere, Kriterium 3.4 entsprechende hinreichende Bedingung für (4) lautet: D_1^{-1}, A_1, D_2^{-1}, A_2 besitzen nur nichtnegative Matrixelemente. Gemäß Satz 3.2 gilt die

Folgerung 5.4.3 $\{A, D\}$ sei schwach 2-zyklisch und erfülle (4). Wenn $\rho(B) \geqslant 1$, divergiert das *gedämpfte Jacobi-Verfahren* $x^{m+1} = x^m - \omega D^{-1}(Ax^m - b)$ für alle $\omega \in \mathbb{R}$. Wenn $\rho(B) < 1$, konvergiert es für $0 < \omega < 2/(1+\rho(B))$, wobei die optimale Konvergenzrate für $\omega = 1$, d.h. für das ungedämpfte Jacobi-Verfahren angenommen wird.

5.5 Analyse der Gauß-Seidel-Iteration

Die Indexmenge I sei angeordnet. Bezüglich der Blockstruktur $\{I_1, I_2\}$ habe die Matrix A die Gestalt

$$(5.5.1a) \qquad A = \begin{bmatrix} D_1 & A_1 \\ A_2 & D_2 \end{bmatrix}.$$

Für

$$(5.5.1b) \qquad D = \begin{bmatrix} D_1 & 0 \\ 0 & D_2 \end{bmatrix}, \quad E = \begin{bmatrix} 0 & 0 \\ -A_2 & 0 \end{bmatrix}, \quad F = \begin{bmatrix} 0 & -A_1 \\ 0 & 0 \end{bmatrix}$$

besitzt A die Aufspaltung $A = D - E - F$ (vgl. (4.5.5a-d). Außerdem ist $\{A, D\}$ 2-zyklisch. Falls D die punktweise bzw. blockweise Diagonale von A ist, wird im folgenden das punktweise bzw. blockweise Gauß-Seidel-Verfahren beschrieben.

Die Iterationsmatrix der Gauß-Seidel-Iteration ist $M^{\text{GS}} = (D-E)^{-1}F$. Da

$$(D-E)^{-1} = \begin{bmatrix} D_1 & 0 \\ A_2 & D_2 \end{bmatrix}^{-1} = \begin{bmatrix} D_1^{-1} & 0 \\ -D_2^{-1}A_2 D_1^{-1} & D_2^{-1} \end{bmatrix},$$

erhält man

$$(5.5.1c) \qquad M^{\text{GS}} = (D-E)^{-1}F = \begin{bmatrix} 0 & -D_1^{-1}A_1 \\ 0 & D_2^{-1}A_2 D_1^{-1}A_1 \end{bmatrix}.$$

Dies beweist den

> **Satz 5.5.1** Das Gauß-Seidel-Verfahren $x^{m+1}=(D-E)^{-1}(Fx^m+b)$ mit Matrizen $A=D-E-F$ gemäß (1b) hat die *Konvergenzrate*
>
> (5.5.2) $\rho(M^{\mathbf{GS}}) = \rho(D_1^{-1}A_1 D_2^{-1}A_2)$.

Beweis. Inspektion von (1c) ergibt $\rho(M^{\mathbf{GS}}) = \rho(D_2^{-1}A_2 D_1^{-1}A_1)$ (vgl. (2.5.5b)). Nach Lemma 2.4.16 ist $\rho(D_2^{-1}A_2 D_1^{-1}A_1)=\rho(D_1^{-1}A_1 D_2^{-1}A_2)$.   ∎

Folgerung 5.5.2 $\{A,D\}$ sei 2-zyklisch. **(a)** Dann konvergiert das Jacobi-Verfahren genau dann, wenn das Gauß-Seidel-Verfahren konvergiert.

(b) *Die Konvergenzrate der Gauß-Seidel-Iteration ist exakt doppelt so schnell wie die Jacobi-Iteration:*

(5.5.3) $\rho(M^{\mathbf{GS}}) = \rho(M^{\mathbf{Jac}})^2$.

(c) $M^{\mathbf{GS}}$ hat mindestens einen n_1-fachen Eigenwert $\lambda=0$, wenn der erste Block D_1 von A die Größe $n_1 \times n_1$ hat.

Beweis. Ein Vergleich von (2) mit (4.3) liefert Gl. (3). Hieraus folgt Teil (a). Behauptung (c) ergibt sich aufgrund der Nullblöcke in (1c).   ∎

Da die Jacobi- und Gauß-Seidel-Iterationen den gleichen Rechenaufwand erfordern, ergibt sich aus (3) die

Folgerung 5.5.3 $\{A,D\}$ sei 2-zyklisch. Der in (3.3.4a) definierte effektive Aufwand ist beim Jacobi-Verfahren doppelt so groß wie beim Gauß-Seidel-Verfahren:

(5.5.4) $Eff(\Phi^{\mathbf{Jac}}) = 2\,Eff(\Phi^{\mathbf{GS}})$.

Die in §3.3.3 definierte Ordnung der linearen Konvergenz ist jedoch bei beiden Verfahren die gleiche.

Übungsaufgabe 5.5.4 $\{A,D\}$ sei 2-zyklisch. **(a)** Welche Gestalt hat die Iterationsmatrix $M^{\mathbf{symGS}}$ des symmetrischen Gauß-Seidel-Verfahrens?

(b) Man zeige: $\rho(M^{\mathbf{symGS}})=\rho(M^{\mathbf{GS}})$ (vgl. auch §5.8.3).

Unter etwas schwächeren Voraussetzungen werden die Ergebnisse aus den Folgerungen 2 und 3 noch einmal in §5.6 bestätigt werden.

5.6 Analyse des SOR-Verfahrens

5.6.1 Konsistent geordnete Matrizen

In §5.5 wurde $\{A, D\}$ als 2-zyklisch vorausgesetzt. Diese Voraussetzung entspricht im wesentlichen der «property A» von Young [2]. Diese Bedingung kann verallgemeinert werden durch den Begriff der «konsistenten Ordnung», der von Varga [2] stammt.

Definition 5.6.1 Die Indexmenge I sei angeordnet. A sei gemäß (4.2.7a-d) oder (4.5.5a-d) aufgespalten: $A = D - E - F$. Die Matrizen $L := D^{-1}E$, $U := D^{-1}F$ sind folglich strikte Dreiecksmatrizen. Man nennt A *konsistent geordnet*, falls die Eigenwerte von $zL+\frac{1}{z}U$ nicht von $z \in \mathbb{C} \setminus \{0\}$ abhängen.

Wir werden im folgenden nicht direkt mit diesem Begriff arbeiten, da er einerseits etwas unpräzise ist (weil L und U nicht nur von A, sondern auch von D abhängen, wenn man sowohl die Diagonale als auch Blockdiagonalen zuläßt) und da die darin angesprochene Eigenschaft im Gegensatz zur Namensgebung von der Indexanordnung unabhängig ist.

Wir verlangen von $\{L, U\}$ die Eigenschaft

$$\boxed{\text{(5.6.1)} \qquad \text{Die Eigenwerte von } zL+\tfrac{1}{z}U \text{ sind nicht von } z \in \mathbb{C} \setminus \{0\} \text{ abhängig.}}$$

Kriterium 5.6.2 $\{L, U\}$ erfüllt (1) und A ist im Sinne der Definition 1 konsistent geordnet, wenn L und U strikte untere bzw. obere Dreiecksmatrizen sind, für die eine der folgenden Bedingungen (2a-d) zutreffen:

(5.6.2a)	$L + U$ ist 2-zyklisch,
(5.6.2b)	$L + U$ ist tridiagonal,
(5.6.2c)	$L + U$ ist blocktridiagonal mit verschwindenden Diagonalblöcken,
(5.6.2d)	$L + U$ ist blocktridiagonal, wobei die Diagonalblöcke $(L+U)^{ii}$ tridiagonal und die (eventuell rechteckigen) Nebendiagonalblöcke $(L+U)^{i,i\pm1}$ diagonal sind.

Eine rechteckige Matrix A heißt dabei diagonal, wenn höchstens die Diagonalelemente A_{ii} von null verschieden sind.

Beweis. (i) Sei $B := L + U$ gesetzt. Da L, U strikte Dreiecksmatrizen sind, gilt $b_{ii} = 0$ für die Diagonalelemente.

(ii) Aus (2a) kann man mit Hilfe von Lemma 5.1 die Behauptung zeigen. Außerdem ist (2a) ein Spezialfall von (2c).

(iii) Es gelte (2b). Zu $z \in \mathbb{C} \setminus \{0\}$ konstruiere man die Diagonalmatrix

$$\Delta := \mathrm{diag}\{1, z, z^2, z^3, \ldots, z^{n-1}\}.$$

$B' := \Delta B \Delta^{-1}$ hat die Elemente $b'_{ij} = b_{ij} z^{i-j}$. Da $b'_{ij} \neq 0$ nur für $|i-j| = 1$, hat B' die Form $zL+\frac{1}{z}U$. Weil B und B' ähnlich sind, hat $\{L, U\}$ die Eigenschaft (1).

(iv) Sei $\{I_1, \ldots, I_b\}$ die Blockstruktur im Falle (2c). Wir setzen

$$\Delta_b := \text{blockdiag}\{I, zI, z^2I, z^3I, \ldots, z^{b-1}I\},$$

wobei I Einheitsmatrizen der jeweiligen Blockgröße sind: $I \in \mathbb{R}^{I_k \times I_k}$. $B' := \Delta_b B \Delta_b^{-1}$ hat die Blöcke $(B')^{ij} = z^{i-j} B^{ij}$, so daß die Behauptung wie in (iii) folgt.

(v) Man wende im Falle (2d) zunächst die Ähnlichkeitstransformation Δ_b aus (iv) an: B' enthält den Faktor z (bzw. $\frac{1}{z}$) in den Blöcken unter (bzw. über) der Diagonalen, jedoch sind die (tridiagonalen) Diagonalblöcke $(B')^{ii} = B^{ii}$ noch unverändert. Man definiere die Diagonalmatrix

$$\Delta_B \quad \text{mit} \quad (\Delta_B)^{ii} := \text{diag}\{1, z, z^2, z^3, \ldots, z^{\#I_i - 1}\}.$$

Die Transformation $C' := \Delta_B C \Delta_B^{-1}$ läßt Blöcke mit Diagonalstruktur unverändert. Damit hat

$$B'' := \Delta_B B' \Delta_B^{-1} = \Delta_B \Delta_b B \Delta_b^{-1} \Delta_B^{-1}$$

weiterhin die Nebendiagonalblöcke $(B'')^{i,i-1} = z B^{i,i-1}$, $(B'')^{i,i+1} = \frac{1}{z} B^{i,i+1}$, während die Diagonalblöcke wie in (iii) die Elemente $z b_{ij}$ im unteren bzw. $\frac{1}{z} b_{ij}$ im oberen Dreiecksbereich haben, d.h. $B'' = zL + \frac{1}{z}U$. Da B'' zu B ähnlich ist, folgt die Behauptung. ▧

Bemerkung 5.6.3 Die Eigenschaften (2a), (2b), (2c) oder (2d) implizieren, daß $\{A, D\}$ schwach 2-zyklisch ist, wenn D in den Fällen (2b,d) die Diagonale und sonst die Blockdiagonale von A ist.

Beweis. Für (2a–c) wende man Bemerkung 1.4a bzw. Lemma 1.7a,b an. Im Falle von (2d) hat $L + U$ eine Fünfpunktstruktur, die eine schachbrettartige Numerierung zuläßt, für die $A - D = -L - U$ 2-zyklisch ist. ▧

Lemma 5.6.4 $\{L, U\}$ erfülle die Bedingung (1). **(a)** Dann gilt

$$\sigma(\alpha L + \beta U) = \sigma(\pm\sqrt{\alpha\beta}\,(L+U)) \qquad \text{für alle } \alpha, \beta \in \mathbb{C}.$$

(b) Insbesondere haben $L + U$ und $-(L+U)$ die gleichen Spektren.
(c) Sind alle Eigenwerte von $L + U$ reell, so gilt $\rho(L+U) \in \sigma(L+U)$.

Beweis. (i) Für $\alpha\beta \neq 0$ setze man $z := \pm\sqrt{\alpha/\beta}$. Da $zL + \frac{1}{z}U$ und $L + U$ gleiche Eigenwerte haben, gilt dies auch für

$$\alpha L + \beta U = \pm\sqrt{\alpha\beta}\,(zL + \frac{1}{z}U) \quad \text{und} \quad \pm\sqrt{\alpha\beta}\,(L+U).$$

(ii) Da $\alpha = \beta = 0$ einen trivialen Fall darstellt, sei $\alpha = 0$, $\beta \neq 0$ angenommen. Die Behauptung lautet dann $\sigma(\beta U) = \sigma(0(L+U)) = \sigma(0) = \{0\}$. Sie trifft zu, da U eine strikte Dreiecksmatrix ist (vgl. Übungsaufgabe 2.4.15b). Der Fall $\beta = 0$ ist analog.

(iii) Für $\alpha = \beta = 1$ nimmt $\pm\sqrt{\alpha\beta}$ auch den Wert -1 an, so daß $\sigma(L+U) = \sigma(-(L+U))$ den Teil (b) beweist. Teil (c) zeigt man wie in Kriterium 3.3. ▧

5.6.2 Satz von Young

Der nachfolgende Satz, der in der Grundgestalt auf Young [1] zurückgeht, beschreibt die punkt- bzw. blockweise SOR-Iteration (4.3.7a):

(5.6.3a) $\qquad x^{m+1} = M_\omega^{SOR} x^m + N_\omega^{SOR} b$

mit

(5.6.3b) $\qquad A = D - E - F, \quad L := D^{-1}E, \quad U := D^{-1}F,$

(5.6.3c) $\qquad M_\omega^{SOR} := (I - \omega L)^{-1}\{(1-\omega)I + \omega U\}, \quad N_\omega^{SOR} := \omega(I - \omega L)^{-1}D^{-1},$

wenn $A = D - E - F$ gemäß (4.2.7a–d) oder (4.5.5a–d) aufgespalten ist. Der folgende Satz ist für jede Iteration der Gestalt (3a–c) gültig. Die Matrix

(5.6.3d) $\qquad M^{Jac} := L + U = I - D^{-1}A$

stellt nur dann die (punkt- bzw. blockweise) Jacobi-Iterationsmatrix dar, wenn D die Diagonale oder Blockdiagonale von A ist, was in Satz 5 nicht vorausgesetzt ist.

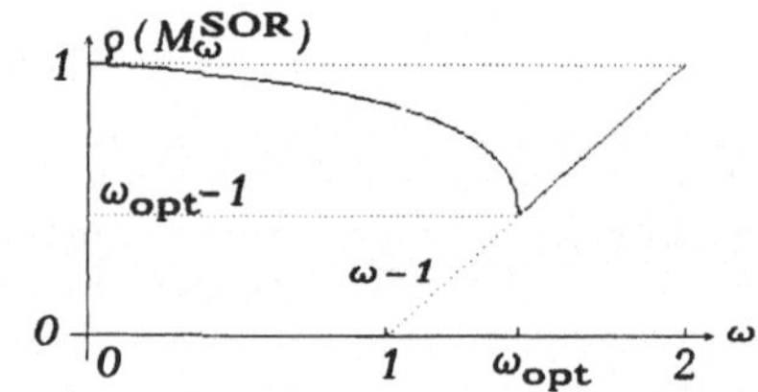

Abb. 5.6.1 Konvergenzrate $\rho(M_\omega^{SOR})$

Satz 5.6.5 Für die Iteration (3a–c) sei vorausgesetzt:

(5.6.4a) $\quad 0 < \omega < 2,$

(5.6.4b) $\quad M^{Jac}$ habe nur reelle Eigenwerte,

(5.6.4c) $\quad \beta := \rho(M^{Jac}) < 1,$

(5.6.4d) $\quad D$ und $I - \omega L$ seien regulär, $\{L, U\}$ erfülle Bedingung (1).

Dann gilt: **(a)** Die Iteration (3a–c) konvergiert.
(b) Die Konvergenzrate beträgt

(5.6.5a) $\quad \rho(M_\omega^{SOR}) = \begin{cases} 1 - \omega + \frac{1}{2}\omega^2\beta^2 + \omega\beta\sqrt{1 - \omega + \frac{\omega^2\beta^2}{4}} & \text{für } 0 < \omega \le \omega_{opt} \\ \omega - 1 & \text{für } \omega_{opt} \le \omega < 2, \end{cases}$

wobei

(5.6.5b) $\quad \omega_{opt} := \dfrac{2}{1 + \sqrt{1 - \beta^2}}.$

(c) Die Konvergenzrate $\rho(M_\omega^{SOR})$ ist für $\omega = \omega_{opt}$ minimal.
(d) Für $\omega \le \omega_{opt}$ ist $\rho(M_\omega^{SOR}) \in \sigma(M_\omega^{SOR})$ selbst Eigenwert.
(e) Für $\omega \ge \omega_{opt}$ haben alle Eigenwerte von M_ω^{SOR} den Betrag $\omega - 1$.

Bevor der Satz bewiesen wird, seien die Voraussetzungen und Resultate diskutiert:

<u>zu (4a)</u>: Die Voraussetzung $0<\omega<2$ ist nach Lemma 4.4.20 für die Konvergenz notwendig.

<u>zu (4b)</u>: Nach Kriterium 4.2a hat M^{Jac} die verlangten reellen Eigenwerte, wenn A Hermitesch und D positiv definit sind. Kriterium 4.2b und Zusatz 4.4.22 geben sogar ein hinreichendes Kriterium für (4b-d):

Kriterium 5.6.6 Sei D die (Block-)Diagonale von A. Wenn A positiv definit ist, sind (4b,c) und der erste Teil von (4d) erfüllt.

<u>zu (4c)</u>: $\beta<1$ beinhaltet die Konvergenz des Jacobi-Verfahrens. Dies ist notwendig wegen

Übungsaufgabe 5.6.7 Für $\beta\geqslant1$ divergiert die SOR-Iteration für alle $\omega\in\mathbb{R}$.

<u>zu (4d)</u>: Wenn (3a-c) eine SOR-Iteration darstellen soll, muß L eine strikte Dreiecksmatrix sein, so daß $I-\omega L$ trivialerweise regulär ist.

<u>zu (5a,b)</u>: Den trivialen Fall $\beta=0$ ausgenommen, gilt

$$(5.6.5c) \qquad 1 < \omega_{opt} < 2,$$

so daß die optimale Konvergenzgeschwindigkeit stets zum *Über*relaxationsverfahren führt. Unterrelaxation ($0<\omega<1$) ist stets langsamer als das Gauß-Seidel-Verfahren, das für $\omega=1$ vorliegt. Für $\omega=1$ erhalten wir das Resultat (5.3) zurück. Die Abb. 1 zeigt $\rho(M_\omega^{SOR})$ als Funktion von ω für $\beta=\cos(\pi/8)=0.92388$ mit $\omega_{opt}=2/(1+\sin\pi/8)=1.44646$, wie es sich beim Modellproblem für $h=1/8$ ergibt.

Beweis des Satzes 5. (i) Sei $\lambda\in\sigma(M_\omega^{SOR})$. Der zugehörige Eigenvektor e erfüllt $\{(1-\omega)I+\omega U\}e = \lambda(I-\omega L)e$, d.h.

$$(\omega U+\lambda\omega L)e = (\lambda+\omega-1)e,$$

so daß $\lambda+\omega-1\in\sigma(\omega U+\lambda\omega L)$. Da $\sigma(\omega U+\lambda\omega L) = \sigma(\pm\sqrt{\lambda}\omega(L+U))$ nach Lemma 4a, gibt es einen Eigenwert $\mu\in\sigma(M^{Jac})=\sigma(L+U)$, so daß

$$(5.6.6a) \qquad \lambda+\omega-1 = \pm\sqrt{\lambda}\,\omega\mu, \qquad \text{d.h.}$$

$$(5.6.6b) \qquad (\lambda+\omega-1)^2 = \omega^2\lambda\mu^2.$$

Da $M^{Jac}=L+U$ aber mit jedem Eigenwert μ auch $-\mu$ als Eigenwert besitzt (vgl. Lemma 4b), gehört jede Lösung μ von (6b) zu $\sigma(M^{Jac})$. Umgekehrt schließt man, daß zu jedem $\mu\in\sigma(M^{Jac})$ beide Lösungen

$$(5.6.6c) \qquad \lambda = 1-\omega^2+\tfrac{1}{2}\omega^2\mu^2+\mu\sqrt{1-\omega+\frac{\omega^2\mu^2}{4}}$$

die Gleichung (6a) für ein spezielles Vorzeichen in $\pm\sqrt{\lambda}$ erfüllen. Da $\pm\sqrt{\lambda}\omega\mu$ Eigenwert von $\pm\sqrt{\lambda}\omega(L+U)$, ist es auch Eigenwert von $\omega U+\lambda\omega L$, so daß wir auf $\lambda\in\sigma(M_\omega^{SOR})$ schließen können. Also gilt

$$(5.6.6d) \qquad \lambda\in\sigma(M_\omega^{SOR}) \iff \mu\in\sigma(M^{Jac}) \qquad (\lambda,\mu \text{ genügen (6b)}).$$

(ii) Sei $\omega_{\mathrm{opt}} \leqslant \omega < 2$. Die Ungleichung ist äquivalent zu $1-\omega+\frac{\omega^2\beta^2}{4} \leqslant 0$. Damit gilt wegen $-\beta \leqslant \mu \leqslant \beta$ für alle $\mu \in \sigma(M^{\mathrm{Jac}})$:

$$1-\omega+\frac{\omega^2\mu^2}{4} \leqslant 0,$$

so daß Gleichung (6b) zwei konjugiert komplexe Lösung hat:

(5.6.6e) $\lambda = \lambda_{\mathrm{Re}} + i\,\lambda_{\mathrm{Im}}, \quad \lambda_{\mathrm{Re}} := 1-\omega+\tfrac{1}{2}\omega^2\mu^2.$

Da das Produkt der Lösungen einer quadratischen Gleichung mit dem absoluten Term der Gleichung übereinstimmt, gilt in diesem Falle

(5.6.6f) $|\lambda|^2 = (\omega-1)^2, \quad$ d.h. $|\lambda| = |\omega-1|.$

Damit hat M_ω^{SOR} nur Eigenwerte λ vom Betrag $\omega-1$. Dies beweist den zweiten Fall in (5a) sowie die Aussagen (a) und (e).

(iii) Sei der zweite Fall $0<\omega<\omega_{\mathrm{opt}}$ angenommen. Wenn $\omega \in (1,\omega_{\mathrm{opt}})$, kann es Eigenwerte $\mu \in \sigma(M^{\mathrm{Jac}})$ mit $\mu^2<4(\omega-1)/\omega^2$ geben, für die der Radikand in (6c) negativ ist. Wie vorhin erzeugen diese μ Eigenwerte $\lambda \in \sigma(M_\omega^{\mathrm{SOR}})$ mit $|\lambda|=|\omega-1|$. Dieser Wert ist jedoch kleiner als die rechte Seite in (5a). Letztere ergibt sich als Eigenwert von M_ω^{SOR}, wenn man $\mu := \beta \in \sigma(M^{\mathrm{Jac}})$ einsetzt (zu $\beta \in \sigma(M^{\mathrm{Jac}})$ vergleiche Lemma 4c). Da man nur noch den Fall reeller Lösungen von (6c) zu diskutieren braucht, überzeugt man sich leicht, daß $|\lambda|$ sein Maximum für $\mu = \beta$ annimmt. ▨

Da $\omega_{\mathrm{opt}} \geqslant 1$ (vgl. (5b)), liegt $\omega = 1$ im Intervall $(0, \omega_{\mathrm{opt}}]$. Satz 5 liefert die folgenden Ergebnisse über das bei $\omega = 1$ vorliegende Gauß–Seidel-Verfahren.

Folgerung 5.6.8 (Gauß–Seidel–Verfahren) Unter den Voraussetzungen (4b–d) konvergiert das [Block-]Gauß-Seidel-Verfahren und hat exakt die doppelte Konvergenzgeschwindigkeit der [Block-]Jacobi-Iteration:

$$\rho(M^{[\mathrm{Block}]\mathrm{GS}}) = \rho(M_1^{[\mathrm{Block}]\mathrm{SOR}}) = \beta^2 = \rho(M^{[\mathrm{Block}]\mathrm{Jac}})^2,$$

wie schon in (5.3) für den 2-zyklischen Fall angegeben. Außerdem gehört $\rho(M^{[\mathrm{Block}]\mathrm{GS}})$ zum Spektrum $\sigma(M^{[\mathrm{Block}]\mathrm{GS}})$. Die Aussage von Folgerung 5.3 ist weiterhin gültig.

Für den Fall eines *komplexen Relaxationsparameters* ω mit $|1-\omega|<1$ findet man ein Konzergenzresultat bei Niethammer-Varga [1,Th.12].

5.6.3 Ordnungsverbesserung durch SOR

Es sei an den Begriff der *Ordnung* eines Iterationsverfahrens nach §3.3.3 erinnert: Wenn wie im Modellfall eine Familie von Gleichungssystemen zu verschiedenen Schrittweiten h (und damit zu verschiedenen Dimensionen) vorliegt, hat z.B. die Jacobi-Iteration die Ordnung $\varkappa$, wenn

(5.6.7a) $\rho(M^{\mathrm{Jac}}) = 1 - C_\eta^{\mathrm{Jac}} h^\varkappa + O(h^{2\varkappa}) \quad$ für $h \to 0.$

Für das Modellproblem aus §1.2 gilt $\varkappa = 2$. Der Vergleich Jacobi $\longleftrightarrow$ Gauß–Seidel mit Hilfe von (5.3): $\rho(M^{\mathrm{GS}}) = \rho(M^{\mathrm{Jac}})^2$ zeigt wegen

$$\rho(M^{Jac})^2 = (1 - C_\eta^{Jac} h^{\varkappa} + \ldots)^2 = 1 - 2 C_\eta^{Jac} h^{\varkappa} + \ldots = 1 - C_\eta^{GS} h^{\varkappa} + \ldots,$$

daß sich nur der Koeffizient $C_\eta^{GS} = 2 C_\eta^{Jac}$ verbessert, während die Ordnung erhalten bleibt.

Die Variation des Parameters ω im gedämpften bzw. extrapolierten Jacobi-Verfahren (4.3.2) ist im schwach 2-zyklischen Fall erfolglos: Nach Folgerung 4.3 ist $\omega = 1$ und damit das übliche Jacobi-Verfahren optimal. Umso bemerkenswerter ist die Möglichkeit, die Konvergenzrate des SOR-Verfahrens durch geeignete Wahl $\omega = \omega_{opt}$ zu verbessern. Der nächste Satz zeigt, daß hierdurch außerdem die Ordnung verbessert (halbiert) wird.

Satz 5.6.9 Das Jacobi-Verfahren habe die Ordnung $\varkappa > 0$ (vgl. (7a)). Es seien die Voraussetzungen des Satzes 5 erfüllt. Dann hat das SOR-Verfahren für $\omega = \omega_{opt}$ die Ordnung $\varkappa/2$:

(5.6.7b) $\qquad \rho(M_{\omega_{opt}}^{SOR}) = 1 - C_\eta^{SOR} h^{\varkappa/2} + O(h^{\varkappa})$ mit

(5.6.7c) $\qquad C_\eta^{SOR} := 2 \sqrt{2 C_\eta^{Jac}}.$

Beweis. Nach (5b) gilt

(5.6.8) $\qquad \rho(M_{\omega_{opt}}^{SOR}) = \omega_{opt} - 1 = \dfrac{2}{1 + \sqrt{1 - \beta^2}} - 1 = \dfrac{1 - \sqrt{1 - \beta^2}}{1 + \sqrt{1 - \beta^2}} \cdot$

Da $1 - \beta^2 = 1 - \rho(M^{Jac})^2 = 1 - [1 - C_\eta^{Jac} h^{\varkappa} + O(h^{2\varkappa})]^2 = 2 C_\eta^{Jac} h^{\varkappa} + O(h^{2\varkappa})$, hat die Wurzel $\sqrt{1 - \beta^2}$ die Entwicklung $\sqrt{2 C_\eta^{Jac}} h^{\varkappa/2} + O(h^{\varkappa})$. Einsetzen in (8) liefert $\rho(M_{\omega_{opt}}^{SOR}) = 1 - 2 \sqrt{2 C_\eta^{Jac}} h^{\varkappa/2} + O(h^{\varkappa})$ und beweist (7b,c). $\blacksquare$

5.6.4 Praktische Handhabung des SOR-Verfahrens

Im allgemeinen ist $\beta = \rho(M^{Jac})$ unbekannt, so daß auch der optimale Relaxationsparameter ω_{opt} nicht zur Verfügung steht. Man kann dann wie folgt vorgehen (vgl. auch Young [2,§6.6]).

Zum Start wähle man ein $\omega \leqslant \omega_{opt}$, z.B. $\omega := 1$. Man führe einige SOR-Schritte mit dem Parameter ω durch und bestimme aus den Quotienten von $\| x^{m+1} - x^m \|_2$ eine Näherung $\tilde{\lambda}$ von $\rho(M_\omega^{SOR})$. Mit dieser läßt sich über Gleichung (5a) (Fall $\omega \leqslant \omega_{opt}$) auf β zurückschließen:

$$\beta \approx \tilde{\beta} := |\tilde{\lambda} + \omega - 1| / (\omega \sqrt{\tilde{\lambda}})$$

(vgl. (6a)). Mit $\tilde{\beta}$ bestimmt man über (5b) eine Näherung ω von ω_{opt}. Solange $\omega \leqslant \omega_{opt}$, kann man die beschriebene Schätzung von ω_{opt} iterieren. Da die Funktion $\rho(M_\omega^{SOR})$ bei $\omega = \omega_{opt}$ von links eine senkrechte Tangente besitzt, führt jede Abweichung $\omega = \omega_{opt} - \varepsilon$ ($\varepsilon > 0$) nach links zu einer erheblichen Konvergenzverschlechterung, so daß man $\omega \approx \omega_{opt}$ eher zu groß wählen sollten. Ein Programm, das dieser Strategie folgt, findet man im Anhang des Buches Meis-Marcowitz [1].

5.7 Anwendung auf das Modellproblem

5.7.1 Analyse im Modellfall

Für die Fünfpunktformel des Modellproblems aus §1.2 ist stets das Kriterium 6.2 anwendbar.

i) *punktweise Varianten* (d.h. D ist Diagonale):

Bei *lexikographischer* Indexanordnung hat A die Form (1.2.8). Die Summe $L+U$ erfüllt die Bedingung (6.2d) des Kriteriums 6.2.

Bei *Schachbrett*-Indexanordnung nimmt A die 2-zyklische Gestalt (1.2.9) an, so daß $L+U$ der Bedingung (6.2a) genügt.

ii) *blockweise Varianten* (d.h. D ist Blockdiagonale):

Es seien die Zeilen oder Spalten des Gitters als Blockstruktur gewählt. Werden diese Blöcke *lexikographisch* angeordnet, hat $L+U$ die in (6.2c) verlangte Blocktridiagonalgestalt.

Für die «Zebra-Anordnung» der Blöcke aus Beispiel 1.5, hat $L+U$ 2-zyklische Gestalt und erfüllt (6.2a).

Das Kriterium 6.2 beweist neben der Eigenschaft (6.1) auch, daß $\{A,D\}$ in allen genannten Fällen schwach 2-zyklisch ist.

Satz 5.7.1 Es sei das Modellproblem aus §1.2 zur Schrittweite h zugrundegelegt. **(a)** Das punktweise *Gauß-Seidel-Verfahren* hat sowohl bei lexikographischer als auch bei Schachbrettanordnung die Konvergenzgeschwindigkeit

$$(5.7.1a) \qquad \varrho(M^{\mathbf{GS}}) = \cos^2 \pi h = 1 - \sin^2 \pi h = 1 - \pi^2 h^2 + O(h^4).$$

(b) Das Zeilen- bzw. Spaltenblock-Gauß-Seidel-Verfahren hat bei lexikographischer wie auch Zebraanordnung die Konvergenzrate

$$(5.7.1b) \qquad \varrho(M^{\mathbf{BlockGS}}) = 1 - 8\sin^2 \frac{\pi h}{2} / (1 + 2\sin^2 \frac{\pi h}{2})^2 =$$

$$= 1 - 2\pi^2 h^2 + O(h^4).$$

(c) Für die dem Fall (a) entsprechenden punktweisen *SOR-Verfahren* ist

$$(5.7.2a) \qquad \omega_{\mathbf{opt}} = 2 / (1 + \sin \pi h) = 2 - 2\pi h + O(h^2)$$

der optimale Relaxationsparameter und führt zur Konvergenzrate

$$(5.7.2b) \qquad \varrho(M^{\mathbf{SOR}}_{\omega_{\mathbf{opt}}}) = \omega_{\mathbf{opt}} - 1 = 1 - \frac{2\sin(\pi h)}{1 + \sin(\pi h)} = \frac{1 - \sin(\pi h)}{1 + \sin(\pi h)}.$$

(d) Für die dem Fall (b) entsprechenden Block-SOR-Versionen gilt

$$(5.7.3a) \qquad \omega_{opt} = 2 / \left[1 + 2\sqrt{2} \sin\left(\tfrac{1}{2}\pi h\right) / \cos\left(\pi h\right) \right],$$

$$(5.7.3b) \qquad \rho\left(M_{\omega_{opt}}^{BlockSOR}\right) = \omega_{opt} - 1 = 1 - \frac{4\sqrt{2}\,\sin\left(\pi h/2\right)}{\cos(\pi h) + 2\sqrt{2}\,\sin\left(\tfrac{1}{2}\pi h\right)}.$$

Beweis. Gemäß Folgerung 6.8 ist $\rho\left(M^{[Block]GS}\right)$ das Quadrat von $\rho\left(M^{[Block]Jac}\right)$, das in (4.7.3) bzw. (4.7.6) für das Modellproblem angegeben ist. Die Teile (c,d) ergeben sich aus (6.5b,a). ▢

Bemerkung 5.7.2 Die in Satz 1 genannten punkt- bzw. blockweisen Gauß-Seidel- und SOR-Iterationen haben den *effektiven Aufwand*

$$(5.7.4a) \qquad Eff\left(\Phi^{GS}\right) = \pi^{-2} h^{-2} + O(1) = 0.101\,h^{-2} + O(1),$$

$$(5.7.4b) \qquad Eff\left(\Phi^{BlockGS}\right) = 0.7\,\pi^{-2} h^{-2} + O(1) = 0.0709\,h^{-2} + O(1),$$

$$(5.7.4c) \qquad Eff\left(\Phi^{SOR}\right) = 0.7\,\pi^{-1} h^{-1} + O(1) = 0.2228\,h^{-1} + O(1),$$

$$(5.7.4d) \qquad Eff\left(\Phi^{BlockSOR}\right) = 0.9/(\sqrt{2}\,\pi)\,h^{-1} + O(1) = 0.2026\,h^{-1} + O(1).$$

Beweis. Die Kostenfaktoren C_Φ sind in (4.6.7a-c) angegeben: $C_\Phi^{GS} = 1$, $C_\Phi^{BlockGS} = C_\Phi^{SOR} = 7/5$, $C_\Phi^{BlockSOR} = 9/5$. Die Konvergenzraten (1a,b), (2b), (3b) haben die Form $1 - C_\eta h^{-\varkappa}$ mit

$$(5.7.5a) \qquad C_\eta^{GS} = \pi^2, \qquad C_\eta^{BlockGS} = 2\pi^2, \qquad \varkappa^{[Block]GS} = 2,$$

$$(5.7.5b) \qquad C_\eta^{SOR} = 2\pi, \qquad C_\eta^{BlockSOR} = 2\sqrt{2}\,\pi, \qquad \varkappa^{[Block]GS} = 1$$

(vgl. auch (6.7c)). Die Behauptung folgt aus der Darstellung (3.3.5d). ▢

Aus den Zahlen (4a-d) ist z.B. abzulesen, daß die Blockvarianten effektiver sind als die entsprechenden punktweisen Iterationen. Obwohl das SOR-Verfahren etwas aufwendiger als die Gauß-Seidel-Iteration ist, erweist sich schon für $h \lesssim 0.7/\pi \approx 1/5$ das SOR-Verfahren als effektiver.

5.7.2 Gauß-Seidel-Iteration: numerische Beispiele

Die Einleitung enthält in den Tabellen 1.4.1 die Resultate des lexikographischen und des Schachbrett-Gauß-Seidel-Verfahren. Nachdem die Fehlerreduktionsfaktoren $\varepsilon_{m-1}/\varepsilon_m$ zunächst günstigere Werte zeigen, strebt dieser Faktor für beide Indexanordnungen deutlich erkennbar gegen $\rho\left(M^{GS}\right) = \cos^2 \pi/32 = 0.9039264$ (vgl. (1a)).

Für die Blockvarianten sei im folgenden die Spaltenblockstruktur zugrundegelegt. Tabelle 1 enthält den Wert von u^m im Mittelpunkt, die Maximumnorm $\varepsilon_m = \|u^m - u_h\|_\infty$ und die Reduktionsfaktoren $\rho_{m,m-1} =$

$\varepsilon_{m-1}/\varepsilon_m$, die sich in den Beispielen (fast monoton steigend) dem Grenzwert $\rho(M^{\text{BlockGS}}) = 1 - 8\sin^2(\pi/64)/(1+2\sin^2(\pi/64))^2 = 0.980923$ nähern.

m	lexikographische Anordnung			Zebraanordnung der Blöcke		
	$u_{16,16}$	ε_m	Faktoren	$u_{16,16}$	ε_m	Faktoren
5	-0.01926	1.23834	0.939842	-0.01950	1.17160	0.958731
10	-0.03592	1.01501	0.965208	-0.03752	0.95064	0.968133
20	-0.04928	0.76180	0.974912	-0.04015	0.71340	0.976522
100	0.34781	0.15219	0.980968	0.36033	0.14097	0.980690
200	0.47781	0.02229	0.980934	0.47964	0.02046	0.980916
300	0.49677	0.00325	0.980924	0.49703	0.00298	0.980923

Tabelle 5.7.1 Resultate der Block-Gauß-Seidel-Verfahren für $N = 32$

5.7.3 SOR-Iteration: numerische Beispiele

Die Tabelle 1.4.2 enthält die Resultate der SOR-Iteration für den bei $h = \frac{1}{32}$ optimalen Relaxationsparameter $\omega_{\text{opt}} = 2/(1+\sin\pi h) = 1.821465$. Der Reduktionsfaktor, der gegen $\omega_{\text{opt}} - 1 = 0.821465$ streben sollte, verhält sich sehr unregelmäßig. Insbesondere besteht die Tendenz, daß die Reduktionsfaktoren zu Beginn deutlich schlechter als die asymptotische Konvergenzrate ausfallen. Das gleiche Bild ergibt sich für die Blockvarianten, die in Tabelle 2 wiedergegeben sind und den optimalen Relaxationsparameter $\omega_{\text{opt}} = 1.7572848$ verwenden. Da sich die Faktoren $q_m := \varepsilon_{m-1}/\varepsilon_m$ so unregelmäßig verhalten, ist eine weitere Spalte mit über 10 Werte gemittelten Faktoren

$$(5.7.6) \qquad \overline{q}_m := (\varepsilon_{m-10}/\varepsilon_m)^{1/10} = (q_{m-9}\,q_{m-8}\cdots q_m)^{1/10}$$

angegeben.

m	lexikographische Anordnung			Zebraanordnung der Blöcke		
	ε_m	q_m	$\overline{q}_m$	ε_m	q_m	$\overline{q}_m$
10	0.6217327	0.9109	0.8954	0.2978516	0.7280	0.8318
20	0.2146420	0.8841	0.7142	0.0279097	0.7847	0.7892
30	0.0146717	0.4890	0.7647	0.0023936	0.7675	0.7822
40	0.0017416	0.8516	0.8081	0.0002034	0.7723	0.7815
50	0.0001095	0.7375	0.7583	0.0000144	0.8078	0.7672
60	0.0000119	0.7585	0.8007	$9.6527_{10}-7$	0.7777	0.7632
70	$6.4684_{10}-7$	0.7814	0.7477	$6.8937_{10}-8$	0.7684	0.7680
80	$5.6020_{10}-8$	0.8006	0.7830	$4.8121_{10}-9$	0.7545	0.7663
90	$3.5398_{10}-9$	0.7565	0.7587	$3.092_{10}-10$	0.7407	0.7600
100	$2.269_{10}-10$	0.7139	0.7598	$4.184_{10}-11$	$-$	$-$

Tabelle 5.7.2 Resultate der Block-SOR-Verfahren für $N = 32$ mit $\omega = \omega_{\text{opt}}$

Da die Konvergenzgeschwindigkeit des SOR-Verfahrens zu Beginn langsamer ausfällt, ist es kein Widerspruch, wenn – wie in Meis-Marcowitz [1] empfohlen und durch Beispiele belegt – ω etwas größer als ω_{opt} gewählt wird, um schneller eine vorgegebene Fehlerschranke zu erreichen.

5.8 Ergänzungen

5.8.1 p-zyklische Matrizen

Die Eigenschaft «schwach 2-zyklisch» kann verallgemeinert werden. A heißt «schwach p-zyklisch», wenn eine $p \times p$-Blockstruktur existiert, so daß nur die Blöcke A^{1p}, A^{21}, $A^{32}, \ldots,$ $A^{p,p-1}$ von null verschieden sind. Dieser Fall wird bei Varga [2,§4.2] ausführlich diskutiert. Unter geeigneten weiteren Voraussetzungen konvergiert das SOR-Verfahren für

$$0 < \omega < \frac{p}{p-1} \, .$$

Optimale Konvergenz liegt bei der einzigen positiven Wurzel $\omega = \omega_{opt} < < p/(p-1)$ der nichtlinearen Gleichung

$$(p-1)^{p-1} \rho(M^{\mathbf{Jac}})^p \omega^p = p^p(\omega - 1)$$

vor: $\rho(M^{\mathbf{SOR}}_{\omega_{opt}}) = (\omega_{opt} - 1)(p - 1) < 1$. Auch hier kommt es zu einer Halbierung der Ordnung (vgl. Satz 5.6.9). Man vergleiche auch Eiermann – Niethammer – Ruttan [1].

5.8.2 Modifiziertes SOR

Im 2-zyklischen Fall kann man das SOR-Verfahren als Produktiteration $\Phi^{\mathbf{SOR}}_{\omega} = \Phi^{(2)}_{\omega} \circ \Phi^{(1)}_{\omega}$ auffassen, wobei $\Phi^{(1)}_{\omega}$ nur den ersten Block und $\Phi^{(2)}_{\omega}$ nur den zweiten Block des Vektors bearbeitet:

$$(5.8.1a) \qquad \Phi^{(1)}_{\omega}(x,b) = \begin{pmatrix} x^1 - \omega[x^1 - D_1^{-1}(A_1 x^2 - b^1)] \\ x^2 \end{pmatrix},$$

$$(5.8.1b) \qquad \Phi^{(2)}_{\omega}(x,b) = \begin{pmatrix} x^1 \\ x^2 - \omega[x^2 - D_2^{-1}(A_2 x^1 - b^2)] \end{pmatrix},$$

wobei $x = \begin{pmatrix} x^1 \\ x^2 \end{pmatrix}$, $b = \begin{pmatrix} b^1 \\ b^2 \end{pmatrix}$ und A wie in (1.3b) aufgespalten sei. Die zugehörigen Iterationsmatrizen sind

$$(5.8.2) \qquad M^{(1)}_{\omega} = \begin{bmatrix} (1-\omega)I & \omega D_1^{-1} A_1 \\ 0 & I \end{bmatrix}, \quad M^{(2)}_{\omega} = \begin{bmatrix} I & 0 \\ \omega D_2^{-1} A_2 & (1-\omega)I \end{bmatrix}.$$

Somit ist $M^{\mathbf{SOR}}_{\omega} = M^{(2)}_{\omega} M^{(1)}_{\omega}$. Das *modifizierte SOR-Verfahren* verwendet in beiden Halbschritten verschiedene Relaxationsparameter ω, ω':

$$(5.8.3) \qquad \Phi^{\mathbf{modSOR}}_{\omega,\omega'} := \Phi^{(2)}_{\omega'} \circ \Phi^{(1)}_{\omega}.$$

Wie immer, wenn man weitere Parameter einführt, kann die Konvergenz nicht schlechter werden: Für die Wahl $\omega=\omega'$ stimmt das modifizierte mit dem ursprünglichen SOR-Verfahren überein. Allerdings entnimmt man der Analyse bei Young [2,§8], daß kaum eine Verbesserung gegenüber der SOR-Iteration zu erreichen ist.

5.8.3 SSOR im 2-zyklischen Fall

Im 2-zyklischen Fall kann man die rückwärts durchgeführte SOR-Iteration als $\Phi_\omega^{\mathrm{rSOR}}=\Phi_\omega^{(1)}\circ\Phi_\omega^{(2)}$ mit den in (1a,b) definierten Teilschritten schreiben. Die symmetrische SOR-Iteration hat damit die Gestalt

$$(5.8.4)\qquad \Phi_\omega^{\mathrm{SSOR}} = \Phi_\omega^{(1)}\circ\Phi_\omega^{(2)}\circ\Phi_\omega^{(2)}\circ\Phi_\omega^{(1)}.$$

Übungsaufgabe 5.8.1 Man zeige: **(a)** Für die SSOR-Iterationsmatrix $M_\omega^{\mathrm{SSOR}}=M_\omega^{(1)}M_\omega^{(2)}M_\omega^{(2)}M_\omega^{(1)}$ gilt

$$(5.8.5)\qquad \rho(M_\omega^{(1)}M_\omega^{(2)}M_\omega^{(2)}M_\omega^{(1)}) = \rho(M_\omega^{(2)}M_\omega^{(2)}M_\omega^{(1)}M_\omega^{(1)}).$$

(b) Es ist $M_\omega^{(1)}M_\omega^{(1)} = M_{\omega'}^{(1)}$ und $M_\omega^{(2)}M_\omega^{(2)} = M_{\omega'}^{(2)}$ mit $\omega':=\omega(2-\omega)$.
(c) Für $0<\omega<2$ ist $0<\omega'\leqslant 1$. $\omega'=1$ gilt nur für $\omega=1$.

Mit Übungsaufgabe 1 erhält man die folgende negative Aussage:

Folgerung 5.8.2 Im 2-zyklischen Fall gilt $\rho(M_\omega^{\mathrm{SSOR}})=\rho(M_{\omega'}^{\mathrm{SOR}})$ mit $\omega':=\omega(2-\omega)\leqslant 1$ für alle $0<\omega<2$. Nach Satz 6.5 ist Unterrelaxation $(\omega'<1)$ stets langsamer als das Gauß-Seidel-Verfahren $(\omega'=1)$. Somit ist $\omega=1$ der optimale Parameter, für den sich das SSOR-Verfahren zum symmetrischen Gauß-Seidel-Verfahren vereinfacht (vgl. Alefeld [2]).

Daß anders als in Folgerung 4.8.15 keine Ordnungsverbesserung möglich ist, liegt daran, daß die Bedingung $\rho(D^{-1}ED^{-1}E^H)\leqslant 1/4$ nicht erfüllt ist. Im 2-zyklischen Fall ist $\rho(D^{-1}ED^{-1}E^H)=\rho(D_1^{-1}A_1D_2^{-1}A_2)=$ $=\rho(M^{\mathrm{GS}})\approx 1$ (vgl. Satz 5.1).

5.8.4 Unsymmetrisches SOR-Verfahren

Im folgenden braucht A nicht 2-zyklisch zu sein. Das unsymmetrische SOR-Verfahren ist nur deshalb hier erwähnt, weil es in Analogie zum modifizierten Gauß-Seidel-Verfahren aus §5.8.2 konstruiert wird. Das SSOR-Verfahren ist das Produkt $\Phi_\omega^{\mathrm{SSOR}}=\Phi_\omega^{\mathrm{rSOR}}\circ\Phi_\omega^{\mathrm{SOR}}$ (vgl. (4.8.16)). Man kann in beiden Faktoren unterschiedliche Parameter verwenden. Das unsymmetrische SOR-Verfahren lautet demgemäß

$$(5.8.6)\qquad \Phi_{\omega,\omega'}^{\mathrm{unsymSOR}} := \Phi_{\omega'}^{\mathrm{rSOR}}\circ\Phi_\omega^{\mathrm{SOR}}.$$

Auch hier ergibt sich kein Vorteil gegenüber dem SSOR-Verfahren. Insbesondere verliert die Iterationsmatrix die Eigenschaft, ein reelles Spektrum zu besitzen.

6. Analyse für M–Matrizen

6.1 Positive Matrizen

Die Positivdefinitheit $A > 0$ definiert eine partielle Ordnungsrelation auf der Algebra der Hermiteschen Matrizen. Eine *andere* Ordnungsrelation auf der Algebra aller reellen Matrizen ist durch elementweise Ungleichungen definiert:

$$(6.1.1a) \qquad A > B \quad :\Longleftrightarrow \quad a_{\alpha\beta} > b_{\alpha\beta} \quad \text{für alle } \alpha, \beta \in I,$$

$$(6.1.1b) \qquad A \geqslant B \quad :\Longleftrightarrow \quad a_{\alpha\beta} \geqslant b_{\alpha\beta} \quad \text{für alle } \alpha, \beta \in I.$$

In diesem Kapitel werden die Zeichen «>» und «$\geqslant$» nur in der komponentenweisen Bedeutung (1a,b) verwandt werden.

Bemerkung 6.1.1 Man beachte, daß aus $A \geqslant B$ und $A \neq B$ noch nicht $A > B$ folgt (Gegenbeispiel: $A = \left(\begin{smallmatrix} 0 & 1 \\ 0 & 0 \end{smallmatrix} \right)$, $B = \left(\begin{smallmatrix} 0 & 0 \\ 0 & 0 \end{smallmatrix} \right)$). Deshalb wird gelegentlich die Notation (1c) verwandt:

$$(6.1.1c) \qquad A \gneqq B \quad :\Longleftrightarrow \quad A \geqslant B \quad \text{und} \quad A \neq B.$$

Die *positiven Matrizen* sind durch

$$(6.1.2a) \qquad A > 0$$

charakterisiert (also $a_{\alpha\beta} > 0$ für alle $\alpha, \beta \in I$), die *nichtnegativen Matrizen* durch

$$(6.1.2b) \qquad A \geqslant 0.$$

Bemerkung 6.1.2 Für $A, B \geqslant 0$ gilt $A + B \geqslant 0$ und $AB \geqslant 0$. $AB > 0$ folgt aus $A, B > 0$, während es für $A + B > 0$ ausreicht, daß eine der Matrizen $A, B \geqslant 0$ positiv ist.

Analoge Ordnungsrelationen können für Vektoren verwendet werden:

$$x \geqslant y \quad :\Longleftrightarrow \quad x_{\alpha} \geqslant y_{\alpha} \quad \text{für alle } \alpha \in I,$$

und analog $x > y$, $x \leqslant y$, $x < y$, $x \gneqq y$, etc.

Übungsaufgabe 6.1.3 Man zeige: **(a)** $Ax \geqslant By$ für $A \geqslant B \geqslant 0$, $x \geqslant y \geqslant 0$. Insbesondere ist $Ax \geqslant 0$ für $A \geqslant 0$, $x \geqslant 0$.
(b) A ist genau dann positiv, wenn $Ax > 0$ für alle $x \gneqq 0$.

Der «Betrag» einer Matrix (eines Vektors) ist wieder eine Matrix (Vektor) und wird komponentenweise definiert (nicht mit einer Norm verwechseln!):

$$(6.1.3a) \qquad |A| := (|a_{\alpha\beta}|)_{\alpha,\beta \in I} \in R^{I \times I},$$

$$(6.1.3b) \qquad |x| := (|x_{\alpha}|)_{\alpha \in I} \in R^{I}.$$

Die definierten Ordnungsrelationen passen besonders gut zur Maximumnorm bzw. Zeilensummennorm:

Übungsaufgabe 6.1.4 Man zeige:

(6.1.4a) $\| x \|_\infty = \| | x | \|_\infty, \quad x \geqslant y \geqslant 0 \implies \| x \|_\infty \geqslant \| y \|_\infty \qquad (x, y \in K^I),$

(6.1.4b) $\| A \|_\infty = \| | A | \|_\infty, \quad A \geqslant B \geqslant 0 \implies \| A \|_\infty \geqslant \| B \|_\infty \qquad (A, B \in K^{I \times I}).$

Viele Eigenschaften positiver Matrizen entsprechen denen der positiv definiten Matrizen. Im Gegensatz zu (2.10.3f) erhält man jedoch in

Übungsaufgabe 6.1.5 A und A^{-1} können nie zugleich positiv sein.

6.2 Graph einer Matrix und irreduzible Matrizen

Definition 6.2.1 Sei $A \in K^{I \times I}$ eine Matrix zur Indexmenge I. Als *Graph* $G(A)$ der Matrix A wird die folgende Teilmenge aller Paare aus $I \times I$ bezeichnet:

(6.2.1) $G(A) = \{ (\alpha, \beta) \in I \times I : \ a_{\alpha\beta} \neq 0 \}.$

Die Menge $G(A)$ veranschaulicht man wie folgt. Die Indizes $\alpha \in I$ heißen *Knoten*, während $(\alpha, \beta) \in G(A)$ als (gerichtete) *Kante* von Knoten α nach Knoten β bezeichnet und graphisch als Pfeil von α nach β dargestellt wird (vgl. Abb. 1). Die Kanten (α, α), die definitionsgemäß in jedem Matrixgraphen enthalten sind, werden der Einfachheit halber nicht eingezeichnet. Falls $a_{\alpha\beta} \neq 0$ und $a_{\beta\alpha} \neq 0$, sind die Knoten α und β in beiden Richtungen verbunden (vgl. Abb. 1: $\alpha = 3$, $\beta = 4$). Wenn $a_{\alpha\beta} \neq 0$ stets zusammen mit $a_{\beta\alpha} \neq 0$ auftritt, hat die Matrix A eine *symmetrische Struktur*. In diesem Falle sind alle Kanten beidseitig gerichtet, so daß man bei der Darstellung auf die Wiedergabe der Richtungen verzichten kann (vgl. Abb. 2).

$$\begin{bmatrix} 0 & 1 & 0 & 0 \\ 0 & 0 & 1 & 0 \\ 1 & 0 & 0 & 1 \\ 1 & 0 & 1 & 0 \end{bmatrix}$$

Matrix A Graph $G(A)$

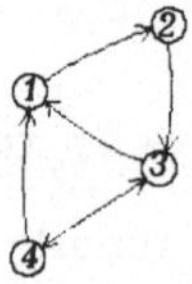

$$\begin{bmatrix} 0 & 1 & 0 & 0 & 1 \\ 1 & 0 & 0 & 0 & 1 \\ 0 & 0 & 0 & 1 & 0 \\ 0 & 0 & 2 & 0 & 0 \\ 2 & 2 & 0 & 0 & 0 \end{bmatrix}$$

Matrix A Graph $G(A)$

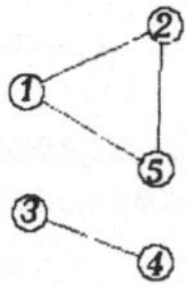

Abb. 6.2.1 gerichteter Graph einer Matrix

Abb. 6.2.2 Matrix mit symmetrischer Struktur

Der Graph $G(A)$ ist minimal für eine Diagonalmatrix: $G(A) = \{ (\alpha, \alpha) : \alpha \in I \}$ und maximal für vollbesetzte Matrizen: $G(A) = I \times I$.

Existiert die Kante $(\alpha, \beta) \in G(A)$, so heißt «$\underline{\alpha}$ _direkt_ _mit_ β _verbunden_». Dagegen heißt «$\underline{\alpha}$ _mit_ β _verbunden_», wenn es eine Kette direkter Verbindungen gibt:

$$(6.2.2) \quad \begin{array}{l} \alpha = \alpha_0, \ \alpha_1, \ \alpha_2, \ \ldots, \ \alpha_{k-1}, \ \alpha_k = \beta \\[4pt] \text{mit } k \in \mathbb{N}, \quad (\alpha_{i-1}, \alpha_i) \in G(A) \ \text{ für alle } i = 1, 2, \ldots, k. \end{array}$$

Übungsaufgabe 6.2.2 Man zeige: **(a)** Die Relation «α ist mit β verbunden» ist transitiv, aber nicht notwendigerweise symmetrisch. **(b)** Sei $n := \#I$. Wenn α mit β verbunden ist, kann die Kette (2) stets so gewählt werden, daß ihre Länge $k < n$ beträgt.

Definition 6.2.3 Eine Matrix $A \in \mathbb{K}^{I \times I}$ heißt _irreduzibel_, wenn jedes $\alpha \in I$ mit jedem $\beta \in I$ verbunden ist. Andernfalls heißt A _reduzibel_.

Bemerkung 6.2.4 A ist genau dann reduzibel (zerlegbar), wenn man die Indizes so anordnen kann, daß A die Blockgestalt

$$(6.2.3) \qquad A = \left[\begin{array}{c|c} A^{11} & A^{12} \\ \hline 0 & A^{22} \end{array}\right] \begin{array}{l} \} \ I_1 \\[6pt] \} \ I_2 \end{array} \qquad (A^{11}, A^{22}: \text{quadratische Blöcke!})$$

$$\underbrace{\qquad}_{I_1} \underbrace{\qquad}_{I_2}$$

mit nichtleeren Indexteilmengen $I_1, I_2 \subset I$ annimmt.

Beweis. (i) A habe die Gestalt (3). Man wähle $\alpha \in I_2$, $\beta \in I_1$. Angenommen, eine Kette (2) existiert, die α mit β verbindet, so muß es eine Kante $(\alpha_{\ell-1}, \alpha_\ell) \in G(A)$ mit $\alpha_{\ell-1} \in I_2$ und $\alpha_\ell \in I_1$ geben. Der Widerspruch ergibt sich aus $a_{\alpha_{\ell-1}, \alpha_\ell} = 0$, da dieses Element im Block $A^{21} = 0$ liegt. Also ist α nicht mit β verbunden und A damit reduzibel.

(ii) Sei A reduzibel. Dann müssen Indizes $\alpha, \beta \in I$ existieren, so daß α nicht mit β verbunden ist. Man wähle

$$I_1 := \{\gamma \in I: \ \gamma \text{ mit } \beta \text{ verbunden}\}, \qquad I_2 := I \setminus I_1.$$

Die Mengen sind nicht leer, da $\beta \in I_1$, $\alpha \in I_2$. Man numeriere zunächst I_1, dann I_2 durch. Ein Element $a_{\delta\gamma}$ aus dem Block A^{21} hat die Indizes $\delta \in I_2$, $\gamma \in I_1$. Es muß $a_{\delta\gamma} = 0$ gelten, da sonst δ mit γ und dieses nach Definition von I_1 mit β verbunden ist, so daß $\delta \in I_1$ im Widerspruch zu $\delta \in I_2$ gälte. ⊟

Übungsaufgabe 6.2.5 Man zeige: **(a)** Die Matrix A aus Abb. 1 ist irreduzibel, nicht jedoch diejenige aus Abb. 2.
(b) Hat A symmetrische Struktur, so ist A genau dann irreduzibel, wenn der Graph $G(A)$ zusammenhängend ist.
(c) Dreiecks- und Diagonalmatrizen mit $\#I > 1$ sind reduzibel.
(d) Die Matrix des Poisson-Modellproblems ist irreduzibel.

Im Zusammenhang mit Gleichungssystemen erlauben reduzible Matrizen eine _Reduktion_ des Systems: Wenn A reduzibel ist und $\{I_1, I_2\}$

die Blockstruktur aus (3) ist, kann $Ax=b$ in zwei Schritten über die kleineren Gleichungssysteme

$$A^{22}x^2 = b^2, \qquad A^{11}x^1 = b^1 - A^{12}x^2$$

gelöst werden.

Übungsaufgabe 6.2.6 Für nichtnegative Matrizen $A,B \geqslant 0$ und positive Zahlen α,β gilt $G(\alpha A + \beta B) = G(A) \cup G(B)$.

Bemerkung 6.2.7 Sei $G_k(A) := \{(\alpha,\beta) \in I \times I$: es existiert eine Kette (2) der Länge $\leqslant k$, die α mit β verbindet$\}$. Ferner sei $n := \#I$. Dann gilt:
(a) $G(A) = G_1(A) \subset G_2(A) \subset \ldots \subset G_{k-1}(A) \subset G_k(A) \subset \ldots$
(b) $G_k(A) = G_{n-1}(A)$ für alle $k \geqslant n-1$.
(c) A ist genau dann irreduzibel, wenn $G_{n-1}(A) = I \times I$.
(d) Für $A \geqslant 0$ gilt $G_k(A) = G([I+A]^k)$.
(e) Ist $A \geqslant 0$ irreduzibel, so gilt $(I+A)^{n-1} > 0$ und $\sum_{\nu=0}^{n-1} A^\nu > 0$.

Beweis. zu (a): Eine Kette (2) der Länge $k=1$ ist eine direkte Verbindung, d.h. eine Kante aus $G(A)$. Umgekehrt liegt jede Kante aus $G(A)$ in $G_1(A)$, so daß $G(A) = G_1(A)$.

zu (b): gemäß Übungsaufgabe 2b.

zu (c): Wenn α mit β verbunden ist, muß (α,β) nach (a) und (b) zu $G_{n-1}(A)$ gehören. Dies beweist die Behauptung (c).

zu (d): (i) Da in (d) und (e) nichtnegative Matrizen $A \geqslant 0$ vorliegen, kann die Bedingung $a_{\alpha\beta} \neq 0$ aus Definition 1 durch $a_{\alpha\beta} > 0$ ersetzt werden. Sei $A' := I+A$ und $(\alpha_0,\alpha_k) \in G_k(A)$, d.h. es gibt eine Kette direkter Verbindungen $(\alpha_{\ell-1},\alpha_\ell) \in G(A)$ für $1 \leqslant \ell \leqslant k$. Der Koeffizient

$$(6.2.4a) \qquad (A'^k)_{\alpha_0,\alpha_k} = \sum_{\beta_1,\ldots,\beta_{k-1} \in I} a'_{\alpha_0\beta_1} a'_{\beta_1\beta_2} \cdots \cdot a'_{\beta_{k-1}\alpha_k}$$

der Matrix A'^k ist wegen $A' \geqslant 0$ durch

$$(6.2.4b) \qquad (A'^k)_{\alpha_0,\alpha_k} \geqslant a'_{\alpha_0\alpha_1} a'_{\alpha_1\alpha_2} \cdots \cdot a'_{\alpha_{k-1}\alpha_k}$$

abschätzbar. Für $\alpha_{\ell-1} \neq \alpha_\ell$ folgt $a'_{\alpha_{\ell-1}\alpha_\ell} > 0$ aus $(\alpha_{\ell-1},\alpha_\ell) \in G(A)$, während für $\alpha_{\ell-1} = \alpha_\ell$ das Diagonalelement $a'_{\alpha_\ell\alpha_\ell} = 1 + a_{\alpha_\ell\alpha_\ell} \geqslant 1 > 0$ erfüllt. Also sind alle in (4a) auftretenden Faktoren $a'_{\alpha_{\ell-1}\alpha_\ell}$ positiv, so daß $(A'^k)_{\alpha_0,\alpha_k} > 0$ folgt und $(\alpha_0,\alpha_k) \in G(A'^k)$ beweist: $G_k(A) \subset G(A'^k)$.

(ii) Ist umgekehrt $(\alpha_0,\alpha_k) \in G(A'^k)$, muß es in der rechten Seite von (4a) einen positiven Summanden geben. Die zugehörigen Koeffizienten $\alpha_0, \beta_1, \ldots, \beta_{k-1}, \alpha_k$ bilden eine Kette (2) von Kanten aus $G(A)$ der Länge k, so daß $(\alpha_0,\alpha_k) \in G_k(A)$. Also ist auch $G(A'^k) \subset G_k(A)$ beweisen.

zu (e): Offenbar gilt $B := (I+A)^{n-1} \geqslant 0$ (vgl. Bemerkung 1.2). Für irreduzibles A ist

$$I \times I \underset{(c)}{=} G_{n-1}(A) \underset{(d)}{=} G((I+A)^{n-1}) = G(B),$$

so daß stets $(\alpha,\beta) \in G(B)$, also $B_{\alpha\beta} > 0$ gilt. Dies beweist $B > 0$. Der Fall $\sum A^\nu$ ist analog.

6.3 Perron-Frobenius-Theorie positiver Matrizen

Hauptresultat dieses Abschnittes ist der

Satz 6.3.1 (Perron [1], Frobenius [1]) Sei $n := \#I > 1$. $A \geqslant 0$ sei irreduzible Matrix aus $\mathbb{R}^{I \times I}$. Dann gilt

(6.3.1a) $\quad \rho(A) > 0$ ist *einfacher Eigenwert* von A,

(6.3.1b) $\quad$ zu $\lambda = \rho(A)$ gehört ein *positiver Eigenvektor* $x > 0$,

(6.3.1c) $\quad \rho(B) > \rho(A)$ für alle $B \gneqq A$.

Der Beweis dieses Satzes wird durch die Lemmata 2-6 vorbereitet. Wir beginnen mit einigen Hilfskonstruktionen. Die Menge

$$E := \{ x \in \mathbb{R}^I : \ \|x\|_\infty = 1, \ x \geqslant 0 \}$$

besteht aus Vektoren $x \geqslant 0$ mit mindestens einer Komponente $x_\alpha = 1$.

Lemma 6.3.2 Sei $A \geqslant 0$. Die Menge

(6.3.2a) $\quad K := \{ (x, \rho) \in E \times \mathbb{R} : \rho \geqslant 0, \ Ax \geqslant \rho x \}$

ist kompakt (d.h. abgeschlossen und beschränkt). Das Maximum

(6.3.2b) $\quad r := \max \{ \rho : (x, \rho) \in K \text{ für ein } x \in E \}$

wird angenommen. Für jedes Paar $(y, r) \in K$ gilt

(6.3.2c) $\quad Ay \geqslant ry$ und *nicht* $Ay > ry$.

Beweis. (i) Haben $(x_\nu, \rho_\nu) \in K$ den Limes (x, ρ), so folgt aus $Ax_\nu \geqslant \rho_\nu x_\nu$ auch $Ax \geqslant \rho x$, so daß $(x, \rho) \in K$ die Abgeschlossenheit von K beweist.

(ii) Die Beschränktheit von x ist wegen $\|x\|_\infty = 1$ trivial. Die Komponente ρ von $(x, \rho) \in K$ ist durch

(6.3.2d) $\quad 0 \leqslant \rho \leqslant \|A\|_\infty$

beschränkt, denn für den Index $\alpha \in I$ mit $x_\alpha = 1$ gilt $\rho = \rho x_\alpha \leqslant (Ax)_\alpha \leqslant \|Ax\|_\infty \leqslant \|A\|_\infty \|x\|_\infty \leqslant \|A\|_\infty$. Dies beendet den Beweis der Kompaktheit von K.

(iii) Sei r das Supremum von $\{ \rho : (x, \rho) \in K \text{ für ein } x \in E \}$. Es gibt $(x_\nu, \rho_\nu) \in K$ mit $\rho_\nu \to r$. Da K kompakt ist, konvergiert eine Teilfolge gegen $(y, r) \in K$. Nach Definition von K muß $Ay \geqslant ry$ gelten. Wäre $Ay > ry$, könnte offenbar r erhöht werden im Widerspruch zur Maximalität von r.   ▨

Lemma 6.3.3 Sei $A \geqslant 0$ irreduzibel mit $n := \#I > 1$. r sei gemäß (2b) definiert, und $y \in E$ erfülle (2c). Dann gilt

(6.3.3) $\quad r > 0, \ y > 0, \ Ay = ry,$

d.h. y ist positiver Eigenvektor von A zum positiven Eigenwert r.

Beweis. (i) Der Restvektor $z := Ay - ry$ ist wegen (2c) nichtnegativ. Unter der Annahme $z \neq 0$ liefert Bemerkung 2.7e, daß $(I+A)^{n-1}z > 0$ und somit

$$(6.3.4) \qquad 0 < (I+A)^{n-1}z = (I+A)^{n-1}(Ay - ry) = (I+A)^{n-1}(A - rI)y =$$
$$= (A - rI)(I+A)^{n-1}y = Ay' - ry' \qquad \text{für } y' := (I+A)^{n-1}y.$$

Aus $y \geqslant 0$ schließt man wieder $y' = (I+A)^{n-1}y > 0$. Der normierte Vektor $y'' := y' / \| y' \|_\infty$ gehört zu E. Aus $Ay' > ry'$ folgt $(y'', r) \epsilon K$ und $Ay'' > ry''$ im Widerspruch zu (2c). Also ist die Annahme $z \neq 0$ falsch. Da $z \geqslant 0$, bleibt nur die Alternative $z = 0$, was $Ay = ry$ beweist.

(ii) Wie in (i) schon verwendet, ist $(I+A)^{n-1}y > 0$. Die Eigenwertbeziehung $Ay = ry$ liefert hieraus $(1+r)^{n-1}y > 0$. Da $1+r \geqslant 1 > 0$, folgt $y > 0$.

(iii) Wäre $r = 0$, so gälte $Ay = ry = 0$. Aus $Ay = 0$ und $y > 0$ schließt man $A = 0$. Da $n > 1$, wäre A reduzibel. Also muß $r > 0$ gelten.   ☒

Lemma 6.3.4 Seien A irreduzibel und $|B| \leqslant A$. Dann gilt

$$(6.3.5a) \qquad \rho(B) \leqslant r \qquad\qquad\qquad (r \text{ gemäß (2b))},$$

$$(6.3.5b) \qquad \rho(B) = r \iff |B| = A, \quad B = \omega D A D^{-1}, \quad |D| = I, \quad |\omega| = 1.$$

Beweis. (i) Seien $\beta \epsilon \sigma(B)$ und y zugehöriger, normierter Eigenvektor: $By = \beta y$, $\| y \|_\infty = 1$. Wegen

$$|\beta| |y| = |\beta y| = |By| \leqslant |B| |y| \leqslant A |y|$$

gehört $(|y|, |\beta|)$ zu K und beweist $|\beta| \leqslant r$. Da $\beta \epsilon \sigma(B)$ beliebig, ist (5a): $\rho(B) \leqslant r$ gezeigt.

(ii) Sei $|\beta| = r$. Mit y aus (i) gilt $(|y|, r) \epsilon K$. Nach Lemma 3 ist $|y| > 0$ Eigenvektor von A: $A|y| = r|y|$. Die Ungleichung

$$r|y| = |\beta| |y| \underset{\text{s.o.}}{\leqslant} |B| |y| \underset{\text{s.o.}}{\leqslant} A|y| = r|y|$$

impliziert $|B| |y| = A|y|$. Da $|y| > 0$ und $|B| \leqslant A$, folgt $|B| = A$. Die Definition $D := \text{diag} \{ y_\alpha / |y_\alpha| : \alpha \epsilon I \}$ ist wegen $|y| > 0$ sinnvoll und führt auf $D|y| = y$. Ferner sei $\omega := \beta / r$ ($r > 0$ nach Lemma 3). Die Bedingungen $|D| = I$ und $|\omega| = 1$ sind erfüllt. Die Eigenwertgleichung $By = \beta y$ wird zu

$$\tfrac{1}{\omega} D^{-1} B D |y| = r|y|.$$

Die Matrix $C := \tfrac{1}{\omega} D^{-1} B D$ erfüllt $|C| = |B| = A$ und $C|y| = r|y| = A|y| = |C| |y|$. Wegen $|y| > 0$ schließt man auf $C = |C| = A$. Damit ist die Richtung «⟹» in (5b) bewiesen.

(iii) Ist umgekehrt die rechte Seite von (5b) erfüllt, hat B einen Eigenwert $\beta = \omega r$, was $|\beta| = r$ und mit Teil (i) auch $\rho(B) = r$ beweist.   ☒

Lemma 6.3.5 Für eine irreduzible Matrix $A \geqslant 0$ ist $r = \rho(A)$.

Beweis. Die rechte Seite in (5b) ist für $B := A$ mit $D = I$ und $\omega = 1$ erfüllt. Also gilt $r = \rho(B) = \rho(A)$.   ☒

Lemma 6.3.6 Sei $A \geqslant 0$ irreduzibel. B sei eine echte *Hauptuntermatrix* von A, d.h. $B = (a_{\alpha\beta})_{\alpha,\beta \in I'}$ für eine nichtleere Indexteilmenge $I' \subsetneqq I$. Dann gilt $\rho(B) < \rho(A)$.

Beweis. Die Matrix $B' := (b'_{\alpha\beta})_{\alpha,\beta \in I}$ mit $b'_{\alpha\beta} = \begin{cases} a_{\alpha\beta} = b_{\alpha\beta} & \text{für } \alpha,\beta \in I' \\ 0 & \text{sonst} \end{cases}$ ist die Blockdiagonalmatrix blockdiag$(B,0)$ bezüglich der Blockstruktur $\{I', I \setminus I'\}$. Die Gleichheit $\sigma(B') = \sigma(B) \cup \{0\}$ beweist $\rho(B') = \rho(B)$. Offenbar gilt $|B'| = B' \leqslant A$. Da B' reduzibel ist, kann die rechte Seite in (5b) für B' und A nicht erfüllt sein, so daß $\rho(B) = \rho(B') < \rho(A)$ folgt. $\blacksquare$

Beweis des Satzes 1. (i) Nach Lemma 5 ist $r = \rho(A)$, während Lemma 3 beweist, daß $r = \rho(A) > 0$ ein Eigenwert mit einem positiven Eigenvektor ist.

(ii) Wenn $B \gneqq A$, ist wegen $G(B) \supset G(A)$ mit A auch B irreduzibel. Da $A = |A| \lneqq B$, schließt man aus Lemma 4 mit vertauschten Rollen von A und B, daß $\rho(A) < r_B$, wobei $r_B = \rho(B)$ der zu B gehörige Wert r aus (2b) ist.

(iii) Es bleibt (1a) zu zeigen: $\lambda = \rho(A)$ ist einfacher Eigenwert. Seien A_γ für $\gamma \in I$ die Hauptuntermatrizen zur Indexmenge $I_\gamma := I \setminus \{\gamma\}$. Die Ableitung der Determinante von $\lambda I - A$ lautet

$$(6.3.6) \qquad \frac{d}{d\lambda} \det(\lambda I - A) = \sum_{\gamma \in I} \det(\lambda I - A_\gamma).$$

Da $\rho(A_\gamma) < \rho(A)$ nach Lemma 6, ist $\det(\lambda I - A_\gamma) \neq 0$ für alle $\lambda \geqslant \rho(A)$. Das Polynom $\det(\lambda I - A_\gamma) = \lambda^{n-1} + \ldots$ strebt für $\lambda \to \infty$ gegen $+\infty$, so daß es im halboffenen Intervall $[\rho(A), \infty)$ positiv sein muß. Aus $\det(\lambda I - A_\gamma) > 0$ und (6) schließt man

$$\frac{d}{d\lambda} \det(\lambda I - A) > 0 \qquad\qquad \text{für } \lambda \geqslant \rho(A).$$

Da eine doppelte Nullstelle von $\det(\lambda I - A)$ in $\lambda = \rho(A)$ zu einer verschwindenden Ableitung führen würde, ist $\lambda = \rho(A)$ nur einfache Nullstelle und damit auch einfacher Eigenwert. $\blacksquare$

Übungsaufgabe 6.3.7 Man beweise: Der Eigenwert $\lambda = \rho(A)$ einer irreduziblen Matrix $A \geqslant 0$ ist der einzige mit der Eigenschaft $|\lambda| = \rho(A)$. *Hinweis.* Man zeige: Der zu λ mit $|\lambda| = \rho(A)$ gehörende Eigenvektor x liefert einen Vektor $y := |x|$, der (2c) erfüllt. Man wende Lemma 3 an.

Übungsaufgabe 6.3.8 Man zeige: Ist $x > 0$ der Eigenvektor einer irreduziblen Matrix $A \geqslant 0$, so gehört dieser zum Eigenwert $\lambda = \rho(A)$.

Die Irreduziblität von A, die in Satz 1 gefordert wird, ist insbesondere für positive $A > 0$ gesichert. Läßt man dagegen auch reduzible $A \geqslant 0$ zu, sind nicht mehr alle Behauptungen des Satzes richtig.

Übungsaufgabe 6.3.9 Man zeige: Es gibt reduzible Matrizen $A \geqslant 0$, so daß $\rho(A)$ mehrfacher Eigenwert ist und die zugehörigen Eigenvektoren $x \geqslant 0$ Komponenten $x_\alpha = 0$ besitzen.

Die für möglicherweise auch reduzible Matrizen $A \geqslant 0$ verbleibenden Eigenschaften enthält der

---

Satz 6.3.10 Sei $A \geqslant 0$. Dann gilt

(6.3.7a) $0 \leqslant \rho(A)$ ist *Eigenwert* von A: $\rho(A) \in \sigma(A)$,

(6.3.7b)   zu $\lambda = \rho(A)$ gehört ein *nichtnegativer Eigenvektor* $x \gneqq 0$,

(6.3.7c) $\rho(B) \geqslant \rho(A)$ für alle $B \geqslant A$.

Beweis. (i) Da der Fall $n := \#I = 1$ trivial ist, sei $n > 1$ angenommen. Wir setzen $A_\varepsilon := (a_{\alpha\beta} + \varepsilon)_{\alpha, \beta \in I}$ für $\varepsilon > 0$. Da $G(A_\varepsilon) = I \times I$, ist A_ε irreduzibel. Nach Satz 1 ist $\lambda_\varepsilon = \rho(A_\varepsilon)$ ein Eigenwert von A_ε zum Eigenvektor $x_\varepsilon > 0$, $\|x_\varepsilon\|_\infty = 1$. Weil die Eigenwerte als Polynomnullstellen stetig von A_ε abhängen, ist $\lambda := \lim_{\varepsilon \to 0} \lambda_\varepsilon = \lim_{\varepsilon \to 0} \rho(A_\varepsilon) = \rho(A)$ Eigenwert von A. Da $\{x : \|x\|_\infty = 1\}$ kompakt ist, gibt es eine konvergente Teilfolge $x_{\varepsilon_\nu} \to x$ mit $\|x\|_\infty = 1$ und $x \geqslant 0$. Aus $A_{\varepsilon_\nu} x_{\varepsilon_\nu} = \lambda_{\varepsilon_\nu} x_{\varepsilon_\nu}$ folgt $Ax = \lambda x$, d.h. $x \geqslant 0$ ist Eigenvektor.

(ii) In Analogie zu A_ε sei $B_{2\varepsilon}$ definiert. Aus $B_{2\varepsilon} \gneqq A_\varepsilon$ und $\rho(B_{2\varepsilon}) \geqslant \rho(A_\varepsilon)$ schließt man $\rho(B) \geqslant \rho(A)$ für $\varepsilon \to 0$. ▣

Übungsaufgabe 6.3.11 Für $|B| \leqslant A \in \mathbb{R}^{I \times I}$ zeige man $\rho(B) \leqslant \rho(A)$. *Hinweis.* Grenzprozeß $A_\varepsilon \to A$ in Lemmata 4 und 5.

6.4 M-Matrizen

6.4.1 Definition

Definition 6.4.1 Eine Matrix $A \in \mathbb{R}^{I \times I}$ heißt <u>*M-Matrix*</u>, falls

(6.4.1a) $a_{\alpha\alpha} > 0$ für alle $\alpha \in I$,

(6.4.1b) $a_{\alpha\beta} \leqslant 0$ für alle $\alpha \neq \beta$,

(6.4.1c) A regulär und $A^{-1} \geqslant 0$.

Die Eigenschaften (1a,b) sind leicht nachprüfbar. Schwieriger ist der Nachweis von $A^{-1} \geqslant 0$. Hierfür werden im weiteren Kriterien angegeben werden. Matrizen mit der Eigenschaft (1c) nennt man <u>*inverspositiv*</u>. M-Matrizen sind damit eine Unterklasse der inverspositiven Matrizen. Der Name «M-Matrix» ist von Ostrowski [1] 1937 in Anlehnung an den Namen «Minkowskische Determinante» eingeführt worden.

Übungsaufgabe 6.4.2 Man zeige: Gilt $b \leqslant b'$ für die rechten Seiten der Gleichungen $Ax = b$, $Ax' = b'$, so gilt unter der Annahme (1c) auch $x \leqslant x'$.

Übungsaufgabe 6.4.3 Man zeige am Beispiel einer Tridiagonalmatrix, daß das Produkt $A = A_1 A_2$ zweier M-Matrizen A_1, A_2 im allgemeinen keine M-Matrix darstellt, obwohl A stets inverspositiv ist.

6.4.2 Zusammenhang zwischen M-Matrizen und der Jacobi-Iteration

---

Satz 6.4.4 $A \in \mathbb{R}^{I \times I}$ erfülle (1b): $a_{\alpha\beta} \leq 0$ für alle $\alpha \neq \beta$. $D = \mathrm{diag}\{a_{\alpha\alpha} : \alpha \in I\}$ bezeichne die Diagonale von A. **(a)** Dann sind die folgenden Aussagen (2a) einerseits und ($2b_{1-3}$) andererseits äquivalent:

$$(6.4.2a) \qquad A \text{ regulär und } A^{-1} \geq 0,$$

$$(6.4.2b_1) \qquad a_{\alpha\alpha} > 0 \qquad\qquad\qquad \text{für alle } \alpha \in I,$$

$$(6.4.2b_2) \qquad M := I - D^{-1}A \geq 0,$$

$$(6.4.2b_3) \qquad \rho(M) < 1.$$

(b) Im Falle von (2a) oder ($2b_{1-3}$) ist A eine M-Matrix. Umgekehrt gilt ($2b_{2,3}$) für jede M-Matrix.

Da M aus ($2b_2$) mit der Iterationsmatrix M^{Jac} der punktweisen Jacobi-Iteration übereinstimmt (vgl. (4.2.5a)), beschreibt ($2b_3$) die Konvergenz des Jacobi-Verfahrens.

Beweis. (i) Zuerst sei «(2a) $\Longrightarrow$ ($2b_{1-3}$)» gezeigt. Sei s^γ die $\gamma \in I$ entsprechende Spalte der Matrix A. Aus $A^{-1}A = I$ ergibt sich $A^{-1}s^\gamma = e^\gamma :=$ Einheitsvektor zum Index $\gamma \in I$. Wäre $a_{\gamma\gamma} \leq 0$, gälte $s^\gamma \leq 0$ und (2a) ergäbe den Widerspruch $e^\gamma = A^{-1}s^\gamma \leq 0$. Also ist ($2b_1$) gezeigt. Dank ($2b_1$) ist $D \geq 0$ regulär. Für $A' := D^{-1}A$ findet man die nichtnegative Inverse $A'^{-1} = A^{-1}D$. $M = I - A'$ hat Diagonalelemente $M_{\alpha\alpha} = 1 - 1 = 0$ und nichtnegative Außerdiagonaleinträge $M_{\alpha\beta} = 0 - a_{\alpha\alpha}^{-1}a_{\alpha\beta} \geq 0$ für $\alpha \neq \beta$, so daß ($2b_2$): $M \geq 0$ bewiesen ist. Nach Satz 3.10 gehört zu $\lambda := \rho(M) \in \sigma(M)$ ein Eigenvektor $x \gneq 0$. $Mx = \lambda x$ führt auf $A'^{-1}(1 - \lambda)x = x$. Da $A'^{-1} \geq 0$ regulär und $x \gneq 0$ sind, muß $1 - \lambda > 0$ gelten: $0 \leq \rho(M) = \lambda < 1$. Damit ist auch ($2b_3$) gezeigt.

(ii) Zum Beweis von «($2b_{1-3}$) $\Longrightarrow$ (2a)» verwenden wir Satz 2.9.10: Da $\rho(M) < 1$, konvergiert $(I - M)^{-1} = \sum M^\nu$ und ist wegen $M \geq 0$ nichtnegativ. $0 \leq (I - M)^{-1}D^{-1} = (D^{-1}A)^{-1}D^{-1} = A^{-1}DD^{-1} = A^{-1}$ beweist (2a).

(iii) Gilt (2a) oder ($2b_{1-3}$), so treffen beide Eigenschaften zu. Die M-Matrixeigenschaften liest man aus den Eigenschaften ($2b_1$), (2a) ab. ❑

Zusatz 6.4.5 $A \in \mathbb{R}^{I \times I}$ erfülle (1b): $a_{\alpha\beta} \leq 0$ für alle $\alpha \neq \beta$. D und M seien wie in Satz 4. Dann sind die folgenden Aussagen (3a) und (3b) äquivalent:

$$(6.4.3a) \qquad A \text{ regulär und } A^{-1} > 0,$$

$$(6.4.3b) \qquad a_{\alpha\alpha} > 0 \ (\alpha \in I), \quad M \geq 0, \quad \rho(M) < 1, \quad M \text{ irreduzibel.}$$

Beweis. «(3a) $\Longrightarrow$ (3b)» Wäre A reduzibel, gäbe es eine Blockstruktur $\{I_1, I_2\}$ mit $A^{21} = 0$. Die Inverse $C := A^{-1}$ hätte die Blöcke $C^{ii} = (A^{ii})^{-1}$, $C^{12} = -(A^{11})^{-1}A^{12}(A^{22})^{-1}$ und insbesondere $C^{21} = 0$ im Widerspruch zu $A^{-1} > 0$. Also ist A irreduzibel. Da $G(A) = G(M)$, ist auch M irreduzibel.

«(3b) $\Longrightarrow$ (3a)» Nach dem vorigen Beweisteil (ii) ist $A^{-1} = (\sum M^\nu)D^{-1}$. Hieraus folgt $A^{-1} > 0$, da $\sum M^\nu$ nach Bemerkung 2.7e positiv ist. ❑

Dem Satz 4 entnimmt man, daß in der Definition 1 der M-Matrix die Bedingung (1a): $a_{\alpha\alpha} > 0$ entfallen kann, da sie aus (1b,c) notwendigerweise folgt. Die folgende Eigenschaft ist das diskrete Analogon des Maximumprinzips elliptischer Differentialgleichungen (vgl. Hackbusch [15,Satz 2.3.3]).

Übungsaufgabe 6.4.6 Man beweise: Eine irreduzible M-Matrix A hat eine positive Inverse: $A^{-1} > 0$.

6.4.3 Diagonaldominanz

Definition 6.4.7 Sei $A \in \mathbb{K}^{I \times I}$. A heißt _stark diagonaldominant_, wenn

$$(6.4.4) \qquad |a_{\alpha\alpha}| > \sum_{\substack{\beta \in I \\ \beta \neq \alpha}} |a_{\alpha\beta}| \qquad\qquad \text{für alle } \alpha \in I,$$

schwach diagonaldominant, falls

$$(6.4.5) \qquad |a_{\alpha\alpha}| \geqslant \sum_{\substack{\beta \in I \\ \beta \neq \alpha}} |a_{\alpha\beta}| \qquad\qquad \text{für alle } \alpha \in I$$

und _irreduzibel diagonaldominant_, falls A eine irreduzible Matrix und schwach diagonaldominant ist und außerdem (6) gilt:

$$(6.4.6) \qquad |a_{\alpha\alpha}| > \sum_{\substack{\beta \in I \\ \beta \neq \alpha}} |a_{\alpha\beta}| \qquad\qquad \text{für mindestens ein } \alpha \in I.$$

Falls A nicht irreduzibel ist, hilft die folgende Verallgemeinerung.

Definition 6.4.8 Für $A \in \mathbb{K}^{I \times I}$ und $\gamma \in I$ sei $G_\gamma := \{\beta \in I: \gamma \text{ mit } \beta \text{ im Matrixgraphen } G(A) \text{ verbunden}\}$ gesetzt. Dann heißt A _im wesentlichen diagonaldominant_, wenn A schwach diagonaldominant ist und für alle $\gamma \in I$ die Bedingung (7) zutrifft:

$$(6.4.7) \qquad |a_{\alpha\alpha}| > \sum_{\substack{\beta \in I \\ \beta \neq \alpha}} |a_{\alpha\beta}| \qquad\qquad \text{für mind. ein } \alpha \in G_\gamma.$$

Übungsaufgabe 6.4.9 Man zeige: **(a)** Für irreduzible Matrizen sind die wesentliche und die irreduzible Diagonaldominanz äquivalent.
(b) Es gelten die Implikationen: stark diagonaldominant $\Longrightarrow$ im wesentlichen diagonaldominant $\Longrightarrow$ schwach diagonaldominant.
(c) Ist A stark, irreduzibel oder im wesentlichen diagonaldominant, so sind die Diagonalelemente $a_{\alpha\alpha} \neq 0$.
(d) Die Matrix des Modellproblems aus §1.2 ist irreduzibel diagonaldominant, aber nicht stark diagonaldominant.

Daß die Diagonaldominanz einer Matrix zusammen mit den Vorzeichenbedingungen (1a,b) hinreichend für die M-Matrixeigenschaft ist, zeigt der folgende Satz, der üblicherweise mit Hilfe der Gerschgorin-Kreise (vgl. Hackbusch [15, Krit. 4.3.4]), hier jedoch mit den Resultaten aus §6.3 bewiesen wird.

> **Satz 6.4.10 (a)** Die Matrix $A \in \mathbb{K}^{I \times I}$ sei stark diagonaldominant oder im wesentlichen diagonaldominant oder irreduzibel diagonaldominant. Dann gilt
>
> (6.4.8) $\rho(M) < 1$
>
> für die Jacobi-Iterationsmatrix $M := I - D\ A$ (D: Diagonale von A). **(b)** Sind außerdem die Vorzeichenbedingungen (1a,b) erfüllt, ist A eine *M-Matrix*.

Beweis. (i) Nach Übungsaufgabe 9c ist D regulär, so daß M wohldefiniert ist. $M' := |M|$ hat die Elemente

$$M'_{\alpha\beta} = 0 \quad \text{für } \alpha = \beta, \qquad M'_{\alpha\beta} = |a_{\alpha\beta}/a_{\alpha\alpha}| \quad \text{für } \alpha \neq \beta$$

In Teil (ii) werden wir $\rho(M') < 1$ zeigen. Nach Übungsaufgabe 3.11 ist dann auch $\rho(M) < 1$ und beweist (8). Sind weiterhin die Bedingungen (1a,b) erfüllt, genügt M der Bedingung ($2b_2$): $M \geq 0$. Da auch ($2b_{1,3}$) zutreffen, ist A nach Satz 4b eine M-Matrix.

(ii) Nach Konstruktion ist $M' \geq 0$, so daß zu $\lambda := \rho(M') \in \sigma(M')$ ein Eigenvektor $x \geq 0$ mit $\|x\|_\infty = 1$ existiert. Sei $\alpha \in I$ ein Index mit $x_\alpha = 1$. Wir wollen zeigen: $\lambda < 1$ oder $x_\gamma = 1$ für alle $\gamma \in G_\alpha$, d.h. für alle mit α verbundenen γ. Für einen Induktionsbeweis reicht es offenbar, diese Behauptung für alle γ zu zeigen, die mit α *direkt* verbunden sind, d.h. für γ mit $(\alpha, \gamma) \in G(M')$. Da schwache Diagonaldominanz vorliegt, gilt

$$\lambda = \lambda x_\alpha = (M'x)_\alpha = \Big(\sum_{\beta \neq \alpha} |a_{\alpha\beta}| x_\beta \Big) / |a_{\alpha\alpha}| \leq \Big(\sum_{\beta \neq \alpha} |a_{\alpha\beta}| \Big) / |a_{\alpha\alpha}| \leq 1.$$

Die Gleichheit $\lambda = 1$ kann nur zutreffen, wenn $x_\beta = 1$ für alle β mit $a_{\alpha\beta} \neq 0$, d.h. für alle β mit $(\alpha, \beta) \in G(M') = G(A)$. Damit ist der Induktionsbeweis fertig. Falls $\lambda < 1$, ist $\rho(M') < 1$ gezeigt. Andernfalls muß $x_\gamma = 1$ für alle $\gamma \in G_\alpha$ gelten. Nach Übungsaufgabe 9b ist A im wesentlichen diagonaldominant. Definitionsgemäß gibt es einen Index $\gamma \in G_\alpha$ mit $|a_{\gamma\gamma}| > \sum_{\beta \neq \gamma} |a_{\gamma\beta}|$, so daß wegen $x_\gamma = x_\beta = 1$ für $\gamma, \beta \in G_\alpha$

$$\lambda = \lambda x_\gamma = (M'x)_\gamma = \Big(\sum_{\beta \neq \gamma} |a_{\gamma\beta}| x_\beta \Big) / |a_{\gamma\gamma}| = \Big(\sum_{\beta \neq \gamma} |a_{\gamma\beta}| \Big) / |a_{\gamma\gamma}| < 1$$

die Zwischenbehauptung $\lambda = \rho(M') < 1$ beweist. ∎

Die Anwendung des Zusatzes 5 liefert den

Zusatz 6.4.11 $A \in \mathbb{R}^{I \times I}$ erfülle die Vorzeichenbedingung (1a,b) und sei irreduzibel diagonaldominant. Dann ist A eine M-Matrix mit $A^{-1} > 0$.

Die Diagonaldominanz ist nicht nur ein Kriterium für die M-Matrixeigenschaft, sondern auch für die Positivdefinitheit (vgl. Hackbusch [15, Krit. 4.3.24].

Lemma 6.4.12 $A \in \mathbb{K}^{I \times I}$ sei Hermitesch mit positiver Diagonale: $\alpha_{\alpha\alpha} > 0$. Ist A stark, im wesentlichen oder irreduzibel diagonaldominant, so ist A positiv definit. Für die positive *Semi*definitheit reicht aus: $A = A^H$ schwach diagonaldominant mit $\alpha_{\alpha\alpha} \geq 0$.

6.4.4 Weitere Kriterien

Im folgenden werden Situationen beschrieben, in denen aus M-Matrizen neue M-Matrizen entstehen.

Satz 6.4.13 $A \in \mathbb{R}^{I \times I}$ sei eine M-Matrix, und $B \geqslant A$ erfülle (1b): $b_{\alpha\beta} \leqslant 0$ für $\alpha \neq \beta$. Dann ist auch B eine M-Matrix. Ferner gilt

$$(6.4.9) \qquad 0 \leqslant B^{-1} \leqslant A^{-1}.$$

Sind außerdem A irreduzibel und $B \neq A$, so gilt sogar $0 \leqslant B^{-1} < A^{-1}$.

Beweis. (i) Seien $M = I - D^{-1}A$ und $M_B = I - D_B^{-1}B$ die zugehörigen Jacobi-Iterationsmatrizen. Man prüft nach, daß $0 \leqslant D_B^{-1} \leqslant D^{-1}$ und $0 \leqslant M_B \leqslant M$. Aus $A^{-1} = (\sum_{\nu=0}^{\infty} M^{\nu}) D^{-1}$ und $B^{-1} = (\sum M_B^{\nu}) D_B^{-1}$ folgt (8).

(ii) Gemäß Übung 6 ist $A^{-1} > 0$ für irreduzibles A. Sei $A(\lambda) := A + \lambda(B-A)$. Für $0 \leqslant \lambda \leqslant 1$ gilt $A = A(0) \leqslant A(\lambda) \leqslant A(1) = B$. Die Ableitung

$$C(\lambda) := \frac{d}{d\lambda} A(\lambda)^{-1} = -A(\lambda)^{-1}(B-A)A(\lambda)^{-1}$$

ist wegen $A(\lambda)^{-1} \geqslant 0$ (vgl. (9)) und $B - A \geqslant 0$ nichtpositiv: $C(\lambda) \leqslant 0$. Speziell für $\lambda = 0$ erhält man $C(0) = -A^{-1}(B-A)A^{-1} < 0$, denn für jeden Vektor $x \gneqq 0$ gilt $A^{-1}x > 0$, $(B-A)A^{-1}x \geqslant 0$ und $A^{-1}(B-A)A^{-1}x > 0$, so daß $C(0) < 0$ (vgl. Übung 1.3b). $C(0) < 0$ und $C(\lambda) \leqslant 0$ beweisen $A^{-1} > A(\lambda)^{-1} \geqslant B^{-1}$ für alle $0 < \lambda \leqslant 1$. ⬛

Satz 6.4.14 Jede Hauptuntermatrix einer M-Matrix ist wiederum eine M-Matrix. Genauer gilt: Ist $B = (a_{\alpha\beta})_{\alpha,\beta \in I'}$ für $I' \subset I$, so stellt B eine M-Matrix mit $0 \leqslant (B^{-1})_{\alpha\beta} \leqslant (A^{-1})_{\alpha\beta}$ für $\alpha,\beta \in I'$ dar. Sind außerdem A irreduzibel und I' eine nichtleere, echte Teilmenge von I, so gilt sogar $(B^{-1})_{\alpha\beta} < (A^{-1})_{\alpha\beta}$ für $\alpha,\beta \in I'$.

Beweis. Man definiere $B' \in \mathbb{R}^{I \times I}$ mittels $b'_{\alpha\beta} := \begin{cases} a_{\alpha\beta} & \text{für } \alpha,\beta \in I' \text{ oder } \alpha = \beta \in I \\ 0 & \text{sonst.} \end{cases}$. Da B' die Form $\mathrm{blockdiag}\{B, D_2\}$ mit der Diagonalen D_2 des Blockes $A^{22} = (a_{\alpha\beta})_{\alpha,\beta \in I \setminus I'}$ besitzt, gilt $B'^{-1} = \mathrm{blockdiag}\{B^{-1}, D_2^{-1}\}$. Auf B' ist Satz 13 anwendbar und liefert $0 \leqslant B'^{-1} \leqslant A^{-1}$ bzw. $0 \leqslant B'^{-1} < A^{-1}$. Die Beschränkung auf den ersten Block liefert die Behauptung. ⬛

Übungsaufgabe 6.4.15 Man zeige: **(a)** Eine 2×2-Matrix A ist genau dann eine M-Matrix, wenn (1a,b) und $\det A > 0$ gelten.
(b) Für eine M-Matrix A gilt $\det A > 0$.
(c) Alle Hauptunterdeterminanten einer M-Matrix sind positiv.
Hinweis zu (b). Man diskutiere die Determinante von $A(\lambda) := D + \lambda(A-D)$ mit der Diagonalen D von A für $0 \leqslant \lambda \leqslant 1$. *Zu (c).* Satz 14.

Die *Gauß-Elimination* wird beim folgenden Beweis eine wichtige Rolle spielen. Sie enthält als Grundoperation die Elimination eines Elementes $a_{\beta\alpha}$ ($\alpha \neq \beta$) mit Hilfe der α-ten Zeile. Diese Umformung $A \mapsto A'$ wird durch die Transformationsmatrix $T^{\beta\alpha}$ beschrieben:

(6.4.10) $A' = T^{\beta\alpha}A$ mit $T^{\beta\alpha}_{\nu\nu} = 1$, $T^{\beta\alpha}_{\beta\alpha} = -\dfrac{a_{\beta\alpha}}{a_{\alpha\alpha}}$, $T^{\beta\alpha}_{\nu\mu} = 0$ sonst.

Die übliche Gauß-Elimination (ohne Pivotwahl) sieht vor, daß die Indexmenge I angeordnet ist, und die Eliminationen in der Reihenfolge $(\beta,\alpha) = (2,1)$, $(3,1),...,$ $(n,1)$, (3.2), $(4,2),...,$ $(n,2),...,$ $(n,n-1)$ unterhalb der Diagonalen vorgenommen wird, wobei eine obere Dreiecksmatrix U resultiert. Die Diagonalelemente $p_i = u_{ii}$ von U sind die _Pivotelemente_. Noch einfacher sind die folgenden Betrachtungen, wenn oberhalb und unterhalb der Diagonalen eliminiert wird: $(\beta,\alpha) = (2,1)$, $(3,1),...,$ $(n,1)$, $(1,2)$, $(3,2),...,$ $(n,2)$, $(1,3),...,$ was zur Diagonalmatrix $D = \mathrm{diag}\{p_i:\ i\in I\}$ der Pivotelemente führt. Seien H_i die _Hauptunterdeterminanten_ von A:

(6.4.11a) $H_i := \det\left((a_{k\ell})_{1\leqslant k,\ell\leqslant i}\right)$ für $1\leqslant i\leqslant n$, $H_0 := 1$.

Eine einfache Überlegung führt auf

(6.4.11b) $p_i = H_i / H_{i-1}$ $(1\leqslant i\leqslant n)$,

vorausgesetzt $H_{i-1}\neq 0$. Dies impliziert, daß der Eliminationsprozeß in beiden, oben beschriebenen Weisen _ohne_ Pivotwahl durchführbar ist, wenn alle $H_i\neq 0$ (vgl. Gantmacher [1, S. 36]).

Die Aussage der Übungsaufgabe 15c läßt sich wie folgt ausbauen.

Satz 6.4.16 Unter der Voraussetzung (1b) gilt: A ist genau dann eine M-Matrix, wenn alle Hauptunterdeterminanten positiv sind.

Beweis. (i) Da Übungsaufgabe 15c eine Richtung beweist, bleibt zu zeigen, daß positive Hauptunterdeterminanten zur M-Matrixeigenschaft führen. Die Diagonalelemente $a_{\alpha\alpha}$ sind die Determinanten der 1×1-Hauptuntermatrizen $(a_{\alpha\alpha})$. Somit ist (1a): $a_{\alpha\alpha} > 0$ gesichert. Gemäß (11b) läßt sich die Gauß-Elimination ohne Pivotwahl durchführen.

(ii) Zunächst soll bewiesen werden: Der Eliminationsschritt (10) erhält die Vorzeichenbedingungen (1a,b). Gegenüber A ist in A' nur die Zeile β geändert. Da $\varkappa := T^{\beta\alpha}_{\beta\alpha} = -\dfrac{a_{\beta\alpha}}{a_{\alpha\alpha}} \geqslant 0$, werden die Elemente $a_{\beta\delta}$ für $\delta\neq\alpha$ zu $a'_{\beta\delta} := a_{\beta\delta} + \varkappa a_{\alpha\delta}\leqslant 0$ verkleinert, während $a'_{\beta\alpha} = 0$ ebenfalls (1b) genügt. Das einzige Problem stellt die Bedingung (1a) dar: Gilt wieder $a'_{\beta\beta} > 0$? Wie gesehen, fällt das Diagonalelement bei jedem Eliminationsschritt. Da es am Ende des Eliminationsprozesses jedoch das Pivotelement p_i darstellt, sichert (11b) mit H_β, $H_{\beta-1} > 0$ die Ungleichung $a'_{\beta\beta}\geqslant p_\beta > 0$.

(iii) Nach Durchführung der Elinimation (ober- und unterhalb der Diagonalen) erhält man die Diagonalmatrix D der positiven Pivotelemente. Bezeichnet man die Eliminantionsmatrizen $T^{\beta\alpha}$ für die verschiedenen Indexpaare mit $T_1, T_2, ..., T_N$, so hat man die Darstellung

(6.4.11c) $T_N T_{N-1}\cdot ... \cdot T_1 A = D$,   d.h. $A^{-1} = D^{-1}T_N T_{N-1}\cdot ... \cdot T_1$.

Da alle Zwischenmatrizen gemäß (ii) den Bedingungen (1a,b) genügen, ist $T_i\geqslant 0$. Zusammen mit $D^{-1}\geqslant 0$, ergibt sich die noch fehlende M-Matrixbedingung (1c): $A^{-1}\geqslant 0$.   □

Der enge Zusammenhang zwischen M-Matrizen und positiv definiten Matrizen wird aus der folgenden Bemerkung deutlich.

Bemerkung 6.4.17 Eine Hermitesche Matrix ist genau dann positiv definit, wenn alle Hauptunterdeterminanten positiv sind.

Beweis. (i) Nach Lemma 2.10.4 ist jede Hauptuntermatrix wieder positiv definit, so daß es reicht, $\det A > 0$ für positiv definite A zu zeigen. Dies folgt aus $\det A = \Pi \lambda_i$ und der Eigenschaft $\lambda_i > 0$ für alle Eigenwerte $\lambda_i \epsilon \sigma(A)$ (vgl. Lemma 2.10.3).

(ii) Die Determinante von $A(\lambda) := A + \lambda I$ läßt sich entwickeln in $\det A + \sum_i \lambda \det A_i(\lambda)$, wobei $A_i(\lambda)$ die Hauptuntermatrix von $A(\lambda)$ zur Indexmenge $I_i := I \setminus \{i\}$ ist. Die analoge Entwicklung der Determinanten von $A_i(\lambda)$ ergibt ein Polynom $p(\lambda) = \det A(\lambda) = \sum a_\nu \lambda^\nu$ mit positiven Koeffizienten a_ν (z.B. $a_0 = \det A > 0$). Also ist $A + \lambda I$ für alle $\lambda \geqslant 0$ regulär. Da seine Eigenwerte $\lambda_i + \lambda$ sind, müssen alle Eigenwerte $\lambda_i \epsilon \sigma(A)$ positiv sein, also ist A gemäß Lemma 2.10.3 positiv definit. ▨

Bemerkung 17 beschreibt eine der vielen zur M-Matrixeigenschaft äquivalenten Bedingungen. Der interessierte Leser findet im Buch von Berman-Plemmons [1] fünfzig (!) verschiedene Charakterisierungen.

Satz 16 und Bemerkung 17 ergeben in ihrer Kombination den

Satz 6.4.18 (a) Erfüllt eine positiv definite Matrix die Vorzeichen-bedingung (1b), so ist sie eine M-Matrix.
(b) Eine Hermitesche M-Matrix ist positiv definit.

Die Diskussion der Gauß-Elimination wird fortgesetzt in

Lemma 6.4.19 Ist A eine M-Matrix und entsteht A' infolge eines Gauß-Eliminationsschrittes (10), so ist A' wieder M-Matrix.

Beweis. Die Indexanordnung kann so gewählt werden, daß $\alpha = 1$ und $\beta = 2$. Damit beschreibt (10) den ersten Schritt T_1 der gesamten Elimination $T_N T_{N-1} \cdots T_1 A = D$ (vgl. (11c)). $A'^{-1} = (T_1 A)^{-1} \geqslant 0$ liest man aus $T_i \geqslant 0$, $D^{-1} \geqslant 0$ und $(T_1 A)^{-1} = D^{-1} T_N T_{N-1} \cdots T_2$ ab. Da die Bedingungen (1a,b) in Beweisteil (ii) zu Satz 16 nachgewiesen sind, ist A' eine M-Matrix. ▨

Die *blockweise* Elimination in der Blockmatrix $\begin{bmatrix} A & B \\ C & D \end{bmatrix}$ führt auf $\begin{bmatrix} I & B' \\ 0 & S \end{bmatrix}$ mit $B' := A^{-1}B$ und dem *Schur-Komplement*

$$(6.4.12) \qquad S := D - CA^{-1}B.$$

Die blockweise Elimination ergibt sich als Produkt aller Elementar-eliminationen (10) mit Indizes α, die den Spalten des ersten Blockes entsprechen, und $\beta \epsilon I \setminus \{\alpha\}$. Mehrfache Anwendung des Lemmas 19 beweist

Lemma 6.4.20 Mit $\begin{bmatrix} A & B \\ C & D \end{bmatrix}$ ist auch sein Schur-Komplement S aus (12) eine M-Matrix.

6.5 Reguläre Aufspaltungen

Die Aufspaltung

$$(6.5.1a) \qquad A = W - R$$

induziert das Iterationsverfahren

$$(6.5.1b) \qquad W x^{m+1} = R x^m + b,$$

falls W regulär ist (vgl. (4.2.1-3)). Zur Charakterisierung der Aufspaltung (1a) reicht die Angabe von W, da $R := W - A$. Von Varga [2] stammt die folgende Definition der «regulären Aufspaltung», die nicht nur qualitative Konvergenzaussagen, sondern auch Vergleiche verschiedener Iterationsverfahren ermöglicht.

Definition 6.5.1 Die Matrix $W \in \mathbb{R}^{I \times I}$ beschreibt eine *reguläre Aufspaltung* von $A \in \mathbb{R}^{I \times I}$, falls

$$(6.5.2) \qquad W \text{ regulär}, \quad W^{-1} \geq 0, \quad W \geq A.$$

Die Bedingungen (2) sind vergleichbar mit (4.8.3a) im positiv definiten Falle. Die Iterationsmatrix der Iteration (1b) ist

$$(6.5.1c) \qquad M = W^{-1} R \qquad\qquad\qquad \text{mit } R := W - A.$$

Die Bedingung (2) impliziert wegen $R \geq 0$

$$(6.5.3) \qquad M \geq 0 \quad \text{für reguläre Aufspaltungen.}$$

Mit Hilfe von (3) kann man die Definition 1 abschwächen: (1a) ist eine *schwach reguläre Aufspaltung* (vgl. Ortega [1]), falls

$$(6.5.4) \qquad W \text{ regulär}, \quad W^{-1} \geq 0, \quad M = W^{-1} R \geq 0.$$

Satz 6.5.2 (Konvergenz) A sei inverspositiv: $A^{-1} \geq 0$ (hinreichend: A ist M-Matrix). W beschreibe eine schwach reguläre Aufspaltung von A. Dann konvergiert das induzierte Iterationsverfahren (1b):

$$(6.5.5) \qquad \rho(M) = \rho(W^{-1} R) = \frac{\rho(A^{-1} R)}{1 + \rho(A^{-1} R)} < 1.$$

Beweis. (i) Offenbar reicht es, die Gleichheit $\rho(W^{-1} R) = \rho(C)/(1 + \rho(C))$ für $C := A^{-1} R$ zu zeigen. Laut (3) gilt

$$0 \leq M = W^{-1} R = [A^{-1} W]^{-1} A^{-1} R = [A^{-1}(A + R)]^{-1} A^{-1} R = [I + C]^{-1} C.$$

Zu $\lambda = \rho(M) \in \sigma(M)$ gehört wegen $M \geq 0$ nach Satz 3.10 ein Eigenvektor $x \gneq 0$. Die Umformung von $\lambda x = M x = (I + C)^{-1} C x$ liefert

$$(6.5.6a) \qquad \lambda x + \lambda C x = C x.$$

Der Wert $\lambda = 1$ kann nicht auftreten, da (6a) $x = 0$ ergäbe, so daß

(6.5.6b) $C x = \dfrac{\lambda}{1 - \lambda}\, x$

folgt. In (iii) werden wir $C \geqslant 0$ zeigen. $x \ngeqslant 0$ und $C x \geqslant 0$ sichern mittels (6b) die Ungleichung $\dfrac{\lambda}{1 - \lambda} \geqslant 0$, d.h. $0 \leqslant \lambda = \rho(M) < 1$.

(ii) (6b) beweist: λ ist genau dann ein Eigenwert von M, wenn $\mu = \dfrac{\lambda}{1 - \lambda}$ ein Eigenwert von C ist. Wegen $0 \leqslant \lambda < 1$ ist $\mu \geqslant 0$. Da $\mu = \dfrac{\lambda}{1 - \lambda}$ monoton mit λ wächst, ist $|\mu| = \mu$ maximal für $\lambda = \rho(M) \epsilon \sigma(M)$. Nach Satz 3.10 ist $\mu = \rho(C) \epsilon \sigma(C)$ der maximale Eigenwert von C, also $\rho(C) = \rho(M)/[1 - \rho(M)]$. Die Auflösung dieser Gleichung nach $\rho(M)$ liefert die Behauptung (5): $\rho(M) = \rho(C)/[1 + \rho(C)]$.

(iii) Aus $0 \leqslant (\sum_{\nu=0}^{m-1} M^\nu) W^{-1}$, $W^{-1} = (I - M) A^{-1} \leqslant A^{-1}$ und $\sum_{\nu=0}^{m-1} M^\nu (I - M) = I - M^m$ folgen die Einschließungen $0 \leqslant (I - M^m) A^{-1} \leqslant A^{-1}$ und $0 \leqslant M^m A^{-1} \leqslant A^{-1}$. Damit ist M^m beschränkt, so daß $\kappa = \rho(M) \leqslant 1$ folgt. Da $\lambda = 1$ bereits ausgeschlossen wurde, gilt $\rho(M) < 1$ und impliziert $C = A^{-1} R = [W(I - M)]^{-1} R = (I - M)^{-1} W^{-1} R = (\sum_{\nu=0}^{\infty} M^\nu) M \geqslant 0$.   ▨

Es ist naheliegend, daß die Iteration um so schneller konvergiert, je näher W bei A liegt, d.h. je kleiner der Rest $R = W - A$ ist. Diese Vermutung läßt sich im folgenden Vergleichssatz präzise fassen.

Satz 6.5.3 A sei inverspositiv: $A^{-1} \geqslant 0$. Durch W_1 und W_2 seien zwei reguläre Aufspaltungen gegeben. Wenn W_1 und W_2 in der Form

(6.5.7a) $A \leqslant W_1 \leqslant W_2$

vergleichbar sind, lassen sich auch die zugehörigen Konvergenzraten vergleichen:

(6.5.7b) $0 \leqslant \rho(M_1) \leqslant \rho(M_2) < 1$, wobei $M_i := W_i^{-1} R_i$, $R_i := W_i - A$.

Beweis. Die Matrizen $B := A^{-1} R_1$ und $C := A^{-1} R_2$ erfüllen $0 \leqslant B \leqslant C$ und damit $0 \leqslant \rho(B) \leqslant \rho(C)$ (vgl. (3.7c)). Aus der Darstellung (5) erhält man $0 \leqslant \rho(M_1) = \rho(B)/[1 + \rho(B)] \leqslant \rho(C)/[1 + \rho(C)] = \rho(M_2) < 1$.   ▨

Die Vergleiche (7a,b) können in *strikte* Ungleichungen überführt werden:

Satz 6.5.4 Aus $A^{-1} > 0$ und (8a) folgt (8b):

(6.5.8a) $A \lneqq W_1 \lneqq W_2$, W_i: reguläre Aufspaltungen,

(6.5.8b) $0 < \rho(M_1) < \rho(M_2) < 1$, wobei $M_i := W_i^{-1} R_i$, $R_i := W_i - A$.

Beweis. B und C seien wie im vorigen Beweis definiert. Da $B = A^{-1}R_1$ reduzibel sein kann, ist der Satz 3.1 nicht direkt anwendbar. Sei $I_+ := \{\beta \in I: R_{1,\alpha\beta} > 0 \text{ für ein } \alpha \in I\}$ und $I_0 := I \setminus I_+$. Ist s eine Spalte von R_1 zum Index $\beta \in I_+$, so ist $s \gneq 0$ und damit $A^{-1}s > 0$ nach Übung 1.3b. Dies zeigt, daß B bezüglich der Blockstruktur $\{I_+, I_0\}$ die Gestalt $B = \begin{bmatrix} B_1 & 0 \\ B_2 & 0 \end{bmatrix}$ mit positiven Blöcken $B_1 > 0$ und $B_2 > 0$ besitzt. Insbesondere gilt

$$(6.5.8c) \qquad \rho(B) = \rho(B_1) > 0$$

(vgl. (3.1a)). Wegen $R_2 - R_1 = W_2 - W_1 \gneq 0$ gibt es (α, β) mit $(R_2 - R_1)_{\alpha\beta} > 0$. Folglich ist die Spalte von $C - B = A^{-1}(R_2 - R_1)$ zum Index β positiv. Sei $\beta \in I_+$ angenommen. In diesem Falle gilt $C_1 > B_1$, $C_2 > B_2$ für die Blöcke in $C = \begin{bmatrix} C_1 & C_3 \\ C_2 & C_4 \end{bmatrix}$. Aus Lemma 3.6 und (3.1c) gewinnt man die Ungleichung

$$(6.5.8d) \qquad \rho(C) \geqslant \rho(C_1) > \rho(B_1).$$

Im verbleibenden Fall $\beta \in I_0$ schließt man auf $C_3 > B_3 = 0$, $C_4 > B_4 = 0$ und

$$(6.5.8e) \qquad \rho(C) > \rho(C_1) \geqslant \rho(B_1)$$

(vgl. Lemma 3.6). In jedem Falle erreicht man mit (8c) die strikte Ungleichung $\rho(C) > \rho(B) > 0$, die über (5) die Behauptung liefert. ▣

6.6 Anwendungen

Satz 6.6.1 A sei M-Matrix. Dann konvergiert sowohl das punktweise als auch das blockweise *Jacobi-Verfahren*, wobei letzteres schneller ist:

$$(6.6.1a) \qquad \rho(M^{\text{BlockJac}}) \leqslant \rho(M^{\text{Jac}}) < 1.$$

Ist D die Diagonale D^{Pkt} bzw. die Blockdiagonale D^{block} von A, so gilt:

$$(6.6.1b) \qquad D \text{ beschreibt eine reguläre Aufspaltung.}$$

Wird (1b) explizit vorausgesetzt, kann die Voraussetzung «A ist M-Matrix» durch $A^{-1} \geqslant 0$ ersetzt werden. In (1a) gilt die strikte Ungleichung $0 < \rho(M^{\text{BlockJac}}) < \rho(M^{\text{Jac}}) < 1$, falls $A^{-1} > 0$ und $D^{\text{Pkt}} \neq D^{\text{block}} \neq A$.

Beweis. Ist A M-Matrix, so erfüllen $D = D^{\text{Pkt}}$ und $D = D^{\text{block}}$ die Ungleichung $D \geqslant A$ und die Vorzeichenbedingung (4.1b). Nach Satz 4.13 ist D ebenfalls M-Matrix, also $D^{-1} \geqslant 0$. Damit folgt (1b). $D^{\text{Pkt}} \geqslant D^{\text{block}}$ ergibt nach Satz 5.3 die Ungleichung (1a). Zur strikten Ungleichung vergleiche man Satz 5.4. ▣

Satz 6.6.2 $A = D - E - F$ sei gemäß (4.2.7a-d) oder (4.5.5a-d) aufgespalten. Die Aussagen des Satzes 1 gelten analog für das punktweise bzw. blockweise *Gauß-Seidel-Verfahren*, wobei (1a,b) zu ersetzen sind durch

$$(6.6.2a) \qquad \rho(M^{\text{BlockGS}}) \leqslant \rho(M^{\text{GS}}) < 1,$$

$$(6.6.2b) \qquad D - E \text{ beschreibt eine reguläre Aufspaltung.}$$

Der Beweis kann entfallen, da er völlig analog zum vorhergehenden ist. Interessanter ist der Vergleich zwischen der Jacobi- und Gauß-Seidel-Iteration. Der nach Folgerung 5.6.8 bei konsistenter Ordnung geltende quantitative Zusammenhang $\rho(M^{GS}) = \rho(M^{Jac})^2$ kann für diesen allgemeineren Fall nicht mehr gezeigt werden. Es gilt aber noch eine entsprechende qualitative Aussage, die aus $D-E \le D$ folgt.

Satz 6.6.3 Für eine M-Matrix A gilt

$$(6.6.3) \qquad \rho(M^{GS}) \le \rho(M^{Jac}) < 1, \quad \rho(M^{BlockGS}) \le \rho(M^{BlockJac}) < 1.$$

Diese Aussage läßt sich über M-Matrizen hinaus verallgemeinern:

Satz 6.6.4 (Stein-Rosenberg [1]) Für die punktweisen Jacobi- und Gauß-Seidel-Iterationen trifft genau eine der folgenden Alternativen (4a-d) zu, wenn A lediglich der Vorzeichenbedingung (4.1b) genügt: $a_{\alpha\beta} \le 0$ für $\alpha \ne \beta$.

$$(6.6.4a) \qquad 0 = \rho(M^{GS}) = \rho(M^{Jac}),$$

$$(6.6.4b) \qquad 0 < \rho(M^{GS}) < \rho(M^{Jac}) < 1,$$

$$(6.6.4c) \qquad \rho(M^{GS}) = \rho(M^{Jac}) = 1,$$

$$(6.6.4d) \qquad \rho(M^{GS}) > \rho(M^{Jac}) > 1.$$

Insbesondere konvergieren bzw. divergieren beide Verfahren gemeinsam. Die Aussage des Satzes bleibt gültig, wenn M^{Jac} und M^{GS} durch $L+U$ und $(I-L)^{-1}U$ ersetzt werden, wobei $L \ge 0$ eine beliebige, strikte untere und $U \ge 0$ eine strikte obere Dreiecksmatrix sind.

Beweis. Vgl. Varga [2,§3.3] oder die Originalarbeit.

Die SOR-Iteration führt bei *Über*relaxation (d.h. für $\omega > 1$) nicht zu einer regulären Aufspaltung. Um diese zu sichern, muß man sich auf $0 < \omega < 1$ (Unterrelaxation) beschränken.

Übungsaufgabe 6.6.5 Man zeige: Das SOR-Verfahren entsteht bei einer Aufspaltung (5.1a) mit $W = \frac{1}{\omega}D - E$. Sei A eine M-Matrix und D seine Diagonale. Für $0 < \omega \le 1$ beschreibt W eine reguläre Aufspaltung. Welchen Schluß zieht man aus $\frac{1}{\omega}D - E \ge D - E$?

Die Eigenschaft (5.4): $M \ge 0$ im Falle regulärer Aufspaltungen erlaubt eine Einschließung der Lösung $x = A^{-1}b$, wenn es gelingt, geeignete Startwerte zu finden.

Satz 6.6.6 Sei $M \ge 0$ die Iterationmatrix einer konvergenten Iteration. Findet man Startvektoren x^0 und y^0, so daß

$$(6.6.5a) \qquad x^0 \le x^1, \quad x^0 \le y^0, \quad y^1 \le y^0,$$

dann ergeben die Iterierten x^m und y^m die *Einschließung*

$$(6.6.5b) \qquad x^0 \le x^1 \le \dots \le x^m \le \dots \le x = A^{-1}b \le \dots \le y^m \le \dots \le y^1 \le y^0.$$

Beweis. Folgt aus $x^{m+1}-x^m = M^m(x^1-x^0) \geqslant 0$, $y^m-y^{m+1} = M^m(y^0-y^1) \geqslant 0$
und $y^m-x^m = M^m(y^0-x^0) \geqslant 0$ (vgl. (3.2.9b)). ▢

Der Begriff der M-Matrix kann wie folgt verallgemeinert werden:

Definition 6.6.7 $A \in \mathbb{K}^{I \times I}$ mit der Diagonalen D heißt <u>*H-Matrix*</u>, falls
$B := |D| - |A-D|$ eine M-Matrix ist.

Die Konstruktion von $B := |D| - |A-D|$ ändert die Vorzeichen der
Elemente $a_{\alpha\beta}$ so, daß $b_{\alpha\alpha} \geqslant 0$ und $b_{\alpha\beta} \leqslant 0$ für $\alpha \neq \beta$ (vgl. (4.1a.b)).
Der Buchstabe H steht für Hadamard (vgl. Ostrowski [1]).

Satz 6.6.8 Hinreichend für die Konvergenz der punktweisen Jacobi-
und Gauß-Seidel-Iterationen sind eine der folgenden Bedingungen:

(6.6.6a)   A ist H-Matrix,

(6.6.6b)   A ist stark diagonaldominant, irreduzibel diagonaldominant
                oder im wesentlichen diagonaldominant.

Beweis. (i) Der Fall (6b) wird auf (6a) zurückgeführt:

Übungsaufgabe 6.6.9 Man beweise: (6b) impliziert (6a) und $\|M^{\mathrm{Jac}}\|_\infty \leqslant 1$,
$\|M^{\mathrm{GS}}\|_\infty \leqslant 1$.

(ii) Seien $B := |D| - |A-D|$ wie in Definition 7 und $M_B^{\mathrm{Jac}} := I - |D|^{-1}B =$
$|D|^{-1}|A-D|$ die Jacobi-Iterationsmatrix zu B. Satz 1 ergibt $\rho(M_B^{\mathrm{Jac}}) < 1$.
Wegen $|M^{\mathrm{Jac}}| = M_B^{\mathrm{Jac}}$ folgt $\rho(M^{\mathrm{Jac}}) < 1$ aus dem noch zu beweisenden

Lemma 6.6.10 $\rho(A) \leqslant \rho(|A|)$ für alle $A \in \mathbb{K}^{I \times I}$.

(iii) $A = D - E - F$ sei gemäß (4.2.7a-d) aufgespalten und $L := D^{-1}E$,
$U := D^{-1}F$ gesetzt. Da $B = |D| - |E| - |F| = |D|(I - |L| - |U|)$, lauten die
Iterationsmatrizen zu A und B:

$$M^{\mathrm{GS}} = (I-L)^{-1}U = \sum_{\nu=0}^{\infty} L^\nu U, \quad M_B^{\mathrm{GS}} = (I-|L|)^{-1}|U| = \sum_{\nu=0}^{\infty} |L|^\nu |U|$$

(vgl. Lemma 2.4.8), so daß $|M^{\mathrm{GS}}| = |\sum L^\nu U| \leqslant \sum |L|^\nu |U| = M_B^{\mathrm{GS}}$. Aus
Lemma 10 und Satz 2 folgt $\rho(M^{\mathrm{GS}}) \leqslant \rho(M_B^{\mathrm{GS}}) < 1$. ▢

Beweis zu Lemma 10. Wegen $\|A^\nu\|_\infty = \||A^\nu|\|_\infty \leqslant \||A|^\nu\|_\infty$ ergibt Satz 2.9.8

$$\rho(A) = \lim_{\nu \to \infty} \|A^\nu\|_\infty^{1/\nu} \leqslant \lim_{\nu \to \infty} \||A|^\nu\|_\infty^{1/\nu} = \rho(|A|).$$ ▢

Zur Konvergenz des SSOR-Verfahrens für H-Matrizen sei auf
Alefeld-Varga [1] und Neumaier - Varga [1] verwiesen.

7. Semiiterative Verfahren

7.1 Erste Formulierung

7.1.1 Allgemeines

Gegeben sei eine lineare, konsistente, aber nicht notwendigerweise konvergente Iteration Φ (im folgenden auch *Basisiteration* genannt) mit einer Iterationsmatrix M. Zu einem Startwert x^0 seien die Iterierten

$$(7.1.1) \qquad x^{m+1} = M x^m + N b = \Phi(x^m, b)$$

berechnet. Das Resultat der Iteration Φ war bisher die zuletzt berechnete Iterierte x^m. Die zuvor berechneten x^j ($0 \leqslant j \leqslant m-1$) wurden «vergessen».

Eine völlig andere Sicht liegt dem semiiterativen Verfahren zugrunde. Resultat von m Iterationsschritten mit Φ als Basisverfahren ist jetzt die gesamte Folge

$$(7.1.2) \qquad X_m := (x^0, x^1, \ldots, x^m) \in (\mathbb{K}^I)^{m+1}.$$

Es ist zu untersuchen, ob aus X_m ein besseres Resultat als x^m konstruiert werden kann. Ein *semiiteratives Verfahren* ist eine Abbildung

$$(7.1.3\mathrm{a}) \qquad \Sigma : \bigcup_{m=0}^{\infty} (\mathbb{K}^I)^{m+1} \to \mathbb{K}^I.$$

Die Resultate

$$(7.1.3\mathrm{b}) \qquad y^m := \Sigma(X_m) \qquad\qquad (m = 0, 1, 2, \ldots)$$

ergeben eine neue Folge: die *semiiterative Folge*. Wir werden sehen, daß $\{y^m\}$ in manchen Fällen wesentlich schneller als $\{x^m\}$ konvergieren kann.

Bemerkung 7.1.1 Das simple Beispiel $y^m = \Sigma(x^0, x^1, \ldots, x^m) := x^m$ zeigt, daß ein optimal gewähltes semiiteratives Verfahren nicht schlechter als die Basisiteration sein kann.

7.1.2 Konsistenz, asymptotische Konvergenzrate

In Anlehnung an Definition 3.1.4 heißt das semiiteratives Verfahren Σ *konsistent*, wenn Gleichung (4) für alle Lösungen von $Ax = b$ gilt:

$$(7.1.4) \qquad x = \Sigma(\underbrace{x, x, \ldots, x}_{(m+1)\text{-fach}}) \qquad\qquad (m = 0, 1, 2, \ldots)$$

Bisher konnte die Konvergenzrate $\rho = \rho(M)$ als minimales ρ mit $\lim\limits_{m \to \infty} (\|x^m - x\| / \|x^0 - x\|)^{1/m} \leqslant \rho$ für alle $x^0 \neq x$ bestimmt werden (vgl. Bemerkung 3.2.13b). Diese Charakterisierung kann übertragen werden:

Definition 7.1.2 Das semiiteratives Verfahren Σ hat die _asymptotische Konvergenzrate_ ρ, wenn ρ die kleinste Zahl mit

$$(7.1.5) \qquad \varlimsup_{m \to \infty} (\| y^m - x \| / \| y^0 - x \|)^{1/m} \leqslant \rho \qquad (x = A^{-1}b)$$

für alle semiiterativen Folgen $\{y^m\}$ ist, die aus x^0, x^1, x^2,... mit beliebigem Startvektor x^0 hervorgehen.

Wir werden uns auf lineare Semiiterationen beschränken. Σ heißt _linear_, falls $y^m = \Sigma(X_m)$ die Darstellung

$$(7.1.6) \qquad y^m = \sum_{j=0}^{m} \alpha_{mj} x^j \qquad\qquad (m = 0,1,\ldots)$$

mit Koeffizienten $\alpha_{mj} \in \mathbb{C}$ $(m \in \mathbb{N}_0,\ 1 \leqslant j \leqslant m)$ hat. Offenbar ist ein _lineares, semiiteratives Verfahren genau dann konsistent, wenn_

$$(7.1.7) \qquad \sum_{j=0}^{m} \alpha_{mj} = 1 \qquad\qquad \text{für alle } m = 0,1,\ldots.$$

Indem man die Bedingung (7) für $m = 0$ anwendet, findet man, daß ein konsistentes, semiiteratives Verfahren die Startbedingung (8) erfüllt:

$$(7.1.8) \qquad y^0 = x^0.$$

7.1.3 Fehlerdarstellung

Satz 7.1.3 x sei die Lösung von $Ax = b$ mit regulärem A. Die Basisiteration Φ sei linear und konsistent mit der Iterationsmatrix M. Das semiiterative Verfahren Σ sei linear und konsistent. Dann hat der Fehler

$$(7.1.9a) \qquad \eta^m := y^m - x \qquad\qquad (x = A^{-1}b)$$

die Darstellung

$$(7.1.9b) \qquad \eta^m = p_m(M)\, e^0 \qquad\qquad \text{mit } e^0 := x^0 - x,$$

wobei $y^0 = x^0$ (vgl. (8)) der Startwert der Iteration und p_m das Polynom

$$(7.1.9c) \qquad p_m(\zeta) = \sum_{j=0}^{m} \alpha_{mj} \zeta^j$$

mit den Koeffizienten α_{mj} aus (7) sind.

Beweis. Indem man von $y^m = \sum_{j=0}^{m} \alpha_{mj} x^j$ die Gleichung $A^{-1}b =: x = \sum_{j=0}^{m} \alpha_{mj} x$ (vgl. (4), (7)) abzieht, erhält man

$$\eta^m = y^m - x = \sum_{j=0}^{m} \alpha_{mj} (x^j - x) = \sum_{j=0}^{m} \alpha_{mj}\, e^j$$

mit den Fehlern $e^j = x^j - x$ der Basisiteration. Einsetzen von (3.2.9b): $e^j = M^j e^0$ liefert

$$\eta^m = \sum_{j=0}^{m} \alpha_{mj} (M^j e^0) = (\sum_{j=0}^{m} \alpha_{mj} M^j) e^0 = p_m(M) e^0. \qquad \blacksquare$$

Der linearen Semiiteration Σ haben wir in Satz 3 assoziierte Polynome $\{p_m: m = 0, 1, \ldots\}$ mit $\mathrm{grad}(p_m) \leqslant m$ zugeordnet. Umgekehrt definiert jede Folge $\{p_m\}$ von Polynomen mit $\mathrm{grad}(p_m) \leqslant m$ über ihre Koeffizienten α_{mj} ein semiiteratives Verfahren. Dies sei festgehalten in

Bemerkung 7.1.4 Ein lineares semiiteratives Verfahren Σ ist eindeutig durch die assoziierte Polynomfolge $\{p_m\}$ mit $\mathrm{grad}(p_m) \leqslant m$ beschrieben. Σ ist genau dann konsistent, wenn

(7.1.9d) $p_m(1) = 1$ für $m = 0, 1, \ldots$.

Die Basisiteration mit der Iterationsmatrix M sei konsistent. Dann haben die Semiiterierten y^m die Darstellung

(7.1.10) $y^m = M_m x^0 + N_m b$ mit $M_m := p_m(M)$, $N_m := (I - M_m) A^{-1}$.

Die *asymptotische Konvergenzrate* lautet

(7.1.11) $\varlimsup_{m \to \infty} \varrho(p_m(M))^{1/m} = \varlimsup_{m \to \infty} \| p_m(M) \|^{1/m}$.

7.2 Zweite Formulierung semiiterativer Verfahren

7.2.1 Allgemeine Darstellung

Die in §7.1 vorgestellte Semiiteration ist in der allgemeinen Form inpraktikabel, denn alle Iterierten $\{x^0, x^1, \ldots, x^m\}$ müssen abgespeichert werden, was für größere m und hochdimensionale Gleichungen erhebliche Speicherprobleme bereitet. Da die Definition von $y^m = \Sigma(X_m)$ völlig unabhängig von den vorhergehenden $y^j = \Sigma(X_j)$ $(0 \leqslant j \leqslant m - 1)$ ist, besteht im allgemeinen keine Möglichkeit, die semiiterativen Resultate $y^0, \ldots, y^{m-1}$ zur Berechnung von y^m heranzuziehen.

Ganz entgegengesetzt werden wir die *zweite Formulierung* wählen. Sei Φ die konsistente Basisiteration.

Nach dem Start

(7.2.1a) $y^0 = x^0$ (vgl. (1.8))

wird rekursiv

(7.2.1b) $y^m = \Theta_m \Phi(y^{m-1}, b) + (1 - \Theta_m) y^{m-1}$ $(m \geqslant 1)$

mit zu wählenden *Extrapolationsfaktoren* $\{\Theta_m: m \in \mathbb{N}\}$ berechnet.

Indem man die Normalformen $\Phi(x, b) = Mx + Nb = x - W^{-1}(Ax - b)$ heranzieht, läßt sich (1b) in der Gestalt (1b') oder (1b") schreiben:

(7.2.1b') $y^m = \Theta_m (My^{m-1} + Nb) + (1 - \Theta_m) y^{m-1}$.

(7.2.1b") $y^m = y^{m-1} - \Theta_m W^{-1}(Ay^{m-1} - b) = \Phi_{\Theta_m}(y^{m-1}, b)$.

Für $0 < \Theta_m < 1$ liegt die gedämpfte Version der Basisiteration vor (vgl. §4.3.1.1), allerdings mit einem von m abhängigen Parameter. Für andere Θ_m ist (1b") als Extrapolation der Basisiteration anzusehen.

Daß es sich bei (1a,b) um ein semiiteratives Verfahren handelt, zeigt

> **Satz 7.2.1** Der Algorithmus (1a,b) definiert für beliebige $\{\Theta_m : m \in \mathbb{N}\}$ eine lineare und konsistente Semiiteration Σ. Die Σ beschreibenden Polynome $\{p_m\}$ sind rekursiv definiert durch
>
> (7.2.2) $p_0(\zeta) = 1$, $p_m(\zeta) = [\Theta_m \zeta + 1 - \Theta_m] p_{m-1}(\zeta)$ $(m \in \mathbb{N})$.

Beweis. (i) Per Induktion zeigt man, daß die Polynome p_m aus (2) die Konsistenzbedingung (1.9d): $p_m(1) = 1$ erfüllen.

(ii) Die Basisiteration Φ sei als konsistent angenommen. Nach Konstruktion (1b') hat die Matrix M_m aus der Darstellung $y^m = M_m x^0 + N_m b$ die Gestalt $M_m = \Theta_m M M_{m-1} + (1 - \Theta_m) M_{m-1}$, wobei $M_0 = I$. Die Polynome aus (2) führen nach (1.10) zu den gleichen $M_m = p_m(M)$. Da diese über $N_m := (I - M_m) A^{-1}$ (Konsistenz von Φ!) auch y^m eindeutig bestimmen, stimmt das Verfahren (1a,b) mit der durch die Polynome (2) definierten Semiiteration überein. Der Fall einer nichtkonsistenten Basisiteration ist dem Leser überlassen (Induktionsbeweis). $\blacksquare$

Der Fall $\Theta_m = 0$ ist wegen $y^m = y^{m-1}$ uninteressant. Es sei deshalb $\Theta_m \neq 0$ angenommen. Die Gesamtheit der durch (1a,b) darstellbaren Verfahren charakterisiert das

Lemma 7.2.2 Die Basisiteration sei konsistent. In (1b) sei $\Theta_m \neq 0$ vorausgesetzt. Dann werden durch die zweite Formulierung (1a,b) genau diejenigen linearen und konsistenten Semiiterationen repräsentiert, deren assoziierte Polynome p_m neben (1.9d) die Bedingungen (3a.b) erfüllen:

(7.2.3a) $\mathrm{grad}(p_m) = m$,

(7.2.3b) p_{m-1} teilt p_m für $m \geqslant 1$.

Sind Polynome $\{p_m\}$ mit (1.9d) und (3a,b) gegeben, ist der Extrapolationsfaktor Θ_m der äquivalenten Darstellung (1a,b) durch (3c) bestimmt:

(7.2.3c) $\dfrac{p_m(\zeta)}{p_{m-1}(\zeta)} = 1 + \Theta_m(\zeta - 1)$.

Beweis. Das Verfahren (1a,b) führt im Falle $\Theta_m \neq 0$ zu Polynomen (2) mit $\mathrm{grad}\, p_m = m$, so daß (3a,b) erfüllt sind. Umgekehrt muß p_m / p_{m-1} unter der Voraussetzung (3a,b) ein Polynom der Gestalt (3c) sein. $\blacksquare$

7.2.2 Pascal-Realisierung der zweiten Formulierung

Wenn Extrapolationsfaktoren Θ_m gegeben sind, läßt sich die Semi-iteration zur Basisiteration **Iteration** im Prinzip wie folgt realisieren:

for m := 1 to maximale_Iterationszahl do
begin setze_theta(IP,Θ_m); gedaempfte_Iteration(x,A,x,b,IP,Iteration) end;

Dabei sind **setze_theta** und **gedaempfte_Iteration** in §4.3.1.2 erklärt. Es sei aber schon darauf hingewiesen, daß diese Realisierung zu numerischen Instabilitäten führen kann (vgl. Ausführungen nach Folgerung 3.6).

7.2.3 Dreitermrekursion

Der Algorithmus (1b) berechnet y^m aus y^{m-1}. Eine Alternative ist eine Dreitermrekursion, die y^m, y^{m-1} und y^{m-2} verknüpft (vgl. §3.2.8):

$$(7.2.4a) \qquad y^0 = x^0,$$

$$(7.2.4b) \qquad y^1 = (1 - \tfrac{1}{2}\vartheta_1)x^1 + \tfrac{1}{2}\vartheta_1 x^0 = (1 - \tfrac{1}{2}\vartheta_1)\Phi(x^0,b) + \tfrac{1}{2}\vartheta_1 x^0,$$

$$(7.2.4c) \qquad y^m = \Theta_m\{\Phi(y^{m-1},b) - y^{m-2}\} + \vartheta_m(y^{m-1} - y^{m-2}) + y^{m-2}.$$

Aus den Normalformen $\Phi(x,b) = Mx + Nb = x - W^{-1}(Ax - b)$ gewinnt man die Darstellungen

$$(7.2.4b') \qquad y^1 = (1 - \tfrac{1}{2}\vartheta_1)(Mx^0 + Nb) + \tfrac{1}{2}\vartheta_1 x^0 = x^0 - \tfrac{1}{2}\vartheta_1 W^{-1}(Ax^0 - b),$$

$$(7.2.4c') \qquad y^m = \Theta_m\{(My^{m-1} + Nb) - y^{m-2}\} + \vartheta_m(y^{m-1} - y^{m-2}) + y^{m-2} =$$
$$= y^{m-2} + (\vartheta_m + \Theta_m)(y^{m-1} - y^{m-2}) - \Theta_m W^{-1}(Ay^{m-1} - b).$$

Analog zu Satz 1 beweist man

Satz 7.2.3 Der Algorithmus (4a,b,c) definiert für beliebige Θ_m und ϑ_m eine lineare und konsistente Semiiteration Σ. Die Σ beschreibenden Polynome $\{p_m\}$ sind rekursiv definiert durch

$$(7.2.5a) \qquad p_0(\zeta) = 1, \qquad p_1(\zeta) = (1 - \tfrac{1}{2}\vartheta_1)\zeta + \tfrac{1}{2}\vartheta_1,$$

$$(7.2.5b) \qquad p_m(\zeta) = (\Theta_m \zeta + \vartheta_m)p_{m-1}(\zeta) + (1 - \Theta_m - \vartheta_m)p_{m-2}(\zeta).$$

Speziell für $\vartheta_m = 0$ lautet die Rekursion

$$(7.2.5c) \qquad p_0(\zeta) = 1, \qquad p_1(\zeta) = \zeta,$$

$$(7.2.5d) \qquad p_m(\zeta) = \Theta_m[\zeta\, p_{m-1}(\zeta) - p_{m-2}(\zeta)] + p_{m-2}(\zeta).$$

Mit einer Rekursion der Form (5a,b) können alle Orthogonalpolynome erzeugt werden (vgl. Stoer [1,§3.5]).

7.3 Optimale Polynome

7.3.1 Aufgabenstellung

Sei Σ eine lineare und konsistente Semiiteration. Nach Satz 1.3 hat der Fehler $\eta^m = y^m - x$ die Darstellung (1.9b):

$$\eta^m = p_m(M)\,e^0.$$

Es liegt daher die folgende Aufgabenstellung nahe.

1. Minimierungsaufgabe:

Man bestimme zu $m \in \mathbb{N}$ ein Polynom p_m mit $\operatorname{grad} p_m \leqslant m$ so, daß

$$(7.3.1) \qquad \| p_m(M)e^0 \|_2 = \min,$$

d.h. $\| p_m(M)e^0 \|_2 \leqslant \| q_m(M)e^0 \|_2$ für alle in Frage kommenden Polynome q_m. Man beachte, daß nicht etwa das Nullpolynom $p_m = 0$ eine Lösung ist, da die Polynome p_m (bzw. q_m) die Konsistenzbedingung

$$(7.3.2) \qquad p_m(1) = 1$$

erfüllen müssen.

Die Lösung der Aufgabe (1–2) erscheint recht aussichtslos, da der im allgemeinen unbekannte Fehler $e^0 = x^0 - x$ in die Aufgabenstellung eingeht (Wäre e^0 bekannt, hätte man in $x = x^0 - e^0$ bereits die Lösung). Trotzdem wird diese Aufgabe in etwas modifizierter Form in §9.3 gelöst werden (vgl. Folgerung 9.4.9).

Wenn e^0 unbekannt ist, kann $\| p_m(M)e^0 \|_2$ durch

$$\| p_m(M)e^0 \|_2 \leqslant \| p_m(M) \|_2 \, \| e^0 \|_2$$

abgeschätzt und der Faktor $\| p_m(M) \|_2$ separat minimiert werden:

2. Minimierungsaufgabe:

Man bestimme zu $m \in \mathbb{N}$ ein Polynom p_m mit (2) und $\operatorname{grad} p_m \leqslant m$ so, daß

$$(7.3.3) \qquad \| p_m(M) \|_2 = \min.$$

7.3.2 Diskussion der 2. Minimierungsaufgabe

Eine teilweise Antwort auf die Minimierungsaufgaben enthält der

Satz 7.3.1 M habe keinen Eigenwert $\lambda = 1$ (hinreichend: $\rho(M) < 1$). Für alle $m \geqslant n := \# I$ führt die Wahl $p_m(\lambda) = \chi(\lambda) := \det(\lambda I - M)/\det(I - M)$ zu einem Polynom mit den Eigenschaften (2) und $\operatorname{grad} p_m \leqslant m$, das die Aufgaben (1) und (3) löst. Insbesondere gilt

$$(7.3.4) \qquad p_m(M) = 0 \quad \text{und} \quad \| p_m(M) \|_2 = 0.$$

Wählt man $p_m(\lambda) = \mu(\lambda) := $ Minimalpolynom zu M (vgl. (2.8.4d)), so gilt (4) schon für $m \geqslant m_0 := \operatorname{grad} \mu$. Sucht man für $m > n$ (bzw. $m > m_0$) eine Lösung von (1) und (3) mit $\operatorname{grad} p_m = m$, setze man $p_m(\zeta) = \zeta^{m-n} \chi(\zeta)$ bzw. $p_m(\zeta) = \zeta^{m-m_0} \mu(\zeta)$.

Beweis. Der Satz 2.8.9 von Cayley–Hamilton garantiert $\chi(M) = \mu(M) = 0$. ▨

Die in Satz 1 gegebene Lösung ist aus zwei Gründen unbefriedigend. Zum einen ist das charakteristische Polynom χ (genauer gesagt: die benötigten Koeffizienten) nicht so schnell berechenbar, zum anderen ist der Fall $m \geqslant n$ der eher uninteressante.

Zwischenzeitlich sei angenommen:

(7.3.5) M sei normal,

d.h. $MM^H = M^H M$; hinreichend wäre, daß M Hermitesch ist. Mit M ist auch $p_m(M)$ normal, so daß nach Satz 2.9.5 auf

$$(7.3.6) \qquad \| p_m(M) \|_2 = \rho(p_m(M)) = \max\{ |p_m(\lambda)| : \lambda \in \sigma(M) \}$$

geschlossen werden kann. Die Minimierung in (3) ist somit äquivalent zur Bestimmung eines Polynomes, dessen Betrag auf der Menge $\sigma(M)$ möglichst klein wird. Welchen Bezug hat die Minimierung von $\max\{ |p_m(\lambda)| : \lambda \in \sigma(M) \}$ zur eigentlichen Aufgabe (3), wenn die Voraussetzung (5) der Normalität nicht gegeben ist? Die Minimierung kann zum einen in der Form

$$\rho(p_m(M)) = \min$$

gelesen werden, d.h. statt der Spektralnorm $\| p_m(M) \|_2$ wird der Spektralradius minimiert. Nimmt man die Diagonalisierbarkeit $T^{-1} M T = D$ (D diagonal) an, gilt $p_m(M) = p_m(T D T^{-1}) = T p_m(D) T^{-1}$. Mit der in Übungsaufgabe 2.6.13c definierten Norm $\| \cdot \|_T$ erhält man

$$(7.3.6') \qquad \| p_m(M) \|_T = \| T p_m(M) T^{-1} \|_2 = \| p_m(D) \|_2 = \rho(p_m(D)) =$$
$$= \rho(p_m(M)) = \max\{ |p_m(\lambda)| : \lambda \in \sigma(M) \}.$$

In §4.8.1 wurden symmetrische Iterationen diskutiert, für die zwar nicht M, aber $A^{1/2} M A^{-1/2}$ Hermitesch ist. Dann gilt in der Energienorm

$$(7.3.6'') \qquad \| p_m(M) \|_A = \max\{ |p_m(\lambda)| : \lambda \in \sigma(M) \}.$$

Man kann im Falle der Diagonalisierbarkeit $T^{-1} M T = D$ auch mittels

$$(7.3.6''') \qquad \| p_m(M) \|_2 \leqslant \| p_m(D) \|_2 \operatorname{cond}_2(T)$$

abschätzen. Durch die Minimierung von

$$\max\{ |p_m(\lambda)| : \lambda \in \sigma(M) \} = \| p_m(D) \|_2$$

anstelle des Ausdruckes $\| p_m(M) \|_2$ wird somit die obere Schranke $\| p_m(D) \|_2 \, \mathrm{cond}_2(T)$ in (6''') minimiert.

Die Minimierung von $\max\{ | p_m(\lambda) | : \lambda \epsilon \sigma(M) \}$ kann nur mit der Kenntnis des Spektrums $\sigma(M)$ gelöst werden. Die Berechnung des gesamten Spektrums ist jedoch wesentlich aufwendiger als die hier anstehende Auflösung eines Gleichungssystems.

Ein Ausweg ergibt sich, wenn man das Spektrum $\sigma(M)$ durch eine *a priori bekannte* Menge

$$(7.3.7) \qquad \sigma_M \supset \sigma(M)$$

ersetzt. Ein Beispiel für die Obermenge σ_M wäre der Kreis

$$(7.3.8a) \qquad \sigma_M = \{ \lambda \epsilon \mathbb{C} : | \lambda | \leqslant \bar\rho \} \qquad\qquad \text{mit } \bar\rho \geqslant \rho(M).$$

Leider wird diese Menge für unsere Zwecke ungeeignet sein (vgl. Satz 9). Wenn dagegen M nur *reelle* Eigenwerte hat, bietet sich das Intervall

$$(7.3.8b) \qquad \sigma_M = [-\bar\rho, \bar\rho] \qquad\qquad \text{mit } \bar\rho \geqslant \rho(M)$$

an. In manchen Fällen ist darüberhinaus bekannt, daß M nur nichtnegative Eigenwerte besitzt (vgl. Satz 4.8.3b). Dann kann man

$$(7.3.8c) \qquad \sigma_M = [0, \bar\rho] \qquad\qquad \text{mit } \bar\rho \geqslant \rho(M)$$

wählen. In allen Fällen reicht es aus, eine obere Schranke $\bar\rho$ von $\rho(M)$ zu kennen, wobei $\bar\rho = \rho(M)$ optimal wäre und – wie wir sehen werden – $\bar\rho < 1$ gelten muß. Zum Bespiel kann man $\bar\rho$ als $\rho_{m+k,k}$ nach (3.2.18b) für geeignete m, k wählen (vgl. Bemerkung 3.4.3).

Die Minimierung des Ausdrucks (6) ersetzen wir demgemäß durch die

---

3. Minimierungsaufgabe:

Man bestimme zu $m \epsilon \mathbb{N}$ ein Polynom p_m mit (2) und grad $p_m \leqslant m$ so, daß

$$(7.3.9) \qquad \max\{ | p_m(\lambda) | : \lambda \epsilon \sigma_M \} = \min.$$

Abschließend sei kurz auf die Wahl der Norm $\| \cdot \|_2$ in (1), (3) und (9) eingegangen. Eine Nicht-Hilbert-Norm wie etwa die Maximum- bzw. Zeilensummennorm $\| \cdot \|_\infty$ macht die Minimierung noch wesentlich komplizierter. Denkbar ist die Ersetzung der Euklidischen Norm $\| x \|_2$ durch $\| | x | \|_T = \| T x \|_2$ oder $\| x \|_K = \| K^{1/2} x \|_2$ (K positiv definit), wie schon in (6') und (6'') geschehen. Für K kommt außer A auch die Matrix W der dritten Normalform in Frage (vgl. Bemerkung 4.8.2d und (6'')).

7.3.3 Čebyšev-Polynome

Als Vorbereitung auf das nächste Unterkapitel seien die Čebyšev-Polynome diskutiert (andere Schreibung: Tschebyscheff, Chebyshev,...; die Version «Chebychev» ist dagegen eine fehlerhafte Transkription).

Definition 7.3.2 Die Čebyšev-Polynome T_m lauten

$$(7.3.10) \qquad T_m(x) := \cos(m \arccos x) \qquad\qquad \text{für } m \in \mathbb{N}_0,\ |x| \leq 1.$$

Daß es sich bei den Funktionen T_m wirklich um Polynome vom Grad m handelt, erkennt man aus dem Teil (a) des folgenden Satzes, der alle weiterhin benötigten Eigenschaften zusammenstellt.

Lemma 7.3.3 (a) Die Funktionen T_m aus (10) genügen der Rekursion

$$(7.3.11a) \qquad T_0(x) = 1,\quad T_1(x) = x,\quad T_{m+1}(x) = 2x\,T_m(x) - T_{m-1}(x).$$

(b) Für $|x| \geq 1$ haben die Polynome T_m die Darstellung

$$(7.3.11b) \qquad T_m(x) = \cosh(m \operatorname{Arcosh} x) \qquad\qquad \text{für } m \in \mathbb{N}_0,\ |x| \geq 1,$$

wobei $\cosh(x) = \frac{1}{2}(e^x + e^{-x})$ der *Cosinus hyperbolicus* und Arcosh (*Area cosinus hyperbolicus*) seine Umkehrfunktion sind.

(c) Für alle $x \in \mathbb{C}$ gilt die Darstellung

$$(7.3.11c) \qquad T_m(x) = \tfrac{1}{2}\left[\left(x + \sqrt{x^2-1}\right)^m + \left(x + \sqrt{x^2-1}\right)^{-m} \right].$$

Beweis. (11a) ergibt sich aus dem Additionstheorem des Cosinus. Für (11b) reicht der Nachweis, daß die dort definierten Funktionen ebenfalls der Rekursion (11a) genügen. Die Substitution $x = \cos\zeta$ in (11c) zeigt, daß (11c) mit $\cos m\zeta = T_m(x)$ übereinstimmt.

Zur Ergänzung sei angefügt, daß $\{T_m\}$ die Orthogonalpolynome bezüglich der Gewichtsfunktion $(1-x^2)^{-1/2}$ sind (vgl. Stoer [1, §3.5]).

7.3.4 Die Čebyšev-Methode (Lösung der 3. Minimierungsaufgabe)

Wie in die Beispielen (8b,c) sei angenommen, daß σ_M ein reelles Intervall ist. Die Lösung der dritten Minimierungsaufgabe (9) lautet:

Lemma 7.3.4 Sei $[a,b]$ ein Intervall mit $-\infty < a < b < 1$. Die Aufgabe

$$(7.3.12a) \qquad \text{minimiere } \max\{|p_m(\lambda)| : a \leq \lambda \leq b\}$$
$$\text{unter allen Polynomen } p_m \text{ mit grad } p_m \leq m \text{ und } p_m(1) = 1$$

hat die eindeutige Lösung

$$(7.3.12b) \qquad p_m(\zeta) = T_m\!\left(\frac{2\zeta - a - b}{b-a}\right) / C_m \quad \text{mit } C_m := T_m\!\left(\frac{2-a-b}{b-a}\right)$$

und dem Čebyšev-Polynom T_m aus (10). Das minimierende Polynom p_m hat den Grad m und führt auf das Minimum

$$(7.3.12c) \qquad \max\{|p_m(\lambda)| : a \leq \lambda \leq b\} = 1/C_m \qquad \text{für } p_m \text{ aus (12b).}$$

Beweis. (i) Die Konstante C_m ist $\neq 0$, da das Argument $(2-a-b)/(b-a)$ außerhalb von $[-1,1]$ liegt und die Darstellung (11b) zutrifft. Per Konstruktion gilt $p_m(1)=1$ und $\operatorname{grad} p_m = m$. Für $a \leqslant \zeta \leqslant b$ liegt das Argument $(2\zeta-a-b)/(b-a)$ in $[-1,1]$. Dort ist nach (10) $|T_m| \leqslant 1$ und nimmt diese Grenze auch an, so daß (12c) folgt.

(ii) Es bleibt zu zeigen, daß für jedes andere Polynom das Maximum in (12c) größer als $1/C_m$ ausfällt. Sei q_m ein Polynom mit $q_m(1)=1$, $\operatorname{grad} q_m = m$ und $\max\{|q_m(\zeta)|: \zeta \in [a,b]\} \leqslant 1/C_m$. Das Čebyšev-Polynom $T_m(x) = \cos(m \arccos x)$ nimmt, wie man nachrechnet, die Wert ± 1 in abwechselnder Reihenfolge in $x = \cos(\nu\pi/m)$ für $\nu = -m, 1-m, \ldots, 0$ an. Die durch die Transformation $x \mapsto \zeta = \frac{1}{2}[a+b+x(b-a)]$ aus T_m entstehende Funktion p_m hat in $\zeta_\nu = \frac{1}{2}[a+b+(b-a)\cos(\nu\pi/m)]$ $(-m \leqslant \nu \leqslant 0)$ die Werte

$$p_m(\zeta_\nu) = (-1)^\nu / C_m.$$

Aus $|q_m(\zeta_\nu)| \leqslant 1/C_m = |p_m(\zeta_\nu)|$ schließt man für die Differenz $r := p_m - q_m$ auf

$$r(\zeta_\nu) \geqslant 0 \quad \text{für gerade } \nu, \qquad r(\zeta_\nu) \leqslant 0 \quad \text{für ungerade } \nu.$$

Nach dem Zwischenwertsatz existiert in jedem Teilintervall $[\zeta_{\nu-1}, \zeta_\nu]$ $(1-m \leqslant \nu \leqslant 0)$ eine Nullstelle von r. Sollten die Nullstellen aus $[\zeta_{\nu-1}, \zeta_\nu]$ und $[\zeta_\nu, \zeta_{\nu+1}]$ in den gemeinsamen Punkt ζ_ν zusammenfallen, ist ζ_ν eine doppelte Nullstelle, so daß – der Vielfachheit nach gezählt – r mindestens m Nullstellen in $[a,b]$ besitzt. Wegen $p_m(1)=q_m(1)=1$ hat r in 1 eine $(m+1)$-te Nullstelle. Aus $\operatorname{grad} r \leqslant m$ schließt man $r=0$, so daß die Eindeutigkeit $p_m = q_m$ folgt. ∎

Übungsaufgabe 7.3.5 Man beweise mit Hilfe von (11a): Die Polynome p_m aus (12b) erhält man mittels der Rekursion

$$(7.3.13a) \qquad p_0(\zeta) = 1, \quad p_1(\zeta) = \frac{2\zeta-a-b}{2-a-b},$$

$$(7.3.13b) \qquad C_{m+1} p_{m+1}(\zeta) = 2\frac{2\zeta-a-b}{b-a} C_m p_m(\zeta) - C_{m-1} p_{m-1}(\zeta).$$

Um die Güte des erreichten Minimums $1/C_m = 1/T_m(\frac{2-a-b}{b-a})$ einschätzen zu können, ist (11c) bei $x_0 = (2-a-b)/(b-a)$ auszuwerten. Man rechnet nach, daß $x_0^2 - 1 = 4(1-a)(1-b)/(b-a)^2 > 0$ und $x_0 + \sqrt{x_0^2-1} = (\sqrt{1-a} + \sqrt{1-b})^2/(b-a)$. Die Darstellung (11c) zeigt

$$C_m = \tfrac{1}{2}\left\{\left(\frac{(\sqrt{1-a}+\sqrt{1-b})^2}{b-a}\right)^m + \left(\frac{(\sqrt{1-a}+\sqrt{1-b})^2}{b-a}\right)^{-m}\right\}.$$

Die Klammer $\left(\frac{(\sqrt{1-a}+\sqrt{1-b})^2}{b-a}\right)$ läßt sich als $\frac{1-a}{b-a}\left(1+\sqrt{\frac{1-b}{1-a}}\right)^2$ schreiben. Zur Vereinfachung seien

$$x := \frac{1-a}{1-b}, \quad c := \left(1-\frac{1}{\sqrt{x}}\right) / \left(1+\frac{1}{\sqrt{x}}\right)$$

eingeführt. Da $\frac{b-a}{1-a} = 1 - \frac{1}{x} = \left(1+\frac{1}{\sqrt{x}}\right)\left(1-\frac{1}{\sqrt{x}}\right)$, ist

$$\left(\frac{(\sqrt{1-a}+\sqrt{1-b}\,)^2}{b-a}\right) = (1-\tfrac{1}{x})^{-1}(1+\tfrac{1}{\sqrt{x}})^2 = (1+\tfrac{1}{\sqrt{x}})/(1-\tfrac{1}{\sqrt{x}}) = \tfrac{1}{c}\,.$$

Damit reduziert sich der Ausdruck für $1/C_m$ **zu**

$$(7.3.13c)\qquad \frac{1}{C_m} = \frac{2\,c^m}{1+c^{2m}}\,,\ \text{wobei}\ \ c := \frac{1-1/\sqrt{x}}{1+1/\sqrt{x}} = \frac{\sqrt{x}-1}{\sqrt{x}+1}\ \text{und}\ \ x := \frac{1-a}{1-b}$$

Zur Interpretation von x als Konditionszahl vergleiche man §7.3.8.

Folgerung 7.3.6 (a) Für den Fall (8c): $\sigma_M = [-\bar{\rho},\ \bar{\rho}\,]$ mit $0<\bar{\rho}<1$ (d.h. $a=-\bar{\rho}$, $b=\bar{\rho}$) lautet die Lösung der 3. Minimierungsaufgabe (9):

$$(7.3.14a)\qquad p_m(\zeta) = T_m(\zeta/\bar{\rho}\,)/C_m \qquad\qquad \text{mit}\ C_m := T_m(1/\bar{\rho}\,).$$

(b) Für den Fall (8b): $\sigma_M = [\,0,\ \bar{\rho}\,]$ mit $0<\bar{\rho}<1$ (d.h. $a=0$, $b=\bar{\rho}$) lautet die entsprechende Lösung

$$(7.3.14b)\qquad p_m(\zeta) = T_m(\tfrac{2\zeta-\bar{\rho}}{\bar{\rho}})/C_m \qquad\qquad \text{mit}\ C_m := T_m(\tfrac{2-\bar{\rho}}{\bar{\rho}}).$$

(c) Die jeweils erreichten Minima sind $\dfrac{1}{C_m} = \dfrac{2\,c^m}{1+c^{2m}}$ mit

$$(7.3.14c)\qquad c = \frac{2\bar{\rho}}{(\sqrt{1+\bar{\rho}}+\sqrt{1-\bar{\rho}}\,)^2}\ \text{für (14a)},\quad c = \frac{\bar{\rho}}{(1+\sqrt{1-\bar{\rho}}\,)^2}\ \text{für (14b)}.$$

(d) Für die Semiiterierten gelten die Fehlerabschätzungen

$$(7.3.14d_1)\qquad \|y^m - x\|_2 \leqslant \eta_m\,\mathrm{cond}_2(T)\,\|x^0 - x\|_2 \qquad \text{mit}$$

$$(7.3.14e)\qquad \eta_m = 2\,(1-\tfrac{1}{x})^m\,/\,[\,(1+\tfrac{1}{\sqrt{x}})^{2m}+(1-\tfrac{1}{\sqrt{x}})^{2m}\,],$$

wobei x durch (13c) definiert wird und T die Transformation aus (6''') ist. Im Falle einer symmetrischen Iteration (vgl. §4.8.1) gilt in der Energienorm:

$$(7.3.14d_2)\qquad \|y^m - x\|_A \leqslant \eta_m\,\|x^0 - x\|_A\,.$$

Beweis zu (d). Man verwende $c = [\,1 - 1/x\,]/(1+1/\sqrt{x})^2$. ▨

Zur Realisierung der Čebyšev-Methode könnte man die Koeffizienten α_{mj} von $p_m(\zeta) = \sum \alpha_{mj}\zeta^j$ ermitteln und die erste Formulierung (1.6) der Semiiteration verwenden. Für ein *festes* m läßt sich im Prinzip die zweite Formulierung heranziehen. Das Čebyšev-Polynom T_m hat die Nullstellen $x_\nu = \cos([\nu+\tfrac{1}{2}]\pi/m)$ $(1\leqslant\nu\leqslant m)$. Damit besitzt das transformierte Polynom p_m aus (12b) die Faktorisierung $\Pi_{\nu=1}^m(\zeta-\zeta_\nu)/(1-\zeta_\nu)$ mit $\zeta_\nu = \tfrac{1}{2}[a+b+(b-a)\cos([\nu+\tfrac{1}{2}]\pi/m)]$. Die Hilfspolynome

$$\hat{p}_k(\zeta) := \prod_{\nu=1}^{k}(\zeta-\zeta_\nu)/(1-\zeta_\nu) \qquad\qquad (0\leqslant k\leqslant m)$$

erfüllen (2.3a,b) und führen in (2.3c) auf $\Theta_k := \zeta_k / (1-\zeta_k)$. Damit kann das Verfahren (2.1a,b) (die «zweite Formulierung») mit diesen Θ_k für $k = 0,1,\ldots,m$ durchgeführt werden. Da $\hat{p}_m = p_m$, hat man somit für den festen Index m die optimale semiiterative Lösung y^m berechnet. Dieses Vorgehen hat jedoch schwerwiegende Nachteile:

i) Für eine anschließende Berechnung von y^{m+1} hat man (2.1a,b) erneut von $k=0$ bis $k=m+1$ zu durchlaufen, da dann andere Hilfspolynome $\hat{p}_k$ auftreten.

ii) Die zweite Formulierung (2.1a,b) ist im allgemeinen *instabil*. Schon für relativ kleine m kann der Rundungsfehlereinfluß den Iterationsfehler $y^m - x$ überwiegen.

Man kann der Instabilität allerdings mit einer geschickten Umnumerierung der Θ_ν begegnen. Zur Stabilitätsanalyse und Wahl einer geeigneten Anordnung sei auf Lebedev – Finogenov [1] verwiesen (vgl. auch Samarskij-Nikolaev [1,§6.2.4]).

Die einzig elegante und praktikable Realisierung ist der Einsatz der *Dreitermrekursion* (2.4a-c), da (2.5a,b) die Rekursion (13a,b) als Spezialfall enthält. Die in (2.4a-c) benötigten Koeffizienten Θ_m und ϑ_m werden in der nachfolgenden Übungsaufgabe bereitgestellt.

Übungsaufgabe 7.3.7 Man beweise: **(a)** Für den Fall $\sigma_M = [a,b]$ mit $a < b < 1$ ergibt sich für p_m aus (13a,b) die Rekursion (2.5a,b) mit den Faktoren

(7.3.15a) $\qquad \Theta_m = 4 C_{m-1} / [(b-a) C_m],$

(7.3.15b) $\qquad \vartheta_m = -2(a+b) C_{m-1} / [(b-a) C_m].$

(b) Für den Fall $\sigma_M = [-\rho, \rho]$ führt (13b) auf die Rekursion (2.5c,d) mit

(7.3.15a') $\qquad \Theta_m = 2 C_{m-1} / [\rho C_m] = 1 + C_{m-2}/C_m.$

(c) Wie lauten die Koeffizienten für $\sigma_M = [0, \rho]$?

(d) Aufgrund der Gleichung (13b) für $\zeta = 1$: $C_{m+1} = A C_m - C_{m-1}$ mit $A := 2(2-a-b)/(b-a)$ beweise man für den allgemeinen Fall $\sigma_M = [a,b]$:

(7.3.15c) $\qquad \Theta_m = 16 / [8(2-a-b) - (b-a)^2 \Theta_{m-1}], \quad \Theta_1 = 4/(2-a-b),$

(7.3.15d) $\qquad \vartheta_m = -\frac{1}{2}(a+b)\Theta_m.$

(e) Die Koeffizienten konvergieren monoton gegen $\lim \Theta_m = 4c/(b-a)$ und $\lim \vartheta_m = -2c(a+b)/(b-a)$ mit c aus (13c).

Hinweis zu (a): Für $m \geqslant 2$ Koeffizientenvergleich von (2.5b) mit (13b). Für $m = 1$ Vergleich von (2.5a) mit (13a) unter Beachtung von $C_0 = 1$, $C_1 = (2-a-b)/(b-a)$ gemäß (13c). *Zu (e):* Man setze (13c) in (15a,b) ein.

Anstelle der Größen Θ_m und ϑ_m kann man auch die Summe $\sigma_m := \Theta_m + \vartheta_m$ rekursiv aus

$$(7.3.15e) \qquad \sigma_m = 4 / \left\{ 4 - \left(\frac{1 - 1/\varkappa}{1 + 1/\varkappa} \right)^2 \sigma_{m-1} \right\}, \qquad \sigma_1 = 2$$

berechnen (abzuleiten aus (15c,d)). Aus (15d) erhält man

$$(7.3.15f) \qquad \Theta_m = 2\sigma_m / (2 - a - b), \qquad \vartheta_m = -(a+b)\sigma_m / (2 - a - b).$$

Die Koeffizienten σ_m können auch unmittelbar für die Dreiterm-rekursion genutzt werden. Ist W die Matrix der dritten Normalform von Φ, so ist (2.4a–c) mit den Koeffizienten (15a,b) äquivalent zu

$$
\begin{aligned}
&(7.3.16a) \qquad y^0 = x^0, \\[2mm]
&(7.3.16b) \qquad y^1 = y^0 - \frac{2}{2 - a - b} W^{-1}(A y^0 - b), \\[2mm]
&(7.3.16c) \qquad y^m = \sigma_m \left\{ y^{m-1} - \frac{2}{2 - a - b} W^{-1}(A y^{m-1} - b) \right\} + (1 - \sigma_m) y^{m-2}.
\end{aligned}
$$

7.3.5 Verbesserung der Konvergenzordnung durch die Čebyšev-Methode

Satz 7.3.8 (a) Sei $\sigma(M) \subset \sigma_M = [a, b]$ mit $a < b < 1$. Die Čebyšev-Methode hat die asymptotische Konvergenzrate c aus (13c):

$$(7.3.17a) \qquad \lim_{m \to \infty} (1 / C_m)^{1/m} = c = \frac{b - a}{2 - b - a + 2\sqrt{(1 - a)(1 - b)}}.$$

Speziell gilt

$$(7.3.17b) \qquad \lim_{m \to \infty} (1 / C_m)^{1/m} = \frac{\varrho}{1 + \sqrt{1 - \varrho^2}} \qquad \text{für } \sigma_M = [-\varrho, \varrho],\ \varrho < 1,$$

$$(7.3.17c) \qquad \lim_{m \to \infty} (1 / C_m)^{1/m} = \frac{\varrho}{(1 + \sqrt{1 - \varrho})^2} \qquad \text{für } \sigma_M = [0, \varrho],\ \varrho < 1.$$

(b) Die Basisiteration habe die Ordnung $\varkappa$: $\varrho(M) = 1 - C h^\varkappa + O(h^{2\varkappa})$. Dann hat die Čebyšev-Methode die Ordnung $\varkappa/2$. Die asymptotische Konvergenzrate hat den Wert

$$(7.3.18a) \qquad 1 - 2\sqrt{C / (1 - a)}\, h^{\varkappa/2} + O(h^\varkappa) \qquad \text{für (17a) mit } b = \varrho(M),$$

$$(7.3.18b) \qquad 1 - \sqrt{2C}\, h^{\varkappa/2} + O(h^\varkappa) \qquad \text{für } \sigma_M = [-\varrho(M), \varrho(M)],$$

$$(7.3.18c) \qquad 1 - 2\sqrt{C}\, h^{\varkappa/2} + O(h^\varkappa) \qquad \text{für } \sigma_M = [0, \varrho(M)].$$

Beweis. Da $0 \leqslant c \leqslant 1$, zeigt (13c) $(1/C_m)^{1/m} = c[2/(1 + c^{2m}]^{1/m} \to c$. $\qquad$ ☒

Damit erreicht man mit der Čebyšev-Methode ebenso eine Halbierung der Ordnung wie bei der SOR-Iteration. Zum Zusammenhang beider Methoden vergleiche man §7.4.3 und Varga [2, §5.2].

7.3.6 Optimierung über andere Mengen

Bisher wurde ein Intervall $[a,b]$ mit $a<b<1$ zugrundegelegt. Wenn kein Eigenwert von M in $(c,d)\subset[a,b]$ liegt, kann σ_M zu

$$\sigma_M = [a,c] \cup [d,b] \qquad\qquad (a\leqslant c<d\leqslant b)$$

verkleinert werden. Offenbar kann das Minimum $\min_{p_m}\max_{\sigma_M}|p_m(\zeta)|$ nur kleiner werden. Für $c-a = b-d$ läßt sich das optimale Polynom in einfacher Weise angeben (vgl. Axelsson – Barker [1,S.26f]). Zur Bestimmung der optimalen Polynome sei auf deBoor – Rice [1] verwiesen. Der Fall $\sigma_M =[a,c]\cup[d,b]$ ist insbesondere dann interessant, wenn $a\leqslant c<1<d\leqslant b$. Diese Situation entsteht, wenn A indefinit ist. Hierzu vergleiche man auch §8.3.2.

Wenn *ein* extremer Eigenwert c von M bekannt und die anderen durch $[a,b]$ eingeschlossen sind, gelangt man zu

$$\sigma_M = [a,b] \cup \{c\} \qquad \text{mit } c\notin[a,b],\ 1\notin[a,b],\ c\neq 1.$$

q_{m-1} sei für $[a,b]$ optimal. Ein einfacher, wenn auch nicht optimaler Vorschlag für ein für σ_M geeignetes Polynom p_m ist

$$p_m(\zeta) := q_{m-1}(\zeta)(\zeta-c)/(1-c).$$

Zur prinzipiellen Konstruktion asymptotisch optimaler Polynome zu beliebigen, kompakten Mengen σ_M mit $1\notin\sigma_M$ sei auf Niethammer – Varga [1], Eiermann – Niethammer – Varga [1] verwiesen. Die nach dem Intervall $[a,b]$ nächsteinfache Menge σ_M ist die Ellipse (vgl. Fischer – Freund [1,2], Niethammer – Varga [1], Manteuffel [1]). Da im allgemeinen eine geeignete, die Eigenwerte von M einschließende Ellipse nicht a priori bekannt ist, hat man deren Parameter adaptiv zu verbessern (vgl. Manteuffel [1]). Die Tatsache, daß die Ellipse im Komplexen liegt, bedeutet nicht, daß auch die optimalen Polynome komplexe Parameter besitzen. Solange σ_M symmetrisch zur reellen Achse liegt, läßt sich ein optimales Polynom mit reellen Koeffizienten finden (vgl. Opfer – Schober [1]).

In jedem Falle wird das Spektrum $\sigma(M)$ durch den komplexen Kreis

$$\sigma_M = \{z = x+iy\in\mathbb{C}: x^2+y^2\leqslant \rho(M)^2\}$$

eingeschlossen. Hierfür ergibt sich leider keine interessante Lösung:

Satz 7.3.9 Sei σ_M der Kreis um $z_0\in\mathbb{C}\setminus\{1\}$ mit dem Radius $r<|1-z_0|$. Das optimale Polynom zu σ_M ist $p_m(\zeta)=[(\zeta-z_0)/(1-z_0)]^m$. Speziell für $z_0=0$ stimmt die zugehörige Semiiteration mit der Basisiteration Φ überein. Im allgemeinen Falle entspricht die Semiiteration dem gedämpften Verfahren Φ_Θ mit $\Theta := 1/|1-z_0|$.

Beweis (vgl. Opfer-Schober [1]). Das Maximum $\rho := \max\{|p_m(\zeta)|: \zeta \in \sigma_M\}$
$= r/|1-z_0|$ nimmt p_m auf dem gesamten Rand von σ_M an. Falls p_m nicht
optimal wäre, gäbe es ein q_m vom Grad $\leqslant m$ mit $q_m(1)=1$ und
$\max\{|q_m(\zeta)|: \zeta \in \sigma_M\} < \rho$. Damit wäre $q_m(\zeta) < \rho = p_m(\zeta)$ für alle Randwerte $\zeta \in \partial\sigma_M$ gültig, so daß der Satz von Rouché anwendbar ist:
Die holomorphen Funktionen p_m und $p_m - q_m$ haben in σ_M die gleichen
Nullstellenzahl. Da p_m in z_0 eine m-fache Nullstelle hat, besitzt
$p_m - q_m$ auch m Nullstellen in σ_M. Wegen $(p_m - q_m)(1) = p_m(1) - q_m(1) =$
$= 1 - 1 = 0$ hat das Polynom $p_m - q_m$ vom Grad $\leqslant m$ sogar $m+1$ Nullstellen,
was $p_m = q_m$ impliziert. Also ist p_m bereits optimal.   ▢

7.3.7 Die zyklische Iteration

Im Anschluß an Folgerung 6 wurde erwähnt, daß es prinzipiell mög-
lich ist, die zweite Formulierung (2.1b) mit Faktoren $\Theta_\nu := -\zeta_\nu/(1-\zeta_\nu)$,
$\zeta_\nu = \cos([\nu+\tfrac{1}{2}]\pi/m)$ für $\nu=1,\ldots,m$ anzuwenden. Das Resultat y^m (für
dieses feste m) ist die gewünschte Čebyšev-Semiiterierte. Nur läßt sich
die Čebyšev-Methode so nicht weiter fortsetzen. Um trotzdem zu
einem unendlichen iterativen Prozeß zu kommen, wiederholt man die
Extrapolationsfaktoren zyklisch:

(7.3.19a) $\Theta_1, \Theta_2, \ldots, \Theta_m$ gegeben,

(7.3.19b) $\Theta_i := \Theta_{i-m}$ für $i > m$.

Das semiiterative Verfahren (2.1a,b) mit diesen Parametern heißt die
zyklische Iteration. Wenn man nur die Iterierten y^0, y^m, y^{2m}, y^{3m},...
in Betracht zieht, handelt es hierbei um eine echte Iteration. Die
zugehörige Iterationsmatrix ist $p_m(M)$. Als Konvergenzrate der
zyklischen Iteration nimmt man jedoch nicht $\rho(p_m(M))$, sondern
$\rho(p_m(M))^{1/m}$, da ein Zyklus $y^0 \mapsto y^m$ aus m und nicht aus einem
Schritt bestehend angesehen wird. Für die zyklische Iteration besteht
die gleiche Gefahr *numerischer Instabilitäten*, die schon anschließend
an Folgerung 6 diskutiert wurde.

Übungsaufgabe 7.3.10 Man beweise: Auch wenn man die zyklische
Iteration als Semiiteration $\{y^0, y^1, y^2,\ldots\}$ aller Iterierten ansieht,
stimmt die asymptotische Konvergenzrate aus Definition 1.2 mit
$\rho(p_m(M))^{1/m}$ überein.

7.3.8 Eine Umformulierung

Die Matrizen M und W der ersten und dritten Normalform hängen
über $M = I - W^{-1}A$ zusammen (vgl. (3.2.3'/6)). Bisher haben wir nach geeigneten Polynomen $p(\zeta)$ unter der Nebenbedingung $p(1)=1$ gesucht.
Ein Polynom in $M = I - W^{-1}A$ läßt sich als Polynom in $W^{-1}A$ umordnen:

(7.3.20a) $p(M) = q(W^{-1}A)$

mit q aus

(7.3.20b) $q(\mu) := p(1-\mu)$.

Die Nebenbedingung $p(1)=1$ wird zu

(7.3.20c) $q(0) = 1$.

Da man (20c) auch durch $q(\mu)=(1-\mu)\hat{q}(\mu)$ mit $\operatorname{grad}(\hat{q})=\operatorname{grad}(q)-1$ ausdrücken kann, ist (21) eine alternative Darstellung zu (20a–c):

(7.3.21) $p(M) = I - W^{-1}A\,\hat{q}(W^{-1}A)$ mit $\hat{q}(\mu) := [p(1-\mu)-1]/\mu$.

Man überlegt sich leicht, daß

(i) M genau dann ein reelles Spektrum $\sigma(M)$ besitzt, wenn auch $\sigma(W^{-1}A)$ reell ist.

(ii) a untere und b obere Schranke für $\sigma(M)$ sind, wenn

(7.3.22) $\Gamma := 1-a$, $\gamma := 1-b$

obere bzw. untere Schranke von $\sigma(W^{-1}A)$ sind:

(7.3.23a) $\sigma(W^{-1}A) \subset [\gamma,\Gamma]$.

Der Ausdruck $\varkappa$ aus (13c) schreibt sich als

(7.3.23b) $\varkappa = \Gamma/\gamma$.

Für $\varkappa = \Gamma/\gamma$ mit den besten Konstanten γ und Γ, die (23a) erfüllen, gilt unter der Voraussetzung $\gamma > 0$:

(7.3.23c) $\varkappa = \varkappa(W^{-1}A)$ ($\varkappa(\cdot)$ definiert in (2.10.8)).

Es sei daran erinnert, daß eine symmetrische Iteration vorliegt, wenn W positiv definit und A Hermitesch sind (vgl. §4.8.1)).

Lemma 7.3.11 Für eine symmetrische Iteration ist (23a) äquivalent zu

(7.3.23a') $\gamma W \le A \le \Gamma W$.

Für die optimalen Konstanten in (23a') gilt

(7.3.23c') $\varkappa = \varkappa(W^{-1}A) = \operatorname{cond}_2(W^{-1/2}AW^{-1/2})$.

Beweis. Da $\sigma(W^{-1}A)=\sigma(W^{-1/2}AW^{-1/2})$ (vgl. Lemma 2.4.16), ist (23a) äquivalent zu $\gamma I \le W^{-1/2}AW^{-1/2} \le \Gamma I$ (vgl. (2.10.3e)). Multiplikation mit $W^{1/2}$ von beiden Seiten liefert (23a') (vgl. (2.10.3b')).   ∎

Das optimale Polynom lautet $p_m(\zeta) = T_m(\frac{2\zeta - a - b}{b - a}) / T_m(\frac{2 - a - b}{b - a})$
(vgl. (12b)). Setzt man in $\frac{2\zeta - a - b}{b - a}$ für a, b die Ausdrücke $1 - \Gamma$ und
$1 - \gamma$ und für ζ die Matrix $M = I - W^{-1}A$ ein, erhält man
$[(\Gamma + \gamma)I - 2W^{-1}A] / (\Gamma - \gamma)$. Entsprechend wird $\frac{2 - a - b}{b - a}$ zu $(\Gamma + \gamma) / (\Gamma - \gamma)$.
Als Polynom in $W^{-1}A$ ausgedrückt, lautet das optimale Polynom somit

$$(7.3.24) \qquad p_m(M) = q_m(W^{-1}A) = T_m(\frac{\Gamma + \gamma}{\Gamma - \gamma} I - \frac{2}{\Gamma - \gamma} W^{-1}A) / T_m(\frac{\Gamma + \gamma}{\Gamma - \gamma}).$$

Die asymptotische Konvergenzgeschwindigkeit (17a) durch γ und Γ
ausdrückt, lautet

$$(7.3.25) \qquad \lim_{m \to \infty} (1 / C_m)^{1/m} = c = \frac{\sqrt{\Gamma} - \sqrt{\gamma}}{\sqrt{\Gamma} + \sqrt{\gamma}} = \frac{1 - \sqrt{\gamma / \Gamma}}{1 + \sqrt{\gamma / \Gamma}}.$$

7.3.9 Mehrschrittiterationen

In Übungsaufgabe 7e wurden die Limites $\Theta = \lim \Theta_m$ und $\vartheta = \lim \vartheta_m$
berechnet. Damit konvergiert die Dreitermrekursion (2.4c) gegen die
(stationäre) Zweischrittiteration (3.2.23):

$$y^m = \Theta \{\Phi(y^{m-1}, b) - y^{m-2}\} + \vartheta (y^{m-1} - y^{m-2}) + y^{m-2}.$$

Wie in §3.2.8 beschrieben, läßt sich die Konvergenz der Iteration (3.2.23)
auf die Konvergenz einer Einschrittiteration mit der Iterationsmatrix

$$\mathbf{M} = \begin{bmatrix} \mu_0 M + \mu_1 I & \mu_2 I \\ I & O \end{bmatrix}, \quad \mu_0 = \frac{4c}{b - a}, \quad \mu_1 - 2c\frac{a + b}{b - a}, \quad \mu_2 = 1 - \mu_0 - \mu_1$$

zurückführen (c aus (13c)). Unter der Annahme $\sigma(M) \subset \sigma_M$ erhält man
für diese Koeffizienten mit Hilfe der Übungsaufgabe 3.2.20 $\rho(\mathbf{M}) = c$,
das heißt die (stationäre) Zweischrittiteration (3.2.23) erzielt die gleiche
Konvergenzrate wie das semiiterative Verfahren.

Allgemein kann man die k-Schrittiteration

$$x^m = \mu_0 \Phi(x^m, b) + \sum_{i=1}^{k} \mu_i x^{m-i} \qquad \text{mit} \sum_{i=0}^{k} \mu_i = 1$$

untersuchen. Der Zusammenhang zwischen k-Schrittiterationen und
semiiterativen Verfahren ist bei Niethammer–Varga [1] beschrieben.

7.3.10 Pascal-Prozeduren

Das Čebyšev-Verfahren benötigt zunächst Informationen über die
Spektrumsschranken a, b, die $a \leqslant \lambda_{min} \leqslant \lambda_{max} \leqslant b < 1$ erfüllen müssen,
wobei λ_{min} und λ_{max} die extremen Eigenwerte der Iterationsmatrix M
sind. Die Größen a, b werden nicht direkt gespeichert, sondern über γ
und Γ aus (22) als Komponenten **gmg** $:= \Gamma - \gamma$ und **gpg** $:= \Gamma + \gamma$ des Records

vom Typ **Iterationsparameter** abgelegt. Die Prozeduren **setze_lambda_Schranken** und **bestimme_lambda_Schranken** stehen zur direkten bzw. interaktiven Eingabe zur Verfügung. Es wird dabei abgeprüft, ob $a \leqslant b < 1$ erfüllt ist. Aus **gmg** und **gpg** bestimmt **asymptotische_semiiterative_Rate** die Rate (25).

```
function pruefe_lambda(a,b: real): Boolean;   var ok: Boolean;
begin ok:=b<1; if not ok then writeln('b muß <1 sein!');
  if a>b then begin ok:=false; writeln('a muß <b=',b,' sein!') end;
  pruefe_lambda:=ok
end;

procedure setze_lambda_Schranken(var IP: Iterationsparameter; a,b: real);
begin
 if not pruefe_lambda(a,b) then Meldung('Ungültige Semiiterationsparameter!');
 IP.gmg:=b-a;  IP.gpg:=2-a-b;  IP.Nr:=0
end;

procedure bestimme_lambda_Schranken(var IP: Iterationsparameter);
var a,b: real;
begin writeln('Parameter für Semiiteration:');
  writeln('*** Eingabe einer oberen Schranke b.');
  repeat write(' --> b = '); readln(b); a:=b until pruefe_lambda(a,b);
  writeln('*** Eingabe einer unteren Schranke a.');
  repeat write(' --> a = '); readln(a) until pruefe_lambda(a,b);
  setze_lambda_Schranken(IP,a,b)
end;

procedure lambda_Schranken(var it: Iterationsdaten; a,b: real);
begin if it.A.Art=Poisson_Modellproblem then
  setze_lambda_Schranken(it.IP,a,b) else bestimme_lambda_Schranken(it.IP)
end;

function asymptotische_semiiterative_Rate(var IP: Iterationsparameter): real;
begin with IP do asymptotische_semiiterative_Rate:=
                    gmg/(gpg+sqrt(gpg*gpg-gmg*gmg)) end;
```

Ebenso können Werte für die Schranken γ und Γ aus (22) mittels

```
function pruefe_gamma(untere,obere: real): Boolean;
procedure setze_gamma_Schranken(var IP: Iterationsparameter; γ,Γ: real);
procedure bestimme_gamma_Schranken(var IP: Iterationsparameter);
procedure gamma_Schranken(var it: Iterationsdaten; untere,obere: real);
```

gesetzt werden. Die Prozeduren setzen **IP.Nr:=0**, so daß die Semiiteration gestartet werden kann. Das semiiterative Verfahren verwendet die Darstellung (16b-c). Der Parameter σ_m entspricht der Komponente **IP.sigma**. Für die vorhergehende Iterierte y^{m-2} wird auf **IP.vorher^** ein Speicherbereich eingerichtet. Falls nach Beendigung des semiiterativen

Verfahrens diese Speicherplatz wieder freigegeben werden soll, kann
die «procedure Freigabe_Iterationsparameter (var IP: Iterationsparameter);»
aufgerufen werden. Die Prozedur Semi_Iteration benötigt als letzten
Parameter die zugrundeliegende Basisiteration. Konkrete semiiterative
Verfahren werden in §7.4 beschrieben.

(7.3.26)   procedure Semi_Iteration

```
procedure Semi_Iteration(var neu: Gitterfunktion;
   var A: Diskretisierungsdaten; var x,b: Gitterfunktion;
   var IP: Iterationsparameter;
   procedure Basisiteration(var neu: Gitterfunktion;
       var A: Diskretisierungsdaten;
       var x,b: Gitterfunktion; var IP: Iterationsparameter));
var y: Gitterfunktion;
begin with IP do with A do
if Nr<0 then writeln('Semiiterationsparameter sind noch nicht definiert!') else
begin if Nr=0 then (Start der Semiiteration)
begin if vorher=nil then new(vorher); vorher^:=x; sigma:=1;
  Basisiteration(y,A,x,b,IP);
  Faktor_mal_Vektor_plus_Faktor_mal_Vektor(nx,ny,neu,2/gpg,y,1-2/gpg,x)
end else
begin sigma:=4/(4-sqr(gmg/gpg)*sigma); Basisiteration(y,A,x,b,IP);
  Faktor_mal_Vektor_plus_Faktor_mal_Vektor(nx,ny,y,2/gpg,y,1-2/gpg,x);
  Faktor_mal_Vektor_plus_Faktor_mal_Vektor(nx,ny,y,sigma,y,1-sigma,vorher^);
  vorher^:=x; neu:=y
end; Randwerte_uebertragen(nx,ny,x,neu); Nr:=Nr+1
end end;
```

In Analogie zum Rahmenprogramm aus §3.5.5 können die Iterations-
daten in der Variablen it zusammengefaßt und je ein Semiiterations-
schritt mit Semiiteration_1 ausgeführt werden.

```
procedure Semiiteration_1(var it: Iterationsdaten;
   procedure Basisiteration(var neu: Gitterfunktion;
       var A: Diskretisierungsdaten; var x,b: Gitterfunktion;
       var IP: Iterationsparameter));
begin with it do begin Semi_Iteration(x,A,x,b,IP,Basisiteration) end end;
```

Ein vollständiges Rahmenprogramm in Analogie zu (3.5.9) kann wie
folgt aussehen:

(7.3.27)   Rahmenprogramm zur Aufruf einer Semiiteration

```
program Semiiterationsaufruf;

var it: Iterationsdaten; i,itzahl: integer; v: Vergleichsdaten;
   l2: Iterationsgeschichte;

(Rechte_Seite, Nullfunktion, Exakte_Loesung, Randwerte wie in (3.5.9))
(Zu definieren ist ferner u.a. "Euklidische_Norm", "lex_SSOR")
```

```
begin Initialisiere_IT(it); Initialisiere_Vergleichsdaten(v);
  repeat Freigabe_IT(it); Freigabe_Vergleichsdaten(v);
   definiere_Problem(it,Randwerte,Rechte_Seite); writeln('Problem definiert.');
   definiere_optimalen_SSOR_Parameter(it);
   definiere_SSOR_Semiiterationsparameter(it);
   definiere_Startiteration(it,Nullfunktion);   writeln('Startwert definiert.');
   definiere_Vergleichsloesung(v,it.A,exakte_Loesung);
   write(' --> Anzahl der Iterationen = '); readln(itzahl);
   for i:=1 to itzahl do
   begin
     Semiiteration_1(it,lex_SSOR);
     Vergleich_mit_exakter_Loesung(l2,v,it,Euklidische_Norm);
     writeln('Iterationsnr. ',it.IP.Nr,' Euklidische Norm: ',l2.Wert[i])
   end;
   writeln('Lauf beendet.');   { ..., Darstellung und Auswertung wie in (3.5.9)}
   write('Wird eine Wiederholung gewünscht?')
  until not ja_nein
end.
```

7.3.11 Aufwand der semiiterativen Methode

Die Realisierung (26) erfordert (für $m \geqslant 2$) neben dem Aufruf der Basisiteration Φ 6 Operationen pro Gitterpunkt. Dies führt zu

$$(7.3.28a) \qquad \text{semiiterativer Aufwand}(\Phi) \; \leqslant \; \text{Aufwand}(\Phi) + 6\,n$$

(vgl. §3.3 und §4.6). Der Kostenfaktor ist demnach

$$(7.3.28b) \qquad C_{\Phi,\text{semiiterativ}} = C_\Phi + \frac{6}{C_A} \,,$$

wobei C_A in §3.3 als Zahl der Nichtnullelemente von A definiert ist.

Indem man in (3.3.4a) die Konvergenzrate durch den asymptotischen Wert c aus (25) ersetzt, erhält man den *effektiven Aufwand*

$$(7.3.28c) \qquad Eff_{\text{semiiterativ}}(\Phi) \; = \; -\,(C_\Phi + \frac{6}{C_A})\,/\,\log c .$$

Wenn wie für die in §7.4 diskutierten Beispiele $\gamma/\Gamma \ll 1$ gilt, kann man $\log c = -\,2\,\sqrt{\gamma/\Gamma} + O(\gamma/\Gamma)$ ausnutzen:

$$(7.3.28d) \qquad Eff_{\text{semiiterativ}}(\Phi) \; \approx \; (\frac{C_\Phi}{2} + \frac{3}{C_A})\,\sqrt{\frac{\Gamma}{\gamma}} \,.$$

Übungsaufgabe 7.3.12 Für die Iterationsmatrix von Φ gelte $\sigma(M) \subset [a,b]$ mit $b = 1 - O(h^{-\varkappa})$, $\varkappa > 0$. Man zeige den folgenden Vergleich des iterativen und semiiterativen Aufwandes:

$$(7.3.29) \qquad Eff_{\text{semiiterativ}}(\Phi) \; \approx \; (C_\Phi + \frac{6}{C_A})\,\sqrt{Eff(\Phi)/[(1-a)C_\Phi]} \,.$$

7.4 Anwendung auf bekannte Iterationen

7.4.1 Vorbemerkungen

Wesentliche Bedingung für die Anwendbarkeit der Čebyšev-Methode ist, daß das Spektrum $\sigma(M)$ reell ist. Dies schließt das SOR-Verfahren aus. Auf das SOR-Verfahren mit $\omega \geqslant \omega_{opt}$ sind auch keine semiiterativen Varianten erfolgreich anwendbar, die auf anderen Grundmengen σ_M beruhen (vgl. §7.3.6)). Die Ursache liegt in der Aussage (e) des Satzes 5.6.5: Alle Eigenwerte $\lambda \in \sigma(M_\omega^{SOR})$ liegen für $\omega \geqslant \omega_{opt}$ auf dem komplexen Einheitskreis $|\zeta| = \omega - 1$, für den nach Satz 3.9 keine Konvergenzbeschleunigung möglich ist.

Wenn A positiv definit ist, führen die folgenden, schon erwähnten Iterationen auf ein reelles Spektrum: Richardson-, (Block-)Jacobi- und (Block-)SSOR-Verfahren. Diese werden in den nachfolgenden Abschnitten für das Poisson-Modellproblem mit numerischen Ergebnissen vorgestellt werden.

Neben den eben genannten Iterationen wurde in §4.3 ihre gedämpften Varianten konstruiert. Für die Diskussion der semiiterativen Methoden sind die gedämpften Varianten jedoch ohne jedes Interesse, wie die folgende Lemma festhält.

Lemma 7.4.1 Die Iteration Φ habe ein reelles Spektrum $\sigma(M)$. Dann erzeugen Φ und die zugehörigen gedämpften Iterationen Φ_ϑ für $\vartheta > 0$ die gleichen semiiterativen Resultate y^m.

Beweis. Die von Φ erzeugte Semiiterierte y^m hat nach (1.9a,b) die Darstellung $y^m = x^0 + p_m(M)(x^0 - x)$. Die gedämpfte Iteration hat die Iterationsmatrix $M_\vartheta = I - \vartheta W^{-1}A = I - W_\vartheta^{-1}A$ mit $W_\vartheta := W/\vartheta$. Für W_ϑ gilt die Ungleichung (3.23a) in der Form $\sigma(W_\vartheta^{-1}A) \subset [\gamma', \Gamma']$ mit $\gamma' := \vartheta\gamma$, $\Gamma' := \vartheta\Gamma$. Die rechte Seite in (3.24) ist invariant gegen die Ersetzung von γ, Γ, W durch γ', Γ', W_ϑ. Damit beweist (3.24) $p_m(M_\vartheta) = p_m(M)$. Also stimmen die Iterierten $y_\vartheta^m = x^0 + p_m(M_\vartheta)(x^0 - x)$ von Φ_ϑ mit denen von Φ überein. ⬛

Die Pascal-Prozeduren aus §7.3.8 greifen der Einfachheit halber stets auf die Basisiteration in der bisher programmierten Form zurück. Es ist auch eine Alternative denkbar: Es existiert bereits die Prozedur **Residuum** (vgl. §4.3.1.2) zur Berechnung von $b - Ax$. Es würde reichen, die jeweilige Iteration Φ durch ihre Matrix $N = W^{-1}$ zu repräsentieren, indem ein Unterprogramm zur Berechnung von $r \mapsto W^{-1}r$ bereitgestellt wird. Die Darstellung des semiiterativen Verfahrens durch (3.16c) zeigt, daß $W^{-1}(b - Ay)$ den Kern des Verfahrens darstellt.

7.4.2 Das semiiterative Richardson-Verfahren

Wegen Lemma 1 darf o.B.d.A. das Richardson-Verfahren (4.3.3) mit $\Theta = 1$ zugrundegelegt werden: $x^{m+1} = x^m - (Ax - b)$. Hierfür lautet die Matrix der dritten Normalform $W = I$, so daß die Bedingung (3.23a) zu $\sigma(A) \subset [\gamma, \Gamma]$ wird. Man erhält sofort die

Bemerkung 7.4.2 (a) Die Čebyšev-Methode ist anwendbar, wenn A nur positive Eigenwerte besitzt. Für γ und Γ aus (3.22/23a) hat man entsprechende Schranken für die extremen Eigenwerte von A zu verwenden. (b) Insbesondere sind die Voraussetzungen erfüllt, wenn A positiv definit ist. In diesem Falle hat man $\gamma \leqslant 1 / \|A^{-1}\|_2$ und $\Gamma \geqslant \|A\|_2$ zu wählen.

Für das Poisson-Modellproblem ist gemäß (4.1.1.b,c)

$$\gamma = \lambda_{\min} = 8 h^{-2} \sin^2(\pi h / 2), \quad \Gamma = \lambda_{\max} = 8 h^{-2} \cos^2(\pi h / 2).$$

Setzt man diese Werte in die asymptotische Konvergenzrate (3.25) ein, erhält man

$$\lim_{m \to \infty} (1 / C_m)^{1/m} = c = \cos(\pi h) / (1 + \sin(\pi h)) = 1 - \pi h + O(h^2).$$

Für $h = 1/16$ und $h = 1/32$ ergeben sich die Werte $c = 0.82$ und $c = 0.906$. Die numerischen Resultate aus den Tabellen 1-2 zeigen, daß sich die Konvergenzraten erst für größere m einstellen. Die Quotienten

$$\varrho_m := \|y^m - x\|_2 / \|y^{m-1} - x\|_2, \quad \hat{\varrho}_m := (\|y^m - x\|_2 / \|y^0 - x\|_2)^{1/m}$$

streben von oben gegen c.

m	$\|y^m - x\|_2$	ϱ_m	$\hat{\varrho}_m$
1	$6.44_{10}-1$	$9.09_{10}-1$	$9.09_{10}-1$
10	$2.44_{10}-1$	$8.91_{10}-1$	$8.99_{10}-1$
20	$6.35_{10}-2$	$8.59_{10}-1$	$8.86_{10}-1$
30	$1.29_{10}-2$	$8.48_{10}-1$	$8.75_{10}-1$
40	$2.36_{10}-3$	$8.41_{10}-1$	$8.67_{10}-1$
50	$4.07_{10}-4$	$8.36_{10}-1$	$8.61_{10}-1$
60	$6.75_{10}-5$	$8.34_{10}-1$	$8.57_{10}-1$
70	$1.08_{10}-5$	$8.32_{10}-1$	$8.53_{10}-1$
80	$1.72_{10}-6$	$8.31_{10}-1$	$8.50_{10}-1$
90	$2.67_{10}-7$	$8.29_{10}-1$	$8.48_{10}-1$
100	$4.11_{10}-8$	$8.28_{10}-1$	$8.46_{10}-1$

Tab. 7.4.1 Semiiteratives Richardson-Verfahren bei $h = 1/16$

m	$\|y^m - x\|_2$	ϱ_m	$\hat{\varrho}_m$
1	$7.14_{10}-1$	$9.54_{10}-1$	$9.54_{10}-1$
10	$4.47_{10}-1$	$9.48_{10}-1$	$9.49_{10}-1$
30	$1.40_{10}-1$	$9.36_{10}-1$	$9.45_{10}-1$
50	$3.21_{10}-2$	$9.24_{10}-1$	$9.38_{10}-1$
70	$6.26_{10}-3$	$9.19_{10}-1$	$9.33_{10}-1$
80	$2.66_{10}-3$	$9.17_{10}-1$	$9.31_{10}-1$
100	$4.65_{10}-4$	$9.15_{10}-1$	$9.28_{10}-1$
120	$7.80_{10}-5$	$9.13_{10}-1$	$9.26_{10}-1$
130	$3.15_{10}-5$	$9.13_{10}-1$	$9.25_{10}-1$
140	$1.27_{10}-5$	$9.12_{10}-1$	$9.24_{10}-1$
150	$5.09_{10}-6$	$9.12_{10}-1$	$9.23_{10}-1$

Tab. 7.4.2 Semiiteratives Richardson-Verfahren bei $h = 1/32$

Für das Richardson-Verfahren stehen die folgenden Pascal-Prozeduren zur Verfügung, mit denen γ, Γ bestimmt und in **it.IP** abgelegt werden können:

```
function unteres_gamma_Richardson(var it: Iterationsdaten): real;
begin unteres_gamma_Richardson:=it.IP.theta*minimaler_EW(it.A) end;

function oberes_gamma_Richardson(var it: Iterationsdaten): real;
begin oberes_gamma_Richardson:=it.IP.theta*maximaler_EW(it.A) end;

procedure definiere_Richardson_Semiiterationsparameter(var it:
                                               Iterationsdaten);
begin gamma_Schranken(it,unteres_gamma_Richardson(it),
                      oberes_gamma_Richardson(it)) end;
```

7.4.3 Das semiiterative Jacobi- und Block-Jacobi-Verfahren

Die den Jacobi-Verfahren entsprechenden Prozeduren sind

```
function oberes_gamma_Jacobi(var it: Iterationsdaten): real;
begin oberes_gamma_Jacobi:=maximaler_EW(it.A)/it.A.S[0,0] end;

function unteres_gamma_Jacobi(var it: Iterationsdaten): real;
begin unteres_gamma_Jacobi:=minimaler_EW(it.A)/it.A.S[0,0] end;

function unteres_gamma_Spalten_Jacobi(var it: Iterationsdaten): real;
begin unteres_gamma_Spalten_Jacobi:=
       1-(1-2*sqr(sin(pi/(2*it.A.nx))))/(1+2*sqr(sin(pi/(2*it.A.ny)))) end;

function oberes_gamma_Spalten_Jacobi(var it: Iterationsdaten): real;
begin oberes_gamma_Spalten_Jacobi:=2-unteres_gamma_Spalten_Jacobi(it) end;
```

Diese werden zur Definition der Semiiterationsparameter benötigt:

```
procedure definiere_Jacobi_Semiiterationsparameter(var it: Iterationsdaten);
procedure definiere_Spalten_Jacobi_Semiiterationsparameter(...);
```

Numerische Beispiele erübrigen sich, da im Falle der Poisson-Modell-
aufgabe das Jacobi-Verfahren mit einem gedämpften Richardson-
Verfahren übereinstimmt und damit gemäß Lemma 1 die Resultate aus
Tabelle 1-2 reproduziert.

Bei der Bestimmung der *unteren Schranke* a des Spektrums $\sigma(M^{\text{Jac}})$
gibt es für einen Spezialfall nach Lemma 5.2.1 die Antwort $a=-b$:

Lemma 7.4.3 Wenn (A,D) schwach 2-zyklisch ist (vgl. Definition 5.1.2),
hat M^{Jac} ein symmetrisches Spektrum: $\sigma(M^{\text{Jac}})=-\sigma(M^{\text{Jac}})$. Das kleinste
einschließende Intervall ist $[a,b]=[-\rho(M^{\text{Jac}}),\rho(M^{\text{Jac}})]$.

Es sei noch ein Vergleich mit dem SOR-Verfahren gezogen. Im
schwach 2-zyklischen Fall ist nach Lemma 3 (3.17b) anwendbar und
liefert die asymptotische Konvergenzrate

$$\beta/[1+\sqrt{1-\beta^2}], \qquad\qquad \beta:=\rho(M^{\text{Jac}}).$$

Diese Größe stimmt mit der Quadratwurzel der optimalen SOR-Konvergenzrate $\omega_{\text{opt}}-1$ überein, so daß *die semiiterative Jacobi-Iteration halb so schnell wie das SOR-Verfahren ist*. Die Ordnungsverbesserung durch optimale ω-Wahl beim SOR-Verfahren und die Ordnungsverbesserung durch die Čebyšev-Methode (vgl. Satz 3.8b) führen demnach zu sehr ähnlichen Resultaten.

Die Block-Varianten des Jacobi-Verfahrens konvergieren schneller als die punktweise Version. Dementsprechend fallen auch die semiiterative Spalten-Jacobi-Resultate aus Tabelle 3-4 besser als jene in Tabelle 1-2 aus. Die Faktoren sollen gegen den asymptotischen Wert 0.7565 für $h=1/16$ und 0.8702 für $h=1/32$ streben.

m	$\|y^m-x\|_2$	ϱ_m	$\hat{\varrho}_m$
1	$6.09_{10}-1$	$8.60_{10}-1$	$8.60_{10}-1$
20	$1.62_{10}-2$	$7.95_{10}-1$	$8.27_{10}-1$
40	$1.19_{10}-4$	$7.75_{10}-1$	$8.04_{10}-1$
60	$6.68_{10}-7$	$7.69_{10}-1$	$7.93_{10}-1$
80	$3.33_{10}-9$	$7.65_{10}-1$	$7.86_{10}-1$
90	$2.1_{10}-10$	$7.55_{10}-1$	$7.84_{10}-1$

Tab. 7.4.3 semiiteratives Spalten-Jacobi für $h=1/16$

m	$\|y^m-x\|_2$	ϱ_m	$\hat{\varrho}_m$
1	$6.94_{10}-1$	$9.28_{10}-1$	$9.28_{10}-1$
20	$1.53_{10}-1$	$9.12_{10}-1$	$9.23_{10}-1$
40	$1.84_{10}-2$	$8.92_{10}-1$	$9.11_{10}-1$
60	$1.70_{10}-3$	$8.85_{10}-1$	$9.03_{10}-1$
80	$1.40_{10}-4$	$8.81_{10}-1$	$8.98_{10}-1$
100	$1.08_{10}-5$	$8.78_{10}-1$	$8.94_{10}-1$

Tab. 7.4.4 semiiteratives Spalten-Jacobi für $h=1/32$

7.4.4 Das semiiterative SSOR- und Block-SSOR-Verfahren

Das Gauß-Seidel- und SOR-Verfahren eignen sich - wie schon in §7.4.1 erwähnt - nicht für semiiterative Zwecke, da das Spektrum im allgemeinen nicht reell ist. Hier bieten das symmetrische Gauß-Seidel- bzw. SSOR-Verfahren Ersatz. In Satz 4.8.11 wurde festgestellt, daß das Spektrum des SSOR-Verfahrens für Hermitesche Matrizen A reell ist. Satz 4.8.14 gibt eine obere Schranke für den Spektralradius $\rho(M_\omega^{\text{SSOR}})$. Damit kann das Spektrum unter den Bedingungen (4.8.18a,b) im Intervall $[a,b]$ mit

$$(7.4.1) \qquad a = 0, \quad b = 1 - 2\Omega/[\frac{\Omega^2}{\gamma} + \Omega + \frac{\Gamma}{4}] \qquad \text{mit } \Omega := \frac{2-\omega}{2\omega}, \ 0 < \omega < 2,$$

eingeschlossen werden. Dabei ist Γ durch (4.8.18b) definiert. Zusatz 4.4.25 gibt einen Hinweis zur Bestimmung von Γ. Für das Poisson-Modellproblem ergibt Lemma 4.7.7 den Wert $\Gamma=2$. Die Ungleichung (4.8.18a) besagt, daß γ mit der gleichbezeichneten Schranke in der Ungleichung (3.23a') angewandt auf das (Block-)Jacobi-Verfahren übereinstimmt. Im Poisson-Modellfall gilt $\gamma = 2\sin^2(\pi h/2)$.

Satz 7.4.4 $A = D - E - E^H > 0$ und γ, Γ mögen die Voraussetzung (4.8.18a,b) erfüllen. Außerdem gelte $0 < \omega \leqslant 2/(\Gamma+1)$. Dann ist

$$(7.4.2) \qquad a = \left(\frac{1-\xi}{1+\xi}\right)^2 \qquad\qquad \text{mit } \xi := \frac{2-\omega}{\Gamma\omega}$$

eine untere Schranke für das Spektrum $\sigma(M_\omega^{\text{SSOR}})$.

Beweis. Mit Ω schreibt sich $W_\omega^{SSOR} = (\frac{1}{\omega}D - E)[(\frac{2}{\omega}-1)D]^{-1}(\frac{1}{\omega}D - E)^H$ als $W_\omega^{SSOR} = [\Omega D + \Delta](2\Omega D)^{-1}[\Omega D + \Delta]^H$ mit $\Delta := \frac{1}{2}D - E$. Man setze $X := \Omega D + (1-\alpha)\Delta$ für ein reelles α, so daß $[\Omega D + \Delta] = X + \alpha\Delta$. Ausmultiplizieren von $[X + \alpha\Delta](2\Omega D)^{-1}[X + \alpha\Delta]^H$ liefert wegen $\Delta + \Delta^H = A$

$$W_\omega^{SSOR} = \frac{1}{2\Omega} X D^{-1} X^H + \frac{\alpha}{2} A + \frac{1}{2\Omega}(2\alpha - \alpha^2)\Delta D^{-1}\Delta^H.$$

Für $\alpha \geqslant 2$ ist der Faktor $(2\alpha - \alpha^2)$ negativ, so daß (4.8.18b) angewandt werden kann. Zusammen mit $X D^{-1} X^H \geqslant 0$ folgt

$$W_\omega^{SSOR} \geqslant g(\alpha) A \qquad \text{mit } g(\alpha) := \frac{\alpha}{2}[1 + \frac{\Gamma}{2}\frac{2-\alpha}{\Omega}] \quad \text{für } \alpha \geqslant 2.$$

Unter der Voraussetzung $\omega \leqslant 2/(\Gamma+1)$ ist $\alpha_0 := 1 + 2\Omega/\Gamma \geqslant 2$. Bemerkung 4.8.3c mit $1 - a = 1/g(\alpha_0)$ liefert den Wert (2) für a. ▣

Da im Poisson-Modellfall wegen $\Gamma = 2$ Satz 4 nur für die starke Unterrelaxation $\omega \leqslant 2/3$ zutrifft, ist die Aussage von geringerem Interesse.

Die Definition der Semiiterationsparameter lautet demgemäß wie folgt:

```
function SSOR_Kontraktionszahl(omega,kleinGamma,grossGamma: real): real;
begin  omega:=(2-omega)/(2*omega);  SSOR_Kontraktionszahl:=
          1-2*omega/(grossGamma/4+omega*(1+omega/kleinGamma)) end;
function lambda_max_SSOR(var it: Iterationsdaten): real;
begin lambda_max_SSOR:=SSOR_Kontraktionszahl(it.IP.omega,
                                    unteres_gamma_Jacobi(it),2) end;
function lambda_min_SSOR(var it: Iterationsdaten): real;   var l: real;
begin l:=it.IP.omega; if l=0 then l:=1 else
  begin l:=(2-l)/(2*l); if l>1 then l:=sqr((l-1)/(l+1)) else l:=0 end;
  lambda_min_SSOR:=l
end;
function lambda_max_Spalten_SSOR(var it: Iterationsdaten): real;
begin lambda_max_SSOR:=SSOR_Kontraktionszahl(it.IP.omega,
                              unteres_gamma_Spalten_Jacobi(i),2) end;
procedure definiere_SSOR_Semiiterationsparameter(var it: Iterationsdaten);
begin lambda_Schranken(it,lambda_min_SSOR(it),lambda_max_SSOR(it)) end;
procedure definiere_Spalten_SSOR_Semiiterationsparameter(var it:
                                                      Iterationsdaten);
begin lambda_Schranken(it,lambda_min_SSOR(it),
                              lambda_max_Spalten_SSOR(it)) end;
```

Das Rahmenprogramm für die semiiterative lexikographische SSOR-Iteration ist in (3.27) wiedergegeben.

Bisher haben wir zwei Möglichkeiten kennengelernt, um die Konvergenzordnung zu verbessern (zu halbieren). Zum einen gelang dies durch die optimale Wahl von ω im SOR- und SSOR-Verfahren (vgl. Folgerungen 4.4.26 und 4.8.15). Zum anderen ergibt die semiiterative

Methode eine Ordnungshalbierung gegenüber der Basisiteration. Beim SSOR-Verfahren können beide Möglichkeiten gleichzeitig verwirklicht werden. Zunächst wird das optimale ω' nach (4.4.33b) als Relaxationsparameter im SSOR-Verfahren gewählt. Das so definierte $\Phi^{SSOR}_{\omega'}$ wird als Basisiteration der Čebyšev-Methode gewählt. Insgesamt kann man so eine Viertelung der Ordnung erzielen. Im Poisson-Modellfall erhält man die asymptotische Konvergenzrate $1 - O(h^{1/2})$.

Die Schranke b aus (1) wird für $\omega' = 2/(1 + \sqrt{\gamma\Gamma})$ minimal:

$$(7.4.3a) \qquad b = \frac{\sqrt{\Gamma} - \sqrt{\gamma}}{\sqrt{\Gamma} + \sqrt{\gamma}} = \frac{1 - \sqrt{\gamma/\Gamma}}{1 + \sqrt{\gamma/\Gamma}} \; .$$

Einsetzen dieses Werte in (3.17c) liefert nach leichter Umformung die asymptotische Konvergenzrate

$$(7.4.3b) \qquad \lim_{m\to\infty} (1/C_m)^{1/m} = c = \frac{1 - \sqrt{1-b}}{1 + \sqrt{1-b}} \quad \text{mit } b \text{ aus (3a).}$$

Die Konditionszahl $\varkappa = \varkappa((W^{SSOR})^{-1}A)$ aus (3.23c') berechnet sich zu $\frac{1}{2}(1 + \sqrt{\Gamma/\gamma})$. Mit Hilfe der Ungleichung $\gamma \geqslant 1/\varkappa(A)$ aus Übungsaufgabe 4.4.15c gewinnt man das Resultat

$$(7.4.3c) \qquad \varkappa((W^{SSOR})^{-1}A) \leqslant \tfrac{1}{2}(1 + \sqrt{\Gamma\varkappa(A)}).$$

Durch Einsetzen der Werte für γ, Γ aus Lemma 4.7.7 erhält man im Poisson-Modellfall für die Konvergenzrate (3b) asymptotisch den Wert

$$(7.4.4) \qquad c = 1 - Ch^{1/2} + O(h) \qquad\qquad \text{mit } C = 2\sqrt{\pi} \; .$$

Die Resultate aus Tabelle 5 beziehen sich auf die Parameter

$$(7.4.5) \qquad h = 1/32, \quad \omega = 1.8455, \quad a = 0, \quad b = 0.878.$$

Der ω-Wert hat sich in §4.8.6 als optimal erwiesen (man beachte, daß ω' nur für die Schranke in (4.8.18c) optimal ist). Der Tabelle 4.8.2 entnehmen wir, daß $b = 0.878$ eine obere Schranke der Konvergenzrate ist. Aus (3b) errechnet man für $b = 0.878$ die Rate $c = 0.482$, die numerisch gut bestätigt wird (vgl. Tabelle 5). Aus $C^{SSOR}_{\Phi} = 2 + 6/C_A = 3.2$ (nach Bemerkung 4.8.12 und wegen $C_A = 5$ für Fünfpunktformeln) berechnet man für das semiiterative SSOR-Verfahren bei $h = 1/32$ den effektiven Aufwand

$$(7.4.6) \qquad Eff_{semiiterativ}(\Phi^{SSOR}) = -3.2/\log c = 4.38,$$

der z.B. mit $Eff(\Phi^{SOR}) = 7.05$ aus Beispiel 3.3.2 vergleichen werden kann.

Wenn man sich an die Werte ω' aus (4.4.33b) hält, erhält man aus (3b) die asymptotischen Konvergenzraten c, die in Tabelle 6 wiedergegeben sind und einen Eindruck von der Asymptotik $c = 1 - O(h^{1/2})$ geben sollen.

m	$\|y^m - x\|_2$	ρ_m	$\hat{\rho}_m$
1	$4.673_{10}-1$	$6.24_{10}-1$	$6.24_{10}-1$
2	$2.761_{10}-1$	$5.90_{10}-1$	$6.07_{10}-1$
3	$1.359_{10}-1$	$4.92_{10}-1$	$5.66_{10}-1$
4	$7.681_{10}-2$	$5.65_{10}-1$	$5.66_{10}-1$
5	$3.801_{10}-2$	$4.94_{10}-1$	$5.51_{10}-1$
20	$2.080_{10}-6$	$5.08_{10}-1$	$5.27_{10}-1$
21	$1.007_{10}-6$	$4.84_{10}-1$	$5.25_{10}-1$
22	$5.195_{10}-7$	$5.15_{10}-1$	$5.24_{10}-1$
23	$2.541_{10}-7$	$4.89_{10}-1$	$5.23_{10}-1$
29	$3.395_{10}-9$	$4.82_{10}-1$	$5.15_{10}-1$
30	$1.628_{10}-9$	$4.79_{10}-1$	$5.14_{10}-1$

Tabelle 7.4.5 semiiteratives lexikographisches SSOR für Parameter (5). Zu ρ_m und $\hat{\rho}_m$ vgl. Tabelle 1

N	ω'	c
2	0.8284	0.0470
4	1.1329	0.1467
8	1.4386	0.2727
16	1.6721	0.4059
32	1.8212	0.5315
64	1.9064	0.6408
128	1.9520	0.7305
256	1.9757	0.8010
512	1.9878	0.8549
1028	1.9939	0.8953
5000	1.9987	0.9511
10000	1.9993	0.9651

Tabelle 7.4.6 optimales ω' und asymptotische Rate c für $h = 1/N$

7.5 Verfahren der alternierenden Richtungen (ADI)

Die Abkürzung «ADI» steht für «alternating-direction implicit iterative method». Diese Methode wurde zuerst 1955 von Peaceman-Rachford [1] im Zusammenhang mit parabolischen Differentialgleichungen beschrieben.

7.5.1 Erklärung am Modellproblem

Für das Modellproblem aus §1.2 läßt sich die Matrix A in

$$(7.5.1a) \qquad A = B + C$$

zerlegen, wobei

$$(7.5.1b) \qquad (Bu)(x,y) = h^{-2}[-u(x-h,y)+2u(x,y)-u(x+h,y)],$$

$$(7.5.1c) \qquad (Cu)(x,y) = h^{-2}[-u(x,y-h)+2u(x,y)-u(x,y+h)]$$

für $(x,y)\epsilon\Omega_h$ die zweiten Differenzen von u in der x- und y-Richtung sind. Wenn man die Zeilen (x-Richtung) von Ω_h als Blöcke wählt, stellt $B+2h^{-2}I$ die Blockdiagonale dar. Umgekehrt ist $C+2h^{-2}I$ die Blockdiagonale von A, wenn die Spalten (y-Richtung) als Blöcke gewählt werden.

Bemerkung 7.5.1 Für A, B und C aus (1a,b,c) gilt

$$(7.5.2a) \qquad B \text{ und } C \text{ sind positiv definit,}$$

$$(7.5.2b) \qquad A, B, C \text{ sind paarweise vertauschbar.}$$

Die letzte Aussage ist äquivalent zu

(7.5.2b') A, B, C sind simultan auf Diagonalform zu transformieren.

Beweis. In Lemma 4.7.5 wurde die Blockdiagonale von A (bezüglich der Zeilenblockstruktur) bereits analysiert. Wegen der x-y-Symmetrie gilt das gleiche Resultat für die Spaltenblockstruktur. Danach ist das Spektrum von $B+2h^{-2}I$ und $C+2h^{-2}I$ durch $\{h^{-2}[2+4\sin^2(jh\pi/2)]: 1 \leqslant j \leqslant N-1\}$ gegeben, d.h. $4h^{-2}\sin^2(jh\pi/2)$ sind die Eigenwert von B und C. Da diese positiv sind, ist (2a) bewiesen. Nach Lemma 4.7.5 sind die Eigenvektoren e^{ij} von A (vgl. Lemma 4.1.2) auch die Eigenvektoren von $B+2h^{-2}I$, $C+2h^{-2}I$ und damit von B, C. Dies beweist (2b') und (2b). ▨

Der erste Halbschritt des ADI-Verfahrens entspricht der Aufspaltung

(7.5.3a) $A = W - R$ mit $W = \omega I + B$, $R = \omega I - C$

und lautet

(7.5.4a) $x^{m+1/2} := \Phi_\omega^B(x^m, b) := (\omega I + B)^{-1}(b + \omega x^m - C x^m)$,

wobei ω ein (reeller) Parameter ist. Indem man die Rollen von B und C vertauscht, also die *Richtungen alterniert*, erzeugt die Aufspaltung (3b) den zweiten Halbschritt (4b):

(7.5.3b) $A = W - R$ mit $W = \omega I + C$, $R = \omega I - B$,

(7.5.4b) $x^{m+1} := \Phi_\omega^C(x^{m+1/2}, b) := (\omega I + C)^{-1}(b + \omega x^{m+1/2} - B x^{m+1/2})$.

Bemerkung 7.5.2 Die einzelnen Halbschritte (4a,b) ähneln einem Block-Jacobi-Verfahren. Für $\omega = 2h^{-2}$ ist (4a) das Zeilen- und (4b) das Spalten-Block-Jacobi-Verfahren. Für $\omega \geqslant 0$ sind die Matrizen $\omega I + B$ und $\omega I + C$ wegen (2a) positiv definit und damit regulär, so daß die Schritte (4a,b) wohldefiniert sind. Da überdies $\omega I + B$ und $\omega I + C$ *Tridiagonalmatrizen* darstellen, ist die in (4a,b) verlangte Auflösung von $(\omega I + B)z = c$ bzw. $(\omega I + C)z = c$ einfach durchführbar.

Das vollständige ADI-Verfahren $x^m \mapsto x^{m+1}$ ist die Produktiteration

(7.5.4c) $\Phi_\omega^{ADI} := \Phi_\omega^C \Phi_\omega^B$.

7.5.2 Allgemeine Darstellung

Im allgemeinen Falle gehen wir von einer Zerlegung (1a): $A = B + C$ aus und setzen (2a) in abgeschwächter Form voraus: Eine der Matrizen B, C braucht nur positiv *semi*definit zu sein, o.B.d.A. sei dies C:

(7.5.5a) B positiv definit, C positiv semidefinit.

Damit sind die Matrizen $\omega I + B$ und $\omega I + C$ für

(7.5.5b) $\omega > 0$

positiv definit und insbesondere regulär, so daß sich die ADI-Iteration (4c) mittels (4a,b) definieren läßt. Um Praktikabilität zu sichern, sei (5c) vorausgesetzt:

(7.5.5c)   Gleichungen mit $\omega I + B$ oder $\omega I + C$ sind leicht aufzulösen.

Satz 7.5.3 (Konvergenz) **(a)** Die Iterationsmatrix der ADI-Methode ist

(7.5.6a) $M_\omega^{\mathbf{ADI}} = (\omega I + C)^{-1}(\omega I - B)(\omega I + B)^{-1}(\omega I - C)$.

(b) Unter den Voraussetzungen (5a,b) konvergiert die ADI-Iteration.

Beweis. $M_\omega^{\mathbf{ADI}}$ ist das Produkt der Iterationsmatrizen $(\omega I + C)^{-1}(\omega I - B)$ bzw. $(\omega I + B)^{-1}(\omega I - C)$ der Halbschritte Φ_ω^C und Φ_ω^B (vgl. §3.2.7). Lemma 2.4.16 ermöglicht die Umordnung der Faktoren im Spektralradius:

(7.5.6b) $\rho(M_\omega^{\mathbf{ADI}}) = \rho((\omega I - B)(\omega I + B)^{-1}(\omega I - C)(\omega I + C)^{-1}) \leq$

$\leq \|(\omega I - B)(\omega I + B)^{-1}(\omega I - C)(\omega I + C)^{-1}\|_2 \leq$

$\leq \|(\omega I - B)(\omega I + B)^{-1}\|_2 \|(\omega I - C)(\omega I + C)^{-1}\|_2.$

Mit B ist auch $B_\omega := (\omega I - B)(\omega I + B)^{-1}$ eine Hermitesche und damit normale Matrix, so daß $\rho(B_\omega) = \|B_\omega\|_2$ (vgl. Satz 2.9.5). (6b) wird somit zu

(7.5.6c) $\rho(M_\omega^{\mathbf{ADI}}) \leq \rho(B_\omega)\rho(C_\omega)$,

da die gleiche Überlegung für die Matrix $C_\omega := (\omega I - C)(\omega I + C)^{-1}$ zutrifft. Das Spektrum von B_ω ist nach Bemerkung 2.4.11b

(7.5.6d) $\sigma(B_\omega) = \{\frac{\omega - \beta}{\omega + \beta} : \beta \in \sigma(B)\}$, $\rho(B_\omega) = \max\{|\frac{\omega - \beta}{\omega + \beta}| : \beta \in \sigma(B)\}$,

Nach Voraussetzung (5a) ist $\beta > 0$, so daß $|\omega - \beta| < |\omega + \beta|$ für alle $\omega > 0$. Dies beweist $\rho(B_\omega) < 1$. Da C nur positiv semidefinit ist, führt eine entsprechende Argumentation auf $\rho(C_\omega) \leq 1$. (6c) beweist $\rho(M_\omega^{\mathbf{ADI}}) < 1$. ▨

Übungsaufgabe 7.5.4 Man formuliere eine Konvergenzaussage für den Fall normaler Matrizen B und C, indem man in (6c) $\rho(B_\omega) < 1$ und $\rho(C_\omega) \leq 1$ über (3a,b) als reguläre Aufspaltungen nachweist. Welche Einschränkungen ergeben sich im Modellfall für ω?

Im folgenden soll der optimale Wert ω_{opt} der ADI-Methode bestimmt werden. Dabei beschränken wir uns auf die Minimierung von $\rho(B_\omega)$. Wenn wie beim Modellproblem $\rho(C_\omega) = \rho(B_\omega)$ gilt, wird gleichzeitig die Schranke $\rho(B_\omega)\rho(C_\omega)$ in (6c) minimiert.

Die extremen Eigenwerte von B (oder ihre Schranken) seien

(7.5.7a) $0 < \beta_{\min} \leq \beta_{\max}$ mit $\sigma(B) \subset [\beta_{\min}, \beta_{\max}]$.

Wie aus dem Beweis zu Bemerkung 1 hervorgeht, sind im Modellfall $4h^{-2}\sin^2(jh\pi/2)$ für $1 \leq j \leq N-1$ die Eigenwerte von B, so daß

(7.5.7b) $\beta_{\min} = 4h^{-2}\sin^2(h\pi/2)$, $\beta_{\max} = 4h^{-2}\cos^2(h\pi/2)$.

Für jedes $\beta \in [\beta_{min}, \beta_{max}]$ und damit für jedes $\beta \in \sigma(B)$ ist

(7.5.7c) $\qquad |\frac{\omega - \beta}{\omega + \beta}| \leqslant \max\left\{|\frac{\omega - \beta_{min}}{\omega + \beta_{min}}|, |\frac{\omega - \beta_{max}}{\omega + \beta_{max}}|\right\} \qquad (\omega > 0)$,

da $|\omega - \beta| / |\omega + \beta|$ bezüglich β in $[0, \omega]$ fällt und in $[\omega, \infty)$ steigt. Um die rechte Seite in (7c) zu minimieren, hat man ω aus $|\frac{\omega - \beta_{min}}{\omega + \beta_{min}}| = |\frac{\omega - \beta_{max}}{\omega + \beta_{max}}|$ zu bestimmen. Das Resultat lautet

(7.5.7d) $\qquad \omega_{opt} = \sqrt{\beta_{min} \beta_{max}}$.

Setzt man diesen Wert in (6d) ein, erhält man

(7.5.7e) $\qquad \rho(B_{\omega_{opt}}) = (\sqrt{\beta_{max}} - \sqrt{\beta_{min}}) / (\sqrt{\beta_{max}} + \sqrt{\beta_{min}})$.

Übungsaufgabe 7.5.5 Für das Modellproblem weise man nach: **(a)**
(7.5.8a) $\qquad \omega_{opt} = 2h^{-2} \sin h\pi$,

(7.5.8b) $\qquad \rho(B_{\omega_{opt}}) = [\cos(\tfrac{1}{2}\pi h) - \sin(\tfrac{1}{2}\pi h)] / [\cos(\tfrac{1}{2}\pi h) + \sin(\tfrac{1}{2}\pi h)]$,

(7.5.8c) $\qquad \rho(M^{ADI}_{\omega_{opt}}) = [1 - \sin(\pi h)] / [1 + \sin(\pi h)]$.

(b) Die Konvergenzgeschwindigkeit (8c) stimmt exakt mit der optimalen Konvergenzrate (5.6.8) des SOR-Verfahrens überein.

Wenn man in der Voraussetzung (5a) die Definitheit durch M-Matrixeigenschaften ersetzt, gestaltet sich ein Konvergenzbeweis wesentlich schwieriger. Ein allgemeines Konvergenzresultat in dieser Richtung (auch für instationäre ADI-Verfahren) stammt von Alefeld [1]. Dabei heißt das Verfahren *stationär*, wenn ω während der Iteration konstant ist, und *instationär*, wenn es wie im nachfolgenden Abschnitt variiert.

7.5.3 ADI im kommutativen Fall

Zu den Voraussetzungen (5a–c) sei hinzugefügt:

(7.5.9a) $\qquad BC = CB$.

Die Vertauschbarkeit ist äquivalent zur simultanen Diagonalisierbarkeit:

(7.5.9b) $\qquad Q^H B Q = D_B = \mathrm{diag}\{\beta_\alpha: \alpha \in I\}, \quad Q^H C Q = D_C = \mathrm{diag}\{\gamma_\alpha: \alpha \in I\}$

(vgl. Satz 2.8.9), die hier mit einer unitären Transformation Q möglich ist, da B und C Hermitesch sind. Mit B und C sind auch B_ω, C_ω und die hieraus aufgebaute Iterationsmatrix M^{ADI}_ω durch Q auf Diagonalform zu bringen (vgl. (6a)):

(7.5.9c) $\qquad Q^H M^{ADI}_\omega Q = \mathrm{diag}\{\frac{\omega - \gamma_\alpha}{\omega + \gamma_\alpha} \frac{\omega - \beta_\alpha}{\omega + \beta_\alpha} : \alpha \in I\}$.

Im folgenden wird das ADI-Verfahren mit *variierenden Parametern* $\omega = \omega_m$ durchgeführt:

(7.5.10) $\qquad y^{m+1} = \Phi^{ADI}_{\omega_m}(y^m, b) \qquad\qquad (m \in \mathbb{N})$.

Übungsaufgabe 7.5.6 x sei Lösung von $Ax=b$. Man zeige: Der Fehler $\eta^m = y^m - x$ hat die Darstellung

$$(7.5.11) \qquad \eta^m = M^{ADI}_{\omega_m} \cdot \ldots \cdot M^{ADI}_{\omega_2} M^{ADI}_{\omega_1} \, \eta^0 .$$

Die Parameter ω_1, $\omega_2,\ldots,\omega_m \geqslant 0$ sind so zu wählen, daß die Spektralnorm dieser Matrix möglichst klein wird:

$$(7.5.12a) \qquad \| M^{ADI}_{\omega_m} \cdot \ldots \cdot M^{ADI}_{\omega_1} \|_2 \; = \; \min.$$

Multiplikation mit unitären Matrizen ändert die Norm nicht:

$$\| Q^H M^{ADI}_{\omega_m} \cdot \ldots \cdot M^{ADI}_{\omega_1} Q \|_2 = \| Q^H M^{ADI}_{\omega_m} Q \cdot \ldots \cdot Q^H M^{ADI}_{\omega_2} Q Q^H M^{ADI}_{\omega_1} Q \|_2 .$$

Mit (9c) erhält man hierfür

$$\| \prod_{i=1}^{m} \mathrm{diag}\{ \frac{\omega_i - \gamma_\alpha}{\omega_i + \gamma_\alpha} \frac{\omega_i - \beta_\alpha}{\omega_i + \beta_\alpha} : \alpha \in I \} \|_2 = \| \mathrm{diag}\{ \prod_{i=1}^{m} \frac{\omega_i - \gamma_\alpha}{\omega_i + \gamma_\alpha} \frac{\omega_i - \beta_\alpha}{\omega_i + \beta_\alpha} : \alpha \in I \} \|_2 =$$

$$= \max_{\alpha \in I} | \prod_{i=1}^{m} \frac{\omega_i - \gamma_\alpha}{\omega_i + \gamma_\alpha} \frac{\omega_i - \beta_\alpha}{\omega_i + \beta_\alpha} | .$$

Die Minimierungsaufgabe (12a) ist daher gleichbedeutend mit

$$(7.5.12b) \qquad \max_{\alpha \in I} | \prod_{i=1}^{m} \frac{\omega_i - \gamma_\alpha}{\omega_i + \gamma_\alpha} \frac{\omega_i - \beta_\alpha}{\omega_i + \beta_\alpha} | \; = \; \min.$$

Bemerkung 7.5.7 Für $m \geqslant n := \#I$ findet man wie in Satz 3.1 Parameter ω_i, die die linke Seite in (12b) auf das Minimum 0 bringen. Man kann dazu sowohl die Eigenwerte $\{\gamma_\alpha : \alpha \in I\}$ als auch $\{\beta_\alpha : \alpha \in I\}$ als ω_i wählen.

Da γ_α oder β_α im allgemeinen nicht bekannt sind, geht man wie in der dritten Minimierungsaufgabe (3.9) zu einer Optimierung auf einer Obermenge $[a,b]$ der Spektren von B und C über:

$$(7.5.13) \qquad 0 < a \leqslant \gamma_\alpha , \beta_\alpha \leqslant b \qquad\qquad \text{für alle } \alpha \in I .$$

Die Minimierungsaufgabe nimmt dann die folgende Gestalt an: Sei

$$(7.5.14) \qquad r_m(\zeta) := \prod_{i=1}^{m} \frac{\omega_i - \zeta}{\omega_i + \zeta}$$

die rationale Funktion mit Zähler- und Nennergrad m, die an die Stelle der bisherigen Polynome tritt. Ersetzt man in (12b) die diskreten Eigenwerte durch das Intervall $[a,b]$, gelangt man zur Aufgabe

$$(7.5.15a) \qquad \begin{array}{l} \text{Man bestimme } \{\omega_i : 1 \leqslant i \leqslant m\} \text{ so, daß} \\ \max\{ |r_m(\beta) r_m(\gamma)| : a \leqslant \beta, \gamma \leqslant b \} = \min. \end{array}$$

Wegen $\max |r_m(\beta) r_m(\gamma)| = \max |r_m(\beta)| \max |r_m(\gamma)|$ kann man jeden Faktor einzeln optimieren. Die Aufgabe (15a) vereinfacht sich damit zu

$$(7.5.15b) \qquad \begin{array}{l} \text{Man bestimme } \{\omega_i : 1 \leqslant i \leqslant m\} \text{ so, daß} \\ \max\{ |r_m(\zeta)| : a \leqslant \zeta \leqslant b \} = \min. \end{array}$$

Von Wachspress (aus den Jahren 1957 und 1962) stammen die folgenden Resultate, auf deren Beweis verzichtet wird, da die Ableitung der Beziehungen (16a-c) ausführlich im Buch von Varga [2,S.224-225] dargestellt ist.

Satz 7.5.8 (a) Die Aufgabe (15b) hat für jedes $m \in \mathbb{N}$ eine eindeutige Lösung $\{\omega_1,\ldots,\omega_m\}$. Die Parameter ω_i sind disjunkt und liegen in (a,b). **(b)** Die aufsteigend angeordneten Parameter $\omega_1 < \omega_2 < \ldots < \omega_m$ erfüllen

$$(7.5.16a) \qquad \omega_{m+1-i} = ab/\omega_i \qquad\qquad \text{für } 1 \leqslant i \leqslant m.$$

(c) Die zu $m \in \mathbb{N}$ und dem Intervall $[a,b]$ (mit $0 < a < b$) gehörenden $\omega_1 < \omega_2 < \ldots < \omega_m$ seien mit $\omega_i(a,b,m)$ $(1 \leqslant i \leqslant m)$ bezeichnet. Dann gilt

$$(7.5.16b) \qquad \omega_{2m+1-i}(a,b,2m) = \omega_i(\sqrt{ab},\tfrac{a+b}{2},m) + \sqrt{\omega_i(\sqrt{ab},\tfrac{a+b}{2},m)^2 - ab}$$
$$\text{für } i = 1,\ldots,m.$$

(d) Die minimierten Größen $\delta_m := \max\{|r_m(\zeta)| : a \leqslant \zeta \leqslant b\}$ lauten für $m = 2^p$:

$$(7.5.16c) \qquad \delta_m = (\sqrt{b_p} - \sqrt{a_p})/(\sqrt{b_p} + \sqrt{a_p}),$$

wobei $a_0 = a$, $b_0 = b$, $a_{i+1} = \sqrt{a_i b_i}$, $b_{i+1} = \tfrac{1}{2}(a_i + b_i)$ $(0 \leqslant i \leqslant p-1)$.

Die Bestimmung der ADI-Parameter ω_i ist damit für den Fall der Zweierpotenzen $m = 2^p$ leicht möglich. Für $p = 0$ (d.h. $m = 1$) findet man dank (16a) die Lösung

$$(7.5.16d) \qquad \omega_1(a,b,1) = \sqrt{ab}$$

aus (7d) wieder. Sobald die Parameter für $m = 2^{p-1}$ bekannt sind, erhält man jene für $2m = 2^p$ aus (16b) für die Indizes $2^{p-1}+1,\ldots,2^p$. Die ω_i für $1 \leqslant i \leqslant m$ gewinnt man aus (16a). Der Algorithmus kann wie folgt lauten:

```
procedure ADI_Parameter(var omega: ADIParameter; a,b: real; m: integer);
var i: integer; ab,w: real;
begin ab:=a*b; if m=1 then omega[1]:=sqrt(ab) else
  begin m:=m div 2; ADI_Parameter(omega,sqrt(ab),(a+b)/2,m);
    for i:=m downto 1 do
    begin w:=sqr(omega[i])-ab; if w<0 then w:=0 else w:=sqrt(w);
      omega[2*i]:=omega[i]+w; omega[2*i-1]:=ab/omega[2*i] {vgl. (7.5.16a,b)}
end end end;
```

Es ist naheliegend, die berechneten ω_i *zyklisch* anzuwenden: $\omega_{i+km} := \omega_i$ $(1 \leqslant i \leqslant m,\ k > 0)$. Anders als in §7.3.7 treten beim zyklischen ADI-Verfahren keine Stabilitätsprobleme auf.

δ_m aus (16c) ist die Schranke für $r_m(B_\omega)$ und $r_m(C_\omega)$. Die asymptotische Rate ist demnach $\rho_m := \delta_m^{2/m}$. Aus (16c) erkennt man, daß ρ_m nur vom Quotienten a/b abhängt, der im Modellfall die Größe $O(h^2)$ besitzt. Die Rekursion $a_{i+1} = \sqrt{a_i b_i}$, $b_{i+1} = \tfrac{1}{2}(a_i + b_i)$ führt auf die

Bemerkung 7.5.9 Sei $a/b = O(h^{\varkappa})$. Bei optimaler Parameterwahl hat das zyklische ADI-Verfahren mit m Parametern im kommutativen Fall die Ordnung $\varkappa/m$: $\rho_m = 1 - O(h^{\varkappa/2m}) = 1 - C_m h^{\varkappa/2m} + O(h^{\varkappa/m})$.

Damit gestattet das instationäre ADI-Verfahren nicht nur eine Halbierung der Ordnung (zu $m=1$ vergleiche man auch Übung 5b), sondern es läßt sich eine beliebig kleine (und damit gute) Ordnung erreichen. Das die Folgerung m groß zu wählen auf praktische Schwierigkeiten stößt, werden wir in §7.5.6 sehen.

Die Konstruktion der ω_i ist in Satz 8b auf $m=2^P$ beschränkt. Für andere m ist eine Darstellung prinzipiell möglich, erfordert aber elliptische Integrale (vgl. Jordan in Wachspress [1], Samarskii-Nikolaev [1,S.276]). Von Lebedev [1] stammt der Hinweis, daß sich die Lösung des Approximationsproblems (15b) in eine andere Aufgabe für rationale Funktionen umwandeln läßt, die Zolotarev bereits 1877 gelöst hat. In diesem Zusammenhang sei auch auf den Übersichtsartikel Todd [1] zum «Vermächtnis Zolotarevs» hingewiesen. Die hier auftretenden Approximationsaufgaben spielen auch eine wichtige Rolle bei der iterativen Lösung der _Matrixgleichung_ $AX - XB = C$ (A, B, C gegeben, X gesucht; vgl. Starke [1]). Zur Parameterbestimmung im Falle nicht-symmetrischer Matrizen B, C vergleiche man Starke - Niethammer [1].

Wenn die asymptotischen Konvergenzraten ρ_m in Bemerkung 9 und der nachfolgenden Tabelle 1 auch recht günstig aussehen, fällt der effektive Aufwand wegen der relativ aufwendigen Iteration (4a,b) ungünstiger aus (vgl. Bemerkung 10). Außerdem ist die Voraussetzung der Kommutativität (9a) in der Praxis nur selten gegeben. Wenn sie nicht vorliegt, lassen sich für allgemeinere Fälle die guten Konvergenz-beschleunigungen nicht mehr erzielen sind.

7.5.4 Die ADI-Methode und semiiterative Verfahren

Wählt man das Richardson-Verfahren als Basisiteration, so haben die Halbschritte (4a,b) die Darstellung (1b):

$$y^{m+1/2} = \Theta_{m+1/2}(M_1^{\text{Rich}} y^m + N_1^{\text{Rich}} b) + (1 - \Theta_{m+1/2}) y^m,$$

$$y^{m+1} = \Theta_{m+1}(M_1^{\text{Rich}} y^{m+1/2} + N_1^{\text{Rich}} b) + (1 - \Theta_{m+1}) y^{m+1/2}$$

mit $M_1^{\text{Rich}} = I - A$, $N_1^{\text{Rich}} = I$, wenn man

$$(7.5.17) \qquad \Theta_{m+1/2} = (\omega I + B)^{-1}, \qquad \Theta_{m+1} = (\omega I + C)^{-1}$$

setzt. (17) entspricht der zweiten Formulierung. Wenn wie im Falle des Abschnittes 7.5.3 B und C mit A vertauschen, ergibt sich eine erste Formulierung (1.6): $y^m = \sum \alpha_{mj} x^j$, wobei x^j die Richardson-Iterierten sind und α_{mj} _Matrizen_ sind, die mit A vertauschen. In diesem Sinne kann man das ADI-Verfahren als semiiterative Methode bezeichnen.

Umgekehrt kann das ADI-Verfahren als Basisiteration der Čebyšev-Methode herangezogen werden, wie die folgende Übung zeigt.

Übungsaufgabe 7.5.10 B, C und ω mögen (5a,b) und (9) erfüllen. Man beweise: **(a)** Die Matrix der dritten Normalform von Φ_ω^{ADI} ist

$$W_\omega = \frac{1}{2\omega}\,(\omega I + C)(\omega I + B) \qquad\qquad (Hinweis: (3.2.20c)).$$

(b) Φ_ω^{ADI} ist eine symmetrische Iteration.
(c) Produkte $\Phi_\cdot := \Phi_{\omega_1}^{ADI} \circ \Phi_{\omega_2}^{ADI} \circ \ldots \circ \Phi_{\omega_m}^{ADI}$ mit positiven ω_j bilden eine symmetrische Iteration. *Hinweis*: Die Iterationsmatrix von Φ schreibe man als $M = I - NA$, zeige $N > 0$ und verwende $W = N^{-1}$.
(d) Im stationären Fall sei ω gemäß (16d) gewählt. Man bestimme die Schranken in $\gamma W \le A \le \Gamma W$. Wie lautet der optimale Dämpfungsfaktor für Φ_ω^{ADI} (vgl. auch Übungsaufgabe 8.3.1)?

7.5.5 Pascal-Prozeduren

Mit **definiere_ADI_Parameter** werden die Parameter ω_i für die zyklische ADI-Iteration berechnet und auf **it.IP.zykl^** abgelegt. Die Prozedur **ADI_Halbschritt** entspricht (4b) mit C aus (1c). Der erste Halbschritt (4a) ist einer Anwendung von **ADI_Halbschritt** auf die gespiegelte Gitterfunktion äquivalent (ausgeführt von **XY_Spiegelung**).

```
procedure definiere_ADI_Parameter(var it: Iterationsdaten);
var p: integer; a,b: real;
begin if it.IP.zykl=nil then new(it.IP.zykl); with it.A do with it.IP.zykl^ do
  begin writeln('Wahl der ADI-Parameter:');
    if Art=Poisson_Modellproblem then
    begin a:=4*sqr(sin(pi/(2*Maximum_(nx,ny)))); b:=4-a end else
    begin repeat write(' --> untere Schranke a = '); readln(a) until a>0;
          repeat write(' --> obere Schranke b = '); readln(b) until b>=a
    end;  writeln('Zykluslänge wird berechnet als 2 hoch p.');
    repeat write(' --> p = '); readln(p);
          Laenge:=1; for p:=p downto 1 do Laenge:=2*Laenge;
          if Laenge>ADImax then writeln('Exponent zu groß')
    until Laenge<=ADImax;
    ADI_Parameter(om,a,b,Laenge); aktuell:=1
end end;

procedure XY_Spiegelung(var x: Gitterfunktion; var A: Diskretisierungsdaten;
                        A_spiegeln: Boolean);   var i,j: integer; u: real;
begin with A do
  begin for i:=0 to Maximum_(nx,ny) do for j:=0 to i-1 do
    begin u:=x[i,j]; x[i,j]:=x[j,i]; x[j,i]:=u end;
    if A_spiegeln then
    begin i:=nx; nx:=ny; ny:=i; if T<>nil then T^.Zerlegung_berechnet:=false;
        for i:=-1 to 1 do for j:=-1 to i-1 do begin u:=S[i,j]; S[i,j]:=S[j,i]; S[j,i]:=u
end end end end;
```

```
procedure ADI_Halbschritt(var A: Diskretisierungsdaten;
   var x,b: Gitterfunktion; Diagonale: real); var d: real; i,j: integer; v,z: Spalte;
begin with A do
  begin v:=x[0]; d:=S[0,0]-Diagonale;
    definiere_Tridiag(A,S[0,-1],Diagonale,S[0,1],true);
    if Art=Neunpunktformel then Meldung('ADI nicht implementiert');
    for i:=1 to nx-1 do
    begin if Art=Poisson_Modellproblem then
        for j:=1 to ny-1 do z[j]:=b[i,j]-d*x[i,j]+x[i-1,j]+x[i+1,j] else
        for j:=1 to ny-1 do z[j]:=b[i,j]-d*x[i,j]-S[-1,0]*x[i-1,j]-S[1,0]*x[i+1,j];
        x[i-1]:=v; v[0]:=x[i,0]; v[ny]:=x[i,ny]; loese_Tridiag(A,v,z)
    end; x[nx-1]:=v
end end;
procedure ADI_Verfahren(var neu: Gitterfunktion; var A:
   Diskretisierungsdaten; var x,b: Gitterfunktion; var IP: Iterationsparameter);
var dc: real; label 1;
begin if IP.zykl=nil then 1: Meldung('ADI-Parameter noch nicht definiert!')
   else with IP.zykl^ do with A do
     begin if (Laenge<1) or (aktuell<1) then goto 1;
        while aktuell>Laenge do aktuell:=aktuell-Laenge;
        dc:=-S[-1,0]-S[1,0]; {Diagonale der Matrix C}
        neu:=x; XY_Spiegelung(neu,A,false); XY_Spiegelung(b,A,true);
        ADI_Halbschritt(A,neu,b,dc+om[aktuell]);
        XY_Spiegelung(neu,A,false); XY_Spiegelung(b,A,true);
        ADI_Halbschritt(A,neu,b,S[0,0]-dc+om[aktuell]); aktuell:=aktuell+1
end end;
```

7.5.6 Aufwandsüberlegungen und numerische Beispiele

Im folgenden wird der Fall einer allgemeinen Fünfpunktformel zugrundegelegt ($C_A = 5$). Der Aufwand zur Lösung der Gleichungen mit
den tridiagonalen Matrizen $\omega I + C$, $\omega I + B$ beträgt $5n$ Operationen. Die
Auswertung von $b + \omega x - Cx$ und $b + \omega x - Bx$ benötigt jeweils $6n$
Operationen. Dies führt wegen $C_A = 5$ auf

$$(7.5.18) \qquad C_\Phi^{ADI} = \frac{22}{5}; \qquad \text{im Poisson-Modellfall: } C_\Phi^{ADI} = 1.$$

Die nach (16c) erreichbaren asymptotischen Raten $\rho_m = \delta_m^{2/m}$ sind in
Tabelle 1 zusammengestellt.

m	$h=1/32$	$h=1/64$	$h=1/128$
1	0.8215	0.9065	0.9521
2	0.5231	0.6373	0.7291
4	0.3735	0.4607	0.5365
8	0.3141	0.3874	0.4513
16	0.2880	0.3553	0.4139

Man sieht, daß auch für kleine Schrittweiten gute Raten erzielt werden. Die konkreten Resultat für $h=1/128$ mit $m=4$ verschiedenen Parametern aus Tabelle 2 bestätigen, daß der Faktor 0.5365 aus Tab. 1 erreicht wird. Das Konvergenzverhalten ist nur modulo m

Tabelle 7.5.1 asymptotische Konvergenzraten ρ_m bei Zykluslänge m

regelmäßig. Jeder zweite Quotient $\|e^m\|_2/\|e^{m-1}\|_2$ ist ≈ 1. Da man mit weniger als m Iterationen aber nicht die Genauigkeit $\|e^k\|_2 \approx \delta_m^k \|e^0\|_2$ erzielt, ergibt sich das folgende Dilemma:

(i) Um aus der guten (asymptotischen) Konvergenzrate δ_m bei hohem m Nutzen zu ziehen, muß man auch mindestens m Iterationen durchführen.

(ii) Andererseits möchte man die Iteration z.B. bei einem Fehler $\|e^m\|_2 \approx 1/1000$ abbrechen (vgl. Bemerkung 3.3.4). Je besser die Konvergenzrate, desto weniger Iterationen möchte man durchführen.

Im Beispiel aus Tabelle 2 wären etwa 8 Iterationen hinreichend. Man könnte daher die Zykluslänge noch von 4 auf 8 erhöhen (Resultat: $\|e^8\|_2 = 1.05_{10}-3$); eine weitere Erhöhung auf 16 oder mehr Parameter käme jedoch nicht mehr in Frage. Die letzten beiden Spalten in Tabelle 2 entsprechen $\rho_{m,m-1}$ und $\rho_{m,0}$.

m	Wert in der Mitte	$\|e^m\|_2$	$\dfrac{\|e^m\|_2}{\|e^{m-1}\|_2}$	$\left(\dfrac{\|e^m\|_2}{\|e^0\|_2}\right)^{1/m}$
1	$-3.2091325566_{10}-2$	$5.01883_{10}-1$	$6.44595_{10}-1$	$6.44595_{10}-1$
2	$-3.4286102444_{10}-2$	$4.61552_{10}-1$	$9.19641_{10}-1$	$7.69933_{10}-1$
3	$3.5345069991_{10}-1$	$5.97883_{10}-2$	$1.29537_{10}-1$	$4.25044_{10}-1$
4	$3.5383518733_{10}-1$	$5.49257_{10}-2$	$9.18670_{10}-1$	$5.15365_{10}-1$
5	$4.0316008299_{10}-1$	$3.87484_{10}-2$	$7.05469_{10}-1$	$5.48767_{10}-1$
6	$4.0632225477_{10}-1$	$3.67588_{10}-2$	$9.48655_{10}-1$	$6.01184_{10}-1$
7	$4.9768318477_{10}-1$	$4.46545_{10}-3$	$1.21480_{10}-1$	$4.78402_{10}-1$
8	$4.9766886100_{10}-1$	$4.25818_{10}-3$	$9.53584_{10}-1$	$5.21481_{10}-1$
9	$4.9616256177_{10}-1$	$3.10151_{10}-3$	$7.28366_{10}-1$	$5.41205_{10}-1$
10	$4.9611757127_{10}-1$	$2.96750_{10}-3$	$9.56792_{10}-1$	$5.72938_{10}-1$
11	$4.9904891644_{10}-1$	$3.49870_{10}-4$	$1.17901_{10}-1$	$4.96238_{10}-1$
12	$4.9905258444_{10}-1$	$3.36761_{10}-4$	$9.62530_{10}-1$	$5.24405_{10}-1$
13	$4.9939123511_{10}-1$	$2.51027_{10}-4$	$7.45416_{10}-1$	$5.38785_{10}-1$
14	$4.9940415499_{10}-1$	$2.41296_{10}-4$	$9.61235_{10}-1$	$5.61531_{10}-1$
15	$4.9997767244_{10}-1$	$2.78508_{10}-5$	$1.15422_{10}-1$	$5.05322_{10}-1$
16	$4.9997766144_{10}-1$	$2.69345_{10}-5$	$9.67099_{10}-1$	$5.26244_{10}-1$

Tabelle 7.5.2 ADI-Resultate für das Modellproblem mit 4 Parametern ω_i

Bemerkung 7.5.11 Den guten Konvergenzraten steht ein relativ hoher Kostenfaktor $C_\Phi^{ADI} = 4$ im Poisson-Modellfall entgegen. Für das Beispiel aus Tabelle 2 beträgt der effektive Aufwand $Eff(\Phi^{ADI}) = -4/\log 0.5365 = 6.42$. Für $h = 1/32$ ergibt sich bei 4 Parametern $Eff(\Phi^{ADI}) = 4.06$ (zum Vergleich: $Eff(\Phi^{SOR}) = 7.05$ (vgl. Beispiel 3.3.2), $Eff(\Phi^{SSOR}_{semiit.}) = 4.38$ (vgl. (4.6)).

8. Transformationen, sekundäre Iterationen, unvollständige Dreieckszerlegungen

Um die Vielfalt der heute angewandten iterativen Verfahren beschreiben zu können, braucht man weitere Techniken, die zum Teil aus schon bekannten Verfahren neue produzieren und zum anderen Teil neue Elemente einführen. Zu der ersten Art gehören die Transformationen, die in §§8.1-3 beschrieben werden, und die mit einer sekundären Iteration erzeugten zusammengesetzten Verfahren aus §8.4, während die ILU-Zerlegung aus §8.5 ein neues Verfahren produziert.

8.1 Erzeugung von Iterationen durch Transformationen

8.1.1 Bisherige Techniken zur Iterationserzeugung

Am Anfang des Kapitels 4.2 stand die (additive) *Aufspaltungstechnik*: Die Matrix A wird in

$$(8.1.1) \qquad A = W - R \qquad\qquad (W \text{ regulär})$$

zerlegt. Hierdurch wird die Iteration

$$(8.1.2) \qquad x^{m+1} = x^m - W^{-1}(A x^m - b)$$

erzeugt. Die naheliegenden Wahlmöglichkeiten für W sind (i) $W=\mathrm{diag}\{A\}$ ($\rightarrow$ Jacobi-Verfahren), (ii) $W = D - E$ untere Dreiecksmatrix ($\rightarrow$ Gauß-Seidel-Methode), (iii) $W = \Theta I$ ($\rightarrow$ Richardson-Iteration). Dagegen ist $W = (D - E)D^{-1}(D - F)$ keineswegs auf der Hand liegend. Zur Erzeugung der hierdurch definierten symmetrischen Gauß-Seidel-Iteration wurde eine zweite Technik angewandt: Die *Konstruktion einer symmetrischen Iteration* $\Phi^*\Phi$ mit Hilfe der adjungierten Iteration Φ^*. Die hierbei benutzte Bildung einer *Produktiteration* gehört ebenfalls zu dem Katalog der Erzeugungstechniken. Eine weitere Technik ist die *Dämpfung einer Iteration*, die der Ersetzung von W in (1) durch $W_\Theta = \frac{1}{\Theta} W$ entspricht.

8.1.2 Die Linkstransformation

Das (quadratische) Gleichungssystem

$$(8.1.3) \qquad A x = b$$

wird durch Multiplikation von links mit der regulären Matrix T_ℓ in das äquivalente System

$$(8.1.4) \qquad T_\ell A x = T_\ell b$$

überführt. Wir können (4) als neues Gleichungssystem

$$(8.1.4') \qquad \hat{A} x = \hat{b} \qquad\qquad \text{mit } \hat{A} := T_\ell A, \ \hat{b} := T_\ell b$$

ansehen, das wir den iterativen Verfahren zugrunde legen. Dabei sind zwei Vorgehensweisen denkbar. Die erste besteht darin, $\hat{A}$ und $\hat{b}$ als $T_\ell A$ bzw. $T_\ell b$ auszurechnen und nur noch mit diesen Größen zu arbeiten. Wenn beispielsweise T_ℓ eine Diagonalmatrix ist, bedeutet der Übergang zu (5), daß die Gleichungen (3) geeignet skaliert werden. Wenn T_ℓ keine Diagonalstruktur besitzt, muß man dagegen von dieser naiven Vorgehensweise abraten. Denn wenn A schwachbesetzt ist, wird sich die Besetztheitsstruktur von $\hat{A} = T_\ell A$ in der Regel vergrößern, wenn $\hat{A}$ nicht sogar zu einer vollbesetzten Matrix wird. Dies vergrößert den Programmier- und Speicheraufwand. Aber auch wenn A schon vollbesetzt ist, erfordert die Matrix-Matrix-Multiplikation $T_\ell A$ einen größeren Rechenaufwand.

Stattdessen soll im folgenden eine zweite Ausführungsmethode beschrieben werden. Die Iteration Φ wurde bisher stets auf eine fest vorgegebene Matrix A angewandt. Bei variierenden Matrizen A kann man ein Iterationsverfahren (genauer seine dritte Normalform (2)) durch eine Vorschrift $A \mapsto W(A)$ definieren, so daß (2) zu

$$(8.1.5) \qquad x^{m+1} = x^m - W(A)^{-1}(A x^m - b)$$

wird. Zum Beispiel ist das Jacobi-Verfahren durch $A \mapsto W(A) := \mathrm{diag}\{A\}$ für alle A mit $a_{\alpha\alpha} \neq 0$ $(\alpha \in I)$ definiert. Die Anwendung der Vorschrift (5) auf $(\hat{A}, \hat{b})$ anstelle von (A, b) ergibt

$$(8.1.6) \qquad x^{m+1} = x^m - W(\hat{A})^{-1}(\hat{A} x^m - \hat{b}).$$

Die Definition von $\hat{A}$, $\hat{b}$ erlaubt die Darstellung $\hat{A} x^m - \hat{b} = T_\ell(A x^m - b)$, so daß (6) als

$$(8.1.7) \qquad x^{m+1} = x^m - W(T_\ell A)^{-1} T_\ell (A x^m - b)$$

geschrieben werden kann.

Bemerkung 8.1.1 Zur Durchführung der Iteration (7) benötigt man
(i) die Berechnung von $A x - b$ (in den *alten* Größen A, b),
(ii) die Multiplikation von T_ℓ mit einem Vektor und
(iii) ein Verfahren zur Auflösung von $W(T_\ell A) \delta = \xi$ (ξ gegeben).

Man beachte, daß beim Vorgehen gemäß Bemerkung 1 $\hat{A} = T_\ell A$ nicht benötigt wird. Indirekt tritt es nur in $W(T_\ell A)$ auf. Wenn das zugrunde-liegende Verfahren Φ beispielsweise das Jacobi-Verfahren ist, hat man für $W(T_\ell A) := \mathrm{diag}\{T_\ell A\}$ lediglich die Diagonalelemente von $\hat{A} = T_\ell A$ auszurechnen.

Indem man

$$(8.1.8) \qquad \hat{W}(A) := T_\ell^{-1} W(T_\ell A)$$

definiert, hat man mit $A \mapsto \hat{W}(A)$ ein neues Iterationsverfahren $\hat{\Phi}$ erzeugt, das mit (7) identisch ist:

$$(8.1.7') \qquad x^{m+1} = x^m - \hat{W}(A)^{-1}(Ax^m - b).$$

Dies zeigt, daß die Linkstransformation T_ℓ mittels (8) aus einer Iteration Φ eine neue Iteration $\hat{\Phi}$ erzeugen kann, die wir als

$$(8.1.9) \qquad \hat{\Phi} = \Phi \circ T_\ell$$

bezeichnen wollen, um auszudrücken, daß nach der Transformation mit T_ℓ die Iteration Φ angewandt wird.

Die Bemerkung 4.3.2 kann in diesem Zusammenhang als

$$\Phi = \Phi_1^{\text{Rich}} \circ W_\Phi^{-1} \qquad\qquad (W_\Phi \text{ Matrix zu } \Phi)$$

ausgedrückt werden: Die Richardson-Iteration zusammen mit der Linkstransformation mit der Matrix W_Φ aus der dritten Normalform von Φ erzeugt wieder Φ.

Ein Vorteil der Erzeugung von Iterationen durch Transformationen ist, daß keine neue Konvergenzanalysis benötigt wird.

Bemerkung 8.1.2 Sei $\hat{\Phi} = \Phi \circ T_\ell$. Die Konvergenzeigenschaften von $\hat{\Phi}$ (angewandt auf die Matrix A) sind identisch mit jenen von Φ angewandt auf $T_\ell A$. Vorsicht bei der Interpretation ist nur geboten, wenn die Konvergenzaussagen eine von A abhängige Norm verwenden (z.B. die Energienorm).

Zur Illustration sei die Linkstransformation $T_\ell = A^H$ gewählt. (7) wird zu

$$(8.1.10a) \qquad x^{m+1} = x^m - W(A^H A)^{-1} A^H (Ax^m - b).$$

Da $A^H A$ für reguläre A positiv definit ist, lassen sich fast alle besprochenen Verfahren auf $A^H A$ anwenden. Als Beispiel sei die Richardson-Iteration mit dem optimalen Dämpfungsfaktor

$$\Theta_{\text{opt}} = 2/(\Gamma + \gamma) \quad \text{mit} \quad \Gamma := \lambda_{\max}(A^H A) = \|A\|_2^2, \; \gamma := \lambda_{\min}(A^H A) = \|A^{-1}\|_2^{-2}$$

gewählt (vgl. Satz 4.4.3):

$$(8.1.10b) \qquad x^{m+1} = x^m - \Theta_{\text{opt}} A^H (Ax^m - b).$$

Für das neue Verfahren (10b) ziehen wir aus den Konvergenzeigenschaften des Richardson-Verfahrens (vgl. §4.4.1) den folgenden Schluß.

Bemerkung 8.1.3 Die durch (10b) definierte «quadrierte Richardson-Iteration» $\Phi_{\Theta_{\text{opt}}}^{\text{quadrRich}} = \Phi_{\Theta_{\text{opt}}}^{\text{Rich}} \circ A^H$ konvergiert für alle regulären Matrizen A mit der Rate

$$\varrho(I - \Theta_{\text{opt}} A^H A) = (\Gamma - \gamma)/(\Gamma + \gamma) = (\text{cond}_2(A)^2 - 1)/(\text{cond}_2(A)^2 + 1).$$

Übungsaufgabe 8.1.4 Man zeige $(\Phi \circ T_1) \circ T_2 = \Phi \circ (T_1 T_2)$.

8.1.3 Die Rechtstransformation

Mit einer regulären Matrix T_r kann der unbekannte Vektor $x \in \mathbb{R}^I$ durch

$$(8.1.11) \qquad x = T_r \hat{x}$$

substituiert werden. Einsetzen in (3) liefert die rechtstransformierte Gleichung

$$(8.1.12) \qquad A T_r \hat{x} = b \,.$$

Auch hier wäre es ein naiver Weg, die Matrix $\hat{A}$ in

$$(8.1.13) \qquad \hat{A} \hat{x} = b \qquad \text{mit} \quad \hat{A} := A T_r$$

vorweg auszurechnen und Iterationsverfahren auf (13) direkt anzuwenden, um abschließend die (Näherung der) Lösung $\hat{x}$ mittels (11) zu $x = T_r \hat{x}$ umzurechnen.

Das Iterationsverfahren Φ mit der Matrix $W = W(A)$ schreibt sich bei Anwendung auf das System (13) als

$$\hat{x}^{m+1} = \hat{x}^m - W(A T_r)^{-1}(A T_r \hat{x}^m - b) \,.$$

Indem man

$$x^m := T_r \hat{x}^m$$

einführt, wird die Iteration zu

$$(8.1.14) \qquad x^{m+1} = x^m - T_r W(A T_r)^{-1}(A x^m - b) \,.$$

Dies ist eine neu erzeugte Iteration $\hat{\Phi}$ zur Lösung der Originalgleichung (3) mit der charakterisierenden Matrix

$$(8.1.15) \qquad \hat{W}(A) := W(A T_r) T_r^{-1} \,.$$

In Analogie zu (9) wird $\hat{\Phi}$ wie folgt bezeichnet:

$$(8.1.16) \qquad \hat{\Phi} = T_r \circ \Phi \,.$$

Übungsaufgabe 8.1.5 Man zeige $T_2 \circ (T_1 \circ \Phi) = (T_2 T_1) \circ \Phi$.

Bemerkung 8.1.6 Die Konvergenzrate von $\hat{\Phi} = T_r \circ \Phi$ (angewandt auf die Matrix A) ist identisch mit der Konvergenzrate von Φ angewandt auf $A T_r$. Konvergenzeigenschaften von Φ, die sich auf eine Norm von $e^m = x^m - x$ beziehen, übertragen sich auf entsprechende Eigenschaften von $\hat{\Phi}$ bezüglich der Norm von $T_r^{-1} e^m = T_r^{-1}(x^m - x)$.

Das Analogon zu (10a) ist die Rechtstransformation $T_r = A^H$, die zu

$$(8.1.17) \qquad x^{m+1} = x^m - A^H W(A A^H)^{-1}(A x^m - b)$$

führt. Sie erzeugt aus der Richardson-Iteration ebenfalls das Verfahren (10b), da $\sigma(A A^H) = \sigma(A^H A)$ (vgl. Satz 2.4.6).

8.1.4 Die beidseitige Transformation

Wendet man Transformationen mit T_ℓ von links und T_r von rechts an, erhält man die beidseitig transformierte Iteration $\hat{\Phi} = T_r \circ \Phi \circ T_\ell$, die durch

$$(8.1.18a) \qquad \hat{W}(A) := T_\ell^{-1} W(T_\ell A T_r) T_r^{-1}$$

erzeugt wird:

$$(8.1.18b) \qquad x^{m+1} = x^m - T_r W(T_\ell A T_r)^{-1} T_\ell (A x^m - b).$$

Übungsaufgabe 8.1.7 Man zeige $(T_r \circ \Phi) \circ T_\ell = T_r \circ (\Phi \circ T_\ell)$.

Bezüglich der Konvergenzeigenschaften von $T_r \circ \Phi \circ T_\ell$ gelten die gleichen Aussagen wie für $T_r \circ \Phi$ in Bemerkung 6.

Eine Iteration Φ ist in §4.8.1 als symmetrisch bezeichnet worden, wenn $A = A^H$ und $W = W(A) > 0$. Die durch Transformation entstandenen Matrizen $\hat{W}(A) := T_\ell^{-1} W(T_\ell A)$ aus (8) oder $\hat{W}(A) := W(A T_r) T_r^{-1}$ aus (15) erfüllen im allgemeinen wegen der fehlenden Symmetrie nicht mehr $\hat{W} > 0$. Abhilfe schafft

Bemerkung 8.1.8 A sei Hermitesch (oder positiv definit). Die Links- und Rechtstransformationen mögen $T_r = T_\ell^H$ erfüllen. Dann wird $\hat{W}(A)$ aus (18a) zu $T_\ell^{-H} W(\hat{A}) T_\ell^{-1}$ mit der Hermiteschen (bzw. positiv definiten) Matrix $\hat{A} := T_\ell A T_\ell^H$. Wenn $W(\hat{A}) > 0$, ist die beidseitig transformierte Iteration $T_\ell^H \circ \Phi \circ T_\ell$ eine symmetrische Iteration.

Bisher sollten durch die Transformationen praktisch durchführbare Iterationen erzeugt werden. Gelegentlich braucht man jedoch Transformationen zur Herstellung einer geeigneten theoretischen Darstellung. Wenn man die Iteration (2) als Richardson-Verfahren für $\hat{A} := W^{-1}A$ auffaßt, wird es bei späteren Anwendungen stören, daß $\hat{A}$ im allgemeinen nicht mehr Hermitesch ist. Hier hilft die Substitution (11) mit $T_r := W^{-1/2}$.

Bemerkung 8.1.9 Sei $A = A^H$. Die Iteration (2) mit $W > 0$ für $\{x^m\}$ ist äquivalent zur Iteration

$$(8.1.19) \qquad \hat{x}^{m+1} = \hat{x}^m - W^{-1/2}(A W^{-1/2} \hat{x}^m - b)$$

für $\hat{x}^m := W^{1/2} x^m$. (19) ist die Richardson-Iteration angewandt auf $\hat{A}\hat{x} = \hat{b} := W^{-1/2} b$ mit der Hermiteschen Matrix $\hat{A} := W^{-1/2} A W^{-1/2}$.

Da $W^{-1/2}$ im allgemeinen nicht praktisch realisierbar ist, hat die Darstellung (19) nur für theoretische Zwecke einen Sinn.

Übungsaufgabe 8.1.10 Man beweise: Jede Aufspaltung von W in $W = V^H V$ kann zur Formulierung von $\hat{x}^{m+1} = \hat{x}^m - V^{-H}(A V^{-1} \hat{x}^m - b)$ mit $\hat{x}^m := V x^m$ herangezogen werden und führt zu einer Hermiteschen Matrix $\hat{A} := V^{-H} A V^{-1}$, wenn $A = A^H$. Insbesondere kann V mit Hilfe der Cholesky-Zerlegung definiert werden.

8.2 Die Kaczmarz-Iteration

8.2.1 Ursprüngliche Formulierung

Kaczmarz [1] formulierte 1937 ein Verfahren, dessen Konvergenz er für alle regulären Matrizen A nachweisen konnte. In der ursprünglichen Formulierung werden die Projektionen

$$(8.2.1a) \qquad x \mapsto P_i(x,b) := x - a_i \langle Ax - b, e_i \rangle / \langle a_i, a_i \rangle \qquad (1 \leqslant i \leqslant n)$$

auf die Hyperebene $\{x \in \mathbb{K}^I : \langle Ax - b, e_i \rangle = 0\}$ verwendet, wobei e_i der i-te Einheitsvektor und $a_i = A^H e_i$ die transponierte i-te Zeile der Matrix A sind. Mit $\langle A a_i, e_i \rangle = \langle a_i, A^H e_i \rangle = \langle a_i, a_i \rangle$ weist man nach, daß $x' = P_i(x,b)$ in der Ebene $\langle Ax - b, e_i \rangle = 0$ liegt. Die Gesamtiteration ist das Produkt aller Projektionen in der Reihenfolge $i = 1, .., n$:

$$(8.2.1b) \qquad \Phi^{\text{Kacz}} := P_n \circ P_{n-1} \circ \ldots \circ P_1 .$$

Es sei darauf hingewiesen, daß das Kaczmarz-Verfahren interessante Anwendungen auf überbestimmte Gleichungssysteme erlaubt (vgl. Maeß [2], Tanabe [1]). Die Kaczmarz-Methode wird auch für Probleme der Tomographie angewandt und wird in diesem Zusammenhang ART (algebraische Rekonstruktionstechnik; vgl. Natterer [1,§V.3-4]) genannt.

8.2.2 Interpretation als Gauß-Seidel-Verfahren

Die Rechtstransformation $T_r = A^H$ erzeugt das Gleichungssystem

$$(8.2.2a) \qquad A A^H \hat{x} = b$$

für $\hat{x}$ mit $x = A^H \hat{x}$. Die Projektion (1a) schreibt sich in der $\hat{x}$-Variablen als $\hat{x} = A^{-H} x \mapsto \hat{P}_i(\hat{x}, b)$ mit

$$(8.2.2b) \qquad \hat{P}_i(\hat{x},b) := A^{-H} P_i(A^H \hat{x}, b) = \hat{x} - e_i \langle Ax - b, e_i \rangle / \langle a_i, a_i \rangle$$

wegen $A^{-H} a_i = A^{-H} A^H e_i = e_i$. $\hat{P}_i$ ist die Projektion auf $\langle A A^H \hat{x} - b, e_i \rangle = 0$, d.h. $\hat{x} \mapsto \hat{x}' := \hat{P}_i(\hat{x},b)$ stellt die Auflösung der Gleichung $(A A^H \hat{x})_i = b_i$ nach $\hat{x}_i$ dar. Die Ausführung von $\hat{x} \mapsto \hat{P}_i(\hat{x},b)$ für $i = 1, \ldots, n$ führt somit das Gauß-Seidel-Verfahren für die Gleichung (2a) aus. Die Nenner $\langle a_i, a_i \rangle = \langle A A^H e_i, e_i \rangle$ stellen die Diagonalelemente von $A A^H$ dar. Damit ist das folgende Lemma bewiesen:

Lemma 8.2.1 Das Kaczmarz-Verfahren zur Lösung von $Ax = b$ stimmt mit der Gauß-Seidel-Iteration für $A A^H \hat{x} = b$ überein:

$$(8.2.3) \qquad \Phi^{\text{Kacz}} = A^H \circ \Phi^{\text{GS}} .$$

Da $A A^H$ für reguläre A positiv definit ist, liefert der Satz von Ostrowski (Satz 4.4.21) die Konvergenz:

Satz 8.2.2 Das Kaczmarz-Verfahren konvergiert für alle regulären A.

Für eine quantitative Aussage hat man die Konstanten γ, Γ aus (4.4.32a,b) für die Zerlegung $AA^H = D - E - F$ zu bestimmen bzw. abzuschätzen.

Übungsaufgabe 8.2.3 Statt der Rechts- könnte man auch eine Links-transformation mit $T_\ell = A^H$ wählen. Man zeige: Ein Schritt der Gauß-Seidel-Iteration angewandt auf $A^H A x = A^H b$ hat die Gestalt

$$(8.2.4) \qquad \text{for } i := 1 \text{ to } n \text{ do} \quad x := x - \boldsymbol{e}_i \langle A x - b, \boldsymbol{a}_i \rangle / \langle \boldsymbol{a}_i, \boldsymbol{a}_i \rangle,$$

wobei $\boldsymbol{a}_i$ anders als in (1a) die i-te *Spalte* von A darstellt: $\boldsymbol{a}_i := A\boldsymbol{e}_i$.

8.2.3 Pascal-Prozeduren und numerische Beispiele

Die Realisierung der Kaczmarz-Iteration folgt der Darstellung (1a,b):

```
function im_Gitter(i,j: integer; var A: Diskretisierungsdaten): Boolean;
begin im_Gitter:=(i>0) and (i<A.nx) and (j>0) and (j<A.ny) end;

function randferner_Punkt(i,j: integer; var A: Diskretisierungsdaten): Boolean;
begin randferner_Punkt:=(i>1) and (i<A.nx-1) and (j>1) and (j<A.ny-1) end;

procedure Kaczmarz_Iteration(var neu: Gitterfunktion; var A:
   Diskretisierungsdaten; var x,b: Gitterfunktion; var IP: Iterationsparameter);
var i,j,is,js: integer; d,d0: real;
        function a2(i,j: integer): real;   var d: real; is,js: integer;
          begin d:=0; with A do for is:=-1 to 1 do for js:=-1 to 1 do
          if im_Gitter(i+is,j+js,A)  then  d:=d+sqr(S[is,js]);  a2:=d  end;
begin d0:=a2(2,2) {Standardwert im Inneren}; neu:=x;
   with A do for j:=1 to ny-1 do for i:=1 to nx-1 do
   begin d:=b[i,j]-S[-1,-1]*neu[i-1,j-1]-S[0,-1]*neu[i,j-1]-S[1,-1]*neu[i+1,j-1]
             -S[-1,0]*neu[i-1,j]-S[1,0]*neu[i+1,j]-S[-1,1]*neu[i-1,j+1]
             -S[0,1]*neu[i,j+1]-S[1,1]*neu[i+1,j+1]-S[0,0]*neu[i,j];
   if randferner_Punkt(i,j,A) then d:=d/d0 else d:=d/a2(i,j);
   for is:=-1 to 1 do for js:=-1 to 1 do if im_Gitter(i+is,j+js,A) then
   neu[i+is,j+js]:=neu[i+is,j+js]+S[-is,-js]*d
end end;
```

<table>
<tr><td>

Die Konvergenz-raten in Poisson-Modellfall sind den Tabellen 1a,b zu ent-nehmen. Die Quo-tienten $\rho_{m,m-1}$ ver-halten sich wie $1-(\alpha h)^4$, $2.5 \leqslant \alpha \leqslant 3$. Die Konvergenzord-nung $\varkappa = 4$ macht das Kaczmarz-Verfahren unattraktiv.

</td><td>

m	$\|e^m\|_2$	$\rho_{m,m-1}$
10	0.465	0.984542
30	0.371	0.990501
50	0.309	0.991074
70	0.258	0.990876
80	0.235	0.990790
90	0.214	0.990728
100	0.195	0.990687

Tab. 8.2.1a $h = 1/8$

</td><td>

m	$\|e^m\|_2$	$\rho_{m,m-1}$
10	0.624	0.993655
30	0.575	0.996921
50	0.546	0.997806
70	0.525	0.998272
80	0.517	0.998434
90	0.509	0.998564
100	0.502	0.998671

Tab. 8.2.1b $h = 1/16$

</td></tr>
</table>

Kaczmarz-Resultate im Poisson-Modellfall

8.3 Präkonditionierung

8.3.1 Zur Begriffsbildung

In §7 hat sich für symmetrische Iterationen gezeigt, daß die Konvergenzgeschwindigkeit lediglich von der Konditionszahl $\varkappa = \varkappa(W^{-1}A)$ abhängt. Man kann es daher als Ziel der Linkstransformation mit $T_\ell = W^{-1}$ ansehen, die folgenden Bedingungen zu erfüllen:

$$(8.3.1a) \qquad \hat{A} := T_\ell A = W^{-1}A \quad \text{habe ein positives Spektrum,}$$

$$(8.3.1b) \qquad \varkappa(W^{-1}A) \quad \text{sei möglichst klein.}$$

Für die Matrix W sind die Begriffe «Präkonditionierungsmatrix», «Präkonditionierung» oder «Präkonditionierer» üblich, wobei die Vorsilbe «Prä–» auch durch «Vor–» ersetzt werden kann. Der Name drückt aus, daß die Transformation mit W^{-1} gemäß (1b) die Konditionszahl $\varkappa(A)$, die der trivialen Wahl $W = I$ entspräche, verbessert. Für die Anwendbarkeit der semiiterativen Methode auf die Basisiteration

$$(8.3.1c) \qquad \Phi_W(x,b) := x - W^{-1}(Ax - b)$$

ist die Forderung (1a) nicht zwingend, da das Intervall $[\gamma, \Gamma]$ mit $\gamma = \lambda_{\min}(W^{-1}A)$, $\Gamma = \lambda_{\max}(W^{-1}A)$ auch durch eine Ellipse ersetzt werden könnte (vgl. §7.3.6).

Die Forderung (1b) ist keineswegs auf semiiterative Verfahren beschränkt. Wenn man zunächst für ein Iterationsverfahren die Matrix W mit (1a) konstruiert hat, kann man in einem zweiten Schritt zu dem gedämpften Verfahren mit $M_\Theta = I - W_\Theta^{-1}A$, $W_\Theta := \frac{1}{\Theta}W$ übergehen. Anwendung von Satz 4.4.3 auf $\hat{A} := W^{-1}A$ liefert die folgende Aussage.

Übungsaufgabe 8.3.1 $W^{-1}A$ habe ein reelles Spektrum. Man zeige:
(a) Der Dämpfungsfaktor $\Theta = 2/[\lambda_{\min}(W^{-1}A) + \lambda_{\max}(W^{-1}A)]$ liefert die optimale Konvergenzrate

$$(8.3.2a) \qquad \rho(M_\Theta) = \frac{\varkappa - 1}{\varkappa + 1},$$

wobei $\varkappa = \varkappa(W_\Theta^{-1}A) = \varkappa(W^{-1}A)$ nicht von $\Theta \neq 0$ abhängt.
(b) $M = I - W^{-1}A$ sei die Iterationsmatrix eines konvergenten symmetrischen Verfahrens. Dann gilt

$$(8.3.2b) \qquad \varkappa(W^{-1}A) \leq (1 + \rho(M)) / (1 - \rho(M)),$$

wobei die Gleichheit angenommen wird, wenn das Verfahren optimal gedämpft ist.

Wegen $\varkappa = \varkappa(W^{-1}A)$ ist das Auffinden einer Linkstransformation mit (1b) der wesentliche Schritt bei der Konstruktion einer Iteration. Auch hier ist die Bedingung (1a) verallgemeinerungsfähig (vgl. Satz 4.4.8 angewandt auf $\hat{A}$ statt A).

Die Verbindung des Begriffes «Präkonditionierung» mit der *Links*-transformation ist nicht zwingend. Die *Rechts*transformation $T_r = W^{-1}$ in Verbindung mit dem Richardson-Verfahren führt auf die gleiche Iteration (1c) (vgl. (1.14)).

In der Literatur wird der Begriff «Präkonditionierung» fast ausschließlich im Zusammenhang mit semiiterativen Verfahren (insbesondere cg-Verfahren) verwendet. Dadurch mag der Eindruck entstehen, daß dies eine spezielle Technik für Semiiterationen darstellt. Dies ist nicht der Fall: Gute (d.h. schnell konvergente) symmetrische Iterationsverfahren (1c) produzieren einen guten Vorkonditionierer, wie (2b) zeigt. Umgekehrt liefert eine Präkonditionierung W bei geeigneter Dämpfung die Konvergenzrate (2a), die umso günstiger ausfällt, je kleiner $\varkappa$ ist, d.h. je besser präkonditioniert wird. Daß die Semi-iteration basierend auf einem Verfahren Φ_W schneller konvergiert als die (stationäre) Iteration (1c), ist gemäß §7 Eigenschaft der Čebyšev-Methode und nicht Folge einer Präkonditionierung.

In dem oben erläuterten Sinne sind die Suche nach möglichst schnellen symmetrischen Iterationen und die Suche nach guten Präkonditionierern für semiiterative Verfahren völlig identisch. Es gibt nur eine Ausnahme: Für die in §9 erörterten cg-Verfahren ist $\varkappa = \varkappa(W^{-1}A)$ nicht das alleinige Kriterium (vgl. Ende §9.4.3). Daher kann es Präkonditionierungen W geben, die für cg-Verfahren vorteilhaft sind, ohne entsprechend gute Iterationsverfahren (1c) liefern zu müssen.

8.3.2 Beispiele

Als Beispiele für Präkonditionierungen von positiv definiten Matrizen $A = D - E - F$ können die Matrizen W der schon behandelten, symmetrischen Iterationen herangezogen werden:

(8.3.3a) $W = D := \mathrm{diag}\{A\}$ (Jacobi),

(8.3.3b) $W = (D - E)D^{-1}(D - F)$ (SSOR).

Hierbei können die Verfahren sowohl punkt- als auch blockweise verstanden werden. Da die Wahl $W = $ Diagonalmatrix besonders einfach und zudem parallel berechenbar ist, kann man danach fragen, ob das Jacobi-Verfahren mit $D := \mathrm{diag}\{A\}$ die optimale diagonale Vorkonditionierungsmatrix verwendet. Die Antwort geben die Sätze 2 und 3: $D := \mathrm{diag}\{A\}$ ist im 2-zyklischen Fall optimal und im allgemeinen Fall nur um eine Konstante vom Optimum entfernt.

Satz 8.3.2 (Forsythe-Strauss [1]) A sei positiv definit und $D := \mathrm{diag}\{A\}$. Wenn $A - D$ schwach 2-zyklisch ist, ist $D = \mathrm{diag}\{A\}$ der beste diagonale Präkonditionierer: $\varkappa(D^{-1}A) \leqslant \varkappa(\Delta^{-1}A)$ für alle diagonalen Matrizen Δ.

Satz 8.3.3 (van der Sluis [1]) A sei positiv definit und $D := \mathrm{diag}\{A\}$. A besitze in jeder Zeile nicht mehr als C_A Elemente $\neq 0$ (vgl. (3.3.1)). Dann gilt $\varkappa(D^{-1}A) \leqslant C_A \varkappa(\Delta^{-1}A)$ für alle diagonalen Matrizen Δ.

Gemäß (7.4.3c) verbessert die SSOR-Vorkonditionierung die Kondition von $\varkappa(A)$ auf $\frac{1}{2}(1 + \sqrt{\Gamma \varkappa(A)})$.

Wenn A indefinit ist, genauer: wenn

$$(8.3.4) \qquad A = A^H, \quad \sigma(A) \subset [-b', -a'] \cup [a, b] \qquad (0 < a \leqslant b, \ 0 < a' \leqslant b'),$$

sind die bisherigen Verfahren bis auf das Kaczmarz-Verfahren aus §8.2 divergent. Matrizen mit der Eigenschaft (4) entstehen z.B. bei der Diskretisierung der *Helmholtz-Gleichung* $-\Delta u - cu = f$ mit positivem c, die auf $A = B - cI$ führt (dabei ist B die bisher A genannte Matrix des Poisson-Modellproblems). Wenn $0 < \lambda_1 \leqslant \lambda_2 \leqslant \ldots \leqslant \lambda_n$ die Eigenwerte von B sind und $\lambda_k < c < \lambda_{k+1}$ für ein k gilt, ist (4) mit $a = \lambda_{k+1} - c$, $b = \lambda_n - c$, $a' = c - \lambda_k$, $b' = c - \lambda_1$ erfüllt. Für indefinite Matrizen ist (1a) der wesentliche Teil der Forderung an die Präkonditionierung.

Das Kaczmarz-Verfahren bietet die Präkonditionierung $W = A^{-H}$ an, die zwar zu einem positiven Spektrum führt (vgl. (1a)), aber im allgemeinen die Kondition verschlechtert: $\varkappa(A^H A) = \mathrm{cond}_2(A)^2$. Wenn die Intervalle $[-b', -a']$, $[a, b]$ symmetrisch liegen: $a = a'$, $b = b'$, ist die Präkonditionierung $W = A^{-1}$ trotz $\varkappa(A^2) = \varkappa(A)^2$ nicht schlechter als das beste semiiterative Verfahren basierend auf der Richardson-Iteration, wie Übung 4 zeigt.

Übungsaufgabe 8.3.4 (a) Sei p_m das optimale Polynom, das die Aufgabe (7.3.9) für $\sigma_M = [-b, -a] \cup [a, b]$ mit $0 < a \leqslant b$ löst. Man zeige: Wenn m gerade ist, gilt $p_m(\lambda) = \hat{p}_{m/2}(\lambda^2)$, wobei $\hat{p}_{m/2}$ das optimale Polynom zu $\hat{\sigma}_M = [a^2, b^2]$ darstellt (vgl. (7.3.12b)).
(b) Wie lautet die entsprechende Transformation $T_\ell = A - \vartheta I$ für den allgemeineren Fall $b - a = b' - a'$, die $\sigma_M = [-b, -a] \cup [a, b]$ auf ein Intervall $[\hat{a}, \hat{b}]$ mit $0 < \hat{a} < \hat{b}$ und minimalem $\hat{b}/\hat{a}$ abbildet.

Die Linkstransformation mit Polynomen in A ist relativ einfach und sogar parallel durchführbar, so daß sie für den Fall (4) von praktischem Interesse ist. Eine Diskussion dieser Präkonditionierung findet man z.B. bei Ashby – Manteuffel – Saylor [1]. Daß Linkstransformationen mit Polynomen in A für *positiv definite* A uninteressant sind, zeigt

Übungsaufgabe 8.3.5 A sei positiv definit. **(a)** Die Transformation $W^{-1} = T_\ell = q_{m-1}(A)$ mittels eines Polynomes q_{m-1} vom Grad $m-1$, die bezüglich der Bedingung (1a,b) optimal ist: $\varkappa(q_{m-1}(A)A) = \min$, hängt mit dem optimalen Polynom p_m aus (7.3.12b) über $p_m(\lambda) = 1 - \lambda q_{m-1}(\lambda)$ zusammen.
(b) Die Čebyšev-Methode für das mit $q_{m-1}(A)$ präkonditionierte Problem ist nicht so effektiv wie die Čebyšev-Methode für das nicht-konditionierte Problem (Richardson-Iteration). *Hinweis:* m Schritte

ohne Präkonditionierung sind so aufwendig wie ein Schritt mit Präkonditionierung.

Soweit sind nur die schon bekannten Iterationen herangezogen
worden. Als Ausblick auf weitere Präkonditionierungen sei angemerkt,
daß in §8.5 die für die Präkonditionierung geeigneten ILU-Zerlegungen
eingeführt werden. Die in §10 beschriebenen Mehrgitterverfahren
definieren eine weitere Möglichkeit zur Präkonditionierung (vgl. 10.8.3).

Bemerkung 8.3.6 Die bis jetzt diskutierten Präkonditionierungen sind
als *algebraische* Vorkonditionierungen zu bezeichnen, da sie mit Hilfe
des linearen Systems abgeleitet wurden. Daneben gibt es die
problemorientierten Vorkonditionierungen. Wenn das Gleichungssystem $Ax=b$ ein ähnliches Problem beschreibt wie $By=c$ (z.B. weil
$Ax=b$ und $By=c$ verwandte Randwertaufgaben diskretisieren), besteht
die Hoffnung, daß $\varkappa(B^{-1}A)\ll\varkappa(A)$, d.h. $W:=B$ kann eine gute
Präkonditionierung darstellen.

Bisher wurde nur die Möglichkeit diskutiert, das lineare Gleichungssystem zu präkonditionieren. Mitunter kann bereits das zu lösende
Randwertproblem vor der Diskretisierung so umformuliert werden, daß
das diskrete System angenehmer zu lösen ist. Ein Beispiel hierzu findet
man bei Axelsson-Eijkhout-Polman-Vassilevski [1], die das im allgemeinen zu einer unsymmetrischen Matrix führende Konvektions-
Diffusionsproblem $-\varepsilon\Delta u+\langle v,\mathrm{grad}\,u\rangle=f$ (vgl. Hackbusch [15,§10.2])
behandeln.

8.3.3 Rechenregeln für Konditionszahlen

Es sei an (2.10.7/8) erinnert: $\mathrm{cond}_2(A)=\|A\|_2\|A^{-1}\|_2$ ist über die Spek-
tralnorm und $\varkappa(A)=\rho(A)\rho(A^{-1})$ mittels des Spektralradius definiert.

Übungsaufgabe 8.3.7 A, B, C seien regulär. Man zeige

(8.3.5a) $\varkappa(A) = \varkappa(A^{-1})$, $\mathrm{cond}_2(A)=\mathrm{cond}_2(A^{-1})$,

(8.3.5b) $\varkappa(A) = \varkappa(\lambda A)$, $\mathrm{cond}_2(A)=\mathrm{cond}_2(\lambda A)$ für alle $\lambda\in\mathbb{C}\setminus\{0\}$,

(8.3.5c) $\varkappa(A) = \mathrm{cond}_2(A)$ für normale Matrizen A,

(8.3.5d) $\mathrm{cond}_2(AB) \leqslant \mathrm{cond}_2(A)\,\mathrm{cond}_2(B)$,

(8.3.5e) $\mathrm{cond}_2(C^{-1}A) \leqslant \mathrm{cond}_2(C^{-1}B)\,\mathrm{cond}_2(B^{-1}A)$,

(8.3.5f) $\varkappa(B^{-1}A) = \mathrm{cond}_2(B^{-1}A)$ für $A,B>0$.

Lemma 8.3.8 A, B seien positiv definit. Dann läßt sich $\varkappa(B^{-1}A)$ als

(8.3.6a) $\varkappa(B^{-1}A) = \bar\alpha/\underline\alpha$

darstellen, wobei $\underline\alpha$ und $\bar\alpha$ die schärfsten Grenzen in der Ungleichung

(8.3.6b) $\underline\alpha\, B \leqslant A \leqslant \bar\alpha\, B$ mit $\underline\alpha>0$

sind. Umgekehrt folgt aus (6b) die Ungleichung

(8.3.6c) $\qquad \varkappa (B^{-1}A) \le \bar{\alpha} / \underline{\alpha}$.

Beweis. Die besten Grenzen in (6b) sind die extremen Eigenwerte von $B^{-1/2}A B^{-1/2}$ und $B^{-1}A$. Damit ergibt sich (6a) aus (2.10.9). Man vergleiche auch Lemma 7.3.11. □

Übungsaufgabe 8.3.9 Man zeige: (6b) ist äquivalent zu (6b') oder (6b"):

$$(8.3.6b') \qquad \frac{1}{\underline{\alpha}} A \;\le\; B \;\le\; \frac{1}{\bar{\alpha}} A \qquad\qquad \text{mit } \underline{\alpha} > 0,$$

$$(8.3.6b'') \qquad \underline{\alpha}\, A^{-1} \le B^{-1} \le \bar{\alpha}\, A^{-1} \qquad\qquad \text{mit } \underline{\alpha} > 0.$$

(5e) und (5f) ergeben das

Lemma 8.3.10 A, B, C seien positiv definit. Dann gilt

$$(8.3.7) \qquad \varkappa (C^{-1}A) \le \varkappa (C^{-1}B)\, \varkappa (B^{-1}A).$$

Die Interpretation von (5e) bzw. (7) für die Präkonditionierungstechnik lautet: Ist B eine gute Vorkonditionierung für A und C ein guter Vorkonditionierer für B, so eignet sich C auch zur Präkonditionierung von A.

Definition 8.3.11 Sei $H \subset (0 , \infty)$ eine Indexmenge mit $0 \in \bar{H}$ (z.B. H: Menge aller Gitterweiten). Sind $\{ A_h \}_{h \in H}$ und $\{ B_h \}_{h \in H}$ zwei Familien von regulären Matrizen, so nennt man $\{ A_h \}_{h \in H}$ und $\{ B_h \}_{h \in H}$ *spektraläquivalent*, falls eine von $h \in H$ unabhängige Konstante C existiert, so daß

$$(8.3.8) \qquad \mathrm{cond}_2 (B_h^{-1}A_h) \le C \qquad\qquad \text{für alle } h \in H.$$

(5a) zeigt die Symmetrie und (5e) die Transitivität, so daß die Eigenschaft «spektraläquivalent» eine Äquivalenzrelation darstellt. Für Familien von positiv definiten Matrizen schreibt sich (8) auch als

$$(8.3.8') \qquad \varkappa (B_h^{-1}A_h) \le C \qquad\qquad \text{für alle } h \in H.$$

Die Spektraläquivalenz könnte auch mit Hilfe anderer Normen oder durch (8') definiert werden. Zur Einführung des Begriffes sei auf die frühen Arbeiten von D'Jakonov (D'Yakonov) [1] und Gunn [1] verwiesen.

8.4 Sekundäre Iterationen

8.4.1 Beispiele für sekundäre Iterationen

Die Differentialgleichung

$$(8.4.1a) \qquad -\Delta u + u_{xy} + \alpha u_x = f \qquad\qquad \text{in } \Omega$$

mit der Randbedingung (1.2.1b): $u = 0$ auf Γ kann z.B. durch die *Siebenpunktformel*

$$(8.4.1b) \qquad \tfrac{1}{2} h^{-2} \begin{bmatrix} -1 & -1 & 0 \\ -1-\alpha h & 6 & -1+\alpha h \\ 0 & -1 & -1 \end{bmatrix} u = f$$

diskretisiert werden, die die Gleichungen

$$(8.4.1\text{b}') \quad \tfrac{1}{2}h^{-2}[\,6u(x,y)-u(x-h,y+h)-u(x,y+h)-u(x,y-h)$$
$$-u(x+h,y-h)-(1+\alpha h)u(x-h,y)-(1-\alpha h)h(x+h,y)\,]=f$$

für $(x,y)\in\Omega_h$ abkürzt (vgl. §2.1.3 und Hackbusch [15,§5.1.4]). Solange $|\alpha h|\leqslant 1$, ist die entstehende Matrix A eine M-Matrix. Allerdings ist A für $\alpha\neq 0$ nicht symmetrisch.

Gemäß Bemerkung 3.6 könnte man die dem Poisson-Modellproblem entsprechende Matrix $B \mathrel{\hat=} h^{-2}\,[-1\ {}^{-1}_{\ 4}{}_{-1}\,-1]$ als Präkonditionierung verwenden. In der Tat gilt das

Lemma 8.4.1 Seien A die Matrix des Systems (1b') und B die Matrix des Poisson-Modellproblem. Dann gilt $\mathrm{cond}_2(B^{-1}A)\leqslant C$ für alle $h\leqslant 1/|\alpha|$, d.h. $A=A_h$ und $B=B_h$ sind spektraläquivalent.

Beweis. (i) Da die Präkonditionierung problemorientiert gewählt wurde, ist auch der Beweis problemorientiert. Weil der Beweis sonst zu kompliziert ausfällt, wird die Spektraläquivalenz bezüglich der Energienorm $\|x\|_B=\|B^{1/2}x\|_2=\langle Bx,x\rangle^{1/2}$ gezeigt:

$$(8.4.2\text{a}) \qquad \mathrm{cond}_B(B^{-1}A)\ \leqslant\ C \qquad\qquad \text{für alle } h\leqslant 1/|\alpha|.$$

$\|\cdot\|_B$ ist äquivalent zu der in Hackbusch [15,§9.2] mit $\|\cdot\|_1$ bezeichneten H_h^1-Norm. Die *duale Norm* $\|x\|_{-1}:=\sup\{|\langle x,y\rangle|/\|y\|_B:\ y\neq 0\}$ ist

$$\|x\|_{-1}=\|x\|_{B^{-1}}=\|B^{-1/2}x\|_2=\langle B^{-1}x,x\rangle^{1/2}.$$

(ii) Aus Hackbusch [15,Üb. 9.2.4/6] erhält man die «H_h^1-Koerzivität»

$$(8.4.2\text{b}) \qquad \langle Ax,x\rangle\ \geqslant\ C_E\,\|x\|_B^2-C_K\|x\|_2^2.$$

Aus der M-Matrixeigenschaft von A schließt man auf $\|A^{-1}\|_\infty\leqslant C'$ und $\|A^{-\tau}\|_\infty\leqslant C'$ und damit $\|A^{-1}\|_2=\rho(A^{-\tau}A^{-1})\leqslant C'^2$ unabhängig von h (vgl. Hackbusch [15,Sätze 4.3.16 und 5.1.22]). Aus der ℓ_2-Stabilität $\|A^{-1}\|_2\leqslant C$ und der H_h^1-Koerzivität folgt die «H_h^1-Regularität»

$$(8.4.2\text{c}) \qquad \|A^{-1}\|_{1\leftarrow -1}:=\sup\{\|A^{-1}x\|_B/\|x\|_{B^{-1}}:\ x\neq 0\}\ \leqslant\ \text{const}$$

für alle $h\leqslant 1/|\alpha|$ (vgl. Hackbusch [15,Satz 9.2.3]). Die Substitution $x=By$ und $\|x\|_{B^{-1}}=\|y\|_B$ zeigen

$$(8.4.2\text{c}') \qquad \|A^{-1}B\|_B\ \leqslant\ \text{const} \qquad\qquad \text{für alle } h\leqslant 1/|\alpha|.$$

Die umgekehrte Ungleichung $\|A\|_{-1\leftarrow 1}\leqslant\text{const}$ ist einfach zu zeigen und läßt sich zu

$$(8.4.2\text{d}) \qquad \|B^{-1}A\|_B\ \leqslant\ \text{const} \qquad\qquad \text{für alle } h\leqslant 1/|\alpha|$$

umschreiben. (2c') und (2d) ergeben (2a).

(iii) Mittels der diskreten «H_h^2-Regularität» (vgl. Hackbusch [15,§9.2.4]) läßt sich auch $\mathrm{cond}_2(B^{-1}A)\leqslant C$ für alle $h\leqslant 1/|\alpha|$ zeigen.   ▣

Satz 4.4.8 angewandt auf $B^{-1/2}AB^{-1/2}$ anstelle von A liefert das

Lemma 8.4.2 A sei in $A_0 + iA_1$ ($A_0 = A_0^H$ symmetrischer, $iA_1 = iA_1^H$ schief-symmetrischer Anteil) zerlegt. B sei positiv definit. Es gelte

$$(8.4.3a) \qquad \lambda B \leqslant A_0 \leqslant \Lambda B, \quad \lambda > 0, \quad -\sigma B \leqslant A_1 \leqslant \sigma A, \quad 0 < \Theta < 2\lambda / [\lambda\Lambda + \sigma^2].$$

Dann konvergiert die Iteration

$$(8.4.3b) \qquad x^{m+1} = x^m - B^{-1}(Ax^m - b)$$

monoton in der $\|\cdot\|_B$-Norm:

$$(8.4.3c) \qquad \|M_\Theta\|_B = \|I - \Theta B^{-1/2} A B^{-1/2}\|_2 \leqslant$$
$$\leqslant \tfrac{1}{2}\Theta(\Lambda - \lambda) + \sqrt{[1 - \tfrac{1}{2}\Theta(\Lambda + \lambda)]^2 + \Theta^2\sigma^2} < 1.$$

Das optimale Θ findet man in (4.4.11c).

Bemerkung 8.4.3 Für das Problem (1b) gelten nach Lemma 1 die Un-gleichungen (3a) mit h-unabhängigen γ, Γ, σ. Wird daher Θ hinreichend klein gewählt, hat die Iteration eine von h unabhängige Konvergenzrate, d.h. die Konvergenzordnung hat den optimalen Wert $\varkappa = 0$. Anders als bei den bisherigen Iterationen, tritt keine Konvergenzverschlechterung für $h \to 0$ auf.

Die guten Konvergenzeigenschaften der Iteration (3b) bezahlt man mit der Schwierigkeit, die Abbildung $c \mapsto B^{-1}c$ praktisch durchzuführen, die der Auflösung der Gleichung $B\delta = c$ entspricht. Im vorliegenden Falle wäre dies prinzipiell machbar, da für das Poisson-Modellproblem direkte Löser existieren (vgl. Ende von §1.3) oder auch die schnellen FFT-Techniken eingesetzt werden können. Die direkten Löser versagen aber schon für andere Grundgebiete als Rechtecke.

Ein Ausweg besteht darin, die Abbildung $c \mapsto B^{-1}c$ (also die Gleichung $B\delta = c$), näherungsweise mit einer iterativen Technik zu lösen. Die Iteration zur Lösung des Hilfsproblems $B\delta = c$ heißt _sekundäre Iteration_ und führt auf das folgende Schema:

(8.4.4)   zusammengesetzte Iteration Φ_k:

(8.4.4a) $x^m \mapsto c := Ax^m - b$,

(8.4.4b)   führe die sekundäre Iteration zur Lösung von $B\delta = c$ durch:

(8.4.4b$_1$)   setze Startwert $\delta^0 := 0$,

(8.4.4b$_2$)   führe eine (Semi-)Iteration $\delta^0 \mapsto \delta^1 \mapsto \dots \mapsto \delta^k$ durch.

(8.4.4c) $x^{m+1} := x^m - \delta^k$.

Die Zahl k der inneren Iterationen mag von m abhängen oder konstant sein. Je größer k, desto besser stimmen die Folgen x^m aus (3b) und (4a-c) überein. Umgekehrt möchte man k möglichst klein halten, da der Aufwand pro (äußerem) Iterationsschritt mit k ansteigt.

Bei den Blockvarianten der verschiedenen Iterationsverfahren mußten bereits in jedem Block Gleichungssysteme gelöst werden. Da sich in den Modellfällen stets tridiagonale Blöcke ergaben, war die exakte Auflösung auch im Aufwand sparsam (nur zum Zwecke einer Parallelisierung wäre ein iteratives Vorgehen denkbar). Anders ist es bei dreidimensionalen Aufgaben (z.B. der Poisson-Gleichung $-u_{xx}-u_{yy}-u_{zz}=f$ im Würfel $\Omega=(0,1)^3$).

Bemerkung 8.4.4 Im zweidimensionalen Fall treten die Zeilen und Spalten als natürliche Blockstrukturen auf. Im dreidimensionalen Fall hat man eine zweifach geschachtelte Blockstruktur: Das Gitter Ω_h zerfällt in Ebenen (wahlweise x-y-, x-z- oder y-z-Ebene). Die den Ebenen entsprechenden Blöcke haben die Gestalt der bisher behandelten zweidimensionalen Probleme und können ihrerseits in Zeilen oder Spalten (in x-, y- oder z-Richtung) geblockt werden. Wenn für das Block-Jacobi-, Block-Gauß-Seidel- oder andere Blockverfahren die Ebenen als Blöcke gewählt werden, haben die Blockgleichungen die gleiche Form wie die bisherigen zweidimensionalen Modellprobleme. Es bietet sich daher an, innerhalb der Blöcke sekundäre Iterationen auszuführen.

Die in Bemerkung 4 empfohlene sekundäre Iteration scheint zunächst zu einem aufwendigen Algorithmus zu führen. Die folgende Übung zeigt aber, daß die z.B. beim Block-Jacobi-Verfahren auftretenden Blöcke stark diagonaldominant sind und eine h-unabhängige Kondition haben.

Übungsaufgabe 8.4.5 Man zeige: **(a)** Die zur Fünfpunktformel analoge Diskretisierung lautet in drei Dimensionen

$$h^{-2}[6u(x,y,z)-u(x-h,y,z)-u(x+h,y,z)$$
$$-u(x,y-h,z)-u(x,y+h,z)-u(x,y,z-h)-u(x,y,z+h)] = f(x,y,z)$$

und führt auf Diagonalblöcke mit dem Fünfpunktstern

$$D = h^{-2}\begin{bmatrix} 0 & -1 & 0 \\ -1 & 6 & -1 \\ 0 & -1 & 0 \end{bmatrix}.$$

(b) Die Matrizen D aus (a) haben ein Spektrum in $[2h^{-2},10h^{-2}]$.
(c) Wie lautet die optimale Dämpfung des Jacobi-Verfahrens für die Matrix D? Man beweise die h-unabhängige Rate $2/3$ für das optimal gedämpfte Jacobi-Verfahren.

8.4.2 Konvergenzanalyse im allgemeinen Fall

Im folgenden sei die bisher W genannte Matrix der dritten Normalform von $\Phi=\Phi_A$ wie in (3b) mit B bezeichnet. Die Iterationsmatrix zu

(8.4.5a) $\qquad x^{m+1} = x^m - B^{-1}(Ax^m-b)$

lautet

(8.4.5b) $\qquad M_A = I - B^{-1}A.$

Zur Lösung der Hilfsgleichung $B\delta = c$ werde die sekundäre Iteration Φ_B

$$(8.4.6) \qquad \delta^{m+1} = \delta^m - C^{-1}(B\delta^m - c) = M_B\,\delta^m + N_B\,c$$

mit der Iterationsmatrix M_B eingesetzt.

Die sekundäre Iteration in (4b) werden wir im folgenden stets mit einem *konstanten* Wert k anwenden, da wir sonst geeignete Abbruchkriterien angeben müßten.

Lemma 8.4.6 Die Iterationen Φ_A zur Lösung von $Ax = b$ sei durch (5a) gegeben. Φ_B sei eine lineare Iteration zur Lösung von $B\delta = c$. Die zusammengesetzte Iteration Φ_k, die durch (4a-c) mit festem $k \geqslant 0$ definiert wird, ist eine lineare und konsistente Iteration $\Phi = \Phi_k$ zur Lösung von $Ax = b$. Ihre Iterationmatrix lautet

$$(8.4.7a) \qquad M_k = I - \sum_{q=0}^{k-1} M_B^q\,N_B A \qquad\qquad (M_B,\ N_B \text{ aus (6)}).$$

Ist zusätzlich Φ_B konsistent, vereinfacht sich (7a) zu

$$(8.4.7b) \qquad M_k = M_A + M_B^k\,B^{-1}A \qquad\qquad (M_A \text{ aus (5b)}).$$

Die Matrix der zweiten Normalform (3.2.4) ist

$$(8.4.7c) \qquad N_k = (I - M_B^k)\,B^{-1}.$$

Wenn M_B einen Eigenwert λ mit $\lambda^k = 1$ besitzt, divergiert Φ_k; andernfalls läßt sich die Matrix der 3. Normalform (3.2.5) als (7d) schreiben:

$$(8.4.7d) \qquad W_k = B(I - M_B^k)^{-1}.$$

Beweis. Gemäß Satz 3.2.5 hat die Iterierte δ^k aus (4b$_2$) die Darstellung $\delta^k = \sum_{q=0}^{k-1} M_B^q\,N_B\,c$ (man beachte $\delta^0 = 0$ und $c = Ax^m - b$). Dies beweist (7a). Konsistenz von Φ_B impliziert $N_B = (I - M_B)B^{-1}$ (vgl. (3.2.3")). (7b) und (7c) erhält man aus $\sum_{q=0}^{k-1} M_B^q(I - M_B) = I - M_B^k$ und (5b). Für invertierbares N_k ist $W_k = N_k^{-1}$ und zeigt (7d).　□

Die Darstellung (7b) erlaubt es, die Iterationsmatrix M_k als eine Störung der Iterationsmatrix M_A zu interpretieren. Damit läßt sich die Kontraktionszahl von Φ_k wie folgt abschätzen.

Lemma 8.4.7 Die Iterationen Φ_A und Φ_B aus Lemma 6 seien lineare und konsistente Iterationen. Die Kontraktionszahl von Φ_k bezüglich der Spektralnorm und - falls B oder A positiv definit sind - der Normen $\|x\|_B = \|B^{1/2}x\|_2$ und $\|x\|_A = \|A^{1/2}x\|_2$ lauten:

$$(8.4.8a) \qquad \|M_k\|_2 \leqslant \|M_A\|_2 + \|M_B\|_2^k\,\|B^{-1}A\|_2,$$

$$(8.4.8b) \qquad \|M_k\|_B \leqslant \|M_A\|_B + \|M_B\|_B^k\,\|B^{-1/2}A\,B^{-1/2}\|_2 \qquad (\text{falls } B > 0),$$

$$(8.4.8c) \qquad \|M_k\|_A \leqslant \|M_A\|_A + \|M_B\|_A^k\,\|A^{1/2}B^{-1}A^{1/2}\|_2 \qquad (\text{falls } A > 0).$$

Bei der Analyse der sekundären Iteration ist die Kenntnis des Spektralradius $\rho(M_B)$ nicht ausreichend, da dieser die Konvergenz nur asymptotisch beschreibt und wir hier präzise obere Schranken nach k Iterationsschritten benötigen. Allenfalls läßt sich die Kontraktionszahl von Φ_B durch den numerischen Radius $r(M_B)$ ersetzen.

Übungsaufgabe 8.4.8 Man beweise: **(a)** Φ_A und Φ_B seien linear und konsistent. Dann gilt

$$(8.4.8d) \qquad r(M_k) \leqslant r(M_A) + 2\, r(M_B)^k \, \| B^{-1}A \|_2 \, .$$

(b) Der Faktor $\| B^{-1}A \|_2$ in (8a,d) ist begrenzt durch

$$(8.4.8e) \qquad 1 - \| M_A \|_2 \leqslant \| B^{-1}A \|_2 \leqslant 1 + \| M_A \|_2 \, .$$

Die Schlüsse, die man aus (8a–d) ziehen kann, sind Gegenstand von

Folgerung 8.4.9 (a) Einer der Ausdrücke $\| M_A \|_2$, $\| M_A \|_B$, $\| M_A \|_A$, $r(M_A)$ sei zusammen mit dem entsprechenden $\| M_B \|_2$, $\| M_B \|_B$, $\| M_B \|_A$, $r(M_B)$ kleiner als 1. Dann konvergiert das zusammengesetzte Verfahren Φ_k für hinreichend große k.
(b) Man sollte k so groß wählen, daß die rechte Seite in (8a) eine mit $\| M_A \|_2$ vergleichbare Größe besitzt, z.B. $\frac{1}{2}(1 + \| M_A \|_2)$ (analog für (8b–d)). Falls $\| M_A \|_2 \leqslant \zeta < 1$ (ζ unabhängig von h) und $\| M_B \|_2 = 1 - O(h^\beta)$ ($\beta > 0$), kann $\| M_k \|_2 \leqslant (1+\zeta)/2$ für $k = O(h^{-\beta})$ erreicht werden. In diesem Falle ist der effektive Aufwand für Φ_k ebenfalls von der Ordnung $Eff(\Phi_k) = O(h^{-\beta})$. Wenn jedoch $\| M_A \|_2 = 1 - O(h^\alpha)$ ($\alpha > 0$), erlaubt (8a) nur die ungünstige Abschätzung $Eff(\Phi_k) = O(h^{-\alpha-\beta})$.

Insbesondere erhält man aus (8a–d) keine Aussage, die die Konvergenz von Φ_k für kleine k garantieren könnte. Da der Faktor $\| B^{-1}A \|_2$ gemäß (8e) bestenfalls den Wert ≈ 1 annimmt, braucht man mindestens $k = O(h^{-\beta})$ Iterationen, um die rechte Seite in (8a) unter 1 zu bringen.

Da Φ_k wieder eine lineare und konsistente Iteration ist, kann man Φ_k z.B. als Basisiteration einer Semiiteration ansetzen. Anders ist es, wenn man k nicht fest wählt, sondern mittels irgendwelcher Abbruchkriterien bestimmt, oder wenn man als sekundäres Verfahren eine Semiiteration einsetzt. In diesen Fällen ist Φ_k nichtlinear, so daß die Eignung von Φ_k als Basisiteration eines semiiterativen Verfahrens in Frage steht. Zur Diskussion dieses Problems sei auf Golub – Overton [1] verwiesen.

8.4.3 Analyse im symmetrischen Fall

Im folgenden seien Φ_A und Φ_B symmetrische Iterationen, d.h. in (5a) und (6) gilt

$$(8.4.9a) \qquad A = A^H, \quad B > 0, \quad C > 0 \, .$$

Lemma 8.4.10 Φ_A und Φ_B seien symmetrisch. Notwendig für die Konvergenz von Φ_B ist

(8.4.9b) $0 < B < 2C$.

Unter dieser Voraussetzung ist die in (4) definierte zusammengesetzte Iteration Φ_k für alle $k \in \mathbb{N}$ ebenfalls symmetrisch.

Beweis. Φ_k hat gemäß (7c) die erste Normalform

(8.4.10a) $x^{m+1} = M_k x^m + N_k b$ mit $N_k = (I - M_B^k) B^{-1}$.

Zu zeigen ist $W_k > 0$ für die Matrix der dritten Normalform von Φ_k:

(8.4.10b) $W_k (x^m - x^{m+1}) = A x^m - b$.

Nach Bemerkung 4.8.3a ist (9b) äquivalent zur Konvergenz von Φ_B. Mit $\rho(M_B) < 1$ ist $I - M_B^k$ regulär, so daß die Matrix $W_k = N_k^{-1} = B(I - M_B^k)^{-1}$ existiert. Die Darstellung $M_B = I - C^{-1} B = B^{-1/2}(I - B^{1/2} C^{-1} B^{1/2}) B^{1/2}$ beweist die Symmetrie $W_k = W_k^H$:

(8.4.10c) $W_k = B^{1/2} [I - (I - B^{1/2} C^{-1} B^{1/2})^k] B^{1/2}$.

Da $\rho(M_B) < 1$ auch $\rho(I - B^{1/2} C^{-1} B^{1/2}) < 1$ impliziert, folgert man über $I - (I - B^{1/2} C^{-1} B^{1/2})^k > 0$ (wegen $k > 0$) die Positivdefinitheit

(8.4.10d) $W_k > 0$.

Gemäß (4.8.1a,b) ist Φ_k somit eine symmetrische Iteration.

Zwar ist es falsch, daß aus der Konvergenz von Φ_A und Φ_B jene von Φ_k folgen würde, doch läßt sich Konvergenz stets bei geeigneter Dämpfung erreichen. Im folgenden seien die Ungleichungen

(8.4.11a) $\gamma B \leqslant A \leqslant \Gamma B$ mit $0 < \gamma \leqslant \Gamma$,

(8.4.11b) $\delta C \leqslant B \leqslant \Delta C$ mit $0 < \delta \leqslant \Delta$

vorausgesetzt. Das Spektrum von $B^{1/2} C^{-1} B^{1/2}$ liegt in $[\delta, \Delta]$ (vgl. (3.6b'')), so daß $\sigma(I - B^{1/2} C^{-1} B^{1/2}) \subset [1 - \Delta, 1 - \delta]$. Für das Spektrum von $I - (I - B^{1/2} C^{-1} B^{1/2})^k$ ergibt sich das Intervall $[\underline{\beta}, \bar{\beta}]$ mit

(8.4.11c$_1$) $\underline{\beta} := \begin{cases} 1 - (1 - \delta)^k & \text{für ungerades } k \\ 1 - \max\{(1 - \Delta)^k, (1 - \delta)^k\} & \text{für gerades } k \end{cases}$,

(8.4.11c$_2$) $\bar{\beta} := \begin{cases} 1 - (1 - \Delta)^k & \text{für ungerades } k \text{ oder } \Delta < 1 \\ 1 & \text{für gerades } k \text{ und } \Delta \geqslant 1 \end{cases}$.

(10c) beweist $\underline{\beta} B \leqslant W_k \leqslant \bar{\beta} B$. Mit Hilfe von (11a) erhält man

Lemma 8.4.11 Aus den Einschließungen (11a,b) folgt für W_k aus (10b)

(8.4.12) $\gamma_k W_k \leqslant A \leqslant \Gamma_k W_k$ mit $\gamma_k := \gamma/\bar{\beta}$, $\Gamma_k := \Gamma/\underline{\beta}$ ($\underline{\beta}, \bar{\beta}$ aus (11c)).

δ, Δ, γ, Γ seien die optimalen Schranken in (11a,b). Dann gilt

(8.4.13) $\varkappa(W_k^{-1}A) = \dfrac{\Gamma_k}{\gamma_k} = \dfrac{\Gamma}{\gamma}\dfrac{\bar{\beta}}{\underline{\beta}} = \dfrac{\bar{\beta}}{\underline{\beta}}\,\varkappa(B^{-1}A).$

Wenn man die Iteration Φ_B separat untersucht, ergibt sich als optimaler Dämpfungsparameter

(8.4.14a) $\Theta_B = 2/(\delta+\Delta)$ (vgl. (4.4.5)).

Die zur *gedämpften* Iteration Φ_{B,Θ_B} gehörende Matrix der dritten Normalform ist $\Theta_B^{-1}C$ anstelle von C und führt auf die Schranken $\delta\Theta_B$ und $\Delta\Theta_B$ statt δ, Δ. Diese Skalierung ändert den Quotienten $\bar{\beta}/\underline{\beta}$. Welcher Faktor Θ_B die Konditionszahl (13) minimiert, diskutiert die

Übungsaufgabe 8.4.12 Man zeige: **(a)** Für gerades k ergibt Θ_B aus (14a) die optimale Konditionszahl (13). Für ungerades k liegt das Minimum von $\varkappa(W_k^{-1}A)$ dagegen bei einem Wert von Θ_B im offenen Intervall

(8.4.14b) $1/\Delta \,<\, \Theta_B \,<\, 2/(\delta+\Delta).$

(b) Für $k=1$ ist $\varkappa(W_1^{-1}A)=\varkappa(B^{-1}A)\varkappa(C^{-1}B)$ unabhängig von Θ_B.
(c) Für $k=3$ ergibt sich $\Theta_B=3/[\Delta+\delta+\sqrt{\Delta(\Delta-\delta)+\delta^2}\,]$ als optimaler Wert.

Da im Fall eines ungeraden k das optimale Θ_B nicht explizit anzugeben ist, sei im folgenden stets die Wahl (14a) angenommen.

8.4.4 Abschätzung des Aufwandes

Eine wichtige Frage ist, welche Anzahl k von sekundären Iterationen zu wählen ist, damit der effektive Aufwand möglichst günstig ist. Eine triviale Feststellung enthält die

Bemerkung 8.4.13 Der effektive Aufwand $Eff(\Phi_k)$ wird für ein endliches k minimal, da $Eff(\Phi_k)=O(k)$ für $k\to\infty$.

Beweis. Für (4a) und (4c) werden $2C_A+1$ Operation benötige (zu C_A vgl. §3.3.1). Sei C_B der Aufwand für einen sekundären Iterationsschritt. Dann beträgt der Kostenfaktor für Φ_k

(8.4.15) $C_k = C' + kC''$ mit $C' := 2+1/C_A$, $C'' := C_B/C_A$.

Für $k\to\infty$ wächst C_k wie $O(k)$, während die Konvergenzrate von Φ_k bestenfalls gegen jene von Φ_A strebt.   ▣

Für die Konditionszahl $\varkappa := \varkappa(C^{-1}B)=\Delta/\delta$, die dem Verfahren Φ_B entspricht, sei $\varkappa\gg 1$ vorausgesetzt. Außerdem sei angenommen, daß Φ_B bereits optimal gedämpft ist, d.h. $\Theta_B=2/(\delta+\Delta)=1$ (vgl. (14a)). Dann gilt

$$-(1-\Delta) = 1 - \delta = (x-1)/(x+1) = 1 - \tfrac{1}{x} + O(x^{-2}),$$

(8.4.16a) $(1-\delta)^k = 1 - \tfrac{k}{x} + O((k/x)^2), \quad (1-\Delta)^k = (-1)^k(1-\delta)^k.$

Aus $(11c_{1,2})$ erhält man für $k \leqslant x$ die Entwicklung

(8.4.16b) $\dfrac{\bar\beta}{\underline\beta} = \begin{cases} x/k + O(1) & \text{für ungerades } k, \\ x/2k + O(1) & \text{für gerades } k. \end{cases}$

Es sei zunächst angenommen, daß Φ_k als selbständige Iteration verwandt wird. Dann läßt sich bei optimaler Dämpfung die Konvergenzrate

(8.4.16c) $\rho(\Phi_k) = \dfrac{x(W_{\bar k}^{-1}A)-1}{x(W_{\bar k}^{-1}A)+1} \approx 1 - 2/x(W_{\bar k}^{-1}A) = 1 - 2\dfrac{\gamma}{\Gamma}\dfrac{\bar\beta}{\underline\beta} \approx 1 - 2\alpha k$

(vgl. (3.2a)) mit $\alpha = \gamma/(x\Gamma)$ für ungerades und $\alpha = 2\gamma/(x\Gamma)$ für gerades k zeigen. Mit $-\log\rho(\Phi_k) \approx \alpha k$ und (15) erhalten wir

(8.4.16d) $Eff(\Phi_k) \approx \dfrac{C'+kC''}{\alpha k} = (\tfrac{1}{k}C' + C'')/\alpha.$

Folgerung 8.4.14 Bei Verwendung von Φ_k als Iteration nimmt der effektive Aufwand mit k zunächst ab, bis für $k \approx x$ die asymptotischen Darstellungen (16b,c) ihre Gültigkeit verlieren. Wegen des besseren Wertes $\bar\beta/\underline\beta$ für gerade k, sollten gerade k bevorzugt werden.

Anders ist es, wenn die (symmetrische) Iteration Φ_k als Basisiteration innerhalb der Čebyšev-Methode verwendet wird, da dann die asymptotische Rate durch (7.3.25) statt (16c) wiedergegeben wird. Gemäß (7.3.28d) gilt

(8.4.16e) $Eff_{\text{semiiterativ}}(\Phi_k) \approx [\tfrac{1}{2}(C'+kC'') + \dfrac{3}{C_A}]\left(\dfrac{\Gamma}{\gamma}\dfrac{\bar\beta}{\underline\beta}\right)^{1/2} \approx$

$\approx [\tfrac{1}{2}(C'+kC'') + \dfrac{3}{C_A}]/\sqrt{\alpha k}$

mit gleichem α wie in (16c).

Folgerung 8.8.4.15 Der semiiterative, effektive Aufwand (16e) wird minimal für das dem Wert k_0 aus (16f) nächstgelegene gerade k:

(8.4.16f) $k_0 = \left(\dfrac{C'}{2} + \dfrac{3}{C_A}\right) / \dfrac{C''}{2} = \left(C' + \dfrac{6}{C_A}\right) / C'' = \left(2 + \dfrac{7}{C_A}\right) / C''.$

Da im allgemeinen $k_0 < 3$, ist $k = 2$ das Optimum.

8.4.5 Pascal-Prozeduren

Die mit $\Theta = $ IP.theta gedämpfte zusammengesetzte Iteration (4) kann mit der Prozedur **zusammengesetzte_Iteration** aufgerufen werden, wobei k die Anzahl der sekundären Iterationsschritte ist.

```
procedure k_Schritte(k: integer; var A: Diskretisierungsdaten;
  var x,b: Gitterfunktion; var IP: Iterationsparameter;
    procedure Iteration(var neu: Gitterfunktion; var A: Diskretisierungsdaten;
                var x,b: Gitterfunktion; var IP: Iterationsparameter));
begin Gitterfunktion_gleich_null(A.nx,A.ny,x);   IP.Nr:=0;
for k:=k downto 1 do Iteration(x,A,x,b,IP) end;
```

```
procedure zusammengesetzte_Iteration (var primaer,sekundaer:
  Iterationsdaten; k: integer;
  procedure Sekundaeriteration(var neu: Gitterfunktion; var A:
    Diskretisierungsdaten; var x,b: Gitterfunktion; var IP: Iterationsparameter));
begin with primaer do Residuum(sekundaer.b,A,x,b);
  with primaer do with A do if Art=Poisson_Modellproblem then
    Faktor_mal_Vektor(nx,ny,sekundaer.b,1/h2,sekundaer.b);
  with sekundaer do with A do if Art=Poisson_Modellproblem then
    Faktor_mal_Vektor(nx,ny,b,h2,b);
  with sekundaer do k_Schritte(k,A,x,b,IP,Sekundaeriteration);
  with primaer do Vektor_plus_Faktor_mal_Vektor(A.nx,A.ny,x,x,IP.theta,
    sekundaer.x)
end;
```

8.4.6 Numerische Beispiele

Das Eingangsbeispiel (1b) mit $\alpha = 1$ soll gelöst werden, indem die
Matrix B als jene vom Poisson-Modellproblem gewählt wird. Für die
Lösung der Hilfsgleichung $B\delta = r$ verwenden wir das ADI-Verfahren mit
der Zykluslänge $4 = 2^p$ mit $p = 2$, wobei zugleich in (4b$_2$) $k = 4$ gewählt
wird. Man beachte, daß das ADI-Verfahren nicht direkt auf das Aus-
gangsproblem anwendbar ist, da A keine Fünfpunktmatrix und zudem
nicht symmetrisch ist. Das zusammengesetzte Verfahren Φ_4 wird ohne
Dämpfung (theta $= 1$) für $h = 1/32, 1/64$ durchgeführt. Als exakte Lösung
wird wieder $u = x^2 + y^2$ verwendet, was in (1a) $f = 2x - 4$ erfordert:

```
function Rechte_Seite (x,y: real): real; begin rechte_Seite:=-4+2*x end;
```

Der Hauptteil des Pascal-Programmes für dieses Problem lautet:

```
program sekundaere_Iteration;
var it,its: Iterationsdaten; i,is,itzahl: integer;
{ Rechte_Seite; Nullfunktion; Exakte_Loesung; Randwerte vereinbaren}
begin Initialisiere_IT(it); Initialisiere_IT(its);
  writeln('Primärproblem definieren:');
  definiere_Problem(it,Randwerte,Rechte_Seite); bestimme_theta(it.IP);
  writeln('Sekundärproblem:'); definiere_Problem(its,Nullfunktion,Nullfunktion);
  definiere_ADI_Parameter(its); {definiere_Startiteration; ...}
  write(' --> Anzahl der Primäriteration = '); readln(itzahl);
  is:=its.IP.zykl^.Laenge; writeln('Anzahl der ADI-Sekundäriterationen = ',is);
  for i:=1 to itzahl do
  begin zusammengesetzte_Iteration(it,its,is,ADI_Verfahren);
    it.IP.nr:=it.IP.nr+1 {Vergleich mit exakter Lösung, Ausdruck}
end end.
```

Die Resultate zeigen für die verschiedenen Schrittweiten eine Rate
von ≈ 0.46, wobei allerdings zu beachten ist, daß ein Φ_k-Schritt aus $k = 4$
ADI-Schritten besteht, so daß $0.46^{1/4} = 0.82$ eine bessere Vorstellung

liefert. Dem Leser ist es überlassen, den effektiven Aufwand zu ermitteln. Die Tabellen 1 und 2 enthalten die Euklidische Norm des Fehlers $\| x^m - x \|_2$ (m: Zahl der äußeren Iterationen Φ_k für $k = 4$) und die Quotienten $\rho_{m,m-1} = \| x^m - x \|_2 / \| x^{m-1} - x \|_2$.

m	$\| x^m - x \|_2$	$\rho_{m,m-1}$
1	$3.06_{10}-2$	$4.093_{10}-2$
2	$3.79_{10}-3$	$1.239_{10}-1$
3	$9.80_{10}-4$	$2.582_{10}-1$
4	$3.40_{10}-4$	$3.473_{10}-1$
5	$1.33_{10}-4$	$3.927_{10}-1$
6	$5.90_{10}-5$	$4.415_{10}-1$
7	$2.61_{10}-5$	$4.427_{10}-1$
8	$1.19_{10}-5$	$4.557_{10}-1$
9	$5.53_{10}-6$	$4.640_{10}-1$
10	$2.56_{10}-6$	$4.640_{10}-1$

Tabelle 8.4.1 Φ_4 für $h = 1/32$

m	$\| x^m - x \|_2$	$\rho_{m,m-1}$
1	$2.78_{10}-2$	$3.628_{10}-2$
2	$4.36_{10}-3$	$1.565_{10}-1$
3	$1.57_{10}-3$	$3.611_{10}-1$
4	$6.68_{10}-4$	$4.243_{10}-1$
5	$2.90_{10}-4$	$4.340_{10}-1$
6	$1.32_{10}-4$	$4.576_{10}-1$
7	$5.99_{10}-5$	$4.512_{10}-1$
8	$2.73_{10}-5$	$4.568_{10}-1$
9	$1.25_{10}-5$	$4.566_{10}-1$
10	$5.73_{10}-6$	$4.581_{10}-1$

Tabelle 8.4.2 Φ_4 für $h = 1/64$

8.5 Unvollständige Dreieckszerlegungen

8.5.1 Einführung, ILU-Iteration

Im folgenden ist die Indexmenge I angeordnet; wir wählen die lexikographische Anordnung als Standard. Die Buchstaben ILU stehen für «incomplete LU decomposition», wobei L («lower») und U («upper») auf untere und obere Dreiecksmatrizen hinweisen. Bisher sind Dreiecksmatrizen bei der additiven Zerlegung $A = D - E - F = D(I - U - L)$ aufgetreten, die dem Gauß-Seidel-Verfahren zugrunde lag. Die in diesem Kapitel verwendeten Matrizen entsprechen dagegen der multiplikativen Zerlegung $A = LU$. Die sogenannte LU-Zerlegung $A = LU$ hat sich nach Folgerung 1.3.8 für schwachbesetzte Matrizen als *nicht geeignet* erwiesen, da die Faktoren L und U weit mehr Nichtnullelemente enthalten als die Ausgangsmatrix A. Die Berechnung der LU-Zerlegung ist mit der Gauß-Elimination völlig identisch: U ist die obere Dreiecksmatrix, die nach der Elimination der Unterdiagonalelemente verbleibt, während L die hierbei verwendeten Faktoren $L_{ji} = a_{ji}^{(i)}/a_{ii}^{(i)}$ ($j \geqslant i$) enthält (vgl. Stoer [1,§4.1]). Statt L und U mittels der Gauß-Elimination zu bestimmen, kann man $n^2 + n$ unbekannten Elemente L_{ji}, U_{ij} ($j \geqslant i$) direkt über die n^2 Gleichungen $A = LU$ ermitteln, wobei man die Normierungsvorschrift

$$(8.5.1a) \qquad L_{ii} = 1 \qquad\qquad\qquad (1 \leqslant i \leqslant n)$$

berücksichtigt:

$$(8.5.1b) \qquad \sum_{j=1}^{n} L_{ij} U_{jk} = A_{ik} \qquad\qquad (1 \leqslant i, k \leqslant n).$$

Die unvollständige LU-Zerlegung beruht auf der Idee, die Auffüllung der Matrix während des Eliminationsprozesses dadurch zu vermeiden, daß nicht mehr alle Matrixeinträge von A eliminiert werden. Da nach einer unvollständigen Bearbeitung Elemente im unteren Dreiecksteil übrig bleiben, ist keine exakte Auflösung des Systems möglich, so daß man iterativ arbeiten muß. Die bisherige Gleichheit $A = LU$ gilt bei diesem Vorgehen nur bis auf eine Restmatrix R:

$$(8.5.2) \qquad A = LU - R$$

Zur exakten Beschreibung des ILU-Prozesses ist eine Untermenge $E \subset I \times I$ des Produktes der angeordneten Indexmenge $I = \{1, 2, \ldots, n\}$ auszuwählen: Für Paare $(i, j) \in E$ soll die Elimination durchgeführt und für alle anderen weggelassen werden. Dabei sei stets

$$(8.5.3a) \qquad (i, i) \in E \qquad\qquad\qquad \text{für alle } i \in I$$

vorausgesetzt. Im allgemeinen wird man E stets so groß wählen, daß der Graph $G(A)$ von A in E enthalten ist (vgl. Definition 6.2.1):

$$(8.5.3b) \qquad G(A) \subset E.$$

E wird das _Muster_ der ILU-Zerlegung genannt. Nach Definition der Dreiecksmatrizen gilt

$$(8.5.4a) \qquad L_{ij} = U_{ji} = 0 \qquad\qquad\qquad \text{für } 1 \leqslant i < j \leqslant n.$$

Damit L und U wieder _schwachbesetzt_ sind, dürfen Einträge $\neq 0$ nur für Positionen aus dem Muster E auftreten; sonst gilt

$$(8.5.4b) \qquad L_{ij} = U_{ij} = 0 \qquad\qquad\qquad \text{für } (i, j) \notin E.$$

Übungsaufgabe 8.5.1 Die Anzahl der noch nicht durch (1a), (4a) oder (4b) festgelegten Matrixelemente von L, U beträgt $\#E$.

In Anlehnung an (1b) stellen wir für die $\#E$ Unbekannten entsprechend viele Gleichungen auf:

$$(8.5.4c) \qquad \sum_{j=1}^{n} L_{ij} U_{jk} = A_{ik} \qquad\qquad \text{für } (i, k) \in E,$$

wobei sich die Restmatrix $R = LU - A$ aus (4d,e) ergibt:

$$(8.5.4d) \qquad R_{ik} = 0 \qquad\qquad\qquad \text{für } (i, k) \in E,$$
$$(8.5.4e) \qquad R_{ik} = \sum_{j=1}^{n} L_{ij} U_{jk} - A_{ik} \qquad\qquad \text{für } (i, k) \notin E.$$

Unter der Voraussetzung (3b) kann A_{ik} wegen $A_{ik} = 0$ entfallen.

Die ILU-Faktoren, die (1a), (4a-c) erfüllen, liefert beispielsweise der folgende Algorithmus:

```
          L := 0;   U := 0;
          for i := 1 to n do
          begin L_ii := 1;
(8.5.5a)    for k := 1 to i-1 do if (i,k) ∈ E then L_ik := (A_ik - Σ' L_ij U_jk)/U_kk;
(8.5.5b)    for k := 1 to i do  if (k,i) ∈ E then U_ki := A_ki - Σ'' L_kj U_ji
          end;
```

Die Summen $\sum'$ und $\sum''$ sind über alle j mit $j \neq k$ zu führen. Da man alle Indizes mit verschwindenden Summanden weglassen kann, erhält man:

(8.5.5c) $\qquad \sum' = \sum_{j\in I} j<k,\ (i,j)\epsilon E,\ (j,k)\epsilon E$ und $\sum'' = \sum_{j\in I} j<k,\ (k,j)\epsilon E,\ (j,i)\epsilon E$.

Die Definition von L_{ik} in (5a) erhält man aus (4c). Für (5b) vertausche man i und k in (4c). Man prüfe nach, daß in (5a,b) nur solche Komponenten von L und U auf der rechten Seite verwendet werden, die zuvor berechnet worden sind. Eine Vereinfachung wird Bemerkung 2 ergeben:

Bemerkung 8.5.2 Definiert man $D := \operatorname{diag}\{U\}$, $U' := U - D$, $L' := (L - I)D$, so sind L' eine strikte untere und U' eine strikte obere Dreiecksmatrix. Die Gleichung (2) schreibt sich in den neuen Größen als

(8.5.6) $\qquad A = (D + L') D^{-1} (D + U') - R$.

Die Größen D, L', U' erhält man direkt aus dem Algorithmus

$$D := 0;\ L' := 0;\ U' := 0;$$
$$\text{for } i := 1 \text{ to } n \text{ do}$$
$$\text{begin}$$

(8.5.5a') $\qquad \text{for } k := 1 \text{ to } i-1 \text{ do if } (i,k)\epsilon E \text{ then } L'_{ik} := A_{ik} - \sum' L'_{ij} D_{jj}^{-1} U'_{jk};$

(8.5.5b') $\qquad \text{for } k := 1 \text{ to } i-1 \text{ do if } (k,i)\epsilon E \text{ then } U'_{ki} := A_{ki} - \sum'' L'_{kj} D_{jj}^{-1} U'_{ji};$

(8.5.5c') $\qquad D_{ii} := A_{ii} - \sum'' L'_{ij} D_{jj}^{-1} U'_{ji};$
$$\text{end};$$

Bemerkung 8.5.3 (a) Für Hermitesche Matrizen A liest man aus (5a'-c') sofort die Symmetrien $L' = U'^H$, $D = D^H$ ab.
(b) Die _unvollständige Cholesky-Zerlegung_ $A = L'' L''^H - R$ für Hermitesche Matrizen A ergibt sich aus (6) mit $L'' := (D + L') D^{-1/2}$.

Bisher wurde stillschweigend angenommen, daß die Größen U_{kk} (Pivotelemente) in (5a) und D_{jj} in (5a') nicht null werden und im Falle der Bemerkung 3b sogar $D_{jj} > 0$ gilt. Hierzu sei auf §8.5.5 verwiesen.

Übungsaufgabe 8.5.4 Eine _vollständige_ LU-Zerlegung ist durch $R = 0$ in (2) charakterisiert. **(a)** Man zeige $R = 0$ für die Fälle (i) $E = I \times I$ und (ii) $E = \{(i,j): |i - j| \leq w\}$ bei Bandmatrizen der Bandweite $w \geq 0$. **(b)** Für das Diagonalmuster $E = \{(i,i): i\epsilon I\}$ gilt $D = \operatorname{diag}\{A\}$, $L' = U' = 0$.

Nachdem durch (2) bzw. (6) eine additive Zerlegung $A = W - R$ von A gegeben ist, kann die zugehörige _ILU-Iteration_ definiert werden:

(8.5.7a) $\qquad W(x^m - x^{m+1}) = A x^m - b$ mit

(8.5.7b) $\qquad W = LU$ bzw. $W = (D + L') D^{-1} (D + U')$.

Die übrigen Matrizen der ersten und zweiten Normalform sind

(8.5.7c) $\qquad M = NR$ mit $N = U^{-1} L^{-1}$ bzw. $N = (D + U')^{-1} D (D + L')^{-1}$.

Bemerkung 8.5.5 Man sollte entweder A und die Faktoren L, U (bzw. D, L', U') abspeichern oder L, U (bzw. D, L', U') und R, um dann anstelle von (7a) die Darstellung (8) zu verwenden:

$$(8.5.8) \qquad W x^{m+1} = b + R x^m.$$

8.5.2 Unvollständige Zerlegung bezüglich eines Sternmusters

Zur Beschreibung des Musters E sollte man nicht die angeordneten Indizes $1, .., n$ heranziehen. Wenn man z.B. den Graph $G(A)$ hiermit beschreiben will, ist dies im Modellproblem bei lexikographischer Anordnung noch mittels $(i, i\pm 1)$ (falls i und $i \pm 1$ der gleichen Zeile angehören) und $(i, i\pm(N-1))$ möglich. Aber schon wenn das Quadrat in Abb. 1.2.1a-c durch ein anderes Gebiet mit variierender Zahl von Punkten pro Zeile (z.B. ein L-Gebiet) ersetzt wird, ist eine systematische Beschreibung der Menge $G(A)$ schwierig.

Eine Alternative bildet die «Sternschreibweise», die bereits in §3.1.2 zur knappen Definition der Matrizen verwendet wurde. Im folgenden werden sogenannte *Sternmuster* verwendet. In den Beispielen

$$\begin{bmatrix} * & * & * \\ * & * & * \\ * & * & * \end{bmatrix}, \quad \begin{bmatrix} * & * & \\ * & * & * \\ & * & * \end{bmatrix}, \quad \begin{bmatrix} \cdot & \cdot & \cdot & * \\ & \cdot & \cdot & \cdot \\ * & \cdot & \cdot & \cdot \end{bmatrix}$$

weist der Eintrag $*$ auf ein Element in E hin. Ist z.B. $*$ der rechte Nachbar des Mittelpunktes, so bedeutet dies: Für alle $\alpha \epsilon I$, die einen rechten Nachbarn $\beta \epsilon I$ besitzen, gehört (α, β) zu E. Freigelassene Stellen oder die Markierung «·» besagen, daß die zugehörigen Paare (α, β) nicht zu E gehören. Die minimale Menge $E = \{(i, i) : i \epsilon I\}$ wird z.B. durch $[\,*\,]$ charakterisiert.

8.5.3 Anwendung auf allgemeine Fünfpunktformeln

Der Algorithmus (5a',b') soll eher der Definition als der praktischen Berechnung der Größen D, L', U' dienen. Am Beispiel einer allgemeinen Fünfpunktformel A soll vorgeführt werden, wie die eigentliche Berechnungsvorschrift abgeleitet wird. Der Bequemlichkeit halber sei angenommen, daß die Koeffizienten konstant seien:

$$(8.5.9a) \qquad A = \begin{bmatrix} & -e & \\ -a & d & -b \\ & -c & \end{bmatrix} \qquad\qquad \text{(vgl. (3.5.5))}.$$

Damit A eine M-Matrix darstellt, sei vorausgesetzt:

$$(8.5.9b) \qquad a, b, c, e \geqslant 0, \quad d \geqslant a + b + c + e.$$

Als kleinstes Muster, das (3b) erfüllt, sei

$$(8.5.10a) \qquad E = G(A), \quad \text{d.h.} \quad E = [*\overset{*}{\underset{*}{*}}*]$$

gewählt. Die strikte Dreiecksmatrix L' hat das Muster $[*\overset{\cdot}{\underset{*}{\cdot}}\cdot]$, da dies die einzigen Matrixelemente sind, die dem Muster E entsprechen und unter der Diagonale stehen, denn die in $[*\overset{\cdot}{\underset{*}{\cdot}}\cdot]$ angegebenen Positionen haben bei lexikographischer Numerierung einen kleineren Index als der Mittelpunkt. Entsprechend hat U' das Muster $[\cdot\overset{*}{\underset{\cdot}{\cdot}}*]$.

In (5a',b') ersetzen wir die Indizes $i, j, k \in \{1, \ldots, n\}$ durch $\alpha, \beta, \gamma \in I = \Omega_h$, um anschließend $\alpha = (x, y) = (k_\alpha h, \ell_\alpha h) \in \Omega_h$ mit dem Paar (k_α, ℓ_α) gleichzusetzen, wobei jetzt $1 \leqslant k_\alpha, \ell_\alpha \leqslant N-1$ gilt (vgl. (1.2.3)). Zunächst hat man die Summe $\sum'$ in (5a') zu untersuchen. $L'_{\alpha\gamma} \neq 0$ gilt nur für $\gamma = (k_\gamma, \ell_\gamma) = (k_\alpha - 1, \ell_\alpha)$ und $\gamma = (k_\alpha, \ell_\alpha - 1)$, während $U'_{\gamma\beta} \neq 0$ nur $\beta = (k_\gamma + 1, \ell_\gamma)$ und $\beta = (k_\gamma, \ell_\gamma + 1)$ zuläßt. $L'_{\alpha\gamma} D^{-1}_{\gamma\gamma} U'_{\gamma\beta} \neq 0$ verlangt daher $\beta = \alpha$ oder $\beta = (k_\alpha + 1, \ell_\alpha - 1)$. Beide Möglichkeiten stehen im Widerspruch zu $\alpha \neq \beta$ (in (5a') als $k \leqslant i - 1$ geschrieben) und $(\alpha, \beta) \in E$. Also ist $\sum'$ eine leere Summe, und (5a') vereinfacht sich zu $L'_{\alpha\beta} = A_{\alpha\beta}$ für $\alpha > \beta$, $(\alpha, \beta) \in E$. Damit ist L' der konstante Zweipunktstern

$$(8.5.10b) \qquad L' = \begin{bmatrix} & 0 & \\ -a & 0 & 0 \\ & -c & \end{bmatrix}.$$

Analog erhält man

$$(8.5.10c) \qquad U' = \begin{bmatrix} & -e & \\ 0 & 0 & -b \\ & 0 & \end{bmatrix}.$$

Nur für $\alpha = \beta$ enthält die Summe $\sum''$ in (5b') zwei mögliche Indizes: $\gamma = (i_\alpha - 1, j_\alpha)$ und $\gamma = (i_\alpha, j_\alpha - 1)$. Das Diagonalelement $D_{\alpha\alpha}$ sei kürzer mit $d_\alpha = D_{i_\alpha, j_\alpha}$ bezeichnet. Die Definition (5b') schreibt sich damit wegen $A_{\alpha\alpha} = d$ und der schon bekannten Werte in (10b,c) als

$$(8.5.10d) \qquad d_{i,j} = d - ab/d_{i-1,j} - ce/d_{i,j-1} \qquad (1 \leqslant i, j \leqslant N-1),$$

wobei die Summanden mit $j-1 = 0$ oder $i-1 = 0$ als nicht geschrieben gelten. Insbesondere erhält man für den ersten Gitterpunkt $d_{11} = d$. Die doppelte Schleife in (5a'-c') hat sich für die Fünfpunktformel (9a) zu einer einzigen Schleife über alle $(i, j) \in \Omega_h$ reduziert.

Man kann auch die Restmatrix R bestimmen. Die Gleichungen (4d,e) werden zu

$$(8.5.10e) \qquad R_{\alpha\beta} = 0 \ \text{für} \ (\alpha, \beta) \in E, \qquad R_{\alpha\beta} = (L'D^{-1}U')_{\alpha\beta} \ \text{für} \ (\alpha, \beta) \notin E.$$

Man rechnet nach, daß R pro Zeile zwei (variable) Koeffizienten besitzt:

$$(8.5.10f) \qquad R = \begin{bmatrix} r_{ij} & \cdot & \cdot \\ \cdot & \cdot & \cdot \\ \cdot & \cdot & s_{ij} \end{bmatrix} \quad \text{mit} \ r_{ij} = ae/d_{i-1,j}, \ s_{ij} = cb/d_{i,j-1},$$

wobei $r_{ij} = 0$ für $i = 1$ und $s_{ij} = 0$ für $j = 1$ zu setzen ist.

Bemerkung 8.5.6 Die ILU-Zerlegung einer Fünfpunkformel mit konstanten oder variablen Koeffizienten erfordert $6n$ Operationen zur Berechnung der d_{ij} in (10d). Die Auflösung von $W\delta = (D+L')D^{-1}(D+U')\delta = r$ benötigt $10n$ Operationen, so daß eine ILU-Iteration (7a) wegen der zusätzlichen $10n$ Operationen zur Berechnung von $Ax^m - b$ insgesamt $20n$ Operationen verlangt. Man beachte, daß die d_{ij} aus (10d) nicht für jeden Iterationsschritt erneut berechnet werden müssen. Eine Alternative ist die Bestimmung von R durch zusätzliche $4n$ Operationen. Danach benötigt die Iteration (8) nur $14n$ Operationen. Zusammen mit $C_A = 5$ ergeben sich damit die folgenden Kostenfaktoren:

$$(8.5.10\text{g}) \qquad C_{\Phi}^{\text{ILU}} = 4 \quad \text{bzw.} \quad C_{\Phi}^{\text{ILU}} = 2.8 \qquad \text{für } E \text{ aus (10a)}.$$

8.5.4 Modifizierte ILU-Zerlegungen

Man kann die Frage stellen, ob das ersatzlose Ignorieren der Matrixeinträge α_{ij} für $(i,j) \notin E$ die optimale Vorgehensweise ist. Erinnert sei an das Gauß-Seidel-Verfahren mit der Matrix $W = D - E$, die beim SOR-Verfahren in $W = \frac{1}{\omega}D - E$ geändert wird. Die Überrelaxation, die im allgemeinen zu einer Konvergenzverbesserung führt, drückt sich in einer Abschwächung der Diagonale in W aus. Die folgende Modifikation, die wir Wittum [5] folgend einführen, wird ebenfalls je nach Wahl von ω eine Abschwächung oder Stärkung der Diagonale ermöglichen.

Sei **1** der Vektor $(1)_{\alpha \in I}$, der nur 1-Komponenten enthält. Von Gustafsson [1] stammt der Vorschlag, anstelle der Gleichung $R_{ii} = 0$ [das ist (4d) für $i = k$] zu fordern, daß

$$(8.5.11) \qquad A\mathbf{1} = W\mathbf{1}, \qquad\qquad \text{d.h. } R\mathbf{1} = 0.$$

Man kann **1** als «Testvektor» ansehen. W wird durch (11) so geeicht, daß A und W bei Anwendung auf **1** übereinstimmen. Wir verallgemeinern die Bedingung $R\mathbf{1} = 0$ zu

$$(8.5.12) \qquad R_{ii} = \omega \sum_{j \neq i} R_{ij} \qquad\qquad (\omega \in \mathbb{R})$$

und bezeichnen die hierdurch bestimmte Zerlegung (deren Existenz nicht behauptet wird) als _ILU$_\omega$-Zerlegung_.

Bemerkung 8.5.7 (a) Für $\omega = 0$ stimmt (12) mit (4d) für $i = k$: $R_{ii} = 0$ überein, so daß die bisherige ILU- die ILU$_0$-Zerlegung ist.
(b) Für $\omega = -1$ sind die Bedingungen (11) und (12) identisch, so daß die ILU$_{-1}$-Zerlegung die Modifikation nach Gustafsson [1] beschreibt.

Für die Fünfpunktformel (9a) und das Fünfpunktmuster (10a) ergeben sich L' und U' weiterhin aus (10b,c), während die Rekursion (10d) für die Elemente d_{ij} von D zu

$$(8.5.13) \qquad d_{ij} := d + (\omega e - b)a/d_{i-1,j} + (\omega b - e)c/d_{i,j-1}.$$

wird (Summanden mit $i-1 = 0$ und $j-1 = 0$ sind wieder null zu setzen).

8.5.5 Zur Existenz und Stabilität der ILU-Zerlegung

In diesem Abschnitt werden die Ungleichungen $A \leqslant B$ wie in §6 für die *elementweisen* Ungleichungen $A_{\alpha\beta} \leqslant B_{\alpha\beta}$ $(\alpha,\beta \in I)$ verwendet.

Von der (vollständigen) LU-Zerlegung ist bekannt, daß sie genau dann existiert, wenn alle Hauptuntermatrizen $(a_{ij})_{1 \leqslant i,j \leqslant k}$ für $1 \leqslant k \leqslant n$ regulär sind. Aber selbst wenn die Zerlegung $A = LU$ existiert, kann sie unbrauchbar sein, weil die Auflösung der Gleichungen $Ly = b$, $Ux = y$ instabil sein kann. Man wähle z.B. $A = LU$ mit $L = \text{tridiag}\{\alpha, 1, 0\}$ für $\alpha < 1$, $U = L^T$ und untersuche die Fehlerverstärkung. Das oben genannte Kriterium ist für positiv definite Matrizen erfüllt. Es gibt jedoch positiv definite Matrizen, die keine ILU-Zerlegung besitzen (wegen $U_{kk} = 0$ in (5a)). Von Meijerink – van der Vorst [1] stammt der erste, von Manteuffel [2] der zweite Teil des folgenden Kriteriums.

Kriterium 8.5.8 $E \subset I \times I$ erfülle (3a). **(a)** M-Matrizen A besitzen eine ILU-Zerlegung $A = W - R$ mit W aus (7b), die eine reguläre Aufspaltung im Sinne der Definition 6.5.1 darstellt.
(b) H-Matrizen A mit positiver Diagonalen D und der zugehörigen M-Matrix $\hat{A} := |D| - |A - D|$ (vgl. Definition 6.6.7) besitzen eine ILU-Zerlegung $(D + L')D^{-1}(D + U')$ mit $0 \leqslant \hat{D} \leqslant D$, $\hat{L}'\hat{D}^{-1} \leqslant -|L'D^{-1}| \leqslant 0$, $\hat{D}^{-1}\hat{U}' \leqslant -|D^{-1}U'| \leqslant 0$, wobei $\hat{D}$, $\hat{L}'$, $\hat{U}'$ aus der ILU-Zerlegung von $\hat{A}$ stammen.

Meijerink-van der Vorst [1] beweisen den Teil (a) dadurch, daß die ILU-Zerlegung als Folge von Gauß-Eliminationsschritten interpretiert wird, die die M-Matrixeigenschaft erhalten (vgl. Lemma 6.4.19). Wir geben einen anderen Beweis, der direkt auf die Bestimmungsgleichungen (4c) zurückgreift und schwächere Voraussetzungen benötigt.

Ist X eine beliebige Matrix, so bezeichne X_E die Matrix

$$(8.5.14a) \qquad (X_E)_{\alpha\beta} := \begin{cases} X_{\alpha\beta} & \text{falls } (\alpha,\beta) \in E \\ 0 & \text{sonst} \end{cases},$$

d.h. X_E ist die Beschränkung von X auf das Muster E. Die im folgenden als D, L, U mit verschiedenen Indizes bezeichneten Matrizen seien stets von Diagonal- bzw. strikter unterer oder oberer Dreiecksstruktur. Man beachte, daß ein Tripel $\{D, L, U\}$ eindeutig durch die Summe $C = D + L + U$ definiert ist. Um die Komponenten dieses Tripels zu kennzeichnen, schreiben wir $C = \text{diag}\{C\} + L(C) + U(C)$.

Im folgenden ist nicht notwendigerweise vorausgesetzt, daß $A_{\alpha\beta} \leqslant 0$ für $\alpha \neq \beta$ gilt, wie es für M-Matrizen notwendig ist. Wir setzen

$$(8.5.14b) \qquad (A_-)_{\alpha\beta} := \begin{cases} A_{\alpha\beta} & \text{falls } \alpha = \beta \text{ oder } A_{\alpha\beta} \leqslant 0 \\ 0 & \text{sonst} \end{cases}.$$

An die Matrix A seien die folgenden Bedingungen gestellt:

$$(8.5.15a) \qquad A_{\alpha\beta} \leqslant \left(L(A_-)_E \, \text{diag}\{A\}^{-1} \, U(A_-)_E \right)_{\alpha\beta} \quad \text{für alle } \alpha \neq \beta, \ (\alpha,\beta) \in E,$$

$$(8.5.15b) \qquad \begin{array}{l} A \text{ besitze eine } \textit{vollständige} \text{ LU-Zerlegung} \\ A = (\underline{D} + \underline{L})\underline{D}^{-1}(\underline{D} + \underline{U}) = \underline{D} + \underline{L} + \underline{U} + \underline{L}\,\underline{D}^{-1}\underline{U} \text{ mit } \underline{D} \geqslant 0, \ \underline{L} \leqslant 0, \ \underline{U} \leqslant 0. \end{array}$$

Bemerkung 8.5.9 Jede M-Matrix A erfüllt die Voraussetzungen (15a,b). Aus (15b) folgt die Inverspositivität von A: $A^{-1} \geqslant 0$. (15a) ist stets erfüllt, wenn A *innerhalb* des Musters E der Vorzeichenbedingung $A_{\alpha\beta} \leqslant 0$ $(\alpha \neq \beta)$ genügt.

Beweis. Da die vollständige LU-Zerlegung durch Gauß-Elimination erzeugt werden kann, folgen die Ungleichungen (15b) aus Lemma 6.4.19. Umgekehrt implizieren die Ungleichung (15b), daß $(D+L)^{-1} \geqslant 0$, $D^{-1} \geqslant 0$, $(D+U)^{-1} \geqslant 0$. Also ist auch $A^{-1} \geqslant 0$. Wenn A M-Matrix ist und damit $A_{\alpha\beta} \leqslant 0$ $(\alpha \neq \beta)$ gilt, folgt $(A_-)_{\alpha\beta} \leqslant 0 \leqslant \left(L(A_-)_E \operatorname{diag}\{A\}^{-1} U(A_-)_E\right)_{\alpha\beta}$. ∎

> **Satz 8.5.10** $E \subset I \times I$ erfülle (3a). Die Matrix A erfülle (15a,b). Dann besitzt A eine ILU-Zerlegung $A = W - R$ mit W aus (7b). Eine reguläre Aufspaltung liegt vor, falls $A_{\alpha\beta} \leqslant 0$ für $(\alpha,\beta) \notin E$ (hinreichend ist (3b)). Mit $\underline{D}, \underline{L}, \underline{U}$ aus (15b) gelten die Einschließungen
>
> $$(8.5.16) \qquad (\underline{D}+\underline{L}+\underline{U})_E \;\leqslant\; D+L'+U' \;\leqslant\; (A_-)_E$$

Beweis. Die Bedingungen (4d) schreiben sich als $R_E = 0$. Setzt man $R = D+L'+U'+L'D^{-1}U'-A$ ein, ergibt sich $(D+L'+U'+L'D^{-1}U'-A)_E = 0$ oder

$$(8.5.17) \qquad (D+L'+U')_E = (A - L'D^{-1}U')_E.$$

Mit der Abbildung

$$(8.5.18a) \qquad \Phi(C) := \left(A - L(C)\operatorname{diag}\{C\}^{-1}U(C)\right)_E$$

schreibt sich die Bestimmungsgleichung (17) als *Fixpunktgleichung*

$$(8.5.17') \qquad D+L'+U' = \Phi(D+L'+U').$$

Es gelten die Monotonieeigenschaften

$$(8.5.18b) \qquad C_1 \leqslant C_2, \;\; \operatorname{diag}\{C_1\} \geqslant 0, \;\; L(C_2)+U(C_2) \leqslant 0 \;\;\Longrightarrow\;\; \Phi(C_1) \leqslant \Phi(C_2).$$

Wegen (15b) ist $A = \underline{D}+\underline{L}+\underline{U}+\underline{L}D^{-1}\underline{U}$. Wir setzen

$$(8.5.18c) \qquad A_0 := \underline{D}+\underline{L}+\underline{U} \;\; \text{und} \;\; A^0 := (A_-)_E.$$

Wegen $\underline{L}D^{-1}\underline{U} \geqslant 0$ gilt $A_0 = (A_0)_- \leqslant ((A_0)_-)_E \leqslant ((A_0+\underline{L}D^{-1}\underline{U})_-)_E = (A_-)_E = A^0$:

$$(8.5.18d) \qquad A_0 \leqslant A^0.$$

Als nächstes zeigen wir

$$(8.5.18e) \qquad A_0 \leqslant \Phi(A_0) \;\; \text{und} \;\; \Phi(A^0) \leqslant A^0.$$

Es ist $\Phi(A_0) = (A - \underline{L}D^{-1}\underline{U})_E = (\underline{D}+\underline{L}+\underline{U})_E = (A_0)_E \geqslant A_0$ wegen $\underline{L}, \underline{U} \leqslant 0$. Die zweite Ungleichung in (18e) ist mit (15a) identisch. Φ definiert die folgende *Fixpunktiteration*:

$$(8.5.18f) \qquad A_{m+1} := \Phi(A_m), \;\; A^{m+1} := \Phi(A^m).$$

Aufgrund der Monotonie (18b) und der Ungleichungen (18d,e) gilt

$$(8.5.18\text{g}) \qquad A_0 \leqslant A_1 \leqslant \ldots \leqslant A_m \leqslant \ldots \leqslant A^m \leqslant \ldots \leqslant A^1 \leqslant A^0$$

(vgl. Satz 6.6.6). Damit müssen beide Folgen gegen einen Grenzwert $C = D + L' + U'$ konvergieren, der die Fixpunktgleichung (17') erfüllt. Aus (18c) und $A_0 \leqslant D + L' + U' \leqslant A^0$ folgt (16).

$W^{-1} = (D+U')^{-1} D (D+L')^{-1} \geqslant 0$ ist Folge der Ungleichungen $D \geqslant 0$ und $L', U' \leqslant 0$. Auf E ist $R_E = 0$, sonst gilt $R_{\alpha\beta} = (L'D^{-1}U' - A)_{\alpha\beta}$. Für $(\alpha,\beta) \notin E$ impliziert $A_{\alpha\beta} \leqslant 0$, daß $R_{\alpha\beta} \geqslant (L'D^{-1}U')_{\alpha\beta} \geqslant 0$. Somit ist die Aufspaltung $A = W - R$ regulär. ▨

Die Stabilität der ILU-Zerlegung ist in (16) ausgedrückt durch die Abschätzung der Diagonale D nach unten durch $\underline{D}$. Zu dem Problem, daß die Auflösung der gestaffelten Gleichungssysteme $(D+L)x = b$ oder $(D+U)x = b$ zu Instabilitäten führen kann, sei auf die Arbeit Elman [1] verwiesen, die ILU-Zerlegungen für nichtsymmetrische Matrizen A diskutiert.

Zur Verallgemeinerung des Satzes 10 auf die ILU_ω-Zerlegung mit $\omega \neq 0$ kann man die Gleichungen $R_{ij} = 0$ für $i \neq j$, $(i,j) \in E$, und (12) als

$$(8.5.19\text{a}) \qquad R_E - \omega \operatorname{diag}\{R_{E'} \mathbf{1}\} = 0 \quad \text{mit } R = D + L + U + L D^{-1} U - A, \ E' = I{\times}I \setminus E,$$

schreiben, wobei $\operatorname{diag}\{v\}$ mit einem Vektor $v = (v_1, \ldots, v_n)^T$ die Diagonalmatrix $\operatorname{diag}\{v_1, \ldots, v_n\}$ bezeichne. Die Übertragung der Beweistechnik führt auf die Fixpunktgleichung $C = \Phi_\omega(C)$ mit

$$(8.5.19\text{b}) \qquad \Phi_\omega(C) := \Phi(C) - \omega \operatorname{diag}\left\{\left(A - L(C)\operatorname{diag}\{C\}^{-1}U(C)\right)_{E'}\mathbf{1}\right\},$$

wobei Φ aus (18a) stammt. Φ_ω hat jedoch im allgemeinen nicht die gewünschten Eigenschaften. Für $\omega > 0$ kann die (18b) entsprechende Monotonie verletzt sein. Für $\omega < 0$ braucht dagegen kein A_0 mit $\Phi_\omega(A_0) \geqslant A_0$ (und damit auch keine Lösung) zu existieren.

Zur genaueren Klärung des Zusammenhanges sei die Fünfpunktformel (9a) mit dem Fünfpunktmuster (10a) untersucht. Da L', U' bereits eindeutig bestimmt sind (vgl. (10b,c)), reduziert sich die Fixpunktgleichung auf die Bestimmung von D als Lösung von

$$(8.5.20\text{a}) \qquad D = \Phi_\omega(D) := \operatorname{diag}\{A - L'D^{-1}U'\} - \omega \operatorname{diag}\left\{(A - L'D^{-1}U')_{E'}\mathbf{1}\right\}$$
$$= \operatorname{diag}\left\{d + (\omega a - c)e/D_{i-1,j} + (\omega c - a)b/D_{i,j-1}\right\}$$

(vgl. (13)). Zur Analyse dieser Gleichung untersucht man die eindimensionale Fixpunktgleichung

$$(8.5.20\text{b}) \qquad \delta = \varphi_\omega(\delta) := d + [(\omega e - b)a + (\omega b - e)c]/\delta.$$

Eine dem Leser überlassene Diskussion der Funktion φ_ω zeigt

(i) Die Fixpunktgleichung (20b) ist genau dann lösbar, wenn

(8.5.20c) $4\gamma < d^2$ für $\gamma := ce + ab - \omega(ae + cb)$.

(ii) Falls (20c) erfüllt ist, lauten die Lösungen von (20b)

(8.5.20d) $\delta_\pm = \frac{1}{2}(d + \sqrt{d^2 - 4\gamma})$.

(iii) δ_+ ist der stabile Fixpunkt, da (20e) zu (20f) führt:

(8.5.20e) $\varphi_\omega(\delta) < \delta$ für $\delta > \delta_+$, $\varphi_\omega(\delta) > \delta$ für $\delta_- < \delta < \delta_+$,

(8.5.20f) $\lim \delta_m = \delta_+$ für $\delta_0 > \delta_-$, $\delta_{m+1} := \varphi_\omega(\delta_m)$.

(iv) Startwerte $\delta_0 < \delta_-$ erzeugen dagegen Folgen $\{\delta_m\}$, die mindestens ein Element $\delta_m \leqslant 0$ enthalten.

Übungsaufgabe 8.5.11 A aus (9a) sei diagonaldominant und symmetrisch:

(8.5.21a) $a = b \geqslant 0$, $c = e \geqslant 0$, $\sigma := a + c > 0$, $d = 2\sigma + \varepsilon$ mit $\varepsilon \geqslant 0$.

Man zeige: Für $\omega = -1$ ergibt sich δ_+ aus (20d) mit $\gamma = \sigma^2$. Für kleine ε ist

(8.5.21b) $\delta_+ = \sigma + \sqrt{\varepsilon \sigma} + O(\varepsilon)$.

Für $\omega = 0$ gilt unter der Voraussetzung (21a)

(8.5.21c) $\delta_+ = a + c + \sqrt{2}\, ac + O(\sqrt{|\varepsilon|})$.

Satz 8.5.12 Sei $\omega \in [-1, \omega^*]$ mit $\omega^* := \min\{c/a, a/c\}$. Die Matrix A aus (9a) erfülle (21a). Dann existiert die ILU$_\omega$-Zerlegung, wobei für die Diagonale D die Einschließungen (22) gelten:

(8.5.22) $\delta_+ = \frac{1}{2}\left(d + \sqrt{d^2 - 4(c^2 + a^2 - 2\omega ac)}\right) < d_{ij} \leqslant d$ für $(i,j) \in I$.

Die Fixpunktiteration (20a) zum Startwert $D^0 := \mathrm{diag}\{d1\}$ konvergiert von oben gegen D.

Beweis. Für $\omega \geqslant -1$ ist (20c) erfüllt, für $\omega \leqslant \omega^*$ ist Φ_ω monoton. Man prüft für $D_0 := \mathrm{diag}\{\delta_+ 1\}$ und $D^0 := \mathrm{diag}\{d1\}$ nach, daß $D_0 \leqslant \Phi_\omega(D_0)$, $\Phi_\omega(D^0) \leqslant D^0$. Damit läßt sich wie im Beweis zu Satz 9 schließen.   ▨

8.5.6 Eigenschaften der ILU-Zerlegung

Aus Satz 6.5.2 erhält man sofort die folgende Konvergenzaussage:

Satz 8.5.13 Wenn A eine M-Matrix ist oder wenn gemäß Satz 10 eine reguläre Aufspaltung vorliegt, konvergiert die ILU-Iteration (7a,b) mit der Konvergenzrate $\rho(A^{-1}R)/(1 + \rho(A^{-1}R))$.

Im Standardfall kann man von $\|R\|=O(\|A\|)$ ausgehen, so daß $\varrho(A^{-1}R)\leqslant\|A^{-1}\|\,\|R\|\leqslant C\|A^{-1}\|\,\|A\|=C\,\mathrm{cond}(A)\gg 1$ zu der Konvergenzrate $(1+1/\varrho(A^{-1}R))^{-1}\approx 1-O(1/\mathrm{cond}(A))$ führt. Damit hat die ILU-Zerlegung die gleiche Ordnung wie die Jacobi- oder Gauß-Seidel-Iteration. Ein besseres Resultat erhält man für die *modifizierte* ILU$_{-1}$-Zerlegung (vgl. (11) bzw. (12) mit $\omega=-1$). Wir bereiten die Analyse mit dem folgenden Lemma vor (vgl. Wittum [4]).

Lemma 8.5.14 Es gelte (23a), wobei A, D_A und D positiv definit seien:

(8.5.23a) $A = D_A - L - L^H, \qquad W = (D+L')D^{-1}(D+L'^H).$

Das Spektrum $\sigma(W^{-1}A)$ ist in $[0,\Gamma]$ enthalten, falls

(8.5.23b) $(2-\tfrac{1}{\Gamma})D-D_A+L+L^H+L'+L'^H$ positiv semidefinit.

Beweis. Wir schreiben $D+L'$ als $\tfrac{1}{\Gamma}D+C$ mit $C:=(1-\tfrac{1}{\Gamma})D+L'$. Aus

$$\Gamma W - A = (\tfrac{1}{\Gamma}D+C)(\tfrac{1}{\Gamma}D)^{-1}(\tfrac{1}{\Gamma}D+C)^H - A \geqslant$$
$$\geqslant \tfrac{1}{\Gamma}D+C+C^H-A = (2-\tfrac{1}{\Gamma})D-D_A+L+L^H+L'+L'^H \geqslant 0$$

mit "$\geqslant$" im Sinne der Positivsemidefinitheit folgt $\sigma(W^{-1}A)\subset[0,\Gamma]$.   ∎

Satz 8.5.15 Sei $-1\leqslant\omega\leqslant\omega^*$ (vgl. Satz 12). Für die Fünfpunktformel (9a) und das Fünfpunktmuster (10a) gilt unter der Voraussetzung (21a) die Ungleichung ("$\leqslant$" im Sinne der Positiv(semi)definitheit)

(8.5.24) $\gamma W\leqslant A\leqslant\Gamma W$ mit $\gamma=1/[\,1+(1+\omega)\dfrac{2ac}{\delta_+\lambda_{\min}}\,]$, $\Gamma=\dfrac{\delta_+}{2\delta_+-d}$,

wobei δ_+ in (22) definiert und $\lambda_{\min}=\varepsilon+4(a+c)\sin^2\tfrac{\pi h}{2}$ der kleinste Eigenwert von A ist. Insbesondere gilt

(8.5.25) $\gamma=1$, $\Gamma=\tfrac{1}{2}\sqrt{\tfrac{\sigma}{\varepsilon}}-\tfrac{1}{4}+O(\sqrt{\tfrac{\varepsilon}{\sigma}})$ für $\omega=-1$.

Beweis. (i) (23b) wird zu $(2-\tfrac{1}{\Gamma})D-D_A\geqslant 0$, da wegen (10b,c) $L=-L'$ in Lemma 14 gilt. Dank $D_A=dI$ und $\delta_+I\leqslant D$ (vgl. (22)) ist Γ mit $(2-\tfrac{1}{\Gamma})\delta_+=d$ hinreichend für (23b). Auflösung nach Γ zeigt $\Gamma=\delta_+/(2\delta_+-d)$.

(ii) Die Elemente α_{ij}, β_{ij} von R (vgl. (10f)) sind nach oben durch $2ac/\delta_+$ beschränkt. Die Diagonalelemente von R sind gemäß (12) $\omega(\alpha_{ij}+\beta_{ij})$. Die Eigenwerte von R liegen in den Gerschgorin-Kreisen um $\omega(\alpha_{ij}+\beta_{ij})$ mit dem Radius $\alpha_{ij}+\beta_{ij}$ (vgl. Hackbusch [15, Kriterium 4.3.4]) und sind deshalb durch $(1+\omega)(\alpha_{ij}+\beta_{ij})\leqslant 2(1+\omega)ac/\delta_+$ beschränkt: $R\leqslant[2(1+\omega)ac/\delta_+]I$. Mit $\lambda_{\min}I\leqslant A$ folgt $R\leqslant\varrho A$ mit $\varrho:=2(1+\omega)ac/(\delta_+\lambda_{\min})$. Aus $A=W-R\geqslant W-\varrho A$ erhält man $W\leqslant(1+\varrho)A$, so daß $\gamma=1/(1+\varrho)$ die Darstellung für γ liefert.

(iii) Für $\omega=-1$ setze man in (24) die Darstellung (21b) ein.   ∎

Folgerung 8.5.16 (a) Ersetzt man im Poisson-Modellfall die Poisson-Gleichung $-\Delta u = f$ durch die Helmholtz-Gleichung $-\Delta u + \varepsilon u = f$ mit $\varepsilon > 0$, so erhält man in (21a) die Koeffizienten $a = b = c = e = -h^{-2}$, $d = 4h^{-2} + \varepsilon$. (25) liefert die Schranke und Konditionszahl $\Gamma = \Gamma/\gamma = h^{-1}/\sqrt{2\varepsilon} + O(1)$. **(b)** Sei $\omega = -1$. Die mit $\Theta_{opt} = 2/(\gamma + \Gamma) = 2\sqrt{2\varepsilon}\, h + O(h^2)$ *gedämpfte* ILU_{-1}-Iteration hat die Konvergenzgeschwindigkeit

$$(8.5.26) \qquad \rho(M_{\Theta_{opt}}^{ILU}) \leqslant (\Gamma - 1)/(\Gamma + 1) \approx 1 - 2/\Gamma \approx 1 - 2\sqrt{2\varepsilon}\, h,$$

ist also wie das SSOR-Verfahren mit optimalem Relaxationsparameter ω_{SSOR} von erster Ordnung, solange $\varepsilon > 0$.

Beweis. vgl. Übungsaufgabe 3.1a.

Daß in Satz 15 und Folgerung 16b die starke Diagonaldominanz $\varepsilon > 0$ vorausgesetzt wird, schränkt die Anwendbarkeit der ILU_{-1}-Zerlegung keineswegs ein, wie die folgende Bemerkung zeigt.

Bemerkung 8.5.17 (Verstärkung der Diagonalen) Sei $A = A_\varepsilon$ eine Matrix, die (21a) statt mit $\varepsilon > 0$ nur mit $\varepsilon > -4(a+c)\sin^2\frac{\pi h}{2}$ (d.h. $\lambda_{min} > 0$) erfüllt. Die ILU_{-1}-Zerlegung wird dann auf die Matrix $A_\eta := A + (\eta - \varepsilon)I$ mit $\eta > 0$ angewandt: $A_\eta = W_\eta - R_\eta$, so daß die Diagonaldominanz $d > 2\sigma$ wiederhergestellt ist. W_η kann man als ILU-Zerlegung von $A = A_\varepsilon$ ansehen, die den Rest $R = W_\eta - A = R_\eta - (\eta - \varepsilon)I$ läßt. Folgerung 16 liefert die Konditionszahl $\varkappa(W_\eta^{-1}A_\eta)$. Seien $\lambda = \lambda_{min}$ und $\Lambda = \Lambda_{max}$ die extremen Eigenwerte von A. Da

$$(8.5.27a) \qquad \varkappa(A_\eta^{-1}A) = \varkappa(A_\eta^{-1}A_\varepsilon) = \frac{\Lambda(\lambda + \eta - \varepsilon)}{\lambda(\Lambda + \eta - \varepsilon)} \approx 1 + \frac{\eta - \varepsilon}{\lambda_{min}},$$

zeigt Lemma 3.10, daß

$$(8.5.27b) \qquad \varkappa(W_\eta^{-1}A_\varepsilon) \lessapprox h^{-1}\left(1 + \frac{\eta - \varepsilon}{\lambda_{min}}\right)/\sqrt{2\eta}.$$

Übungsaufgabe 8.5.18 Man zeige, daß die rechte Seite in (27b) für $\eta = 4(a+c)\sin^2\frac{\pi h}{2}$ minimal wird.

Übungsaufgabe 8.5.19 Man zeige, daß die ILU-Zerlegung mit der exakten LU-Zerlegung übereinstimmt, wenn A das tridiagonale Muster $[{*}{*}{*}]$ oder $\left[\begin{smallmatrix} \cdot \\ {*} \\ \cdot \end{smallmatrix}\right]$ besitzt. Die ILU-Iteration löst $Ax = b$ dann direkt.

8.5.7 ILU-Zerlegung zu anderen Mustern

Die Bedingung (3b): $E \supset G(A)$ ist eine Mindestforderung, um neue Verfahren zu erhalten. Will man das Muster E größer als $G(A)$ wählen, nimmt man die Positionen hinzu, wo $R = 0$ verletzt ist: Nach (10f) sind dies $\left[\begin{smallmatrix} {*} & \cdot \\ \cdot & {*} \end{smallmatrix}\right]$. Ergänzt man das Fünfpunktmuster um $\left[\begin{smallmatrix} {*} & \cdot \\ \cdot & {*} \end{smallmatrix}\right]$, erhält man

$$(8.5.28) \qquad E = \begin{bmatrix} {*} & {*} & \\ {*} & {*} & {*} \\ & {*} & {*} \end{bmatrix} \qquad\qquad (\text{«Siebenpunktmuster»}).$$

Die untere Dreiecksmatrix L' und die obere Dreiecksmatrix U' haben nun die Gestalt

$$(8.5.29) \qquad L' = - \begin{bmatrix} 0 & 0 & \\ a_{ij} & 0 & 0 \\ & c & f_{ij} \end{bmatrix}, \quad U' = - \begin{bmatrix} g_{ij} & e & \\ 0 & 0 & b_{ij} \\ & 0 & 0 \end{bmatrix},$$

deren Koeffizienten sich aus den Rekursionen

$$(8.5.30a) \qquad d_{ij} = d - ec/d_{i,j-1} + a_{ij}(\omega g_{i-1,j} - b_{i-1,j})/d_{i-1,j}$$
$$+ f_{ij}(\omega b_{i+1,j-1} - g_{i+1,j-1})/d_{i+1,j-1},$$

$$(8.5.30b) \qquad a_{ij} = a + g_{i,j-1}c/d_{i,j-1}, \qquad b_{ij} = b + ef_{ij}/d_{i+1,j-1},$$

$$(8.5.30c) \qquad f_{ij} = b_{i,j-1}c/d_{i,j-1}, \qquad g_{ij} = a_{ij}e/d_{i-1,j}$$

für $1 \leqslant i,j \leqslant N-1$ ergeben, wobei alle Summanden mit Indizes $i-1=0$, $j-1=0$ oder $i+1=N$ ignoriert werden müssen. Für diese Siebenpunkt-ILU-Zerlegung gelten ähnliche Eigenschaften wie für die Fünfpunktversion in Satz 15 (vgl. Gustafsson [1], Axelsson-Barker [1]).

Übungsaufgabe 8.5.20 Man zeige: **(a)** Für $-1 \leqslant \omega \leqslant 0$ konvergiert die Fixpunktiteration (19b) für den Startwert $C = A$ gegen Werte, die die Ungleichungen $a_{ij} \leqslant \alpha := a/\Delta$, $b_{ij} \leqslant \beta := b/\Delta$, $f_{ij} \leqslant \beta c/\delta$, $g_{ij} \leqslant \alpha e/\delta$, $d_{ij} \geqslant \delta$ mit $\Delta := 1 - ec/\delta^2$ erfüllen, wobei δ die maximale Lösung der Fixpunktgleichung $\delta = \varphi(\delta) := d - [ec + ab(1 + ec/\delta^2)/\Delta^2 - \omega(\alpha^2 e + \beta^2 c)/\delta]/\delta$ ist.

(b) Für die weiteren Überlegungen sei die Symmetrie $a = b$, $c = e$ sowie die Diagonaldominanz $d = 2(a + c) + \varepsilon$ mit $\varepsilon \geqslant 0$ angenommen. Ferner sei $\omega = -1$ gewählt (modifiziertes ILU). Man zeige: Die Gleichung $\delta = \varphi(\delta)$ kann in die Form $2a + \varepsilon = a(\xi + \xi^{-1})$ mit $\xi := a\delta/(\delta - c)^2$ gebracht werden, so daß die Lösung $\delta = c + a/(2\xi) + [ac/\xi + a^2/(4\xi^2)]^{1/2}$ mit $\xi = 1 + \varepsilon/(2a) + [\varepsilon/a + \varepsilon^2/(4a^2)]^{1/2}$ lautet.

(c) Zu $\varepsilon \geqslant 0$ ergibt sich eine Lösung $\delta = \delta_0 + C\sqrt{\varepsilon} + O(\varepsilon)$.

(d) δ löst die Gleichung $(\delta - \gamma - e - \beta)^2 = \varepsilon\delta$.

(e) Die für (23b) hinreichende schwache Diagonaldominanz führt auf die Bedingung $2\varphi + 2|a - \alpha| \leqslant (2 - 1/\Gamma)\delta - d$. Man leite $\Gamma = \delta/(2\sqrt{\varepsilon\delta} - \varepsilon)$ ab.

(f) Wie in (25) gilt $\gamma = 1$ für die Abschätzung $\gamma W \leqslant A \leqslant \Gamma W$.

Bei der Konstruktion von ILU-Zerlegungen mit einem allgemeinen k-Punktmuster beachte man, daß der Rechenaufwand stärker als linear in der Punktezahl k ansteigt.

8.5.8 Approximative ILU-Zerlegungen

Die ILU-Zerlegungen, wie sie in (10d) oder (13) definiert wurden, sind streng sequentielle Algorithmen. Das gleiche gilt für die Auflösung der gestaffelten Gleichungen $(D+L)x=b$, $(D+U)x=b$, die bei der Auflösung von $W\delta=r$ entstehen. Bei Verwendung von Vektorrechnern ist dies sehr störend. Die Behandlung der gestaffelten Gleichungssysteme ist von van der Vorst [2] diskutiert (vgl. auch Ortega [1,§3.4]). Wir wollen hier auf die Berechnung der ILU-Zerlegung selbst eingehen. Die Fixpunktiteration (18f) aus dem Beweis zu Satz 9 ist auch für numerische Zwecke verwendbar. Der obere Startwert $A^0=(A_-)_E$ (im allgemeinen $=A$) steht im Gegensatz zu A_0 zur Verfügung, so daß die Iterierten $A^{m+1}=\Phi(A^m)$ berechenbar sind.

Bemerkung 8.5.21 Die Auswertung der Funktion Φ aus (18a) kann parallel für alle Koeffizienten $\Phi(C)_{\alpha\beta}$, $(\alpha,\beta)\in E$, durchgeführt werden.

Die Gleichungen (17'): $C=\Phi(C)$ bzw. konkreter die Rekursionen (13) und (30a-c) stellen gestaffelte Gleichungssysteme für die Unbekannten d_{ij} (und eventuell a_{ij}, b_{ij}, f_{ij}, g_{ij}) dar. Unabhängig vom Startwert sind deshalb die Werte für (i,j) mit $\max\{i,j\}\leqslant m$ nach m Iterationsschritten *exakt* berechnet. Wenn A und somit auch der Startwert A^0 (vgl. (18c)) konstante Koeffizienten haben, besitzt die m-te Iterierte A^m für alle Positionen (i,j) mit $\min\{i,j\}\geqslant m$ identische konstante Koeffizienten (für Positionen mit $\min\{i,j\}<m$ macht sich dagegen bemerkbar, daß in (13) bzw. (30a-c) Summanden wegen $i-1=0$ oder $j-1=0$ wegfallen). Wenn die Koeffizienten für $\min\{i,j\}\geqslant m$ übereinstimmen, braucht man jedoch nicht alle auszurechnen. Diese Überlegung führt auf die von Wittum [1] eingeführte *abgeschnittene ILU–Version* für konstante Koeffizienten:

(8.5.31)   Man berechne d_{ij} (und eventuell a_{ij}, b_{ij}, f_{ij}, g_{ij}) aus (13) bzw. (30a-c) für alle i, j mit $\max\{i,j\}=k$ für $k=1,2,\dots,m$ und setze dann konstant fort mittels

$$d_{ij}:=d_{\min\{i,m\},\min\{j,m\}} \qquad\qquad \text{für}\quad \max\{i,j\}>m$$

(analog für a_{ij}, b_{ij}, f_{ij}, g_{ij}). Der Rechenaufwand ist mit $O(m^2)$ von der Dimension n der Matrix unabhängig, ebenso der Speicheraufwand. Die abgeschnittene ILU–Zerlegung ist nicht nur ein guter Ersatz für die Standard-ILU-Zerlegung, sondern hat auch günstige Stabilitätseigenschaften (vgl. Wittum - Liebau [1]).

8.5.9 Blockweise ILU-Zerlegungen

Wählt man die Zeilen- oder Spaltenvariablen als Blöcke, hat A eine Blockstruktur mit tridiagonalen Diagonalblöcken. Wir können im Zerlegungsansatz (6): $A = (D+L')D^{-1}(D+U') - R = D+L'+U'+L'D^{-1}U'-R$ auch fordern, daß D eine Blockdiagonalmatrix mit tridiagonalem Blockmuster und L' und U' jeweils strikte (untere/obere) Blockdreiecksmatrizen sind. Der Berechnungsalgorithmus verläuft ähnlich wie in (5a',b') (vgl. (10.9.2a-c)). Für den erhöhten Rechenaufwand erlangt man im allgemeinen robustere Konvergenzeigenschaften. Die Block-ILU-Zerlegung wurden Anfang der 80er Jahre eingeführt (vgl. §8.5.12).

8.5.10 Pascal-Prozeduren

Die ILU-Iteration verwendet drei Parameter: ω für die Zerlegung (13) bzw. (30a–c), den Dämpfungsparameter Θ für die ILU-Iteration (7a) und die Größe **diag**, die zur Verstärkung der Diagonaldominanz bei der Zerlegung zum Diagonalelement addiert wird (vgl. Bemerkung 17). Die Einführung von Θ ist notwendig, da die ILU-Iteration sonst für $\omega = -1$ divergiert. Die genannten Parameter lassen sich mittels **bestimme_ILU_Parameter** definieren. Die ILU-Iterationen für das 5- und 7-Punktmuster werden durch **ILU_5** und **ILU_7** durchgeführt.

```
procedure bestimme_ILU_Parameter(var IP: Iterationsparameter);
begin writeln('*** Eingabe der ILU-Parameter:');
  bestimme_omega(IP); bestimme_theta(IP);
  write(' --> Verstärkung der Diagonalen durch diag = '); readln(IP.diag)
end;

procedure berechne_ILU5_Zerlegung(var A: Diskretisierungsdaten;
                      var IP: Iterationsparameter); var d,d0: real; i,j: integer;
begin with A do if Art>Fuenfpunktformel then
  Meldung('ILU5 nicht implementiert') else if ILUD=nil then with IP do
   begin new(ILUD); d0:=diag; if Art=Poisson_Modellproblem then d0:=d0*h2;
    for j:=1 to ny-1 do for i:=1 to nx-1 do
    begin d:=S[0,0]+d0;
         if j>1 then d:=d+(omega*S[1,0]-S[0,1])*S[0,-1]/ILUD^[i,j-1];
         if i>1 then d:=d+(omega*S[0,1]-S[1,0])*S[-1,0]/ILUD^[i-1,j];
         ILUD^[i,j]:=d
end end end;

procedure loese_ILU5_Zerlegung(var x: Gitterfunktion; var A:
         Diskretisierungsdaten; var IP: Iterationsparameter); var i,j: integer;
begin with A do begin if ILUD=nil then berechne_ILU5_Zerlegung(A,IP);
  Null_Randwerte(nx,ny,x);
  for j:=1 to ny-1 do for i:=1 to nx-1 do
         x[i,j]:=(x[i,j]-S[-1,0]*x[i-1,j]-S[0,-1]*x[i,j-1])/ILUD^[i,j];
  for j:=ny-1 downto 1 do for i:=nx-1 downto 1 do
         x[i,j]:=x[i,j]-(S[1,0]*x[i+1,j]+S[0,1]*x[i,j+1])/ILUD^[i,j]
end end;

procedure ILU_5(var neu: Gitterfunktion; var A: Diskretisierungsdaten;
    var x,b: Gitterfunktion; var IP: Iterationsparameter); var r: Gitterfunktion;
begin Residuum(r,A,x,b); loese_ILU5_Zerlegung(r,A,IP);
         Vektor_plus_Faktor_mal_Vektor(A.nx,A.ny,neu,x,IP.theta,r) end;

procedure berechne_ILU7_Zerlegung(var A: Diskretisierungsdaten;
         var IP: Iterationsparameter);  var c,d,d0: real; i,j: integer;
begin with A do
 if Art>Fuenfpunktformel then Meldung('ILU7 nicht implementiert') else
  begin if ILUD=nil then new(ILUD); if ILU7=nil then with IP do
   begin new(ILU7); d0:=diag; if Art=Poisson_Modellproblem then d0:=d0*h2;
```

```
  with ILU7^ do for j:=1 to ny-1 do for i:=1 to nx-1 do
  begin d:=S[0,0]+d0; A[i,j]:=-S[-1,0]; B[i,j]:=-S[1,0];  if j>1 then
    begin c:=-S[0,-1]/ILUD^[i,j-1]; d:=d+S[0,1]*c;
        A[i,j]:=A[i,j]+G[i,j-1]*c;  F[i,j]:=B[i,j-1]*c;  if i+1<nx then
          begin c:=F[i,j]/ILUD^[i+1,j-1]; d:=d+c*(omega*B[i+1,j-1]-G[i+1,j-1]);
                B[i,j]:=B[i,j]-S[0,1]*c
    end end else F[i,j]:=0;
    if i>1 then
    begin c:=A[i,j]/ILUD^[i-1,j]; d:=d+c*(omega*G[i-1,j]-B[i-1,j]);
        G[i,j]:=-c*S[0,1]
    end else G[i,j]:=0;
    ILUD^[i,j]:=d
end end end end;

procedure loese_ILU7_Zerlegung(var x: Gitterfunktion; var A:
        Diskretisierungsdaten; var IP: Iterationsparameter); var i,j: integer;
begin with A do begin
  if ILU7=nil then berechne_ILU7_Zerlegung(A,IP);  Null_Randwerte(nx,ny,x);
  with ILU7^ do begin for j:=1 to ny-1 do for i:=1 to nx-1 do
    x[i,j]:=(x[i,j]+A[i,j]*x[i-1,j]+F[i,j]*x[i+1,j-1]-S[0,-1]*x[i,j-1])/ILUD^[i,j];
    for j:=ny-1 downto 1 do for i:=nx-1 downto 1 do
    x[i,j] := x[i,j] - (S[0,1]*x[i,j+1]-B[i,j]*x[i+1,j]-G[i,j]*x[i-1,j+1])/ILUD^[i,j]
end end end;

procedure ILU_7(var neu: Gitterfunktion; var A: Diskretisierungsdaten;
    var x,b: Gitterfunktion; var IP: Iterationsparameter); var r: Gitterfunktion;
begin Residuum(r,A,x,b); loese_ILU7_Zerlegung(r,A,IP);
        Vektor_plus_Faktor_mal_Vektor(A.nx,A.ny,neu,x,IP.theta,r) end;
```

8.5.11 Numerische Beispiele

Die nebenstehende Tabelle gibt den Fehler $\|x^m - x\|_2$ nach $m = 20$ Iterationen und den Konvergenzfaktor für verschiedene ILU-Varianten wieder. Die Schrittweite ist $h = 1/32$. Für $\omega = 0$ und $\omega = 1$ wird diag:=0, für das modifizierte Verfahren mit $\omega = -1$ dagegen diag:=5 gewählt.

Version	ω	Θ	$\|x^{20} - x\|_2$	$\dfrac{\|x^{20} - x\|_2}{\|x^{19} - x\|_2}$
ILU_5	0	1.66	$1.617_{10}-1$	$9.455_{10}-1$
ILU_5	-1	0.25	$1.628_{10}-3$	$7.666_{10}-1$
ILU_5	1	1.9	$2.349_{10}-1$	$9.617_{10}-1$
ILU_7	0	1	$8.904_{10}-2$	$9.185_{10}-1$
ILU_7	0	1.66	$2.690_{10}-2$	$8.646_{10}-1$
ILU_7	-1	0.4	$4.722_{10}-5$	$6.254_{10}-1$

<u>Tabelle 8.5.1</u> Resultate der ILU-Iteration

Übungsaufgabe 8.5.22 Man zähle die arithmetischen Operationen (getrennt nach Zerlegungs- und Auflösungsphase) und vergleiche ILU_5 und ILU_7 hinsichtlich des effektiven Aufwandes.

8.5.12 Anmerkungen

Erste Erwähnung findet die ILU-Zerlegung 1960 bei Varga [1,§6] und Buleev [1]. Die erste genaue Analyse geht auf Meijerink - van der Vorst [1] zurück. Zu erwähnen sind auch Jennings - Malik [1]. Die ILU-Verfahren haben sich als besonders robust erwiesen. Damit ist gemeint, daß sie nicht nur für das Poisson-Modellproblem, sondern für eine große Klasse von Problemen gute Konvergenzeigenschaften zeigen. Da nicht stets gewährleistet ist, daß eine ILU-Zerlegung existiert, gibt es viele Stabilisierungsvarianten. Als Literatur zu ILU-Verfahren sei auf Axelsson - Barker [1] verwiesen (vgl. auch Beauwens [1]).

Die modifizierte Version $(\omega=-1)$ von Gustafsson [1] ist wegen der verbesserter Kondition Γ/γ (vgl. (25)) die Grundlage für Anwendungen des in §9 beschriebenen cg-Verfahrens auf ILU-Iterationen. Wegen der Konsistenzbedingung $\mathbb{R}1 = 0$ heißt diese Version auch ILU-Zerlegung *erster* Ordnung. Eine spezielle Zerlegung für das Poisson-Modellproblem von zweiter Ordnung stammt von Stone [1]; sie hat sich aber wegen verschiedener Nachteile nicht durchsetzen können.

Die erste Veröffentlichung zum blockweisen ILU-Verfahren stammt von Kettler [1] (1981), der bereits auf die 2 Jahre später erscheinende Arbeit von Meijerink [1] hinweist. Weitere frühe Autoren waren Axelsson - Brinkkemper - Il'in [1] (1984 mit Preprint 1983) und Concus - Golub - Meurant [1] (1985 mit Preprint 1982).

Die Trennung zwischen SSOR und ILU-Verfahren ist in der Literatur nicht exakt gezogen. Dem SSOR-Verfahren für $A=D+L'+U'$ entspricht eine ILU-Zerlegung $W=(D+L')D^{-1}(D+U')$, die den Rest $R=W-A=L'D^{-1}U'$ übrigläßt. Zwar erfüllt R nicht die Bedingung (4d), diese ist aber ohnehin durch (12) und die Addition eines Diagonalanteiles (vgl. Bemerkung 17) aufgeweicht worden. Umgekehrt wurden verallgemeinerte SSOR-Verfahren eingeführt, die $D=\mathrm{diag}\{A\}$ durch eine andere Diagonale ersetzen (vgl. Axelsson-Barker [1]). Unter diese Kategorie fällt auch die ILU-Iteration basierend auf dem Fünfpunktmuster.

Man findet in der Literatur eine Flut von Kürzel für die verschiedenen ILU-Varianten. Mit «IC» wird auf die symmetrische Variante «incomplete Cholesky» der ILU-Zerlegung hingewiesen. Mit Klammerzusätzen «(5)», «(7)» wird das 5-Punkt- bzw. 7-Punkt-Muster angezeigt. Andererorts bezeichnet «(0)» das Muster $E=G(A)$ und «(1)» das um eine Schicht erweitere Muster, etc. Der Zusatz «Tr» für «truncated» kennzeichnet die abgeschnittene Version (31). Der Buchstabe «M» verweist auf das modifizierte Verfahren mit $\omega=-1$, während «B» eine Blockvariante andeuten kann. Entspricht der Block einer Gitterlinie (Zeile oder Spalte), so wird hierfür auch das Symbol «L» verwendet. Da derartige Abkürzungen für Nichtexperten unverständlich sind, sei hier ausdrücklich empfohlen, diese Abkürzungen zu vermeiden.

9. Verfahren der konjugierten Gradienten

9.1 Lineare Gleichungssysteme als Minimierungsaufgabe

9.1.1 Minimierungsaufgabe

Im folgenden seien $A \in \mathbb{R}^{I \times I}$ und $b \in \mathbb{R}^{I}$ reell. Dem Gleichungssystem

$$(9.1.1) \qquad A x = b$$

wird unter der Voraussetzung

$$(9.1.2) \qquad A \text{ ist positiv definit}$$

die Funktion

$$(9.1.3) \qquad F(x) := \tfrac{1}{2} \langle A x, x \rangle - \langle b, x \rangle$$

zugeordnet. Die Ableitung (Gradient) von F ist $F'(x) = \tfrac{1}{2}(A + A^T) x - b$. Da $A = A^T$ nach Voraussetzung (2), lautet die Ableitung

$$(9.1.4) \qquad F'(x) = \operatorname{grad} F(x) = A x - b.$$

Notwendig für ein Minimum von F ist das Verschwinden des Gradienten: $A x = b$. Da die Hesse-Matrix $F''(x) = (F_{x_i x_j})_{i,j \in I} = A$ positiv definit ist, liegt für die Lösung $x = x^*$ von $A x = b$ tatsächlich ein Minimum vor. Dies beweist das

Lemma 9.1.1 $A \in \mathbb{R}^{I \times I}$ sei positiv definit. Die Lösung des Gleichungssystems $A x = b$ ist äquivalent zur Lösung der Minimierungsaufgabe

$$(9.1.5) \qquad F(x) = \min.$$

Ein zweiter Beweis des Lemmas 1 ergibt sich aus der Darstellung

$$(9.1.6) \qquad F(x) = F(x^*) + \tfrac{1}{2} \langle A(x - x^*), x - x^* \rangle \quad \text{mit } x^* := A^{-1} b.$$

(6) zeigt $F(x) > F(x^*)$ für $x \neq x^*$, d.h. $x^* = A^{-1} b$ ist das eindeutige Minimum von F. Die Darstellung (6) ist ein Sonderfall der folgenden Entwicklung von F um einen beliebigen Wert $\tilde{x} \in \mathbb{R}^{I}$:

$$(9.1.7) \qquad F(x) = F(\tilde{x}) + \langle A\tilde{x} - b, x - \tilde{x} \rangle + \tfrac{1}{2} \langle A(x - \tilde{x}), x - \tilde{x} \rangle.$$

Beweis. Ausmultiplizieren zeigt die Übereinstimmung mit (3). ▨

9.1.2 Suchrichtungen

Im folgenden wird die Minimierung von F in einer speziellen Richtung $p \in \mathbb{R}^{I} \backslash \{0\}$ eine zentrale Rolle spielen. Die Optimierung über alle $x \in \mathbb{R}^{I}$ vereinfacht sich zur eindimensionalen Minimierungsaufgabe (8a,b):

$$(9.1.8a) \qquad f(\lambda) = \min \qquad\qquad \text{für}$$

$$(9.1.8b) \qquad f(\lambda) := F(x + \lambda p) \qquad\qquad (x, p \in \mathbb{R}^{I} \text{ fest}).$$

Ersetzt man in (7) die Variablen x und $\tilde{x}$ durch $x + \lambda p$ und x, findet man

$$(9.1.8c) \qquad f(\lambda) = F(x) + \lambda \langle Ax - b, p \rangle + \lambda^2 \tfrac{1}{2} \langle Ap, p \rangle.$$

$p \neq 0$ impliziert $\langle Ap, p \rangle > 0$ (vgl. (2)), so daß das Minimum der Parabel f aus $f'(\lambda) = 0$ bestimmt werden kann.

Lemma 9.1.2 Es gelte $p \neq 0$ und die Voraussetzung (2): A positiv definit. Das eindeutige Minimum der Aufgabe (8a,b) wird angenommen für

$$(9.1.9a) \qquad \lambda = \lambda_{opt}(x,p) := \frac{\langle r, p \rangle}{\langle Ap, p \rangle},$$

wobei

$$(9.1.9b) \qquad r := b - Ax.$$

Mit r wird im folgenden stets das _Residuum_ $b - Ax$ bezeichnet. Es ist der negative Defekt $Ax - b$ oder auch der negative Gradient $F' = Ax - b$.

Sucht man nach einer optimalen Suchrichtung, so ist sicherlich $p = x^* - x$ (oder ein Vielfaches $\neq 0$) optimal, da dann $f(\lambda_{opt}) = F(x^*)$ das globale Minimum liefert. Da aber $p = x^* - x$ die Kenntnis der Lösung erfordert, hat man nach anderen Auswahlkriterien zu suchen. Sei p durch $\|p\|_2 = 1$ normiert. Die Richtungsableitung $f'(0) = - \langle r, p \rangle = \langle \operatorname{grad} F(x), p \rangle$ bei $\lambda = 0$ ist maximal in Gradientenrichtung $p = - r / \| r \|_2$ und minimal in der entgegengesetzten Richtung $p = r / \| r \|_2$: Die Richtung $\operatorname{grad} F(x) = - r$ ist die des steilsten Anstiegs und das Residuum r ist die _Richtung des steilsten Abstiegs_. Diese Überlegung zeigt, daß aus lokaler Sicht $p = r$ optimal ist. Für $p = r$ wird (9a) zu

$$(9.1.9c) \qquad \lambda = \lambda_{opt}(x,r) = \frac{\| r \|_2^2}{\langle A r, r \rangle} \qquad \text{für } r = b - Ax \neq 0.$$

Der Fall

$$(9.1.9d) \qquad \lambda_{opt}(x,0) := 0$$

wird nur aus formalen Gründen hinzugenommen. Sobald $r = 0$ auftritt, ist $x = x^*$ bereits die exakte Lösung.

9.1.3 Andere quadratische Funktionale

Die Funktion F aus (3) ist nicht die einzige quadratische Funktion, die $x^* := A^{-1} b$ als minimierendes Argument besitzt.

Lemma 9.1.3 (a) Jede quadratische Form, die ihr eindeutiges Minimum bei $x^* = A^{-1} b$ annimmt, hat die Form

$$(9.1.10a) \qquad F(x) = \tfrac{1}{2} \langle HA(x - x^*), A(x - x^*) \rangle + c = \tfrac{1}{2} \langle H(Ax - b), Ax - b \rangle + c$$

mit einer beliebigen Konstanten c und

$$(9.1.10b) \qquad H \text{ positiv definit.}$$

Hierbei kann A im Gegensatz zu (2) eine beliebige reguläre Matrix sein.

(b) Damit $\operatorname{grad} F(x) = A^H H A (x-x^*) = A^H H r$ aus dem Residuum $r = A x - b$ praktisch berechenbar ist, muß H derart sein, daß die Matrix-Vektor-Multiplikation $r \mapsto A^H H r$ durchführbar ist.
(c) Unter der Voraussetzung (2) lassen sich $H := A^{-1}$ und $c := -\frac{1}{2} \langle b, x^* \rangle$ wählen. Dann stimmt F aus (10a) mit F aus (3) überein.

Beweis zu (c). Mit (2) erfüllt $H = A^{-1}$ auch (10b) (vgl. Lemma 2.10.4b). Ein Vergleich von (10a) und (6) zeigt $c = F(x^*) = \frac{1}{2}\langle A x^*, x^* \rangle - \langle b, x^* \rangle = \frac{1}{2}\langle b, x^* \rangle$. ⬛

Folgerung 9.1.4 A sei positiv definit. Das Skalarprodukt $\langle \cdot, \cdot \rangle_A$ und die (Energie-)Norm $\|\cdot\|_A$ seien durch (11a) definiert.

$$(9.1.11a) \qquad \langle x, y \rangle_A := \langle A x, y \rangle, \quad \| x \|_A := \| A^{1/2} x \|_2 = \sqrt{\langle x, x \rangle_A}.$$

Die Minimierung von F aus (3) ist äquivalent zur Minimierungsaufgabe

$$(9.1.11b) \qquad \| x - x^* \|_A = \min.$$

Beweis. (11b) darf durch $\| x - x^* \|_A^2 = \min$ ersetzt werden. Aus

$$(9.1.11c) \qquad \| x - x^* \|_A^2 = 2[F(x) - F(x^*)]$$

(vgl. (6)) folgert man die Behauptung. ⬛

Bemerkung 9.1.5 (a) Für $H = I$ und $c = 0$ beschreibt (10a) den Ausdruck $F(x) = \frac{1}{2}\| A x - b \|_2^2$ und entspricht der «least-square-Minimierung».
(b) Für $H = A^{-H} A^{-1}$ und $c = 0$ ist $F(x) = \frac{1}{2}\| x - x^* \|_2^2$.
(c) Die Minimierung der Norm $\| x - x^* \|_K^2 = \| K^{1/2}(x - x^*) \|_2^2$ für ein positiv definites K entspricht der Aufgabe (10a) mit $H = \frac{1}{2} A^{-H} K A^{-1}$, $c = 0$. Gemäß Lemma 3b muß die Multiplikation mit $K A^{-1}$ durchführbar sein.

Bemerkung 9.1.6 Jede Iteration, die bezüglich der Norm $\|\cdot\|_A$ (schwach) monoton konvergiert, führt zu einer Abstiegsfolge $F(x^0) \geqslant F(x^1) \geqslant \ldots$.

9.1.4 Der komplexe Fall

Im komplexen Falle $A \in \mathbb{C}^{I \times I}$, $b \in \mathbb{C}^I$ läßt sich F ebenfalls durch (10a,b) definieren, wenn nur c in (10a) reell ist. Die Definition (3) läßt sich nicht unverändert übernehmen, da F wegen des Summanden $\langle b, x \rangle$ im allgemeinen nichtreell ist, aber nur reelle Funktionen F minimiert werden können. F aus (3) hat man zu ersetzen durch

$$(9.1.12a) \qquad F(x) := \frac{1}{2}\langle A x, x \rangle - \operatorname{Re}\langle b, x \rangle \qquad \text{für } x \in \mathbb{C}^I.$$

Übungsaufgabe 9.1.7 Es gelte (2). F sei durch (12a) definiert. Man zeige:
(a) F ist reell, $\operatorname{Re}\langle b, x^* \rangle = \langle b, x^* \rangle$ für $x^* = A^{-1} b$. **(b)** Es gilt

$$(9.1.12b) \qquad F(x) = \frac{1}{2}\big(\langle A(x - x^*), x - x^* \rangle - \langle b, x^* \rangle \big),$$

$$(9.1.12c) \qquad F(x) = F(\tilde{x}) + \operatorname{Re}\langle A\tilde{x} - b, x - \tilde{x} \rangle + \frac{1}{2}\langle A(x - \tilde{x}), x - \tilde{x} \rangle.$$

(c) Das Minimum von $f(\lambda) = F(x + \lambda p)$ über $\lambda \in \mathbb{C}$ mit F aus (12a) wird für den im allgemeinen komplexen Wert $\lambda_{\mathrm{opt}}(x, p)$ aus (9a) angenommen.

9.2 Gradientenverfahren

9.2.1 Konstruktion

Allgemein ist das Gradientenverfahren eine Methode zur Lösung einer Minimierungsaufgabe $F(x) = \min$ für eine differenzierbare Funktion $F\colon \mathbb{R}^I \to \mathbb{R}$ (vgl. z. B. Kosmol [1,§4]). Hier werden wir das Gradientenverfahren nur auf die quadratische Funktion F aus (1.3) oder (1.10a) anwenden.

Das Gradientenverfahren minimiert F iterativ in Richtung des steilsten Abstieges:

(9.2.1a) $\qquad x^0$: beliebiger Startwert,

$\qquad\qquad$ Iteration $m = 0, 1, \ldots$:

(9.2.1b) $\qquad r^m := b - A x^m,$

(9.2.1c) $\qquad x^{m+1} := x^m + \lambda_{\mathrm{opt}}(x^m, r^m)\, r^m.$

Die Darstellung $r^{m+1} = b - A x^{m+1} = b - A(x^m + \lambda_{\mathrm{opt}} r^m) = r^m - \lambda_{\mathrm{opt}} A r^m$ erlaubt die Nachführung des Residuums in der folgenden Form:

$$
\begin{array}{ll}
& \underline{\text{Start:}} \\[4pt]
(9.2.2\mathrm{a}) & x^0 \text{ beliebig}, \quad r^0 := b - A x^0, \\[4pt]
& \underline{\text{Iteration }} m = 0, 1, \ldots : \\[4pt]
(9.2.2\mathrm{b}) & x^{m+1} := x^m + \lambda_{\mathrm{opt}}(x^m, r^m)\, r^m, \\[4pt]
(9.2.2\mathrm{c}) & r^{m+1} := r^m - \lambda_{\mathrm{opt}}(x^m, r^m)\, A r^m
\end{array}
$$

mit $\lambda_{\mathrm{opt}}(x^m, r^m)$ aus (1.9c,d). (2c) hat gegenüber (1b) den Vorteil, daß das Produkt $A r^m$ schon in (1.9c) bei der λ_{opt}-Bestimmung berechnet worden ist.

9.2.2 Eigenschaften des Gradientenverfahrens

Bemerkung 9.2.1 Es gelte (1.2). **(a)** Die in (2a–c) definierte Iteration $x^m \mapsto \Phi(x^m, b)$ ist im Gegensatz zu den bisherigen Verfahren *nicht linear*. **(b)** $\Phi(\cdot,\cdot)$ ist in beiden Argumenten stetig. **(c)** Das Gradientenverfahren ist konsistent und konvergent.

Beweis. (a) $\lambda_{\mathrm{opt}}(x^m, r^m)$ ist eine nichtkonstante Funktion von x^m und b. Daher ist $\Phi(x, b) = x - \lambda_{\mathrm{opt}}(x, b - A x)(b - A x)$ nicht linear.
(c) Die Konvergenz wird in Satz 3 bewiesen werden. Ist x^* Lösung von $A x = b$, so verschwindet das Residuum r. Zusammen mit (1.9d) erhält man $\Phi(x^*, b) = x^*$, d.h. Φ ist konsistent. $\qquad\blacksquare$

Obwohl das Gradientenverfahren nicht linear ist, kann es als semiiterative Methode mit einer linearen Basisiteration interpretiert werden.

Bemerkung 9.2.2 Die Folge $\{x^m\}$ des Gradientenverfahrens (2a-c) ist identisch mit der Folge $\{y^m\}$ der semiiterativen Richardson-Methode

$$(9.2.3a) \qquad y^{m+1} = y^m - \Theta_{m+1}(Ay^m - b) = \Theta_{m+1}\Phi_1^{Rich}(y^m, b) + (1-\Theta_{m+1})y^m$$

(vgl. (7.2.1b)), wenn man $y^0 = x^0$ wählt und die Faktoren Θ_{m+1} durch (3b) festlegt:

$$(9.2.3b) \qquad \Theta_{m+1} := \lambda_{opt}(x^m, b - Ax^m).$$

Satz 9.2.3 A sei positiv definit. Die extremen Eigenwerte von A seien $\lambda = \lambda_{min}(A)$ und $\Lambda = \lambda_{max}(A)$. F sei gemäß (1.3) definiert. Dann konvergiert die Folge $\{x^k\}$ des Gradientenverfahrens für jeden Startwert x^0 gegen die Lösung $x^* = A^{-1}b$ und erfüllt die Abschätzungen

$$(9.2.4a) \qquad F(x^m) - F(x^*) \le \left(\frac{\Lambda - \lambda}{\Lambda + \lambda}\right)^{2m} [F(x^0) - F(x^*)],$$

$$(9.2.4b) \qquad \|x^m - x^*\|_A \le \left(\frac{\Lambda - \lambda}{\Lambda + \lambda}\right)^m \|x^0 - x^*\|_A.$$

Beweis. (i) Die Abschätzungen (4a,b) sind nach (1.11c) äquivalent.
  (ii) Für den Beweis von (4b) reicht es, $m = 1$ zu betrachten. Die Richardson-Iteration

$$x_{Rich}^1 = x^0 - \Theta_{Rich}(Ax^0 - b) \qquad \text{mit} \quad \Theta_{Rich} = 2/(\Lambda + \lambda)$$

liefert den Fehler $e_{Rich}^1 = Me^0$ mit der Iterationsmatrix $M = M_{\Theta_{Rich}}^{Rich} = I - \Theta_{Rich}A$, die die Norm $\|M\|_2 \le \eta$ mit

$$(9.2.4c) \qquad \eta = \frac{\Lambda - \lambda}{\Lambda + \lambda}$$

besitzt (vgl. Satz 4.4.3). Da M mit A und $A^{1/2}$ vertauschbar ist, gilt

$$\tilde{e}_{Rich}^1 = M\tilde{e}^0 \qquad \text{für} \quad \tilde{e}_{Rich}^1 := A^{1/2}e_{Rich}^1, \quad \tilde{e}^0 := A^{1/2}e^0.$$

Wegen $\|\tilde{e}^0\|_2 = \|e^0\|_A$ und $\|\tilde{e}_{Rich}^1\|_2 = \|e_{Rich}^1\|_A$ können wir e_{Rich}^1 durch

$$\|e_{Rich}^1\|_A = \|\tilde{e}_{Rich}^1\|_2 \le \|M\|_2 \|\tilde{e}^0\|_2 = \eta \|e^0\|_A$$

abschätzen. x_{Rich}^1 und x^1 sind von der Form $x^0 + \Theta r^0$. Da die Iterierte x^1 des Gradientenverfahrens den Fehler $\|x^1 - x^*\|_A$ minimiert (vgl. Folgerung 1.4), folgt die Behauptung für $m = 1$: $\|x^1 - x^*\|_A \le \|e_{Rich}^1\|_A \le \eta \|e^0\|_A$. ∎

Zusatz 9.2.4 (a) Der Faktor η aus (4c) ist der kleinstmögliche in (4a,b).
(b) Die asymptotische Konvergenzrate des Gradientenverfahrens ist η.
(c) η hängt nur von der Konditionszahl $\varkappa = \varkappa(A) = \text{cond}_2(A) = \Lambda/\lambda$ ab:

$$(9.2.5) \qquad \eta = \frac{\varkappa - 1}{\varkappa + 1}.$$

Beweis. Seien v_1 und v_2 die Eigenvektoren zu Λ und λ mit $\|v_1\|_2 = \lambda$, $\|v_2\|_2 = \Lambda$. Für $x^0 := x^* + e^0$, $e^0 := v_1 \pm v_2$ findet man $e^1 = \eta(v_1 \mp v_2)$ und $e^2 = \eta^2(v_1 \pm v_2) = \eta^2 e^0$. Aus $\|e^2\|_A / \|e^0\|_A = \eta^2$ folgt der Teil (a). Gleichermaßen zeigt $e^{2k} = \eta^{2k} e^0$ den Teil (b).   ▣

Bemerkung 9.2.5 (a) Sei $\langle e^0, v_i \rangle \neq 0$ für die Eigenvektoren v_1, v_2 von A zu Λ und λ. Dann konvergiert $\varrho_{m+1,m} := \|x^{m+1} - x^*\|_A / \|x^m - x^*\|_A$ gegen $\eta = (\varkappa - 1)/(\varkappa + 1)$ aus (5).

(b) Da sich λ über $\rho(M_\Theta^{\text{Rich}}) = 1 - \Theta\lambda$ (z.B. für $\Theta = 1/\|A\|_\infty$) aus dem Konvergenzverhalten des Richardson-Verfahrens approximieren läßt, führt die Approximation von η über $\Lambda/\lambda = \varkappa = (1 + \eta)/(1 - \eta)$ zur Bestimmung des anderen extremen Eigenwertes Λ.

9.2.3 Numerische Beispiele

Auf den ersten Blick erscheint die Gradientenmethode besser als das semiiterative Verfahren, da dort die Parameter Θ_k *a priori* gewählt werden müssen (vgl. (3a)), während das Gradientenverfahren diese *a posteriori* in optimaler Weise bestimmt. Während jedoch die Čebyšev-Methode zu einer Verbesserung der Fehlerordnung führt, ist die Konvergenz nach Zusatz 4a durch η aus (4c) gegeben und damit so langsam wie das stationäre Richardson-Verfahren mit $\Theta = \Theta_{\text{opt}}$ (vgl. Satz 4.4.3).

Im Modellfall sind λ und Λ aus (4.1.1b,c) bekannt und führen auf

$$\eta = \frac{\cos^2 \pi h/2 - \sin^2 \pi h/2}{\cos^2 \pi h/2 + \sin^2 \pi h/2} =$$

$$= \cos \pi h = 1 - \tfrac{1}{2}\pi^2 h^2 + O(h^4).$$

Die geringe Konvergenzgeschwindigkeit der Gradientenmethode wird durch das folgende numerische Beispiel bestätigt. Das Modellproblem wird für die rechte Seite $f = -4$ und den Randwert $\varphi = x^2 + y^2$ gelöst. Tabelle 1 enthält die Resultate für die Schrittweite $h = 1/32$ und den

m	Wert in der Mitte	$\|e^m\|_A/\|e^{m-1}\|_A$
1	$-1.86560_{10}-3$	
2	$-3.52293_{10}-3$	0.844824
3	$-4.84034_{10}-3$	0.907804
4	$-5.97611_{10}-3$	0.935293
5	$-7.10198_{10}-3$	0.946906
6	$-8.16295_{10}-3$	0.953838
7	$-9.23998_{10}-3$	0.958895
8	$-1.02699_{10}-2$	0.962711
9	$-1.13230_{10}-2$	0.965778
10	$-1.23360_{10}-2$	0.968271
100	$-1.89771_{10}-2$	0.993444
110	$-5.13520_{10}-3$	0.993749
120	$1.01805_{10}-2$	0.993990
200	$1.45146_{10}-1$	0.994852
250	$2.18301_{10}-1$	0.995024
295	$2.73556_{10}-1$	0.995100
296	$2.73548_{10}-1$	0.995102
297	$2.75710_{10}-1$	0.995103
298	$2.75702_{10}-1$	0.995104
299	$2.77844_{10}-1$	0.995105
300	$2.77836_{10}-1$	0.995106

Tabelle 9.2.1 Resultate des Gradientenverfahrens für $h = 1/32$

Startwert $x^0 = 0$. Die Faktoren

$\| x^{m+1} - x^* \|_A / \| x^m - x^* \|_A$ aus der letzten Spalte von Tabelle 1 approximieren deutlich die asymptotische Konvergenzrate $\eta = \cos \pi/32 = 0.9951847$. Selbst nach 300 Iterationen ist der Wert $u_{16,16}$ im mittleren Gitterpunkt noch um 50% falsch: 0.2778 statt 0.5. Die in der skalierten Energienorm $h^2 \| x^m - x^* \|_A$ gemessenen Fehler weichen nur wenig von der Maximumnorm $\| e^m \|_\infty$ ab. Jedoch nimmt der Fehler in der Energienorm $\| \cdot \|_A$ gleichmäßig ab, während die Quotienten der $\| e^m \|_\infty$ oszillieren. Da $\eta = \varrho(M^{\text{Jac}})$, sind die Resultate aus Tab. 1 und Tab. 4.7.1 sehr ähnlich.

9.2.4 Gradientenverfahren basierend auf anderen Iterationen

Nach Bemerkung 2 ist das Gradientenverfahren ein spezielles semiiteratives Verfahren mit der Richardson-Iteration als Basisverfahren. Aus der Analyse der semiiterativen Verfahren wissen wir, daß andere Basisiterationen Φ wegen ihrer besseren Konditionszahl $\varkappa(W^{-1}A)$ (W: Matrix der dritten Normalform von Φ) für Semiiterationen geeigneter sind. Daher liegt es nahe, das Richardson-Verfahren gegen eine andere Iteration (z.B. die SSOR-Iteration; vgl. §7.4.2) auszutauschen. Hierzu müßte die Matrix A durch $\hat{A} := W^{-1}A$ ersetzt werden, denn das Richardson-Verfahren für die linkstransformierte (präkonditionierte) Gleichung $\hat{A} x = \hat{b} := W^{-1}b$ ist zu Φ äquivalent (vgl. Bemerkung 4.3.2).

Seien A und W positiv definit. Da die Matrix $\hat{A} = W^{-1}A$ im allgemeinen nicht mehr symmetrisch ist, erfüllt $\hat{A}$ nicht die für die Anwendbarkeit der Gradientenmethode notwendige Voraussetzung (1.2). Eine Abhilfe schafft Bemerkung 8.1.9. Die durch

$$(9.2.6a) \qquad \check{x}^{m+1} = \check{x}^m - W^{-1/2}(A W^{-1/2} \check{x}^m - b) = \check{x}^m - (\check{A}\,\check{x}^m - \check{b}),$$

$$(9.2.6b) \qquad \check{A} := W^{-1/2} A W^{-1/2}, \qquad \check{b} := W^{-1/2}b,$$

definierte Iteration $\hat{\Phi}$ ist zur Basisiteration $\Phi(x^m, b) = x^m - W^{-1}(A x^m - b)$ vermöge $\check{x}^m = W^{1/2}x^m$ äquivalent (aber nicht praktikabel) und stellt die Richardson-Iteration für das System $\check{A}\,\check{x} = \check{b}$ mit *positiv definiter* Matrix $\check{A}$ dar. Das Gradientenverfahren ist somit statt auf F aus (1.3) auf

$$(9.2.6c) \qquad \check{F}(\check{x}) := \tfrac{1}{2}\langle \check{A}\,\check{x}, \check{x} \rangle - \langle \check{b}, \check{x} \rangle$$

anzuwenden. Dessen negativer Gradient ist das neue Residuum

$$(9.2.6d) \qquad \check{r} := \check{b} - \check{A}\,\check{x} = W^{-1/2} r \qquad\qquad (r = b - A x).$$

Das zu $\check{A}$ gehörende Gradientenverfahren (2b,c) lautet

$$\check{x}^{m+1} := \check{x}^m + \lambda_{\text{opt}}(\check{x}^m, \check{r}^m)\,\check{r}^m,$$

$$\check{r}^{m+1} := \check{r}^m - \lambda_{\text{opt}}(\check{x}^m, \check{r}^m)\check{A}\,\check{r}^m$$

mit $\qquad \lambda_{\text{opt}}(\check{x}^m, \check{r}^m) = \| \check{r}^m \|_2^2 / \langle \check{A}\,\check{r}^m, \check{r}^m \rangle.$

Indem wir $\check{A} = W^{-1/2} A W^{-1/2}$, $\check{x}^m = W^{1/2} x^m$, $\check{r}^m = W^{-1/2} r^m$ ein setzen und die Definitionsgleichungen nach x^{m+1} und r^{m+1} auflösen, erhalten wir für die Iterierten $\{x^m\}$ die Vorschrift

$$(9.2.7a) \qquad x^{m+1} := x^m + \check{\lambda}_{opt} W^{-1} r^m,$$

$$(9.2.7b) \qquad r^{m+1} := r^m - \check{\lambda}_{opt} A W^{-1} r^m \quad \text{mit}$$

$$(9.2.7c) \qquad \check{\lambda}_{opt} := \langle W^{-1} r^m, r^m \rangle / \langle A W^{-1} r^m, W^{-1} r^m \rangle.$$

In (7a-c) treten keine Größen $W^{-1/2}$ oder $W^{1/2}$ mehr auf, so daß (7a-c) praktisch durchführbar ist. Wir nennen (7a-c) das *Gradientenverfahren angewandt auf die Basisiteration* $\Phi(x,b) = x - W^{-1}(A x - b)$. Im allgemeinen findet man die Bezeichnung «*präkonditioniertes Gradientenverfahren*», die insofern sprachlich verunglückt ist, als nicht das Gradientenverfahren präkonditioniert wird, sondern präkonditionierte Gradienten verwendet werden, wie wir in Bemerkung 7b sehen werden. Eine bessere Bezeichnung wäre deshalb «*Verfahren der präkonditionierten Gradienten*». In Analogie zu Bemerkung 2 zeigt (7a) die

Bemerkung 9.2.6 Die Folge $\{x^m\}$ des Gradientenverfahrens (7a-c) angewandt auf die symmetrische Iteration Φ ist identisch mit der Folge $\{y^m\}$ des semiiterativen Verfahrens $y^{m+1} = y^m - \Theta_{m+1} W^{-1}(A y^m - b) = \Theta_{m+1} \Phi(y^m, b) + (1 - \Theta_{m+1}) y^m$ mit Φ als Basisiteration, wenn man die Faktoren Θ_{m+1} durch $\check{\lambda}_{opt}$ aus (7c) definiert.

Der für (7a-c) notwendige Rechenaufwand wird überschaubarer, wenn wir $q^m := W^{-1} r^m$ und $a^m := A q^m$ einführen. Man beachte, daß q^m und a^m nur zwischenzeitlich benötigt werden und nicht für den nächsten Iterationsschritt bewahrt werden müssen.

<table>
<tr><td></td><td><u>Start:</u></td></tr>
<tr><td>(9.2.8a)</td><td>x^0 beliebig, $\quad r^0 := b - A x^0, \quad q^0 := W^{-1} r^0$</td></tr>
<tr><td></td><td><u>Iteration</u> $m = 0, 1, \ldots$:</td></tr>
<tr><td>(9.2.8b)</td><td>$q^m := W^{-1} r^m, \quad a^m := A q^m,$</td></tr>
<tr><td>(9.2.8c)</td><td>$\lambda_{opt} = \lambda_{opt}(x^m, q^m) = \langle q^m, r^m \rangle / \langle a^m, q^m \rangle,$</td></tr>
<tr><td>(9.2.8d)</td><td>$x^{m+1} := x^m + \lambda_{opt} q^m,$</td></tr>
<tr><td>(9.2.8e)</td><td>$r^{m+1} := r^m - \lambda_{opt} a^m.$</td></tr>
</table>

Bemerkung 9.2.7 (a) Die Darstellung (8a-e) macht deutlich, daß pro Iterationsschritt nur eine Multiplikation mit W^{-1} und A notwendig ist. **(b)** Der optimale Faktor λ_{opt} aus (8c) stimmt als Funktion von (x^m, q^m) mit $\lambda_{opt}(x, p)$ aus (1.9a) überein.

Bemerkung 7b ermöglicht die folgende Interpretation: Während das Verfahren (2a-c) die (negativen) Gradienten r^m als Suchrichtung verwendet, ersetzt das Verfahren (8a-e) diese durch die «präkonditionierten» Gradienten $q = W^{-1}r$. In diesem Sinne stellt (8a-e) das *Verfahren der präkonditionierten Gradienten* dar.

Die Konvergenz des Verfahrens (8a-e) ergibt sich, indem man den Konvergenzsatz 3 auf das transformierte Problem (6c): $\breve{F}(\breve{x}) = \min$ anwendet. Zunächst erhält man Fehlerabschätzungen für $\breve{x}^m$ bezüglich der entsprechenden $\breve{A}$-Norm $\|\cdot\|_{\breve{A}}$. Wegen

$$\|\breve{x}^m - \breve{x}^*\|_{\breve{A}}^2 = \langle \breve{A}(\breve{x}^m - \breve{x}^*), \breve{x}^m - \breve{x}^* \rangle =$$
$$= \langle A(x^m - x^*), x^m - x^* \rangle = \|x^m - x^*\|_A^2 \qquad (\breve{x}^* = W^{1/2}x^*)$$

übertragen sich die $\breve{A}$-Abschätzungen für $\breve{x}^m - \breve{x}^*$ auf die A-Norm der Fehler $x^m - x^*$:

Satz 9.2.8 (Konvergenz) A und W seien positiv definit. Es gelte

(9.2.9a) $\gamma W \leqslant A \leqslant \Gamma W$ (vgl. (7.3.23a')).

Dann gilt für die Iterierten aus (8a-e) die Fehlerabschätzung

(9.2.9b) $\|x^m - x^*\|_A \leqslant \left(\dfrac{\Gamma - \gamma}{\Gamma + \gamma}\right)^m \|x^0 - x^*\|_A.$

Bemerkung 9.2.9 Unter analoger Voraussetzung wie in Bemerkung 5a gilt für (8a-e), daß die Konvergenzraten gegen $\eta = (x-1)/(x+1)$ mit $x := x(W^{-1}A) = \Gamma/\gamma$ konvergieren (γ, Γ seien die *optimalen* Schranken in (9a)). Das Gradientenverfahren (8a-e) kann daher genutzt werden, um die Konditionszahl Γ/γ zu bestimmen. Eine Prozedur zur Bestimmung des optimalen Dämpfungsparameters Θ einer Iteration Φ kann lauten:

```
procedure bestimme_optimales_theta(var IP: Iterationsparameter);
var eta,rho: real;
begin writeln('*** Bestimmung der optimalen Dämpfung theta:');
  write(' --> Konvergenzrate des Gradientenverfahrens = '); readln(eta);
  write(' --> Konvergenzrate der Iteration = '); readln(rho);
  writeln('Ist der die Rate bestimmende Eigenwert positiv?');
  if ja_nein then IP.theta:=(1-eta)/(1-rho) else IP.theta:=(1+eta)/(1+rho)
end;
```

Anders als andere Autoren wollen wir das Gradientenverfahren als eine Methode ansehen, die ähnlich wie die Čebyšev-Methode auf alle symmetrischen Iterationen mit $A > 0$ angewandt werden kann.

Satz 9.2.10 Φ sei eine symmetrische Iteration, und es gelte $A > 0$. Das Gradientenverfahren angewandt auf Φ konvergiert so schnell wie das optimal gedämpfte Iterationsverfahren Φ_Θ, $\Theta = 2/(\gamma + \Gamma)$, ohne daß die Kenntnis der optimalen Schranken γ, Γ aus (9a) notwendig wäre.

Beweis. Man vergleiche die Resultate aus Übung 8.3.1 und (9b).   ▨

Die Übertragung der Iteration Φ in (6a) in eine Richardson-Iteration mit der symmetrischen Matrix $\overset{\vee}{A}$ ist nicht die einzige Möglichkeit. Φ ist ebenfalls äquivalent zu

(9.2.10a) $\bar{x}^{m+1} := \bar{x}^m - (\bar{A}\,\bar{x}^m - \bar{b})$ mit

(9.2.10b) $\bar{A} := A^{1/2} W^{-1} A^{1/2} > 0, \quad \bar{b} := A^{1/2} W^{-1} b, \quad \bar{x}^m := A^{1/2} x^m.$

Übungsaufgabe 9.2.11 Man zeige: **(a)** Die Anwendung des Gradientenverfahrens auf die Minimierung von

(9.2.10c) $\bar{F}(\bar{x}) := \frac{1}{2}\langle \bar{A}\,\bar{x}, \bar{x}\rangle - \langle \bar{b}, \bar{x}\rangle$

liefert nach Umschreiben auf die x-Größen:

(9.2.11a)   Start: x^0 beliebig, $q^0 := W^{-1}(b - Ax^0),$

(9.2.11b) $x^{m+1} := x^m + \bar{\lambda} q^m$ mit $\bar{\lambda} := \langle Aq^m, q^m\rangle / \langle W^{-1}Aq^m, Aq^m\rangle,$

(9.2.11c) $q^{m+1} := q^m - \bar{\lambda} W^{-1}Aq^m.$

(b) Die Verfahren (8a-e) und (11a-c) sind verschieden.

(c) γ und Γ seien die Schranken aus (9a). Es gilt die Fehlerabschätzung

(9.2.10d) $\| W^{-1/2} A(x^m - x^*)\|_2 \leq \left(\frac{\Gamma - \gamma}{\Gamma + \gamma}\right)^m \| W^{-1/2} A(x^0 - x^*)\|_2.$

(d) Man interpretiere den Faktor $\bar{\lambda}$ aus (11b) als optimalen Wert zur Suchrichtung q^m, indem man $F(x)$ aus (1.10a) mit $H = W^{-1}$ minimiere.

9.2.5 Pascal-Prozeduren und numerische Beispiele

Das Residuum r^m wird während der Iteration mitgeführt und in **IP.Res^** gespeichert. Mit **starte_Gradientenverfahren** wird r^0 berechnet. Die Prozedur **Gradienten_Verfahren** zur Realisierung von (8a-e) besitzt einen Parameter **Basisiteration**, um die zugrundeliegende Iteration Φ angeben zu können. Die Wahl **Richardson_Iteration** ergibt die einfache Version (2a-c). Zur Berechnung des Produktes $W^{-1}y = Ny$ (N: Matrix der zweiten Normalform) durch **N_y** wird die Iteration $\Phi(x,b) = Mx + Nb$ mit $x = 0$ und $b = y$ durchgeführt. Dies ist nicht der sparsamste Weg, aber er erspart es, für jedes W_Φ eine neue Prozedur schreiben zu müssen. Zur Multiplikation Ax wird eine eigene Prozedur **A_x** angegeben (Alternative: Ax aus $r = b - Ax$ mit $b := 0$ mittels **Residuum berechnen**). Dem Aufruf eines einzigen Gradientenschrittes mit dem Parameter it dient die Prozedur **Gradientenverfahren_1**.

```
function Eukl_Skalarprodukt(var x,y: Gitterfunktion; var A:
                     Diskretisierungsdaten): real; var i,j: integer; e: real;
begin e:=0; for i:=1 to A.nx-1 do for j:=1 to A.ny-1 do e:=e+x[i,j]*y[i,j];
                     Eukl_Skalarprodukt:=e*A.h2 end;

function Euklidische_Norm (var x: Gitterfunktion; var A: Diskretisierungsdaten):
real;   begin Euklidische_Norm:=sqrt(Eukl_Skalarprodukt(x,x,A)) end;
```

```pascal
function lambda_opt(var r,p,Ap: Gitterfunktion; var A:
          Diskretisierungsdaten): real; var s: real; {definiert gemäß (9.1.9a/9d)}
begin s:=Eukl_Skalarprodukt(Ap,p,A); if s=0 then lambda_opt:=0 else
                          lambda_opt:=Eukl_Skalarprodukt(r,p,A)/s  end;

procedure A_x(var Ax: Gitterfunktion; var A: Diskretisierungsdaten;
  var x: Gitterfunktion); {Berechnung von Ax:=A*x, wobei x Nullrandwerte hat!}
var i,j: integer; v,z: Spalte;
begin with A do begin Null_Randwerte(nx,ny,x); v:=x[0]; for i:=1 to nx-1 do
  begin case Art of
Poisson_Modellproblem:
    for j:=1 to ny-1 do z[j]:=4*x[i,j]-x[i,j-1]-x[i,j+1]-x[i-1,j]-x[i+1,j];
Fuenfpunktformel: for j:=1 to ny-1 do z[j]:=S[-1,0]*x[i-1,j]+S[1,0]*x[i+1,j]
                                +S[0,-1]*x[i,j-1]+S[0,1]*x[i,j+1]+S[0,0]*x[i,j];
Neunpunktformel:
    for j:=1 to ny-1 do z[j]:=S[-1,-1]*x[i-1,j-1]+S[0,-1]*x[i,j-1]
            +S[1,-1]*x[i+1,j-1] +S[-1,0]*x[i-1,j]+S[0,0]*x[i,j]+S[1,0]*x[i+1,j]
            +S[-1,1]*x[i-1,j+1]+S[0,1]*x[i,j+1]+S[1,1]*x[i+1,j+1]
  end {case};  Ax[i-1]:=v;  v:=z
  end;  Ax[nx-1]:=v;  Null_Randwerte(nx,ny,Ax)
end end;

function A_Skalarprodukt(var x,y: Gitterfunktion; var A:
                            Diskretisierungsdaten): real; var Ax: Gitterfunktion;
begin  A_x(Ax,A,x);  A_Skalarprodukt:=Eukl_Skalarprodukt(Ax,y,A)  end;

function A_Norm(var x: Gitterfunktion; var A: Diskretisierungsdaten): real;
begin A_Norm:=sqrt(A_Skalarprodukt(x,x,A)) end;

procedure Gitterfunktion_gleich_null(nx,ny: integer; var x: Gitterfunktion);
var i,j: integer;   begin for j:=0 to ny do for i:=0 to nx do x[i,j]:=0 end;

procedure N_y(var Ny,y: Gitterfunktion; var A : Diskretisierungsdaten;
  var IP: Iterationsparameter;
  procedure Basisiteration(var neu: Gitterfunktion; var A:
    Diskretisierungsdaten; var x,b: Gitterfunktion; var IP: Iterationsparameter));
begin Gitterfunktion_gleich_null(A.nx,A.ny,Ny); Basisiteration(Ny,A,Ny,y,IP)end;

procedure starte_Gradientenverfahren (var A: Diskretisierungsdaten;
                    var x,b: Gitterfunktion; var IP: Iterationsparameter);
begin with IP do begin Nr:=0; if Res=nil then new(Res); Residuum(Res^,A,x,b)
end end;

procedure Gradienten_Verfahren(var neu: Gitterfunktion; var A:
Diskretisierungsdaten; var x,b: Gitterfunktion; var IP: Iterationsparameter;
procedure Basisiteration(var neu: Gitterfunktion; var A: Diskretisierungsdaten;
                    var x,b: Gitterfunktion; var IP: Iterationsparameter));
var q,Aq: Gitterfunktion; lambda: real;
begin if IP.Res=nil then  starte_Gradientenverfahren(A,x,b,IP);
    with A do with IP do
    begin N_y(q,Res^,A,IP,Basisiteration);
        A_x(Aq,A,q); lambda:=lambda_opt(Res^,q,Aq,A);
        Vektor_plus_Faktor_mal_Vektor(nx,ny,x,x,lambda,q);
        Vektor_plus_Faktor_mal_Vektor(nx,ny,Res^,Res^,-lambda,Aq)
end end;
```

```
procedure Gradientenverfahren_1(var It: Iterationsdaten;
procedure Basisiteration(var neu: Gitterfunktion; var A: Diskretisierungsdaten;
                         var x,b: Gitterfunktion; var IP: Iterationsparameter));
var Nummer: integer;
begin with it do with IP do begin Nummer:=Nr;
      if Nr=0 then starte_Gradientenverfahren(A,x,b,IP);
      Gradienten_Verfahren(x,A,x,b,IP,Basisiteration); Nr:=Nummer+1
end end;
```

Das Rahmenprogramm zum Aufruf des Gradientenverfahrens angewandt auf die SSOR-Iteration kann wie folgt aussehen.

```
program Gradientenverfahren;
var it: Iterationsdaten; i,itzahl: integer; v: Vergleichsdaten;
   AN: Iterationsgeschichte; {rechte_Seite etc. zu definieren}
begin initialisiere_IT(it); initialisiere_Vergleichsdaten(v);
 repeat Freigabe_IT(it); Freigabe_Vergleichsdaten(v);
   definiere_Problem(it,Randwerte,Rechte_Seite); writeln('Problem definiert.');
   definiere_optimalen_SSOR_Parameter(it);
   definiere_Startiteration(it,Nullfunktion);   writeln('Startwert definiert.');
   definiere_Vergleichsloesung(v,it.A,exakte_Loesung);
   write(' --> Anzahl der Iterationen = '); readln(itzahl); it.IP.Nr:=0;
   for i:=1 to itzahl do
   begin Gradientenverfahren_1(it,lex_SSOR);
     Vergleich_mit_exakter_Loesung(AN,v,it,A_Norm);
     writeln('Iterationsnr. ',it.IP.Nr,' A-Norm: ',AN.Wert[0])
   end { Möglichkeit zum Abspeichern. }
 until ja_nein {Wiederholung abbrechen?}
end.
```

Als Beispiel wird im Poisson-Modellfall die SSOR-Iteration als Basisiteration verwendet. Wie in Tabelle 4.8.1 wird für die Schrittweite $h = 1/32$ der Relaxationsparameter $\omega = 1.82126912$ gewählt. Die in Tab. 1 wiedergegebenen Resultate zeigen die Konvergenzrate $\eta \approx 0.769$. Aus (5) schließt man auf die Konditionszahl $\Gamma/\gamma = \varkappa = (1+\eta)/(1-\eta) = 7.66$. Gemäß Tabelle 4.8.1/2 lautet die Konvergenzrate der SSOR-Iteration 0.8796. Aus $\varrho(M^{SSOR}) = 1-\lambda$ schließt man $\lambda = 0.1204$, was zu $\Gamma = 7.66, \gamma = 0.922$ führt. Also wäre $\Theta = 2/(\gamma+\Gamma) \approx 1.92$ der optimale Dämpfungs- oder besser Extrapolationsfaktor für $\Phi^{SSOR}_{\omega=1.82}$ im Poisson-Modellfall bei $h = 1/32$.

m	Wert in der Mitte	$\dfrac{\Vert e^m\Vert_A}{\Vert e^{m-1}\Vert_A}$
1	0.2851075107	0.457624
2	0.9245177570	0.519182
3	0.1780816984	0.588553
4	0.2274720552	0.645408
5	0.2956906889	0.685785
10	0.4381492069	0.757746
20	0.4954559469	0.767196
30	0.4996724015	0.768216
40	0.4999764630	0.768512
50	0.4999983084	0.768691
60	0.4999998782	0.768827
70	0.4999999912	0.768935

Tabelle 9.2.2 Gradientenverfahren für SSOR-Verfahren, $h = 1/32$

9.3 Methode der konjugierten Richtungen

9.3.1 Optimalität bezüglich einer Richtung

Die Langsamkeit der Gradientenmethode wurde in Satz 2.3 anhand des zweidimensionalen Unterraumes aufgespannt von den beiden extremen Eigenvektoren bewiesen. Daher reicht zur Demonstration schon ein System mit zwei Gleichungen aus. Die Matrix $A = \mathrm{diag}\{\lambda_1, \lambda_2\}$ mit $0 < \lambda_1 \leqslant \lambda_2$ hat die Kondition $\mathrm{cond}_2(A) = \lambda_2/\lambda_1$. Die zugehörige Funktion F aus (1.3) hat Ellipsen als Niveaulinien $N_c := \{x \in \mathbb{R}^2 : F(x) = c\}$ zu Werten $c \in \mathbb{R}$. In zwei Dimensionen läßt sich das Gradientenverfahren graphisch veranschaulichen: Der Punkt x^m [x^{m+1}] liegt auf der Ellipse $N_m := N_c$ mit $c = F(x^m)$ [bzw. $N_{m+1} := N_c$ mit $c = F(x^{m+1})$]. Die Strecke $x^m x^{m+1}$ steht senkrecht auf N_m und berührt N_{m+1} tangential. Aufeinanderfolgende Strecken (d.h. die Korrekturen $x^{m+1} - x^m$) bilden damit jeweils rechte Winkel. Abb. 1 zeigt, wie bei langgestreckten Ellipsen der Iterationspfad eine Zickzacklinie bildet. Dies illustriert, daß die Annäherung an das Zentrum viele Iterationsschritte braucht. Man beachte, daß die Ellipsen umso länger gestreckt sind, je größer die Kondition ist.

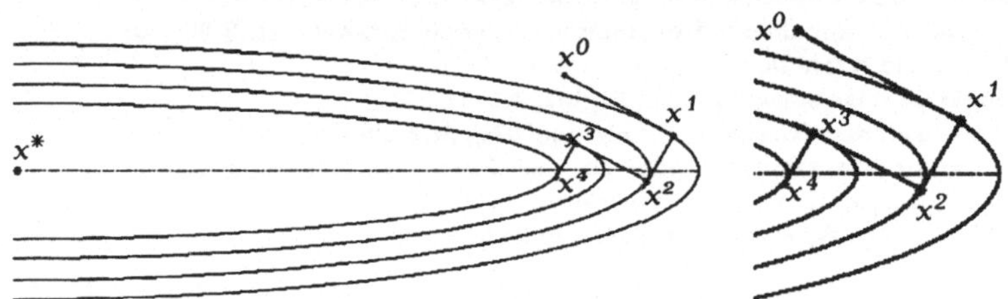

Abb. 9.3.1 Die Iterierten x^k auf Niveaulinien von F

Aus der Eigenschaft, daß die Korrekturen $x^{m+3} - x^{m+2}$ und $x^{m+1} - x^m$ parallel verlaufen, ersieht man, daß der Wert x^{m+2} in genau der Richtung korrigiert werden muß, in welcher x^m zuvor korrigiert worden ist. Die Optimalität von x^{m+1} bezüglich der Richtung $x^{m+1} - x^m$ ist x^{m+2} somit verloren gegangen. Allgemein definieren wir:

(9.3.1a) x ist *optimal bezüglich einer Richtung* $p \neq 0$, falls

(9.3.1b) $F(x) \leqslant F(x + \lambda p)$ für alle $\lambda \in \mathbb{K}$.

Lemma 9.3.1 Die Optimalität von x bezüglich p ist äquivalent zu

(9.3.1c) $p \perp r := b - Ax$.

Beweis. Damit $f(\lambda) = F(x + \lambda p)$ aus (1.8c) bei $\lambda = 0$ minimal ist, muß $\langle Ax - b, p \rangle = -\langle r, p \rangle = 0$ gelten. Da (1.8c) nur für $\mathbb{K} = \mathbb{R}$ gilt, ziehe man für $\mathbb{K} = \mathbb{C}$ (1.12c) heran. ∎

Übungsaufgabe 9.3.2 x heißt *optimal bezüglich eines Unterraumes* U, falls $F(x) \leqslant F(x+\xi)$ für alle $\xi \in U$. Man zeige: x ist bzgl. U optimal, wenn

$$(9.3.1d) \qquad r = b - Ax \perp U.$$

Bemerkung 9.3.3 Für die Iterierten x^m des Gradientenverfahrens gilt:

$$(9.3.2a) \qquad x^{m+1} \quad (m \geqslant 0) \text{ ist optimal bezüglich } r^m = b - Ax^m,$$

$$(9.3.2b) \qquad r^{m+1} \perp r^m.$$

Beweis. Nach Lemma 1 sind (2a) und (2b) äquivalent. $r^m \perp r^{m+1} = r^m - \lambda_{opt}(x^m, r^m) A r^m$ folgt aus der Definition (1.9c,d) von λ_{opt}. ∎

Das Dilemma des Gradientenverfahrens läßt sich auf den folgenden Punkt bringen: Die Relation $r^{m+1} \perp r^m$ ist nicht transitiv, d.h. aus $r^m \perp r^{m+1}$ und $r^{m+1} \perp r^{m+2}$ folgt *nicht* $r^m \perp r^{m+2}$, so daß x^{m+2} im allgemeinen seine Optimalität bezüglich r^m verloren hat.

9.3.2 Konjugierte Richtungen

Wenn x in $x' := x + q$ $(q \neq 0)$ geändert wird, ändert sich das Residuum $r = b - Ax$ in

$$(9.3.3a) \qquad r' = b - Ax' = b - A(x+q) = b - Ax - Aq = r - Aq.$$

Sei x bezüglich der Richtung p optimal:

$$(9.3.3b) \qquad r \perp p.$$

Der neue Wert x' bleibt bezüglich p optimal, wenn $r' \perp p$, d.h. $Aq \perp p$, da genau dann $-\langle Aq, p \rangle = \langle r - Aq, p \rangle = \langle r', p \rangle = 0$ gilt. Dies beweist das

Lemma 9.3.4 Ist x bezüglich $p \neq 0$ optimal, so vererbt sich diese Optimalität auf $x' = x + q$ genau dann, wenn

$$(9.3.3c) \qquad Aq \perp p.$$

Vektoren p, q mit der Eigenschaft (3c) heißen *konjugiert*. Man kann den Begriff «konjugiert» auch durch «*A-orthogonal*» ersetzen, in Zeichen:

$$(9.3.3c') \qquad q \perp_A p,$$

wobei dies die Orthogonalität bezüglich des Skalarproduktes $\langle \cdot, \cdot \rangle_A$ aus (1.11a) bezeichnet.

Die Bedingung (3c) führt auf die folgende *Methode der konjugierten Richtungen*:

$\underline{\text{Start:}}$ x^0 beliebig, $r^0 := b - A x^0$,

$\underline{\text{Schleife}}$ für $m = 0, 1, \ldots, n-1$: $(n := \#I)$

(9.3.4a)   Wähle eine Richtung $p^m \neq 0$, die konjugiert zu allen vorangehenden p^ℓ $(\ell < m)$ ist,

(9.3.4b) $x^{m+1} := x^m + \lambda_{\text{opt}}(x^m, p^m) \, p^m$ mit

(9.3.4c) $\lambda_{\text{opt}}(x^m, p^m) := \langle r^m, p^m \rangle / \langle A p^m, p^m \rangle$,

(9.3.4d) $r^{m+1} := r^m - \lambda_{\text{opt}}(x^m, p^m) A p^m$.

Der Schritt (4b,c) beschreibt, daß x^{m+1} optimal bezüglich der Richtung p^m ist: $F(x^{m+1}) = \min\{F(x^m + \lambda p^m) : \lambda \in \mathbb{K}\}$ oder

(9.3.4e) $r^{m+1} \perp p^m$.

Die Definition (4d) ist gleichbedeutend mit

(9.3.4d') $r^{m+1} := b - A x^{m+1}$.

Die Eigenschaften dieses Verfahrens sind aufgezählt in

Satz 9.3.5 (a) Die Richtungen $\{p^m : 0 \leqslant k \leqslant n-1\}$ bilden eine Basis aus paarweise konjugierten Vektoren, also eine A-Orthogonalbasis.
(b) Der Prozeß endet bei $m = n-1$ mit der exakten Lösung $x^{m+1} = x^n = x^*$.
(c) Die Iterierte x^m ist optimal bezüglich aller Richtungen $p^0, p^1, \ldots, p^{m-1}$, d.h. sie ist optimal bezüglich des Unterraumes U_{m-1}:

(9.3.5a) $U_\ell := \text{span}\{p^0, \ldots, p^\ell\}$.

Die Residuen r^m erfüllen

(9.3.5b) $r^m \perp p^\ell$ $(0 \leqslant \ell \leqslant m-1)$,

(9.3.5c) $r^m \perp U_\ell$ $(0 \leqslant \ell \leqslant m-1)$.

(d) Der Fehler $e^m = x^m - x^*$ genügt der Bedingung

(9.3.5d) $e^m \perp_A p^\ell$ $(0 \leqslant \ell \leqslant m-1)$, d.h. e^m ist konjugiert zu p^ℓ.

(e) x^m ist Lösung der Minimierungsaufgabe

(9.3.5e) $F(x^m) = \min\{F(\xi) : \xi = x^0 + \sum_{\ell=0}^{m-1} \lambda_\ell p^\ell, \; \lambda_\ell \in \mathbb{K}\} = \min_{\xi - x^0 \in U_\ell} F(\xi)$,

wobei das Minimum in (5e) für $\lambda_\ell = \lambda_{\text{opt}}(x^\ell, p^\ell)$ angenommen wird.

Beweis zu (a): Zunächst ist festzustellen, daß die Division durch $\langle A p^m, p^m \rangle$ in (4c) wegen $p^m \neq 0$ wohldefiniert ist, solange eine weitere konjugierte Richtung existiert, d.h. solange $m < n$. Sobald $m = n-1$ erreicht ist, spannen $p^0, \ldots, p^{n-1}$ den gesamten Raum $\mathbb{K}^I$ auf, so daß eine Fortsetzung unmöglich ist.

zu (c): Die Aussage (5b) stimmt für $m = 0$, da $\{\ell: 0 \leqslant \ell \leqslant m-1\}$ die leere Menge ist. Sei (5b) für m richtig. Nach Lemma 1 ist x^m optimal bezüglich aller Richtungen p^ℓ $(0 \leqslant \ell \leqslant m-1)$. Gemäß Lemma 4 vererbt sich wegen $p^m \perp_A p^\ell$ $(0 \leqslant \ell \leqslant m-1)$ diese Eigenschaft auf x^{m+1}, so daß $r^{m+1} \perp p^\ell$ für alle $0 \leqslant \ell \leqslant m-1$. Die fehlende Bedingung $r^{m+1} \perp p^m$ folgt aus (4e).

zu (d): (5d) folgt aus (5b), da $A e^m = A(x^m - x^*) = A x^m - b = -r^m$.

zu (b): (5c) beweist $r^n \perp U_{n-1}$. Da $U_{n-1} = \mathbb{K}^I$ (vgl. (a)), folgt $r^n = 0$, d.h. $x^n = x^*$.

zu (e): Setzt man die Gleichungen (4b) ineinander ein, erhält man

$$(9.3.5f) \qquad x^m = x^0 + \sum_{\ell=0}^{m-1} a_\ell\, p^\ell \qquad\qquad \text{mit } a_\ell = \lambda_{\text{opt}}(x^\ell, p^\ell).$$

Aus (1.12c) mit $\tilde{x} := x^m$ und $x := \xi$ und aus $r^m \perp U_{m-1}$ schließt man auf
$$F(\xi) - F(x^m) = \text{Re} \langle r^m, \sum (\lambda_\ell - a_\ell) p^\ell \rangle + \tfrac{1}{2} \langle A(\xi - x^m), \xi - x^m \rangle = \tfrac{1}{2} \|\xi - x^m\|_A^2 \geqslant 0$$
mit Gleichheit nur für $\xi = x^m$, d.h. für $\lambda_\ell = a_\ell$. Dies beweist (5e).   ▨

Die Methode der konjugierten Richtungen ist für die Praxis uninteressant, wenn die Auswahl der p^m in (4a) nicht geschickt getroffen wird. Wählt man beispielsweise ein festes System $\{p^0, \ldots, p^{n-1}\}$, so führt der Anfangswert $x^0 := x^* - A^{-1} p^{n-1}$ mit dem Residuum $r^0 = p^{n-1}$ zu einer Folge $x^0 = x^1 = \ldots = x^{n-1}$, die erst im letzten Schritt zur exakten Lösung $x^n = x^*$ wird. Damit wird offenbar, daß es im allgemeinen keine Konvergenzabschätzung wie in (2.4b) geben kann.

9.4 Methode der konjugierten Gradienten

9.4.1 Erste Formulierung

Das Gradientenverfahren und die Methode der konjugierten Richtungen werden im folgenden kombiniert. Damit die Optimalität bezüglich einer früheren Suchrichtung nicht verloren geht, werden nur konjugierte Richtungen zugelassen. Die Residuen (negativen Gradienten) verwendet man zur Bestimmung der Suchrichtung p^m in (3.4a).

Hat man bereits $p^0, p^1, \ldots, p^{m-1}$ (sämtlich $\neq 0$) konstruiert, kann man r^m orthogonalisieren (bezüglich des Skalarproduktes $\langle \cdot, \cdot \rangle_A$):

$$(9.4.1a) \qquad p^m := r^m - \sum_{\ell=0}^{m-1} \frac{\langle A r^m, p^\ell \rangle}{\langle A p^\ell, p^\ell \rangle}\, p^\ell\,.$$

Wegen der leeren Summe für $m = 0$ startet die Konstruktion mit

$$(9.4.1b) \qquad p^0 := r^0.$$

Bemerkung 9.4.1 **(a)** p^m aus (1a) ist konjugiert zu allen p^ℓ, $0 \leqslant \ell \leqslant m-1$. **(b)** Es gilt

$$(9.4.2a) \qquad U_m := \text{span}\{p^0, \ldots, p^m\} = \text{span}\{p^0, p^1, \ldots, p^{m-1}, r^m\}.$$

(c) Hat man x^m mittels der Methode der konjugierten Richtungen konstruiert und ist r^m sein Residuum, so können r^m und p^m nur gemeinsam verschwinden. D.h.: Entweder ist $x^m = x^*$ die exakte Lösung oder $p^m \neq 0$.
(d) Es gilt

$$(9.4.2b) \qquad r^m \perp U_\ell \qquad\qquad\qquad \text{für } \ell < m .$$

Beweis zu (a). Nach Konstruktion (1a) gilt $\langle A p^m, p^j \rangle = 0$ für $j < m$.
   zu (b). Behauptung folgt direkt aus (1a).
   zu (d). Wiederholung von (3.5c) aus Satz 3.5.
   zu (c). Nach (1a) folgt $p^m = 0$ aus $r^m = 0$. Sei nun $p^m = 0$ angenommen. (1a) zeigt $r^m \in U_{m-1}$. Andererseits gilt $r^m \perp U_{m-1}$ (vgl. (2b)). Beides zusammen läßt nur $r^m = 0$ zu.   QED

In der ersten, provisorischen Darstellung lautet die *Methode der konjugierten Gradienten* wie folgt:

$$(9.4.3a) \qquad x^0 \text{ beliebig}, \quad r^0 := b - A x^0,$$

$$\underline{\text{Schleife}} \text{ für } m = 0, 1, \ldots, n-1 : \qquad (n := \# I\,)$$

$$(9.4.3b) \qquad p^m \text{ gemäß (1a,b) aus } r^m \text{ berechnen, falls } r^m \neq 0; \text{ sonst Abbruch.}$$

$$(9.4.3c) \qquad x^{m+1} := x^m + \lambda_{\mathrm{opt}}(x^m, p^m)\, p^m \quad \text{mit } \lambda_{\mathrm{opt}} \text{ aus (3.4c),}$$

$$(9.4.3d) \qquad r^{m+1} := r^m - \lambda_{\mathrm{opt}}(x^m, p^m)\, A p^m .$$

Die Eigenschaften dieser Methode sind zusammengefaßt in

Satz 9.4.2 (a) Spätestens für $m = n$ bricht die Schleife (3b–d) mit $x^m = x^*$ ab. Im folgenden sei $m_0 \leqslant n$ der erste Index mit $x^{m_0} = x^*$.
(b) Die Iterierten x^m $(0 \leqslant m \leqslant m_0)$ lassen sich durch jede der folgenden Minimierungsaufgaben charakterisieren:

$$(9.4.4a) \qquad F(x^m) = \min\{ F(x^0 + \sum_{\ell=0}^{m-1} \lambda_\ell p^\ell)\colon \lambda_0, \ldots, \lambda_{m-1} \in \mathbb{K} \},$$

$$(9.4.4b) \qquad F(x^m) = \min\{ F(x^0 + \sum_{\ell=0}^{m-1} \mu_\ell r^\ell)\colon \mu_0, \ldots, \mu_{m-1} \in \mathbb{K} \},$$

$$(9.4.4c) \qquad F(x^m) = \min\{ F(x^0 + p_{m-1}(A)\, r^0)\colon p_{m-1} \text{ Polynom vom Grad} \leqslant m-1\}.$$

(c) Für alle $0 \leqslant m \leqslant m_0$ gilt die Gleichheit der folgenden Unterräume:

$$(9.4.4d) \qquad U_m := \mathrm{span}\{p^0, \ldots, p^m\} = \mathrm{span}\{r^0, \ldots, r^m\} = \mathrm{span}\{r^0, A r^0, \ldots, A^m r^0\}.$$

Zum nachfolgenden Beweis des Satzes sei vorweg eine Übungsaufgabe zum Umgang mit den auftretenden Unterräumen angegeben:

Übungsaufgabe 9.4.3 Sei $U = \mathrm{span}\{u_1, \ldots, u_m\}$ ein Unterraum von $\mathbb{K}^I$.
(a) Sei $x - y \in U$. Man zeige: $\mathrm{span}\{U, x\} = \mathrm{span}\{U, y\}$.
(b) Sei $A \in \mathbb{K}^{I \times I}$ eine Matrix. Mit AU wird der Unterraum $\{Ax \colon x \in U\}$ bezeichnet. Man zeige: $AU = \mathrm{span}\{Au_1, \ldots, Au_m\}$.

Beweis zu Satz 2(a). Tritt der Fall $r^m = 0$ in (3b) für $m < n$ erstmals auf, ist $m_0 := m$ und $x^m = x^*$. Andernfalls ist $r^m \neq 0$ und nach Bemerkung 1c auch $p^m \neq 0$ für alle $m = 0, ..., n-1$, so daß nach Satz 3.5b $x^n = x^*$ folgt, also $m = n$.

zu (c). (4d) wird per Induktion bewiesen. Für $m = 0$ trifft (4d) wegen (1b): $p^0 = r^0$ zu. Sei (4d) für $m-1$ richtig. Der Bemerkung 1b entnimmt man $U_m = \mathrm{span}\{p^0, ..., p^{m-1}, p^m\} = \mathrm{span}\{p^0, ..., p^{m-1}, r^m\} = \mathrm{span}\{r^0, ..., r^{m-1}, r^m\}$ (vgl. Übung 3a). Da $r^{m-1} \in \mathrm{span}\{r^0, ..., r^{m-1}\} = \mathrm{span}\{r^0, ..., A^{m-1} r^0\}$ und

$$(9.4.4e) \quad A p^{m-1} \in A U_{m-1} = A\,\mathrm{span}\{r^0, ..., A^{m-1} r^0\} = \mathrm{span}\{A r^0, ..., A^m r^0\},$$

folgt aus der Darstellung $r^m = r^{m-1} - \lambda A p^{m-1}$, daß $r^m \in \mathrm{span}\{r^0, ..., A^m r^0\}$. Mit der Induktionsvoraussetzung zusammen erhalten wir

$$U_m = \mathrm{span}\{r^0, ..., r^{m-1}, r^m\} \subset \mathrm{span}\{r^0, ..., A^{m-1} r^0, A^m r^0\}.$$

Wegen $\dim U_m = m+1$ muß die Gleichheit der Unterräume gelten und beweist (4d).

zu (b). Wegen (4d) haben alle Minimierungsaufgaben (4a-c) die Form

$$(9.4.4f) \qquad F(x^m) = \min\{F(x^0 + \xi): \xi \in U_{m-1}\}. \qquad \blacksquare$$

Zusatz 9.4.4 Die Aussagen (4a-c) können auch mit Hilfe der Norm $\|\cdot\|_A$ ausgedrückt werden:

$$(9.4.4a') \qquad \|e^m\|_A = \|x^m - x^*\|_A = \min\{\|e^0 + \sum_{\ell=0}^{m-1} \lambda_\ell p^\ell\|_A: \lambda_0, ..., \lambda_{m-1} \in \mathbb{K}\},$$

$$(9.4.4b') \qquad \|e^m\|_A = \|x^m - x^*\|_A = \min\{\|e^0 + \sum_{\ell=0}^{m-1} \mu_\ell r^\ell\|_A: \mu_0, ..., \mu_{m-1} \in \mathbb{K}\},$$

$$(9.4.4c') \qquad \|e^m\|_A = \min\{\|e^0 + p_{m-1}(A)\, r^0\|_A: p_{m-1} \text{ Polynom vom Grad} \leqslant m-1\}.$$

Der vorgeschlagene Algorithmus (3a-d) kann in (3b) entscheidend vereinfacht werden. Die Berechnung der meisten Skalarprodukte $\langle A r^m, p^\ell \rangle$ in (1a) kann entfallen:

Lemma 9.4.5 Es gilt $\langle A r^m, p^\ell \rangle = 0$ für alle $0 \leqslant \ell \leqslant m-2$, $m \leqslant m_0$.

Beweis. Es ist $\langle A r^m, p^\ell \rangle = \langle r^m, A p^\ell \rangle$, und (4e) zeigt $A p^\ell \in U_{m-1}$. Die Behauptung folgt somit aus (2b): $r^m \perp U_{m-1}$. $\qquad \blacksquare$

Von der Summe (1a) bleibt lediglich der Summand für $\ell = m-1$:

$$(9.4.5) \qquad p^m := r^m - \frac{\langle A r^m, p^{m-1} \rangle}{\langle A p^{m-1}, p^{m-1} \rangle} p^{m-1} = r^m - \frac{\langle r^m, A p^{m-1} \rangle}{\langle A p^{m-1}, p^{m-1} \rangle} p^{m-1}.$$

Die zweite Darstellung in (5) hat den Vorteil, daß nur das Produkt $A p^{m-1}$ benötigt wird, das schon im Nenner, in λ_{opt} (vgl. (3.4c)) sowie in (3d) auftritt.

9.4.2 Das cg–Verfahren (angewandt auf die Richardson–Iteration)

Mit (5) nimmt das cg-Verfahren (cg = $\underline{c}$onjugate $\underline{g}$radient) (3a-d) die folgende Gestalt an:

(9.4.6a) x^0 beliebig, $\quad r^0 := b - A x^0, \quad p^0 := r^0$.

Für $m = 0, 1, \ldots, n-1$: Abbruch, falls $r^m = 0$, sonst:

(9.4.6b) $x^{m+1} := x^m + \lambda_{\text{opt}}(x^m, p^m) p^m \quad$ mit

(9.4.6c) $\lambda_{\text{opt}}(x^m, p^m) := \langle r^m, p^m \rangle / \langle A p^m, p^m \rangle$,

(9.4.6d) $r^{m+1} := r^m - \lambda_{\text{opt}}(x^m, p^m) A p^m$,

(9.4.6e) $p^{m+1} := r^{m+1} - \dfrac{\langle r^{m+1}, A p^m \rangle}{\langle A p^m, p^m \rangle} p^m$.

Übungsaufgabe 9.4.6 Äquivalent zu (6c,e) sind folgende Alternativen:

(9.4.6c') $\lambda_{\text{opt}}(x^m, p^m) := \| r^m \|_2^2 / \langle A p^m, p^m \rangle$,

(9.4.6e') $p^{m+1} := r^{m+1} + \dfrac{\| r^{m+1} \|_2^2}{\| r^m \|_2^2} p^m$.

Bemerkung 9.4.7 Für einen cg-Schritt $x^m \mapsto x^{m+1}$ werden eine Multiplikation $A p^m$ und sonst nur einfache Vektoroperationen und Skalarprodukte benötigt. Andererseits ist der Speicherbedarf höher: Neben x^m werden auch r^m und p^m benötigt.

Das cg-Verfahren wurde erstmals 1952 von Stiefel [1] in einer sehr lesenswerten Arbeit vorgestellt. Unabhängig davon wurde der Verfahren im gleichen Jahre von Hestenes beschrieben (vgl. Hestenes [1], Stiefel-Hestenes [1]).

Das cg-Verfahren kann in zwei völlig entgegengesetzten Richtungen interpretiert werden:

* cg als <u>direktes</u> Verfahren,
* cg als <u>Iterations</u>verfahren.

Formal ist cg ein direktes Verfahren, da es nach endlich vielen Operationen (spätestens nach n Schritten) die exakte Lösung x^* liefert. In der Praxis ist dies im allgemeinen nicht richtig. Da die späteren, kleinen Residuen r^k aus Linearkombinationen größerer Ausdrücke entstehen, kommt es zu Auslöschungen, d.h. zu Rundungsfehlern, die dazu führen, daß die Vektoren $\{ p^0, \ldots, p^{n-1} \}$ *kein* konjugiertes System bilden. Hier bietet sich ein erster Ansatz, zu einer echten cg-*Iteration* zu kommen: Nach jeweils n Schritten startet man von neuem mit der Abstiegsrichtung $p^n := r^n$. Das entstehende Verfahren (hier «zyklische cg-Iteration» genannt) wird im allgemeinen als «<u>*cg mit Restart*</u>» bezeichnet.

(9.4.7)

x^0 beliebiger Startwert,

zyklische cg-Iteration:

x^m: wie in (6b,d)

r^m, p^m: wie in (6c-e), wenn m kein Vielfaches von $n = \#I$,

$r^m := p^m := b - A x^m$, wenn $m = 0, n, 2n, \dots$

Wir verzichten auf eine Diskussion des Rundungsfehlereinflusses aus Gründen, die mit der nachfolgenden Interpretation des cg-Algorithmus als Iteration zusammenhängen.

Abgesehen davon, daß im Falle des cg-Verfahrens keine Iterationsvorschrift der Form $x^m \mapsto x^{m+1} = \Phi(x^m, b)$ vorliegt (das Resultat hängt auch von p^k ab), versteht man allgemeiner unter einer Iteration nur *unendliche* Prozesse. Wenn nur endlich viele Iterierte $x^0, \dots, x^m$ konstruierbar sind, verlieren die Begriffe «Konvergenz» und »asymptotische Konvergenzrate» ihren Sinn, da keine Limesbildung möglich ist. Trotzdem ist es durchaus vernünftig, die cg-Methode (ohne die zyklische Erweiterung (7)) als eine (Semi-)Iteration anzusehen. Der Grund dafür ist, daß das cg-Verfahren nur dann von praktischem Interesse ist, wenn eine hinreichend genaue Iterierte x^m schon für Indizes m erreicht werden kann, die um eine Größenordnung kleiner als die Dimension n sind. In den Beispielen aus §9.4.6 wird laut nach Tab. 1 (bzw. Tab. 2) eine befriedigende Genauigkeit nach $50-100$ (bzw. $m=10$) Schritten erreicht, während die Dimension $n = 31^2 = 961$ beträgt. Die Propagierung der cg-Methode als «Iterationsverfahren» ist Reid [1] zu verdanken.

9.4.3 Konvergenzanalyse

Grundlage der Konvergenzanalyse ist die folgende Beobachtung, die der Bemerkung 2.2 im Falle des Gradientenverfahrens entspricht.

Bemerkung 9.4.8 Sei $x^0, \dots, x^m$ die Folge der cg-Iterierten. **(a)** Es gibt für alle $0 \leq k \leq m$ (vom Startwert x^0 abhängige) Polynome P_m vom Grad $\leq m$ mit $P_k(1) = 1$, so daß sich $x^0, \dots, x^m$ aus der *semiiterativen Richardson-Iteration* (7.2.1a,b) ergeben, die dieser Polynomfolge entspricht. Insbesondere gilt die Fehlerdarstellung

$$(9.4.8a) \qquad e^k = x^k - x^* = P_k(I - A)e^0 = P_k(M_1^{\text{Rich}})e^0 \qquad (M_1^{\text{Rich}} = I - A).$$

(b) Die Polynome P_k und $Q_{k-1}(\xi) := [P_k(1-\xi) - 1]/\xi$ sind die jeweiligen Lösungen der Minimierungsaufgaben

$$(8.4.8b) \qquad \| e^k \|_A = \| P_k(I-A)e^0 \|_A \leq \| \tilde{P}_k(I-A)e^0 \|_A$$

$$\text{für alle Polynome } \tilde{P}_k \text{ mit Grad} \leq k \text{ und } \tilde{P}_k(1) = 1,$$

$$(8.4.8c) \qquad \| e^k \|_A = \| e^0 + Q_{k-1}(A)r^0 \|_A \leq \| e^0 + \tilde{Q}_{k-1}(A)r^0 \|_A$$

$$\text{für alle Polynome } \tilde{Q}_{k-1} \text{ mit Grad} \leq k-1.$$

Beweis zu (a). Nach (6b) gilt $x^k = x^0 + \sum_{\nu=0}^{k-1} \beta_\nu\, p^\nu$ mit $\beta_\nu := \lambda_{opt}(x^\nu, p^\nu)$, d.h.

$$x^k - x^0 \in \mathrm{span}\{p^0, \ldots, p^{k-1}\} = \mathrm{span}\{r^0, \ldots, A^{k-1} r^0\}$$

(vgl. (4d)). Mit $A(x^k - x^0) = (b - A x^0) - (b - A x^k) = r^0 - r^k$ findet man

$$r^k = r^0 + \sum_{\nu=1}^{k} \alpha_\nu\, A^\nu r^0, \qquad \text{d.h.} \quad r^k = R_k(A)\, r^0$$

mit einem Polynom $R_k(\xi) = \sum \alpha_\nu\, \xi^\nu$ von Grad $\leqslant k$ mit $\alpha_0 = 1$ (also $R_k(0) = 1$). Man definiere $P_k(\xi) := R_k(1 - \xi)$. Das neue Polynom hat die Eigenschaften

$$(9.4.8d) \qquad P_k(1) = 1, \quad \mathrm{grad}\, P_k \leqslant k, \quad P_k(I - A) = R_k(A),$$

$$(9.4.8e) \qquad r^k = P_k(I - A)\, r^0.$$

Da $e^k = -A^{-1} r^k$, $e^0 = -A^{-1} r^0$ und $A^{-1} P_k(I - A) A = P_k(I - A)$, folgt (8a) aus (8e).

zu (b). Q_{k-1} erfüllt nach Konstruktion $P_k(I - A) = I - Q_{k-1}(A) A$ und damit $e^k = P_k(I - A) e^0 = e^0 - Q_{k-1}(A) A e^0$. $A e^0 = -r^0$ zeigt die Gleichheit im ersten Teil von (8c). Die Ungleichung im zweiten Teil von (8c) stimmt mit der Charakterisierung (4c') aus Zusatz 4 überein. Da jedem Polynom $\widetilde{P}_k$ mit Grad $\leqslant k$ und $\widetilde{P}_k(1) = 1$ das Polynom $\widetilde{Q}_{k-1}(\xi) := [\widetilde{P}_k(1 - \xi) - 1]/\xi$ vom Grad $\leqslant k-1$ zugeordnet werden kann und $\widetilde{P}_k(I - A) e^0 = e^0 + \widetilde{Q}_{k-1}(A) r^0$ gilt, sind (8a) und (8b) äquivalent. $\blacksquare$

Folgerung 9.4.9 Die cg-Iterierten x^m sind zwar nicht die Lösungen der in §7.3.1 gestellten Minimierungsaufgabe, da dort die Minimierung bezüglich der Euklidischen Norm $\|\cdot\|_2$ verlangt wurde; wenn jedoch $\|\cdot\|_2$ durch $\|\cdot\|_A$ ersetzt wird, eröffnet die cg-Methode die Möglichkeit, die so modifizierte Minimierungsaufgabe (7.3.1) ohne Kenntnis des Anfangsfehlers e^0 und ohne Kenntnis des Spektrums von $M_1^{Rich} = I - A$ (d.h. des Spektrums von A) zu lösen.

Folgerung 9.4.10 Die Fehler $e^m = x^m - x^*$ der cg-Iterierten erfüllen für jedes Polynom P_m mit $\mathrm{grad}\, P_m \leqslant m$, $P_m(1) = 1$ die Fehlerabschätzung

$$(9.4.9) \qquad \|e^m\|_A \leqslant \max\{|P_m(1 - \lambda)| : \lambda \in \sigma(A)\}\, \|e^0\|_A.$$

Beweis. (8b) zeigt $\|e^m\|_A \leqslant \|P_m(I - A)\|_A \|e^0\|_A$. Die Matrixnorm $\|\cdot\|_A$ hat die Darstellung $\|X\|_A = \|A^{1/2} X A^{-1/2}\|_2$ (vgl. (2.6.10)). $A^{1/2}$ ist mit Polynomen in A vertauschbar: $A^{1/2} P_m(I - A) A^{-1/2} = P_m(I - A)$. Aus $\|P_m(I - A)\|_2 = \max\{|P_m(1 - \lambda)| : \lambda \in \sigma(A)\}$ folgt die Behauptung (9). $\blacksquare$

Übungsaufgabe 9.4.11 Man beweise mit Hilfe von (9), daß $x^m = x^*$ spätestens für $m = $ Grad des Minimalpolynoms von A.

Daß wie im Fall der Čebyšev-Methode eine *Ordnungsverbesserung* erreicht wird, zeigt der folgende Satz.

Satz 9.4.12 Sei A positiv definit mit $\lambda := \lambda_{\min}(A)$, $\Lambda := \lambda_{\max}(A)$ und der Konditionszahl $\varkappa = \varkappa(A) = \Lambda / \lambda$. Die Fehler e^m cg-Iterierten x^m erfüllen die Abschätzung

$$(9.4.10) \qquad \| e^m \|_A \leq \frac{2(1 - 1/\varkappa)^m}{(1 + 1/\sqrt{\varkappa})^{2m} + (1 - 1/\sqrt{\varkappa})^{2m}} \, \| e^0 \|_A =$$

$$= c^m \, \frac{1}{1 + c^{2m}} \, \| e^0 \|_A \qquad \text{mit} \quad c := \frac{\sqrt{\varkappa} - 1}{\sqrt{\varkappa} + 1} = \frac{\sqrt{\Lambda} - \sqrt{\lambda}}{\sqrt{\Lambda} + \sqrt{\lambda}} \, .$$

Beweis. Sei P_m das transformierte Čebyšev-Polynom (7.3.12b), das zu $\sigma_M := [a, b] \supset \sigma(M^{\text{Rich}}) = \sigma(I - A)$ mit $a = 1 - \Lambda$, $b = 1 - \lambda$ gehört. (9) und (7.3.12c) ergeben $\| e^m \|_A \leq \| e^0 \|_A / C_m$. (7.3.14e/13c) beweisen (10). ▨

Die Fehlerabschätzung (10) ist eine obere Schranke, die keineswegs scharf zu sein braucht. Ihr liegt das Čebyšev-Polynom P_m zugrunde, das die optimale Wahl zur Minimierung von $\max\{|P_m(\xi)| : \xi \in \sigma_M\}$ darstellt, aber nicht $\max\{|P_m(\xi)| : \xi \in \sigma(M^{\text{Rich}}) = \sigma(I - A)\} = \max\{|P_m(1 - \lambda)| : \lambda \in \sigma(A)\}$ zu minimieren braucht. Dies führt zur folgenden Feststellung.

Bemerkung 9.4.13 Während die asymptotische Konvergenzrate des Gradientenverfahrens ausschließlich von der Kondition $\varkappa(A)$ und damit von den extremen Eigenwerten abhängt, wird die Konvergenz des cg-Verfahrens vom gesamten Spektrum beeinflußt.

Ein einfaches Beispiel mag dies verdeutlichen. Wenn die Inklusion $\sigma(M^{\text{Rich}}) \subset [a, b]$ mit $a = 1 - \Lambda$, $b = 1 - \lambda$ zu $\sigma(M^{\text{Rich}}) \subset \sigma_M := [a, a'] \cup [b', b]$ mit $a \leq a' < b' \leq b$ verschärft werden kann, findet man ein Polynom P_m, das $\max\{|P_m(1 - \lambda)| : \lambda \in \sigma(A)\}$ kleiner macht als das Čebyšev-Polynom (vgl. §7.3.6). Mit diesem P_m ließe sich eine bessere Abschätzung als (10) gewinnen. Generell gilt: Wenn sich die Eigenwerte von A nicht gleichmäßig über $[\lambda, \Lambda]$ verteilen (sich z.B. häufen oder in kleineren Teilintervallen liegen), konvergiert das cg-Verfahren besser als durch (10) abgeschätzt.

Auch wenn die Eigenwertverteilung kein besseres als das Čebyšev-Polynom zuließe, zeigen die Quotienten $\| e^{m+1} \|_A / \| e^m \|_A$ mit wachsender Iterationszahl m ein besseres Verhalten als $c \approx 1 - 2/\sqrt{\varkappa}$, wie gemäß (10) anzunehmen wäre. Die Ursache läßt sich wie folgt erklären: Im Falle des *Gradienten*verfahrens (9.2.2a-c) konvergieren die Fehler e^m gegen den Unterraum $V := \text{span}\{v_1, v_2\}$, der von den zu $\lambda := \lambda_{\min}(A)$ und $\Lambda := \lambda_{\max}(A)$ gehörenden Eigenvektoren aufgespannt wird (vgl. Beweis zu Zusatz 2.4). Für das *cg*-Verfahren kann dieses Verhalten nicht auftreten: Läge der *cg*-Fehler e^m exakt im Unterraum V, würde das cg-Verfahren $\dim V = 2$ Schritte brauchen, um zu $e^{m+2} = 0$ zuführen. Es zeigt sich, daß sich die cg-Fehler auf $V^\perp$ zubewegen. A beschränkt auf $V^\perp$ hat jedoch das Spektrum $\sigma(A) \setminus \{\lambda, \Lambda\}$ und die Konditionszahl Λ_2 / λ_2, wobei λ_2 der zweitkleinste und Λ_2 der zweitgrößte Eigenwert ist. Damit verhalten sich die Fehlerquotienten eher wie $c' \approx 1 - 2/\sqrt{\Lambda_2 / \lambda_2} < c$. Eine genaue Analyse findet man bei van der Sluis - van der Vorst [1].

9.4.4 Die cg-Methode angewandt auf symmetrische Iterationen

Wie beim Gradientenverfahren läßt sich die Methode der konjugierten Gradienten auch auf andere symmetrische Iterationen als das Richardson-Verfahren anwenden (sogenanntes *«präkonditioniertes cg-Verfahren»*). Sei Φ die symmetrische Iteration

$$(9.4.11a) \qquad x^{m+1} = x^m - W^{-1}(Ax^m - b), \qquad A,\ W \text{ positiv definit}.$$

Wie in (2.6b) seien $\check{A} := W^{-1/2}AW^{-1/2}$ und $\check{b} := W^{-1/2}b$ eingeführt. (11a) ist äquivalent zur Iteration (11b) zur Lösung von $\check{A}\check{x} = \check{b}$:

$$(9.4.11b) \qquad \check{x}^{m+1} = \check{x}^m - (\check{A}\check{x}^m - \check{b}).$$

Wendet man den cg-Algorithmus (6a-e) auf $\check{A}\check{x} = \check{b}$ an, entsteht

$$(9.4.12a) \qquad \check{x}^0 = W^{1/2}x^0, \qquad \check{r}^0 := \check{b} - \check{A}\check{x}^0, \qquad \check{p}^0 := \check{r}^0,$$

$$\text{Für } m = 0, 1, 2, \dots \text{ (solange } m < n,\ \check{r}^m \neq 0):$$

$$(9.4.12b) \qquad \check{x}^{m+1} := \check{x}^m + \lambda_{\mathrm{opt}}(\check{x}^m, \check{p}^m)\,\check{p}^m \quad \text{mit}$$

$$(9.4.12c) \qquad \lambda_{\mathrm{opt}}(\check{x}^m, \check{p}^m) = \langle \check{r}^m, \check{p}^m \rangle / \langle \check{A}\check{p}^m, \check{p}^m \rangle,$$

$$(9.4.12d) \qquad \check{r}^{m+1} := \check{r}^m - \lambda_{\mathrm{opt}}(\check{x}^m, \check{r}^m)\,\check{A}\check{p}^m \qquad (= \check{b} - \check{A}\check{x}^{m+1}),$$

$$(9.4.12e) \qquad \check{p}^{m+1} := \check{r}^{m+1} - \langle \check{r}^{m+1}, \check{A}\check{p}^m \rangle / \langle \check{A}\check{p}^m, \check{p}^m \rangle\,\check{p}^m.$$

Wir setzen $\check{A} = W^{-1/2}AW^{-1/2}$, $\check{b} = W^{-1/2}b$ ein, definieren x^m, p^m durch

$$(9.4.12f) \qquad \check{x}^m = W^{1/2}x^m, \qquad \check{p}^m = W^{1/2}p^m$$

und beachten $W^{-1/2}r^m = W^{-1/2}(b - Ax^m) = \check{b} - \check{A}\check{x}^m = \check{r}^m$. (12a-e) wird zu

$$(9.4.13a) \qquad x^0 \text{ beliebig}, \qquad r^0 := b - Ax^0, \qquad p^0 := W^{-1}r^0,$$

$$(9.4.13b) \qquad x^{m+1} := x^m + \lambda_{\mathrm{opt}}(x^m, p^m)\,p^m \quad \text{mit}$$

$$(9.4.13c) \qquad \lambda_{\mathrm{opt}}(x^m, p^m) = \langle r^m, p^m \rangle / \langle Ap^m, p^m \rangle,$$

$$(9.4.13d) \qquad r^{m+1} := r^m - \lambda_{\mathrm{opt}}(x^m, p^m)Ap^m,$$

$$(9.4.13e) \qquad p^{m+1} := W^{-1}r^{m+1} - \langle W^{-1}r^{m+1}, Ap^m \rangle / \langle Ap^m, p^m \rangle\,p^m.$$

Ausdruck (13c) stimmt mit der ursprünglichen Definition (1.9a) für λ_{opt} überein. (13e) zeigt, daß die Suchrichtungen p^m aus den «präkonditionierten» Gradienten $W^{-1}r^m$ durch A-Orthogonalisierung hervorgehen. Nutzt man die äquivalenten Formulierungen (6c',e') aus, gelangt man zu

$$(9.4.13c') \qquad \lambda_{\mathrm{opt}}(x^m, p^m) = \langle W^{-1}r^m, r^m \rangle / \langle Ap^m, p^m \rangle,$$

$$(9.4.13e') \qquad p^{m+1} := W^{-1}r^{m+1} + \langle W^{-1}r^{m+1}, r^{m+1} \rangle / \langle W^{-1}r^m, r^m \rangle\,p^m.$$

Wenn man während der Iteration die Variablen x^m, p^m, r^m und $\rho_m := \langle W^{-1}r^m, r^m \rangle$ mitführt, nimmt der cg-Algorithmus die Form (14a-e) an:

$(9.4.14a)$ $\quad$ x^0 beliebig, $\quad r^0 := b - Ax^0$, $\quad p^0 := W^{-1}r^0$, $\quad \rho_0 := \langle p^0, r^0 \rangle$,

$\quad$ <u>Iteration</u>: Für $m = 0, 1, \dots$ (solange $m < n$, $r^m \neq 0$):

$(9.4.14b)$ $\quad$ $a^m \quad := A p^m$, $\qquad \lambda_{\mathrm{opt}} := \rho_m / \langle a^m, p^m \rangle$,

$(9.4.14c)$ $\quad$ $x^{m+1} := x^m + \lambda_{\mathrm{opt}}\, p^m$

$(9.4.14d)$ $\quad$ $r^{m+1} := r^m - \lambda_{\mathrm{opt}}\, a^m$,

$(9.4.14e)$ $\quad$ $q^{m+1} := W^{-1}r^{m+1}$, $\qquad \rho_{m+1} := \langle q^{m+1}, r^{m+1} \rangle$.

$(9.4.14f)$ $\quad$ $p^{m+1} := q^{m+1} + \dfrac{\rho_{m+1}}{\rho_m}\, p^m$.

Die Fehlerabschätzung für $e^m = x^m - x^*$ ergibt sich wie in §9.2.4, da man die Ungleichung (10) für $\breve{e}^m = \breve{x}^m - \breve{x}^* = W^{1/2} e^m$ wegen $\|\breve{e}^m\|_{\breve{A}} = \|e^m\|_A$ auf e^m übertragen kann. Ferner beachte man $\varkappa = \varkappa(\breve{A}) = \varkappa(W^{-1/2} A W^{-1/2}) = \varkappa(W^{-1}A) = \Gamma / \gamma$ mit Γ, γ aus (15a).

Satz 9.4.14 (Fehlerabschätzung) Φ sei eine symmetrische Iteration. Ihre Matrix W der dritten Normalform erfülle

$(9.4.15a)$ $\quad$ $\gamma W \leqslant A \leqslant \Gamma W$ $\hfill (\gamma > 0,$ vgl. (2.9a)$)$.

Dann gilt für die Iterierten x^m der cg-Methode (14a–f) angewandt auf Φ die Energienormabschätzung

$(9.4.15b)$ $\quad \|e^m\|_A \leqslant \dfrac{2(1 - 1/\varkappa)^m}{(1 + 1/\sqrt{\varkappa})^{2m} + (1 - 1/\sqrt{\varkappa})^{2m}} \|e^0\|_A =$

$\qquad\qquad = c^m \dfrac{2}{1 + c^{2m}} \|e^0\|_A \quad$ mit $\varkappa = \dfrac{\Gamma}{\gamma}$, $\quad c := \dfrac{\sqrt{\varkappa} - 1}{\sqrt{\varkappa} + 1} = \dfrac{\sqrt{\Gamma} - \sqrt{\gamma}}{\sqrt{\Gamma} + \sqrt{\gamma}}$.

Lemma 9.4.15 (a) Spätestes für $m = n$ erhält man $x^m = x^*$. Sei m_0 der erste Index mit $x^{m_0} = x^*$.

(b) Die von (14a–f) erzeugten Suchrichtungen sind konjugiert bzgl. A:

$(9.4.16a)$ $\quad$ $\langle p^k, p^\ell \rangle_A = 0$ $\hfill$ für $k \neq \ell$.

(c) Für alle $0 \leqslant m \leqslant m_0$ gilt die Gleichheit der Unterräume (Krylov-Räume)

$(9.4.16b_1)$ $\quad$ $U_m := \mathrm{span}\{p^0, \dots, p^m\} =$

$(9.4.16b_2)$ $\qquad\quad = \mathrm{span}\{W^{-1}r^0, \dots, W^{-1}r^m\} =$

$(9.4.16b_3)$ $\qquad\quad = \mathrm{span}\{W^{-1}r^0, \dots, (W^{-1}A)^m W^{-1}r^0\}$.

(d) x^m ist das minimierende Argument der Ausdrücke

$(9.4.16c_1)$ $\quad$ $F(x^m) = \min\{F(x^0 + \sum\limits_{\ell=0}^{m-1} \lambda_\ell p^\ell): \lambda_0, \dots, \lambda_{m-1} \in K\}$,

$(9.4.16c_2)$ $\quad$ $F(x^m) = \min\{F(x^0 + W^{-1}\sum\limits_{\ell=0}^{m-1} \mu_\ell r^\ell): \mu_0, \dots, \mu_{m-1} \in K\}$,

$(9.4.16c_3)$ $\quad$ $F(x^m) = \min\{F(x^0 + p_{m-1}(W^{-1}A) W^{-1}r^0): p_{m-1}$ Polynom vom Grad $\leqslant m-1\}$.

Beweis. (a) ist mit Satz 2a identisch. Der Teil (b) ergibt sich aus (12f),
$$\langle \check{p}^k, \check{p}^\ell \rangle_{\check{A}} = \langle \check{A}\check{p}^k, \check{p}^\ell \rangle = \langle W^{-1/2}AW^{-1/2}W^{1/2}p^k, W^{1/2}p^\ell \rangle = \langle Ap^k, p^\ell \rangle =$$
$\langle p^k, p^\ell \rangle_A$ und der A-Orthogonalität der Suchrichtungen $\check{p}^k$. Teile (c)
und (d) sind Folge von (4a–d) angewandt auf die $\check{}$-Größen aus (12f).   ☒

9.4.5 Pascal-Prozeduren

Der Recordparameter **cg** in der Variablen **IP: Iterationsparameter** ist
ein Pointer auf **cg_Parameter**, der wiederum die Komponenten **r** für das
Residuum r^m, **p** für die konjugierte Gradientenrichtung p^m und **rho** für
ρ_m aus (14a,e) enthält. Mit **starte_cg_Verfahren** werden die Größen aus
(14a) berechnet. Die Prozedur **cg_Verfahren** führt (14a–f) für die
Iteration Φ = **Basisiteration** durch. Die Wahl **Richardson_Iteration** ergibt
die einfache Version (6a–e). Zur Berechnung des Produktes $W^{-1}y = Ny$
durch **N_y** vergleiche man §9.2.5. Dem Aufruf eines einzigen cg-
Schrittes mit dem Parameter **it** dient die Prozedur **cg_Verfahren_1**. Das
benötigte Rahmenprogramm ist völlig analog zu dem aus §9.2.5.

```
procedure starte_cg_Verfahren (var A: Diskretisierungsdaten;
var x,b: Gitterfunktion; var IP: Iterationsparameter;
procedure Basisiteration(var neu: Gitterfunktion; var A: Diskretisierungsdaten;
                         var x,b: Gitterfunktion; var IP: Iterationsparameter));
begin with IP do  begin Nr:=0;  if cg=nil then new(cg) end;   with IP.cg^ do
    begin Residuum_(r,A,x,b);
          N_y(p,r,A,IP,Basisiteration);  rho:=Eukl_Skalarprodukt(p,r,A)
end end;

procedure cg_Verfahren (var neu: Gitterfunktion; var A:
Diskretisierungsdaten; var x,b: Gitterfunktion; var IP: Iterationsparameter;
procedure Basisiteration(var neu: Gitterfunktion; var A: Diskretisierungsdaten;
                         var x,b: Gitterfunktion; var IP: Iterationsparameter));
var c,q: Gitterfunktion; lambda,rhoneu: real;
begin if IP.cg=nil then starte_cg_Verfahren(A,x,b,IP,Basisiteration);
  with A do with IP.cg^ do
  begin A_x(c,A,p); lambda:=Eukl_Skalarprodukt(c,p,A);
    if lambda=0 then Meldung('cg-Abbruch wegen pAp=0'); lambda:=rho/lambda;
    Vektor_plus_Faktor_mal_Vektor(nx,ny,x,x,lambda,p);          {(14c)}
    Vektor_plus_Faktor_mal_Vektor(nx,ny,r,r,-lambda,c);          {(14d)}
    N_y(c,r,A,IP,Basisiteration); rhoneu:=Eukl_Skalarprodukt(c,r,A);
    if rhoneu=0 then writeln('Exakte Lösung mit cg erreicht!');
    if rho>0 then Vektor_plus_Faktor_mal_Vektor(nx,ny,p,c,rhoneu/rho,p);
    rho:=rhoneu
end end;
procedure cg_Verfahren_1 (var it: Iterationsdaten;
procedure Basisiteration(var neu: Gitterfunktion; var A: Diskretisierungsdaten;
                         var x,b: Gitterfunktion; var IP: Iterationsparameter));
var Nummer: integer;
begin with it do with IP do begin Nummer:=Nr;
    if Nr=0 then starte_cg_Verfahren(A,x,b,IP,Basisiteration);      {(14a)}
    cg_Verfahren(x,A,x,b,IP,Basisiteration); Nr:=Nummer+1          {(14b-f)}
end end;
```

9.4.6 Numerische Beispiele im Modellfall

Als Gleichungssystem sei die Poisson-Modellaufgabe für $N = 1/32$ gewählt. Die Anwendung der cg-Methode auf die Richardson-Iteration (d.h. der Algorithmus (6a-e)) liefert die in Tabelle 1 wiedergegebenen Resultate. Die Konvergenzfaktoren $\|e^m\|_A / \|e^{m-1}\|_A$ gemessen in der Energienorm $\|\cdot\|_A$ sollten nach der Ungleichung (10) im Mittel unter

$$c = (\sqrt{\Lambda} - \sqrt{\lambda}) / (\sqrt{\Lambda} + \sqrt{\lambda})$$

fallen. Setzt man die Eigenwerte λ und Λ aus (4.1.1b,c) für $h = 1/32$ ein, erhält man $c = 0.9063471$. Dieser Wert wird für

m	Wert in der Mitte	$\|e^m\|_A / \|e^{m-1}\|_A$
1	$-1.8656097815_{10}-3$	0.670874
2	$-4.6008798010_{10}-3$	0.791286
3	$-7.3924161408_{10}-3$	0.860663
4	$-1.1116057550_{10}-2$	0.865691
10	$-4.4081878259_{10}-2$	0.917138
20	$-1.1796241337_{10}-1$	0.939358
30	$4.0673579950_{10}-1$	0.918423
40	$4.9137792828_{10}-1$	0.843496
50	$5.0013929834_{10}-1$	0.832459
60	$5.0010381735_{10}-1$	0.738779
70	$5.0001053720_{10}-1$	0.761377
80	$5.0000013936_{10}-1$	0.708295
90	$5.0000000342_{10}-1$	0.661969
100	$5.0000000001_{10}-1$	0.665531

Tabelle 9.4.1 cg-Resultate für Richardson-Iteration, Modellproblem für $h = 1/32$

$m \geqslant 30$ deutlich unterschritten: Der Konvergenzfaktor fällt von 0.9 bis auf 0.66 für $m \geqslant 90$. Dieses «superlineare» Konvergenzverhalten veranschaulicht die im letzten Absatz von §9.4.3 diskutierte Verbesserung der effektiven Konditionszahl während der Iteration.

Tabelle 2 enthält die cg-Resultate für $h = 1/32$ bei Anwendung auf die SSOR- und ILU-Iteration als Basisiteration. Der (optimale) SSOR-Parameter ist der gleiche wie für Tabelle 9.2.2. Als ILU-Iteration wird die modifizierte Fünfpunktversion **ILU_5** mit $\omega = -1$ und der Diagonalverstärkung **diag** $= 5$ gewählt (vgl. §8.5.11). Die Konditionszahl des SSOR-Verfahrens wurde in §9.2.5 mit $\varkappa \approx 7.66$ angegeben. Hieraus ergibt sich der Wert $c \approx 0.47$ für c aus (15b). Die gemittelten Konvergenzfaktoren $[\|e^m\|_A / \|e^0\|_A]^{1/m}$ liegen im SSOR-Fall bis $m = 11$ bei 0.47. Danach sinken sie für $m \approx 30$ auf 0.42. Die in Tabelle 2 enthaltenen Werte $u_{16,16}$ zeigen, daß bei $m = 27$ die Rundungsfehlers Oberhand gewinnen. Trotzdem verhält sich die cg-Iteration stabil.

Das im Zusammenhang mit Tabelle 1 betonte superlineare Konvergenzverhalten sollte nicht überschätzt werden. Seine Vorteile kommen zum Tragen, wenn m hinreichend groß ist. Für den Fall aus Tabelle 1 ist dies $m \geqslant 30$, für den SSOR-Fall aus Tabelle 2 etwa $m \geqslant 17$. Ein Blick auf die Zahlenwerte der Tabellen zeigt das folgende Dilemma:

(i) Entweder ist die Iteration schnell (wie in Tabelle 2). Dann wird man die Iteration vor Erreichen der kritschen Größe von m abbrechen.

(ii) Oder die Iteration ist langsam (wie in Tabelle 1), so daß man sie eher völlig verwerfen sollte.

	5-Punkt–ILU mit $\omega = -1$		SSOR mit $\omega = 1.8212691200$	
m	$u_{16,16}$	$\|e^m\|_A / \|e^{m-1}\|_A$	$u_{16,16}$	$\|e^m\|_A / \|e^{m-1}\|_A$
1	$2.262513522_{10}-1$	$1.56365_{10}-1$	$2.851075107_{10}-2$	$4.57624_{10}-1$
2	$5.320480495_{10}-1$	$4.46360_{10}-1$	$1.146321025_{10}-1$	$3.07093_{10}-1$
3	$4.582969109_{10}-1$	$4.65620_{10}-1$	$2.093879771_{10}-1$	$5.99140_{10}-1$
4	$4.818928890_{10}-1$	$4.59572_{10}-1$	$3.500438579_{10}-1$	$5.30214_{10}-1$
5	$4.827955876_{10}-1$	$4.90598_{10}-1$	$4.301535841_{10}-1$	$4.91911_{10}-1$
10	$4.999129317_{10}-1$	$3.80570_{10}-1$	$4.992951874_{10}-1$	$4.64830_{10}-1$
11	$5.000044282_{10}-1$	$3.58332_{10}-1$	$4.998541213_{10}-1$	$4.65082_{10}-1$
12	$4.999850353_{10}-1$	$4.29905_{10}-1$	$4.999456258_{10}-1$	$3.94760_{10}-1$
20	$5.000000033_{10}-1$	$3.42381_{10}-1$	$5.000000087_{10}-1$	$3.20139_{10}-1$
21	$5.000000026_{10}-1$	$3.88711_{10}-1$	$5.000000020_{10}-1$	$4.87606_{10}-1$
22	$5.000000008_{10}-1$	$4.05064_{10}-1$	$5.000000055_{10}-1$	$4.05755_{10}-1$
23	$5.000000002_{10}-1$	$3.13452_{10}-1$	$5.000000041_{10}-1$	$4.08013_{10}-1$
24	$5.000000000_{10}-1$	$3.55741_{10}-1$	$5.000000000_{10}-1$	$3.32715_{10}-1$
25	$5.000000000_{10}-1$	$4.51311_{10}-1$	$5.000000005_{10}-1$	$4.32772_{10}-1$
26	$5.000000000_{10}-1$	$5.57156_{10}-1$	$5.000000001_{10}-1$	$3.34264_{10}-1$
27	$5.000000000_{10}-1$	$5.17255_{10}-1$	$5.000000001_{10}-1$	$3.66209_{10}-1$
28	$5.000000000_{10}-1$	$8.02069_{10}-1$	$5.000000000_{10}-1$	$3.65471_{10}-1$
29	$5.000000000_{10}-1$	$9.69482_{10}-1$	$5.000000000_{10}-1$	$4.87797_{10}-1$
30	$5.000000000_{10}-1$	$1.00102_{10}+0$	$5.000000000_{10}-1$	$7.76690_{10}-1$

Tabelle 9.4.2 Die cg-Methode angewandt auf ILU- und SSOR-Verfahren

9.4.7 Aufwand der cg-Methode

Eine Iterationsschritt (14b-f) erfordert je eine Auswertung von $p \mapsto A p$ und $r \mapsto W^{-1}r$, 3 Vektoradditionen, 3 Multiplikationen eines Vektors mit einer skalaren Größe, sowie 2 Skalarprodukte. Dies ergibt

$$(9.4.17a) \qquad cg\text{-}Aufwand(\Phi) = C(A) + C(W) + 8n$$

Operationen für die cg-Methode angewandt auf Φ, wobei

$$(9.4.17b) \qquad C(A): \text{Aufwand für } p \mapsto A p, \quad C(W): \text{Aufwand für } r \mapsto W^{-1}r.$$

Wenn man einen Φ-Iterationschritt in der Form $\Phi(x,b) = x - W^{-1}(Ax - b)$ durchführt, beträgt sein Aufwand $C(A) + C(W) + 2n$, so daß

$$(9.4.17c) \qquad cg\text{-}Aufwand(\Phi) = Aufwand(\Phi) + 6n.$$

Damit ergibt sich ebenso wie für die semiiterative Methode (vgl. §7.3.11)

$$(9.4.17d) \qquad C_{\Phi,\text{cg-Methode}} = C_\Phi + 6/C_A$$

als Kostenfaktor. Nach der Diskussion des Konvergenzverhaltens am Ende des vorigen Unterabschnittes wählen wir $c = (\sqrt{\Gamma} - \sqrt{\gamma})/\sqrt{\Gamma} + \sqrt{\gamma})$ aus (15b) als asymptotische Rate, die wir dem *effektiver Aufwand* zugrunde legen:

$$(9.4.17e) \qquad Eff_{cg}(\Phi) = -(C_\Phi + 6/C_A) \log{(\sqrt{\Gamma}-\sqrt{\gamma})/\sqrt{\Gamma}+\sqrt{\gamma})}.$$

Bemerkung 9.4.16 Auch wenn diese Zahlen exakt mit denen übereinstimmen, die wir für die Čebyšev-Methode in §7.3.11 ermittelt haben, so muß doch der außerordentliche Vorteil der cg-Methode betont werden, daß die Eigenwertschranken γ und Γ dem Anwender unbekannt sein dürfen. Umgekehrt verschlechtert sich sofort die Effektivität der Čebyšev-Methode, wenn man zu ungünstige γ, Γ-Schätzungen einsetzt.

9.4.8 Eignung für sekundäre Iterationen

In §8.4 wurden zusammengesetzte Iterationen diskutiert, die aus $x \mapsto x - B^{-1}(Ax - b)$ entstehen, indem man die exakte Auflösung von $B\delta = c$ ersetzt durch die näherungsweise Lösung mittels einer sekundären Iteration. Es bietet sich jetzt an, mit $\delta^0 = 0$ zu starten und m Schritte der cg-Methode durchzuführen. Zu diesem Vorgehen ist eine positive und eine negative Anmerkung zu geben:

Lemma 9.4.17 Seien A, B positiv definit und $\Phi_A(x,b) = x - B^{-1}(Ax - b)$. Zur Lösung von $B\delta = c$ sei die cg-Methode basierend auf einer Iteration $\Phi_B(\delta,c) = c - C^{-1}(B\delta - c)$ mit Startwert $\delta^0 = 0$ als sekundärer Löser eingesetzt. Die Zahl k der cg-Schritte sei so gewählt, daß $2c^k \leqslant \varepsilon$ mit $c = (\sqrt{\Delta} - \sqrt{\delta})/\sqrt{\Delta} + \sqrt{\delta})$, $0 < \delta C \leqslant B \leqslant \Delta C$. Die zusammengesetzte Iteration Φ_k ist nicht mehr linear, läßt sich aber noch in der Form

$$(9.4.18a) \qquad \Phi_k(x,b) = M_k(Ax - b)x + N_k(Ax - b)b$$

schreiben und besitzt die Kontraktionszahl (18b) in der Energienorm:

$$(9.4.18b) \qquad \| M_k(b) \|_A \leqslant \| M_A \|_A + \varepsilon \| A^{1/2} B^{-1} A^{1/2} \|_2 \qquad (M_A = I - B^{-1}A).$$

Vor dem Beweis des Lemmas sei ein Kommentar zu (18b) gegeben: Wenn wie in §8.4.1 für B eine Präkonditionierung mit $\varkappa(B^{-1}A) = \| A^{1/2} B^{-1} A^{1/2} \|_2 = O(1)$ gewählt wird, ist die rechte Seite in (18b) beschränkt durch $\| M_A \|_A + C\varepsilon$. Man sollte ε so wählen, daß z.B. $\| M_A \|_A + C\varepsilon \leqslant \frac{1}{2}(1 + \| M_A \|_A) < 1$.

Beweis des Lemmas. Die rechte Seite c in $B\delta = c$ ist der Defekt $c = Ax^m - b$ (vgl. (8.4.4a)). Die Fehlerabschätzung (15b) liefert in der mit B definierten Energienorm $\| \delta^k - \delta \|_B \leqslant \varepsilon \| \delta^0 - \delta \|_B = \varepsilon \| \delta \|_B$ mit $\delta := B^{-1}c$ wegen $\delta^0 = 0$. Aus

$$\| \delta \|_B = \| B^{-1/2} \delta \|_2 = \| B^{-1/2} A(x^m - x^*) \|_2 \leqslant \| B^{-1/2} A B^{-1/2} \|_2 \| x^m - x^* \|_B$$

folgt

$$\| x^{m+1} - x^* \|_B = \| x^m - \delta^k - x^* \|_B \leqslant \| x^m - \delta - x^* \|_B + \| \delta^k - \delta \|_B =$$

$$= \| \Phi_A(x^m, b) - x^* \|_B + \| \delta^k - \delta \|_B \leqslant \| M_A \|_B \| x^m - x^* \|_B + \varepsilon \| \delta \|_B \leqslant$$

$$\leqslant [\| M_A \|_B + \varepsilon \| B^{-1/2} A B^{-1/2} \|_2] \| x^m - x^* \|_B.$$

Die Identität $\| B^{-1/2} A\, B^{-1/2} \|_2 = \| A^{1/2} B^{-1/2} \|_2^2 = \| A^{1/2} B^{-1} A^{1/2} \|_2$ (vgl. (2.9.4a) beweist die Kontraktionszahl (18b). Die Definition von $M_k(Ax-b)$ und $N_k(Ax-b)$ in (18a) ist offensichtlich. Da das cg-Verfahren nichtlinear ist (analog zu Bemerkung 2.1a), ist auch Φ_k nichtlinear. ▨

Bemerkung 9.4.18 Die in Lemma 17 definierte zusammengesetzte Iteration Φ_k eignet sich nicht ohne weiteres als Basisiteration für die Čebyšev- oder cg-Methode, da die Matrix $W_k(Ax-b) = A(I - M_k(Ax-b))$ der dritten Normalform von Φ_k vom Wert der Iterierten x^m abhängt. Man vergleiche zu dieser Problematik Golub – Overton [1].

9.5 Verallgemeinerungen

9.5.1 Formulierung des cg-Verfahrens mit allgemeinerer Bilinearform

Zur Vorbereitung des nächsten Abschnittes wollen wir den cg-Algorithmus (5.14a-f) dahingehend verallgemeinern, daß wir die Euklidische Skalarprodukt $\langle \cdot, \cdot \rangle$ gegen eine Bilinearform (im komplexen Falle $\mathbb{K} = \mathbb{C}$: Sesquilinearform) austauschen. Die Abbildung $x, y \mapsto (x, y) \in \mathbb{K}$ heißt *Bilinearform* ($\mathbb{K} = \mathbb{R}$) bzw. *Sesquilinearform* ($\mathbb{K} = \mathbb{C}$), wenn (2.7.1b,b') erfüllt sind.

Übungsaufgabe 9.5.1 Sei $\langle \cdot, \cdot \rangle$ das Euklidische Skalarprodukt. Man zeige:
(a) Zu jeder Bilinear- bzw. Sesquilinearform gibt es eine Matrix B, so daß

$$(9.5.1a) \qquad (x, y) = \langle Bx, y \rangle \qquad\qquad \text{für alle } x, y \in \mathbb{K}^I.$$

(b) Für jedes $B \in K^{I \times I}$ definiert (1) eine Sesquilinearform.
(c) Genau dann wenn $BAW^{-1} = A^H W^{-H} B$, gilt

$$(9.5.1b) \qquad (AW^{-1}x, y) = (x, W^{-1}Ay) \qquad\qquad \text{für alle } x, y \in \mathbb{K}^I.$$

Außer der Regularität von W sind im folgenden keine Voraussetzungen gestellt. Algorithmus (4.14a-f) lautet nach der Ersetzung:

$$(9.5.2a) \qquad \underline{\text{Start:}}\ x^0 \text{ beliebig, } r^0 := b - Ax^0, \ p^0 := W^{-1} r^0,$$

$$\underline{\text{Iteration}} \text{ für } m = 0, 1, \ldots, \text{ solange } (Ap^m, p^m) \neq 0:$$

$$(9.5.2b) \qquad x^{m+1} := x^m + \lambda p^m \qquad\qquad \text{mit } \lambda := (r^m, p^m)/(Ap^m, p^m),$$

$$(9.5.2c) \qquad r^{m+1} := r^m - \lambda Ap^m,$$

$$(9.5.2d) \qquad p^{m+1} := W^{-1} r^{m+1} - \omega p^m \qquad \text{mit } \omega := \frac{(AW^{-1}r^{m+1}, p^m)}{(Ap^m, p^m)}.$$

Bemerkung 9.5.2 Der Algorithmus (2a-d) ist genau dann durchführbar, wenn W regulär ist und die entstehenden Suchrichtungen p^m die Bedingung $(Ap^m, p^m) \neq 0$ erfüllen, die auch für $p^m \neq 0$ verletzt sein kann.

Die meisten der Eigenschaften aus Lemma 4.15 lassen sich retten:

Satz 9.5.3 Algorithmus (2) sei für alle $0 \le m \le m_0$ durchführbar, d.h. es sei

$$(9.5.3) \qquad (A p^m, p^m) \ne 0 \qquad\qquad \text{für alle } 0 \le m \le m_0.$$

Ferner gelte (1b). Dann gilt für alle $0 \le m \le m_0$:

$$(9.5.4a) \qquad (A p^m, p^\ell) = 0 \qquad\qquad \text{für } \ell < m,$$

$$(9.5.4b) \qquad (r^m, W^{-1} r^\ell) = (r^m, p^\ell) = 0 \qquad\qquad \text{für } \ell < m,$$

$$(9.5.4c) \qquad r^m = b - A x^m,$$

$$(9.5.4d) \qquad U_m := \operatorname{span}\{p^0, ..., p^m\} \quad \text{hat die Dimension } m+1,$$

$$(9.5.4e) \quad U_m = \operatorname{span}\{W^{-1} r^0, ..., W^{-1} r^m\} = \operatorname{span}\{(W^{-1}A)^\nu W^{-1} r^0 : 0 \le \nu \le m\},$$

$$(9.5.4f) \qquad (r^\ell, p^\ell) = (r^\ell, W^{-1} r^\ell) \ne 0 \qquad\qquad \text{für } \ell < m_0.$$

Der Beweis ist dem aus §9.4 sehr ähnlich ist. Da dieser aber über die Abschnitte 9.3 und 9.4 verteilt ist, wollen wir ihn wiederholen. Zuvor sei aber etwas zur Interpretation der Ergebnisse eingefügt. (4a) kann man lesen als «p^m ist konjugiert zu p^ℓ». Man beachte aber, daß diese Aussage nicht symmetrisch ist, da sich (4a) nur auf $\ell < m$ bezieht. Analoges gilt für (4b).

Beweis. (i) Die Darstellung (4c) folgt offenbar aus (2a,c). Die weiteren Aussage werden durch Induktion über m_0 gezeigt, wobei $m_0 = 0$ trivial ist. Seien (4a–e) für $m \le m_0$ richtig. Die Gleichheit der in (4d,e) auftretenden Unterräume ergibt sich ebenso wie die entsprechende Aussage (4.4d).

(ii) Für $\ell = m$ verschwindet (r^{m+1}, p^ℓ) nach Definition von λ in (2b). Für $\ell < m$ ergibt (2c): $(r^{m+1}, p^\ell) = (r^m, p^\ell) - \lambda (A p^m, p^\ell) = 0$ wegen (4a,b). Dank (4e) impliziert $(r^{m+1}, p^\ell) = 0$ $(\ell \le m)$ auch $(r^{m+1}, W^{-1} r^\ell) = 0$.

(iii) Das Produkt $(A p^{m+1}, p^\ell)$ verschwindet für $\ell = m$ nach Definition von ω in (2d). Für $\ell < m$ setzt man (2d) ein:

$$(A p^{m+1}, p^\ell) = (A W^{-1} r^{m+1}, p^\ell) - \omega (A p^m, p^\ell).$$

(4a) liefert $(A p^m, p^\ell) = 0$. (1b) gestattet die Umformung $(A W^{-1} r^{m+1}, p^\ell) = (r^{m+1}, W^{-1} A p^\ell)$. Da $p^\ell \in U_{m-1}$ und somit $W^{-1} A p^\ell \in U_m$ (vgl. (4e)), beweist die in (ii) gezeigte Eigenschaft (4b) für $m+1$, daß $(A W^{-1} r^{m+1}, p^\ell) = 0$. Also ist $(A p^{m+1}, p^\ell) = 0$ für alle $\ell \le m$ richtig.

(iv) Zum Beweis von (4d) sei $v := \sum_{\ell=0}^{m+1} \alpha_\ell p^\ell = 0$ angenommen. Teil (iii) beweist $0 = (A p^k, v) = \overline{\alpha}_k$ für $k = m+1$. Induktiv ergibt sich $\alpha_k = 0$ für alle $0 \le k \le m+1$, also $v = 0$. Somit sind die Suchrichtungen p^ℓ, $0 \le \ell \le m+1$, linear unabhängig. Da $(r^m, p^m) = 0$ zu $r^{m+1} = r^m$ führt, wäre dies ein Widerspruch zu $\dim U_{m+1} = \dim\{W^{-1} r^0, ..., W^{-1} r^{m+1}\} = m+2$. Also ist $(r^m, p^m) \ne 0$. Aus $p^m - W^{-1} r^m \in U_{m-1}$ ergibt sich die Identität $(r^m, p^m) = (r^m, W^{-1} r^m)$, die den Beweis von (4f) abschließt. □

Die Ersetzung von (r^m, p^m) in (2b) durch $(r^m, W^{-1}r^m)$ ist schon in (4f) erwähnt. Die zu (4.6e') analoge Aussage ist Gegenstand von

Übungsaufgabe 9.5.4 Man zeige: Äquivalent zu (2d) ist die Definition

(9.5.2d') $p^{m+1} := W^{-1}r^{m+1} + (r^{m+1}, W^{-1}r^{m+1}) / (r^m, W^{-1}r^m) \, p^m.$

9.5.2 Das Verfahren der konjugierten Residuen

Die Voraussetzung (1b) ist nach Übung 1c äquivalent zur Bedingung $BAW^{-1} = A^H W^{-H} B$ an die Matrix B, die die Bilinearform (1a) erzeugt. Hinreichende Bedingungen sind:

(9.5.5a) $AW^{-1} = A^H W^{-H}$, B ist mit AW^{-1} vertauschbar.

Die letzte Bedingung gilt trivialerweise für $B = I$. Dieser Fall ist aber uninteressant, da er zum Algorithmus (4.14a–f) zurückführt. Möglich ist auch

(9.5.5b) $B = AW^{-1} = A^H W^{-H}.$

Die Wahl (5b) ergibt die Bilinearform

(9.5.5c) $(x,y) = \langle Bx, y \rangle = \langle AW^{-1}x, y \rangle = \langle A^H W^{-H}x, y \rangle = \langle x, W^{-1}Ay \rangle.$

Algorithmus (2a–d) wird für B aus (5b) zu

(9.5.6a)   <u>Start:</u> x^0 beliebig, $r^0 := b - Ax^0$, $p^0 := W^{-1}r^0$;

          <u>Iteration:</u> Für $m = 0, 1, \ldots$, solange $\langle Ap^m, W^{-1}Ap^m \rangle \neq 0$:

(9.5.6b) $x^{m+1} := x^m + \lambda p^m$, $r^{m+1} := r^m - \lambda Ap^m$ mit

(9.5.6c) $\lambda := \dfrac{\langle r^m, W^{-1}Ap^m \rangle}{\langle Ap^m, W^{-1}Ap^m \rangle} = \dfrac{\langle AW^{-1}r^m, W^{-1}r^m \rangle}{\langle Ap^m, W^{-1}Ap^m \rangle},$

(9.5.6d) $p^{m+1} := W^{-1}r^{m+1} - \omega p^m$ mit

(9.5.6e) $\omega := \dfrac{\langle AW^{-1}r^{m+1}, W^{-1}Ap^m \rangle}{\langle Ap^m, W^{-1}Ap^m \rangle} = -\dfrac{\langle AW^{-1}r^{m+1}, W^{-1}r^{m+1} \rangle}{\langle AW^{-1}r^m, W^{-1}r^m \rangle}.$

Für $W = I$ ist diese Methode äquivalent zur <u>Methode der konjugierten Residuen</u> (CR) von Stiefel [2]. Falls $A > 0$ und $W > 0$, erhält man (6a–e) auch direkt aus dem Standard-cg-Verfahren (4.6a–e), wie zu sehen in

Übungsaufgabe 9.5.5 Durch Anwendung von (4.6a–e) auf die zu $Ax = b$ äquivalente Gleichung $\bar{A}\bar{x} = \bar{b}$ mit $\bar{A}$ und $\bar{b}$ aus (2.10b) zeige man: Nach Umschreiben auf die Größen x und $p = A^{-1/2}\bar{p}$ ergibt sich (6a–e).

Aus Übung 5 ergibt sich sofort die Übertragung der Fehleraussage (4.10) mit $\bar{A} = A^{1/2}W^{-1}A^{1/2}$ statt A, die in Analogie zu (2.10d) in der $\|\cdot\|_{AW^{-1}A}$-Norm zu schreiben ist:

Satz 9.5.6 Φ, γ, Γ, $\varkappa$ und c seien wie in Satz 4.14. Die Fehler $e^m = x^m - x^*$ der Iterierten aus (6a-e) erfüllen die Abschätzung

$$(9.5.7) \qquad \|W^{-1/2}A(x^m - x^*)\|_2 =$$
$$= \|W^{-1/2}(Ax^m - b)\|_2 \leqslant \frac{2c^m}{1+c^{2m}} \|W^{-1/2}(Ax^0 - b)\|_2.$$

Für den Fall $W = I$ stellt (7) eine Abschätzung des Residuums r^m dar.

Lemma 9.5.7 Seien $A = A''$, $W > 0$. U_m sei der Unterraum aus (4d). Die Iterierte x^m aus (6a-e) minimiert die Norm

$$(9.5.8) \qquad \|W^{-1/2} r^m\|_2 = \min\{\|W^{-1/2}A(x - x^*)\|_2 : x - x^0 \in U_{m-1}\}.$$

Beweis. Da $AW^{-1}A > 0$, hat $\{\langle A(x-x^*), W^{-1}A(x-x^*)\rangle : x - x^0 \in U_{m-1}\}$ bei $x = x^m$ genau dann ein Minimum, wenn der Gradient $AW^{-1}A(x^m - x^*)$ $= -AW^{-1}r^m$ senkrecht auf U_{m-1} steht. Da $p^0, \ldots, p^{m-1}$ den Unterraum U_{m-1} aufspannen, reicht es, $\langle AW^{-1}r^m, p^\ell \rangle = 0$ für $0 \leqslant \ell \leqslant m-1$ zu zeigen. Mit (5c) lautet diese Bedingung $(r^m, p^\ell) = 0$ und gilt wegen (4b). ∎

Die Voraussetzungen des Lemmas 7 lassen auch eine *indefinite* Matrix A zu (d.h. A enthält sowohl positive wie negative Eigenwerte). Die Bilinearform (5c) ist in dieser Situation kein Skalarprodukt, jedoch stellt der Nenner $\langle Ap^m, W^{-1}Ap^m \rangle$ das zur $\|\cdot\|_{AW^{-1}A}$-Norm gehörende Skalarprodukt dar. Der Nenner in (6c) verschwindet daher nur, wenn $p^m = 0$. Das Verfahren (6a-e) ist trotzdem nicht zur Lösung der Gleichung $Ax = b$ geeignet, wie das folgende Gegenbeispiel zeigt.

Zur Vereinfachung sei $W = I$ angenommen. Wenn A indefinit ist, gibt es Eigenwerte $\lambda_1 < 0$, $\lambda_2 > 0$ mit zugehörigen Eigenvektoren v_1, v_2. Für $v := \sqrt{\lambda_2}\|v_2\|_2 v_1 + \sqrt{-\lambda_1}\ \|v_1\|_2 v_2 \neq 0$ prüft man $\langle v, Av \rangle = 0$ nach. Wir wählen den Startwert x^0 derart, daß $r^0 = v$. Wegen $p^0 = r^0$ und $\langle r^0, Ap^0 \rangle = 0$, führt $\lambda = 0$ in (6c) zu $x^1 = x^0$ und $r^1 = r^0$. (6d,e) liefert die Suchrichtung $p^1 = r^1 - \omega p^0 = r^0 - 1 \cdot r^0 = 0$, so daß der Algorithmus (6a-e) für $m = 1$ wegen $\langle Ap^m, W^{-1}Ap^m \rangle = \langle 0, 0 \rangle = 0$ abbricht, ohne daß die exakte Lösung erreicht wäre. Ursache des Versagens ist, daß die Unterräume $\text{span}\{r^0, r^1\} = \text{span}\{r^0\}$ und $\text{span}\{r^0, Ar^0\}$ auseinanderfallen. Dies zeigt, daß der Unterraum $\text{span}\{r^0, \ldots, A^m r^0\}$ oder allgemeiner $\text{span}\{W^{-1}r^0, \ldots, (W^{-1}A)^m W^{-1}r^0\}$ geeigneter ist als $\text{span}\{r^0, \ldots, r^m\}$. Man nennt $\text{span}\{q, Xq, \ldots, X^{m-1}q\}$ den von q (und der Matrix X) erzeugten *Krylov-Raum* (der Dimension m).

Auch wenn während der Rechnung der Fall $\langle Ar^m, r^m \rangle = 0$ nicht auftritt, kann es geschehen, daß r^m «fast» in U_{m-1} enthalten ist, was den Algorithmus instabil macht. Zur Abhilfe werden wir die Suchrichtungen p^m aus einer anderen Rekursion gewinnen, die zuerst für die Standard-cg-Variante vorgeführt wird, bevor der Fall einer indefiniten Matrix in §9.5.4 wieder aufgenommen wird.

9.5.3 Dreitermrekursion für p^m

Wenn man die Definition (4.14d): $r^{m+1} := r^m - \lambda A p^m$ in (4.14f) einsetzt, erhält man $p^{m+1} := W^{-1} r^m - \lambda W^{-1} A p^m + \text{const}\, p^m$. Da die Skalierung der Suchrichtung irrelevant ist, ersetzen wir p^{m+1} durch $-p^{m+1}/\lambda$. Wegen $W^{-1} r^m$, $p^m \in U_m$ kommen wir so zu folgendem Ansatz:

$$(9.5.9a) \qquad p^{m+1} := W^{-1} A p^m - \sum_{\mu=0}^{m} \alpha_{\mu, m+1}\, p^{m-\mu}.$$

Die Bedingung (4.16a): $\langle A p^{m+1}, p^m \rangle = 0$ bestimmt den Koeffizienten

$$(9.5.9b) \qquad \alpha_{0, m+1} = \langle A W^{-1} A p^m, p^m \rangle / \langle A p^m, p^m \rangle,$$

da $\langle A p^{m-\mu}, p^m \rangle = 0$ für $\mu > 0$. Ebenso ergibt sich

$$(9.5.9c) \qquad \alpha_{1, m+1} = \langle A W^{-1} A p^m, p^{m-1} \rangle / \langle A p^{m-1}, p^{m-1} \rangle.$$

Lemma 9.5.8 Seien $A = A^H$, $W = W^H$. In (9a) gilt $\alpha_{\mu, m+1} = 0$ für alle $\mu \geqslant 2$.

Beweis. Die Bedingung $\langle A p^{m+1}, p^{m-\mu} \rangle = 0$ liefert die Gleichung

$$(9.5.9d) \qquad \langle A W^{-1} A p^m, p^{m-\mu} \rangle = \alpha_{\mu, m} \langle A p^{m-\mu}, p^{m-\mu} \rangle.$$

Die Behauptung folgt aus

$$\langle A W^{-1} A p^m, p^{m-\mu} \rangle = \langle A p^m, W^{-1} A p^{m-\mu} \rangle_{\overline{\underline{(9a)}}}$$
$$= \langle A p^m,\ p^{m+1-\mu} + \sum_{\nu \geqslant 0} \alpha_{\nu, m+1-\mu}\, p^{m-\mu-\nu} \rangle = 0. \qquad \blacksquare$$

Aufgrund von Lemma 8 läßt sich p^{m+1} aus der Dreitermrekursion

$$(9.5.10a) \qquad p^{m+1} := W^{-1} A p^m - \alpha_0 p^m - \alpha_1 p^{m-1} \quad \text{mit}$$

$$(9.5.10b) \qquad \alpha_0 = \frac{\langle A W^{-1} A p^m, p^m \rangle}{\langle A p^m, p^m \rangle}, \qquad \alpha_1 = \frac{\langle A W^{-1} A p^m, p^{m-1} \rangle}{\langle A p^{m-1}, p^{m-1} \rangle}$$

berechnen, wobei der letzte Term für $m = 0$ entfällt (formal kann man $\alpha_1 = 0$, $p^{-1} = 0$ setzen). Der entstehende cg-Algorithmus wird sofort mit der Bilinearform $(\cdot, \cdot)$ aufgeschrieben. Für $(\cdot, \cdot) = \langle \cdot, \cdot \rangle$ ergibt sich ein zu (4.14a-f) äquivalenter Algorithmus.

$(9.5.11a)$ <u>Start:</u> x^0 beliebig, $r^0 := b - A x^0$, $p^{-1} := 0$, $p^0 := W^{-1} r^0$.

             <u>Iteration</u> für $m = 0, 1, \ldots$, solange $(A p^m, p^m) \neq 0$:

$(9.5.11b)$ $x^{m+1} := x^m + \lambda p^m$, $r^{m+1} := r^m - \lambda A p^m$ mit

$(9.5.11c)$ $\lambda := (r^m, p^m) / (A p^m, p^m)$,

$(9.5.11d)$ $p^{m+1} := W^{-1} A p^m - \alpha_0 p^m - \alpha_1 p^{m-1}$ mit

$(9.5.11e)$ $\alpha_0 = \dfrac{(A W^{-1} A p^m, p^m)}{(A p^m, p^m)}$, $\alpha_1 = \dfrac{(A W^{-1} A p^m, p^{m-1})}{(A p^{m-1}, p^{m-1})}$

wobei wieder $\alpha_1 := 0$ für $m = 0$ zu setzen ist.

Satz 9.5.9 Es gelte (1b). Sei m_0 der maximale Index, so daß die in (11) erzeugten Suchrichtungen $(Ap^m, p^m) \neq 0$ für alle $0 \leqslant m \leqslant m_0$ erfüllen. **(a)** Für die Größen x^m, r^m, p^m $(0 \leqslant m \leqslant m_0)$ aus (11a-e) gelten die Beziehungen (4a-d). An die Stelle von (4e) tritt

$$(9.4.12a) \quad U_m := \text{span}\{p^0, \ldots, p^m\} = \text{span}\{(W^{-1}A)^\nu W^{-1}r^0 : 0 \leqslant \nu \leqslant m\}$$
$$\supset \text{span}\{W^{-1}r^0, \ldots, W^{-1}r^m\} \quad \text{für } 0 \leqslant m \leqslant m_0.$$

Genauer gilt die Inklusion

$$(9.4.12b) \quad W^{-1}r^m \in \text{span}\{p^m, p^{m-1}\} \quad \text{für } 0 \leqslant m \leqslant m_0.$$

(b) Solange der Algorithmus (2a-d) durchführbar ist, produzieren (2a-d) und (11a-e) die gleichen Iterierten x^m, während sich die Suchrichtungen um einen Faktor $\neq 0$ unterscheiden können.
(c) Wenn die Iteration (11b-e) wegen $p^m = 0$ abbricht, ist x^m bereits die exakte Lösung.

Beweis. (i) Die Eigenschaften (4a-d) zeigt man wie in Satz 3. Zum Beweis von (12b) führt man Induktion über m durch. Die Behauptung ist trivial für $m = 0$. Sei (12b) für $m-1$ richtig. Die Definition von r^m in (11b) zeigt $W^{-1}r^m = W^{-1}r^{m-1} - \lambda W^{-1}Ap^{m-1}$. Die Induktionsbehauptung zusammen mit (11d) ergibt $W^{-1}r^m \in \text{span}\{p^m, p^{m-1}, p^{m-2}\}$, also

$$W^{-1}r^m = \beta_0 p^m + \beta_1 p^{m-1} + \beta_2 p^{m-2}.$$

(4a) gestattet die Darstellung $\beta_2 = (AW^{-1}r^m, p^{m-2})/(Ap^{m-2}, p^{m-2})$. Dank der Voraussetzung (1b) ist $(AW^{-1}r^m, p^{m-2}) = (r^m, W^{-1}Ap^{m-2})$. Da aber $AW^{-1}p^{m-2} \in U_{m-1}$ und $(r^m, y) = 0$ für alle $y \in U_{m-1}$ (vgl. (4b)), ist $\beta_2 = 0$ bewiesen.

(ii) Solange der Algorithmus (2a-d) durchführbar ist, spannen die dort erzeugten p^m den gleichen Krylov-Raum $U_m := \text{span}\{(W^{-1}A)^\nu W^{-1}r^0 : 0 \leqslant \nu \leqslant m\}$ auf. Da sich Vektoren p^m mit der Eigenschaft (4a): $(Ap^m, p^\ell) = 0$ für $m > \ell$ und $p^0 = W^{-1}r^0$ nur um eine Konstante $(\neq 0$, da $(Ap^m, p^m) \neq 0)$ unterscheiden können, müssen (2b) und (6b) zu den gleichen x^m führen.

(iii) Sei $p^m = 0$. Dies impliziert die Gleichheit $U_m = U_{m-1}$. (12b) wird zu $W^{-1}r^m \in \text{span}\{p^{m-1}\}$, so daß $r^m = 0$ zu $(AW^{-1}r^m, p^{m-1}) = 0$ äquivalent ist. (1b) gestattet die Umformulierung $(AW^{-1}r^m, p^{m-1}) = (r^m, W^{-1}Ap^{m-1})$. Da $W^{-1}Ap^{m-1} \in U_m = U_{m-1}$ und $(r^m, y) = 0$ für alle $y \in U_{m-1}$ (vgl. (4b)), ist die Behauptung bewiesen. ∎

9.5.4 Stabilisiertes Verfahren der konjugierten Residuen

Es sei betont, daß im allgemeinen Fall die Iteration (11a-e) wegen $(Ap^m, p^m) = 0$ abbrechen kann, ohne daß $p^m = 0$ gelten müßte. Damit kann der Algorithmus bei Abbruch die exakte Lösung liefert, muß die Bilinearform so gewählt werden, daß $(Az, z) = 0 \Longrightarrow z = 0$ gilt.

Die Bilinearform sei durch (1a) mit B aus (5b) gewählt. Das Abbruchkriterium $(Ap^m, p^m) = 0$ wird damit zu $\langle Ap^m, W^{-1}Ap^m \rangle = 0$.

Unter der Voraussetzung $W > 0$ (z.B. $W = I$) impliziert dies $p^m = 0$, so daß gemäß Satz 9c im Abbruchfalle die exakte Lösung $x^m = x^*$ erreicht ist. Der Algorithmus (11a–e) nimmt für B aus (5b) die folgende Gestalt an:

(9.5.13a)   <u>Start:</u> x^0 beliebig, $r^0 := b - Ax^0$, $p^{-1} := 0$, $p^0 := W^{-1} r^0$.

   <u>Iteration</u> für $m = 0, 1, \ldots$, solange $\langle Ap^m, W^{-1} Ap^m \rangle \neq 0$:

(9.5.13b) $x^{m+1} := x^m + \lambda p^m$, $\quad r^{m+1} := r^m - \lambda Ap^m$ $\quad$ mit

(9.5.13c) $\lambda := \langle r^m, W^{-1} Ap^m \rangle / \langle Ap^m, W^{-1} Ap^m \rangle$,

(9.5.13d) $p^{m+1} := W^{-1} Ap^m - \alpha_0 p^m - \alpha_1 p^{m-1}$ $\quad$ mit

(9.5.13e) $\alpha_0 = \dfrac{\langle AW^{-1} Ap^m, W^{-1} Ap^m \rangle}{\langle Ap^m, W^{-1} Ap^m \rangle}$, $\alpha_1 = \dfrac{\langle AW^{-1} Ap^m, W^{-1} Ap^{m-1} \rangle}{\langle Ap^{m-1}, W^{-1} Ap^{m-1} \rangle}$.

Übungsaufgabe 9.5.10 Zunächst scheint (13a–e) wegen $AW^{-1} Ap^m$ in (13e) pro Iterationsschritt zwei Multiplikationen mit der Matrix A zu kosten. Man schreibe den Algorithmus (13a–e) so um, daß eine weitere Rekursion für $a^m := Ap^m$ hinzugefügt wird und pro Iteration nur eine A-Multiplikation nötig ist.

9.5.5 Konvergenzresultate für indefinite Matrizen A

Das Lemma 7 läßt sich mit dem gleichen Beweis übertragen:

Lemma 9.5.11 Seien $A = A^H$, $W > 0$. U_m sei der Unterraum aus (12a). Die Iterierte x^m des Algorithmus aus (13a–e) minimiert die Norm (8):

(9.5.8) $\| W^{-1/2} r^m \|_2 = \min \{ \| W^{-1/2} A(x - x^*) \|_2 : x - x^0 \in U_{m-1} \}$.

Der Algorithmus (13a–e) der konjugierten Residuen ist für *indefinite* Matrizen interessant aufgrund der

Bemerkung 9.5.12 Sei W positiv definit. Die Voraussetzungen des Lemmas 11 lassen indefinite, Hermitesche Matrizen A zu. Wenn $A = A^H$ eine möglicherweise indefinite, reguläre Matrix ist, sind die Bedingungen (5a,b) erfüllt. $\langle Ap^m, W^{-1} Ap^m \rangle = 0$ impliziert $p^m = 0$.

Die Fehlerabschätzung (7) aus Satz 6 überträgt sich nicht direkt auf indefinite Matrizen, da das Spektrum von $W^{-1} A$ nicht mehr im positiven Bereich liegt. Im allgemeinen Fall ergibt sich langsamere Konvergenz als im positiv definiten Falle.

Satz 9.5.13 Sei $W > 0$, $A = A^H$ regulär, $\varkappa = \varkappa(W^{-1} A)$. Dann erfüllen die Iterierten x^m von (13a–e) die Fehlerabschätzung

(9.5.14) $\| W^{-1/2} A(x^m - x^*) \|_2 \leq \dfrac{2 c^\mu}{1 + c^{2\mu}} \| W^{-1/2} (Ax^0 - b) \|_2$.

mit $c := (\varkappa - 1)/(\varkappa + 1)$ und $\frac{m}{2} - 1 < \mu \leq \frac{1}{2} m$, $\mu \in \mathbb{Z}$. Die asymptotische Konvergenzrate ist somit $\sqrt{c} = 1 - 1/\varkappa + O(\varkappa^{-2})$.

Beweis. Für ungerades m nutzen wir die (schwach) monotone Konvergenz $\|W^{-1/2}Ae^m\|_2 \leqslant \|W^{-1/2}Ae^{m+1}\|_2$ aus, die aus (8) folgt. Sei deshalb im weiteren $m = 2\mu$ gerade. In Analogie zu Folgerung 4.10 findet man

$$(9.5.15) \qquad \|W^{-1/2}Ae^m\|_2 \leqslant \max\{|P_m(1-\lambda)|: \lambda\epsilon\sigma(W^{-1}A)\} \|W^{-1/2}Ae^0\|_2$$

für jedes Polynom P_m vom Grad $\leqslant m$ mit $P_m(1) = 1$. Sei p_μ ein Polynom vom Grad $\leqslant \mu = m/2$ mit $p_\mu(1) = 1$. $P_m(\xi) := p_\mu(\xi(2-\xi))$ ist vom Grad $\leqslant m$ und erfüllt $P_m(1) = 1$. Offenbar gilt $P_m(1-\lambda) = p_\mu(1-\lambda^2)$. Somit ist

$$\|W^{-1/2}Ae^m\|_2 \leqslant \max\{|p_\mu(1-\lambda^2)|: \lambda\epsilon\sigma(W^{-1}A)\} \|W^{-1/2}Ae^0\|_2.$$

Wenn $\lambda\epsilon\sigma(W^{-1}A)$, gilt $|\lambda|\epsilon[\gamma,\Gamma]$ und $\lambda^2\epsilon[\gamma^2,\Gamma^2]$, wobei

$$\gamma := 1/\rho(A^{-1}W) = \min\{|\lambda|: \lambda\epsilon\sigma(W^{-1}A)\}, \qquad \Gamma := \rho(W^{-1}A).$$

Da $[\gamma^2,\Gamma^2]$ im positiven Bereich liegt, liefert das Čebyšev-Polynom (7.3.12b) die folgende Abschätzung mit $c = (\Gamma-\gamma)/(\Gamma+\gamma) = (\varkappa-1)/(\varkappa+1)$:

$$\max\{|p_\mu(1-\lambda^2)|: \lambda\epsilon\sigma(W^{-1}A)\} \leqslant \max\{|p_\mu(1-\xi)|: \gamma^2\leqslant\xi\leqslant\Gamma^2\} \leqslant \frac{2c^\mu}{1+c^{2\mu}}. \quad \blacksquare$$

Häufig liegt jedoch eine *mildere Form der Indefinitheit* vor. Wenn beispielsweise die Helmholtz-Gleichung $-\Delta u - cu = f$ mit $c > 0$ diskretisiert wird, ergeben sich für A die Eigenwerte λ_μ^h:

$$\lambda_\mu^h = \lambda_{\mu,0}^h - c, \qquad \lambda_{\mu,0}^h > 0 \text{ Eigenwerte im Poisson-Modellfall, } 1\leqslant\mu\leqslant n = n_h.$$

Da für $h \to 0$ die diskreten Eigenwerte λ_μ^h gegen Werte λ_μ konvergieren, die sich nicht häufen können (vgl. Hackbusch [15,§11]), sind die folgenden Eigenschaften erfüllt:

(9.5.16a)   Die Zahl k der negativen Eigenwerte ist für $h \to 0$ beschränkt.

(9.5.16b)   Für alle $h > 0$ liegen die nichtpositiven Eigenwerte in $[-c_1, -c_0]$ mit $0 < c_0 \leqslant c_1$.

(9.5.16c)   Die positiven Eigenwerte liegen in $[\gamma,\Gamma]$ mit $0 < \gamma \leqslant \Gamma$.

Sei $k = k_h$ die Zahl der negativen Eigenwerte λ_μ^h, $1\leqslant\mu\leqslant k$. Man setze

$$\pi_h(1-\xi) = \prod_{\nu=1}^{k}(1-\xi/\lambda_\mu^h).$$

p_μ sei das Čebyšev-Polynom (7.3.12b) vom Grad $\mu := m-k$ für $a = 1-\gamma$, $b = 1-\Gamma$. Das Produkt $P_m(\xi) := \pi_h(\xi)p_\mu(\xi)$ ist vom Grad m mit $P_m(1) = 1$. Da $P_m(1-\lambda) = 0$ für die negativen $\lambda\epsilon\sigma(W^{-1}A)$, reduziert sich der Faktor der rechten Seite in (15) gemäß (16c) auf

$$\max\{|P_m(1-\lambda)|: \lambda\epsilon[\gamma,\Gamma]\} \leqslant \max\{|\pi_h(1-\lambda)|: \lambda\epsilon[\gamma,\Gamma]\}\frac{2c^\mu}{1+c^{2\mu}}$$

mit $c := \dfrac{\sqrt{\Gamma}-\sqrt{\gamma}}{\sqrt{\Gamma}+\sqrt{\gamma}}$. $|\pi_h(1-\lambda)|$ läßt sich durch $(1+\Gamma/c_0)^k$ abschätzen (vgl. (16b)). Die m-te Wurzel der Schranke $2(1+\Gamma/c_0)^k c^\mu/(1+c^{2\mu})$ konvergiert gegen c, so daß die asymptotische Konvergenzrate von den negativen Eigenwerten nicht beeinträchtigt wird. Dies beweist den

> **Satz 9.5.14** Sei $A = A^H$, $W > 0$. Die Eigenwerte von $W^{-1}A$ mögen (16a-c) erfüllen. Die Konditionszahl $\varkappa(W^{-1}A)$ sei ersetzt durch die eventuell bessere Zahl $\varkappa := \Gamma/\gamma$. Dann gilt für den Algorithmus (13a-e) der konjugierten Residuen die Fehlerabschätzung
>
> $$(9.5.17) \qquad \|W^{-1/2}A(x^m - x^*)\|_2 \leqslant 2 \left(\frac{1 + \Gamma/c_\varrho}{c}\right)^k c^m \|W^{-1/2}(Ax^0 - b)\|_2$$
>
> mit $c := \dfrac{\sqrt{\varkappa} - 1}{\sqrt{\varkappa} + 1} = \dfrac{\sqrt{\Gamma} - \sqrt{\gamma}}{\sqrt{\Gamma} + \sqrt{\gamma}}$. c ist die asymptotische Konvergenzrate.

Eine Alternative zum Verfahren (13a-e) der konjugierten Residuen wird die in §9.5.9 erwähnte Standard-cg-Methode angewandt auf das Kaczmarz-Iteration sein. Die Konvergenzgeschwindigkeit ist dann wie in Satz 13 relativ ungünstig, ohne aber in der Situation (16a-c) besser ausfallen zu können.

9.5.6 Pascal-Prozeduren

Die folgenden Prozeduren sind analog zu denen aus §9.4.5 aufgebaut:

```
procedure starte_CR_Verfahren(var A: Diskretisierungsdaten;
var x,b: Gitterfunktion; var IP: Iterationsparameter;
procedure Basisiteration(var neu: Gitterfunktion; var A: Diskretisierungsdaten;
                         var x,b: Gitterfunktion; var IP: Iterationsparameter));
begin with IP do begin Nr:=0; if cg=nil then new(cg) end; with IP.cg^ do
    begin if CR=nil then new(CR); rho:=0;
            Residuum_(r,A,x,b);   N_y(p,r,A,IP,Basisiteration);   A_x(CR^.a,A,p)
end end;

procedure CR_Verfahren(var neu: Gitterfunktion; var A:
Diskretisierungsdaten; var x,b: Gitterfunktion; var IP: Iterationsparameter;
procedure Basisiteration(var neu: Gitterfunktion; var A: Diskretisierungsdaten;
                         var x,b: Gitterfunktion; var IP: Iterationsparameter));
var c,aw: Gitterfunktion; alpha0,alpha1,lambda,rhoalt: real; label 1;
begin if IP.cg=nil then 1: starte_CR_Verfahren(A,x,b,IP,Basisiteration)
  else if IP.cg^.CR=nil then goto 1;   with A do with IP.cg^ do
  begin rhoalt:=rho;
    N_y(c,CR^.a,A,IP,Basisiteration); rho:=Eukl_Skalarprodukt(CR^.a,c,A);
    if rho=0 then begin writeln('Exakte Lösung mit CR erreicht!'); rho:=1 end;
    lambda:=Eukl_Skalarprodukt(r,c,A)/rho;
    Vektor_plus_Faktor_mal_Vektor(nx,ny,x,x,lambda,p);
    Vektor_plus_Faktor_mal_Vektor(nx,ny,r,r,-lambda,CR^.a);
    A_x(aw,A,c); alpha0:=Eukl_Skalarprodukt(aw,c,A)/rho;
    if rhoalt<>0 then alpha1:=Eukl_Skalarprodukt(aw,CR^.w,A)/rhoalt
    else alpha1:=0;   CR^.w:=c;   if alpha1<>0 then
    Vektor_plus_Faktor_mal_Vektor(nx,ny,c,c,-alpha1,CR^.palt); CR^.palt:=p;
    Vektor_plus_Faktor_mal_Vektor(nx,ny,p,c,-alpha0,p);   if alpha1<>0   then
    Vektor_plus_Faktor_mal_Vektor(nx,ny,aw,aw,-alpha1,CR^.aalt);
```

```
  CR^.aalt:=CR^.a;
  Vektor_plus_Faktor_mal_Vektor(nx,ny,CR^.a,aw,-alpha0,CR^.a)
end end;

procedure CR_Verfahren_1(var It: Iterationsdaten;
procedure Basisiteration(var neu: Gitterfunktion; var A: Diskretisierungsdaten;
                         var x,b: Gitterfunktion; var IP: Iterationsparameter));
var Nummer: integer;
begin with it do with IP do
begin Nummer:=Nr; if Nr=0 then starte_CR_Verfahren(A,x,b,IP,Basisiteration);
      CR_Verfahren(x,A,x,b,IP,Basisiteration); Nr:=Nummer+1
end end;
```

9.5.7 Numerische Beispiele

Zuerst wird zum Vergleich das positiv definite Poisson-Modellproblem für $h = 1/32$ herangezogen. Wir wenden das **CR_Verfahren** auf die ILU-Iteration (5-Punktmuster) mit den gleichen Parametern wie in Tabelle 4.2 an. Die in Tabelle 1 wiedergegebenen Resultate sind

5-Punkt—ILU mit $\omega = -1$		
m	$u_{16,16}$	$\|e^m\|_A / \|e^{m-1}\|_A$
1	0.2222124445	$1.57356_{10}-1$
2	0.4269164370	$5.37790_{10}-1$
3	0.4510237348	$4.39627_{10}-1$
4	0.4759275765	$4.38732_{10}-1$
5	0.4813602944	$4.86199_{10}-1$
10	0.4998558015	$3.84330_{10}-1$
20	0.5000000047	$3.38399_{10}-1$
21	0.5000000029	$3.89211_{10}-1$
22	0.5000000012	$4.07384_{10}-1$
23	0.5000000003	$3.17164_{10}-1$
24	0.5000000002	$4.42606_{10}-1$
25	0.5000000000	$6.91876_{10}-1$
26	0.5000000000	$7.68926_{10}-1$
27	0.5000000000	$9.55932_{10}-1$
28	0.5000000000	$1.02596_{10}+0$
29	0.5000000000	$1.03161_{10}+0$
30	0.5000000000	$1.03076_{10}+0$

Tabelle 9.5.1 Die CR-Methode (13) für das Poisson-Modellproblem angewandt auf die ILU-Iteration

m	$u_{16,16}$	$\dfrac{\|e^m\|_2}{\|e^{m-1}\|_2}$
1	-1.129805206	1.36998
2	0.5616735534	0.41788
3	0.9170148791	0.77945
4	0.7375934000	0.78685
5	0.6675855715	0.88467
6	0.5834957931	0.95835
7	0.5440078825	0.99228
8	0.5222771713	1.00338
9	0.5099064832	1.00768
10	0.5053055088	1.00956
11	0.5029466483	1.01213
12	0.5020970259	1.01621
13	0.5015223028	1.01159
14	0.5015388760	1.00335
15	0.5017304154	0.97466
16	0.5019212154	0.86920
17	0.5018558645	0.56086
18	0.5017568935	0.32511
19	0.5008067252	0.27287
20	0.5003741869	0.19130
21	0.5003841894	0.35875
30	0.4999998664	0.30740
31	0.4999999694	0.40910
32	0.4999999838	0.69469
33	0.4999999962	0.90769
34	0.4999999984	0.97862
35	0.4999999986	0.98121
50	0.4999999994	0.99385

Tabelle 9.5.2 Die CR-Methode (13) für ein indefinites Problem basierend auf der ILU-Iteration

ähnlich wie die des Standard-cg-Verfahrens aus Tabelle 4.2.

Als indefinites Problem wird die diskrete Helmholtz-Gleichung $-\Delta u - 50u = f$ gewählt. A ist die Poisson-Modellmatrix minus $50I$. Sie hat drei negative Eigenwerte $\lambda_1 = -30.277$, $\lambda_2 = \lambda_3 = -0.7866$, während $\lambda_4 = 28.7$ der kleinste positive Eigenwert ist. Die Diagonalverstärkung für die modifizierte ILU-Zerlegung muß um 50 vergrößert werden: **diag=55**. Die Resultate in Tabelle 2 zeigen, daß die Euklidische Norm über etwa 15 Iterationen nur langsam fällt oder sogar stagniert. Danach setzt sich eine asymptotische Konvergenzrate durch, die ähnliche Größenordnung wie beim positiv definiten Fall der Tabelle 1 hat. Ab der 33. Iteration verhindern die Rundungsfehler ein weiteres Abfallen des Fehlers. In beiden Beispielen verhält sich der Algorithmus stabil.

9.5.8 Das Verfahren der orthogonalen Richtungen

Das cg-Verfahren (4.6a-e) minimiert den Fehler $\| e^m \|_A = \| A^{1/2} e^m \|_2$ in der Energienorm über dem Krylov-Raum $U_m := \mathrm{span}\{A^\nu r^0: \ 0 \le \nu \le m\}$. Das Verfahren der konjugierten Residuen (mit $W = I$) minimiert über dem gleichen Raum das Residuum $\| r^m \|_2 = \| A e^m \|_2$. Eine näherliegende Norm wäre die $\|\cdot\|_2$-Norm. Die Suchrichtungen p^m wären dann im üblichen Sinne orthogonal anzusetzen. Man erhält aus (2) ein Verfahren mit diesen Eigenschaften, wenn man die Bilinearform $(x,y) := \langle A^{-1}x, y \rangle$ wählt. Die Ausdrücke $(A p^m, p^m)$ würden sich zu $\langle p^m, p^m \rangle$ vereinfachen. Das Vorgehen scheitert aber an dem Produkt $(r^m, p^m) = \langle A^{-1} r^m, p^m \rangle$, dessen Berechnung nicht mehr praktikabel ist. Da man auch $(r^m, p^m) = \langle r^m, A^{-1} p^m \rangle$ schreiben kann, ergibt sich ein Ausweg, wenn p^m die Form $A \hat{p}^m$ ($\hat{p}^m$ berechenbar) besitzt. Dies erreicht man, indem der Krylov-Raum $\mathrm{span}\{A^\nu r^0: \ 0 \le \nu \le m\}$ durch $\mathrm{span}\{A^{\nu+1} r^0: \ 0 \le \nu \le m\}$ ersetzt wird. Der sich ergebende Algorithmus (18) stammt von Fridman [1] (1963) und heißt _Verfahren der orthogonalen Richtungen_ (OD), da die Suchrichtungen ein Orthogonalsystem bilden, wenn $W = I$:

(9.5.18a) $\quad$ <u>Start:</u> x^0 beliebig, $r^0 := b - A x^0$, $q^{-1} := r^0$, $q^0 := A W^{-1} q^{-1}$;

$\qquad\qquad$ <u>Iteration</u> für $m = 0, 1, \ldots$, solange $q^m \neq 0$:

(9.5.18b) $\quad$ $x^{m+1} := x^m + \lambda p^m$, $\ r^{m+1} := r^m - \lambda A p^m$ mit $p^m := W^{-1} q^m$,

(9.5.18c) $\quad$ $\lambda := \langle r^m, p^{m-1} \rangle / \rho_m$, $\qquad \rho_m := \langle q^m, p^m \rangle$,

(9.5.18d) $\quad$ $q^{m+1} := A p^m - \alpha_0 q^m - \alpha_1 q^{m-1}$ mit

(9.5.18e) $\quad$ $\alpha_0 := \langle A p^m, p^m \rangle / \rho_m$, $\qquad \alpha_1 := \langle A p^m, p^{m-1} \rangle / \rho_{m-1}$,

wobei $\alpha_1 := 0$ für $m = 0$ zu setzen ist. In der Form (18a-e) ist das Verfahren (in [Prog] unter dem Namen **OD_Verfahren** enthalten) allerdings _instabil_, wie man anhand der Resultate aus Tabellen 3 und 4 sieht. Eine Stabilisierung wird von Stoer [2,(3.16)] angegeben (in [Prog] unter dem Namen **stabilisiertes_OD_Verfahren**). Andererseits kann man auf eine

Stabilisierung verzichten, wenn man nur wenige Iterationsschritte durchführen möchte.

Der Beweis des folgenden Satzes ist dem Leser überlassen.

Satz 9.5.15 Sei $W > 0$ und $A = A^H$. m_0 sei der maximale Index, für den sich $q^m \neq 0$ ergibt. $q^{m_0+1} = 0$ impliziert $x^{m_0+1} = x^*$. Für alle $0 \leq m \leq m_0$ gilt

(9.5.19a) $\langle W^{-1}q^k, q^\ell \rangle = 0, \quad \langle W^{-1}q^k, q^k \rangle \neq 0 \quad$ für $0 \leq k \neq \ell \leq m_0$,

(9.5.19b) $r^m \perp A^{-1}U_{m-1} \quad$ mit $\quad U_m := \operatorname{span}\{(AW^{-1})^\nu r^0 : 1 \leq \nu \leq m+1\}$,

(9.5.19c) $U_m = \operatorname{span}\{q^0, \ldots, q^m\}$.

Es gibt einen indirekten Zusammenhang zwischen den cg-Varianten und dem *Lanczos-Verfahren*, das der Approximation von Matrixeigenwerten dient, indem die Matrix in eine ähnliche Tridiagonalmatrix transformiert wird (vgl. hierzu Golub – van Loan [1,§9] und Parlett [1,§§12-13]). Das Lanczos-Verfahren wird auch verwendet, um cg-

m	$u_{16,16}$	$\|e^m\|_2$	$\dfrac{\|e^m\|_2}{\|e^{m-1}\|_2}$	$\left\{\dfrac{\|e^m\|_2}{\|e^0\|_2}\right\}^{1/m}$
1	$-4.574928591_{10}-2$	$2.93956_{10}-1$	$3.92836_{10}-1$	$3.92836_{10}-1$
10	$4.989708480_{10}-1$	$5.16807_{10}-4$	$3.74216_{10}-1$	$4.82976_{10}-1$
11	$5.002475524_{10}-1$	$1.91138_{10}-4$	$3.69844_{10}-1$	$4.71399_{10}-1$
15	$5.000015863_{10}-1$	$5.80274_{10}-6$	$4.67856_{10}-1$	$4.56356_{10}-1$
16	$5.000085958_{10}-1$	$2.76800_{10}-6$	$4.77016_{10}-1$	$4.57621_{10}-1$
17	$4.999867395_{10}-1$	$4.98160_{10}-6$	$1.79971_{10}+0$	$4.96007_{10}-1$
18	$4.999923552_{10}-1$	$1.35781_{10}-5$	$2.72567_{10}+0$	$5.45253_{10}-1$
19	$4.999645661_{10}-1$	$3.77863_{10}-5$	$2.78287_{10}+0$	$5.94095_{10}-1$
20	$4.998667835_{10}-1$	$1.05920_{10}-4$	$2.80315_{10}+0$	$6.42016_{10}-1$
27	$5.290373141_{10}-1$	$7.10159_{10}-2$	$3.20465_{10}+0$	$9.16477_{10}-1$
30	$2.379020942_{10}+0$	$1.33836_{10}+0$	$1.77625_{10}+0$	$1.01957_{10}+0$

Tabelle 9.5.3 Verfahren (18a-e) für ILU-Iteration. Problem wie in Tab. 1

m	$u_{16,16}$	$\|e^m\|_2$	$\dfrac{\|e^m\|_2}{\|e^{m-1}\|_2}$	$\left\{\dfrac{\|e^m\|_2}{\|e^0\|_2}\right\}^{1/m}$
1	$1.288025563_{10}+0$	$4.58268_{10}-1$	$6.12419_{10}-1$	$6.12419_{10}-1$
10	$5.107964511_{10}-1$	$2.08681_{10}-1$	$9.93821_{10}-1$	$8.80119_{10}-1$
20	$5.084149051_{10}-1$	$1.00523_{10}-2$	$4.81485_{10}-1$	$8.06139_{10}-1$
30	$5.000072697_{10}-1$	$5.10416_{10}-6$	$4.28537_{10}-1$	$6.72659_{10}-1$
35	$4.999124543_{10}-1$	$2.09700_{10}-4$	$2.28682_{10}+0$	$7.91591_{10}-1$
40	$4.178915511_{10}-1$	$5.64009_{10}-2$	$6.53540_{10}+0$	$9.37412_{10}-1$

Tabelle 9.5.4 OD-Verfahren (18a-e) für indefinites Problem wie in Tab. 2

Varianten zu konstruieren oder zu stabilisieren. Beispielsweise findet man diesen Zusammenhang bei Paige – Saunders [1] beschrieben. Das dort definierte Verfahren SYMMLQ ist eine weitere Stabilisierung des Verfahrens (18a-e).

Eine Übersicht über die bisher diskutierten und weitere Algorithmen findet man bei Stoer [2]. Eine ausführliche und kommentierte Literatursammlung der Arbeiten bis 1976 aus dem Bereich der konjugierten Gradienten und des Lanczos-Verfahrens enthält der Übersichtsartikel Golub – O'Leary [1].

9.5.9 Lösung unsymmetrischer Systeme

Einige der oben beschriebenen Verfahren benötigen nicht die Voraussetzung (1.2) der positiven Definitheit von A, sondern sind auch auf indefinite, aber immer noch symmetrische Matrizen anwendbar. Schwieriger wird es, wenn man auf die Symmetrie verzichtet. Mit Hinweis auf das oben erwähnte Lanczos-Verfahren sei auf die Problematik der Eigenwertberechnung hingewiesen. Im nichtsymmetrischen Fall kann man eine Matrix A nicht mehr auf Tridiagonal-, aber noch auf Hessenberg-Form bringen (vgl. Stoer – Bulirsch [1,§6.5]). Dies entspricht cg-Varianten, bei denen die (A-)Orthogonalisierung ähnlich wie in (4.1a) vollständig durchgeführt werden muß. Dies erhöht nicht nur den Rechenaufwand mit wachsendem m, sondern auch den Speicherbedarf, da die alten Suchrichtungen zur Orthogonalisierung gebraucht werden. Die ORTHOMIN, ORTHODIR, ORTHORES genannten Verfahren (vgl. Young – Jea [1] und Hageman – Young [1,§12.3]) und GMRES (vgl. Saad – Schultz [1], Walker [1]) sind von diesem Typ. Die erwähnten Nachteile versucht man zum Teil dadurch abzufangen, daß man für die Orthogonalisierung nicht alle bisherigen, sondern nur die letzten s Richtungen verwendet (vgl. Axelsson [2], Hageman – Young [1,§12.3]). Es ist möglich, GMRES als Sekantenverfahren mit Rank-1-Update zu interpretieren. Auf dieser Basis ist ein vorteilhafteres Verfahren von Deuflhard-Freund – Walter [1] entwickelt worden (siehe [Prog]). Cg-ähnliche Verfahren für komplexe Matrizen werden von Freund [1] diskutiert.

Es sei wieder an das Eigenwertproblem erinnert: Die Orthogonalität der Eigenvektoren Hermitescher Matrizen gilt zwar nicht im allgemeinen Fall, aber die Links- und Rechtseigenvektoren sind orthogonal: $\langle e, e' \rangle = 0$, wenn $Ae = \lambda e$, $A^H e' = \bar{\mu} e'$ und $\lambda \neq \mu$. Dieser Eigenschaft entsprechen die Bi-cg-Verfahren, bei den zwei Folgen von Suchrichtungen p^m und p'^m konstruiert werden. Zum Teil läßt sich ein solches Verfahren als eines der oben genannten Verfahren angewandt auf das erweiterte, symmetrische Gleichungssystem $\begin{bmatrix} O & A \\ A^H & O \end{bmatrix}\begin{bmatrix} x' \\ x \end{bmatrix} = \begin{bmatrix} b \\ b' \end{bmatrix}$ (b' beliebig) interpretieren. Zusammenhänge bestehen zu den Lanczos-Biorthogonalisierungen (vgl. Gutknecht [1], [2] für eine umfassende Zusammenstellung der Algorithmen). Hingewiesen sei auch auf das *quadrierte cg-Verfahren* CGS in Sonneveld – Wesseling – de Zeeuw [1].

Wir können auf das Standard-cg-Verfahren zurückgreifen, wenn wir als Iteration die Kaczmarz-Iteration zugrundelegen. Die Links- oder Rechtstransformation mit A^H liefert die Gleichungen $A^H A x = b' := A^H b$ bzw. $A A^H \hat{x} = b$ (vgl. §8.2.2) mit positiv definiter Matrix. Die Kondition ist gegenüber A quadriert. Man beachte aber: Die Konvergenz des cg-Verfahrens (4.6a-e) wird durch $\sqrt{\varkappa} = \mathrm{cond}(A)$ charakterisiert (vgl. Satz 4.12), so daß die Quadrierung der Kondition neutralisiert ist. Die Abschätzung für das Verfahren der konjugierten Residuen (angewandt auf die Richardson-Iteration) in Satz 13 fällt nicht besser aus, da sie durch $\varkappa = \varkappa(A)$ charakterisiert wird.

Da Matrizen, die nicht positiv definit sind, mehr oder wenig komplizierte cg-Varianten erfordert, ist ein anderer Ausweg erwägenswert: Wie in §8.4 kann ein indefinites oder nichtsymmetrisches Problem mit einer positiv definiten Matrix B vorkonditioniert werden, wobei zur Lösung von $B\delta = c$ das Standard-cg-Verfahren als sekundäre Iteration verwendet wird.

Concus - Golub [1] und Widlund [1] geben eine interessante Methode für allgemeine Matrizen A an, die in ihren symmetrischen und schief-symmetrischen Anteil zerlegt werden: $A = A_0 + A_1$, $A_0 = \frac{1}{2}(A + A^H)$. Für die meisten Anwendungen ist gewährleistet, daß A_0 positiv definit ist. Links- und Rechtstransformation mit $A_0^{-1/2}$ ergibt die Matrix $A' := I - S$ mit der schiefsymmetrischen Matrix $S := A_0^{-1/2} A_1 A_0^{-1/2}$. Die Eigenwerte von A' liegen statt auf einem reellen auf einem komplexen Intervall. Für die entsprechende cg-Version findet man eine Fehlerabschätzung in der A_0-Norm, die von der Konditionszahl $\Lambda := \| A_0^{-1} A_1 \|_2$ abhängt, und zur asymptotischen Konvergenzrate $1 - O(1/\Lambda)$ führt. Bei Gleichungen, die von partiellen Differentialgleichung stammen, ist Λ in der Regel h-unabhängig, so daß eine von der Schrittweite h unabhängige Konvergenzrate folgt. Zur Durchführung des Algorithmus muß allerdings pro Schritt ein Gleichungssystem $A_0 \delta = c$ gelöst werden, so daß die Anwendbarkeit sehr beschränkt ist. Unter ähnlichen Voraussetzungen erzielt die Mehrgittermethode zweiter Art sogar Konvergenzraten $O(h^\varkappa)$ mit positivem(!) Exponenten $\varkappa$ (vgl. §10.9.1).

9.5.10 Weitere Anmerkungen

Die bei den cg-Verfahren anfallenden Skalarprodukte und Vektoroperationen sind optimal geeignet für Vektorrechner. Für Parallelrechner brauchbare cg-Varianten werden von O'Leary [1-2] und Hackbusch [12] beschrieben.

Im letzten Absatz des §8.5.12 wurde Klage über die Unart der Abkürzungen geführt. Im Bereich der cg-Verfahren ist dieses Problem noch potenziert, da sich Teile der Abkürzung auf die zugrundeliegende Iterationsverfahren («Präkonditionierung») und andere auf die Variante des cg-Verfahrens beziehen.

Interessierte Leser seien auf Band 29 der Zeitschrift BIT hingewiesen, deren Heft 4 speziell den cg-Verfahren gewidmet ist.

10. Mehrgitteriterationen

Mehrgitterverfahren gehören zu den schnellsten Iterationen, da ihre Konvergenzrate von der Schrittweite h unabhängig ist. Zudem benötigt man keine einschränkenden Symmetrie- bzw. Positivitätsbedingungen wie für die cg-Verfahren.

10.1 Einführung

10.1.1 Glättung

Sei A die Matrix des Poisson-Modellproblems. Als die denkbar einfachste Iteration wählen wir die Richardson-Iteration

$$(10.1.1a) \qquad x^{m+1} = \Phi_\Theta^{Rich}(x^m, b) = x^m - \Theta(Ax^m - b) \quad \text{mit}$$

$$(10.1.1b) \qquad \Theta = \tfrac{1}{8}h^2 \approx 1/\lambda_{max} = 1/\rho(A) \qquad (\text{vgl. (4.1.1c)}).$$

$\rho(A) = \lambda_{max}(A)$ ist der Eigenwert, der zur Eigenfunktion

$$(10.1.2a) \qquad e^{\alpha\beta}(x,y) = \tfrac{1}{2}h \sin \alpha x \sin \beta y \qquad (1 \le \alpha, \beta \le N-1, \ (x,y) \in \Omega_h)$$

mit der höchsten Frequenz $\alpha = \beta = N-1$ gehört (vgl. §4.1). Die Konvergenzrate beträgt $\rho(M_\Theta^{Rich}) = 1 - \Theta\lambda_{min} \approx 1 - \lambda_{min}/\lambda_{max} \le 1 - O(h^2)$ und wird angenommen, wenn der Fehler $e^m = x^m - x$ ein Vielfaches der Eigenfunktion $e^{1,1}$ zur niedrigsten Frequenz $\alpha = \beta = 1$ ist.

Wir ändern jetzt den Blickwinkel und fragen nach dem Verhalten der Iteration, wenn sie auf einen speziellen, den *hohen* Frequenzen α, β entsprechenden Unterraum angewandt wird. Bisher gehörten alle vorkommenden Vektoren x, b etc. zu dem Vektorraum $X = \mathbb{R}^I$. Für jedes $x \in X$ haben wir die Darstellung (2b) mit Hilfe der Eigenvektorbasis (2a):

$$(10.1.2b) \qquad x = \sum_{\alpha,\beta=1}^{N-1} \xi_{\alpha\beta}\, e^{\alpha\beta} \qquad \text{mit } \xi_{\alpha\beta} := \langle x, e^{\alpha\beta}\rangle.$$

Da hohe Frequenzen α, β starken Oszillationen der Sinusfunktionen (2a) entsprechen, definieren wir

$$(10.1.2c) \qquad X_{osz} := \text{span}\left\{ e^{\alpha\beta}: 1 \le \alpha, \beta \le N-1, \ \max\{\alpha,\beta\} > \tfrac{N}{2} \right\}$$

als den Unterraum der «stark oszillierenden Komponenten». Man beachte, daß mindestens einer der Indizes α, β im «hochfrequenten» Teil $(N/2, N)$ des Frequenzintervalles $[1, N-1]$ liegt. Wenn wir eine Approximation x^0 erzeugen könnten, deren Fehler im Unterraum X_{osz} läge:

$$(10.1.2d) \qquad e^0 := x^0 - x \in X_{osz},$$

ergäbe die simple Richardson-Iteration schnelle Konvergenz:

Lemma 10.1.1 Im Poisson-Modellfall gelte (2d). Dann liegen alle weiteren Fehler e^m ebenfalls in X_{osz}. Sie genügen der Fehlerabschätzung

$$(10.1.3) \qquad \| e^m \|_2 \le \tfrac{3}{4} \| e^{m-1} \|_2,$$

d.h. die Konvergenzrate bei Beschränkung auf X_{osz} ist h-unabhängig!

Beweis. Da die Vektoren (2a) orthonormal sind (vgl. Lemma 4.1.2), ist

$$(10.1.2e) \qquad \| x \|_2^2 = \sum_{\alpha,\beta=1}^{N-1} | \xi_{\alpha\beta} |^2 \qquad\qquad \text{für } x \text{ aus (2b).}$$

Wegen $M e^{\alpha\beta} = (1 - \Theta\lambda_{\alpha\beta}) e^{\alpha\beta}$ liefert die Anwendung der Iterations-matrix $M = I - \Theta A$ auf den Fehler e^m mit den Koeffizienten $\xi_{\alpha\beta}$:

$$\| e^{m+1} \|_2^2 \leq \sum | 1 - \Theta\lambda_{\alpha\beta} |^2 | \xi_{\alpha\beta} |^2 \leq \max | 1 - \Theta\lambda_{\alpha\beta} |^2 \sum | \xi_{\alpha\beta} |^2 =$$
$$= \max | 1 - \Theta\lambda_{\alpha\beta} |^2 \, \| e^m \|_2^2$$

mit $\lambda_{\alpha\beta} = 4 h^{-2} [\sin^2(\alpha\pi h/2) + \sin^2(\beta\pi h/2)]$ (vgl. (4.1.1a)). Das Maximum ist über alle in (2c) auftretenden α, β zu nehmen, wobei man sich aus Symmetriegründen auf $0 < \alpha < N$, $N/2 < \beta < N$ beschränken kann. Hierfür ist

$$2 h^{-2} = 4 h^{-2} \sin^2(\pi/4) < \lambda_{\alpha\beta} \leq \lambda_{N-1, N-1} < 8 h^{-2},$$

so daß $| 1 - \Theta\lambda_{\alpha\beta} | < \tfrac{3}{4}$ die Behauptung (3) beweist.   ⬛

Die Aussage des Lemmas ist nicht unmittelbar für die Praxis ver-wertbar, weil die Voraussetzung (2d) nicht herstellbar ist (zumindest nicht mit geringerem Aufwand als für die exakte Lösung von $A x = b$). Wir können aber den folgenden Schluß ziehen:

Folgerung 10.1.2 Der Startfehler e^0 sei aufgespalten in

$$(10.1.4a) \qquad e^0 = e^0_{osz} + e^0_{glatt}, \qquad e^0_{osz} \in X_{osz}, \qquad e^0_{glatt} \in X_{glatt} := X^{\perp}_{osz}.$$

Dann gilt nach m Iterationen

$$(10.1.4b) \qquad e^m = e^m_{osz} + e^m_{glatt} \text{ mit}$$

$$(10.1.4c) \qquad e^m_{osz} = M^m e^0_{osz} \in X_{osz}, \qquad e^m_{glatt} = M^m e^0_{glatt} \in X_{glatt},$$

$$(10.1.4d) \qquad \| e^m_{osz} \|_2 \leq (\tfrac{3}{4})^m \, \| e^0_{osz} \|_2,$$

während e^m_{glatt} nur sehr langsam gegen 0 konvergiert. Da e^m_{osz} im Ver-gleich zu e^m_{glatt} abnimmt, kann man e^m als glatter als e^0 bezeichnen.

Zur Illustration sei ein numerisches Resultat für den graphisch leichter darstellbaren Fall des Systems

$$(10.1.5a) \qquad A x = b \quad \text{mit} \quad A = h^{-2} \operatorname{tridiag}\{-1, 2, -1\}$$

von $n = N-1$ ($N := 1/h$) Gleichungen angegeben, das der eindimensionalen Poisson-Randwertaufgabe

$$(10.1.5b) \qquad -u''(x) = f(x) \text{ für } 0 < x < 1, \qquad u(0) = u_0, \quad u(1) = u_1$$

entspricht. Abb. 1 zeigt die (stückweise linear verbundenen) Werte e^0_i ($0 \leq i \leq N = 8$) als erste der durchgezogenen Linien. Die weiteren Richardson-Iterierten haben für $m = 1, 2, 3$ Fehler e^m, die offen-sichtlich nur unwesentlich kleiner, aber deutlich glatter sind.

Wir werden Iterationsverfahren wie die vorgestellte Richardson-Iteration (1a,b) als *Glättungsiteration* bezeichnen und hierfür die Bezeichnung $\mathcal{S}$ statt Φ (für englisch «smoothing») verwenden.

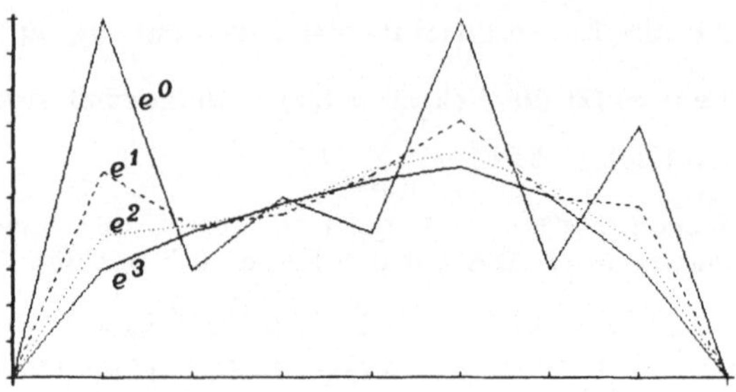

Abb. 10.1.1 Fehler e^m für Beispiel (5a)

Gesucht wird im folgenden ein Iterationsverfahren Ψ mit der komplementären Eigenschaft, daß Ψ die glatten Komponenten in

$$(10.1.6) \qquad X_{glatt} := X_{osz}^{\perp} = \operatorname{span}\{e^{\alpha\beta} : 1 \leqslant \alpha, \beta \leqslant N/2\}$$

schnell reduziert, aber nicht notwendigerweise gute Konvergenz bezüglich X_{osz} besitzt. Das Produktverfahren $\Psi \circ \mathcal{S}$ hätte dann die Eigenschaft, daß für beide Unterräume X_{osz} und X_{glatt} einer der Faktoren in $\Psi \circ \mathcal{S}$ schnelle Konvergenz liefert.

Leider hat keines der bisher erwähnten Verfahren diese Eigenschaft, so daß wir die Iteration Ψ neu konstruieren müssen. Dabei lassen wir uns von der Idee leiten, daß man glatte Gitterfunktionen auf einem gröberen Gitter gut annähern kann. Nach der Einführung der gröberen Gitter in §§10.1.2-4 kommen wir in §10.1.5 auf die Konstruktion der sogenannten «Grobgitterkorrektur» Ψ zurück.

10.1.2 Hierarchie der Gleichungssysteme

Um die folgenden Überlegungen durchzuführen, müssen wir das bisherige Problem $Ax = b$ in eine Familie von Gleichungssystemen einbetten. Im Modellfall erhalten wir für jede Schrittweite $h = 1/N$ ein System $Ax = b$, das von N bzw. h abhängt. Sei

$$(10.1.7a) \qquad h_0 > h_1 > \ldots > h_{\ell-1} > h_\ell > \ldots \qquad \text{mit } \lim_{\ell \to \infty} h_\ell = 0$$

eine Folge von Schrittweiten, die z.B. durch

$$(10.1.7b) \qquad h_\ell := h_0 / 2^\ell \qquad\qquad (\ell \geqslant 0)$$

erzeugt werden kann. Der Index ℓ ist die *Stufenzahl*. $\ell = 0$ entspricht dem gröbsten Gitter. Im Falle des Modellproblems mit dem Gitter $\Omega_\ell := \Omega_{h_\ell}$ im Einheitsquadrat ist

$$(10.1.7c) \qquad h_0 = \tfrac{1}{2}$$

die gröbste Wahl, für die $\Omega_0 = \Omega_{h_0}$ nur *einen* inneren Gitterpunkt enthält.

Jeder Schrittweite h_ℓ (d.h. jeder Stufe ℓ) entspricht ein System

(10.1.8a) $\qquad A_\ell x_\ell = b_\ell$ $\qquad\qquad\qquad\qquad$ $(\ell = 0,1,2,\ldots)$

von Gleichungen der Dimension n_ℓ, die im Modellfall

(10.1.8b) $\qquad n_\ell = (N_\ell - 1)^2 = (1/h_\ell - 1)^2$

beträgt. Die Familie von Systemen (8a) für $\ell = 0,1,2,\ldots$ stellt die
Hierarchie der Gleichungssysteme dar. Das aktuell zu lösende Problem
$Ax=b$ entspricht einer speziellen Stufe $\ell = \ell_{\max}$. Zur Lösung von
$A_\ell x_\ell = b_\ell$ für $\ell = \ell_{\max}$ werden wir die tieferen Stufen $\ell < \ell_{\max}$ einbeziehen.

10.1.3 Prolongation

Die Vektoren x_ℓ, b_ℓ aus (8a) sind Elemente des Vektorraumes

(10.1.9) $\qquad X_\ell \cong \mathbb{R}^{n_\ell}.$

Zwischen den verschiedenen Stufen $\ell = 0,1,2,\ldots$ wird eine Verbindung
benötigt. Die _Prolongation_

(10.1.10) $\qquad p: X_{\ell-1} \to X_\ell$ $\qquad\qquad\qquad\qquad$ $(\ell = 1,2,\ldots)$

sei eine lineare, injektive Abbildung (genauer: eine Familie von Abbildungen für alle $\ell \geqslant 1$) vom groben in das feine Gitter.

Im eindimensionalen Fall (5-6) läßt sich der Vektor x_ℓ als Gitter-
funktion auf $\Omega_\ell = \{\mu h_\ell: 0 \leqslant \mu \leqslant N_\ell = 1/h_\ell\}$ auffassen. Wir schreiben x_ℓ
dann als Funktion u_ℓ mit dem Zusammenhang

(10.1.11a) $\qquad u_\ell(\mu h_\ell) = x_{\ell,\mu}$ $\qquad\qquad\qquad$ $(1 \leqslant \mu \leqslant N_\ell - 1),$

d.h. die Argumente von u_ℓ liegen für alle Schrittweiten im Intervall
$\Omega = (0,1)$ und sind auf Ω_ℓ beschränkt. Es ist schreibtechnisch günstig,

(10.1.11b) $\qquad u_\ell(0) = u_\ell(1) = 0$

als Randwerte zu definieren. Als Prolongation p bietet sich die
stückweise lineare Interpolation zwischen den $\Omega_{\ell-1}$-Gitterpunkten an:

(10.1.12a) $\qquad (pu_{\ell-1})(\xi) := u_{\ell-1}(\xi)$ $\qquad\qquad$ für $\xi \epsilon \Omega_{\ell-1} \subset \Omega_\ell,$
(10.1.12b) $\qquad (pu_{\ell-1})(\xi) := \frac{1}{2}[u_{\ell-1}(\xi + h_\ell) + u_{\ell-1}(\xi - h_\ell)]$ $\quad$ für $\xi \epsilon \Omega_\ell \backslash \Omega_{\ell-1},$

wobei für $\xi = h_\ell$ und $\xi = 1 - h_\ell$ die Definition (11b) benutzt wird. Kürzer
wird die Prolongation p durch das Symbol (12c) charakterisiert:

(10.1.12c) $\qquad p = [\frac{1}{2}\ 1\ \frac{1}{2}].$

(12c) gibt an, daß ein Einheitsvektor $x_{\ell-1} = (\ldots,0,1,0,\ldots)^T$ abgebildet
wird in $x_\ell = px_{\ell-1} = (\ldots,0,\frac{1}{2},1,\frac{1}{2},0,\ldots)^T.$

Im Falle der zweidimensionalen Poisson-Gleichung wird x_ℓ durch die Gitterfunktion u_ℓ mit

(10.1.13a) $u_\ell(\xi,\eta) = x_{\ell,ij}$ für $1 \leqslant i,j \leqslant N_\ell-1$, $(\xi,\eta) = (ih_\ell, jh_\ell) \in \Omega_\ell$

repräsentiert, wobei die Randwerte als

(10.1.13b) $u_\ell(\xi,\eta) := 0$ für $\xi = 0$ oder $\xi = 1$ oder $\eta = 0$ oder $\eta = 1$

definiert seien. Die zweidimensionale Verallgemeinerung der stückweise linearen Interpolation (12a,b) («bilineare Interpolation») lautet:

(10.1.14a) $(pu_{\ell-1})(\xi,\eta) := u_{\ell-1}(\xi,\eta)$ für $(\xi,\eta) \in \Omega_{\ell-1} \subset \Omega_\ell$,

(10.1.14b) $(pu_{\ell-1})(\xi,\eta) := \frac{1}{2}[u_{\ell-1}(\xi+h_\ell,\eta)+u_{\ell-1}(\xi-h_\ell,\eta)]$
$$\text{für } \xi/h_\ell \text{ ungerade, } \eta/h_\ell \text{ gerade,}$$

(10.1.14c) $(pu_{\ell-1})(\xi,\eta) := \frac{1}{2}[u_{\ell-1}(\xi,\eta+h_\ell)+u_{\ell-1}(\xi,\eta-h_\ell)]$
$$\text{für } \xi/h_\ell \text{ gerade, } \eta/h_\ell \text{ ungerade,}$$

(10.1.14d) $(pu_{\ell-1})(\xi,\eta) := \frac{1}{4}[u_{\ell-1}(\xi+h_\ell,\eta)+u_{\ell-1}(\xi-h_\ell,\eta)] +$
$$+ u_{\ell-1}(\xi,\eta+h_\ell)+u_{\ell-1}(\xi,\eta-h_\ell)] \quad \text{für } \xi/h_\ell, \eta/h_\ell \text{ ungerade.}$$

Das abkürzende Symbol für p aus (14a-d) ist der Stern

(10.1.14e) $p = \begin{bmatrix} 1/4 & 1/2 & 1/4 \\ 1/2 & 1 & 1/2 \\ 1/4 & 1/2 & 1/4 \end{bmatrix}$ («*Neunpunktprolongation*»).

Allgemein bezeichnet

(10.1.15a) $p = \begin{bmatrix} \pi_{-1,1} & \pi_{0,1} & \pi_{1,1} \\ \pi_{-1,0} & \pi_{0,0} & \pi_{1,0} \\ \pi_{-1,-1} & \pi_{0,-1} & \pi_{1,-1} \end{bmatrix}$

die Abbildung (15b), wobei über alle i,j mit $(\xi-ih_\ell,\eta-jh_\ell) \in \Omega_{\ell-1}$ zu summieren ist:

(10.1.15b) $(pu_{\ell-1})(\xi,\eta) := \sum_{i,j} \pi_{ij} u_{\ell-1}(\xi-ih_\ell,\eta-jh_\ell)$ für $(\xi,\eta) \in \Omega_\ell$.

Weitere lineare Interpolationen sowie Prolongationen höherer Ordnung werden in Hackbusch [14,§3.4] diskutiert. Eine sogenannte *matrixabhängige Prolongation* ist definiert durch (15a) mit den Koeffizienten

(10.1.16a) $\pi_{00} := 1$, $\pi_{\pm1,0} := -\sum_j \alpha_{\mp1,j}/\sum_j \alpha_{0,j}$, $\pi_{0,\pm1} := -\sum_i \alpha_{i,\mp1}/\sum_i \alpha_{i,0}$,

(10.1.16b) $(A_\ell pu_{\ell-1})(\xi,\eta) = 0$ für $\xi/h_\ell, \eta/h_\ell$ ungerade,

wobei $\alpha_{i,j}$ die Sternkoeffizienten von A_ℓ gemäß (2.1.8a,b) sind.

10.1.4 Restriktion

Die Restriktion r ist eine lineare, surjektive Abbildung

(10.1.17) $r: X_\ell \to X_{\ell-1}$ $(\ell \geqslant 1)$,

die Feingitterfunktionen in Grobgitterfunktionen abbildet. Falls wie im Modellfall $\Omega_{\ell-1} \subset \Omega_\ell$ gilt, ist die einfachste Wahl die *triviale Restriktion*

$$(10.1.18) \qquad (r_{\mathrm{triv}}\, u_\ell)(\xi,\eta) = u_\ell(\xi,\eta) \qquad\qquad \text{für } (\xi,\eta)\in\Omega_{\ell-1},$$

von deren Verwendung wegen verschiedener Nachteile abgeraten wird (vgl. Hackbusch [14,§3.5]). Stattdessen wird $(r u_\ell)(\xi,\eta)$ als gewichtetes Mittel der Nachbarwerte definiert. Mit dem Stern

$$(10.1.19a) \qquad r = \begin{bmatrix} \wp_{-1,1} & \wp_{0,1} & \wp_{1,1} \\ \wp_{-1,0} & \wp_{0,0} & \wp_{1,0} \\ \wp_{-1,-1} & \wp_{0,-1} & \wp_{1,-1} \end{bmatrix}$$

wird die Restriktion

$$(10.1.19b) \qquad (r u_\ell)(\xi,\eta) = \sum_{i,j=-1}^{1} \wp_{ij}\, u_\ell(\xi+i h_\ell, \eta + j h_\ell) \quad \text{für } (\xi,\eta)\in\Omega_{\ell-1},$$

bezeichnet. Der Neunpunktprolongation (14e) entspricht die _Neunpunktrestriktion_

$$(10.1.20) \qquad r = \tfrac{1}{4} \begin{bmatrix} 1/4 & 1/2 & 1/4 \\ 1/2 & 1 & 1/2 \\ 1/4 & 1/2 & 1/4 \end{bmatrix},$$

die als Adjungierte zu (14e) angesehen werden kann, wenn man die Skalarprodukte

$$(10.1.21) \qquad \langle\cdot,\cdot\rangle = \langle\cdot,\cdot\rangle_\ell \qquad \text{mit } \langle u_\ell, v_\ell\rangle_\ell = h_\ell^d \sum_{\alpha\in I} u_{\ell,\alpha}\, \overline{v_{\ell,\alpha}}$$

für X_ℓ zugrunde legt. d ist die Dimension des Gitters $\Omega_\ell\subset\mathbb{R}^d$.

Übungsaufgabe 10.1.3 Der zweidimensionale Fall $d=2$ sei angenommen. Man zeige: Die Adjungierte von p aus (15a) ist r aus (19a) mit $\wp_{ij}=\pi_{ij}/4$.

Zu der gewählten Prolongation läßt sich stets die Adjungierte

$$(10.1.22) \qquad r := p^*$$

als Restriktion wählen. Beispielsweise läßt sich mittels (16a,b) und (22) die _matrixabhängige Restriktion_ definieren.

10.1.5 Grobgitterkorrektur

Sei $\bar{x}_\ell$ das Resultat einiger Schritte der Glättungsiteration (1a,b). Der zugehörige Fehler

$$(10.1.23a) \qquad \bar{e}_\ell := \bar{x}_\ell - x_\ell$$

ist die exakte Korrektur, mit der die Lösung berechnet werden könnte:

$$(10.1.23a') \qquad x_\ell = \bar{x}_\ell - \bar{e}_\ell$$

Wegen $A_\ell \bar{e}_\ell = A_\ell(\bar{x}_\ell - x_\ell) = A_\ell\bar{x}_\ell - A_\ell x_\ell = A_\ell\bar{x}_\ell - b_\ell$ erfüllt x_ℓ die Gleichung

$$(10.1.23b) \qquad A_\ell \bar{e}_\ell = d_\ell \quad \text{mit dem } \underline{Defekt} \; d_\ell := A_\ell\bar{x}_\ell - b_\ell.$$

Nach den Überlegungen aus §10.1.1 ist $\bar{e}_\ell$ glatt. Deshalb sollte es möglich sein, $\bar{e}_\ell$ mit Hilfe des groben Gitters anzunähern: $\bar{e}_\ell \approx p e_{\ell-1}$. Für

$e_{\ell-1}$ setzen wir die (23b) entsprechende Gleichung im groben Gitter an:

(10.1.23c) $A_{\ell-1} e_{\ell-1} = d_{\ell-1}$ mit $d_{\ell-1} := r d_\ell$.

Um zum *Zwei*gitteralgorithmus zu gelangen, nehmen wir an, daß wir die Gleichung (23c) im zweiten Gitter exakt lösen können:

(10.1.23d) $e_{\ell-1} = A_{\ell-1}^{-1} d_{\ell-1}$

Dessen Bild $p e_{\ell-1}$ unter der Prolongation p soll die Lösung $\bar{e}_\ell$ von (23b) approximieren, so daß die Grobgitterkorrektur mit (23e) abschließt:

(10.1.23e) $x_\ell^{\text{neu}} := \bar{x}_\ell - p e_{\ell-1}$.

Die *Grobgitterkorrektur* (23b-e) lautet in kompakter Form

(10.1.24) $\bar{x}_\ell \mapsto x_\ell^{\text{neu}} := \bar{x}_\ell - p A_{\ell-1}^{-1} r (A_\ell \bar{x}_\ell - b_\ell)$.

Nennt man $\bar{x}_\ell$ und x_ℓ^{neu} in x_ℓ^m und x_ℓ^{m+1} um, stellt (24) die Definition eines Iterationsverfahrens, nämlich der Grobgitterkorrektur dar:

(10.1.24') $\Phi_\ell^{\text{GGK}} (x_\ell, b_\ell) := x_\ell - p A_{\ell-1}^{-1} r (A_\ell x_\ell - b_\ell)$.

Bemerkung 10.1.4 Die Iterationsmatrix M und die Matrix N der zweiten Normalform der Grobgitterkorrektur lauten

(10.1.25) $M_\ell^{\text{GGK}} = I - p A_{\ell-1}^{-1} r A_\ell$, $N_\ell^{\text{GGK}} = p A_{\ell-1}^{-1} r$.

Daß Φ_ℓ^{GGK} als eigenständige Iteration uninteressant ist, zeigt die

Bemerkung 10.1.5 Die Grobgitterkorrektur Φ_ℓ^{GGK} ist konsistent, aber nicht konvergent.

Beweis. Die Konsistenz ist Folge der zweiten Normalform. Wegen $h_\ell < h_{\ell-1}$ ist $\dim X_\ell > \dim X_{\ell-1}$, so daß der Kern von r nichttrivial ist. Sei $0 \ne \xi \in \text{Kern}(r)$. Da $M_\ell^{\text{GGK}} \xi = \xi$, zeigt $\rho(M_\ell^{\text{GGK}}) \geqslant 1$ die Divergenz an.   ▨

Für Gleichungssysteme, die mit der Galerkin-Diskretisierung erhalten werden (vgl. Übungsaufgabe 6.12 and Hackbusch [14, Note 3.6.6]), gilt die Darstellung (26) als sogenanntes *Galerkin-Produkt*:

(10.1.26) $A_{\ell-1} = r A_\ell p$.

Lemma 10.1.6 Es gelte (26). Es ist $\Phi_\ell^{\text{GGK}}(\hat{x}_\ell, b_\ell) = \hat{x}_\ell$ für alle $\hat{x}_\ell$ mit Fehlern $\hat{e}_\ell = \hat{x}_\ell - x_\ell \in \text{Bild}(p)$. Insbesondere ist Φ_ℓ^{GGK} eine Projektion.

Beweis. Folgt aus $M_\ell^{\text{GGK}} p = p - p A_{\ell-1}^{-1} r A_\ell p = p - p A_{\ell-1}^{-1} A_{\ell-1} = p - p = 0$.   ▨

Man kann fragen, ob die Grobgittergleichung (23c) ein geeigneter Ansatz für $e_{\ell-1}$ ist. Eine Antwort gibt die

Übungsaufgabe 10.1.7 A_ℓ sei positiv definit. Die beste Approximation von $\bar{e}_\ell \in X_\ell$ in der A_ℓ-Norm $\| x_\ell \|_A := \langle A_\ell x_\ell, x_\ell \rangle_\ell^{1/2}$ ist $p e_{\ell-1}$, wobei $p = r^*$ gemäß (22) und $e_{\ell-1}$ die Lösung von (23c) mit der Matrix (26) ist.

10.2 Das Zweigitterverfahren

10.2.1 Algorithmus

In §10.1.1 wurde eine sogenannte Glättungsiteration $\mathcal{S}_\ell$ definiert und in §10.1.5 die Grobgitterkorrektur Φ_ℓ^{GGK} konstruiert. Die Zweigitteriteration ist das Produktverfahren

$$(10.2.1) \qquad \Phi_\ell^{ZGM} := \Phi_\ell^{GGK} \circ \mathcal{S}_\ell^\nu \qquad\qquad (\ell \geqslant 1, \; \nu \geqslant 1).$$

Dabei ist ν die Anzahl der Glättungsschritte. In algorithmischer Schreibweise hat (1) die Gestalt

$$(10.2.2) \qquad \underline{\text{procedure}} \; \Phi_\ell^{ZGM}(x_\ell, b_\ell);$$

$(10.2.2a) \qquad \underline{\text{begin}} \; \underline{\text{for}} \; i := 1 \; \underline{\text{to}} \; \nu \; \underline{\text{do}} \;\; x_\ell := \mathcal{S}_\ell(x_\ell, b_\ell);$

$(10.2.2b) \qquad\qquad d_{\ell-1} := r\,(A_\ell x_\ell - b_\ell);$

$(10.2.2c) \qquad\qquad e_{\ell-1} := A_{\ell-1}^{-1} \, d_{\ell-1};$

$(10.2.2d) \qquad\qquad x_\ell := x_\ell - p\,e_{\ell-1};$

$(10.2.2e) \qquad\qquad \Phi_\ell^{ZGM} := x_\ell$

$\qquad\qquad \underline{\text{end}};$

10.2.2 Modifikationen

Eine semiiterative Glättung anstelle von (2a) wird in §10.8.1 diskutiert werden. Wie aus Übungsaufgabe 3.2.17b bekannt, hat $\Phi_\ell^{GGK} \circ \mathcal{S}_\ell^\nu$ die gleichen Konvergenzeigenschaften wie

$$(10.2.3a) \qquad \Phi_\ell^{ZGM(\nu_1,\nu_2)} := \mathcal{S}_\ell^{\nu_2} \circ \Phi_\ell^{GGK} \circ \mathcal{S}_\ell^{\nu_1} \qquad \text{mit } \nu = \nu_1 + \nu_2.$$

Man spricht dann von ν_1 _Vor-_ und ν_2 _Nachglättungen_. Die Iteration (3a) enthält den Algorithmus (1) für $\nu_1 = \nu$ und $\nu_2 = 0$ als Spezialfall, so daß wir im weiteren mit der Version (3a) arbeiten werden.

Selbstverständlich kann man für die Vor- und Nachglättung auch verschiedene Glätter $\mathcal{S}_\ell$ und $\hat{\mathcal{S}}_\ell$ verwenden:

$$(10.2.3b) \qquad \hat{\mathcal{S}}_\ell^{\nu_2} \circ \Phi_\ell^{GGK} \circ \mathcal{S}_\ell^{\nu_1} \qquad\qquad \text{mit } \nu = \nu_1 + \nu_2.$$

10.2.3 Iterationsmatrix

Lemma 10.2.1 $\mathcal{S}_\ell$ sei eine konsistente Iteration mit der Iterationsmatrix S_ℓ. Dann ist $\Phi_\ell^{ZGM(\nu_1,\nu_2)}$ eine konsistente Iteration mit der Iterationsmatrix

$$(10.2.4) \qquad M_\ell^{ZGM}(\nu_1,\nu_2) = S_\ell^{\nu_2}\,(\,I - p A_{\ell-1}^{-1}\, r A_\ell\,)\, S_\ell^{\nu_1}.$$

Beweis. Gemäß Übungsaufgabe 3.2.16b ist M_ℓ^{ZGM} das Produkt der Iterationsmatrizen von $\mathcal{S}_\ell^{\nu_2}$, Φ_ℓ^{GGK}, $\mathcal{S}_\ell^{\nu_1}$. Mit Bemerkung 1.4 folgt (4). ∎

10.2.4 Pascal-Prozeduren

In (3.5.7) sind u.a. die Typen **Restriktionsart** und **Prolongationsart** vereinbart worden. Unter den Wahlmöglichkeiten sind noch nicht erklärt die _Siebenpunktprolongation_ und _-restriktion_ (5) sowie die nur eingeschränkt zu empfehlende _Fünfpunktrestriktion_ («half-weighting») (6):

$$(10.2.5) \qquad p = \begin{bmatrix} 0 & 1/2 & 1/2 \\ 1/2 & 1 & 1/2 \\ 1/2 & 1/2 & 0 \end{bmatrix}, \qquad r = \tfrac{1}{4}\begin{bmatrix} 0 & 1/2 & 1/2 \\ 1/2 & 1 & 1/2 \\ 1/2 & 1/2 & 0 \end{bmatrix} = p^{*},$$

$$(10.2.6) \qquad r = \tfrac{1}{2}\begin{bmatrix} 0 & 1/4 & 0 \\ 1/4 & 1 & 1/4 \\ 0 & 1/4 & 0 \end{bmatrix}, \qquad p = \begin{bmatrix} 0 & 1/2 & 0 \\ 1/2 & 1 & 1/2 \\ 0 & 1/2 & 0 \end{bmatrix}.$$

Die _Fünfpunktprolongation_ aus (6) sollte nur dann angewandt werden, wenn wegen eines nachfolgenden Schachbrett-Gauß-Seidel-Schrittes die Werte in (ξ,η) für ungerade ξ/h_ℓ und η/h_ℓ undefiniert bleiben dürfen. Die Wahl **allgemeine_Restriktion** bzw. **allgemeine_Prolongation** läßt einen beliebigen Stern (1.15a) bzw. (1.19a) zu. Der Record vom Typ **MG_Daten** enthält in **AL** die **Diskretisierungsdaten** aller Stufen $0 \leqslant \ell \leqslant$ **Lmax** sowie in **IP** die eventuell für die Glättungsiteration $\mathcal{S}_\ell$ nötigen **Iterationsparameter**. Die Komponente **MI** vom Typ **MG_Parameter** enthält unter anderem die Vor- und Nachglättungszahlen ν_1, ν_2 und die Angaben **R**, **P** für r und p.

Es folgen Prozeduren zur Bestimmung von (i) r aus (1.22), (ii) p gemäß (1.16a,b), zur Ausführung von (iii) r und (iv) p sowie (v) zur Berechnung von $A_{\ell-1}$ aus A_ℓ gemäß (1.26). Die Prozeduren zur Ausführung von p und r können natürlich erheblich gekürzt werden, wenn nur die Neunpunktversionen verwendet werden sollen.

```
procedure Restriktion_als_adjungierte_Prolongation (var S: Stern);
var i,j: integer;  begin for i:=-1 to 1 do  for j:=-1 to 1 do  S[i,j]:=S[i,j]/4 end;

procedure Erzeuge_matrixabhaengigen_Prolongationsstern (var PS: Stern;
var A: Diskretisierungsdaten); var i,j: integer; h,ha,v,va: Spaltenstern; p: real;
procedure normiere(var s: Spaltenstern);
  begin s[-1]:=-abs(s[-1]); s[0]:=abs(s[0]); s[1]:=-abs(s[1]);
  if s[0]-s[-1]-s[1]<0 then s[0]:=-s[-1]-s[1] end;
procedure pruefe(var s,t: Spaltenstern);
  begin p:=t[-1]+t[0]+t[1]; normiere(s); normiere(t);
  if s[0]<0.1*p*A.h2 then s:=t end;
begin for i:=-1 to 1 do h[i]:=0; ha:=h; v:=h; va:=h; {auf null setzen}
  for i:=-1 to 1 do for j:=-1 to 1 do
  begin p:=A.S[i,j]; h[i]:=h[i]+p; v[j]:=v[j]+p;
      p:=abs(p); ha[i]:=ha[i]+p; va[j]:=va[j]+p
  end; {Quersummen}
  pruefe(v,va); pruefe(h,ha);
  PS[0,0]:=1;
  PS[1,0]:=-h[-1]/h[0]; PS[-1,0]:=-h[1]/h[0]; {horizontale Interpolation}
  PS[0,1]:=-v[-1]/v[0]; PS[0,-1]:=-v[1]/v[0]; {vertikale Interpolation}
```

```
   with A do
   begin PS[1,1]:=-(S[-1,-1]+S[-1,0]*PS[0,1]+S[0,-1]*PS[1,0])/S[0,0];
         PS[-1,-1]:=-(S[1,1]+S[1,0]*PS[0,-1]+S[0,1]*PS[-1,0])/S[0,0];
         PS[-1,1]:=-(S[1,-1]+S[1,0]*PS[0,1]+S[0,-1]*PS[-1,0])/S[0,0];
         PS[1,-1]:=-(S[-1,1]+S[-1,0]*PS[0,-1]+S[0,1]*PS[1,0])/S[0,0]
end end;

procedure MG_Restriktion(level: integer; var x_restringiert,x: Gitterfunktion;
            var R: Restriktionsdaten; var AL:Diskretisierungshierarchie);
var i,j,ii,jj,nx1,ny1: integer; label 1;
begin nx1:=AL[level-1].nx-1; ny1:=AL[level-1].ny-1; with R do
  case Art of
triviale_Restriktion:
   for i:=1 to nx1 do for j:=1 to ny1 do x_restringiert[i,j]:=x[2*i,2*j];
Fuenfpunktrestriktion:
   for i:=1 to nx1 do
   begin ii:=2*i; for j:=1 to ny1 do
     begin jj:=2*j; x_restringiert[i,j]:= ( 4*x[ii,jj]+
                                 x[ii-1,jj]+x[ii+1,jj]+x[ii,jj-1]+x[ii,jj+1] )/8
   end end;
Siebenpunktrestriktion:
   for i:=1 to nx1 do
   begin ii:=2*i; for j:=1 to ny1 do
     begin jj:=2*j; x_restringiert[i,j]:= ( 2*x[ii,jj]+
               x[ii-1,jj]+x[ii+1,jj]+x[ii,jj-1]+x[ii,jj+1]+x[ii-1,jj-1]+x[ii+1,jj+1])/8
   end end;
Neunpunktrestriktion:
   for i:=1 to nx1 do
   begin ii:=2*i; for j:=1 to ny1 do
     begin jj:=2*j; x_restringiert[i,j]:= (4*x[ii,jj]+ 2*(x[ii-1,jj]+x[ii+1,jj]+x[ii,jj-1]
             + x[ii,jj+1])+ x[ii-1,jj+1]+ x[ii+1,jj-1]+ x[ii-1,jj-1]+x[ii+1,jj+1] ) /16
   end end;
allgemeine_Restriktion:
1: for i:=1 to nx1 do
   begin ii:=2*i; for j:=1 to ny1 do
     begin jj:=2*j; x_restringiert[i,j] := S[0,0]*x[ii,jj]+ S[-1,0]*x[ii-1,jj]+
       S[1,0]*x[ii+1,jj]+S[0,-1]*x[ii,jj-1]+S[0,1]*x[ii,jj+1]+ S[-1,1]*x[ii-1,jj+1]+
       S[1,-1]*x[ii+1,jj-1]+S[-1,-1]*x[ii-1,jj-1]+S[1,1]*x[ii+1,jj+1]
   end end;
matrixabhaengige_Restriktion:
  begin Erzeuge_matrixabhaengigen_Prolongationsstern(S,AL[level]);
        Restriktion_als_adjungierte_Prolongation(S); goto 1
end end end; {Randwerte sind undefiniert!}

procedure MG_Prolongation(level: integer; var xp{rolongiert},x: Gitterfunktion;
            var P: Prolongationsdaten; var AL: Diskretisierungshierarchie);
var i,j,ii,jj,nxx,nyy: integer; label 1,9;
begin nxx:=AL[level-1].nx; nyy:=AL[level-1].ny;
  with P do
```

```
  begin for i:=nxx downto 0 do
    begin ii:=2*i; for j:=nyy downto 0 do xp[ii,2*j]:=x[i,j] end;
    case Art of
allgemeine_Prolongation: goto 1;
matrixabhaengige_Prolongation:
    begin Erzeuge_matrixabhaengigen_Prolongationsstern(S,AL[level]); goto 1
    end end {case};

    for i:=0 to nxx do
    begin ii:=2*i; jj:=1; for j:=1 to nyy do
        begin xp[ii,jj]:=(xp[ii,jj-1]+xp[ii,jj+1])/2; jj:=jj+2
    end end; {lineare Interpolation in y-Richtung}
    if Art=Neunpunktprolongation then
    begin for i:=1 to nxx do
          begin ii:=2*i-1; for jj:=0 to 2*nyy do xp[ii,jj]:=(xp[ii-1,jj]+xp[ii+1,jj])/2
          end {lineare Interpolation in x-Richtung}; goto 9
    end;
    ii:=1; for i:=1 to nxx do
    begin jj:=0; for j:=0 to nyy do
                begin xp[ii,jj]:=(xp[ii-1,jj]+xp[ii+1,jj])/2; jj:=jj+2 end;    ii:=ii+2
    end {lineare Interpolation in x-Richtung auf Grobgitterpunkten};
    if Art=Fuenfpunktprolongation then goto 9;    {Bei der 5-Punkt-Prolongation
                    bleiben die Werte xp[ungerade,ungerade] undefiniert}
    {Es bleibt der Fall Art=Siebenpunktprolongation}
    ii:=1; for i:=1 to nxx do
    begin jj:=1; for j:=1 to nyy do
          begin xp[ii,jj]:=(xp[ii-1,jj-1]+xp[ii+1,jj+1])/2; jj:=jj+2 end;    ii:=ii+2
    end {lineare Interpolation in diagonaler Richtung};
    goto 9;

1: {allgemeine_Prolongation}
    for i:=0 to nxx do
    begin ii:=2*i; jj:=1; for j:=1 to nyy do
        begin xp[ii,jj]:=S[0,1]*xp[ii,jj-1]+S[0,-1]*xp[ii,jj+1]; jj:=jj+2
    end end; {Fortsetzung in y-Richtung}
    ii:=1; for i:=1 to nxx do
    begin jj:=0; for j:=0 to nyy do
        begin xp[ii,jj]:=S[1,0]*xp[ii-1,jj]+S[-1,0]*xp[ii+1,jj]; jj:=jj+2 end;   ii:=ii+2
    end {Fortsetzung in x-Richtung};
    ii:=1; for i:=1 to nxx do
    begin jj:=1; for j:=1 to nyy do
        begin xp[ii,jj]:=S[1,1]*xp[ii-1,jj-1]+S[-1,-1]*xp[ii+1,jj+1]+
                    S[1,-1]*xp[ii-1,jj+1]+S[-1,1]*xp[ii+1,jj-1];      jj:=jj+2
        end;   ii:=ii+2
    end {Fortsetzung in Punkten mit doppelt ungeraden Koeffizienten};
    if S[0,0]<>1 then for i:=0 to nxx do
    begin ii:=2*i; jj:=0; for j:=0 to nyy do   begin xp[ii,jj]:=S[0,0]*xp[ii,jj]; jj:=jj+2
    end end; {Änderung in den Grobgitterpunkten}
9: end
end;
```

```
procedure Galerkin_Stern(var RSP: Stern; var Fein: Diskretisierungsdaten;
                         var P: Prolongationsdaten; var R: Restriktionsdaten);
var v: Gitterfunktion; A: Diskretisierungshierarchie; i,j: integer;
begin  with A[0] do  begin nx:=4; ny:=4 end;
  A[1]:=fein;  with A[1] do  begin nx:=8; ny:=8 end;
  Gitterfunktion_gleich_null(4,4,v);  v[2,2]:=1;
  MG_Prolongation(1,v,v,P,A);  A_x(v,A[1],v);  MG_Restriktion(1,v,v,R,A);
  for i:=-1 to 1 do  for j:=-1 to 1 do  RSP[i,j]:=v[2-i,2-j]
end;
```

Für eine interaktive Eingabe von p und r stehen zur Verfügung:

```
procedure bestimme_Restriktion (var R: Restriktionsdaten);
procedure bestimme_Prolongation (var P: Prolongationsdaten);
procedure bestimme_Prolongation_und_Restriktion
                    (var P: Prolongationsdaten; var R: Restriktionsdaten);
```

Wenn $A_\ell x_\ell = b_\ell$ für $\ell = \ell_{max}$ zu lösen ist, haben die Matrizen A_ℓ für $\ell < \ell_{max}$ nur Hilfscharakter. Für die geeignete Wahl der A_ℓ ($\ell < \ell_{max}$) gibt es im wesentlichen zwei Möglichkeiten, die mittels des Parameters **Galerkin** aus **MG_Parameter** ausgewählt werden können:

(10.2.7a) A_ℓ wird nach der gleichen Diskretisierungsmethode wie für $\ell = \ell_{max}$ erzeugt (**Galerkin:=false**).

(10.2.7b) A_ℓ wird mittels (1.26) aus $A_{\ell_{max}}$ erzeugt (**Galerkin:=true**).

Die Diskretisierung kann mittels **Definiere_MG_Diskretisierung** eingegeben werden. Die Koeffizienten $\alpha_{ij} = \alpha_{ij,0} + \alpha_{ij,1} h_\ell^{-1} + \alpha_{ij,2} h_\ell^{-2}$ von A_ℓ (vgl. §2.1.3) werden durch drei Sterne $(\alpha_{ij,k})$ $(k=0,1,2)$ beschrieben, so daß A_ℓ für alle h_ℓ separat ausgewertet werden kann. Für den oben genannten Fall (7b) (**Galerkin:=true**) ist die aktuelle Stufenzahl $\ell_{max} =$ **aktuelle_Stufe** mittels **setze_aktuelle_Stufe** anzugeben (vgl. §10.4.2).

Die Zweigitteriteration wird nicht als eigene Prozedur angegeben, da sie ein Sonderfall des späteren Mehrgitterverfahrens ist (vgl. §10.4.2). Letzteres wird durch die Parameterwahl «**direkt:=true; lmin:=level-1**» zum Zweigitterverfahren. Das vollständige Rahmenprogramm für den Zweigitteralgorithmus im Poisson-Modellfall lautet wie folgt:

```
program Zweigitteriterationsaufruf;
var MGD: MG_Daten; level,i,itzahl: integer; IT: Iterationsdaten;
{rechte_Seite, Nullfunktion, exakte_Loesung, Randwerte, etc. vereinbaren}
begin initialisiere_MG_Daten(MGD); initialisiere_it(it); with MGD do
   repeat Freigabe_MG_Daten(MGD); Freigabe_it(it);
   definiere_MG_Diskretisierung(MGD);
   {Definition der Zweigitteriterationsparameter} MI.Direkt:=true;
   writeln('Soll das Galerkin-Produkt (10.1.26) verwendet werden?');
   MI.Galerkin:=ja_nein; MI.gamma:=1;
```

```
writeln('Zahl der Vor- (ny1) und Nachglättungen (ny2) angeben.');
write(' --> ny1 = '); readln(MI.ny1); write(' --> ny2 = '); readln(MI.ny2);
bestimme_Prolongation_und_Restriktion(MI.P,MI.R);
write(' --> Lösung auf der Stufe l='); readln(level); MI.lmin:=level-1;
setze_aktuelle_Stufe(level,MGD);
it.A:=AL[level]; definiere_Gleichungsdaten(it,Randwerte,Rechte_Seite);
definiere_Startiteration(It,Nullfunktion);    writeln('Startwert definiert.');
write(' --> Anzahl der Iterationen ='); readln(itzahl); it.ip.Nr:=0;
for i:=1 to itzahl do
begin MG_Iteration(level,it.x,it.x,it.b,MGD, Schachbrett_Gauss_Seidel,
           Schachbrett_Gauss_Seidel, Loese_Glsystem_ohne_Pivotwahl);
      it.ip.nr:=it.ip.nr+1     {Ausdruck der Resultate etc}
  end;   writeln('Lauf wiederholen?')
until not ja_nein
end.
```

Nachzutragen ist noch das direkte Lösungsverfahren, das (als letzter Parameter der Prozedur **MG_Iteration**) zur Lösung von $A_{\ell-1} c_{\ell-1} = d_{\ell-1}$ benötigt wird. Die hier verwendete Prozedur **Loese_Glsystem_ohne_Pivotwahl** führt eine LU-Zerlegung ohne Pivotwahl innerhalb einer Bandmatrix (Bandweite $\leq$ **Wmax**) durch.

10.2.5 Numerische Beispiele

Als Beispiel ist das Poisson-Modellproblem mit den Zweigitterparametern $\nu_1 = 2$, $\nu_2 = 0$, **Galerkin:=false** für die Schrittweiten h_ℓ aus (1.7b,c) gewählt. Die Fehlernormen $\| x_\ell^m - x_\ell \|_2$ auf der Stufe $\ell=5$ mit $h_5 = 1/64$ zeigt Tabelle 1. Eine Übersicht über die Reduktionsfaktoren $\| x_\ell^m - x_\ell \|_2 / \| x_\ell^{m-1} - x_\ell \|_2$ gibt Tabelle 2. Die letzte Zeile in Tabelle 2 enthält die gemittelten Konvergenzfaktoren $\rho_\ell := (\| x_\ell^8 - x_\ell \|_2 / \| x_\ell^0 - x_\ell \|_2)^{1/8}$. Im Gegensatz zu den vorhergehenden Iterationsverfahren fällt auf, daß die Konvergenzfaktoren kaum von den Schrittweiten abhängig sind. Zudem ist die Konvergenzrate mit dem Wert ≈ 0.06 sehr günstig.

m	$\| x_\ell^m - x_\ell \|_2$
0	$2.935_{10}-02$
1	$1.210_{10}-03$
2	$6.206_{10}-05$
3	$3.378_{10}-06$
4	$1.939_{10}-07$
5	$1.152_{10}-08$
6	$7.058_{10}-10$
7	$4.432_{10}-11$
8	$7.188_{10}-12$

Tabelle 10.2.1
Fehler für $h_\ell = 1/64$

Da das Zweigitterverfahren die Parameter ν_1 und ν_2 besitzt, ist zu klären, wie die Konvergenz hiervon abhängt. Nach der Überlegung aus §10.2.2 hängt die Konvergenz nur von $\nu = \nu_1 + \nu_2$ ab, so daß o.B.d.A. $\nu_1 = \nu$ und $\nu_2 = 0$ gewählt werden kann. Die wie oben bestimmten Konvergenzfaktoren ρ_3 für $h_3 = 1/16$ sind in Tabelle 3 angegeben. Erwartungsgemäß verbessert sich die Konvergenz mit wachsendem ν. In der letzten Zeile ist ein Vergleich mit der Funktion $C/(C+\nu)$ für $C = 0.135$ angegeben, der auf das asymptotische Verhalten $\rho_\ell(\nu) \approx O(1/\nu)$ hindeutet.

m	$h_\ell=$ $1/4$	$1/8$	$1/16$	$1/32$	$1/64$
1	$6.210_{10}{-}2$	$5.549_{10}{-}2$	$4.730_{10}{-}2$	$4.338_{10}{-}2$	$4.124_{10}{-}2$
2	$6.247_{10}{-}2$	$5.737_{10}{-}2$	$5.409_{10}{-}2$	$5.234_{10}{-}2$	$5.126_{10}{-}2$
3	$6.249_{10}{-}2$	$5.850_{10}{-}2$	$5.804_{10}{-}2$	$5.565_{10}{-}2$	$5.443_{10}{-}2$
4	$6.249_{10}{-}2$	$5.963_{10}{-}2$	$6.191_{10}{-}2$	$5.867_{10}{-}2$	$5.741_{10}{-}2$
5	$6.250_{10}{-}2$	$6.061_{10}{-}2$	$6.512_{10}{-}2$	$6.091_{10}{-}2$	$5.939_{10}{-}2$
6	$6.250_{10}{-}2$	$6.143_{10}{-}2$	$6.767_{10}{-}2$	$6.293_{10}{-}2$	$6.125_{10}{-}2$
7	$6.250_{10}{-}2$	$6.194_{10}{-}2$	$6.943_{10}{-}2$	$6.453_{10}{-}2$	$6.280_{10}{-}2$
8	$6.171_{10}{-}2$	$6.073_{10}{-}2$	$7.024_{10}{-}2$	$7.078_{10}{-}2$	$(1.621_{10}{-}1)$
ϱ_ℓ	$6.234_{10}{-}2$	$5.942_{10}{-}2$	$6.123_{10}{-}2$	$5.810_{10}{-}2$	$5.493_{10}{-}2$

__Tabelle__ __10.2.2__ Fehlerquotienten $\| x_\ell^m - x_\ell \|_2 / \| x_\ell^{m-1} - x_\ell \|_2$ und gemittelte Konvergenzfaktoren ϱ_ℓ für das Zweigitterverfahren mit $\nu_1 = 2$ und $\nu_2 = 0$

ν	1	2	3	4	5	6	10
$\varrho_3(\nu)$	0.222	0.062	0.04	0.03	0.023	0.0196	0.0133
$\dfrac{0.135}{\nu+0.135}$	0.119	0.063	0.043	0.033	0.026	0.022	0.0133

__Tabelle__ __10.2.3__ Konvergenzfaktoren für verschiedene Glättungszahlen ν

10.3 Analyse für ein eindimensionales Beispiel

Die Analyse der Zweigitterkonvergenz für das Poisson-Modellproblems ist im Prinzip möglich (vgl. Hackbusch [14,§8.1.1]), aber nicht hinreichend durchsichtig für eine einführende Betrachtung. Deshalb wird die tridiagonale Gleichung (1.5a) zugrundegelegt:

$$(10.3.1) \qquad A x = b \quad \text{mit } A = h^{-2} \, \text{tridiag}\{-1,2,-1\} = h^{-2} \begin{bmatrix} 2 & -1 & & \\ -1 & 2 & \ddots & \\ & \ddots & \ddots & -1 \\ & & -1 & 2 \end{bmatrix},$$

die die eindimensionale Poisson-Gleichung (5b) diskretisiert. Es sei betont, daß tridiagonale Matrizen leicht direkt auflösbar sind. Die Analyse iterativer Verfahren für tridiagonale Gleichungen gewinnt ihr Interesse jedoch dadurch, daß sich die Konvergenzeigenschaften im allgemeinen auf zwei oder mehr Raumdimensionen übertragen. Dieses Kapitel dient zugleich als Demonstration, wie Modellprobleme mit Hilfe der Fourier-Analyse untersucht werden können.

10.3.1 Fourier-Analyse

Wir kürzen die Größen der Stufen ℓ und $\ell-1$ mit

$$(10.3.2) \qquad N = N_\ell, \quad N' = N_{\ell-1}, \quad h = h_\ell = 1/N, \quad h' = h_{\ell-1} = 2h$$

ab. Der Vektor $x = (x_k)_{1 \leqslant k \leqslant N-1}$ wird formal um die Komponenten

$$(10.3.3) \qquad x_0 = x_N = 0$$

erweitert. Die Vektoren (Gitterfunktionen) e^α mit den Komponenten

$$(10.3.4) \qquad e_k^\alpha = \sqrt{\tfrac{h}{2}}\ \sin(\alpha k \pi h) \qquad\qquad (0 \leqslant k \leqslant N)$$

erfüllen die Bedingung (3) für alle $\alpha \epsilon \mathbf{Z}$. Nach Übung 4.1.3 bilden die Vektoren $\{e^\alpha:\ 1 \leqslant \alpha \leqslant N-1\}$ eine Orthonormalbasis. Die mit e^α als Spalten gebildete Matrix Q demnach unitär: $Q^H Q = I$ (vgl. Lemma 2.7.4):

$$(10.3.5) \qquad Q := [\,e^1, e^{N-1},\ e^2, e^{N-2}, \dots, e^\alpha, e^{N-\alpha}, \dots, e^{\frac{N}{2}-1}, e^{\frac{N}{2}+1}, e^{\frac{N}{2}}\,]$$

Da Multiplikation mit Q oder $Q^H = Q^{-1}$ Spektralnorm und -radius unverändert läßt (vgl. Lemma 2.9.2), ist

$$(10.3.6) \qquad \|\hat{M}\|_2 = \|M\|_2 \quad \text{und} \quad \rho(\hat{M}) = \rho(M) \qquad \text{für}\ \hat{M} := Q^{-1} M Q.$$

Wir wollen zeigen, daß die Fourier-transformierte Iterationsmatrix $\hat{M}$ des Zweigitterverfahrens eine Blockdiagonalmatrix der Gestalt

$$(10.3.7\text{a}) \qquad \hat{M} = \text{blockdiag}\{\,M_1, M_2, \dots, M_{N'-1}, M_{N'}\,\} \qquad \text{mit}$$

$$(10.3.7\text{b}) \qquad M_\alpha\ 2{\times}2\text{-Matrizen für } 1 \leqslant \alpha \leqslant N'-1, \quad M_{N'}\ 1{\times}1\text{-Matrix}$$

darstellt. Indem man (2.5.5b) auf $\hat{M}$ und $\hat{M}^H \hat{M}$ anwendet, erhält man das

Lemma 10.3.1 Für eine Matrix der Gestalt (7a,b) gilt

$$(10.3.8) \qquad \|\hat{M}\|_2 = \max\{\|M_\alpha\|_2: 1 \leqslant \alpha \leqslant N'\}, \quad \rho(\hat{M}) = \max\{\rho(M_\alpha): 1 \leqslant \alpha \leqslant N'\}.$$

Als Glättung sei die Richardson-Iteration mit $\Theta = h^2/4 \approx 1/\rho(A_\ell)$ gewählt. Zum Beweis der Blockstruktur (7a,b) wird die Iterationsmatrix

$$(10.3.9) \qquad M = (I - p A_{\ell-1}^{-1} r A_\ell) S_\ell^\nu \quad \text{mit}\ S_\ell = I - \Theta A_\ell,\ \Theta = h^2/4$$

in

$$(10.3.10\text{a}) \qquad \hat{M} = (I - \hat{p}\hat{A}_{\ell-1}^{-1}\hat{r}\hat{A}_\ell)\hat{S}_\ell^\nu \quad \text{mit}\ \hat{A}_\ell := Q^{-1} A_\ell Q,\ \hat{S}_\ell := Q^{-1} S_\ell Q$$

transformiert. Zur Definition der Größen

$$(10.3.10\text{b}) \qquad \hat{p} := Q^{-1} p Q', \quad \hat{A}_{\ell-1} := Q'^{-1} A_{\ell-1} Q', \quad \hat{r} := Q'^{-1} r Q$$

ist die Fourier-Transformation Q' auf der Stufe $\ell-1$ einzuführen. Indem man in (4) $h = h_\ell$ durch $h' = h_{\ell-1}$ ersetzt, erhält man die Vektoren e'^α mit

$$(10.3.11) \qquad e_k'^\alpha = \sqrt{h}\ \sin(2\alpha k \pi h) \qquad\qquad (0 \leqslant k \leqslant N').$$

Diese ergeben in Analogie zu (5) die Matrix

$$(10.3.12) \qquad Q' = [\,e'^1, e'^2, \dots, e'^{N'-1}\,].$$

10.3.2 Transformierte Größen

Gemäß §4.1 gilt $A_\ell e^\alpha = \lambda_\alpha e^\alpha$ mit $\lambda_\alpha := 4h^{-2}\sin^2(\alpha\pi h/2)$. Wir setzen

$$(10.3.13) \qquad s_\alpha^2 = \sin^2(\alpha\pi h/2), \qquad c_\alpha^2 = \cos^2(\alpha\pi h/2).$$

Unter Beachtung von $\lambda_{N-\alpha} = s_{N-\alpha}^2 = c_\alpha^2$ erhalten wir

$$(10.3.14a) \qquad \hat{A}_\ell := Q^{-1}A_\ell Q = \text{blockdiag}\{A_1,\ldots,A_{N'}\} \quad \text{mit den Blöcken}$$

$$(10.3.14b) \qquad A_\alpha = 4h^{-2}\begin{bmatrix} s_\alpha^2 & 0 \\ 0 & c_\alpha^2 \end{bmatrix} \quad \text{für } 1 \leqslant \alpha \leqslant N'-1, \quad A_{N'} = 2h^{-2}.$$

Da $S_\ell = I - \tfrac{1}{4}h^2 A_\ell$ und $1 - s_\alpha^2 = c_\alpha^2$, $1 - c_\alpha^2 = s_\alpha^2$, liefert (14a,b) das Resultat

$$(10.3.15a) \qquad \hat{S}_\ell := Q^{-1}S_\ell Q = \text{blockdiag}\{S_1,\ldots,S_{N'}\} \quad \text{mit den Blöcken}$$

$$(10.3.15b) \qquad S_\alpha = \begin{bmatrix} c_\alpha^2 & 0 \\ 0 & s_\alpha^2 \end{bmatrix} \quad \text{für } 1 \leqslant \alpha \leqslant N'-1, \quad S_{N'} = \tfrac{1}{2}.$$

Wegen $A_{\ell-1}e'^\alpha = \lambda_\alpha' e'^\alpha$ mit $\lambda_\alpha' = 4h'^{-2}\sin^2(\alpha\pi h'/2) = h^{-2}\sin^2(\alpha\pi h)$, erhält man aus $\sin^2(\alpha\pi h) = 4s_\alpha^2 c_\alpha^2$ die Diagonalgestalt

$$(10.3.16) \qquad \hat{A}_{\ell-1} := Q'^{-1}A_{\ell-1}Q' = \text{diag}\{A_1',\ldots,A_{N'}'\} \quad \text{mit } A_\alpha' = 4h^{-2}s_\alpha^2 c_\alpha^2.$$

Als nächstes wollen wir p und r transformieren. p sei durch (1.12a–c) definiert. Für r wählen wir die adjungierte Abbildung $r = p^*$:

$$(10.3.17a) \qquad r = \tfrac{1}{2}[\tfrac{1}{2}\ 1\ \tfrac{1}{2}], \quad \text{d.h. } (ru_\ell)(\xi) = \tfrac{1}{4}u_\ell(\xi-h) + \tfrac{1}{2}u_\ell(\xi) + \tfrac{1}{4}u_\ell(\xi+h).$$

r und $\hat{r}$ sind Matrizen vom Format $(N'-1)\times(N-1) = (N'-1)\times(2N'-1)$. Die Darstellung

$$(10.3.17b) \qquad \hat{r} := Q'^{-1}rQ = [\text{blockdiag}\{r_1,\ldots,r_{N'-1}\}, 0] \text{ mit } r_\alpha = \sqrt{\tfrac{1}{2}}[c_\alpha^2, -s_\alpha^2]$$

bedeutet, daß die letzte Spalte von $\hat{r}$ verschwindet (folgt aus $re^{N'} = 0$) und daß der Rest vom Format $(N'-1)\times 2(N'-1)$ aus $N'-1$ 1×2-Blöcken r_α besteht. Zum Beweis von (17b) ist zu zeigen:

$$re^\alpha = c_\alpha^2 e'^\alpha/\sqrt{2}, \quad re^{N-\alpha} = -s_\alpha^2 e'^\alpha/\sqrt{2} \qquad \text{für } 1 \leqslant \alpha \leqslant N'-1.$$

(17a) liefert $r\sin(\alpha\xi\pi) = [\sin(\alpha(\xi-h)\pi) + 2\sin(\alpha\xi\pi) + \sin(\alpha(\xi+h)\pi)]/4 = [1+\cos(\alpha h\pi)]\sin(\alpha\xi\pi)/2 = \cos(\alpha h\pi/2)^2\sin(\alpha\xi\pi) = c_\alpha^2\sin(\alpha\xi\pi)$ für alle α. Die unterschiedliche Skalierung der Vektoren e^α, e'^α erklärt den zusätzlichen Faktor in $re^\alpha = c_\alpha^2 e'^\alpha/\sqrt{2}$. Da diese Identität für alle α gilt, darf man α durch $N-\alpha$ ersetzen: $re^{N-\alpha} = c_{N-\alpha}^2 e'^{N-\alpha}/\sqrt{2}$. Für $0 \leqslant k \leqslant N'$ ist $\sin(2\alpha k\pi h) = -\sin(2(N-\alpha)k\pi h)$, was nach Definition (11) zu $e'^{N-\alpha} = -e'^\alpha$ führt. Da ferner $c_{N-\alpha}^2 = s_\alpha^2$, ist $re^{N-\alpha} = -s_\alpha^2 e'^\alpha/\sqrt{2}$ bewiesen.

p aus (1.12a–c) und r aus (17a) sind durch $r = p^*$ verbunden. Da $p^* = \tfrac{1}{2}p^H$, findet man die Darstellung

$$\hat{p} := Q^{-1}pQ' = Q^{-1}(2r)^H Q' = Q^H(2r)^H Q' = 2[Q'^H rQ]^H = 2\hat{r}^H.$$

Das Resultat (17b) für $\hat{r}$ beweist somit

$$(10.3.18) \qquad \hat{p} := Q^{-1} p Q' = \begin{bmatrix} \mathrm{diag}\{p_1, \ldots, p_{N'-1}\} \\ 0 \end{bmatrix} \qquad \text{mit } p_\alpha = \sqrt{2} \begin{bmatrix} c_\alpha^2 \\ -s_\alpha^2 \end{bmatrix}.$$

10.3.3 Konvergenzresultate

Da alle Faktoren in (10a) eine Blockdiagonalstruktur haben, überträgt sich diese auf $\hat{M}$ und beweist die Gestalt (7a,b). Für die 2×2-Blöcke M_α ($1 \leqslant \alpha \leqslant N'-1$) und den 1×1-Block $M_{N'}$ ergeben (14b), (15b), (16), (17b), (18):

$$(10.3.19a) \qquad M_\alpha = (I - p_\alpha A_\alpha'^{-1} r_\alpha A_\alpha) S_\alpha^\nu \qquad (1 \leqslant \alpha \leqslant N'-1), \qquad M_{N'} = 2^{-\nu}.$$

Einsetzen der Darstellungen für p_α, A_α', r_α, A_α, S_α^ν liefert:

$$M_\alpha = \left(\begin{bmatrix} 1 & 0 \\ 0 & 1 \end{bmatrix} - \begin{bmatrix} c_\alpha^2 \\ -s_\alpha^2 \end{bmatrix} \frac{h^2}{4 s_\alpha^2 c_\alpha^2} [c_\alpha^2, -s_\alpha^2] \, 4 h^{-2} \begin{bmatrix} s_\alpha^2 & 0 \\ 0 & c_\alpha^2 \end{bmatrix} \right) \begin{bmatrix} c_\alpha^2 & 0 \\ 0 & s_\alpha^2 \end{bmatrix}^\nu$$

$$(10.3.19b)$$

$$= \left(\begin{bmatrix} 1 & 0 \\ 0 & 1 \end{bmatrix} - \begin{bmatrix} c_\alpha^2 & -c_\alpha^2 \\ -s_\alpha^2 & s_\alpha^2 \end{bmatrix} \right) \begin{bmatrix} c_\alpha^2 & 0 \\ 0 & s_\alpha^2 \end{bmatrix}^\nu = \begin{bmatrix} s_\alpha^2 & c_\alpha^2 \\ s_\alpha^2 & c_\alpha^2 \end{bmatrix} \begin{bmatrix} c_\alpha^2 & 0 \\ 0 & s_\alpha^2 \end{bmatrix}^\nu.$$

Der Block M_α beschreibt das Verhalten von M auf die beiden Funktionen e^α, $e^{N-\alpha}$ (entsprechende Spalten der Matrix Q, vgl. (5)). Da $\alpha < N' < N - \alpha$, entspricht e^α einer *glatten* und $e^{N-\alpha}$ einer *stark oszillierenden* Gitterfunktion. Man rechnet nach, daß die Ungleichungen $0 < \alpha < N' < N - \alpha < N$ zu

$$(10.3.20) \qquad 0 < s_\alpha^2 < \tfrac{1}{2} < c_\alpha^2 < 1$$

führen. Die beiden 2×2-Matrizen in (19b) charakterisieren die Grobgitterkorrektur sowie die Glättung. Die Einträge $c_\alpha^2 > s_\alpha^2$ zeigen an, daß die glatten e^α-Komponenten langsamer als die nichtglatten $e^{N-\alpha}$-Komponenten konvergieren. Die erste Matrix spiegelt das komplementäre Verhalten der Grobgitterkorrektur wieder: Die glatten Komponenten (s_α^2 in 1. Spalte) werden jetzt schneller als die stark oszillierenden (c_α^2 in 2. Spalte) reduziert.

Übungsaufgabe 10.3.2 Man zeige $\rho(M_\alpha) = \rho_\nu(s_\alpha^2)$ und $\| M_\alpha \|_2 = \zeta_\nu(s_\alpha^2)$ mit

$$(10.3.21a) \qquad \rho_\nu(\xi) := \xi(1-\xi)^\nu + (1-\xi)\xi^\nu,$$

$$(10.3.21b) \qquad \zeta_\nu(\xi) := \sqrt{2[\xi^2(1-\xi)^{2\nu} + (1-\xi)^2 \xi^{2\nu}]}.$$

Die Kombination von (6), Lemma 1 und Übungsaufgabe 2 liefert

$$\rho(M) = \max\{\rho_\nu(s_\alpha^2) : 1 \leqslant \alpha \leqslant N'\}, \qquad \|M\|_2 = \max\{\zeta_\nu(s_\alpha^2) : 1 \leqslant \alpha \leqslant N'\}.$$

Da die Argumentwerte s_α^2 für $1 \leqslant \alpha \leqslant N'$ zwischen 0 und $\tfrac{1}{2}$ liegen (vgl. (20)), sind die Abschätzungen

$$(10.3.22a) \qquad \rho(M) \leqslant \rho_\nu := \max\{\rho_\nu(\xi) : 0 \leqslant \xi \leqslant \tfrac{1}{2}\},$$

$$(10.3.22b) \qquad \|M\|_2 \leqslant \zeta_\nu := \max\{\zeta_\nu(\xi) : 0 \leqslant \xi \leqslant \tfrac{1}{2}\}$$

gültig. Die Schranken ρ_ν und ζ_ν für die Konvergenzrate bzw. die Kontraktionszahl sind von der Glättungsanzahl ν, nicht jedoch von der Schrittweite h abhängig. Da ρ_ν und ζ_ν mit wachsendem ν monoton fallen und $\rho_1 = \zeta_1 = \frac{1}{2} < 1$, ist die Konvergenz des Zweigitterverfahrens für das eindimensionale Modellproblem (1) bewiesen. Eine etwas eingehendere Diskussion der Funktionen $\rho_\nu(\xi)$, $\zeta_\nu(\xi)$ und ihrer Maxima in $[0, \frac{1}{2}]$ ergeben den

ν	ρ_ν	ζ_ν
1	1/2	1/2
2	1/4	1/4
3	1/8	0.150
4	0.0832	0.1159
5	0.0671	0.0947
10	0.0350	0.0496

Tabelle 10.3.1 ρ_ν, ζ_ν

Satz 10.3.3 Das Zweigitterverfahren zur Lösung von (1) sei charakterisiert durch die Richardson-Iteration mit $\Theta = h^2/4$ (identisch mit der mit $\frac{1}{2}$ gedämpften Jacobi-Iteration) als Glättung, durch die stückweise lineare Prolongation p und die dazu adjungierte Restriktion (17a). Dann konvergiert das Zweigitterverfahren mit $\nu \geqslant 1$ Glättungsschritten mit der h-unabhängig beschränkten Rate ρ_ν aus (22a). Die Kontraktionszahl bezüglich der Euklidischen Norm ist durch ζ_ν aus (22b) beschränkt. Für wachsendes ν haben diese Schranken das asymptotische Verhalten

$$(10.3.23) \qquad \rho_\nu = \frac{1}{e\nu} + O(\nu^{-2}), \qquad \zeta_\nu = \frac{\sqrt{2}}{e\nu} + O(\nu^{-2}).$$

Einige Werte von ρ_ν, ζ_ν sind in Tabelle 1 aufgeführt. Man sieht leicht, daß mit kleiner werdender Schrittweite die Größen $\rho(M)$, $\|M\|_2$ gegen ihre Schranken ρ_ν und ζ_ν konvergieren, so daß die angegebenen Abschätzungen scharf sind. In §10.6 werden wir für allgemeine Probleme eine Konvergenzrate ableiten, die sich ebenfalls wie $O(1/\nu)$ verhält. Satz 3 zeigt, daß derartige Resultate bezüglich ihres asymptotischen Verhaltens für große ν keineswegs zu pessimistisch sind.

10.4 Mehrgitteriteration

10.4.1 Algorithmus

Das Zweigitterverfahren ist für praktische Anwendungen noch nicht empfehlenswert, da auf der Stufe $\ell-1$ weiterhin je ein Gleichungssystem pro Iteration zu lösen ist. Die in (2.2c) zu lösende Aufgabe hat die Form

$$(10.4.1) \qquad A_{\ell-1} e_{\ell-1} = d_{\ell-1},$$

ist also von der gleichen Gestalt wie das ursprüngliche Problem $A_\ell x_\ell = b_\ell$. Es liegt nahe, die Gleichung (1) nicht exakt, sondern iterativ zu lösen. Als Iteration kann wieder das Zweigitterverfahren eingesetzt werden, diesmal für die Stufen $\ell-1$ und $\ell-2$ statt ℓ und $\ell-1$. Hierbei entstehen neue Hilfsprobleme $A_{\ell-2} e_{\ell-2} = d_{\ell-2}$, für die das Zweigitterverfahren auf der Stufe $\ell-2$ eingesetzt wird, u.s.w. bis Gleichungen $A_0 e_0 = d_0$ auf dem gröbsten Gitter entstehen. Das entstehende rekursive Verfahren ist die Mehrgitteriteration $\Phi_\ell^{\mathrm{MGM}(\nu_1,\nu_2)}$, die die folgende algorithmische Gestalt hat:

$$
\begin{array}{ll}
(10.4.2) & \underline{\text{procedure}}\ \ \Phi_\ell^{\mathrm{MGM}(\nu_1,\nu_2)}(x_\ell, b_\ell); \\[4pt]
(10.4.2a) & \underline{\text{if}}\ \ell=0\ \underline{\text{then}}\ x_0 := A_0^{-1} b_0\ \underline{\text{else}} \\[4pt]
(10.4.2b) & \underline{\text{begin}}\ \underline{\text{for}}\ i := 1\ \underline{\text{to}}\ \nu_1\ \underline{\text{do}}\ x_\ell := \mathscr{S}_\ell(x_\ell, b_\ell); \\[4pt]
(10.4.2c) & \qquad d_{\ell-1} := r(A_\ell x_\ell - b_\ell); \\[4pt]
(10.4.2d_1) & \qquad e_{\ell-1}^{(0)} := 0; \\[4pt]
(10.4.2d_2) & \qquad \underline{\text{for}}\ i := 1\ \underline{\text{to}}\ \gamma\ \underline{\text{do}}\ e_{\ell-1}^{(i)} := \Phi_{\ell-1}^{\mathrm{MGM}(\nu_1,\nu_2)}(e_{\ell-1}^{(i-1)}, d_{\ell-1}); \\[4pt]
(10.4.2e) & \qquad x_\ell := x_\ell - p\, e_{\ell-1}^{(\gamma)}; \\[4pt]
(10.4.2f) & \qquad \underline{\text{for}}\ i := 1\ \underline{\text{to}}\ \nu_2\ \underline{\text{do}}\ x_\ell := \mathscr{S}_\ell(x_\ell, b_\ell); \\[4pt]
(10.4.2g) & \qquad \Phi_\ell^{\mathrm{MGM}(\nu_1,\nu_2)} := x_\ell \\[4pt]
& \underline{\text{end}};
\end{array}
$$

Man überlegt sich leicht, daß die rekursiven Aufrufe nach ℓ Schritten die Stufe $\ell=0$ erreichen und dort terminieren, so daß der Algorithmus wohldefiniert ist.

ν_1 und ν_2 bezeichnen wieder die Vor- und Nachglättungsschritte, wobei im allgemeinen $\nu := \nu_1 + \nu_2 > 0$ angenommen sei. Zur iterativen Lösung der Grobgittergleichung (1) werden auf den Startwert $(2d_1)$ γ Schritt der Iteration $\Phi_{\ell-1}^{\mathrm{MGM}(\nu_1,\nu_2)}$ angewandt. Es wird sich herausstellen, daß $\gamma=2$ ausreicht, so daß nur die Fälle $\gamma=1$ und $\gamma=2$ von praktischem Interesse sind. Die Mehrgitteriteration mit $\gamma=1$ hat den Namen «V-Zyklus», jene mit $\gamma=2$ den Namen «W-Zyklus» erhalten (zur Begründung vgl. Hackbusch [14,§2.5]).

Die exakte Lösung linearer Gleichungen ist im Mehrgitteralgorithmus (2) nicht völlig vermieden. In (2a) wird das Gleichungssystem $A_0 x_0 = b_0$ gelöst, das dem gröbsten Gitter entspricht. Da das gröbste Gitter die kleinste Anzahl von Gitterpunkten besitzt, stellt die Auflösung kein praktisches Problem dar. Gemäß (1.7c) ist $h_0 = \frac{1}{2}$ eine mögliche Wahl der gröbsten Gitterweite. In diesem Falle stellt $A_0 x_0 = b_0$ eine einzige skalare Gleichung dar.

Was die äußere Form betrifft, ist das Mehrgitterverfahrens zunächst eine Produktiteration mit den Faktoren «Glättung» und «Grobgitterkorrektur», wobei letztere fast dem mit einer sekundären Iteration zusammengesetzten Verfahren aus §8.4 entspricht. Im Unterschied hierzu liegt das von der sekundären Iteration zu lösende Hilfsproblem jedoch nicht im gleichen Raum X_ℓ, sondern im niederdimensionalen Raum $X_{\ell-1}$.

10.4.2 Pascal-Prozeduren

Die Mehrgitteriteration benötigt weitere Parameter: die Stufenzahl ℓ = **level**, die **MG_Daten MGD**, die eventuell unterschiedlichen Vor- und Nachglättungen sowie einen direkten Löser für (2a). Gemäß (1.7a) ist $\ell = 0$ die Stufenzahl des gröbsten Gitters. Mitunter möchte man jedoch in der Schrittweitenfolge $\{h_0, h_1, \ldots, h_\ell\}$ die Stufe $\ell = 0$ streichen und h_1 als gröbste Schrittweite verwenden, ohne $\{h_1, \ldots, h_\ell\}$ in $\{h_0, \ldots, h_{\ell-1}\}$ umbenennen zu müssen. Zu diesem Zweck steht der Parameter **lmin** (im Record **MDG.MI**) zur Verfügung, dessen Standardwert $\ell = 0$ beträgt. **gamma** repräsentiert die Zahl γ aus $(2d_2)$. Diese und die schon in §10.2.4 erwähnten Parameter (**Galerkin, ny1** und **ny2** für ν_1 und ν_2 aus (2b,f)) können interaktiv mit Hilfe der folgenden Prozedur definiert werden:

```
procedure Definiere_MG_Parameter(var MGD: MG_Daten); var l: integer;
begin with MI do
  begin writeln; writeln('*** Eingabe der MG_Iterationsparameter');
    writeln('Soll auf dem gröbsten Gitter direkt gelöst werden?');
    Direkt:=ja_nein; writeln(
      'Soll die Grobgittermatrix durch das Galerkin-Produkt definiert werden?');
    Galerkin:=ja_nein; writeln; writeln('Art des Zyklus: gamma=1: V-Zyklus,
                          2: W-Zyklus, >2: nicht empfehlenswert');
    repeat write(' --> gamma = '); readln(gamma) until gamma>0;
    writeln('Zahl der Vor- (ny1) und Nachglättungen (ny2) angeben.');
    write(' --> ny1 = '); readln(ny1); write(' --> ny2 = '); readln(ny2);
    bestimme_Prolongation_und_Restriktion(P,R);
    writeln(' --> Unterste Stufe lmin (Standard =0):'); readln(lmin);
    lmin:=Maximum_(0,Minimum_(lmin,Lmax))
end end;
```

Die nachfolgende Mehrgitterprozedur weicht in einigen Punkten von (2) ab. Falls **MDG.MI.direkt=true**, wird wie in (2a) die Gleichung $A_0 x_0 = b_0$ (allgemeiner: auf Stufe **lmin** statt 0) exakt gelöst. In diesem Falle darf ohne Änderung der Resultate in der Schleife $(2d_2)$ γ durch 1 ersetzt werden. Es ist jedoch nicht zwingend, auf der untersten Stufe *exakt* zu lösen. Da auch einfache Iterationen für niederdimensionale Aufgaben akzeptable Konvergenzraten zeigen, kann die Vor- und Nachglättung auf der untersten Stufe (ohne Grobgitterkorrektur) zur näherungsweisen Lösung von $A_0 x_0 = b_0$ verwandt werden. Diese Wahl wird durch **direkt=false** angezeigt. Die Prozedur **pruefe_Stufenzahl** testet, ob die Stufenzahl im zulässigen Bereich **lmin** $\leq \ell \leq$ **Lmax** liegt.

```
procedure MG_Iteration(level: integer;
var xneu,x,b: Gitterfunktion; var MGD: MG_Daten;
procedure Vorglaettung(var neu: Gitterfunktion; var A: Diskretisierungsdaten;
                       var x,b: Gitterfunktion; var IP: Iterationsparameter);
procedure Nachglaettung(var neu: Gitterfunktion; var A: Diskretisierungsdaten;
                        var x,b: Gitterfunktion; var IP: Iterationsparameter);
procedure Direkter_Loeser(var x,b: Gitterfunktion;
                          var A: Diskretisierungsdaten));
```

```
var v,d: Gitterfunktion; i: integer;
begin if pruefe_Stufenzahl(level,MGD) then with MGD do with MI do
  if (level=lmin) and direkt then Direkter_Loeser(xneu,b,AL[lmin]) else
  begin xneu:=x;
    for i:=1 to ny1 do  Vorglaettung(xneu,AL[level],xneu,b,IP[level]);
    if level>0 then with AL[level-1] do
    begin Residuum_(d,AL[level],x,b);
      MG_Restriktion(level,d,d,R,AL);
      if Art=Poisson_Modellproblem then Faktor_mal_Vektor(nx,ny,d,4,d);
      Gitterfunktion_gleich_null(nx,ny,v);
      i:=gamma; if (level-1=lmin) and direkt then i:=1 else if level=lmin then i:=0;
      for i:=i downto 1 do  MG_Iteration(level-1, v, v, d, MGD, Vorglaettung,
                                         Nachglaettung, Direkter_Loeser);
      MG_Prolongation(level,v,v,P,AL);
      Vektor_plus_Vektor(AL[level].nx,AL[level].ny,xneu,x,v)
    end;
    for i:=1 to ny2 do  Nachglaettung(xneu,AL[level],xneu,b,IP[level])
end end;
```

Es sei angemerkt, daß die Programmiersprache Pascal für die
Formulierung des Mehrgitteralgorithmus nicht optimal geeignet ist, da
sie auf allen Stufen gleiche Parameter und damit auch gleich große
Felder vom Typ **Gitterfunktion** verlangt. Dies führt bei der vorliegenden
Realisierung dazu, daß die $\ell_{max}+1$ Gitterfunktionen $\{x_\ell, b_\ell: 0 \leq \ell \leq \ell_{max}\}$
$(\ell_{max}+1)$-mal den maximalen Speicherplatz erfordern, während die
Gesamtdimension nur $2\sum n_\ell \approx 8n_{\ell_{max}}/3 \ll 2\,\ell_{max}n_{\ell_{max}}$ beträgt.

Ein mögliches Rahmenprogramm lautet wie folgt:

```
program Mehrgitteriterationsaufruf;
var MGD: MG_Daten; level,i,itzahl: integer;  it: Iterationsdaten;
    v: Vergleichsdaten; l2: Iterationsgeschichte;
{rechte_Seite, Nullfunktion, exakte_Loesung, Randwerte vereinbaren}
begin initialisiere_MG_Daten(MGD);
 initialisiere_it(it); initialisiere_Vergleichsdaten(v);
 with MGD do   repeat
  Freigabe_MG_Daten(MGD);  Freigabe_it(it);  Freigabe_Vergleichsdaten(v);
  definiere_MG_Diskretisierung(MGD);  definiere_MG_Parameter(MGD);
  write(' --> Lösung auf der Stufe l=');  readln(level);
  setze_aktuelle_Stufe(level,MGD);  it.A:=AL[level];
  definiere_Gleichungsdaten(it,Randwerte,Rechte_Seite);  writeln('Gl. def.');
  definiere_Startiteration(it,Nullfunktion);  writeln('Startwert definiert.');
  definiere_Vergleichsloesung(v,it.A,exakte_Loesung);
  write(' --> Anzahl der Iterationen =');  readln(itzahl);  it.IP.Nr:=0;
  Vergleich_mit_exakter_Loesung(l2,v,it,Euklidische_Norm);
  for i:=1 to itzahl do  with it.IP do
  begin MG_Iteration(level,it.x,it.x,it.b,MGD, Schachbrett_Gauss_Seidel,
     Schachbrett_Gauss_Seidel, Loese_Glsystem_ohne_Pivotwahl); Nr:=Nr+1;
     Vergleich_mit_exakter_Loesung(l2,v,it,Euklidische_Norm) {-> Ausdruck}
  end;  writeln('Lauf wiederholen?') until not ja_nein
end.
```

Der Parameter **MDG.MI.aktuelle_Stufe** ist von Bedeutung, wenn **Galerkin=true** gewählt wird. In diesem Falle werden gemäß (2.7b) die Matrizen A_ℓ für $\ell <$ **aktuelle_Stufe** mittels des Galerkin-Produktes (1.26) bestimmt. Für die Definition der aktuellen Stufe und die Berechnung der Produkte steht die Prozedur **setze_aktuelle_Stufe** zur Verfügung. Die notwendigen Daten sind die in **MGD.SH**$[\mu]$, $0 \leqslant \mu \leqslant 2$, vorhandenen Matrizen $A^{(\mu)}$, die die Gesamtmatrix gemäß

$$(10.4.3) \qquad A_\ell := \sum_{\mu=0}^{2} h_\ell^{-\mu} A^{(\mu)}$$

definieren (die zugehörige Prozedur ist **uebertrage_Diskretisierungsdaten**). Falls **Galerkin=false**, ist (3) für alle ℓ gültig, andernfalls nur für $\ell \geqslant$ **aktuelle_Stufe**. Die genannten und einige weitere Hilfsprozeduren sind nachfolgend angegeben.

```
procedure initialisiere_MG_Daten(var MGD: MG_Daten);
var l: integer;
begin with MGD do begin for l:=0 to Lmax do
    begin initialisiere_Diskretisierungsdaten(AL[l]);
          initialisiere_Iterationsparameter(IP[l])
    end; MI.lmin:=0; MI.aktuelle_Stufe:=0
end end;

procedure Freigabe_MG_Daten(var MGD: MG_Daten);   var l: integer;
begin with MGD do for l:=0 to Lmax do
   begin Freigabe_Diskretisierungsdaten(AL[l]);
         Freigabe_Iterationsparameter(IP[l])
   end;  initialisiere_MG_Daten(MGD)
end;

procedure vervollstaendige_Diskretisierungsparameter
                                              (var A: Diskretisierungsdaten);
begin with A do begin
  if Art<Fuenfpunktformel then
  begin S[-1,0]:=-1; S[1,0]:=-1; S[0,-1]:=-1; S[0,1]:=-1; S[0,0]:=4 end;
  if Art<Neunpunktformel then
  begin S[-1,1]:=0; S[1,1]:=0; S[1,-1]:=0; S[-1,-1]:=0 end
end end;

procedure berechne_Stern(var A: Diskretisierungsdaten; var sh: H_Stern);
var i,j: integer;
begin with A do if Art=Poisson_Modellproblem then
  vervollstaendige_Diskretisierungsparameter(A) else
  for i:=-1 to 1 do for j:=-1 to 1 do S[i,j]:=SH[2,i,j]/h2+SH[1,i,j]/h+SH[0,i,j]
end;

procedure uebertrage_Diskretisierungsdaten(var MGD: MG_Daten);
var l,i,j: integer;
begin with MGD do for l:=Lmax-1 downto 0 do
    begin Freigabe_Diskretisierungsdaten(AL[l]);
          AL[l].Art:=AL[Lmax].Art; berechne_Stern(AL[l],sh)
end end;
```

```
procedure setze_aktuelle_Stufe (aktuell: integer; var MGD: MG_Daten);
var l: integer;
begin with MGD do with MI do if not pruefe_Stufenzahl(aktuell,MGD) then
    writeln('aktuelle Stufenzahl =',aktuell) else
      begin aktuelle_Stufe:=aktuell; uebertrage_Diskretisierungsdaten(MGD);
        if Galerkin then for l:=aktuell-1 downto 0 do with AL[l] do
          begin  Galerkin_Stern(S,AL[l+1],P,R);  Art:=Neunpunktformel  end
end end;
```

10.4.3 Numerische Resultate

Für das Modellproblem zeigt Tabelle 1 die Euklidische Norm $\| e^m \|_2$ des Fehlers und die Reduktionsfaktoren $\rho_{m+1,m} = \| e^m \|_2 / \| e^{m-1} \|_2$ für die Schrittweite $h = h_5 = 1/64$. Die Parameter sind im einzelnen: $\nu_1 = 2$, $\nu_2 = 0$, lmin=0 (d.h. $h_0 = \frac{1}{2}$), **direkt=true**, **Galerkin=false**, Neunpunktprolongation und -restriktion. Als Glättungsiteration ist das Schachbrett-Gauß-Seidel-Verfahren eingesetzt. Der Vergleich der Resultate für $\gamma = 1$ (V-Zyklus) und $\gamma = 2$ (W-Zyklus) aus Tabelle 1 mit den aus Tabelle 2.2 wiederholten Zweigitterresultaten (formal $\gamma = \infty$) zeigt, daß $\gamma = 2$ fast gleich schnelle Konvergenz wie das Zweigitterverfahren liefert, während die V-Zyklus-Ergebnisse etwas ungünstiger ausfallen.

m	$\gamma = 1$ (V-Zyklus)		$\gamma = 2$ (W-Zyklus)		$\gamma = \infty$ (Zweigitteralg.)
	$\| e^m \|_2$	$\rho_{m+1,m}$	$\| e^m \|_2$	$\rho_{m+1,m}$	$\rho_{m+1,m}$
1	$1.3274_{10}-1$	$1.727_{10}-1$	$2.9984_{10}-02$	$3.902_{10}-2$	$4.124_{10}-2$
2	$2.2223_{10}-2$	$1.674_{10}-1$	$1.3219_{10}-03$	$4.408_{10}-2$	$5.126_{10}-2$
3	$3.7656_{10}-3$	$1.694_{10}-1$	$6.9050_{10}-05$	$5.223_{10}-2$	$5.443_{10}-2$
4	$6.4110_{10}-4$	$1.702_{10}-1$	$3.7824_{10}-06$	$5.477_{10}-2$	$5.741_{10}-2$
5	$1.0941_{10}-4$	$1.706_{10}-1$	$2.1584_{10}-07$	$5.706_{10}-2$	$5.939_{10}-2$
6	$1.8701_{10}-5$	$1.709_{10}-1$	$1.2689_{10}-08$	$5.879_{10}-2$	$6.125_{10}-2$
7	$3.1996_{10}-6$	$1.710_{10}-1$	$7.6788_{10}-10$	$6.051_{10}-2$	$6.280_{10}-2$

Tabelle 10.4.1 Mehrgitterresultate für Poisson-Modellproblem, $h = 1/64$

Um zu demonstrieren, daß Mehrgitterverfahren nicht nur für positiv definite Probleme gute Resultate liefern, wird als nächstes Beispiel die nichtsymmetrische Differentialgleichung

$$(10.4.4a) \qquad -\Delta u + c\, u_x = f$$

in $\Omega = (0,1) \times (0,1)$ mit Dirichlet-Randwerten (1.2.1b) durch

$$(10.4.4b) \qquad A_\ell = h_\ell^{-2} \begin{bmatrix} & -1 & \\ -1 & 4 & -1 \\ & -1 & \end{bmatrix} + \tfrac{1}{2} c\, h_\ell^{-1} \begin{bmatrix} & 0 & \\ -1 & 0 & 1 \\ & 0 & \end{bmatrix}.$$

diskretisiert. Zunächst wird $c = 4$ gesetzt (für diesen Wert sind alle A_ℓ M-Matrizen). Als rechte Seite und exakte Lösung sind $f = u = 0$ gewählt, während $x(1-x+y)$ als Startwert genommen ist. Bei gleichen weiteren

m	$\rho_{m+1,m}$
1	$3.02452_{10}-2$
2	$4.72247_{10}-2$
3	$5.30817_{10}-2$
4	$5.51039_{10}-2$
5	$5.69383_{10}-2$
6	$5.83535_{10}-2$
7	$5.97048_{10}-2$
8	$6.09182_{10}-2$
9	$6.20609_{10}-2$
10	$6.31206_{10}-2$

Tabelle 10.4.2 (4b)
für $c=1$, $h=1/64$

m	punktweises Gauß-Seidel $\gamma=1$	$\gamma=2$	Zeilen-G.-S. $\gamma=1$
1	$1.58433_{10}-1$	$2.75119_{10}-2$	$4.65472_{10}-2$
2	$2.60220_{10}-1$	$9.54499_{10}-2$	$9.99392_{10}-2$
3	$3.35135_{10}-1$	$2.73365_{10}-1$	$9.51973_{10}-2$
4	$3.47875_{10}-1$	$3.00345_{10}-1$	$1.31862_{10}-1$
5	$3.35962_{10}-1$	$2.94467_{10}-1$	$1.26717_{10}-1$
6	$3.14166_{10}-1$	$3.06239_{10}-1$	$1.47075_{10}-1$
7	$2.92044_{10}-1$	$3.19984_{10}-1$	$1.30377_{10}-1$
8	$2.71982_{10}-1$	$3.34751_{10}-1$	$1.48727_{10}-1$
9	$2.55278_{10}-1$	$3.25717_{10}-1$	$1.32756_{10}-1$

Tabelle 10.4.3 Gleichung (4b) für $c=100$, $h=1/64$
Glättung durch punktw. und Zeilen-Gauß-Seidel

Parametern wie in Tabelle 1 ergibt der W-Zyklus ($\gamma=2$) eine Konvergenzrate von ≈ 0.06 und weicht damit kaum vom Poisson-Modellproblem ab.

Wenn der Koeffizient c wesentlich größer gewählt wird, z.B. $c=100$, ergibt sich ein Stabilitätsproblem: Die Diskretisierung (4b) liefert für $h_5=1/64$ noch eine M-Matrix, nicht aber für größere h. Eine Abhilfe schafft die matrixabhängige Prolongation (1.16a,b) und Restriktion zusammen mit der Galerkin-Produktbildung (1.26) für $\ell<5$ (d.h. Wahl von **Galerkin=true**; vgl. Hackbusch [14,§10.4]). Tabelle 3 gibt die Konvergenzgeschwindigkeiten $\rho_{m+1,m}$ für $\gamma=1$ und $\gamma=2$ wieder. Anders als im Modellfall liefert $\gamma=2$ kaum bessere Ergebnisse als $\gamma=1$. Die Rate ≈ 0.3 fällt auch ungünstiger aus. Eine Verbesserung auf ≈ 0.14 erreicht man, indem man anstelle der (punktweisen) Schachbrett- die Zeilen-GaußSeidel-Iteration als Glättungsverfahren einsetzt (Tabelle 3, rechts).

In §§9.5.7-8 (vgl. Tabellen 9.5.2+4) wurde das indefinite Problem mit

$$(10.4.5) \qquad A_\ell := h_\ell^{-2} \begin{bmatrix} & -1 & \\ -1 & 4 & -1 \\ & -1 & \end{bmatrix} - \begin{bmatrix} & 0 & \\ 0 & -50 & 0 \\ & 0 & \end{bmatrix}$$

gelöst. Wie wir in §10.6.2 sehen werden, ergibt sich für indefinite Probleme eine Einschränkung für die gröbste Schrittweite: $h_0=\frac{1}{2}$ ist zu grob, $h=1/4$ reicht gerade aus, günstiger ist, $h=1/8$ als gröbste Schrittweite zu wählen. Tabelle 4 zeigt die Resultate für $h_3=1/64$, $h_0=1/8$, $\gamma=2$, **direkt=true**, **Galerkin=false** und die Neunpunkt-prolongation und -restriktion. Für die Glättung werden $\nu_1=2$ Schachbrett-

m	$\|e^m\|_2$	$\rho_{m+1,m}$
1	$1.301_{10}-1$	0.169309
2	$5.607_{10}-2$	0.430985
3	$2.480_{10}-2$	0.442381
4	$1.097_{10}-2$	0.442503
5	$4.857_{10}-3$	0.442505

Tabelle 10.4.4 Resultate für (5)

Gauß-Seidel-Schritte verwendet ($\nu_2=0$). Die Konvergenzrate (hier 0.442) verbessert sich mit kleiner werdender Schrittweite. Umgekehrt lautet die Rate 0.613 für $h=1/16$.

Die Notwendigkeit h_0 hinreichend klein zu wählen entfällt, wenn als Glättung die auch für die indefinite Matrix (5) konvergente Kaczmarz-Iteration gewählt wird. Die Parameter seien $h_0=\frac{1}{2}$, $\nu_1=2$, $\nu_2=0$, $\gamma=2$. Für $h=1/64$ erhält man jedoch nur die recht ungünstige Konvergenzrate 0.833 (für $h=1/16$ sogar 0.917).

10.4.4 Rechenaufwand

Entscheidend für die Beurteilung der Konvergenzraten aus §10.4.3 ist der Rechenaufwand pro Iteration, wie wir aus §3.3 wissen. Wegen der rekursiven Struktur ist der Aufwand nicht offensichtlich. Die in (2) auftretenden Operationen sind $\mathcal{S}_\ell$ in (2b,f), $r(A_\ell x_\ell - b_\ell)$ in (2c) und $x_\ell - p e_{\ell-1}$ in (2e). Wir bezeichnen ihren Aufwand mit

$$(10.4.6a) \qquad C_S n_\ell \text{ Operationen für } x_\ell \mapsto \mathcal{S}_\ell(x_\ell, b_\ell),$$

$$(10.4.6b) \qquad C_D n_\ell \text{ Operationen für } x_\ell \mapsto r(A_\ell x_\ell - b_\ell),$$

$$(10.4.6c) \qquad C_C n_\ell \text{ Operationen für } x_\ell \mapsto x_\ell - p e_{\ell-1}.$$

Die Proportionalität zur Dimension n_ℓ ist Folge der Schwachbesetztheit der Matrix A_ℓ (vgl. (3.3.1)). Für vollbesetzte Matrizen wäre n_ℓ durch n_ℓ^2 zu ersetzen.

Die Dimensionen n_ℓ sollen mit steigendem ℓ mindestens um einen Faktor C_h zunehmen:

$$(10.4.7) \qquad n_{\ell-1} \leqslant n_\ell / C_h \qquad\qquad\qquad \text{für } \ell \geqslant 1.$$

Andernfalls träte die Schwierigkeit auf, daß das Hilfsproblem $A_{\ell-1} e_{\ell-1} = d_{\ell-1}$ eine ähnlich große Dimension wie $A_\ell x_\ell = b_\ell$ hätte.

Bemerkung 10.4.1 Für die Standardwahl $h_\ell = h_{\ell-1}/2$ und die Raumdimension d: $\Omega_\ell \subset \mathbf{R}^d$ gilt (7) mit $C_h = 2^d$. Im Modellfall ist $d=2$.

Satz 10.4.2 Es gelte (6a-c) und (7). γ aus ($2d_2$) erfülle

$$(10.4.8) \qquad \gamma < C_h.$$

Dann ist der Aufwand der Mehrgitteriteration proportional zu n_ℓ:

$$(10.4.9a) \qquad \text{Aufwand}\,(\Phi_\ell^{\mathrm{MGM}(\nu_1,\nu_2)}) \leqslant C(\nu_1+\nu_2)\, n_\ell \quad \text{mit}$$

$$(10.4.9b) \qquad C(\nu) = \frac{\nu C_S + C_D + C_C}{1 - \gamma/C_h} + O((\gamma/C_h)^\ell).$$

Beweis. Sei $C_\ell n_\ell$ der Aufwand für einen $\Phi_\ell^{\mathrm{MGM}(\nu_1,\nu_2)}$-Schritt. Der Darstellung (2) entnimmt man $C_\ell n_\ell \leqslant (\nu C_S + C_D + C_C) n_\ell + \gamma C_{\ell-1} n_{\ell-1}$. Mit (7) ergibt sich $C_\ell \leqslant (\nu C_S + C_D + C_C) + \vartheta C_{\ell-1}$ mit $\vartheta := \gamma/C_h$ und damit die geometrische Reihe

$$C_\ell \leqslant (\nu C_S + C_D + C_C)(1 + \vartheta + \ldots + \vartheta^{\ell-1}) + \gamma^\ell C_0 / n_\ell,$$

wobei C_0 den (bezüglich h_ℓ konstanten) Aufwand für (2a) bezeichnet. Da $\gamma^\ell/n_\ell \leqslant \vartheta^\ell/n_1$, folgt (9b). ▨

Bemerkung 10.4.3 Im zweidimensionalen Fall $d=2$ ist (8) wegen $C_h=4$ (vgl. Bemerkung 1) für die interessanten Werte $\gamma=1,2$ erfüllt und liefert für (9b) die Konstanten

$$(10.4.10a) \quad C_V(\nu) = \tfrac{4}{3}(\nu C_S + C_D + C_C) + O((1/C_h)^\ell) \quad \text{für } \gamma=1,$$

$$(10.4.10b) \quad C_W(\nu) = 2(\nu C_S + C_D + C_C) + O((2/C_h)^\ell) \quad \text{für } \gamma=2.$$

Da $\gamma/C_h < 1$ (vgl. (8)), zeigen die Formeln (9b) und (10a,b), daß der Lösungsaufwand für $A_0 x_0 = b_0$ in (2a) für steigendes ℓ einen gegen null fallenden Anteil erfordert.

Übungsaufgabe 10.4.4 Der eindimensionale Fall (3.1) ist zwar nicht von praktischem Interesse, wendet man aber trotzdem den Mehrgitteralgorithmus an, ist (8) wegen $C_h=2$ für den W-Zyklus ($\gamma=2$) nicht erfüllt. Man zeige: Aufwand $= O(\ell n_\ell) = O(n_\ell \log n_\ell)$.

Für die bisher standardmäßig gewählten Mehrgitterparameter lauten die Aufwandszahlen wie folgt:

$(10.4.11a) \quad C_S = 2(C_A - 1) \qquad$ für Gauß-Seidel-Iteration (vgl. (4.6.1b)),

$(10.4.11b) \quad C_D = 2C_A + 11/4 \quad$ für $r=$ Neunpunktrestriktion (10.1.20),

$(10.4.11c) \quad C_C = 3/2 \qquad\qquad$ für $p=$ Neunpunktprolongation (10.1.14e).

Dabei fallen C_S, C_D im Poisson-Modellfall ($C_A=5$) noch günstiger aus:

$(10.4.11a') \quad C_S = 5 \qquad\qquad\quad$ für Gauß-Seidel-Iteration (vgl. (4.6.5a)),

$(10.4.11b') \quad C_D = 5 + 10/4 \qquad$ für $r=$ Neunpunktrestriktion (10.1.20).

Zu weiterer Einsparung bei r und p im Falle vorangehender bzw. nachfolgender Schachbrett-Gauß-Seidel-Schritte sei auf Hackbusch [14,Note 4.3.4] verweisen. Die Aufwandszahlen (10a,b) lauten

$(10.4.11d) \quad C_V(\nu) = \tfrac{8}{3}(\nu+1)C_A + (17-8\nu)/3 + O(1/4^\ell) \quad \text{für } \gamma=1 \text{ bzw.}$

$(10.4.11d') \quad C_V(\nu) = 12 + \tfrac{20}{3}\nu + O(1/4^\ell),$

$(10.4.11e) \quad C_W(\nu) = 4(\nu+1)C_A + (17-8\nu)/2 + O(1/2^\ell) \quad \text{für } \gamma=2 \text{ bzw.}$

$(10.4.11e') \quad C_W(\nu) = 18 + 10\nu + O(1/2^\ell).$

Der zugehörige *effektive Aufwand* des V-[W]-Zyklus für das Poisson-Modellproblem mit $\nu=2$ ist $C_{V[W]}(2)/|C_A \log(\rho)|$. Wenn wir die Konvergenzraten ρ aus Tabelle 1 zugrunde legen, ergibt sich

$(10.4.12a) \quad Eff(\Phi_\ell^{MGM(2,0)}) = -C_V(2)/[5\log(0.171)] \approx 2.89 \quad \text{für } \gamma=1,$

$(10.4.12b) \quad Eff(\Phi_\ell^{MGM(2,0)}) = -C_W(2)/[5\log(0.06)] \approx 2.7 \quad \text{für } \gamma=2.$

Da die Konvergenzrate h-unabhängig ist, ist auch der effektive Aufwand h-unabhängig. Man vergleiche die Zahlen aus (12a,b) mit den konkurrierenden Werten aus Bemerkung 7.5.11 (dort für $h = 1/32$). Die Zahlen (11d',e') lassen sich auch so interpretieren: Ein V-Zyklus-Schritt kostet soviel wie ≈ 5 Gauß-Seidel-Schritte, ein W-Zyklus-Schritt entspricht 7.6 Gauß-Seidel-Schritten.

Im weiteren soll untersucht werden, wie groß die Zahl $\nu = \nu_1 + \nu_2$ der Glättungsschritte zu wählen ist. Die numerischen Resultate aus §10.4.3 ergaben eine gute Übereinstimmung mit den Zweigitterergebnissen. Diese zeigten nach Tabelle 2.3 das asymptotische Verhalten Rate $\approx C_\rho / (1+\nu)$. Unter der Vereinfachung $C_C + C_D = C_S$ hat der Mehrgitteraufwand die Gestalt $Aufwand(\Phi_\ell^{\mathrm{MGM}(\nu_1,\nu_2)}) \approx (1+\nu)C$. Mit steigender Anzahl ν der Glättungsschritte verbessert sich die Konvergenz und vergrößert sich der Aufwand. Zu minimieren ist der effektive Aufwand

$$- \frac{(1+\nu)C / C_A}{\log(C_\rho / (1+\nu))} = C' \frac{1+\nu}{\log(1+\nu) - \log C_\rho}.$$

Das Minimum wird für $\nu^* = C_\rho e - 1$ angenommen und lautet $e C_\rho C / C_A$. Dies zeigt zumindest asymptotisch: Je schneller das Mehrgitterverfahren (je kleiner C_ρ) ist, desto weniger Glättungsschritte sollte man durchführen. Sollte es sich umgekehrt herausstellen, daß viele Glättungsschritte notwendig sind, ist das Mehrgitterverfahren als ungünstig einzustufen und nach einer geeigneteren Glättungsiteration zu suchen.

10.4.5 Iterationsmatrix

Da die Iteration rekursiv definiert ist, wird auch die Iterationsmatrix des Mehrgitterverfahrens rekursiv erklärt.

Satz 10.4.5 Sei S_ℓ die Iterationsmatrix der (konsistenten) Vor- und Nachglättungsiteration $\mathscr{S}_\ell$. Dann ist auch die Mehrgitteriteration $\Phi_\ell^{\mathrm{MGM}(\nu_1,\nu_2)}$ konsistent. Ihre Iterationsmatrix $M_\ell^{\mathrm{MGM}} = M_\ell^{\mathrm{MGM}}(\nu_1,\nu_2)$ ergibt sich aus

$$(10.4.13a) \quad M_0^{\mathrm{MGM}} = O, \quad M_1^{\mathrm{MGM}} = M_1^{\mathrm{ZGM}}(\nu_1,\nu_2),$$

$$(10.4.13b) \quad M_\ell^{\mathrm{MGM}} = M_\ell^{\mathrm{ZGM}}(\nu_1,\nu_2) - S_\ell^{\nu_2} p \left(M_{\ell-1}^{\mathrm{MGM}}\right)^\Upsilon A_{\ell-1}^{-1} r A_\ell S_\ell^{\nu_1} \quad \text{für } \ell \geq 1.$$

Beweis. Offenbar ist die Grobgitterkorrektur (2c-e) konsistent. Übung 3.2.16a zeigt somit die Konsistenz von Φ^{MGM}. Für $\ell = 0$ ist Φ_0 die exakte Auflösung: $M_0 = O$. Für $\ell = 1$ stimmen Mehr- und Zweigitterverfahren überein, was (13a) beweist. Die Iterationsmatrix der Grobgitterkorrektur (2c-e) ist

$$(10.4.13c) \quad M_\ell^{\mathrm{GGK}} = I - p \left[I - \left(M_{\ell-1}^{\mathrm{MGM}}\right)^\Upsilon\right] A_{\ell-1}^{-1} r A_\ell,$$

denn in (2e) ist $e_{\ell-1}^{(\Upsilon)} = \left[I - \left(M_{\ell-1}^{\mathrm{MGM}}(\nu_1,\nu_2)\right)^\Upsilon\right] A_{\ell-1}^{-1} r A_\ell$, wie man analog zum Beweis von (8.4.7b) zeigt. (3.2.20a) und (2.4) beweisen (13b).

10.5 Geschachtelte Iteration

10.5.1 Algorithmus

Die Voraussetzung für die Anwendbarkeit der Mehrgittermethode ist die Präsenz einer Hierarchie von Gleichungen (1.8a): $A_\ell x_\ell = b_\ell$ für alle Stufen $0 \leqslant \ell \leqslant \ell_{max}$. Diese Situation läßt sich für das folgende Vorgehen ausnutzen. Offenbar ist ein Resultat x_ℓ^m einer Iteration um so besser, je besser der Startwert x_ℓ^0 ist. Die Wahl des Startwertes ist bis jetzt nie Gegenstand der Überlegungen gewesen, da eine mehr oder weniger vorteilhafte Wahl des Startwertes von Kenntnissen abhängt, die sich der Iterationsanalyse entziehen.

Wenn eine Hierarchie $A_\ell x_\ell = b_\ell$ von Problemen vorliegt, approximieren die Lösungen x_ℓ im allgemeinen eine kontinuierliche Lösung x mit einer bestimmten positiven Konsistenzordnung $O(h_\ell^\varkappa)$. Über die Dreiecksungleichung sollten dann auch x_ℓ und $x_{\ell-1}$ um $O(h_\ell^\varkappa + h_{\ell-1}^\varkappa)$ voneinander abweichen. Diese Annahme läßt sich in die folgende Bedingung kleiden:

$$(10.5.1) \qquad \| x_\ell - \tilde{p}\, x_{\ell-1} \| \leqslant C_1 h_\ell^\varkappa \qquad (\varkappa > 0,\ x_\ell,\ x_{\ell-1}\ \text{Lösungen zu (1.8a)}).$$

Hierbei ist $\tilde{p} \colon X_{\ell-1} \to X_\ell$ eine geeignete Prolongation, die nicht notwendig mit p aus §10.1.3 bzw. mit p aus (4.2e) übereinstimmen muß.

Ungleichung (1) legt nahe, Näherungen von $x_{\ell-1}$ als Startwert der Iteration auf der Stufe ℓ zu verwenden. Der Algorithmus, wie er von Kronsjö – Dahlquist [1] vorgeschlagen wurde, lautet

$$
\begin{array}{|ll|}
\hline
& \tilde{x}_0 := \text{geeignete Approximation der Lösung von } A_0 x_0 = b_0; \\
& \underline{\text{for}}\ \ell := 1\ \underline{\text{to}}\ \ell_{max}\ \underline{\text{do}} \\
(10.5.2a) & \underline{\text{begin}}\ \tilde{x}_\ell := \tilde{p}\,\tilde{x}_{\ell-1}; \\
& \qquad \underline{\text{for}}\ i := 1\ \underline{\text{to}}\ m_\ell\ \underline{\text{do}}\ \ \tilde{x}_\ell := \Phi_\ell(\tilde{x}_\ell, b_\ell) \\
& \underline{\text{end}}; \\
\hline
\end{array}
$$

Man beachte, daß (2a) keine Iteration im eigentlichen Sinne darstellt, sondern einen *endlichen* Prozeß darstellt. Die optimale Wahl der Schrittzahl m_ℓ ist Gegenstand von Übungsaufgabe 3. Hier sind wir nur an der Mehrgitteriteration $\Phi_\ell = \Phi_\ell^{MGM}$ interessiert, für die m_ℓ unabhängig von ℓ gewählt werden kann:

$$(10.5.2b) \qquad m_\ell = m \qquad\qquad\qquad (\ell \geqslant 1).$$

Wie wir in Bemerkung 2 sehen werden, ist sogar die kleinstmögliche Anzahl $m = 1$ von praktischem Interesse.

10.5.2 Genauigkeitsanalyse

Mehrgitterverfahren (wie auch andere Verfahren mit h-unabhängiger Konvergenzrate) erfüllen die Voraussetzung

(10.5.3) $\| M_\ell^\Phi \| \le \zeta < 1$ für alle $\ell \ge 1$, M_ℓ^Φ Iterationsmatrix zu Φ_ℓ.

Die Bedingung (4.7): $n_{\ell-1} \le n_\ell / C_h$ sei durch die Abschätzung

(10.5.4) $n_\ell \le \bar{C}_h \, n_{\ell-1}$

ergänzt. Wegen $n_\ell / n_{\ell-1} \approx (h_{\ell-1}/h_\ell)^d$, stellt Ungleichung (4) auch eine Abschätzung von $h_{\ell-1}/h_\ell$ nach oben dar. Zusammen mit der Norm von $\tilde{p}$ findet man eine Abschätzung der Form

(10.5.5) $\| \tilde{p} \| (h_{\ell-1}/h_\ell)^\varkappa \le C_2$ $(\tilde{p}: X_{\ell-1} \to X_\ell)$

mit $\varkappa$ aus (1).

Satz 10.5.1 Es gelte (1), (3), (5). Die Iterationszahl $m_\ell = m$ (vgl. (2b)) sei so groß, daß

(10.5.6) $C_2 \zeta^m < 1$.

Dann produziert die geschachtelte Iteration (2a, b) Resultate $\tilde{x}_\ell$ für alle Stufen $0 \le \ell \le \ell_{\max}$, die die Fehlerabschätzung

(10.5.7a) $\| \tilde{x}_\ell - x_\ell \| \le C_3(\zeta^m) \, C_1 h_\ell^\varkappa$ mit

(10.5.7b) $C_3(\zeta^m) := \zeta^m / (1 - C_2 \zeta^m)$,

erfüllen, falls der Startwert $\tilde{x}_0$ der Ungleichung (7a) für $\ell = 0$ genügt.

Beweis. Für $\ell = 0$ gilt (7a) nach Voraussetzung. Sei (7a) für die Stufen $\le \ell - 1$ angenommen. Der Startwert $x_\ell^0 := \tilde{p} \, \tilde{x}_{\ell-1}$ hat einen durch

$$\| x_\ell^0 - x_\ell \| \le \| \tilde{p} \, x_{\ell-1} - x_\ell \| + \| \tilde{p} \, (\tilde{x}_{\ell-1} - x_{\ell-1}) \| \le$$

$$\le \| \tilde{p} \, x_{\ell-1} - x_\ell \| + \| \tilde{p} \| \| \tilde{x}_{\ell-1} - x_{\ell-1} \| \underset{(1),(7a)}{\le}$$

$$\le C_1 h_\ell^\varkappa + \| \tilde{p} \| C_3(\zeta^m) \, C_1 h_{\ell-1}^\varkappa \le$$

$$\le C_1 h_\ell^\varkappa [1 + \| \tilde{p} \| (h_{\ell-1}/h_\ell)^\varkappa C_3(\zeta^m)] \underset{(5)}{\le} C_1 h_\ell^\varkappa [1 + C_2 C_3(\zeta^m)]$$

abschätzbaren Fehler. Nach m Iterationsschritten fällt der Fehler dank (3) auf $\| x_\ell^m - x_\ell \| \le \zeta^m \| x_\ell^0 - x_\ell \| \le C_1 h_\ell^\varkappa \{ \zeta^m [1 + C_2 C_3(\zeta^m)] \}$. Definition (7b) zeigt $\{ \ldots \} = C_3(\zeta^m)$ und beweist (7a) für ℓ.   ∎

Die Abschätzung (7a) hat eine wichtige praktische Interpretation. Sie beschreibt, daß der <u>Iterations</u>fehler $\tilde{x}_\ell - x_\ell$ bis auf den Faktor $C_3(\zeta^m)$ mit der Schranke $C_1 h_\ell^\varkappa$ aus (1) übereinstimmt, die den <u>Diskretisierungs-</u> fehler beschränkt. Es sei an die Bemerkung 3.3.4 erinnert: Solange x_ℓ nur als Approximation einer kontinuierlichen Lösung angesehen wird, ist es nicht sinnvoll, x_ℓ wesentlich genauer als bis auf den Diskretisierungsfehler zu berechnen. Die geschachtelte Iteration (2a,b) gestattet es, in bequemer Weise $\tilde{x}_\ell$ mit

(10.5.8) $\| \tilde{x}_\ell - x_\ell \| \le C_3(\zeta^m) *$ Diskretisierungsfehler zu berechnen, wobei die Konstante $C_3(\zeta^m)$ gesteuert werden kann, ohne den Diskretisierungsfehler $C_1 h_\ell^\varkappa$ quantitativ zu kennen.

Bemerkung 10.5.2 Die Standardwahl $h_\ell = h_{\ell-1}/2$ und die für die Standardinterpolationen gültige Ungleichung $\|\tilde{p}\| \leqslant 1$ ergibt $C_2 = 2^\varkappa$ in (5). Die Konsistenzordnung im Modellfall ist $\varkappa = 2$, so daß $C_2 = 4$. Der Faktor $C_3(\zeta^m)$ lautet somit

$$(10.5.9) \qquad C_3(\zeta^m) = \zeta^m / (1 - 4\zeta^m).$$

Für Mehrgitterverfahren mit Konvergenzraten $\leqslant \zeta = 0.2$ (vgl. Resultate in §10.4.3) ist Bedingung (6) für einen einzigen Iterationsschritt $(m = 1)$ erfüllt und man erreicht den Wert $C_3(0.2) = 1$.

Übungsaufgabe 10.5.3 Wie sollte man m_ℓ in (7a) wählen, wenn die Kontraktionszahlen $\zeta = \zeta_\ell < 1$ von h_ℓ wie $\zeta_\ell = 1 - C h_\ell^\beta$ abhängen?

10.5.3 Rechenaufwand

Sei $C n_\ell$ der Aufwand der Iteration Φ_ℓ auf der Stufe ℓ. Ferner gelte (7): $n_{\ell-1} \leqslant n_\ell / C_h$. Der Aufwand für $\tilde{x}_{\ell-1} \mapsto \tilde{p}\,\tilde{x}_{\ell-1}$ wird als vernachläßigbar angenommen. Der Gesamtaufwand $C_{\text{gesch.It}} n_\ell \leqslant m C (n_1 + n_2 + \ldots + n_\ell)$ kann über die geometrischen Reihe $n_1 + n_2 + \ldots + n_\ell \leqslant n_\ell \sum C_h^{-k} \leqslant C_h n_\ell / (C_h - 1)$ zu $C_{\text{gesch.It}} \leqslant m C C_h / (C_h - 1)$ abgeschätzt werden. Im Standardfall $C_h = 2^d = 4$ (vgl. Bemerkung 4.1) erhalten wir das Resultat

$$(10.5.10) \qquad \text{Aufwand}_{\text{geschachtelten It. (2a,b)}} \leqslant \frac{4m}{3} \text{Aufwand} (\Phi_{\ell_{\max}}).$$

Hätte man versucht, die Genauigkeit $\varepsilon = C h^\varkappa$ mit dem Startwert $\tilde{x}_\ell := 0$ durch Iteration mit Φ_ℓ nur auf der Stufe $\ell = \ell_{\max}$ zu erzielen, wäre der Aufwand proportional zu $O(\log \varepsilon) = O(|\log h_\ell|)$ (vgl. (3.3.4b)). Gemäß Bemerkung 2 ist $m = 1$ eine realistische Wahl. Ungleichung (10) zeigt, daß mit dem $4/3$-fachen Aufwand eines Φ_ℓ-Schrittes für *alle* Stufen $0 \leqslant \ell \leqslant \ell_{\max}$ eine befriedigende Genauigkeit erreicht werden kann.

Konkret ergeben die Zahlen aus (4.11d',e') und aus Tabelle 4.1 (mit $\nu_1 = 2$, $\nu_2 = 0$, $m = 1$) das folgende Resultat:

$(10.5.11a)$ Mit $34 n_{\ell_{\max}}$ Operationen liefert der V-Zyklus $(\gamma = 1)$ Resultate mit $\|\tilde{x}_\ell - x_\ell\| \leqslant 0.53\, C_1 h_\ell^\varkappa$ für $0 \leqslant \ell \leqslant \ell_{\max}$.

$(10.5.11b)$ Mit $51 n_{\ell_{\max}}$ Operationen liefert der W-Zyklus $(\gamma = 2)$ Resultate mit $\|\tilde{x}_\ell - x_\ell\| \leqslant 0.08\, C_1 h_\ell^\varkappa$ für $0 \leqslant \ell \leqslant \ell_{\max}$.

Eine konkretere Vorstellung ergibt der Vergleich, daß der in (11b) angegebene Aufwand etwa *10 Gauß-Seidel-Iterationen* entspricht.

Da es sich bei der geschachtelten Iteration (2a) um einen finiten Prozeß und keine Iteration handelt, sind die Aufwandsmaßstäbe aus §3.3 nicht anwendbar. Vielmehr hängt es von den Genauigkeitsanforderungen des Anwenders ab, wieviel Operationen notwendig sind.

10.5.4 Pascal-Prozeduren

Die folgende Prozedur führt den Teilschritt $\tilde{x}_{\ell-1} \mapsto \tilde{x}_\ell$ aus, falls $\ell>0$. Für $\ell=0$ wird $\tilde{x}_0$ als exakte Lösung bestimmt.

```
procedure geschachtelte_Iteration(l: integer; var xl,xlminus1: Gitterfunktion;
m: integer; var MGD: MG_Daten;
function rechteSeite(x,y: real): real;    function Randwerte(x,y: real): real;
procedure Interpolation(l: integer;var xp,x: Gitterfunktion;
    var AL: Diskretisierungshierarchie; function Randwerte(x,y: real): real);
procedure Vorglaettung(var neu: Gitterfunktion; var A: Diskretisierungsdaten;
    var x,b: Gitterfunktion; var IP: Iterationsparameter);
procedure Nachglaettung(var neu: Gitterfunktion; var A: Diskretisierungsdaten;
    var x,b: Gitterfunktion; var IP: Iterationsparameter);
procedure direkterLoeser(var x,b: Gitterfunktion;
{Ende des Prozedurkopfes}                          var A: Diskretisierungsdaten));
var b: Gitterfunktion; i: integer;
begin if l<0 then writeln('l<0 bei geschachtelter Iteration. Keine Aktion') else
    if l>Lmax then writeln('l>Lmax bei geschachtelter Iteration. Keine Aktion')
    else with MGD do with AL[l] do
    begin setze_aktuelle_Stufe(l,MGD);
        definiere_innere_Punkte(nx,ny,b,rechteSeite);
        if Art=Poisson_Modellproblem  then  Faktor_mal_Vektor(nx,ny,b,h2,b);
        if l=0 then
        begin direkterLoeser(xl,b,AL[l]);
            definiere_Randwerte(nx,ny,xl,Randwerte)
        end else {Fall 0<l<Lmax}
        begin Interpolation(l,xl,xlminus1,AL,Randwerte);  for i:=1 to m do
        MG_Iteration(l,xl,xl,b,MGD,Vorglaettung,Nachglaettung,direkterLoeser)
end end end;
```

Die Bedeutung der Parameter ist $l=\ell$, $xl=\tilde{x}_\ell$ (Ausgabe), $xlminus1=\tilde{x}_{\ell-1}$ (Eingabe), $m=m$ aus (2b), **MGD**: die zuvor zu definierten **MG_Daten**. **MGD** enthält die Information über A_ℓ. Zur Bestimmung von b_ℓ werden die Funktionen **rechteSeite** und **Randwerte** verwendet. Die Parameterprozeduren **Vorglaettung**, **Nachglaettung**, **direkterLoeser** sind die gleichen wie für die Mehrgitteriteration aus §10.4.2. **Interpolation** führt $\tilde{p}$ aus. Zur Wahl stehen zum Beispiel die lineare und die kubische Prolongation:

```
procedure lineare_Interpolation(l: integer; var px,x: Gitterfunktion;
        var AL: Diskretisierungshierarchie; function Randwerte(x,y: real): real);
begin uebertragen_fuer_Interpolation(l,px,x,AL,Randwerte);
        interpolieren_(px,AL[l],lineare_Interpolation_F)
end;
procedure kubische_Interpolation(l: integer; var px,x: Gitterfunktion;
        var AL: Diskretisierungshierarchie; function Randwerte(x,y: real): real);
begin uebertragen_fuer_Interpolation(l,px,x,AL,Randwerte);
        interpolieren_(px,AL[l],kubische_Interpolation_F)
end;
```

Die hierfür benötigten Prozeduren und Funktionen folgen.

```
function lineare_Interpolation_F(LL,L,R,RR: real; il,ir: integer): real;
begin lineare_Interpolation_F:=(R+L)/2 end;

function quadratische_Interpolation_F(LL,L,R,RR: real; il,ir: integer): real;
begin if il>=3 then quadratische_Interpolation_F:=(3*R+6*L-LL)/8 else
      if ir>=3 then quadratische_Interpolation_F:=(3*L+6*R-RR)/8 else
         quadratische_Interpolation_F := lineare_Interpolation_F(LL,L,R,RR,il,ir)
end;

function kubische_Interpolation_F(LL,L,R,RR: real; il,ir: integer): real;
begin if (il>=3)and(ir>=3) then kubische_Interpolation_F:=(9*(L+R)-LL-RR)/16
  else kubische_Interpolation_F:=quadratische_Interpolation_F(LL,L,R,RR,il,ir)
end;

procedure Interpolieren_(var x: Gitterfunktion; var A: Diskretisierungsdaten;
var i,j: integer;
begin with A do begin i:=2; while i<nx do
  begin j:=1; while j<ny do
      begin x[i,j]:=Interpolation(x[i,Maximum_(0,j-3)],x[i,j-1],
            x[i,j+1],x[i,Minimum_(ny,j+3)],j,ny-j);    j:=j+2
      end; {Interpolation in y-Richtung}
      i:=i+2
  end;
  i:=1; while i<nx do
  begin for j:=1 to ny-1 do
      x[i,j]:=Interpolation(x[Maximum_(0,i-3),j],x[i-1,j],x[i+1,j],
                       x[Minimum_(nx,i+3),j],i,nx-i);
      i:=i+2
  end {Interpolation in x-Richtung}
end end;

procedure uebertragen_fuer_Interpolation(l: integer; var px,x: Gitterfunktion;
   var AL: Diskretisierungshierarchie; function Randwerte(x,y: real): real);
var i,j,ii: integer;
begin with AL[l-1] do for i:=nx downto 0 do
         begin ii:=2*i; for j:=ny downto 0 do px[ii,2*j]:=x[i,j] end;
      with AL[l] do definiere_Randwerte(nx,ny,px,Randwerte)
end;
```

Die Interpolationsfunktionen (z.B. **kubische_Interpolation_F**) berechnen den Funktionswert $u(x_i)$ aus den Werten **LL,L,R,RR** bei x_{i-3}, x_{i-1}, x_{i+1}, x_{i+3}. Für die kubische Interpolation müssen il$=i$ und ir$=N-i$ mindestens ≥ 3 sein. Andernfalls (in Randnähe) wird quadratisch interpoliert (vgl. Hackbusch [14,§3.4.3]).

Ein mögliches Rahmenprogramm sieht wie folgt aus:

```
program geschachteltelteration;
var MGD: MG_Daten; l,level,m: integer; it: Iterationsdaten;
    v: Vergleichsdaten; max: Iterationsgeschichte;
{Funktionen exakte_Loesung, rechte_Seite, Randwerte sind zu definieren}
begin initialisiere_MG_Daten(MGD);
      initialisiere_it(it);
      initialisiere_Vergleichsdaten(v);
 with MGD do repeat
  Freigabe_MG_Daten(MGD);  Freigabe_it(it);  Freigabe_Vergleichsdaten(v);
  definiere_MG_Diskretisierung(MGD);  definiere_MG_Parameter(MGD);
  write(' --> maximale Stufe =');  readln(level);
  write(' --> Anzahl m der Iterationssschritte pro Stufe =');  readln(m);
  for l:=0 to level do with AL[l] do with it do
  begin writeln; writeln('*** geschachtelte Iteration auf der Stufe ',l,' ***');
      geschachtelte_Iteration(l, x, x, m, MGD, rechte_Seite, Randwerte,
             lineare_Interpolation, Schachbrett_Gauss_Seidel,
             Schachbrett_Gauss_Seidel, Loese_Glsystem_ohne_Pivotwahl);
      A:=AL[l];  IP.Nr:=0;  definiere_Vergleichsloesung(v,A,exakte_Loesung);
      Vergleich_mit_exakter_Loesung(max,v,it,Maximum_Norm);
      {hier Möglichkeit, die Resultate der Stufe ℓ auszudrucken}
  end;  write('Lauf wiederholen?')
 until not ja_nein
end.
```

ℓ	h_ℓ	$m = 1$	$m = 2$	$m = \infty$
0	1/2	$2.6462500_{10}+0$	$2.6462500_{10}+0$	$2.6462500_{10}+0$
1	1/4	$3.0581081_{10}-1$	$2.1228706_{10}-2$	$2.8969487_{10}-2$
2	1/8	$2.8055559_{10}-2$	$8.0669104_{10}-3$	$8.0307789_{10}-3$
3	1/16	$2.3509591_{10}-3$	$2.0768939_{10}-3$	$2.0729855_{10}-3$
4	1/32	$5.6528936_{10}-4$	$5.2253778_{10}-4$	$5.2247389_{10}-4$
5	1/64	$1.3346811_{10}-4$	$1.3093939_{10}-4$	$1.3093954_{10}-4$

Tabelle **10.5.1** Fehler $\|\tilde{x}_\ell - x_\ell\|_\infty$ der geschachtelten Iteration für (12a)

ℓ	h_ℓ	$m = 1$	$m = 2$	$m = \infty$
0	1/2	$2.5171762_{10}+0$	$2.5171762_{10}+0$	$2.5171762_{10}+0$
1	1/4	$4.8952876_{10}-1$	$4.6274562_{10}-1$	$4.7880033_{10}-1$
2	1/8	$9.6976746_{10}-2$	$1.0331284_{10}-1$	$1.0308770_{10}-1$
3	1/16	$2.7728844_{10}-2$	$2.6636714_{10}-2$	$2.6689213_{10}-2$
4	1/32	$6.8792352_{10}-3$	$6.6486368_{10}-3$	$6.6506992_{10}-3$
5	1/64	$1.6998756_{10}-3$	$1.6716068_{10}-3$	$1.6714014_{10}-3$

Tabelle **10.5.2** Fehler $\|\tilde{x}_\ell - x_\ell\|_\infty$ der geschachtelten Iteration für (12b)

10.5.5 Numerische Resultate

Die geschachtelte Iteration wird zuerst auf die Differentialgleichung

$$(10.5.12a) \qquad -\Delta u = f := -\Delta(e^{x+y^2})$$

mit den Randwerten $\varphi = e^{x+y^2}$ angewandt. Auf allen Stufen wird $-\Delta$ durch den Standardfünfpunktstern diskretisiert. Die Interpolation $\tilde{p}$ ist kubisch gewählt. Sei x_ℓ^* die Beschränkung der exakten Lösung e^{x+y^2} von (12a) auf das Gitter Ω_ℓ. Man beachte, daß x_ℓ^* nicht mit der diskreten Lösung x_ℓ der zu (12a) gehörenden Gleichung $A_\ell x_\ell = b_\ell$ übereinstimmt. In Tabelle 1 werden die Ergebnisse $\tilde{x}_\ell$ der geschachtelten Iteration (2a) mit x_ℓ^* verglichen, da dies der in der Praxis interessierende Fehler ist. Die Maximumnorm $\|\tilde{x}_\ell - x_\ell^*\|_\infty$ dieses Fehlers wird für die Wahl $m=1$ und $m=2$ angegeben. Zum Vergleich ist der Diskretisierungsfehler $\|x_\ell - x_\ell^*\|_\infty$ in der letzten Spalten angezeigt, der formal der Wahl $m=\infty$ entspricht. Das in (2a) benutzte Mehrgitterverfahren hat die gleichen Parameter wie der W-Zyklus ($\gamma = 2$) in Tabelle 4.1. Man entnimmt der Tabelle 1, daß die Wahl $m=1$ ausreicht. Mit dem verdoppelten Aufwand für $m=2$ läßt sich der Gesamtfehler $\|\tilde{x}_\ell - x_\ell^*\|_\infty$ nur unwesentlich verbessern.

Die analogen Daten werden in Tabelle 2 für die Differentialgleichung

$$(10.5.12b) \qquad -\Delta u = f := -\Delta(y \sin(10x))$$

mit der in x-Richtung stark oszillierenden Lösung $y \sin(10x)$ dargestellt. Wegen des nichtglatten Lösungsverhaltens ist der Diskretisierungsfehler (letzte Spalte) bei (12b) um etwa eine Zehnerpotenz schlechter als für (12a). Deshalb fällt der zusätzliche Fehler $O(h_\ell^2)$ der *linearen* Interpolation $\tilde{p}$, die hier anstelle der kubischen verwendet wird, nicht ins Gewicht. Auch bei diesem Beispiel lohnt es sich in keinem Falle, $m=2$ Iterationen pro Stufe durchzuführen.

10.5.6 Anmerkungen

Weitere Varianten der geschachtelten Iteration (z.B. Kombinationen mit Extrapolationstechniken) werden in Hackbusch [14, §5.4, §9.3.4, §16.4] und [16,§5.6.5] diskutiert.

Obwohl nichtlineare Aufgaben nicht Thema dieses Buches sind, sei darauf aufmerksam gemacht, daß die geschachtelte Iteration im Zusammenhang mit nichtlinearen Gleichungssystemen eine wesentlich größere Bedeutung hat. Im linearen Falle diente sie lediglich der Rechenzeitersparnis. Für nichtlineare Iterationen entscheidet dagegen das Vorliegen eines hinreichend guten Startwertes häufig darüber, ob Konvergenz (gegen die richtige Lösung) erzielt werden kann. Die geschachtelte Iteration mit ihrer Startwertvorgabe $\tilde{x}_\ell := \tilde{p}\tilde{x}_{\ell-1}$ ist eine geeignete Technik zur Erzeugung guter Startwerte.

Eine Beschreibung und Analyse der nichtlinearen Mehrgittermethode und der zugehörigen geschachtelten Iteration findet man bei [14, §9].

10.6 Konvergenzanalyse

10.6.1 Übersicht

Der Konvergenzbeweis des Mehrgitterverfahrens unterscheidet sich von den bisher behandelten Konvergenzuntersuchungen dadurch, daß hier die Verwandschaft der Gleichungen $A_\ell x_\ell = b_\ell$ und $A_{\ell-1} x_{\ell-1} = b_{\ell-1}$ eine Rolle spielt.

Als hinreichende Kriterien werden zwei Bedingungen: die Glättungs- und die Approximationseigenschaft in §§10.6.2-3 eingeführt und diskutiert. Die Glättungseigenschaft ist von algebraischer Natur, während der Beweis der Approximationseigenschaft auf das kontinuierliche Problem zurückgreift, dessen Diskretisierung durch $A_\ell x_\ell = b_\ell$ beschrieben wird. Glättungs- und die Approximationseigenschaft ergeben zusammen die Konvergenzaussage des Zweigitterverfahrens (§10.6.4). Für $\gamma \geqslant 2$ läßt sich die Mehrgitterkonvergenz direkt aus der Zweigitterkonvergenz erschließen (§10.6.5).

Wenn A_ℓ positiv definit ist, läßt sich das Mehrgitterverfahren als symmetrische Iteration darstellen. In §10.7 werden wir für diesen Fall noch bessere Konvergenzresultate erzielen, die den V-Zyklus ($\gamma = 1$) einschließen. Diese Ergebnisse werden in Satz 7.17 auf den nichtsymmetrischen Fall verallgemeinert werden.

Die im folgenden gegebene Analyse ist insofern gegenüber der aus Hackbusch [14] stark vereinfacht, als wir hier stets von der Euklidischen bzw. Spektralnorm ausgehen. Andere Normen werden am Rande in §10.6.6 und §10.7.2 erwähnt.

Im Gegensatz zum oben Gesagten gibt es Mehrgitterverfahren, deren Konvergenzbeweis mit rein algebraischen Überlegungen durchgeführt werden kann. Diese Varianten werden in §11.4.4 diskutiert.

10.6.2 Glättungseigenschaft

In §10.1.1 haben wir eine Gitterfunktion $x_\ell = \sum \xi_{\alpha\beta} e^{\alpha\beta}$ (vgl. (1.2b)) glatt genannt, wenn die Koeffizienten $\xi_{\alpha\beta}$ für hohe Frequenzen α, β, die den großen Eigenwerten $\lambda_{\alpha\beta}$ entsprechen, klein sind. Quantitativ läßt sich die Glattheit durch $\| A_\ell x_\ell \|_2 = (\sum |\lambda_{\alpha\beta} \xi_{\alpha\beta}|^2)^{1/2}$ messen. Wenn der Glättungsschritt (2.2a) zu einer Glättung des Fehlers $e_\ell = x_\ell^0 - x_\ell$ führen soll, muß der nach dem Glättungsschritt entstehende Fehler $S_\ell^\nu e_\ell$ ein günstigeres Glättungsmaß $\| A_\ell S_\ell^\nu e_\ell \|_2$ aufweisen als e_ℓ. Das Glättungsvermögen wird demnach durch die Spektralnorm $\| A_\ell S_\ell^\nu \|_2$ charakterisiert. Bevor wir die Glättungseigenschaft definieren, sei $\| A_\ell S_\ell^\nu \|_2$ anhand der Richardson-Iteration bei positiv definitem A_ℓ untersucht:

$$(10.6.1a) \qquad \mathscr{S}_\ell(x_\ell, b_\ell) := x_\ell - \Theta(A_\ell x_\ell - b_\ell) \qquad \text{mit}$$

$$(10.6.1b) \qquad \Theta = \Theta_\ell = 1 / \rho(A_\ell) = 1 / \| A_\ell \|_2 .$$

Es ist $\| A_\ell S_\ell^\nu \|_2 = \| A_\ell (I - \Theta A_\ell)^\nu \|_2 = \| X(I-X)^\nu \|_2 / \Theta$ für $X := \Theta A_\ell$.

Auf $X(I-X)^\nu$ läßt sich das folgende Lemma anwenden.

Lemma 10.6.1 (a) Für alle Matrizen X mit $0 \leqslant X \leqslant I$ gilt

(10.6.2a) $\|X(I-X)^\nu\|_2 \leqslant \eta_0(\nu)$ $(\nu \geqslant 0)$,

wobei die Funktion $\eta_0(\nu)$ durch (2b) definiert ist:

(10.6.2b) $\eta_0(\nu) := \nu^\nu / (\nu+1)^{\nu+1}$.

(b) Das asymptotische Verhalten von $\eta_0(\nu)$ bezüglich $\nu \to \infty$ ist

(10.6.2c) $\eta_0(\nu) = \dfrac{1}{e\nu} + O(\nu^{-2})$.

Beweis. (i) Sei $f(\xi) := \xi(1-\xi)^\nu$. Gemäß Lemma 2.4.7a ist

$$\|X(I-X)^\nu\|_2 = \rho(X(I-X)^\nu) = \max\{|f(\xi)| : \xi \in \sigma(X)\}.$$

Da $f(\xi) \leqslant f(1/(\nu+1)) = \eta_0(\nu)$ für alle $\xi \in [0,1] \supset \sigma(X)$, ist Teil (a) bewiesen. Die Diskussion von $\eta_0(\nu)$ liefert die Aussage (b).   ▨

Bemerkung 10.6.2 Sei $A_\ell > 0$. Das Richardson-Verfahren (1a,b) führt auf die Abschätzung

(10.6.3) $\|A_\ell S_\ell^\nu\|_2 \leqslant \eta_0(\nu)\|A_\ell\|_2$ für alle $\nu \geqslant 0$, $\ell \geqslant 0$.

Man beachte, daß der Faktor $\eta_0(\nu)$ von h_ℓ bzw. ℓ unabhängig ist. Die zu definierende Glättungseigenschaft wird eine Abschätzung ähnlicher Art wie (3) sein. Es reicht dabei, $\eta_0(\nu)$ durch eine beliebige Nullfolge $\eta(\nu) \to 0$ zu ersetzen. Zum anderen ist es nicht notwendig und auch nicht wünschenswert, eine Ungleichung der Art (3) für *alle* ν zu fordern.

<table>
<tr><td colspan="2">Glättungseigenschaft</td></tr>
<tr><td colspan="2">

Definition 10.6.3 Eine Iteration $\mathscr{S}_\ell$ $(\ell \geqslant 0)$ erfüllt die *Glättungseigenschaft*, wenn von ℓ unabhängige Funktionen $\eta(\nu)$ und $\bar\nu(h)$ mit (4a–c) existieren:

(10.6.4a) $\|A_\ell S_\ell^\nu\|_2 \leqslant \eta(\nu)\|A_\ell\|_2$ für alle $0 \leqslant \nu < \bar\nu(h_\ell)$, $\ell \geqslant 1$,

(10.6.4b) $\lim\limits_{\nu \to \infty} \eta(\nu) = 0$,

(10.6.4c) $\lim\limits_{h \to 0} \bar\nu(h) = \infty$ oder $\bar\nu(h) = \infty$.

</td></tr>
</table>

Mit $\bar\nu(h) = \infty$ in (4c) wird ausgedrückt, daß (4a) für *alle* ν gilt. Dieser Fall kann nur für *konvergente* Iterationen $\mathscr{S}_\ell$ gelten, denn es gilt die

Bemerkung 10.6.4 Die Bedingungen (4a,b) mit $\bar\nu(h) = \infty$ implizieren die Konvergenz von $\mathscr{S}_\ell$.

Beweis. Wegen $\eta(\nu) \to 0$ gilt für hinreichend großes ν: $\rho(S_\ell^\nu) \leqslant \|S_\ell^\nu\|_2 \leqslant \|A_\ell^{-1}\|_2 \|A_\ell S_\ell^\nu\|_2 \leqslant \eta(\nu)\,\mathrm{cond}_2(A_\ell) < 1$, also auch $\rho(S_\ell) < 1$.   ▨

Bemerkung 2 ergibt den

Satz 10.6.5 Sei $A_\ell > 0$. Das Richardson-Verfahren (1a,b) erfüllt die Glättungseigenschaft (4a-c) mit $\eta(\nu) := \eta_0(\nu)$ und $\bar{\nu}(h) = \infty$.

Der Sinn der allgemeineren Bedingung (4c) anstelle von $\bar{\nu}(h) = \infty$ ist, die Glättungseigenschaft auch für nichtkonvergente Iterationen formulieren zu können. Beispiele für nichtkonvergente Iterationen sind das Gauß-Seidel-Verfahren für das indefinite Problem (4.5) wie auch die Richardson-Iteration in

Bemerkung 10.6.6 Die indefinite Matrix $A_\ell = A_\ell^H$ habe das Spektrum $\sigma(A_\ell) \subset [-\alpha_\ell, \beta_\ell]$ mit $0 < \alpha_\ell \leqslant \beta_\ell$, $\lim_{\ell \to \infty} \alpha_\ell / \beta_\ell = 0$. Obwohl das Richardson-Verfahren divergent ist, besitzt es die Glättungseigenschaft.

Beweis. Nach den Überlegungen zu Lemma 1 ist wegen $\Theta = 1/\beta_\ell$
$\|A_\ell(I - \Theta A_\ell)^\nu\|_2 \leqslant \max\{\eta_0(\nu), (\alpha_\ell/\beta_\ell)(1 + \alpha_\ell/\beta_\ell)^\nu\}\|A_\ell\|_2$. Man wähle $\bar{\nu}(h_\ell) := \beta_\ell/\alpha_\ell \to \infty$. Für $\nu < \bar{\nu} := \bar{\nu}(h_\ell)$ ist

$$(\alpha_\ell/\beta_\ell)(1 + \alpha_\ell/\beta_\ell)^\nu \leqslant (\alpha_\ell/\beta_\ell)\exp\{\nu\alpha_\ell/\beta_\ell\} = \frac{1}{\bar{\nu}}\{(\nu/\bar{\nu})\exp(\nu/\bar{\nu})\} \leqslant e/\nu,$$

so daß (4a-c) mit $\eta(\nu) := \max\{\eta_0(\nu), e/\nu\} = e/\nu$ erfüllt ist. ▨

Die Voraussetzungen der Bemerkung 6 sind für die Diskretisierung der Helmholtz-Gleichung $-\Delta u - cu = f$ $(c > 0)$ erfüllt, da $O(\alpha_\ell/\beta_\ell) = O(h_\ell^2)$.

Der folgende Satz könnte als Störungssatz bezeichnet werden. Er zeigt, daß die Glättungseigenschaft erhalten bleibt, wenn die Matrix A_ℓ' zu $A_\ell = A_\ell' + A_\ell''$ gestört wird, wobei A_ℓ nicht nur indefinit, sondern auch nichtsymmetrisch sein darf.

Satz 10.6.7 Sei $A_\ell = A_\ell' + A_\ell''$. $\mathcal{S}_\ell$ und $\mathcal{S}_\ell'$ seien die Glättungsiterationen zu A_ℓ bzw. A_ℓ'. Ihre Iterationsmatrizen seien S_ℓ und S_ℓ' mit $S_\ell'' := S_\ell - S_\ell'$. Es gelte

(10.6.5a) A_ℓ' und S_ℓ' erfüllen die Glättungseigenschaft mit $\eta'(\nu)$, $\bar{\nu}'(h)$,

(10.6.5b) $\|S_\ell'\|_2 \leqslant C_S'$ $\qquad\qquad\qquad\qquad$ für alle $\ell \geqslant 1$,

(10.6.5c) $\lim_{\ell \to \infty}\|S_\ell''\|_2 = 0$,

(10.6.5d) $\lim_{\ell \to \infty}\|A_\ell''\|_2 / \|A_\ell'\|_2 = 0$.

Dann erfüllt auch die Iteration $\mathcal{S}_\ell$ für A_ℓ die Glättungseigenschaft. Die zugehörige Schranke $\eta(\nu)$ kann z.B. als $\eta(\nu) := 2\eta'(\nu)$ gewählt werden.

Beweis. $C_S := C_S' + \max\{\|S_\ell''\|_2 : \ell \geqslant 1\}$ erfüllt $\|S_\ell\|_2 \leqslant C_S$ für alle $\ell \geqslant 1$. O.B.d.A. gelte $C_S \geqslant 1$. S_ℓ^ν kann in $S_\ell'^\nu + S_\ell''^{(\nu)}$ zerlegt werden, wobei

$$\|S_\ell''^{(\nu)}\|_2 = \|S_\ell^\nu - S_\ell'^\nu\|_2 = \|\sum_{\mu=0}^{\nu-1} S_\ell^\mu (S_\ell - S_\ell') S_\ell'^{\nu-1-\mu}\|_2 = \|\sum_{\mu=0}^{\nu-1} S_\ell^\mu S_\ell'' S_\ell'^{\nu-1-\mu}\|_2 =$$

(10.6.5e) $\leqslant \left(\sum_{\mu=0}^{\nu-1} C_S^\mu C_S'^{\nu-1-\mu}\right)\|S_\ell''\|_2 \leqslant \nu C_S^{\nu-1}\|S_\ell''\|_2 \underset{\text{(5c)}}{\to} 0$ für $\ell \to \infty$.

Für $1 \leqslant \nu \leqslant \bar{\nu}'(h_\ell)$ ist

$$\| A_\ell S_\ell^\nu \|_2 \;\leq\; \| A_\ell' S_\ell'^{\,\nu} \|_2 + \| A_\ell'' \|_2 \| S_\ell^\nu \|_2 + \| A_\ell' \|_2 \| S_\ell''^{\,(\nu)} \|_2 \;\leq$$

$$(10.6.5\text{f}) \qquad \leq \eta'(\nu)\, \| A_\ell' \|_2 + C_S^\nu \| A_\ell'' \|_2 + \nu\, C_S^{\nu-1} \| S_\ell'' \|_2 \| A_\ell' \|_2 \;=$$

$$= \eta'(\nu)\, \| A_\ell \|_2 \left\{ \frac{\| A_\ell' \|_2}{\| A_\ell \|_2} + C_S^\nu \frac{\| A_\ell'' \|_2}{\| A_\ell \|_2} + \nu\, C_S^{\nu-1} \frac{\| A_\ell' \|_2}{\| A_\ell \|_2} \| S_\ell'' \|_2 \right\}.$$

Da $\| A_\ell'' \|_2 / \| A_\ell' \|_2 \to 0$, $\| S_\ell'' \|_2 \to 0$ und somit $\| A_\ell' \|_2 / \| A_\ell \|_2 \to 1$ und $\| A_\ell'' \|_2 / \| A_\ell \|_2 \to 0$, konvergiert die geschweifte Klammer für $\ell \to \infty$ (d.h. für $h = h_\ell \to 0$) und festes ν gegen 1. Dies beweist $\bar\nu''(h) \to \infty$ $(h \to 0)$ für

$$\bar\nu''(h) := \sup\Big\{ \nu > 0: \; \frac{\| A_\ell' \|_2}{\| A_\ell \|_2} + C_S^\nu \frac{\| A_\ell'' \|_2}{\| A_\ell \|_2} + \nu\, C_S^{\nu-1} \frac{\| A_\ell' \|_2}{\| A_\ell \|_2} \| S_\ell'' \|_2 \leq 2 \ \text{ für } h_\ell \leq h \Big\}.$$

Wir setzen $\eta(\nu) := 2\eta'(\nu)$ und $\bar\nu(h) := \min\{ \bar\nu'(h_\ell), \bar\nu''(h) \}$. Für $\nu \leq \bar\nu(h)$ zeigt (5f) die Glättungseigenschaft $\| A_\ell S_\ell^\nu \|_2 \leq \eta(\nu) \| A_\ell \|_2$. ▨

Bei Diskretisierungen elliptischer Differentialgleichungen sind im allgemeinen die folgenden Bedingungen erfüllt:

(10.6.6a)   Man findet eine h-unabhängige Konstante c_0, so daß
$$A_\ell' := \tfrac{1}{2}(A_\ell + A_\ell^H) + c_0 I \quad \text{positiv definit ist,}$$

(10.6.6b) $\underline{C}\, h_\ell^{-2m} \leq \| A_\ell' \|_2 \leq \bar{C}\, h_\ell^{-2m}$ ($2m$: Ordnung der Differentialgl.),

(10.6.6c) $\| A_\ell'' \|_2 \leq C\, h_\ell^{1-2m}$ für $A_\ell'' := A_\ell - A_\ell' = \tfrac{1}{2}(A_\ell - A_\ell^H) - c_0 I$

(vgl. Hackbusch [14],[15]). Zur Anwendung des Satzes 7 beweist man zunächst die Glättungseigenschaft für die positiv definite Matrix A_ℓ' und überträgt die Eigenschaft mittels Satz 7 auf A_ℓ. Bedingung (5d) folgt aus (6b,c) wegen $\| A_\ell'' \|_2 / \| A_\ell' \|_2 \leq O(h_\ell) \to 0$. Im Falle des Richardson-Verfahrens ist $S_\ell'' = -\Theta A_\ell'' = -A_\ell'' / \| A_\ell' \|_2$, also impliziert (5d) auch (5c). (5b) ist wegen $S_\ell' = I - A_\ell' / \| A_\ell' \|_2$ stets mit $C_S = 2$ erfüllt ($C_S = 1$, falls $A_\ell' \geq 0$).

Die Glättungseigenschaft läßt sich außer für das Richardson-Verfahren für die *gedämpfte* (Block-)Jacobi-Iteration, die 2-zyklische Gauß-Seidel-Iteration (insbesondere das Schachbrett-Gauß-Seidel-Verfahren für Fünfpunktformeln) und die Kaczmarz-Iteration nachweisen. Dazu gehören auch symmetrische Iterationen wie das symmetrische Gauß-Seidel-Verfahren, SSOR und die ILU-Iteration. Hierauf wird in §10.7.3 eingegangen werden. Die Glättungseigenschaft gilt z.B. *nicht* für das *ungedämpfte* Jacobi-Verfahren oder die SOR-Methode mit $\omega \geq \omega_{\text{opt}}$. Zur Glättungsanalyse für die oben genannten Iterationen vergleiche man Hackbusch [14,§6.2].

10.6.3 Approximationseigenschaft

10.6.3.1 Formulierung

Die Feingitterlösung e_ℓ aus $A_\ell e_\ell = d_\ell$ wird in der Grobgitterkorrektur durch $p e_{\ell-1}$ aus $A_{\ell-1} e_{\ell-1} = d_{\ell-1} := r d_\ell$ ersetzt. Deshalb sollte $p e_{\ell-1} \approx e_\ell$, d.h. $p A_{\ell-1}^{-1} r d_\ell \approx A_\ell^{-1} d_\ell$ gelten. Wir quantifizieren diese Forderung als

(10.6.7) $\| p A_{\ell-1}^{-1} r d_\ell - A_\ell^{-1} d_\ell \|_2 \leqslant C_A \| d_\ell \|_2 / \| A_\ell \|_2$ für alle $\ell \geqslant 1$, $d_\ell \in X_\ell$.

Mit Hilfe der Matrixnorm (Spektralnorm) schreibt sich (7) als

---

Approximationseigenschaft

(10.6.8) $\| A_\ell^{-1} - p A_{\ell-1}^{-1} r \|_2 \leqslant C_A / \| A_\ell \|_2$ für alle $\ell \geqslant 1$.

Beweise der Approximationseigenschaft (8) sind im allgemeinen nicht von algebraischer Art, sondern verwenden zumindest indirekt Eigenschaften der zugrundeliegenden Randwertaufgabe. Ein Beweiszugang kann wie folgt aussehen. Sei $A_{\ell-1} = r A_\ell p$ gemäß (1.26) angenommen. Für eine beliebige Restriktion $r' : X_\ell \to X_{\ell-1}$ gilt die Darstellung

$$A_\ell^{-1} - p A_{\ell-1}^{-1} r = (A_\ell^{-1} - p A_{\ell-1}^{-1} r)(I - p r') = (I - p A_{\ell-1}^{-1} r A_\ell)(I - p r') A_\ell^{-1}.$$

Untersuchungen zur «diskreten Regularität» von A_ℓ (vgl. Hackbusch [8],[9],[14,§6.3.2.1],[15,§9.2]) gestatten den Nachweis, daß $v_\ell := A_\ell^{-1} f_\ell$ hinreichend glatt ist, so daß der Interpolationsfehler $\delta_\ell = (I - p r') v_\ell = v_\ell - p r' v_\ell$ durch $\| \delta_\ell \|_2 \leqslant C \| f_\ell \|_2 / \| A_\ell \|_2$ abgeschätzt werden kann. Die diskrete Regularität läßt sich auch einsetzen, um $\| I - p A_{\ell-1}^{-1} r A_\ell \| \leqslant$ const zu zeigen. Zusammen erhält man die Approximationseigenschaft (8). Falls $A_{\ell-1}$ nicht das Galerkin-Produkt ist, sei auf Hackbusch [14, Criterion 6.3.35 und 38] verwiesen.

Am einfachsten läßt sich die Approximationseigenschaft für Galerkin-Diskretisierungen (Variationsprobleme) verifizieren. Dazu wird in §10.6.3.2 die Diskretisierung erklärt, in §§10.6.3.3-4 die Beziehungen zwischen den Galerkin-Unterräumen und den Vektorräumen X_ℓ und in §10.6.3.5 die Standardfehlerabschätzung diskutiert. Der eigentliche Beweis der Approximationseigenschaft findet sich in §10.6.3.6.

10.6.3.2 Die Galerkin-Diskretisierung

Sei V ein Hilbert-Raum mit Skalarprodukt $(\cdot,\cdot)_V$ und Norm $\| \cdot \|_V$, der stetig in einen weiteren Hilbert-Raum U eingebettet ist: $V \subset U$ und $\sup\{ \| v \|_V / \| v \|_U : 0 \neq v \in V \} < \infty$. Der Dualraum V' (der stetigen linearen Abbildungen von V in $\mathbb{K}$) besitzt die _Dualnorm_

$$\| f \|_{V'} := \| f \|_{\mathbb{K} \leftarrow V} = \sup\{ | f(v) | / \| v \|_V : 0 \neq v \in V \}   \text{ für } f \in V'.$$

Man darf den Hilbert-Raum U mit seinem Dualraum U' identifizieren und erhält die Inklusionen

(10.6.9) $V \subset U = U' \subset V'$ (jeweils stetige Einbettungen).

Für $f(v)$ ($v \in V$, $f \in V'$) darf auch $(f, v)_U$ geschrieben werden, da das U-Skalarprodukt stetig von $U \times U$ auf $V' \times V$ und $V \times V'$ fortgesetzt werden kann (vgl. Hackbusch [15,§6.3]).

Sei $a: V \times V \to \mathbb{K}$ eine stetige Bilinearform (bzw. Sesquilinearform, falls $\mathbb{K} = \mathbb{C}$). Die zu lösende Aufgabe (in der schwachen Formulierung) lautet

$$(10.6.10) \qquad \text{suche } v \in V \text{ mit } a(v,w) = (f,w)_U \quad \text{für alle } w \in V,$$

wobei $f \in V'$. Dem Poisson-Modellproblem entspricht die Aufgabe (10) mit

$$V = H_0^1(\Omega), U = L^2(\Omega), a(v,w) = \int_\Omega \langle \nabla v, \nabla w \rangle \, dx, (f,w)_U = \int_\Omega f w \, dx.$$

Zur Notation des Sobolev-Raumes $H_0^1(\Omega)$ und für weitere Details zur Formulierung (10) wird auf Hackbusch [15,§§6-7], [14], [16,§8.3] verwiesen.

Zur Diskretisierung wird eine *Hierarchie endlichdimensionaler Unterräume* eingeführt:

$$(10.6.11a) \qquad V_0 \subset V_1 \subset \ldots \subset V_{\ell-1} \subset V_\ell \subset \ldots \subset V.$$

Die *Galerkin-Lösung* v_ℓ ist durch die Aufgabe (11b) definiert:

$$(10.6.11b) \qquad \text{suche } u_\ell \in V_\ell \text{ mit } a(u_\ell,w) = (f,w)_U \quad \text{für alle } w \in V_\ell.$$

10.6.3.3 Hierarchie der Gleichungssysteme

Zur konkreten Beschreibung der Galerkin-Lösung v_ℓ ist eine *Basis* $\{b_{\ell,\alpha}: \alpha \in I_\ell\}$ von V_ℓ zu wählen. $n_\ell = \#I_\ell = \dim V_\ell$ bezeichnet die Dimension. Als «*Koeffizientenvektor*» zu $v_\ell \in V_\ell$ bezeichnen wir den Vektor $x_\ell = (x_{\ell,\alpha})_{\alpha \in I_\ell} \in X_\ell := \mathbb{R}^{I_\ell}$ mit

$$(10.6.12) \qquad P_\ell x_\ell := \sum_{\alpha \in I_\ell} x_{\ell,\alpha} \, b_{\ell,\alpha} = v_\ell \in V_\ell.$$

Beweise der folgenden Übungen findet man z.B. in Hackbusch [14, 15]:

Übungsaufgabe 10.6.8 Man zeige: Die Galerkin-Diskretisierung (11b) ist über die Beziehung $u_\ell = P_\ell x_\ell$ zum Gleichungssystem (13a) äquivalent:

$$(10.6.13a) \qquad A_\ell x_\ell = b_\ell \quad \text{mit}$$

$$(10.6.13b) \qquad A_{\ell,\alpha\beta} = a(b_{\ell,\beta}, b_{\ell,\alpha}), \quad f_{\ell,\alpha} = (f_\ell, b_{\ell,\alpha})_U \qquad (\alpha,\beta \in I_\ell).$$

Die Basis $\{b_{\ell,\alpha}: \alpha \in I_\ell\}$ wählt man im allgemeinen so, daß der Koeffizientenvektor x_ℓ und die dargestellte Funktion $v_\ell = P_\ell x_\ell$ in ihrer X_ℓ- bzw. U-Norm vergleichbar sind. Genauer soll gelten:

$$(10.6.14) \qquad \underline{C}_P^{-1} \|x_\ell\|_2 \leqslant \|P_\ell x_\ell\|_U \leqslant \bar{C}_P \|x_\ell\|_2 \quad \text{für alle } x_\ell \in X_\ell, \ell \geqslant 0.$$

Dazu darf die ℓ_2-Norm geeignet skaliert werden (vgl. (1.21)). Da X_ℓ und U Hilbert-Räume (mit den Skalarprodukten $\langle \cdot, \cdot \rangle = \langle \cdot, \cdot \rangle_\ell$ und $(\cdot, \cdot)_U$) sind, kann man zu $P_\ell: X_\ell \to U$ die adjungierte Abbildung

$$(10.6.15) \qquad R_\ell = P_\ell^*: U \to X_\ell$$

bilden: $\langle R_\ell v, x_\ell \rangle = (v, P_\ell x_\ell)_U$.

Jede stetige Bilinearform $a(\cdot,\cdot)$ definiert eineindeutig einen Operator

(10.6.16a) $A: V \to V'$ mit $a(u,v) = (Au,v)_U$ für alle $u,v \in V$.

Übungsaufgabe 10.6.9 Man zeige für A_ℓ, f_ℓ aus (13a,b) die Darstellungen

(10.6.16b) $A_\ell = R_\ell A P_\ell$, $f_\ell = R_\ell f$.

Da $R_\ell P_\ell: X_\ell \to X_\ell$ eine positiv definite Abbildung ist, existieren

(10.6.17a) $\hat{P}_\ell := P_\ell(R_\ell P_\ell)^{-1}$, $\hat{R}_\ell = \hat{P}_\ell{}^* := (R_\ell P_\ell)^{-1} R_\ell$.

Nach Konstruktion gilt

(10.6.17b) $R_\ell \hat{P}_\ell = \hat{R}_\ell P_\ell = I: \quad X_\ell \to X_\ell$.

Lemma 10.6.10 Mit $\underline{C}_P$ aus (14) gilt (17c) und umgekehrt:

(10.6.17c) $\|\hat{P}_\ell\|_{U \leftarrow X_\ell} = \|\hat{R}_\ell\|_{X_\ell \leftarrow U} = \|(R_\ell P_\ell)^{-1}\|_2^{1/2} \leqslant \underline{C}_P$.

Beweis. Aus $\hat{R}_\ell = \hat{P}_\ell{}^*$ folgt die erste Gleichheit in (17c). Mit $\|\hat{P}_\ell x_\ell\|_U^2 = $
$= (\hat{P}_\ell x_\ell, \hat{P}_\ell x_\ell)_U = \langle \hat{R}_\ell \hat{P}_\ell x_\ell, x_\ell \rangle_\ell = \langle (R_\ell P_\ell)^{-1} x_\ell, x_\ell \rangle_\ell$ ist die zweite
Gleichheit bewiesen. Ferner ist $\|(R_\ell P_\ell)^{-1}\|_2 = 1/\lambda$ mit $\lambda = \lambda_{\min}(R_\ell P_\ell)$.
Für den zugehörigen Eigenvektor x_ℓ gilt

$$\lambda \|x_\ell\|_2^2 = \lambda \langle x_\ell, x_\ell \rangle_\ell = \langle R_\ell P_\ell x_\ell, x_\ell \rangle_\ell = (P_\ell x_\ell, P_\ell x_\ell)_U = \|P_\ell x_\ell\|_U^2 \geqslant \|x_\ell\|_2^2 / \underline{C}_P^2,$$

also beweist $\|(R_\ell P_\ell)^{-1}\|_2 \leqslant \underline{C}_P^2$ die letzte Ungleichung in (17c).   ∎

Übungsaufgabe 10.6.11 Die Matrix $R_\ell P_\ell$ nennt man die «Massematrix».
Man zeige: Die Bedingung (14) mit geeigneter Skalierung von $\langle \cdot, \cdot \rangle_\ell$
ist äquivalent dazu, daß die Kondition $\varkappa(R_\ell P_\ell)$ der Massematrix
unabhängig von der Stufenzahl (und damit von der Schrittweite h_ℓ) ist.
Hinweis. Sei $C_\ell := \rho(R_\ell P_\ell)$. Falls sup $C_\ell = \infty$ oder inf $C_\ell = 0$, ersetze man
$\langle \cdot, \cdot \rangle_\ell$ durch $\langle \cdot, \cdot \rangle_\ell / C_\ell$.

10.6.3.4 Kanonische Prolongation und Restriktion

Zu $x_{\ell-1} \in X_{\ell-1}$ gehört die Funktion $v_{\ell-1} := P_{\ell-1} x_{\ell-1} \in V_{\ell-1}$, die wegen
$V_{\ell-1} \subset V_\ell$ (vgl. (11a)) auch in V_ℓ liegt und somit eine Darstellung
$v_{\ell-1} = P_\ell x_\ell$ mit einem Koeffizientenvektor $x_\ell \in X_\ell$ hat. Wir setzen
$p x_{\ell-1} := x_\ell$. Die hierdurch definierte *kanonische Prolongation* schreibt
sich formal als $p := P_\ell^{-1} P_{\ell-1}: X_{\ell-1} \to X_\ell$ oder

(10.6.18a) $P_\ell p = P_{\ell-1}$.

Die *kanonische Restriktion* wird gemäß (1.22) als Adjungierte gewählt:

(10.6.18b) $r = p^*$, $r R_\ell = R_{\ell-1}$.

Übungsaufgabe 10.6.12 Man zeige: **(a)** $p = \hat{R}_\ell P_{\ell-1}$ und die Abschätzungen

(10.6.18c) $\| p \|_{X_\ell \leftarrow X_{\ell-1}} = \| r \|_{X_{\ell-1} \leftarrow X_\ell} \leqslant \underline{C}_P \bar{C}_P$ für alle $\ell \geqslant 1$.

(b) Die Galerkin-Diskretisierung führt auf die Produktdarstellung (1.26):

(10.6.18d) $A_{\ell-1} = r\, A_\ell\, p$ für alle $\ell \geqslant 1$.

10.6.3.5 Fehlerabschätzung der Galerkin-Lösung

Wenn A aus (16a) die (Differentiations-)Ordnung $2m$ besitzt, entspricht V einem (Unterraum vom) Sobolev-Raum $H^m(\Omega)$, dessen Norm nun mit $\|\cdot\|_V = \|\cdot\|_m$ bezeichnet sei. Durch Approximationsargumente findet man im allgemeinen Abschätzungen der Form

(10.6.19a) $\| u - u_\ell \|_m \leqslant C_m h_\ell^m \| u \|_{2m}$ (u, u_ℓ: Lösungen von (10), (11b)).

Dabei ist h_ℓ der mit V_ℓ assoziierte Diskretisierungsparameter (z.B. die Gitterweite). $\|\cdot\|_{2m}$ ist die Norm des Sobolev-Raumes $H^{2m}(\Omega) \cap V$.

Man bezeichnet das Problem (10) als «$2m$-regulär», falls

(10.6.19b) $\| u \|_{2m} \leqslant C_{\mathrm{reg}} \| f \|_U$ für $u = A^{-1}f$ und alle $f \in U$.

Zusammen ergeben (19a,b) die Ungleichung

(10.6.19c) $\| u - u_\ell \|_V = \| u - u_\ell \|_m \leqslant C h_\ell^m \| f \|_U$.

Übungsaufgabe 8 und (16b) zeigen $u_\ell = P_\ell A_\ell^{-1} R_\ell f$, so daß $u - u_\ell = E_\ell f$ mit

(10.6.19d) $E_\ell := A^{-1} - P_\ell A_\ell^{-1} R_\ell$.

Damit kann (19c) ausgedrückt werden als

(10.6.19e) $\| E_\ell \|_{V \leftarrow U} \leqslant C h_\ell^m$.

Falls die Bilinearform (Sesquilinearform) a nicht symmetrisch ist, fordern wir für das *adjungierte Problem*

$$\text{suche } v^* \in V \text{ mit } a(w, v^*) = (w, f)_U \text{ für alle } w \in V$$

die gleichen Eigenschaften (19a,b) wie für das Originalproblem (10). In Analogie zu (19e) erhält man

(10.6.19e*) $\| E_\ell^* \|_{V \leftarrow U} \leqslant C^* h_\ell^m$.

Da $\| E_\ell^* \|_{V \leftarrow U} = \| E_\ell \|_{U \leftarrow V'}$ (wegen $U = U'$), folgt

(10.6.19f) $\| E_\ell \|_{U \leftarrow V'} \leqslant C^* h_\ell^m$.

Als «*inverse Abschätzung*» wird die Ungleichung (20a) bezeichnet:

(10.6.20a) $\| v_\ell \|_V \leqslant C_{\mathrm{inv}} h_\ell^{-m} \| v_\ell \|_U$ für alle $v_\ell \in V_\ell$, $\ell \geqslant 0$.

Übungsaufgabe 10.6.13 Vorausgesetzt seien (17c),(20a) und die Stetigkeit

(10.6.20b) $|a(u,v)| \leqslant C_a \|u\|_V \|v\|_V$ für alle $u,v \in V$

von a. Man beweise (20c) mit $C_K := C_a (C_{\text{inv}} \bar{C}_P)^2$:

(10.6.20c) $\|A_\ell\|_2 \leqslant C_K h_\ell^{-2m}$.

Eine letzte Bedingung für die Approximationseigenschaft ist im wesentlichen identisch mit der Ungleichung (5.4):

(10.6.20d) $h_{\ell-1} \leqslant C_h h_\ell$ für alle $\ell \geqslant 1$.

10.6.3.6 Beweis der Approximationseigenschaft

Die Voraussetzungen des nächsten Satzes sind im wesentlichen die h_ℓ-Unabhängigkeit der Kondition der Massematrix $R_\ell P_\ell$, die Fehlerabschätzung (19a), die $2m$-Regularität (19b), die inverse Abschätzung (20a) und die standardmäßig mit $C_h = 2$ erfüllte Bedingung (20d).

Satz 10.6.14 A_ℓ seien die Matrizen (13b) der Galerkin-Diskretisierung. p und r seien kanonisch gewählt. Es gelte (17c), (19e,e*), (20c,d). Dann ist die Approximationseigenschaft (8) erfüllt.

Beweis. (i) Wegen $A_{\ell-1} = r A_\ell p$ ergibt sich $E_\ell A E_\ell = E_\ell$, so daß

(10.6.21a) $\|E_\ell\|_{U \leftarrow U} \leqslant \|E_\ell\|_{U \leftarrow V'} \cdot \|A\|_{V' \leftarrow V} \|E_\ell\|_{V \leftarrow U} \leqslant C_a C C^* h_\ell^{2m}$,

da $\|A\|_{V' \leftarrow V} \leqslant C_a$ aus (20b) und (19f) aus (19e*) folgen. Die Dreiecksungleichung liefert für $E_{\ell-1} - E_\ell = P_\ell A_\ell^{-1} R_\ell - P_{\ell-1} A_{\ell-1}^{-1} R_{\ell-1}$ die Abschätzung

(10.6.21b) $\|P_\ell A_\ell^{-1} R_\ell - P_{\ell-1} A_{\ell-1}^{-1} R_{\ell-1}\|_{U \leftarrow U} \leqslant C_a C C^* (h_\ell^{2m} + h_{\ell-1}^{2m})$.

(20d) liefert $h_{\ell-1}^{2m} \leqslant C_h^{2m} h_\ell^{2m}$. Aus $h_\ell^{2m} \leqslant C_K / \|A_\ell\|_2$ (vgl. (20c)) und $P_\ell = P_{\ell-1} p$, $R_\ell = r R_{\ell-1}$ (vgl. (18a,b)) folgt

(10.6.21c) $\|P_\ell (A_\ell^{-1} - p A_{\ell-1}^{-1} r) R_\ell\|_{U \leftarrow U} \leqslant C' / \|A_\ell\|_2$

mit $C' := C_a C C^* (1 + C_h^{2m}) C_K$. Multiplikation von $P_\ell (A_\ell^{-1} - p A_{\ell-1}^{-1} r) R_\ell$ mit $\hat{R}_\ell$ von links und $\hat{P}_\ell$ von rechts liefert wegen (17b,c):

$\|A_\ell^{-1} - p A_{\ell-1}^{-1} r\|_2 \leqslant \|\hat{R}_\ell\|_{X_\ell \leftarrow U} \|P_\ell (A_\ell^{-1} - p A_{\ell-1}^{-1} r) R_\ell\|_{U \leftarrow U} \|\hat{P}_\ell\|_{U \leftarrow X_\ell} \leqslant$
$\leqslant C' \underline{C}_P^2 / \|A_\ell\|_2$, also die Approximationseigenschaft mit $C_A := C' \underline{C}_P^2$. $\blacksquare$

10.6.4 Konvergenz der Zweigitteriteration

Wie in §10.2.5 angemerkt, gilt $\rho(M_\ell^{\text{ZGM}}(\nu_1,\nu_2)) = \rho(M_\ell^{\text{ZGM}}(\nu,0))$ für $\nu = \nu_1 + \nu_2$, so daß wir uns auf $\nu_1 > 0$, $\nu_2 = 0$ beschränken können. Diese Wahl ist für Aussagen über die Kontraktionszahl $\|M_\ell^{\text{ZGM}}(\nu,0)\|_2$ bezüglich der Spektralnorm optimal. Die folgenden Sätze 15 und 16 entsprechen den Fällen $\bar{\nu}(h) = \infty$ bzw. $\bar{\nu}(h) < \infty$.

> **Satz 10.6.15** Die Glättungs- und die Approximationseigenschaften
> (4a-c), (8) mögen mit $\bar{\nu}(h)=\infty$ gelten. Zu vorgegebenem $0<\zeta<1$
> existiert eine untere Schranke $\underline{\nu}$, so daß
>
> $$(10.6.22) \qquad \|M_\ell^{\mathbf{ZGM}}(\nu,0)\|_2 \leqslant C_A\,\eta(\nu) \leqslant \zeta \qquad \text{für alle } \nu\geqslant\underline{\nu},\ \ell\geqslant 1.$$

Dabei sind C_A und $\eta(\nu)$ die Größen aus (8) und (4a,b). Wegen $\zeta<1$
beschreibt (22) die Konvergenz der Zweigitteriteration. Wichtig ist, daß
die Kontraktionsschranke $C_A\,\eta(\nu)$ h_ℓ-<u>unabhängig</u> ist.

Beweis. Die Zweigitteriterationsmatrix ist gemäß Lemma 2.1

$$M_\ell^{\mathbf{ZGM}}(\nu,0) = (I-pA_{\ell-1}^{-1}\,r\,A_\ell)\,S_\ell^\nu = [A_\ell^{-1}-pA_{\ell-1}^{-1}\,r]\,[A_\ell S_\ell^\nu].$$

Abschätzung beider Faktoren durch (4a) und (8) liefert (22). ▨

> **Satz 10.6.16** Die Glättungs- und die Approximationseigenschaften
> (4a-c), (8) mögen gelten, wobei $\bar{\nu}(h)<\infty$ zugelassen ist. Zu
> vorgegebenem $0<\zeta<1$ existiert Schranken $\bar{h}>0$ und $\underline{\nu}$, so daß (22)
> für alle $\nu\in[\underline{\nu},\bar{\nu}(h))$ und alle ℓ mit $h_\ell\leqslant\bar{h}$ gilt, wobei das Intervall
> $[\underline{\nu},\bar{\nu}(h))$ nicht leer ist (d.h. $\underline{\nu}<\bar{\nu}(h)$).

Beweis. $\underline{\nu}$ sei wie in Satz 15 gewählt. Wegen $\bar{\nu}(h)\to\infty$ $(h\to 0)$ kann
$\bar{h}$ so gewählt werden, daß $\bar{\nu}(h_\ell)>\underline{\nu}$ für alle $h_\ell\leqslant\bar{h}$. ▨

10.6.5 Konvergenz der Mehrgitteriteration

In Satz 4.5 wurde eine Darstellung $M_\ell^{\mathbf{MGM}}(\nu,0) = M_\ell^{\mathbf{ZGM}}(\nu,0) - \ldots$ der
Mehrgitteriterationsmatrix gezeigt. Wir werden versuchen zu zeigen,
daß die Störung «...» hinreichend klein ist, so daß aus der Zweigitter-
auf die Mehrgitterkonvergenz geschlossen werden kann. Neben
Glättungs- und die Approximationseigenschaft werden weitere, leicht
erfüllbare Voraussetzungen gefordert. Die erste ist

$$(10.6.23) \qquad \|S_\ell^\nu\|_2 \leqslant C_S \qquad \text{für alle } \ell\geqslant 1,\ 0<\nu<\bar{\nu} := \min_{\ell\geqslant 1}\bar{\nu}(h_\ell)$$

mit $\bar{\nu}(h_\ell)$ aus (4c).

Übungsaufgabe 10.6.17 Sei $S_\ell := S_\ell' + S_\ell''$. (23) gelte für $S_\ell'^\nu$, und S_ℓ'' erfülle
(5c): $\lim\limits_{\ell\to\infty}\|S_\ell''\|_2 = 0$. Man folgere (23) für S_ℓ in Analogie zu Satz 7.

Übungsaufgabe 10.6.18 Man folgere die Ungleichungen

$$(10.6.24) \qquad \underline{C}_P^{-1}\|x_{\ell-1}\|_2 \leqslant \|px_{\ell-1}\|_2 \leqslant \bar{C}_P\|x_{\ell-1}\|_2 \qquad \text{für alle } x_{\ell-1}\in X_{\ell-1},\ \ell\geqslant 1$$

für die kanonische Wahl (18a,b) aus (14) mit $C_P = \bar{C}_P := \underline{C}_P\bar{C}_P$.

Aus $pA_{\ell-1}^{-1}\,r\,A_\ell S_\ell^\nu = S_\ell^\nu - [A_\ell^{-1}-pA_{\ell-1}^{-1}\,r]\,A_\ell S_\ell^\nu = S_\ell^\nu - M_\ell^{\mathbf{ZGM}}(\nu,0)$ folgt

Lemma 10.6.19 Es gelte (23) und (24). Dann ist

$$(10.6.25) \qquad \| A_{\ell-1}^{-1} \, r \, A_\ell \, S_\ell^\nu \|_2 \le \underline{C}_P \, (C_S + \| M_\ell^{ZGM}(\nu,0) \|_2) \, .$$

Wie in §10.6.4 sei $\nu = \nu_1 > 0$, $\nu_2 = 0$. Mit Hilfe von (24) und (25) kann die Mehrgitteriterationsmatrix aus (4.13a,b) wie folgt abgeschätzt werden:

$$(10.6.26a) \qquad \| M_\ell^{MGM}(\nu,0) \|_2 \le \| M_\ell^{ZGM}(\nu,0) \|_2 + C^* \| M_\ell^{ZGM}(\nu,0) \|_2^\gamma \quad \text{für } \ell \ge 1$$

$$(10.6.26b) \qquad C^* := \underline{C}_P \bar{C}_P (C_S + 1) \, .$$

Dabei wurde vorausgesetzt, daß ν gemäß Satz 15 oder 16 so gewählt ist, daß $\| M_\ell^{ZGM}(\nu,0) \|_2 \le 1$. Zusammen mit $M_0^{MGM} = O$ (vgl. (4.13a)) liefert (26a) für die Größen

$$(10.6.26c) \qquad \zeta_\ell := \| M_\ell^{MGM}(\nu,0) \|_2$$

die rekursiven Ungleichungen

$$(10.6.27a) \qquad \zeta_0 := 0, \quad \zeta_\ell \le \zeta + C^* (\zeta_{\ell-1})^\gamma \qquad \text{für } \ell \ge 1 \, .$$

Dabei ist ζ die nach Satz 15 oder 16 existierende ℓ-unabhängige Schranke für die Zweigitterkonvergenz:

$$(10.6.27b) \qquad \| M_\ell^{ZGM}(\nu,0) \|_2 \le \zeta \, .$$

Eine Analyse der Fixpunktgleichung $x = \zeta + C^* x^\gamma$ ergibt das

Lemma 10.6.20 Seien $\gamma \ge 2$, $C^* \gamma > 1$ und $\zeta \le \frac{\gamma-1}{\gamma} / (C^* \gamma)^{1/(\gamma-1)}$. Dann sind alle Lösungen der Ungleichungen (27a) beschränkt durch

$$(10.6.28a) \qquad \zeta_\ell \le \zeta^* \le \frac{\gamma}{\gamma-1} \zeta < 1 \qquad \text{für alle } \ell \ge 0 \, .$$

Übungsaufgabe 10.6.21 Für den interessantesten Fall $\gamma = 2$ zeige man

$$(10.6.28b) \qquad \zeta^* = 2\zeta / (1 + \sqrt{1 - 4 C^* \zeta}) \qquad \text{für } \zeta^* \text{ aus (28a)} \, .$$

Mit der Bedeutung (26c) der ζ_ℓ erhalten wir schließlich den

Satz 10.6.22 Vorausgesetzt seien die Glättungs- und die Approximationseigenschaften (4a–c) und (8), die Bedingungen (23), (24) sowie $\gamma \ge 2$. Zu jedem $0 < \zeta' < 1$ gibt es wie in den Sätzen 15/16 ein $\underline{\nu}$ und $\bar{h} > 0$, so daß

$$(10.6.29a) \qquad \| M_\ell^{MGM}(\nu,0) \|_2 \le \zeta' < 1 \qquad \text{für } \underline{\nu} \le \nu < \bar{\nu} := \min_{\ell \ge 1} \bar{\nu}(h_\ell),$$

falls $h_1 \le \bar{h}$. Es gilt $\underline{\nu} < \bar{\nu}$. Für $\bar{\nu}(h) = \infty$ darf $\bar{h} := \infty$ gesetzt werden (d.h. es gibt keine Einschränkung an die Gitterweite).

Beweis. $\zeta := \frac{\gamma-1}{\gamma} \zeta'$ sei eventuell verkleinert, so daß ζ die Voraussetzungen zu Lemma 20 erfüllt. $\underline{\nu}$ und $\bar{h}$ wähle man gemäß Satz 16 so, daß (27b): $\| M_\ell^{ZGM}(\nu,0) \|_2 \le \zeta$ für $\underline{\nu} \le \nu < \bar{\nu}$ gilt. Lemmata 19 und 20 ergeben $\zeta_\ell = \| M_\ell^{MGM}(\nu,0) \|_2 \le \frac{\gamma}{\gamma-1} \zeta \le \zeta'$.   ∎

10.6.6 Der schwächer reguläre Fall

Der Beweis der Approximationseigenschaft machte in (19b) Gebrauch von der $2m$-Regularität, die im Falle der Poisson-Gleichung $A^{-1} = (-\Delta)^{-1}$: $U = L^2(\Omega) = H^0(\Omega) \to H^2(\Omega) \cap H_0^1(\Omega)$ lautet. Diese Voraussetzung ist zwar für das Einheitsquadrat $\Omega = (0,1) \times (0,1)$ erfüllt, gilt aber z.B. nicht für Gebiete mit einspringenden Ecken. Im allgemeineren Fall erhält man lediglich Aussagen der Form

$$(10.6.30) \qquad A^{-1}: H^{-\sigma m}(\Omega) \to H^{(2-\sigma)m}(\Omega) \cap H_0^m(\Omega) \qquad \text{für ein } \sigma \in (0,1)$$

(vgl. Hackbusch [15,§9.1]). Eine analoge Aussage sei auch für A^* angenommen. Für $\sigma < 1$ kann die Approximationseigenschaft (8) nicht gefolgert werden, sondern muß mit anderen Normen formuliert werden.

Sei $|\cdot|_t$ für $-1 \leqslant t \leqslant 1$ ein diskretes Analogon der Sobolev-Norm des $H^{tm}(\Omega)$. Wir setzen $U_\ell := (X_\ell, |\cdot|_\sigma)$ und $F_\ell := (X_\ell, |\cdot|_{-\sigma})$. Dann läßt sich

$$(10.6.31) \qquad \|A_\ell^{-1} - p A_{\ell-1}^{-1} r\|_{U_\ell \leftarrow F_\ell} \leqslant (C_A / \|A_\ell\|_2)^{1-\sigma}$$

zeigen (vgl. Hackbusch [14,§6.3.1.3]). Zur Normnotation vergleiche man (2.6.11). Wenn $A_\ell > 0$, lassen sich die Normen durch

$$(10.6.32) \qquad \|x_\ell\|_{U_\ell} = |x_\ell|_\sigma := \|A_\ell^{\sigma/2} x_\ell\|_2, \quad \|f_\ell\|_{F_\ell} = |f_\ell|_{-\sigma} := \|A_\ell^{-\sigma/2} f_\ell\|_2,$$

definieren. Im allgemeinen Fall ersetze man A_ℓ in (32) durch den positiv definiten Anteil $A_\ell' := \frac{1}{2}(A_\ell + A_\ell^H) + c_0 I$ (vgl. (6a)).

Den Teil (4a) der Glättungseigenschaft (4a-c) hat man den neuen Normen anzupassen. (4a) wird zu

$$(10.6.33) \qquad \|A_\ell S_\ell^\nu\|_{F_\ell \leftarrow U_\ell} \leqslant \eta(\nu) \|A_\ell\|_2^{1-\sigma} \qquad \text{für } 0 \leqslant \nu \leqslant \bar{\nu}(h_\ell).$$

Übungsaufgabe 10.6.23 Sei $\mathscr{S}_\ell$ die Richardson-Iteration (1a,b), und gelte $A_\ell > 0$. Mit den Normen aus (32) zeige man für alle $\nu \geqslant 0$:

$$(10.6.34) \qquad \|A_\ell S_\ell^\nu\|_{F_\ell \leftarrow U_\ell} = \|A_\ell^{1-\sigma}(I - \Theta A_\ell)^\nu\|_2 \leqslant \left(\eta_0(\tfrac{\nu}{1-\sigma}) \|A_\ell\|_2\right)^{1-\sigma}.$$

Die Zweigitterkontraktionszahl bezüglich $\|\cdot\|_{U_\ell}$ erhält man aus dem Produkt von (31) und (33):

$$(10.6.35) \qquad \|M_\ell^{ZGM}(\nu,0)\|_{U_\ell \leftarrow U_\ell} \leqslant \eta(\nu) C_A^{1-\sigma}.$$

Ähnlich wie in §10.6.5 erhält man ein entsprechendes Konvergenzresultat für das Mehrgitterverfahren.

Die spezielle Schranke in (34) liefert die rechte Seite $\left(\eta_0(\tfrac{\nu}{1-\sigma}) C_A\right)^{1-\sigma}$ in (35). In dem Standardfall der Abschnitte 10.6.2-5 galt $\sigma = 0$ und die Schranke in (35) verhielt sich wie $O(1/\nu)$. Für $0 < \sigma < 1$ verhält sich die Kontraktionszahl nur noch wie $O(1/\nu^{1-\sigma})$. Der Wert $\sigma = 1$ reicht nicht aus, da die rechte Seite in (34) nicht mehr (4b) erfüllt.

10.7 Symmetrische Mehrgitterverfahren

Die Analyse der Mehrgitteriteration in §10.6 ist für den allgemeinen (nichtsymmetrischen) Fall durchgeführt worden, um zu unterstreichen, daß die Mehrgitteriteration nicht auf symmetrische oder sogar nur auf positiv definite Probleme beschränkt ist. Der symmetrische Fall gestattet jedoch einige weitergehende Aussagen, die in diesem Kapitel zusammengestellt sind.

10.7.1 Der symmetrische Mehrgitteralgorithmus

Die benötigten Symmetriebedingungen sind

$$(10.7.1a) \qquad r = p^* \quad \text{und} \quad A_\ell > 0 \qquad\qquad \text{für alle } \ell \geqslant 0,$$

(vgl. (1.22)). Ferner wird die Variante (2.3b) mit der Vorglättung $\mathscr{S}_\ell$ und der Nachglättung $\hat{\mathscr{S}}_\ell$ verwendet, wobei die Nachglättung

$$(10.7.1b) \qquad \hat{\mathscr{S}}_\ell = \mathscr{S}_\ell^* \qquad\qquad \text{für alle } \ell \geqslant 0$$

die zu $\mathscr{S}_\ell$ adjungierte Iteration ist (vgl. §4.8.4). Die Zahl der Vor- und Nachglättungen sei

$$(10.7.1c) \qquad \nu_1 = \nu_2 = \nu / 2 > 0 \,.$$

Für einige Aussagen wird die Galerkinprodukteigenschaft gefordert:

$$(10.7.1d) \qquad A_{\ell-1} = r\,A_\ell\,p \,.$$

Lemma 10.7.1 Es gelte (1a-c). **(a)** Die Zwei- und Mehrgitter-iterationen $\Phi_\ell^{\mathrm{ZGM}}(\frac{\nu}{2},\frac{\nu}{2})$ und $\Phi_\ell^{\mathrm{MGM}}(\frac{\nu}{2},\frac{\nu}{2})$ sind symmetrisch: Ihre transformierte Iterationsmatrizen $A_\ell^{1/2} M_\ell A_\ell^{-1/2}$ sind Hermitesch (dabei $M_\ell = M_\ell^{\mathrm{ZGM}}(\frac{\nu}{2},\frac{\nu}{2})$ und $M_\ell^{\mathrm{MGM}}(\frac{\nu}{2},\frac{\nu}{2})$).
(b) Wenn die Iteration konvergiert, konvergiert sie *monoton in der Energienorm* $\|\cdot\|_{A_\ell}$, und die Matrizen $W_\ell = W_\ell^{\mathrm{ZGM}}(\frac{\nu}{2},\frac{\nu}{2})$ bzw. $W_\ell^{\mathrm{MGM}}(\frac{\nu}{2},\frac{\nu}{2})$ der dritten Normalform sind positiv definit und erfüllen

$$(10.7.2a) \qquad (1-\rho_\ell)W_\ell \leqslant A_\ell \leqslant (1+\rho_\ell)W_\ell \quad \text{mit } \rho_\ell = \rho(M_\ell) = \|A_\ell^{1/2} M_\ell A_\ell^{-1/2}\|_2.$$

Ist $\rho_\ell \leqslant \rho < 1$ gemäß Satz 3 oder 15 h_ℓ-unabhängig, so auch die Kondition

$$(10.7.2b) \qquad \varkappa(W_\ell^{-1}A_\ell) \leqslant \frac{1+\rho_\ell}{1-\rho_\ell} \leqslant \frac{1+\rho}{1-\rho} \,.$$

(c) Falls (1d) gilt, lassen sich (2a,b) zu (2c) verstärken:

$$(10.7.2c) \qquad (1-\rho_\ell)W_\ell \leqslant A_\ell \leqslant W_\ell, \qquad \varkappa(W_\ell^{-1}A_\ell) \leqslant 1/(1-\rho_\ell) \leqslant 1/(1-\rho)\,.$$

Beweis. Die Darstellungen (2.4) und (4.13a,b) zeigen $A_\ell M_\ell A_\ell^{-1} = M_\ell^H$, da $A_\ell \hat{\mathscr{S}}_\ell A_\ell^{-1} = S_\ell^H$ gemäß (4.8.10). Dies beweist den Teil (a). Teil (b) erhält man aus Bemerkung 4.8.3c. Teil (c) beruht auf der Eigenschaft $A_\ell^{1/2} M_\ell A_\ell^{-1/2} \geqslant 0$, die in (13b) gezeigt wird. $\square$

10.7.2 Zweigitterkonvergenzaussagen für $\nu_1 > 0$, $\nu_2 > 0$

In §10.6 wurde der Fall $\nu_1 = \nu > 0$, $\nu_2 = 0$ behandelt. Man kann die dortige Technik aber auch auf den allgemeinen Fall $\nu_1 \geqslant 0$, $\nu_2 \geqslant 0$, $\nu := \nu_1 + \nu_2 > 0$ und speziell auf $\nu_1 = \nu_2 = \nu/2$ anwenden.

Übungsaufgabe 10.7.2 Es gelte (1a,b). Man zeige

$$(10.7.3a) \qquad \Phi_\ell^{ZGM}(0,\nu_2) = \left(\Phi_\ell^{ZGM}(\nu_2,0)\right)^*, \quad \Phi_\ell^{MGM}(0,\nu_2) = \left(\Phi_\ell^{MGM}(\nu_2,0)\right)^*,$$

$$(10.7.3b) \qquad \Phi_\ell^{ZGM}(\nu_1,\nu_2) = \Phi_\ell^{ZGM}(0,\nu_2) \circ \Phi_\ell^{ZGM}(\nu_1,0) \quad \text{im Falle (1d).}$$

Für die Zweigitteriterationsmatrizen $M_\ell := M_\ell^{ZGM}$ folgen unter der Annahme (1d) aus (3a,b) die Aussagen (3c,d):

$$(10.7.3c) \qquad M_\ell(\nu_1,\nu_2) = M_\ell(0,\nu_2)\,M_\ell(\nu_1,0) = A_\ell^{-1}\,M_\ell(\nu_2,0)\,A_\ell\,M_\ell(\nu_1,0),$$

$$(10.7.3d) \qquad A_\ell^{1/2}M_\ell(\nu_1,\nu_2)A_\ell^{-1/2} = \left(A_\ell^{1/2}M_\ell(\nu_2,0)A_\ell^{-1/2}\right)^H\left(A_\ell^{1/2}M_\ell(\nu_1,0)A_\ell^{-1/2}\right).$$

Zur Abschätzung von $A_\ell^{1/2}M_\ell(\nu,0)A_\ell^{-1/2}$ verwendet man die Approximationseigenschaft (4a) und die Glättungseigenschaft (4b):

$$(10.7.4a) \qquad \|A_\ell^{1/2}(A_\ell^{-1} - p\,A_{\ell-1}^{-1}\,r)\|_2 \leqslant \sqrt{C_A / \|A_\ell\|_2}\,,$$

$$(10.7.4b) \qquad \|A_\ell\,S_\ell^\nu\,A_\ell^{-1/2}\|_2 \leqslant \sqrt{\eta(2\nu)\,\|A_\ell\|_2}\,,$$

die (6.31) und (6.33) für die Energienorm $\|\cdot\|_{U_\ell} = \|\cdot\|_{A_\ell}$ und die Euklidische Norm $\|\cdot\|_{F_\ell} = \|\cdot\|_2$ entsprechen. Unter der Voraussetzung (1d) ist (4a) mit der Approximationseigenschaft (6.8) äquivalent. (4b) gilt im Falle der Richardson-Iteration (6.1a,b) wegen

$$\|A_\ell\,S_\ell^\nu\,A_\ell^{-1/2}\|_2^2 = \|A_\ell^{1/2}\,S_\ell^\nu\|_2^2 = \|A_\ell\,S_\ell^{2\nu}\|_2 \leqslant \eta_0(2\nu)\,\|A_\ell\|_2$$

mit $\eta(2\nu) = \eta_0(2\nu)$ (η_0 aus (6.2b)). (4a,b) ergeben zusammen die Aussage

$$(10.7.4c) \qquad \|M_\ell^{ZGM}(\nu,0)\|_{A_\ell} = \|A_\ell^{1/2}M_\ell^{ZGM}(\nu,0)A_\ell^{-1/2}\|_2 \leqslant \sqrt{\eta(2\nu)\,C_A}\,.$$

Mit (3d) beweist man schließlich den Konvergenzsatz

Satz 10.7.3 Es gelte (1a,b,d). Aus den Glättungs- und die Approximationseigenschaften (4a,b) folgt

$$(10.7.5) \quad \|M_\ell^{ZGM}(\nu_1,\nu_2)\|_{A_\ell} \leqslant C_A\sqrt{\eta(2\nu_1)\,\eta(2\nu_2)}, \quad \|M_\ell^{ZGM}(\tfrac{\nu}{2},\tfrac{\nu}{2})\|_{A_\ell} \leqslant C_A\,\eta(\nu).$$

Wie in den Sätzen 6.16–17 erhält man Zweigitterkonvergenz.

Von der Zweigitterkonvergenz schließt man wie in §10.6.5 auf die Mehrgitterkonvergenz. Allerdings sei ausdrücklich betont, daß die Beweistechnik aus §10.6.5 $\gamma \geqslant 2$ verlangt und somit den V-Zyklus ($\gamma = 1$) ausschließt.

10.7.3 Glättungseigenschaft im symmetrischen Fall

Die Bedingung (1b): $\hat{\mathcal{S}}_\ell = \mathcal{S}_\ell^*$ ist insbesondere dann erfüllt, wenn $\hat{\mathcal{S}}_\ell = \mathcal{S}_\ell$ eine *symmetrische* Glättungsiteration ist. Für symmetrische Iterationen ist der Nachweis der Glättungseigenschaft besonders einfach.

Lemma 10.7.4 Für die Iterationsmatrix $S_\ell = I - W_\ell^{-1}A_\ell$ von $\mathcal{S}_\ell$ gelte $\gamma W_\ell \leqslant A_\ell \leqslant \Gamma W_\ell$ für alle $\ell \geqslant 0$ mit $0 \leqslant \gamma \leqslant \Gamma < 2$. Dann gilt

(10.7.6a) $\| A_\ell S_\ell^\nu \|_2 \leqslant \| W_\ell \|_2 \max\{\eta_0(\nu),\, \Gamma|1-\Gamma|^\nu\}$.

(6a) impliziert die Glättungseigenschaft (6.4a-c) mit $\bar{\nu}(h) = \infty$, falls

(10.7.6b) $\| W_\ell \|_2 \leqslant C_W \| A_\ell \|_2$ für alle $\ell \geqslant 0$.

Beweis. Man setze $Y := W_\ell^{-1/2} R_\ell W_\ell^{-1/2}$ mit R_ℓ aus $A_\ell = W_\ell - R_\ell$. Es gilt

$$\| A_\ell S_\ell^\nu \|_2 = \| W_\ell^{1/2}(I-Y)Y^\nu W_\ell^{1/2} \|_2 \leqslant \| W_\ell^{1/2} \|_2^2 \, \| (I-Y)Y^\nu \|_2.$$

Der erste Faktor ist $\| W_\ell \|_2$, der zweite kann wegen $(1-\Gamma)I \leqslant Y \leqslant (1-\gamma)I$ ähnlich wie in Lemma 6.1 durch $\max\{\eta_0(\nu),\, \Gamma|1-\Gamma|^\nu\}$ abgeschätzt werden.   ☒

Die folgende Variante der Abschätzung stammt von Wittum [5]. Die Aussage ist hilfreich, falls man gute Schranken für $\| R_\ell \|_2$ kennt.

Lemma 10.7.5 Zusätzlich zu den Voraussetzungen von Lemma 4 sei $\nu \geqslant 2$ angenommen. Dann gilt mit $R_\ell := W_\ell - A_\ell$

(10.7.6c) $\| A_\ell S_\ell^\nu \|_2 \leqslant \| S_\ell \|_2 \, \| R_\ell \|_2 \, \max\{\eta_0(\nu-2),\, \Lambda|1-\Lambda|^{\nu-2}\}$.

Beweis. Man schätze $\| A_\ell S_\ell^\nu \|_2$ durch $\| W_\ell^{1/2} Y \|_2^2 \, \| (I-Y)Y^{\nu-2} \|_2$ ab und verwende $\| W_\ell^{1/2} Y \|_2^2 = \| W_\ell^{-1/2} R_\ell^2 W_\ell^{-1/2} \|_2 = \rho(W_\ell^{-1/2} R_\ell^2 W_\ell^{-1/2}) = \rho(W_\ell^{-1} R_\ell^2)$
$\leqslant \| W_\ell^{-1} R_\ell \|_2 \| R_\ell \|_2 = \| S_\ell \|_2 \| R_\ell \|_2$.   ☒

Übungsaufgabe 10.7.6 Unter gleichen Voraussetzungen wie in Lemma 4 zeige man für die modifizierte Bedingung (4b):

(10.7.6d) $\| A_\ell S_\ell^\nu A_\ell^{-1/2} \|_2 \leqslant \sqrt{\| W_\ell \|_2 \max\{\eta_0(2\nu),\, \Gamma(1-\Gamma)^{2\nu}\}}$.

Die Bedingung $\Gamma < 2$ in $\gamma W_\ell \leqslant A_\ell \leqslant \Gamma W_\ell$ deckt sich mit der Konvergenzbedingung (4.8.3a). Dagegen reicht hier $\gamma = 0$, während die Konvergenzrate $\rho(S_\ell)$ um so schlechter wird, je kleiner γ ausfällt. Da die Dämpfung der Ersetzung von W_ℓ durch $\vartheta^{-1} W_\ell$ entspricht, erhält man die

Bemerkung 10.7.7 Jede symmetrische Iteration erfüllt nach einer eventuellen Dämpfung die Voraussetzung $\gamma W_\ell \leqslant A_\ell \leqslant \Gamma W_\ell$ mit $0 \leqslant \gamma \leqslant \Gamma < 2$.

10.7.4 Verschärfte Zweigitterkonvergenzaussagen

Zur Vereinfachung der folgenden Überlegungen wird für die Glättung $\mathscr{S}_\ell$ die Ungleichung $\gamma\,W_\ell \leqslant A_\ell \leqslant \Gamma\,W_\ell$ mit $0 \leqslant \gamma \leqslant \Gamma \leqslant 1$ angenommen. Wie in Bemerkung 7 kann diese Annahme stets durch geeignete Dämpfung erreicht werden. Die nachfolgenden Aussagen gelten aber in etwas modifizierter Form auch für $0 \leqslant \gamma \leqslant \Gamma < 2$. Unsere Voraussetzung ist somit

$$(10.7.7)\qquad \widehat{\mathscr{S}}_\ell = \mathscr{S}_\ell, \qquad \widehat{S}_\ell = S_\ell = I - W_\ell^{-1} A_\ell, \qquad 0 < A_\ell \leqslant W_\ell.$$

Die Approximationseigenschaft fordern wir in der Form (6.31) mit $\|\cdot\|_{U_\ell} := \|\cdot\|_{W_\ell}$, $\|\cdot\|_{F_\ell} := \|\cdot\|_{W_\ell^{-1}}$ (vgl. untere Bemerkung 13):

$$(10.7.8a)\qquad \| W_\ell^{1/2} (A_\ell^{-1} - p\, A_{\ell-1}^{-1}\, r)\, W_\ell^{1/2} \|_2 \leqslant C_A \qquad\qquad \text{für alle } \ell \geqslant 1.$$

> **Lemma 10.7.8** Es gelte (1a,d). Die Approximationseigenschaft (8a) ist äquivalent zur Ungleichung
>
> $$(10.7.8b)\qquad 0 \leqslant A_\ell^{-1} - p\, A_{\ell-1}^{-1}\, r \leqslant C_A W_\ell^{-1} \qquad\qquad \text{für alle } \ell \geqslant 1.$$

Beweis. (2.10.3f) liefert $-C_A I \leqslant W_\ell^{1/2} (A_\ell^{-1} - p\, A_{\ell-1}^{-1}\, r)\, W_\ell^{1/2} \leqslant C_A I$. Multiplikation mit $W_\ell^{-1/2}$ von beiden Seiten ergibt die Schranken $\pm C_A W_\ell^{-1}$ für $A_\ell^{-1} - p\, A_{\ell-1}^{-1}\, r$. Daß die untere Schranke $-C_A I$ durch 0 ersetzt werden kann, zeigt eine Folgerung aus dem nachfolgenden Lemma 9.   ▨

Auf den Nachweis der modifizierten Approximationseigenschaft (8a) werden wir in Bemerkung 13 zurückkommen. Zunächst transformieren wir alle Größen in eine für die Symmetrie besser geeignete Form:

$$(10.7.9a)\qquad \check{p} := A_\ell^{1/2}\, p\, A_{\ell-1}^{-1/2}, \qquad \check{r} := \check{p}^* = A_{\ell-1}^{-1/2}\, r\, A_\ell^{1/2}, \qquad Q_\ell := I - \check{p}\,\check{r},$$

$$(10.7.9b)\qquad X_\ell := A_\ell^{1/2}\, W_\ell^{-1}\, A_\ell^{1/2}, \qquad \check{S}_\ell := A_\ell^{1/2}\, S_\ell\, A_\ell^{-1/2} = I - X_\ell.$$

Da sich (1d) als $\check{r}\,\check{p} = I$ umschreiben läßt, folgt das

Lemma 10.7.9 Unter der Voraussetzung (1a,d) ist $Q_\ell = I - \check{p}\,\check{r}$ eine *orthogonale Projektion*: $Q_\ell^2 = Q_\ell = Q_\ell^H$. Wie für jede orthogonale Projektion gilt

$$(10.7.10a)\qquad 0 \leqslant Q_\ell \leqslant I \qquad\qquad \text{für alle } \ell \geqslant 1.$$

Aus $Q_\ell \geqslant 0$ folgt auch $0 \leqslant A_\ell^{-1/2} Q_\ell A_\ell^{-1/2} = A_\ell^{-1} - p\, A_{\ell-1}^{-1}\, r$, so daß der Nachweis der ersten Ungleichheit in (8b) abgeschlossen ist. Multiplikation von (8b) mit $A_\ell^{1/2}$ von beiden Seiten liefert das

Lemma 10.7.10 Es gelte (1a,d). Die Aussagen (8a) bzw. (8b) sind äquivalent zu

$$(10.7.10b)\qquad 0 \leqslant Q_\ell \leqslant C_A X_\ell \qquad\qquad \text{für alle } \ell \geqslant 1.$$

Die *transformierte Zweigitteriterationsmatrix* ist gemäß (2.4):

$$(10.7.11)\qquad \check{M}_\ell(\nu_1,\nu_2) := A_\ell^{1/2}\, M_\ell^{\mathbf{ZGM}}(\nu_1,\nu_2)\, A_\ell^{-1/2} = \check{S}_\ell^{\nu_2}\, Q_\ell\, \check{S}_\ell^{\nu_1}.$$

Anders als in den Sätzen 6.15-16 kann nun die Konvergenz für *alle* $\nu>0$ bewiesen werden.

Satz 10.7.11 Es gelte (1a-d), (7) und die Approximationseigenschaft (8a). Dann konvergiert die Zweigitteriteration monoton in der Energienorm $\|\cdot\|_{A_\ell}$:

$$(10.7.12) \quad \rho(M_\ell^{ZGM}(\tfrac{\nu}{2},\tfrac{\nu}{2})) = \|M_\ell^{ZGM}(\tfrac{\nu}{2},\tfrac{\nu}{2})\|_{A_\ell} =$$

$$= \|\check{M}_\ell(\tfrac{\nu}{2},\tfrac{\nu}{2})\|_2 \leqslant \begin{cases} C_A\eta_0(\nu) & \text{falls } C_A \leqslant 1+\nu \\ (1-1/C_A)^\nu & \text{falls } C_A > 1+\nu \end{cases} < 1.$$

Beweis. Zu zeigen bleibt die Ungleichheit «$\leqslant$» in (12). Die aus (10a,b) folgende Ungleichung (13a) wird in (11) eingesetzt und liefert (13b):

$$(10.7.13a) \quad 0 \leqslant Q_\ell \leqslant \alpha C_A X_\ell + (1-\alpha)I \qquad \text{für alle } 0 \leqslant \alpha \leqslant 1,$$

$$(10.7.13b) \quad 0 \leqslant \check{M}_\ell \leqslant \check{S}_\ell^{\nu/2}[\alpha C_A X_\ell + (1-\alpha)I]\check{S}_\ell^{\nu/2} \qquad \text{für alle } 0 \leqslant \alpha \leqslant 1.$$

Da $\check{S}_\ell = I - X_\ell$, ist die rechte Seite von (13b) das Polynom $f(X_\ell;\alpha)$, wobei

$$(10.7.13c) \quad f(\xi;\alpha) := (1-\xi)^\nu(1-\alpha+\alpha C_A\xi).$$

Aus $0 \leqslant X_\ell \leqslant I$ (vgl. (7)) folgt für *alle* $0 \leqslant \alpha \leqslant 1$ die Abschätzung

$$(10.7.13d) \quad \|\check{M}_\ell\|_2 \leqslant \|f(X_\ell;\alpha)\|_2 \leqslant m(\alpha) := \max\{f(\xi;\alpha): 0 \leqslant \xi \leqslant 1\}.$$

Speziell für $\alpha=1$ erhält man die Schranke $C_A\eta_0(\nu)$. Für $1+\nu<C_A$ liegt $\alpha^* := \nu/(C_A-1)$ in $[0,1]$ und liefert die bessere Schranke $m(\alpha^*)=(1-1/C_A)^\nu$. ∎

Übungsaufgabe 10.7.12 Man beweise Lemmata 8, 10 und Satz 11 unter der Voraussetzung $rA_\ell p \leqslant A_{\ell-1}$ anstelle von (1d).

Es bleibt die Approximationseigenschaft (8a) zu diskutieren.

Bemerkung 10.7.13 Die Approximationseigenschaft sei in der ursprünglichen Form (6.8) vorausgesetzt: $\|A_\ell^{-1} - pA_{\ell-1}^{-1}r\|_2 \leqslant C_A'/\|A_\ell\|_2$. Ferner gelte (6b): $\|W_\ell\|_2 \leqslant C_W\|A_\ell\|_2$. Dann ist (8a) mit $C_A := C_A'C_W$ erfüllt.

Übungsaufgabe 10.7.14 Man beweise: Unter den Voraussetzungen (1a,b,d), (7) und $\nu=\nu_1+\nu_2>0$ konvergiert die Zweigitteriteration $\Phi_\ell^{ZGM}(\nu_1,\nu_2)$ monoton in der Energienorm $\|\cdot\|_{A_\ell}$. Wie lautet die h_ℓ-unabhängige Kontraktionszahl? *Hinweis:* Man verwende (3d) zunächst, um $\|\check{M}_\ell(\tfrac{\nu}{2},0)\|_2$ abzuschätzen, und wende (3d) dann auf $\|\check{M}_\ell(\nu_1,\nu_2)\|_2$ an.

Auch zum Beweis von Satz 11 wurde indirekt die Glättungseigenschaft ausgenutzt, die hier allerdings mit dem Polynom (13c) für beliebige $0 \leqslant \alpha \leqslant 1$ formuliert ist.

10.7.5 V-Zykluskonvergenz

Die Argumentation von §10.7.4 übertragen wir nun auf das Mehrgitterverfahren. Da der Satz 6.22 den V-Zyklus ($\gamma=1$) ausschließt, konzentrieren wir uns auf diesen Fall.

Satz 10.7.15 Unter den gleichen Voraussetzungen (1a–d), (7), (8a) wie in Satz 11 konvergiert der V-Zyklus ($\gamma=1$) monoton in der Energienorm $\|\cdot\|_{A_\ell}$ mit der Rate

$$(10.7.14) \qquad \rho(M_\ell^{\mathbf{V}}(\tfrac{\nu}{2},\tfrac{\nu}{2})) = \|M_\ell^{\mathbf{V}}(\tfrac{\nu}{2},\tfrac{\nu}{2})\|_{A_\ell} \leqslant \frac{C_A}{C_A+\nu} < 1 \,.$$

Beweis. Für $\gamma=1$ sei $M_\ell^{\mathbf{MGM}}$ mit $M_\ell^{\mathbf{V}}$ bezeichnet. Die Rekursionsgleichung (4.13a,b) wird für $\gamma=1$ zu

$$M_0^{\mathbf{V}}(\nu_1,\nu_2)=0, \qquad M_\ell^{\mathbf{V}}(\nu_1,\nu_2)=M_\ell^{\mathbf{MGM}}(\nu_1,\nu_2)+S_\ell^{\nu_2}\,p\,M_{\ell-1}^{\mathbf{V}}(\nu_1,\nu_2)\,A_{\ell-1}^{-1}\,r\,A_\ell\,S_\ell^{\nu_1}\,.$$

Transformation auf die symmetrische Gestalt ergibt

$$\check{M}_\ell^{\mathbf{V}} := A_\ell^{1/2}\,M_\ell^{\mathbf{V}}(\nu_1,\nu_2)\,A_\ell^{-1/2} = \check{M}_\ell^{\mathbf{ZGM}}(\nu_1,\nu_2)+\check{S}_\ell^{\nu_2}\,\check{p}\,\check{M}_{\ell-1}^{\mathbf{V}}\check{r}\,\check{S}_\ell^{\nu_1} \underset{(11)}{=}$$

$$(10.7.15) \qquad = \check{S}_\ell^{\nu_2}\{I-\check{p}\,[\,I-\check{M}_{\ell-1}^{\mathbf{V}}\,]\,\check{r}\,\}\,\check{S}_\ell^{\nu_1}\,, \qquad\qquad \check{M}_0^{\mathbf{V}}=0\,.$$

Im folgenden sei $\check{M}_\ell^{\mathbf{V}}=\check{M}_\ell^{\mathbf{V}}(\tfrac{\nu}{2},\tfrac{\nu}{2})$ gewählt, d.h. $\nu_1=\nu_2=\tfrac{\nu}{2}$. Die Eigenschaft

$$(10.7.16a) \qquad \check{M}_\ell^{\mathbf{V}} \geqslant 0$$

folgt mit (15) induktiv aus $\check{M}_0^{\mathbf{V}}=0$ und $I-\check{p}\,[\,I-\check{M}_{\ell-1}^{\mathbf{V}}\,]\,\check{r} \geqslant I-\check{p}\,\check{r}=Q_\ell \geqslant 0$. Die Aussagen (16b) und (16c) sind daher äquivalent:

$$(10.7.16b) \qquad \|M_\ell^{\mathbf{V}}(\tfrac{\nu}{2},\tfrac{\nu}{2})\|_{A_\ell} = \|\check{M}_\ell^{\mathbf{V}}(\tfrac{\nu}{2},\tfrac{\nu}{2})\|_2 \leqslant \zeta_\ell\,,$$

$$(10.7.16c) \qquad 0 \leqslant \check{M}_\ell^{\mathbf{V}} \leqslant \zeta_\ell I\,.$$

Die Induktionsannahme sei $0\leqslant\check{M}_{\ell-1}^{\mathbf{V}}\leqslant\zeta_{\ell-1}I$ mit $\zeta_{\ell-1}:=\dfrac{C_A}{C_A+\nu}$. Einsetzen in (15) liefert

$$0 \leqslant \check{M}_\ell^{\mathbf{V}} \leqslant \check{S}_\ell^{\nu/2}\{I-(1-\zeta_{\ell-1})\,\check{p}\,\check{r}\,\}\check{S}_\ell^{\nu/2}=\check{S}_\ell^{\nu/2}\{(1-\zeta_{\ell-1})\,Q_\ell+\zeta_{\ell-1}I\}\check{S}_\ell^{\nu/2} \underset{(13a)}{\leqslant}$$

$$\leqslant \check{S}_\ell^{\nu/2}\{(1-\zeta_{\ell-1})\,[\,\alpha\,C_A X_\ell+(1-\alpha)I\,]+\zeta_{\ell-1}I\}\check{S}_\ell^{\nu/2} \qquad \text{für alle } 0\leqslant\alpha\leqslant 1\,.$$

$\beta:=(1-\zeta_{\ell-1})(1-\alpha)+\zeta_{\ell-1}$ variiert für $\alpha\in[0,1]$ in $[\zeta_{\ell-1},1]$. Substitution von α durch β liefert

$$0 \leqslant \check{M}_\ell^{\mathbf{V}} \leqslant \check{S}_\ell^{\nu/2}\{(1-\beta)\,C_A X_\ell+\beta I\}\check{S}_\ell^{\nu/2} \qquad \text{für alle } \zeta_{\ell-1}\leqslant\beta\leqslant 1\,.$$

Die rechte Seite ist das Polynom $f(\xi;\beta):=(1-\xi)^\nu[\beta+(1-\beta)C_A\xi]$ für $\xi=X_\ell$ und kann durch $\|f(X_\ell;\beta)\|_2\leqslant m(\beta):=\max\{|f(\xi;\beta)|:\ 0\leqslant\xi\leqslant 1\}$ abgeschätzt werden (vgl. (13c,d)). Für $\beta=\zeta_{\ell-1}=C_A/(C_A-1)$ findet man $m(\beta)=f(0;\beta)=\beta=C_A/(C_A-1)$, so daß (16c) ebenfalls mit $\zeta_\ell=C_A/(C_A-1)$ gilt. □

Übungsaufgabe 10.7.16 (a) Unter gleichen Voraussetzungen zeige man

$$(10.7.17) \qquad \check{M}_\ell^{\mathbf{V}}(0,\nu_2)\,\check{M}_\ell^{\mathbf{V}}(\nu_1,0) \;=\; \check{M}_\ell^{\mathbf{V}}(\nu_1,\nu_2)$$

und diskutiere die Konvergenz für $\nu=\nu_1+\nu_2>0$.

(b) Man beweise die Aussage von Satz 15 unter der Bedingung $rA_\ell p \leqslant A_{\ell-1}$ anstelle von (1d).

Die Voraussetzung $A_\ell \leqslant W_\ell$ in (7) läßt sich zu $A_\ell \leqslant \sqrt{2}\,W_\ell$ verallgemeinern (vgl. Wittum [4, Proposition 4.2.4]).

Selbstverständlich läßt sich monotone, h_ℓ-unabhängige Konvergenz auch für den W-Zyklus (allgemein $\gamma \geqslant 2$) zeigen. Man findet hierfür z.B. unter der Annahme $C_A \geqslant 1$ die Abschätzung

$$(10.7.18) \qquad \|M_\ell^{\mathbf{W}}(\tfrac{\nu}{2},\tfrac{\nu}{2})\|_{A_\ell} \;\leqslant\; \sqrt{C_A}\,/\,(\sqrt{C_A}+\nu)\,.$$

Bei schwächerer Regularität (vgl. §10.6.6) ist für $\gamma=2$ noch $\|M_\ell^{\mathbf{W}}(\tfrac{\nu}{2},\tfrac{\nu}{2})\|_{A_\ell} = O(\nu^{\sigma-1})<1$ für alle $\nu>0$ zu zeigen, nicht jedoch für den V-Zyklus. Im letzteren Fall erweist sich die Konvergenzrate ζ_ℓ als ℓ-abhängig. Bramble – Pasciak [1] beweisen $\zeta_\ell = 1 - O(\ell^{-(1-\sigma)/\sigma})<1$, wobei $\sigma \in (0,1)$ die Regularitätsordnung aus (6.30) ist. Sie zeigen weiterhin ℓ-unabhängige Konvergenz, wenn die Glättungszahl $\nu/2$ nicht auf allen Stufen gleich, sondern als $\nu_\ell = \nu_{\ell_{max}}O(2^{\ell-\ell_{max}})$ gewählt wird.

10.7.6 Mehrgitterkonvergenz für alle $\nu>0$

Die Analyse des §10.6 ergab Mehrgitterkonvergenz für hinreichend große $\nu \geqslant \underline{\nu}$. Im symmetrischen Fall ergibt §10.7.5 Konvergenz für alle $\nu>0$ und beliebig grobe h_0. Für den allgemeinen Fall kann die Konvergenz für alle $\nu=\nu_1+\nu_2>0$ retten, allerdings muß h_0 hinreichend klein sein: $h_0 \leqslant \bar{h}$. Die Beweistechnik ist die gleiche wie für Satz 6.7.

Satz 10.7.17 Die Matrizen A_ℓ $(\ell \geqslant 0)$ seien zerlegt in $A_\ell = A_\ell' + A_\ell''$, $A_\ell'>0$, S_ℓ und S_ℓ' seien die Iterationsmatrizen der entsprechenden Glättungsiterationen $\mathscr{S}_\ell$ und $\mathscr{S}_\ell'$. Für A_ℓ'' und $S_\ell'' := S_\ell - S_\ell'$ gelte

$$(10.7.19a) \qquad \|A_\ell'^{\,-1/2}A_\ell''A_\ell'^{\,-1/2}\|_2 \leqslant C_1 h_\ell^{\varkappa}, \quad \|A_\ell'^{\,1/2}S_\ell''A_\ell'^{\,-1/2}\|_2 \leqslant C_2 h_\ell^{\varkappa}$$

mit $\varkappa>0$. Durch 1 beschränkt seien

$$(10.7.19b) \qquad \|A_\ell'^{\,1/2}S_\ell'A_\ell'^{\,-1/2}\|_2,\; \|A_\ell'^{\,1/2}pA_{\ell-1}'^{\,-1/2}\|_2,\; \|A_{\ell-1}'^{\,-1/2}rA_\ell'^{\,1/2}\|_2 \leqslant 1$$

für alle $\ell \geqslant 1$. Das Zwei- oder Mehrgitterverfahren für A_ℓ' (und mit fest gewählten Parametern γ, ν_1, ν_2) konvergiere monoton in der Energienorm $\|\cdot\|_{A_\ell'}$ mit der Kontraktionszahl ζ'. Ferner gelte $\sup\{h_\ell/h_{\ell-1}: \ell \geqslant 1\}<1$ (vgl. (4.7)). Sei $\varepsilon \in (0,1-\zeta')$. Dann konvergiert auch das Zwei- bzw. Mehrgitterverfahren für A_ℓ monoton in der Energienorm $\|\cdot\|_{A_\ell'}$ mit der Kontraktionszahl $\zeta = \zeta' + \varepsilon$, falls $h_0 \leqslant \bar{h}$ mit hinreichend kleinem $\bar{h}$ gilt.

Beweis. Sei zunächst der Zweigitterfall behandelt. Die transformierte Iterationsmatrix $A_\ell'^{1/2} M_\ell' A_\ell'^{-1/2}$ (der Iteration für A_ℓ') ist das Produkt

$$[A_\ell'^{1/2} S_\ell' A_\ell'^{-1/2}]^{\nu_1} \times [A_\ell'^{1/2} (A_\ell'^{-1} - p A_{\ell-1}'^{-1} r) A_\ell'^{1/2}] \times$$
$$\times [A_\ell'^{-1/2} A_\ell' A_\ell'^{-1/2}] \times [A_\ell'^{1/2} S_\ell' A_\ell'^{-1/2}]^{\nu_2}.$$

Störung von S_ℓ' und A_ℓ' im 1., 3. und 4. Faktor um S_ℓ'' bzw. A_ℓ'' vergrößert die Spektralnorm dank (19a) nur um $O(h_\ell^\varkappa)$. Für den 2. Faktor gilt gleiches, da

$$[A_\ell'^{1/2} (A_\ell^{-1} - p A_{\ell-1}^{-1} r) A_\ell'^{1/2}] - [A_\ell'^{1/2} (A_\ell'^{-1} - p A_{\ell-1}'^{-1} r) A_\ell'^{1/2}] =$$
$$= A_\ell'^{-1/2} A_\ell'' A_\ell^{-1} A_\ell'^{1/2} + A_\ell'^{1/2} p A_{\ell-1}^{-1} A_{\ell-1}'' A_{\ell-1}'^{-1} r A_\ell'^{1/2}.$$

Sei M_ℓ die Zweigitteriterationsmatrix für A_ℓ, Aus $|\|M_\ell\|_{A_\ell'} - \|M_\ell'\|_{A_\ell'}| \leq$ $\leq C h_\ell^\varkappa \leq C \bar{h}^\varkappa$ folgt die Behauptung für die Wahl $\bar{h} := (\varepsilon / C)^{1/\varkappa}$. Im Mehrgitterfall erhält man die rekursive Abschätzung

$$|\|M_\ell\|_{A_\ell'} - \|M_\ell'\|_{A_\ell'}| \leq C_0 h_\ell^\varkappa + |\|M_\ell\|_{A_{\ell-1}'} - \|M_\ell'\|_{A_{\ell-1}'}|,$$

die wegen $h_\ell / h_{\ell-1} \leq C_h < 1$ auf $|\|M_\ell\|_{A_\ell'} - \|M_\ell'\|_{A_\ell'}| \leq C h_0^\varkappa \leq C \bar{h}^\varkappa \leq \varepsilon$ führt. ☒

Bemerkung 10.7.18 Die Voraussetzungen (19b) sind erfüllt, falls $S_\ell' = I - W_\ell'^{-1} A_\ell'$ mit $2 W_\ell' \geq A_\ell'$ (vgl. (7)) und falls $r = p^*$ und $r A_\ell' p \leq A_{\ell-1}'$ (vgl. Übungsaufgabe 12 und 16b). Hinreichend für $r A_\ell' p \leq A_{\ell-1}'$ ist (1d).

Die Aussage des Satzes 17 ist noch nicht gleichmäßig in $\nu = \nu_1 + \nu_2$. Insbesondere könnte $\bar{h}$ von ν abhängen. Ein von ν unabhängiges $\bar{h}$ erhält man folgendermaßen: Satz 6.22 (gemäß §10.7.2 für die Energienorm $\|\cdot\|_{A_\ell'}$ modifiziert) liefert Konvergenz für $\nu \geq \underline{\nu}$, sobald $h_0 \leq \bar{h}_0$. Für die endlich vielen $\nu = 1, \ldots, \underline{\nu} - 1$ folgert man aus Satz 17 Konvergenz für $h_0 \leq \bar{h}_\nu$ mit geeignetem $\bar{h}_\nu$. Für $h_0 \leq \bar{h} := \min\{\bar{h}_\nu : 0 \leq \nu \leq \underline{\nu} - 1\}$ erhält man Konvergenz für alle $\nu > 0$.

Verwandte Resultate findet man bei Mandel [1] und Bramble – Pasciak –Xu [1].

10.7.7 Konvergenz ohne Regularität

Bisher wurde stets eine Regularitätsbedingung verwendet, um die Approximationseigenschaft zu zeigen. Bei anderen Konvergenzbeweisen mit sogenannten algebraischen Konvergenzbedingungen hat sich stets herausgestellt, daß indirekt eine Regularitätsannahme enthalten ist.

Trotzdem kann man die Approximationseigenschaft so weit abschwächen, daß keine Regularität mehr benötigt wird (Analyse bei Hackbusch [14,§6.4.2]). Es stellt sich jedoch heraus, daß die Konvergenzaussage nur den Fall $\nu_1 = 1$ erfaßt, d.h. eine schnellere Konvergenz für größere ν_1 ist nicht beweisbar. Wir werden auf diese Situation in §11.4.4 zurückkommen.

10.8 Kombination von Mehrgitter- mit semiiterativen Verfahren

10.8.1 Semiiterative Glätter

Bisher wurde als Glättungsschritt (2.4b,f) nur die ν-fache Anwendung einer Glättungsiteration $\mathcal{S}_\ell$ betrachtet. Eine Alternative ist die semiiterative Glättung, bei der S_ℓ^ν durch ein Polynom $P_\nu(S_\ell)$ vom Grad ν mit $P_\nu(1)=1$ ersetzt wird. Allerdings sollte man nicht die Polynome wählen, die in §7 als optimal beschrieben wurden, da jene den Ausdruck $\|P_\nu(S_\ell)\|_2$ (genauer: $\max\{|P_\nu(\xi)|: a\leqslant\xi\leqslant b<1\}$) minimieren. Wenn wir $\mathcal{S}_\ell$ zur Glättung verwenden, wollen wir den Fehler nicht in erster Linie klein machen, sondern glatt. In Hinblick auf die Glättungseigenschaft (6.4a) empfiehlt es sich, den Ausdruck (1a,b) zu minimieren:

(10.8.1a)　　　minimiere $\|A_\ell P_\nu(S_\ell)\|_2$　über alle Polynome mit

(10.8.1b)　　　$\operatorname{grad} P_\nu\leqslant\nu$, $P_\nu(1)=1$.

Für das semiiterative Richardson-Verfahren ($S_\ell=I-A_\ell/\|A_\ell\|_2$, $A_\ell>0$) mit $\sigma(A_\ell)\subset\sigma_M:=[0,\|A_\ell\|_2]$ ergibt sich das Ersatzproblem

(10.8.2)　　　minimiere $\max\{|\xi P_\nu(1-\xi/\|A_\ell\|_2)|: 0\leqslant\xi\leqslant\|A_\ell\|_2\}$ mit (1b)

(in Analogie zu (7.3.9)). Die Lösung lautet wie folgt.

Satz 10.8.1 Sei $A_\ell>0$. Die Minimierungsaufgabe (2) wird vom Polynom P_ν gelöst, das sich aus dem Čebyšev-Polynom $T_{\nu+1}$ (vgl. Lemma 7.3.3) berechnen läßt:

(10.8.3a)　　$\tau P_\nu(1-\tau) = \eta(\nu) T_{\nu+1}\left(\tau-(1-\tau)\cos\dfrac{\pi}{2\nu+2}\right)$

mit $\eta(\nu)$ aus (3d). P_ν hat die Produktdarstellung $P_\nu(1-\tau)=\prod\limits_{\mu=1}^{\nu}(1-\omega_\mu\tau)$ mit

(10.8.3b)　　$\omega_\mu = (1+\cos\dfrac{\pi}{2\nu+2}) / (\cos\dfrac{\pi}{2\nu+2} - \cos\dfrac{(2\mu+1)\pi}{2\nu+2})$.

Der minimierte Ausdruck (2) wird zu

(10.8.3c)　　$\|A_\ell P_\nu(1-A_\ell/\|A_\ell\|_2)\|_2 \leqslant \eta(\nu)\|A_\ell\|_2$　　　mit

(10.8.3d)　　$\eta(\nu) = \dfrac{1}{\nu+1}\dfrac{\sin(\pi/(2\nu+2))}{1+\cos(\pi/(2\nu+2))} \leqslant \dfrac{2(\sqrt{2}-1)}{(\nu+1)^2}$ für alle $\nu\geqslant 1$.

Beweis. Man prüft nach, daß $P_\nu(1)=1$ und daß die rechte Seite in (3a) in $[0,1]$ «äquioszillierend» die Werte $\pm\eta(\nu)$ annimmt.　　　　　　　□

Zu diesem Resultat sind die folgenden Punkte festzuhalten:

(i) Auch bei der Glättung erwirkt die semiiterative Methode eine *Ordnungsverbesserung*. Während der Glättungsfaktor $\eta(\nu)$ für das stationäre Richardson-Verfahren sich wie $O(1/(\nu+1))$ verhält, ist es im semiiterativen Falle von der Ordnung $O(1/(\nu+1)^2)$.

(ii) Die Anwendung der Čebyšev-Methode verlangt die Kenntnis der Intervallgrenzen $\sigma_M = [a,b]$ für das Spektrum von S_ℓ. Dabei ist die Schätzung von $b = 1 - \lambda_\ell / \|A_\ell\|_2$ mit $\lambda_\ell = \lambda_{\min}(A_\ell)$ besonders entscheidend. Eine Überschätzung der oberen Schranke $\Lambda_\ell = \|A_\ell\|_2$ in $\lambda_\ell I \leqslant A_\ell \leqslant \Lambda_\ell I$ ist weniger sensibel (Beweis: $\Lambda_\ell / \lambda_\ell$ ist die wesentliche Größe). Dagegen wird das Spektrum von A_ℓ in Satz 1 in simpler Weise durch $0 \leqslant A_\ell \leqslant \Lambda_\ell I$, $\Lambda_\ell = \|A_\ell\|_2$ abgeschätzt, d.h. die untere Schranke λ_ℓ kann trivial gewählt werden: $\lambda_\ell := 0$. Eine Ersetzung von $0 \leqslant A_\ell$ durch $\lambda_\ell I \leqslant A_\ell$ mit $\lambda_\ell = \lambda_{\min}(A_\ell)$ brächte nur eine unmerkliche Verbesserung.

(iii) Die Ausführungen unter (ii) machen deutlich, daß die Kondition $\varkappa(W_\ell^{-1}A_\ell)$ keine wesentliche Kenngröße für die Eignung als Glättungsiteration ist.

(iv) Die Produktdarstellung $\Pi(1 - \omega_\mu \tau)$ scheint die Warnung aus §7.3.4 vor Instabilitäten zu mißachten. Der Widerspruch löst sich dadurch, daß die Zahl ν der Glättungsschritte nach den Überlegungen aus §10.4.4 relativ klein bleiben sollte. Beschränkt man sich aber z.B. auf $\nu \leqslant 4$, gibt es keine Stabilitätsprobleme.

Für die allgemeine symmetrische Glättungsiteration mit $S_\ell = I - W_\ell^{-1}A_\ell$ erhält man analoge Resultate für die Minimierung des Ausdruckes $\|W_\ell^{-1/2}A_\ell P_\nu(S_\ell)W_\ell^{-1/2}\|_2$, der hinsichtlich der Wahl der Normen der Approximationseigenschaft (7.8a) entspricht. Der Glättungseigenschaft (7.4b) entsprechend ist auch die Minimierung von

$$\|W_\ell^{-1/2}A_\ell P_\nu(S_\ell)A_\ell^{1/2}\|_2 = \|Y^{1/2}P_\nu(I-Y)\|_2 \quad \text{mit} \quad Y := A_\ell^{1/2}W_\ell^{-1}A_\ell^{1/2}$$

von Interesse. Das zugehörige optimale Polynom findet man in Hackbusch [14,Proposition 6.2.35]. Die Schranke $O(1/\sqrt{\nu})$ aus (7.4b) verbessert sich zu $1/(2\nu+1)$. Auch die ADI-Parameter (vgl. §7.5.3 und Hackbusch [14,§3.3.4 und Lemma 6.2.36]) sind anders zu wählen, wenn die Glättung optimiert werden soll.

Das Verfahren der *konjugierten Gradienten* ist nur bedingt brauchbar. Das Standard-cg-Verfahren minimiert $\|P_\nu(S_\ell)e_\ell\|_{A_\ell} = \|A_\ell^{1/2}P_\nu(S_\ell)e_\ell\|_2$, wenn e_ℓ der Fehler vor der Glättung und $P_\nu(\xi)$ das entstehende optimale Polynom sind (vgl. Bemerkung 9.4.8). Da aber eher das Residuum $\|A_\ell P_\nu(S_\ell)e_\ell\|_2$ zu minimieren ist, sind das Verfahren der konjugierten Residuen (vgl. §9.5) oder cg-Verfahren für die «quadrierte Gleichung» $A_\ell^H A_\ell x_\ell = A_\ell^H b_\ell$ geeigneter. Allerdings betreffen diese Bemerkungen nur den Einsatz von cg-ähnlichen Verfahren als Vorglättung. Für die Nachglättung erscheint das cg-Verfahren weniger sinnvoll. In jedem Fall resultiert eine unsymmetrische Mehrgitteriteration. Vgl. Bank - Douglas [1].

Die Glättungseigenschaft des cg-Verfahrens ist auch von Il'in [1] vermerkt worden.

10.8.2 Gedämpfte Grobgitterkorrekturen

Im Zusammenhang mit nichtlinearen Gleichungen liegt die Überlegung nahe, die Grobgitterkorrektur im Sinne des Gradientenverfahrens zu dämpfen, um so zu einer Abstiegsmethode zu gelangen (vgl. Hackbusch - Reusken [1]). Es stellt sich heraus, daß auch im linearen Fall deutliche Konvergenzverbesserungen möglich sind. Insbesondere die V-Zykluskonvergenz kann verbessert werden (vgl. Reusken [1], Braess [3]). Der optimal gedämpfte Grobgitterkorrekturschritt lautet

$$(10.8.4) \qquad x_\ell^{neu} := x_\ell - \lambda p_\ell \text{ mit } \lambda := \frac{\langle d_\ell, p_\ell \rangle_\ell}{\langle p_\ell, A_\ell p_\ell \rangle_\ell}, \quad d_\ell := A_\ell x_\ell - b_\ell, \quad p_\ell := p\,\tilde{e}_{\ell-1},$$

wobei $\tilde{e}_{\ell-1}$ die Näherung der Grobgittergleichung $A_{\ell-1} e_{\ell-1} = d_{\ell-1} := r d_\ell$ ist.

Übungsaufgabe 10.8.2 Man zeige: **(a)** Für das Zweigitterverfahren ist $\lambda = 1$ optimal. **(b)** Falls $r = p^*$ und $A_{\ell-1} = r A_\ell p$, läßt sich λ aus (4) in der Form (5) darstellen:

$$(10.8.5) \qquad \lambda = \langle d_{\ell-1}, \tilde{e}_{\ell-1} \rangle_{\ell-1} \,/\, \langle A_{\ell-1} \tilde{e}_{\ell-1}, \tilde{e}_{\ell-1} \rangle_{\ell-1}.$$

Es ist auch denkbar, das Mehrgitterverfahren insgesamt zu dämpfen. Die im symmetrischen Falle geltende Ungleichung $\check{M}_\ell^{MGM} \geqslant 0$ (vgl. (7.16a)), die zu $\sigma(M_\ell^{MGM}) \subset [0, \rho(M_\ell^{MGM})]$ führt, zeigt an, daß eine Dämpfung (Extrapolation) mit $\Theta := 2/(2 - \rho(M_\ell^{MGM})) \approx 1 + \frac{1}{2}\rho(M_\ell^{MGM})$ zu einer in etwa halbierten Konvergenzrate $\rho(M_\ell^{MGM})/(2 - \rho(M_\ell^{MGM}))$ führt (vgl. Übungsaufgabe 8.3.1).

10.8.3 Mehrgitteriteration als Basis des cg-Verfahrens

Wie in §10.7.1 gezeigt, kann das Mehrgitterverfahren für $A_\ell > 0$ als symmetrische Iteration gestaltet werden. Der Konvergenzaussage $\sigma(M_\ell^{MGM}) \subset [0, \rho_\ell]$ mit $\rho_\ell := \rho(M_\ell^{MGM})$ entspricht die Einschließung

$$(10.8.6) \qquad \gamma W_\ell^{MGM} \leqslant A_\ell \leqslant W_\ell^{MGM} \qquad\qquad \text{mit } \gamma := 1 - \rho_\ell$$

für die Matrix W_ℓ^{MGM} der dritten Normalform der Mehrgitteriteration (vgl. Bemerkung 4.8.3c). Anwendung der cg-Methode auf Φ_ℓ^{MGM} liefert bei m Iterationen eine Verbesserung um $2[(\sqrt{\varkappa}-1)/(\sqrt{\varkappa}+1)]^m$, wobei $\varkappa$ die Kondition $\varkappa = \Gamma/\gamma = 1/(1 - \rho_\ell)$ ist. Eine einfache Umformung liefert

$$2\left(\frac{\sqrt{\varkappa}-1}{\sqrt{\varkappa}+1}\right)^m = 2\rho_\ell^m/(1 + \sqrt{1 - \rho_\ell})^{2m} \approx 2(\frac{\rho_\ell}{4} + O(\rho_\ell^2))^m.$$

Da ρ_ℓ als klein angenommen werden darf (vgl. §10.4.3), kann die Konvergenzrate ρ_ℓ des Mehrgitterverfahren durch das cg-Verfahren zu $\rho_\ell/4$ verbessert werden (vgl. Braess [4], Kettler [1]).

Der Einsatz der cg-Methode ist jedoch nur dann praktisch interessant, wenn die Mehrgitterkonvergenzrate relativ schlecht ist, z.B. $\geqslant 0.4$ ausfällt. Der Grund hierfür sind die Überlegungen aus §10.5.2:

Bei guter Konvergenzrate benötigt man in der geschachtelten Iteration (5.2a) nur wenige Mehrgitterschritte pro Stufe. Für schnelle Mehrgitterverfahren erwies sich in §10.5.5 die Iterationszahl $m=1$ als ausreichend. Für diesen Wert stimmen cg- und Gradientenverfahren noch überein. Erst bei $m \geqslant 2$ wird das cg-Verfahrens zunehmend interessant.

10.9 Anmerkungen

10.9.1 Mehrgitterverfahren zweiter Art

Die Diskretisierung von Fredholmschen Integralgleichungen zweiter Art führt auf Fixpunktgleichungen der Form $x_\ell = K_\ell x_\ell + b_\ell$, d.h.

$$(10.9.1) \qquad A_\ell x_\ell = b_\ell \quad \text{mit} \quad A_\ell = I - K_\ell .$$

Dabei charakterisiert K_ℓ nicht wie bei diskretisierten Differentialgleichungen einen Differenzenoperator, sondern eine Integration. Die *Picard-Iteration* $x_\ell^{m+1} := K_\ell x_\ell^m + b_\ell$ (entspricht der Richardson-Iteration) hat damit wesentlich bessere Glättungseigenschaften. Dies führt dazu, daß das Mehrgitterverfahren ($\gamma = 2$) eine Konvergenzrate $\rho_\ell = O(h_\ell^\varkappa)$ mit positivem Exponenten $\varkappa$ hat. Damit wird – anders als bisher – die Konvergenz um so besser, je größer die Dimension des Problems ist. Da der absolute Wert von ρ_ℓ durchaus in der Größenordnung 10^{-3} bis 10^{-6} liegen kann, gelangt man an die Grenze zu direkten Lösern. Der Aufwand der Verfahren ist weiterhin proportional zu dem der Picard-Iteration.

Die Anwendung ist aber nicht auf diskrete Integralgleichungen beschränkt. Im Beispiel von §8.4.1 wird eine Gleichung $Ax=b$ mittels B präkonditioniert, wobei B ebenso wie A die Diskretisierung einer Differentialgleichung ist. Wenn beide Differentialgleichungen den gleichen Hauptteil haben (d.h. wenn die Terme höchster Differentiationsordnung übereinstimmen), erfüllt die Gleichung $A'x = b' := B^{-1}b$ mit $A' := B^{-1}A$ die oben genannte schnelle Mehrgitterkonvergenz. Die Anwendung der Mehrgitterverfahren zweiter Art auf $A'x = b'$ erfordert die Ausführbarkeit der Picard-Iteration $x^{m+1} = K x^m + b' = x^m - B^{-1}(A x - b)$. Zum Beispiel könnte B die Fünfpunktformel des Poisson-Modellproblems sein, während A die Gleichung $-\Delta u + c_1 u_x + c_2 u_y + c u = f$ diskretisiert.

Eine genaue Beschreibung und Analyse der Mehrgitterverfahren zweiter Art sowie viele Anwendungsbeispiele findet man bei Hackbusch [14,§16], [16], [13], [5].

10.9.2 Zur Geschichte der Mehrgitterverfahren

Das erste Zweigitterverfahren beschrieb Brakhage [1] im Jahr 1960. Genauer ist es ein Zweigitterverfahren zweiter Art, da es die in §10.9.1 behandelten Aufgaben betrifft. Für das Poisson-Modellproblem beschrieb Fedorenko [1] 1961 ein Zwei- und 1964 ein Mehrgitterverfahren

(Fedorenko [2]). 1966 bewies Bachvalov [1] für eine kompliziertere Situation die typischen Konvergenzeigenschaften. Weitere frühe Arbeiten stammen von Astrachancev [1] (1971), Hackbusch [1] (1976), Bank-Dupont (in einem Report von 1977, der später in die Arbeiten [1,2] aufgespalten wurde), Brandt [1] (1977), Nicolaides [1] (1977). Näheres hierzu und zu weiteren Arbeiten von Frederickson, Wesseling, Hemker und Braess findet man bei Hackbusch [14,§2.6.5].

Eine umfangreiche Literatursammlung zu Mehrgitterverfahren bis 1985 enthält Hackbusch [14] und der Sammelband McCormick [1]. Es sei auch auf die Konferenzberichte Hackbusch - Trottenberg [1,2,3], Braess - Hackbusch - Trottenberg [1], Hackbusch [17], [18] verwiesen.

10.9.3 Robuste Methoden

Der Kürze halber wurde hier im wesentlichen nur die Richardson- und Schachbrett-Gauß-Seidel-Iteration als Glättung erwähnt. Bei der Anwendung auf komplizierte Aufgabenklassen stellt sich das Problem der Robustheit: Gelten die von der Poisson-Modellaufgabe vertrauten Konvergenzgüten gleichmäßig über einer Aufgabenklassen? Im einfachsten Falle ist die Gleichung $A(\varepsilon)x = b$ von einem Parameter $\varepsilon \in (0,\infty)$ abhängig. Wenn für ein Iterationsverfahren seine typische Konvergenzrate nicht nur in der Form $\varrho(\varepsilon) \leqslant 1 - C(\varepsilon)h^{\varkappa}$, sondern gleichmäßig für $\varepsilon \in (0,\infty)$ gilt: $\varrho(\varepsilon) \leqslant 1 - Ch^{\varkappa}$, heißt die Iteration *robust* bezüglich der Problemklasse. Für robuste Mehrgitterverfahren fordert man entsprechend $\varrho(\varepsilon) \leqslant \zeta < 1$ (ζ h_{ℓ}- und ε-unabhängig; Hackbusch [14,§10]).

Gute Erfahrungen wurden in dieser Hinsicht mit den unvollständigen Dreieckszerlegungen gemacht, die von Wesseling [1,2] als Glätter eingeführt wurden (vgl. Kettler [1]). Dies gilt sowohl für cg-Verfahren angewandt auf die modifizierte ILU-Iteration ($\omega = -1$) wie auch den Einsatz von punkt- oder blockweisen ILU-Iterationen im Mehrgitterverfahren als Glätter (dort mit $\omega = 0$ oder noch besser: $\omega = 1$; vgl. Wittum [5], Kettler [1]).

Ein anderer Zugang ist die *Frequenzzerlegungsversion* von Hackbusch [11], die nicht nur eine, sondern mehrere Grobgitterkorrekturen mit verschiedenen Grobgittergleichungen verwendet. Die dabei eingesetzten Prolongationen von den Grobgittern in das Feingitter sind so konstruiert, daß sie unterschiedliche Frequenzbereiche überdecken.

Die Konstruktion der Grobgittergleichung auf der Stufe $\ell-1$ verlangt im allgemeinen Informationen, die über die des zur Lösung anstehenden Problems $A_{\ell}x_{\ell} = b_{\ell}$ für $\ell = \ell_{max}$ hinausgehen. Dies erschwert die Verwendung der Mehrgittermethode als «blackbox»-Löser. Es ist deshalb bemerkenswert, daß es Varianten - sogenannte *algebraische Mehrgitterverfahren* - gibt, bei denen die Grobgittermatrix $A_{\ell-1}$ allein aus den Koeffizienten von A_{ℓ} konstruiert wird (vgl. Stüben [1]).

10.9.4 Filternde Zerlegungen

Wesentliches Merkmal des Mehrgitterverfahren – neben der Verwendung der gröberen Gitter – ist die Produktgestalt $\Phi_\ell^{GGK} \circ \mathscr{S}_\ell^\nu$ mit den unterschiedlichen Frequenzbereichen, in denen die Grobgitterkorrektur und die Glättung wirken. Während man viele Verfahren als Glätter verwenden kann, bleibt die Frage, ob es eine Alternative zu Φ_ℓ^{GGK} gibt. Wünschenswert wäre ein Verfahren, das die groben Frequenzen herausfiltert, ohne die Hierarchie der Gitter zu benötigen. Ein solches Verfahren stammt von Wittum [6,7] und beruht auf einer Folge von Einzelschritten Φ_ν, die jeweils geeignete Frequenzbänder reduzieren.

Zunächst sei die Beschreibung der _Block-ILU-Zerlegung_ nachgeholt. A habe die Blocktridiagonalgestalt

$$(10.9.2a) \qquad A = A^H = \text{blocktridiag}\{L_i, D_i, L_i^H : \quad i = 1, \ldots, N-1\}$$

(vgl. (1.2.8), (2.5.4)), die sich für Fünf- oder Neunpunktformeln ergibt. Wie in (1.2.2) ist $N-1 = h^{-1}-1$ die Zahl der inneren Gitterpunkte pro Gitterzeile. Die _exakte_ LU-Zerlegung lautet $A = L D^{-1} L^H$ mit

$$(10.9.2b) \qquad L = \text{blocktridiag}\{L_i, T_i, 0\}, \qquad D = \text{blockdiag}\{T_i\},$$

$$(10.9.2c) \qquad T_1 := D_1, \quad T_i := D_i - L_i T_{i-1}^{-1} L_i^H \qquad (2 \leqslant i \leqslant N-1).$$

Auch wenn die Blöcke D_i tridiagonal sind (vgl. (1.2.8)), ergeben sich für T_i vollbesetze Matrizen. Die übliche Block-ILU-Zerlegung erhält man aus (2c), indem die vollbesetzte Inverse von T_{i-1} durch den tridiagonalen Anteil $\text{tridiag}\{T_{i-1}^{-1}\}$ ersetzt wird.

Ein anderer Ansatz geht auf Axelsson – Polman [1] zurück. Seien $t^{(1)}, t^{(2)}$ zwei «Testvektoren». Die Matrizen T_i werden definiert mittels

Lemma 10.9.1 $t^{(1)}, t^{(2)} \in \mathbb{R}^{N-1}$ mögen $\det((t_{i+j}^{(k)})_{j=1,2}^{k=0,1}) \neq 0$ für alle $1 \leqslant i \leqslant N-2$ erfüllen. $c^{(1)}, c^{(2)} \in \mathbb{R}^{N-1}$ seien beliebig. Dann genügt den Gleichungen $T t^{(k)} = c^{(k)}$ für $k = 1, 2$ genau eine symmetrische Tridiagonalmatrix T.

Damit werden durch

$$(10.9.3) \qquad T_1 := D_1, \quad T_i t^{(k)} = (D_i - L_i T_{i-1}^{-1} L_i^H) t^{(k)} \quad \text{für } k = 1, 2, \quad 2 \leqslant i \leqslant N-1$$

eindeutig symmetrische Tridiagonalmatrizen T_i definiert, die in (2b) eingesetzt eine weitere unvollständige blockweise Dreieckszerlegung $A = L D^{-1} L^H - C$ liefern. Definition (3) bedeutet, daß T_i auf dem «Testunterraum» $\text{span}\{t^{(1)}, t^{(2)}\}$ exakt ist. Die zugehörige Iteration ist

$$(10.9.4) \qquad \Phi(x, b; t^{(1)}, t^{(2)}) := x - L^{-H} D L^{-1}(A x - b) \quad \text{mit } L, D \text{ aus (2b),(3).}$$

Von Wittum [6,7] stammt die Idee, die Sinusfunktionen e^ν aus (3.4) mit verschiedenen Frequenzen ν als Testvektoren einzusetzen:

$$(10.9.5) \qquad \Phi_\nu := \Phi(\,\cdot\,,\cdot\,;\, e^\nu, e^{\nu+1}) \qquad\qquad \text{mit } \nu \in [\,1, N-2\,].$$

Mit einem Faktor $\alpha > 1$, der z.B. als $\alpha = 2$ gewählt werden kann, wird eine geometrische Folge von Frequenzen ausgewählt:

$$(10.9.6a) \qquad \nu_1 := 1, \quad \nu_{i+1} := \max\{\nu_i + 2,\ [\alpha\nu_i]\} \quad \text{solange } \nu_{i+1} \leqslant N-2,$$

wobei $[\ldots]$ die Rundung auf eine ganze Zahl bedeutet. Sei k die Anzahl der in (6a) bestimmten Frequenzen. Offenbar gilt $k = O(\log N) = O(|\log h|) = O(\log n)$. Die Iteration der frequenzfilternden Zerlegungen wird durch das Produkt (6b) definiert:

$$(10.9.6b) \qquad \Phi_\alpha^{ffZ} := \Phi_{\nu_k} \circ \ldots \circ \Phi_{\nu_3} \circ \Phi_{\nu_2} \circ \Phi_{\nu_1} \qquad (\alpha > 1 \text{ mit } \nu_i \text{ aus (6a)}).$$

Der Aufwand einer Iteration Φ_α^{ffZ} beträgt $O(n \log n)$. Die numerischen Resultate (vgl. Wittum [6,7]) zeigen für diese Iteration eine sehr schnelle Konvergenz, die das Mehrgitterverfahren in ihrer Effektivität noch übertrifft.

Die Konvergenzanalyse ist für den Fall einer Neunpunktformel $A > 0$ mit konstanten Koeffizenten $D_i = D_{i+1}$, $L_i = L_{i+1} = L_i''$ durchgeführt worden (vgl. Wittum [7]). Der Beweisschritt besteht zum einen im Nachweis, daß Φ_ν für jedes ν monoton in der Energienorm konvergiert. Charakteristisch ist jedoch eine sogenannte «Umgebungseigenschaft». Definitionsgemäß eliminiert Φ_ν Fehlerkomponenten in span$\{e^\nu, e^{\nu+1}\}$. Entscheidend ist, daß Φ_ν für alle Frequenzen $\nu \leqslant \mu \leqslant \alpha\nu$ eine gleichmäßige, h-unabhängige Kontraktionszahl besitzt, d.h. daß Φ_ν auch in der Umgebung der «Eichfrequenz» ν wirksam ist.

Die Idee der frequenzfilternden Zerlegungen läßt sich auch auf allgemeinere, z.B. unsymmetrische Probleme und sogar nichtlineare Aufgaben ausdehnen (vgl. Wittum [7]).

Tabelle 1 zeigt für das Poisson-Modellproblem die Iterationsfehler $\|e^m\|_2 = \|x^m - x\|_2$ der frequenzfilternden Zerlegungsmethode Φ_α^{ffZ} für $\alpha = 2$ (Pascal-Programm in [Prog] enthalten). Die sich ergebende Zahl k von Einzelschritten ist jeweils angegeben. Nach 2 bis 3 Schritten ist die Maschinengenauigkeit erreicht. Man erkennt, daß die Konvergenzgeschwindigkeit mit kleiner werdendem h nach oben beschränkt bleibt, also h-unabhängig ist.

m	$h = 1/8,\ k = 3$ $\|e^m\|_2$	$\rho_{m+1,m}$	$h = 1/16,\ k = 4$ $\|e^m\|_2$	$\rho_{m+1,m}$	$h = 1/32,\ k = 5$ $\|e^m\|_2$	$\rho_{m+1,m}$	$h = 1/64,\ k = 6$ $\|e^m\|_2$	$\rho_{m+1,m}$
0	$6.3_{10}-01$		$7.0_{10}-01$		$7.4_{10}-01$		$7.6_{10}-01$	
1	$2.6_{10}-07$	$4.1_{10}-7$	$1.8_{10}-06$	$2.6_{10}-6$	$1.4_{10}-05$	$1.9_{10}-5$	$5.6_{10}-05$	$7.3_{10}-5$
2	$1.0_{10}-12$	$3.9_{10}-6$	$2.8_{10}-11$	$1.5_{10}-5$	$1.5_{10}-09$	$1.0_{10}-4$	$2.2_{10}-08$	$3.9_{10}-4$
3	$4.1_{10}-13$	$4.0_{10}-1$	$6.7_{10}-13$	$2.3_{10}-2$	$1.2_{10}-12$	$8.2_{10}-4$	$9.3_{10}-12$	$4.1_{10}-4$

Tabelle 10.9.1 Frequenzfilternde Iteration für Poisson-Modellproblem

11. Gebietszerlegungsmethoden

11.1 Allgemeines

Verschiedene iterative Methoden lassen sich zusammenfassen zu der Klasse der Gebietszerlegungsmethoden (engl.: domain decomposition methods). Obwohl ein Prototyp dieser Iteration von H. A. Schwarz (Vierteljahresschrift der Naturforschenden Gesellschaft in Zürich, Bd. 15, 1870) schon 120 Jahre alt ist, erlangte diese Verfahrensklasse erst vor relativ kurzer Zeit das volle Interesse der Anwender.

Das Gleichungssystem $Ax = b$ sei die Diskretisierung einer Randwertaufgabe über dem Gebiet Ω (vgl. §1.2). Das namensgebende Merkmal der Gebietszerlegungsmethode ist eine Aufteilung des Gesamtproblems in kleinere Gleichungssysteme, die Randwertaufgaben über Teilgebieten $\Omega' \subset \Omega$ entsprechen.

Die Auswahl der Teilgebiete kann von verschiedenen Motiven bestimmt sein. Zu Zeiten, als schnelle Verfahren wie z.B. die Mehrgittermethode noch nicht (hinreichend) bekannt waren und lediglich schnelle direkte Löser für Spezialaufgaben zur Verfügung standen, versuchte man komplexere Gebiete in disjunkte Rechtecke (vgl. Abb. 1a) oder überlappende Rechtecke (vgl. Abb. 1b) zu zerlegen, da einfache Aufgaben wie das Poisson-Modellproblem auf Rechtecken direkt lösbar sind.

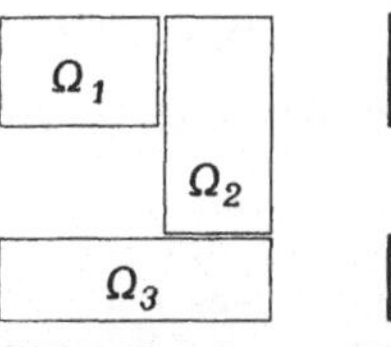

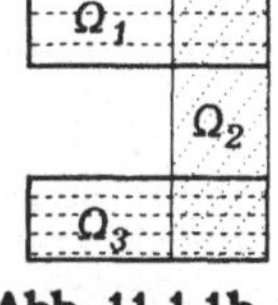

Abb. 11.1.1a
Disjunkte
Teilgebiete

Abb. 11.1.1b
Überlappende
Teilgebiete

Andererseits kann sich die Gesamtaufgabe in natürlicher Weise auf Grund ihrer Modellierung in disjunkte Teilprobleme aufspalten (z.B. wenn die Teilgebiete physikalisch gesehen verschiedenen Materialien entsprechen). Die Einsatzmöglichkeit von *Parallelrechnern* führt schließlich zum Wunsch nach einer Zerlegung des Gesamtproblems in separate Teilaufgaben, die möglichst gleiche Größe besitzen (wegen der Auslastungsbalance der Prozessoren) und aus programmiertechnischen Gründen möglichst einfach strukturiert sein sollten.

Es muß an dieser Stelle betont werden, daß die Lösung der Teilaufgaben das Gesamtproblem noch nicht löst, sondern nur einen Teilschritt des Algorithmus ausmacht, der auch die Kopplung der Einzelprobleme herstellen muß. Vom Rechen- und Programmieraufwand aus gesehen, werden die Auflösungen der Teilaufgaben im allgemeinen aber den Hauptanteil darstellen.

Zu den Gebietszerlegungsmethoden gehören auch die als «Kapazitätsmatrixverfahren» und als «Verfahren der fiktiven Gebiete» bezeichneten Methoden. Hierauf wird in §11.5.3 eingegangen werden.

Mit der Weiterentwicklung der Gebietszerlegungsmethode verallgemeinerte sich der Begriff des «Teilgebietes» zum «Unterraum» der
Galerkin-Methode. Wird ein Unterraum aus allen Finite-Element-
Funktionen gebildet, die nur in einem Teilgebiet $\Omega' \subset \Omega$ von null
verschieden sind, stimmen die Begriffe «Teilgebiet» und «Unterraum»
inhaltlich überein. Es sind jedoch auch andere Unterräume
konstruierbar und praktisch interessant.

Da in diesem Buch von der algebraischen Gleichung $Ax = b$
ausgegangen wird und die Konstruktion von $Ax = b$ mittels einer
Diskretisierung nicht Thema des Buches ist, wird eine Darstellung der
Gebietszerlegungsmethode gewählt, die auf einer Zerlegung des
Vektors $x \in X = \mathbb{K}^I$ beruht. Den Zusammenhang mit der traditionellen
Variationsdarstellung zeigt §11.4.3.

11.2 Formulierung der Gebietszerlegungsmethode

11.2.1 Allgemeine Konstruktion

Sei $X = \mathbb{K}^I$ der lineare Raum, der die Lösung x von $Ax = b$ enthält.
Die Teilaufgaben, die mit $\varkappa \in J$ indiziert seien, entsprechen nieder-
dimensionalen Aufgaben repräsentiert durch Vektoren $x^\varkappa \in X_\varkappa = \mathbb{K}^{I_\varkappa}$.
Die Lösung x des Gleichungssystems $Ax = b$ soll aus den Einzel-
lösungen $x^\varkappa$ zusammengesetzt werden. Dazu seien lineare und injektive
Fortsetzungen (*Prolongationen*)

$$(11.2.1) \qquad p_\varkappa : X_\varkappa \to X \qquad\qquad\qquad (\varkappa \in J)$$

gewählt. Die Gesamtlösung $x = A^{-1}b$ wird in der Form

$$(11.2.2) \qquad x = \sum_{\varkappa \in J} p_\varkappa \, x^\varkappa$$

gesucht. Damit dies möglich ist, muß

$$(11.2.3) \qquad \sum_{\varkappa \in J} \mathrm{Bild}(p_\varkappa) = X$$

gelten. Dabei ist $\mathrm{Bild}(p_\varkappa) = \{ p_\varkappa x^\varkappa : x^\varkappa \in X_\varkappa \}$ der *Bildraum* von $p_\varkappa$, und mit
der Summe $\sum U_\varkappa$ von Unterräumen $U_\varkappa \subset X$ wird der aufgespannte Raum
bezeichnet:

$$\sum_{\varkappa \in J} U_\varkappa = \mathrm{span}\{ U_\varkappa : \varkappa \in J \} = \{ x \in X : x = \sum u^\varkappa : u^\varkappa \in U_\varkappa \}.$$

$p_\varkappa$ aus (1) wird durch eine Rechtecksmatrix repräsentiert. Ihre
Hermitesch transponierte Matrix $p_\varkappa^H$ ist eine Abbildung von X auf $X_\varkappa$:

$$(11.2.4) \qquad p_\varkappa^H : X \to X_\varkappa .$$

Zu jedem $\varkappa \in J$ seien die quadratischen Matrizen

$$(11.2.5) \qquad A_\varkappa := p_\varkappa^H A \, p_\varkappa \qquad\qquad\qquad (\varkappa \in J)$$

definiert. Ihre Größe ist $n_\varkappa \times n_\varkappa$, wobei

$$(11.2.6) \qquad n_\varkappa := \dim X_\varkappa.$$

Die niederdimensionalen Teilprobleme sind Gleichungen der Form

$$(11.2.7) \qquad A_\varkappa \, y^\varkappa = c^\varkappa \qquad\qquad\qquad (\varkappa \in J, \quad y^\varkappa, c^\varkappa \in X_\varkappa).$$

Es sei bis auf weiteres angenommen, daß Probleme der Form (7) exakt gelöst werden können. Ohne weitere Bedingungen an A ist die Regularität von $A_\varkappa$ nicht gesichert. Hinreichend ist die Voraussetzung in

Übungsaufgabe 11.2.1 Sei $A > 0$. $p_\varkappa$ $(\varkappa \in J)$ sei injektiv. Man zeige $A_\varkappa > 0$.

Assoziiert mit den Prolongationen $p_\varkappa$ sind die *Restriktionen*

$$(11.2.8a) \qquad r_\varkappa := A_\varkappa^{-1} p_\varkappa^H : \; X \to X_\varkappa$$

und die *Projektionen*

$$(11.2.8b) \qquad P_\varkappa := p_\varkappa r_\varkappa A : \; X \to X.$$

Übungsaufgabe 11.2.2 $P_\varkappa$ sei gemäß (8a,b) definiert. Man zeige:
(a) $P_\varkappa$ $(\varkappa \in J)$ sind Projektionen auf Bild$(p_\varkappa)$.
(b) Sei $A > 0$. $P_\varkappa$ ist A-orthogonale Projektion, d.h. bezüglich des A-Skalarproduktes (9.1.11a) ist $P_\varkappa$ selbstadjungiert:

$$(11.2.8c) \qquad \langle A P_\varkappa x, y \rangle = \langle A x, P_\varkappa y \rangle \qquad\qquad \text{für alle } x, y \in X.$$

(c) Sei $A = A^H$. Für alle symmetrischen Iterationen mit Iterationsmatrix M gilt $\langle A M x, y \rangle = \langle A x, M y \rangle$ für alle $x, y \in X$.

11.2.2 Zu den Prolongationen

Sei $n_\varkappa$ aus (6) die Teil- und $n = \dim X$ die Gesamtdimension. Eine erste Klassifizierung ergibt die Fallunterscheidung

$$(11.2.9a) \qquad \sum_{\varkappa \in J} n_\varkappa = n \qquad\qquad (\text{«disjunkte Teilgebiete»})$$

$$(11.2.9b) \qquad \sum_{\varkappa \in J} n_\varkappa > n \qquad\qquad (\text{«überlappende Teilgebiete»}).$$

Man beachte, daß $\sum n_\varkappa < n$ wegen (3) ausgeschlossen ist.

Bemerkung 11.2.3 Im Falle (9a) hat jedes $x \in X$ eine eindeutige Zerlegung (2); im Falle (9b) sind mehrere Darstellungen (2) möglich.

Eine besonders einfache Situation der Form (9a) entsteht aus der Blockdarstellung von x. $\{ I_\varkappa : \varkappa \in J \}$ beschreibe eine Blockstruktur (2.5.1): $I = \bigcup_{\varkappa \in J} I_\varkappa$. Wir wählen

$$(11.2.10a) \qquad X_\varkappa = \mathbb{K}^{I_\varkappa}, \qquad\qquad (p_\varkappa)_{\alpha\beta} = \delta_{\alpha\beta} \qquad \text{für } \alpha \in I, \; \beta \in I_\varkappa$$

(δ: Kronecker-Symbol). Damit ist $\sum_{\varkappa \in J} p_\varkappa x^\varkappa$ nur eine andere Schreibweise für den aus den Blöcken $x^\varkappa$ zusammengesetzten Vektor $x = (x^\varkappa)_{\varkappa \in J}$. Im Falle von angeordneten Indizes hat die Matrix $p_\varkappa$ die Gestalt

$$(11.2.10\text{b}) \qquad p_\varkappa = \begin{bmatrix} 0 \\ \vdots \\ 0 \\ I \\ 0 \\ \vdots \\ 0 \end{bmatrix} \Big\} \text{ Block zum Index } \varkappa, \qquad p_\varkappa^H = [0,...,0,I,0,...,0] \, .$$

Bemerkung 11.2.4 Wenn $p_\varkappa$ gemäß (10a,b) definiert ist, stimmen die Matrizen $A_\varkappa$ aus (5) mit dem Diagonalblock $A^{\varkappa\varkappa}$ der Matrix A überein (vgl. §2.5).

Wenn der Fall (9b) vorliegt, läßt sich $p_\varkappa$ zwar noch durch (10a) definieren, aber die Teilmengen $I_\varkappa \subset I$ sind nicht mehr disjunkt und beschreiben somit auch keine Blockzerlegung. Es gilt noch die

Bemerkung 11.2.5 Wenn die Indexmenge I nichtdisjunkt in $I = \cup_{\varkappa \in J} I_\varkappa$ zerlegt und die Prolongationen $p_\varkappa$ durch (10a) definiert sind, stellen die Matrizen $A_\varkappa$ aus (5) die Hauptuntermatrizen der Matrix A zur Indexteilmenge $I_\varkappa$ dar.

11.2.3 Multiplikative und additive Schwarz-Iteration

Zu den Projektionen $P_\varkappa$ aus (8a,b) gehört der Iterationsschritt

$$(11.2.11) \qquad \Phi_\varkappa(x,b) := x - p_\varkappa \, r_\varkappa \, (Ax - b) \qquad (\varkappa \in J).$$

Übungsaufgabe 11.2.6 Man zeige: Die zu (11) gehörende Iterationsmatrix ist $M_\varkappa = I - P_\varkappa$. $M_\varkappa$ ist wie $P_\varkappa$ eine Projektion. Im Falle von $A > 0$ ist $M_\varkappa$ A-orthogonal (vgl. Übungsaufgabe 2).

Die Indexmenge $J = \{1,...,k\}$ sei angeordnet. Die *multiplikative Schwarz-Iteration* ist das k-fache Produkt

$$(11.2.12) \qquad \Phi^{\text{multSI}} := \Phi_k \circ \Phi_{k-1} \circ ... \circ \Phi_2 \circ \Phi_1 \qquad (\Phi_\varkappa \text{ aus (11)}).$$

Als *additive Schwarz-Iteration* (mit dem Dämpfungsfaktor Θ) bezeichnet man dagegen

$$(11.2.13) \qquad \Phi_\Theta^{\text{add SI}}(x,b) := x - \Theta \sum_{\varkappa \in J} p_\varkappa \, r_\varkappa \, (Ax - b),$$

wobei die Indexmenge J nicht angeordnet zu sein braucht.

Lemma 11.2.7 (a) Die Iterationsmatrizen von Φ^{multSI} und $\Phi_\Theta^{\text{add SI}}$ sind

$$(11.2.14\text{a}) \qquad M^{\text{multSI}} = (I - P_k)(I - P_{k-1}) \cdot ... \cdot (I - P_1),$$

$$(11.2.14\text{b}) \qquad M_\Theta^{\text{add SI}} = I - \Theta \, (\sum_{\varkappa \in J} p_\varkappa \, r_\varkappa) \, A = I - \Theta \sum_{\varkappa \in J} P_\varkappa \, .$$

(b) Sei $A>0$. Die Matrix der zweiten Normalform von $\Phi_\Theta^{\mathrm{add\,SI}}$ ist

$$(11.2.15a) \qquad \Theta\,N^{\mathrm{add\,SI}} \quad \text{mit} \quad N^{\mathrm{add\,SI}} = \sum_{\varkappa\in J} p_\varkappa\,r_\varkappa\,.$$

Unter der Voraussetzung (3) ist $N^{\mathrm{add\,SI}}$ regulär, so daß die Matrix $W_\Theta^{\mathrm{add\,SI}} = \Theta^{-1}W^{\mathrm{add\,SI}}$ der dritten Normalform existiert. Sie erfüllt

$$(11.2.15b) \qquad A \leqslant kW^{\mathrm{add\,SI}} \qquad\qquad (k:=\#J = \text{Anzahl der «Teilgebiete»}).$$

Beweis zu (b). (i) Sei $N:=N^{\mathrm{add\,SI}}$. $Nx=0$ impliziert $r_\varkappa x=0$ wegen $\langle x,Nx\rangle = \sum\langle A_\varkappa r_\varkappa x, r_\varkappa x\rangle$. Da $\operatorname{Kern} r_\varkappa = \operatorname{Bild}(p_\varkappa)^\perp$, folgert man die Orthogonalität $x\perp \operatorname{Bild}(p_\varkappa)$ für alle $\varkappa\in J$. Aus (3) schließt man $x=0$.
(ii) $A^{1/2}p_\varkappa r_\varkappa A^{1/2}$ ist als orthogonale Projektion $\leqslant I$. Summation liefert $A^{1/2}NA^{1/2}\leqslant kI$. Nach (2.10.3g) folgt (15b) aus $N\leqslant kA^{-1}$. $\blacksquare$

Übungsaufgabe 11.2.8 Sei $A>0$. Man zeige: **(a)** Zu $\Phi^{\mathrm{mult\,SI}}$ gehören die adjungierte Iteration $\Phi_1\circ\ldots\circ\Phi_k$ und die symmetrische Iteration $\Phi_1\circ\ldots\circ\Phi_{k-1}\circ\Phi_k\circ\Phi_{k-1}\circ\ldots\circ\Phi_1$. **(b)** $\Phi_\Theta^{\mathrm{add\,SI}}$ ist symmetrisch.

11.2.4 Interpretation als Gauß–Seidel- bzw. Jacobi-Iteration

Es sei der Fall (9a) («disjunkte Teilgebiete») angenommen. Ferner sei $p_\varkappa$ durch (10a) gegeben. Dann ist $\Phi_\varkappa$ aus (11) die Auflösung der Gleichung $Ax=b$ nach dem Block zum Index $\varkappa\in J$. Dies beweist das

Lemma 11.2.9 (a) Unter den Voraussetzungen (9a), (10a), stimmen die multiplikative Schwarz-Iteration mit der Block-Gauß-Seidel-Iteration und die additive Schwarz-Iteration mit der gedämpften Block-Jacobi-Iteration überein.
(b) Sei $A>0$. Die multiplikative Schwarz-Iteration konvergiert. Die additive Schwarz-Iteration konvergiert für hinreichend kleines $\Theta>0$ (hinreichend ist stets $\Theta<2k$).

Beweis zu (b). Nach (15b) und den Sätzen 4.4.11, 4.4.18 und 4.5.4. $\blacksquare$

Es sei nun (9a) angenommen, aber $p_\varkappa$ braucht nicht von der Form (10a) sein. Die Vektoren $x^\varkappa$ seien (aufgefaßt als Blockvektoren) zu $\hat{x}=(x^\varkappa)_{\varkappa\in J}$ zusammengefaßt. Die lineare Abbildung $\hat{x}=(x^\varkappa)_{\varkappa\in J}\mapsto x=\sum p_\varkappa x^\varkappa$ beschreibt eine reguläre Transformation $x=T\hat{x}$. Wir definieren $\hat{p}_\varkappa$ durch $(\hat{p}_\varkappa)_{\alpha\beta}=\delta_{\alpha\beta}$ für $\alpha\in I$, $\beta\in I_\varkappa$ (vgl. (10a)). Offenbar gilt

$$(11.2.16a) \qquad p_\varkappa = T\hat{p}_\varkappa, \quad x=\sum p_\varkappa x^\varkappa = T\hat{x}\,.$$

Gleichzeitig transformieren wir das Gleichungssystem $Ax=b$ in

$$(11.2.16b) \qquad \hat{A}\hat{x} = \hat{b} \quad \text{mit} \quad \hat{A} = T^HAT, \quad \hat{b}=T^Hb\,.$$

In der Notation aus §8.1.4 schreibt sich $\Phi_\varkappa$ aus (11) als $\Phi_\varkappa = T\circ\hat{\Phi}_\varkappa\circ T^H$, wobei $\hat{\Phi}_\varkappa(\hat{x},\hat{b}):=I-\hat{p}_\varkappa\hat{r}_\varkappa(\hat{A}\hat{x}-\hat{b})$ die Voraussetzungen (9a), (10a) erfüllt. Nach Lemma 9a gilt $\hat{\Phi}^{\mathrm{mult\,SI}}=\Phi^{\mathrm{block\,GS}}$ und $\hat{\Phi}_\Theta^{\mathrm{add\,SI}}=\Phi_\Theta^{\mathrm{block\,Jac}}$.

Folglich sind $\Phi^{\text{mult}\,\text{SI}}$ und $\Phi_{\ominus}^{\text{add}\,\text{SI}}$ die beidseitig transformierten, blockweisen Gauß-Seidel- und Jacobi-Iterationen:

(11.2.17) $\Phi^{\text{mult}\,\text{SI}} = T^{H} \circ \Phi^{\text{block}\,\text{GS}} \circ T$, $\Phi_{\ominus}^{\text{add}\,\text{SI}} = T^{H} \circ \Phi_{\ominus}^{\text{block}\,\text{Jac}} \circ T$.

Die Matrix $\hat{A}$ hat für den Fall $k = \#J = 2$ die 2×2-Blockstruktur

(11.2.16c) $\hat{A} = \begin{bmatrix} A_1 & A_{12} \\ A_{12}^{H} & A_2 \end{bmatrix}$ mit $A_{\varkappa}$ aus (5) und $A_{12} := p_1^{H} A\, p_2$.

11.2.5 Die klassische Schwarz-Iteration

Eine nicht mit den Gauß-Seidel- oder Jacobi-Iterationen vergleichbare Situation entsteht für den Fall (9b). Die klassische Schwarz-Iteration entspricht der Wahl

(11.2.18) $J = \{1,2\}$, $I_1 = \{1,\ldots,n_1\}$, $I_2 = \{n-n_2+1,\ldots,n\}$, $p_{\varkappa}$ gemäß (10a),

wobei $n_1 \geqslant n - n_2 + 1$ die Überlappung der Indexmengen $I_{\varkappa}$ anzeigt.

Als Beispiel sei die eindimensionale Aufgabe $-u'' = f$ $(0 \leqslant x \leqslant 1)$ in der Diskretisierung (10.3.1) gewählt. Den Teilgebieten $\Omega_1 = (0,b)$ und $\Omega_2 = (a,1)$ mit $0 < a < b < 1$ entsprechen die Indexmengen (18) mit

$$n_1 = b/h - 1, \qquad n - n_2 = a/h \qquad (a,b \text{ Vielfache von } h).$$

Dem Iterationsschritt Φ_k $(k = 1,2)$ aus (11) entspricht die Auflösung über Ω_k, wobei für $k = 1$ der rechte Randwert x_{n_1+1} und für $k = 2$ der linke Randwert x_{n-n_2} verwendet wird. Die Konvergenz in der Maximumnorm läßt sich wie folgt nachprüfen. Seien x^0 und e^0 der Startwert und der Startfehler. Der Fehler $\bar{e}$ von $\bar{x} := \Phi_1(x^0,b)$ erfüllt $(A\bar{e})_i = 0$ für alle $1 \leqslant i \leqslant n_1$. Dies ergibt für das spezielle Beispiel die explizite Fehlerdarstellung $\bar{e}_i = i\, e_{n_1+1}^0 / (n_1+1)$ für $1 \leqslant i \leqslant n_1$ und $\bar{e}_i = e_i^0$ sonst. Der zweite Teilschritt $x^1 := \Phi_2(\bar{x},b)$ liefert entsprechend $e_i^1 = \bar{e}_i = i\, e_{n_1+1}^0 / (n_1+1)$ für $i \leqslant n - n_2$ und

$$e_i^1 = (n-i)\,\bar{e}_{n-n_2}/n_2 = (n-n_2)(n-i)/[n_2(n_1+1)]\, e_{n_1+1}^0 \qquad \text{für } i > n - n_2.$$

Übungsaufgabe 11.2.10 Für das diskutierte Beispiel beweise man $\|e^1\|_{\infty} \leqslant \frac{a}{b}\|e^0\|_{\infty}$ und zeige eine noch günstigere Konvergenzrate als $\frac{a}{b}$.

11.2.6 Verschärfte Abschätzung $A \leqslant \Gamma W$

Wir nennen Indizes $\varkappa,\lambda \in J$ (bzw. die zugehörigen Teilgebiete) verbunden, wenn

(11.2.19) $\langle A\, p_{\varkappa} x^{\varkappa}, p_{\lambda} y^{\lambda} \rangle \neq 0$ für geeignete $x^{\varkappa} \in X_{\varkappa}$, $y^{\lambda} \in X_{\lambda}$.

Übungsaufgabe 11.2.11 Man zeige: Wenn es Teilmengen $I_{\varkappa}, I_{\lambda} \subset I$ gibt, so daß $p_{\varkappa}$ und p_{λ} (10a) erfüllen, so gilt (19) genau dann, wenn der Graph $G(A)$ eine Kante zwischen einem Knoten $\alpha \in I_{\varkappa}$ und $\beta \in I_{\lambda}$ besitzt.

In den Abbildungen 1.1a,b sind wegen der Schwachbesetztheit von A die Teilgebiete zu den Indizes *1* und *3* nicht verbunden. Wenn ähnlich wie bei einer Blocktridiagonalmatrix der Blockindex i nur mit $i \pm 1$ verbunden ist, läßt sich $J = \{1, 2, ..., k\}$ in $J_1 = \{1, 3, ...\}$ und $J_2 = \{2, 4, ...\}$ zerlegen und erfüllt die Voraussetzungen des folgenden Lemmas 12 mit $K = 2$.

Lemma 11.2.12 Sei $A > 0$. J lasse sich in K Teilmengen $J_1, ..., J_K$ aufteilen, so daß die Eigenschaft (19) nur für Indizes $\varkappa \neq \lambda$ aus verschiedenen J_i, J_j $(i \neq j)$ zutreffe. Dann gilt (15b) in der verschärften Form

$$(11.2.20) \qquad A \leqslant K\, W^{\mathrm{add\,SI}}.$$

Beweis. Man schreibe $N := N^{\mathrm{add\,SI}}$ aus (15a) als Summe $N_1 + ... + N_K$ mit $N_i := \sum_{\varkappa \in J_i} p_\varkappa r_\varkappa$. Für Indizes $\varkappa, \lambda \in J_i$ mit $\varkappa \neq \lambda$ trifft (19) definitionsgemäß nicht zu, so daß $\mathrm{Bild}(p_\varkappa) \perp_A \mathrm{Bild}(p_\lambda)$. Dies beweist, daß N_i eine A-orthogonale Projektion ist und damit wie im Beweis zu Lemma 7 $N_i \leqslant A^{-1}$ erfüllt. Summation liefert $N \leqslant K A^{-1}$, woraus (20) folgt. ∎

11.3 Eigenschaften der additiven Schwarz-Iteration

11.3.1 Parallelität

Das aktuelle Interesse erhält die additive Schwarz-Iteration auf Grund ihrer Parallelität, die es für Parallelrechner interessant macht. Dazu seien die einzelnen Berechnungsphasen im einzelnen betrachtet.

(i) Wenn der partitionierte Defekt $d^\varkappa := p_\varkappa^H (A x^m - b)$ erst für alle $\varkappa \in J$ berechnet ist, sind die Rechenschritte

$$d^\varkappa \;\mapsto\; A_\varkappa^{-1} d^\varkappa = r_\varkappa (A x^m - b) \;\mapsto\; \delta x_\varkappa := p_\varkappa A_\varkappa^{-1} d^\varkappa = p_\varkappa r_\varkappa (A x^m - b)$$

völlig unabhängig voneinander und können auf verschiedenen Prozessoren ohne jede Kommunikation untereinander berechnet werden.

(ii) Sogar der Korrekturschritt $x^{m+1} := x^m - \Theta \sum_{\varkappa \in J} \delta x_\varkappa$ $(\delta x_\varkappa$ oben definiert) kann parallel durchgeführt werden, wenn (2.9a) und (2.10a) gelten. In diesem Falle verwendet man die Prozessoren zum Index $\varkappa \in J$ zum Speichern des Blockes zum Index $\varkappa \in J$. Die Korrektur vereinfacht sich dann zu $(x^{m+1})^\varkappa = (x^m)^\varkappa - \Theta (\delta x_\varkappa)^\varkappa$, benötigt also nur lokale Größen. Im überlappenden Falle (2.9b) ist weitere Kommunikation nötig.

(iii) Wenn gemäß (ii) die Blöcke $\{(x^m)^\varkappa : \varkappa \in J\}$ über die lokalen Speicher der Prozessoren verteilt sind, benötigt die Berechnung von $d^\varkappa := p_\varkappa^H (A x^m - b)$ eine Kommunikation mit allen Prozessoren zu Indizes $\lambda \in J$, die mit $\varkappa$ verbunden sind (vgl. Eigenschaft (2.19)).

11.3.2 Konditionsabschätzungen

Generelle Annahme für die folgenden Überlegungen sei $A > 0$. Die Matrix $W = W^{\text{add SI}} = \Theta W_\Theta^{\text{add SI}}$ sei wie in Lemma 2.7b definiert. Wie aus (2.10.9) oder Lemma 7.3.11 bekannt, ist die Konditionszahl $\sigma(W^{-1}A)$ der Quotient Γ/γ der optimalen Konstanten in

$$(11.3.1) \qquad \gamma W^{\text{add SI}} \leqslant A \leqslant \Gamma W^{\text{add SI}} .$$

In (2.15b) und (2.20) haben wir $\Gamma = k$ bzw K als obere Grenze bestimmt. Der folgende Satz gestattet die Angabe einer unteren Schranke γ.

Satz 11.3.1 (Widlund [3]) Sei $A > 0$. C sei eine Konstante, so daß zu jedem $x \in X$ eine Darstellung $x = \sum_{\varkappa \in J} p_\varkappa x^\varkappa$ $(x^\varkappa \in X_\varkappa)$ existiert mit

$$(11.3.2) \qquad \sum_{\varkappa \in J} \langle A p_\varkappa x^\varkappa, p_\varkappa x^\varkappa \rangle \ \leqslant \ C \langle Ax, x \rangle .$$

Dann gilt die erste Ungleichung $\gamma W^{\text{add SI}} \leqslant A$ in (1) mit $\gamma = 1/C$.

Satz 1 wird häufig als «Lemma von P. Lions» zitiert, obwohl dessen Arbeit in Glowinski – Golub – Meurant – Périaux [1] diese Aussage nicht enthält. Im Falle (2.9a) («disjunkte Teilgebiete») ist die Zerlegung $x = \sum p_\varkappa x^\varkappa$ nach Bemerkung 2.3 eindeutig; dagegen kann man im Falle (2.9b) («überlappende Teilgebiete») eine für (2) günstige Darstellung wählen.

Beweis. Wegen $P_\varkappa p_\varkappa = p_\varkappa$ und der Cauchy-Schwarz-Ungleichung ist

$$\langle Ax, x \rangle = \langle Ax, \textstyle\sum p_\varkappa x^\varkappa \rangle = \sum \langle Ax, p_\varkappa x^\varkappa \rangle = \sum \langle Ax, P_\varkappa p_\varkappa x^\varkappa \rangle = {}_{(2.8c)}$$

$$= \sum \langle A P_\varkappa x, p_\varkappa x^\varkappa \rangle = \sum \langle P_\varkappa x, p_\varkappa x^\varkappa \rangle_A \leqslant$$

$$\leqslant \sum \| P_\varkappa x \|_A \| p_\varkappa x^\varkappa \|_A \leqslant \left(\sum \| P_\varkappa x \|_A^2 \right)^{1/2} \left(\sum \| p_\varkappa x^\varkappa \|_A^2 \right)^{1/2} .$$

Voraussetzung (2) liefert $\sum \| p_\varkappa x^\varkappa \|_A^2 = \langle A p_\varkappa x^\varkappa, p_\varkappa x^\varkappa \rangle \leqslant C \langle Ax, x \rangle$. Einsetzen in die quadrierte obige Ungleichung ergibt

$$\langle Ax, x \rangle^2 \leqslant C \langle Ax, x \rangle \sum \langle A P_\varkappa x, P_\varkappa x \rangle .$$

Nach Kürzen (möglich für alle $x \neq 0$) und Anwendung von (2.8c) folgt

$$\langle Ax, x \rangle \leqslant C \sum \langle A P_\varkappa^2 x, x \rangle = C \langle A \textstyle\sum P_\varkappa x, x \rangle \qquad \text{für alle } x \in X.$$

Dies beweist $A \leqslant C A \sum P_\varkappa = C A \sum p_\varkappa r_\varkappa A$, woraus $A^{-1} \leqslant C \sum p_\varkappa r_\varkappa = C N^{\text{add SI}}$ und (1) mit $\gamma = 1/C$ folgen. ∎

Ein entsprechendes Resultat existiert für die umgekehrte Richtung. Auch wenn es von geringerem praktischen Interesse ist, sei es der Vollständigkeit halber erwähnt:

Bemerkung 11.3.2 (vgl. Björstad – Mandel [11]) Sei $A > 0$. Wenn für alle $x \in X$ und *alle* Zerlegungen $x = \sum_{\varkappa \in J} p_\varkappa x^\varkappa$ $(x^\varkappa \in X_\varkappa)$ die Ungleichung $\sum_{\varkappa \in J} \langle A p_\varkappa x^\varkappa, p_\varkappa x^\varkappa \rangle \geqslant C \langle Ax, x \rangle$ mit $C > 0$ gilt, ist (1) mit $\Gamma = 1/C$ erfüllt.

Wünschenswert wäre es, wenn die Schranken γ und Γ aus (1) h-unabhängig wären. Auch wenn die Zahl k der Teilgebiete nicht selbst von h abzuhängen braucht, kann sie doch (je nach Zahl der vorhandenen Parallelprozessoren) groß werden, so daß auch die k-Unabhängigkeit von γ und Γ wünschenswert erscheint. Die Schranke $\Gamma = k$ aus (2.15b) ist demnach nicht optimal. Jedoch liefert Lemma 2.12 bereits ein Kriterium für $\Gamma = K$, wobei K nicht von der Anzahl k der Teilgebiete, sondern nur vom Grad ihrer gegenseitigen Verbundenheit abhängt. Eine h- oder k-unabhängige untere Schranke γ erhält man aus Satz 1, wenn die dortige Konstante C h- bzw. k-unabhängig ist.

11.3.3 Konvergenzaussagen

Die additive Schwarz-Iteration $\Phi_\Theta^{\mathrm{add\,SI}}$ kann bei geeigneter Dämpfung als konvergente Iteration verwendet werden. Der optimale Dämpfungsfaktor Θ ist nach (4.4.5) $\Theta := 2/(\gamma+\Gamma)$ mit γ, Γ aus (1). Hierfür ergibt sich die Kontraktionszahl $\rho(M_\Theta^{\mathrm{add\,SI}}) = \|M_\Theta^{\mathrm{add\,SI}}\|_A \leqslant \leqslant (\Gamma-\gamma)/(\Gamma+\gamma)$. Die gleiche Rate ergibt das Gradientenverfahren mit $\Phi_\Theta^{\mathrm{add\,SI}}$ als Basisiteration. Die beste Konvergenzrate $(\sqrt{\Gamma}-\sqrt{\gamma})/(\sqrt{\Gamma}+\sqrt{\gamma})$ liefert das cg-Verfahren bei Anwendung auf $\Phi_\Theta^{\mathrm{add\,SI}}$. In jedem Falle ist ein kleiner Quotient Γ/γ vorteilhaft.

Eine besonders einfach analysierbare Situation liegt im Falle von zwei disjunkten Teilgebieten vor (schwach 2-zyklischer Fall).

Satz 11.3.3 Vorausgesetzt seien $A > 0$ und (2.9a) mit $k = 2$ (2 disjunkte Gebiete). **(a)** Dann haben die optimalen Schranken γ, Γ in (1) die Form

(11.3.3a) $\gamma = 1 - \delta, \quad \Gamma = 1 + \delta \quad$ mit

(11.3.3b) $\delta := \| A_1^{-1/2} p_1^H A p_2 A_2^{-1/2} \|_2 < 1 \qquad (A_\varkappa$ aus (2.5)).

(b) $\Theta = 1$ ist der optimale Dämpfungsfaktor der additiven Schwarz-Iteration und liefert die Konvergenzrate $\rho(M_1^{\mathrm{add\,SI}}) = \|M_1^{\mathrm{add\,SI}}\|_A = \delta$. Das cg-Verfahren angewandt auf $\Phi_\Theta^{\mathrm{add\,SI}}$ hat die asymptotische Rate $\delta/(1+\sqrt{1-\delta^2})$.

(c) Die Zahl δ aus (3b) ist gleichzeitig die beste Schranke in der *verschärften Cauchy-Schwarz-Ungleichung*

(11.3.3c) $|\langle x, y\rangle_A| \leqslant \delta \|x\|_A \|y\|_A \qquad$ für alle $x \in \mathrm{Bild}(p_1)$, $y \in \mathrm{Bild}(p_2)$.

Beweis. (i) Indem man in (3c) $x = p_1 x^1$ und $y = p_2 x^2$ mit $x^\varkappa \in X_\varkappa$ einsetzt und $\|p_\varkappa x^\varkappa\|_A = \langle A p_\varkappa x^\varkappa, p_\varkappa x^\varkappa \rangle^{1/2} = \langle A_\varkappa x^\varkappa, x^\varkappa \rangle^{1/2} = \|A_\varkappa^{1/2} x^\varkappa\|_2$ ausnutzt, stellt man die Gleichheit des optimalen δ aus (3c) und der Norm (3b) fest.

(ii) Die Übereinstimmung der additiven Schwarz-Iteration mit der Block-Jacobi-Iteration angewandt auf $\hat{A}\hat{x} = \hat{b}$ ($\hat{A}$ aus (2.16c)) führt auf die Äquivalenz der Ungleichung (1) zu $\gamma D \leqslant \hat{A} \leqslant \Gamma D$ mit $D := \mathrm{blockdiag}\{A_1, A_2\}$. Letzteres läßt sich als $(\gamma-1)D \leqslant \hat{A} - D \leqslant (\Gamma-1)D$ schreiben. Auf $B := D^{-1/2}(\hat{A}-D)D^{-1/2}$ kann Lemma 5.2.1 angewandt werden und liefert $\lambda_{\max}(B) = \delta$ und $\lambda_{\min}(B) = -\delta$. Aus $\gamma - 1 = -\delta$ und $\Gamma - 1 = \delta$ folgen die restlichen Aussagen.   ▨

Übungsaufgabe 11.3.4 Man beweise, daß die *multiplikative* Schwarz-Iteration unter den Voraussetzungen von Satz 3 die Konvergenzrate δ^2 besitzt. *Hinweis*: Folgerung 5.5.2.

Eine entsprechende Analyse für $k = 2$ überlappende Teilgebiete findet man bei Björstad - Mandel [1]. Anders als in Satz 3 gilt stets $\Gamma = 2$. Zum Beweis wähle man $0 \neq x \in \text{Bild}(p_1) \cap \text{Bild}(p_2)$, was wegen (2.9b) möglich ist. Aus $p_\varkappa r_\varkappa A x = x$ für $\varkappa = 1,2$ folgt $NAx = 2x$ oder $Ax = 2Wx$ und erzwingt $\Gamma \geqslant 2$. Andererseits gilt nach (2.15b) $\Gamma \leqslant k = 2$. Da alle Eigenvektoren $x \in \text{Bild}(p_1) \cap \text{Bild}(p_2)$ zum Eigenwert 2 führen, stört dieser beim cg-Verfahren kaum, sondern macht sich nur bei der iterativen Anwendung oder beim Gradientenverfahren bemerkbar.

11.3.4 Genäherte Lösung der Teilprobleme

Beim blockweisen Jacobi-Verfahren wählt man die Blockstruktur (und damit die Blockdiagonale $D = \text{blockdiag}\{D_\varkappa : \varkappa \in J\}$) so, daß Gleichungen der Form $D_\varkappa y^\varkappa = c^\varkappa$ leicht zu lösen sind. Auch wenn die additive Schwarz-Iteration sich zum Teil als Block-Jacobi-Verfahren interpretieren läßt, kann man aber nicht davon ausgehen, daß die Teilprobleme (2.7): $A_\varkappa y^\varkappa = c^\varkappa$ leicht lösbar wären. Der Grund ist, daß im allgemeinen auch (2.7) die gleiche Differentialgleichung diskretisiert (wenn auch über einem Teilgebiet).

Wenn kein direkter Löser für (2.7): $A_\varkappa y^\varkappa = c^\varkappa$ zur Verfügung steht, muß dieses Teilproblem selbst wieder iterativ gelöst werden. Damit entsteht eine zusammengesetzte Iteration, die sich von dem in §8.4 studierten Fall nur dadurch unterscheidet, daß pro äußerem Iterationsschritt k Teilprobleme iterativ approximiert werden. Mit den gleichen Schlüssen wie in §8.4.3 erhalten wir das

Lemma 11.3.5 Sei $A > 0$. Zur Lösung der Teilaufgabe (2.7): $A_\varkappa y^\varkappa = c^\varkappa$ in $X_\varkappa$ sei eine sekundäre, symmetrische Iteration $\Phi^{(\varkappa)}$ eingesetzt, deren Matrix der dritten Normalform mit $W^{(\varkappa)}$ bezeichnet sei. Für alle $\varkappa \in J$ gelte

$$(11.3.4) \qquad \delta \, W^{(\varkappa)} \leqslant A_\varkappa := p_\varkappa^H A p_\varkappa \leqslant \Delta W^{(\varkappa)} \qquad (\varkappa \in J, \ \delta > 0, \ \Delta < 2).$$

Bei *exakter* Auflösung von $A_\varkappa y^\varkappa = c^\varkappa$ erfülle die additive Schwarz-Iteration die Ungleichung (1) mit γ und Γ. Θ sei so gewählt, daß $\Phi_\Theta^{\text{addSI}}$ konvergiert. Die zusammengesetzte Iteration Φ_M ($M > 0$: Anzahl der sekundären Iterationen) sei dadurch definiert, daß in $\Phi_\Theta^{\text{addSI}}$ der Ausdruck $r_\varkappa d = A_\varkappa^{-1} p_\varkappa^H d$ ($d \in X$, $\varkappa \in J$) durch die M-fache Anwendung der Iteration $\Phi^{(\varkappa)}$ auf die Gleichung $A_\varkappa y^\varkappa = p_\varkappa^H d$ mit dem Startwert $y^{\varkappa,0} := 0$ ersetzt sei. Dann ist Φ_M wieder eine symmetrische Iteration und konvergiert monoton in der Energienorm. Die zugehörige Matrix N_M der zweiten Normalform hat die Darstellung

(11.3.5a) $\qquad N_M = \sum_{\varkappa \in J} p_\varkappa \left(I - (I - W^{(\varkappa)-1} A_\varkappa)^M \right) A_\varkappa^{-1} p_\varkappa^H$

und erfüllt für gerade M die Abschätzungen

(11.3.5b) $\qquad \gamma \left(1 - \max\{(1-\delta)^M, (1-\Delta)^M\} \right) A^{-1} \leqslant N_M \leqslant \Gamma A^{-1}.$

(5b) impliziert (5c) für die Matrix W_M der dritten Normalform:

(11.3.5c) $\qquad \gamma \left(1 - \max\{(1-\delta)^M, (1-\Delta)^M\} \right) W_M \leqslant A \leqslant \Gamma W_M.$

Für die entsprechende Aussage für ein ungerades M vergleiche man §8.4.3. Anstelle der iterativen Lösung von $A_\varkappa y^\varkappa = c^\varkappa$ könnte auch an ein semiiteratives Vorgehen gedacht werden.

Die Kondition der exakten additiven Iteration verschlechtert sich nach Lemma 5 von Γ/γ auf $\Gamma/[\gamma(1-\max\{(1-\delta)^M, (1-\Delta)^M\})]$. Wegen der geeigneten Wahl von M hat die Aufwandsüberlegungen aus §8.4.4 zu wiederholen.

11.4 Beispiele

11.4.1 Schwarz-Verfahren mit echter Gebietszerlegung

Das Quadrat $\Omega \subset (0,1) \times (0,1)$ sei wie in Abb. 1 in disjunkte Teilquadrate $\Omega_\varkappa$ $(\varkappa \in J)$ der Seitenlänge H so aufgeteilt, daß $\overline{\Omega} = \cup \overline{\Omega}_\varkappa$. Damit wir die für die Schwarz-Iteration typischen überlappenden Teilgebiete erhalten, erweitern wir $\Omega_\varkappa$ zum Quadrat $\Omega_\varkappa'$ durch eine Verlängerung der Seiten nach links und oben um αH (vgl. Abb. 1). In Randnähe ist $\Omega_\varkappa'$ auf Ω zu beschränken. Das Gitter Ω_h des Poisson-Modellproblems mit der Schrittweite h sei mit der Gebietszerlegung kompatibel: H/h und $\alpha H/h$ seien ganzzahlig.

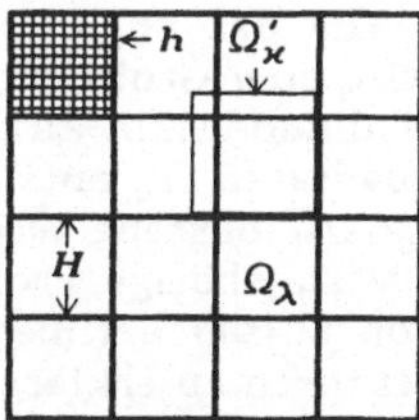

Abb. 11.4.1

Die Gesamtindexmenge ist $I = \Omega_h$. Die Teilmengen $I_\varkappa$ ergeben sich als $I_\varkappa := I \cap \Omega_\varkappa'$. Vektoren $x^\varkappa \in X_\varkappa$ können als Gitterfunktionen auf $\Omega_\varkappa'$ aufgefaßt werden. Für $p_\varkappa$ wird die triviale Wahl (2.10a) getroffen. Die Matrizen $A_\varkappa = p_\varkappa^H A p_\varkappa$ sind wieder die Poisson-Modellmatrizen (allerdings über einem kleineren Quadrat).

Die entstehende multiplikative Variante der Schwarz-Iteration ist das klassische Schwarz-Verfahren, nur die Zahl der Teilgebiete $\Omega_\varkappa'$ ist von 2 auf H^{-2} verallgemeinert. Für die Konvergenzanalyse der additiven Variante hat man die Größen γ, Γ aus (3.1) zu bestimmen. Lemma 2.12 läßt sich wie folgt anwenden. Die Quadrate $\Omega_\varkappa'$ seien analog zur Vierfarbennumerierung (4.2.12) in vier Klassen $J_1, \dots, J_4$ eingeteilt. Zwei Quadrate $\Omega_\varkappa'$, Ω_λ' mit $\varkappa \neq \lambda$, $\varkappa \in J_i$, $\lambda \in J_j$, $i \neq j$, haben den

Abstand $(1-\alpha)H > h$, wenn $\alpha < 1 - H/h$. Damit sind $\varkappa$ und λ nicht verbunden (vgl. (2.19)), so daß Lemma 2.12 $\Gamma = 4$ beweist.

Die Schranke γ erweist sich zwar als h-, nicht aber H-unabhängig: $\gamma = O(H^2)$ (vgl. Widlund [2]). Die Ursache versteht man anhand des Satzes 3.1. Eine glatte Gitterfunktion wie $x = \sin(\xi\pi)\sin(\eta\pi)$ $((\xi,\eta)\in\Omega)$ kann nicht in $x = \sum p_\varkappa x^\varkappa$ mit glatten Teilgitterfunktionen $p_\varkappa x^\varkappa$ zerlegt werden, da sich die Träger von $p_\varkappa x^\varkappa$ überlappen und zu einer nichtglatten Summe $\sum p_\varkappa x^\varkappa$ führen würden. Wenn aber x glatt und $p_\varkappa x^\varkappa$ nicht glatt sind, ist $\langle Ax, x \rangle$ klein gegenüber $\langle A p_\varkappa x^\varkappa, p_\varkappa x^\varkappa \rangle$, so daß $C = 1/\gamma$ in (3.2) groß ausfällt.

Die Verschlechterung der Kondition Γ/γ für kleiner werdendes H erkennt man als unvermeidlich, wenn man den Grenzfall $H = h$ wählt. Das (als Gebiet stets offene) Quadrat $\Omega'_\varkappa$ enthält dann genau einen Gitterpunkt. Die additive Schwarz-Iteration ist damit das klassische *punktweise* (eventuell gedämpfte) Jacobi-Verfahren, für das $\Gamma/\gamma = O(h^{-2}) = O(H^{-2})$ gilt. Die gleiche Konvergenzordnung gilt für die multiplikative Variante (eigentliche Schwarz-Iteration), die mit der klassischen *punktweisen* Gauß-Seidel-Iteration übereinstimmt.

11.4.2 Additive Schwarz-Iteration mit Grobgitterkorrektur

Um das ungünstige Konvergenzresultat aus §11.4.1 zu verbessern, wird eine Grobgitterkorrektur hinzugenommen (vgl. Dryja [4], Dryja – Widlund [1,2]). Zu den Indizes $J = \{1,\dots,H^{-2}\}$ aus §11.4.1, die den Teilquadraten $\Omega'_\varkappa$ entsprechen, wird noch 0 hinzugefügt. Die Indexmenge $I_0 = \Omega_H$ bestehe aus alle (inneren) Gitterpunkten zur Schrittweite H. Die zugehörige Prolongation $p_0 \colon X_0 = \mathbb{K}^{I_0} \to X = \mathbb{K}^I$ wird nun abweichend von (2.10a) definiert. Es reicht die Anwendung von p_0 auf Einheitsvektoren zu erklären. Sei $e_{\xi,\eta} \in X_0$ der Vektor mit dem Wert 1 auf dem Gitterknoten $(\xi,\eta)\in\Omega_H = I_0$ und 0 auf allen anderen. p_0 beschreibe nun die stückweise bilineare Interpolation in $I = \Omega_h$:

(11.4.1a) $\quad (p_0 \, e_{\xi,\eta})(x,y) = (1 - |\xi - x|/h)(1 - |\eta - y|)/h)$
$$\text{für } (x,y)\in\Omega_h \text{ mit } |\xi - x|, |\eta - y| < h,$$

(11.4.1b) $\quad (p_0 \, e_{\xi,\eta})(x,y) = 0 \quad$ sonst.

Durch Hinzunahme von $0\in J$ kann sich gemäß Lemma 2.12 die bisherige Schranke $\Gamma = 4$ höchstens auf $\Gamma = 5$ erhöhen. Für γ sind jetzt aber bessere Abschätzungen möglich, da anstelle der Gitterfunktion x nur noch der Interpolationsrest $x - p_0 x^0$ [wir wählen: $x^0(\xi,\eta) := x(\xi,\eta)$ für $(\xi,\eta)\in\Omega_H$] durch $\sum p_\varkappa x^\varkappa$ dargestellt zu werden braucht. Die Konditionszahl Γ/γ erweist sich nun als h- und H-unabhängig (vgl. Dryja – Widlund [1,2]).

Eine ähnliche Idee mit nichtüberlappenden Teilgebieten $\Omega_\varkappa = \Omega'_\varkappa$ liegt dem Verfahren von Bramble – Pasciak – Schatz [2] zugrunde.

11.4.3 Formulierung im Fall einer Galerkin-Diskretisierung

Das Randwertproblem sei in der Form (10.6.10): «$v \in V$, $a(v,w) = (f,w)_U$ für alle $w \in V$» beschrieben und durch (10.6.11b):

$$(11.4.2) \qquad v_h \in V_h, \quad a(v_h, w) = (f,w)_U \qquad \text{für alle } w \in V_h$$

diskretisiert, wobei V_h ein endlichdimensionaler Unterraum von V sei. Zwischen den Funktionen $v_h \in V_h$ und den Koeffizientenvektoren $x \in X$ besteht die bijektive Beziehung $v_h = P_h x = \sum_{\alpha \in I} x_\alpha b_\alpha$ (b_α: Basisfunktionen von V_h; vgl. (10.6.12)).

Den *Teilgebieten* $\Omega_\varkappa \subset \Omega$ entspricht der *Teilraum*

$$(11.4.3) \qquad V_{h,\varkappa} := \{ v_h \in V_h : v_h(\xi) = 0 \text{ für } \xi \in \Omega \setminus \Omega_\varkappa \},$$

d.h. $v_h \in V_{h,\varkappa}$ hat seinen Träger in $\overline{\Omega}_\varkappa$. Für übliche Finite-Element-Ansätze repräsentiert jede Komponente x_α von $x \in X$ den Funktionswert von v_h in einem zugehörigen «Knotenpunkt» $\xi_\alpha \in \Omega$ (vgl. Hackbusch [15]). Sei $I_\varkappa := \{ \alpha \in I : \xi_\alpha \in \Omega_\varkappa \}$ gewählt; bei geeigneter Wahl der $\Omega_\varkappa$ stimmt diese Definition mit $I_\varkappa := \{ \alpha \in I : \text{Träger}(b_\varkappa) \subset \overline{\Omega}_\varkappa \}$ überein. Dann gilt

$$(11.4.4) \qquad V_{h,\varkappa} = \{ P_h x : x \in \text{Bild}(p_\varkappa) \} = \{ P_h p_\varkappa x^\varkappa : x^\varkappa \in X_\varkappa \}, \text{ wobei } X_\varkappa := \mathbb{K}^{I_\varkappa}.$$

Nach Definition der Matrix A durch $\langle Ax, y \rangle = a(P_h x, P_h y)$ $(x, y \in X)$ sind die folgenden Darstellungen äquivalent:

$$
\begin{aligned}
\langle A p_\varkappa x^\varkappa, p_\lambda x^\lambda \rangle &= a(P_h p_\varkappa x^\varkappa, P_h p_\lambda x^\lambda) = && \text{mit } x^\varkappa \in X_\varkappa \\
(11.4.5) \qquad &= a(P_h x^{(\varkappa)}, P_h p_\lambda x^{(\lambda)}) = && \text{mit } x^{(\varkappa)} := p_\varkappa x^\varkappa \in \text{Bild}(p_\varkappa) \\
&= a(v_h^{(\varkappa)}, v_h^{(\lambda)}) && \text{mit } v_h^{(\varkappa)} := P_h x^{(\varkappa)} \in V_{h,\varkappa}.
\end{aligned}
$$

$P_h p_\varkappa : X_\varkappa \to V_{h,\varkappa}$ ist die bijektive Abbildung, die es gestattet, Formulierungen in den Vektorräumen $X_\varkappa$ in die Galerkin-Unterräume $V_{h,\varkappa}$ zu übertragen und umgekehrt. Die Beziehung (5) erlaubt z.B. die verschärfte Cauchy-Schwarz-Ungleichung (3.3c) in die folgende äquivalente Form zu bringen:

$$(11.4.6) \qquad |a(v_h, w_h)| \leqslant \delta \sqrt{a(v_h, v_h)\, a(w_h, w_h)} \quad \text{für alle } \begin{cases} v_h \in V_{h,\varkappa}, \\ w_h \in V_{h,\lambda}. \end{cases}$$

Im allgemeinen ist $a(v,w)$ ein Integral $\int_\Omega \ldots dx$ über dem Gebiet Ω (vgl. §10.6.3.2 und Hackbusch [15]; eventuell können auch zusätzliche Randintegrale auftreten). Sei $a_\tau(v,w) = \int_\tau \ldots dx$ das entsprechende Integral über $\tau \subset \Omega$. Sei $\Omega = \cup \tau_i$ eine disjunkte Zerlegung von Ω in Teilmengen τ_i. Offenbar gilt

$$(11.4.7) \qquad \sum_i a_{\tau_i}(v,w) = a(v,w) \qquad \text{für alle } v, w \in V.$$

Das folgende, einfache Lemma ist ein wichtiges Hilfsmittel für viele Beweise, da es den Nachweis von (6) statt über Ω nur über den Teilmengen τ_i (z.B. den Dreiecken einer Finite-Element-Triangulation) erfordert.

Lemma 11.4.1 Wenn für alle i Ungleichung (6) mit a_{τ_i} anstelle von a gilt, so ist (6) auch für a mit gleichem δ erfüllt.

Beweis. Die Schwarzsche Ungleichung $(\sum \alpha_i \beta_i)^2 \leqslant \sum \alpha_i^2 \sum \beta_i^2$ liefert

$$|a(v_h, w_h)| = |\sum a_{\tau_i}(v_h, w_h)| \leqslant \sum |a_{\tau_i}(v_h, w_h)| \leqslant$$

$$\leqslant \delta \sum |a_{\tau_i}(v_h, v_h)\, a_{\tau_i}(w_h, w_h)|^{1/2} \leqslant$$

$$\leqslant \delta \left(\sum a_{\tau_i}(v_h, v_h)\right)^{1/2} \left(\sum a_{\tau_i}(w_h, w_h)\right)^{1/2} = \delta \sqrt{a(v_h, v_h)\, a(w_h, w_h)}. \quad\blacksquare$$

11.4.4 Mehrgitterverfahren als Schwarz-Iteration

Die in §11.4.2 beschriebene Variante hat bereits die Nähe zu Mehrgitterverfahren gezeigt. Auch umgekehrt sind Mehrgittervarianten so beschrieben und bezüglich Konvergenz analysiert worden, daß sie sofort als multiplikative Schwarz-Iteration interpretierbar sind.

Von Braess [1] stammt der erste Beweis der monotonen Konvergenz $\|M_\ell^{ZGM}\|_A \leqslant \zeta < 1$ des Zweigitterverfahrens, der ohne Regularitätsannahmen auskommt (vgl. §10.6.3.5, §10.6.6). Ansätze zu diesem Beweis findet man auch bei Bank – Dupont [2]. Anders als bisher sei das Grobgitter zum Poisson-Modellproblem als um 45° gedrehtes Gitter zur Schrittweite $h_{\ell-1}=\sqrt{2}\,h_\ell$ gewählt. Abb. 2 zeigt die Gitter für ein allgemeineres Gebiet als das Einheitsquadrat. Das quadratische Gitter Ω_ℓ sei dazu als Dreiecksgitter aufgefaßt. Bekanntlich führt die Finite-

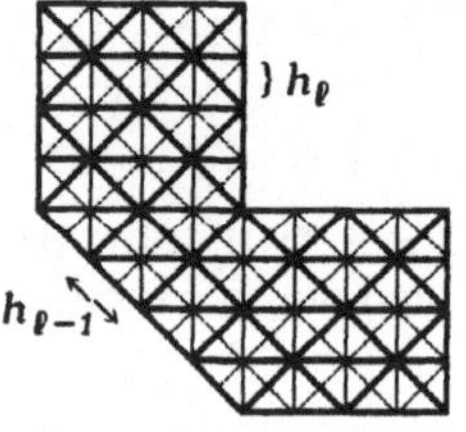

Abb. 11.4.2

Element-Diskretisierung für die linearen Dreieckselemente ebenfalls zum Fünfpunktstern (1.2.4a). Die Grobgittergleichung ist die Finite-Element-Diskretisierung über den in Abb. 2 stark gezeichneten Dreiecken. Die *kanonische Prolongation* p des Mehrgitterverfahrens ist die lineare Interpolation auf den Hypothenusen der Grobgitterdreiecke.

Als *Glättung* wird die Schachbrett-Gauß-Seidel-Iteration $\mathcal{S}_\ell$ gewählt. Die «weißen» Punkte aus Ω_h stimmen mit den Grobgitterpunkten überein: $\Omega_\ell^W = \Omega_{\ell-1}$, während $\Omega_\ell^S = \Omega_\ell \setminus \Omega_{\ell-1}$ die «schwarzen» Punkte enthält. Entsprechend ist $\mathcal{S}_\ell$ das Produkt $\mathcal{S}_\ell^S \circ \mathcal{S}_\ell^W$ der Gauß-Seidel-Schritte zuerst auf den weißen, dann auf den schwarzen Feldern. Für die folgenden Überlegungen reicht es, den Glättungsschritt auf den halben Gauß-Seidel-Iteration $\mathcal{S}_\ell^S$ zu reduzieren. Das Zweigitterverfahren lautet dann $\Phi_\ell^{ZGM} := \Phi_\ell^{GGK} \circ \mathcal{S}_\ell^S$, wobei Φ_ℓ^{GGK} die Grobgitterkorrektur bezeichnet.

Zur Analyse definieren wir die Unterräume

$$(11.4.8a) \qquad V_{\ell,1} := \{ v \in V_\ell : v_\ell(\xi, \eta) = 0 \text{ für alle } (\xi, \eta) \in \Omega_\ell^W = \Omega_{\ell-1} \},$$

$$(11.4.8b) \qquad V_{\ell,2} := V_{\ell-1},$$

wobei V_ϱ der (Finite-Element-)Raum der stetigen Funktionen, die über allen Dreiecken des Gitters Ω_ϱ linear sind. Funktionen aus $V_{\varrho-1} \subset V_\varrho$ sind entsprechend auf den größeren Dreiecken von $\Omega_{\varrho-1}$ linear. Alle $v \in V_\varrho$ erfüllen $v(\xi, \eta) = 0$ für Randpunkte $(\xi, \eta) \in \partial\Omega$.

Die Gesamtindexmenge $I = \Omega_\varrho$ sei zerlegt in

$$(11.4.9) \qquad I_1 := \Omega_\varrho \setminus \Omega_{\varrho-1}, \qquad I_2 := \Omega_{\varrho-1} .$$

Der zweite der I_1 und I_2 entsprechenden Vektorräumen

$$(11.4.10) \qquad X_{\varrho,1} := \mathbb{K}^{I_1}, \qquad X_{\varrho,2} := \mathbb{K}^{I_2}$$

stimmt mit dem in (10.1.9) als $X_{\varrho-1}$ bezeichneten Vektorraum überein. Die Prolongationen (im Sinne der Gebietszerlegungsmethode) seien

$$(11.4.11a) \qquad p_1 : X_{\varrho,1} \to X_\varrho \quad \text{gemäß} \ (2.10a),$$

$$(11.4.11b) \qquad p_2 = p : X_{\varrho,2} = X_{\varrho-1} \to X_\varrho \quad \text{sei die kanonische Prolongation.}$$

Übungsaufgabe 11.4.2 Man zeige: **(a)** Mit $P = P_\varrho$ aus (10.6.12) gilt

$$(11.4.12) \qquad V_{\varrho,\varkappa} = \text{Bild}(P \, p_\varkappa) \qquad\qquad \text{für} \ \varkappa = 1, 2 .$$

(b) Sei $A = A_\varrho$ eine beliebige Fünfpunktformel. Man beweise: Die Schachbrett-Gauß-Seidel-Halbschritte $\mathscr{S}_\varrho^S$ und $\mathscr{S}_\varrho^W$ sind Projektionen. Falls $A > 0$, sind $\mathscr{S}_\varrho^S$ und $\mathscr{S}_\varrho^W$ symmetrische Iterationen (vgl. (5.8.1/2)).

Lemma 11.4.3 Sei $A > 0$. Φ_ϱ^{GGK} und $\mathscr{S}_\varrho^S$ sind A-orthogonale Projektionen auf $\text{Bild}(p_\varkappa) \subset X$. Es gelten (2.3): $\text{Bild}(p_1) + \text{Bild}(p_2) = X_\varrho$ und (2.9a): $n_1 + n_2 = n$ für die Dimensionen $n_\varkappa := \dim \text{Bild}(p_\varkappa) = \#I_\varkappa$, $n := \dim X_\varrho$.

Beweis. $\mathscr{S}_\varrho^S$ und Φ_ϱ^{GGK} sind Projektionen, wie aus Übungsaufgabe 2b und Lemma 10.1.6 hervorgeht (die Voraussetzung (10.1.26) ist für Galerkin-Diskretisierung nach Übung 10.6.12b erfüllt). Nach Übung 2b und Lemma 10.7.1 mit $\nu = 0$ sind $\mathscr{S}_\varrho^S$ und Φ_ϱ^{GGK} symmetrisch. Aus Übung 2.2c schließen wir, daß $\mathscr{S}_\varrho^S$ und Φ_ϱ^{GGK} A-orthogonale Projektionen sind. ▨

Die Resultate des Lemmas 3 und $\Phi_\varrho^{ZGM} := \Phi_\varrho^{GGK} \circ \mathscr{S}_\varrho^S$ beweisen die

Bemerkung 11.4.4 Das oben beschriebene Zweigitterverfahren Φ_ϱ^{ZGM} ist die multiplikative Schwarz-Iteration zu den Prolongationen (11a,b). Es liegt der Fall (2.9a) zweier disjunkter Gebiete vor.

Zur Konvergenzanalyse ist Satz 3.3 anwendbar. Die Größe δ der verschärften Cauchy-Schwarz-Ungleichung (3.3c) kann nach Lemma 1 bestimmt werden. Dazu werden als Teilmengen τ_i die Dreiecke des Gitters $\Omega_{\varrho-1}$ verwendet. $v \in V_{\varrho,1}$ ist eine auf τ_i lineare Funktion, und $w \in V_{\varrho,2}$ ist auf den beiden Teildreiecken des Gitters Ω_ϱ stückweise lineare Funktion und verschwindet in allen Eckpunkten von τ_i. Die Abschätzung der Bilinearform $a_{\tau_i}(v, w) = \int_{\tau_i} \langle \nabla v, \nabla w \rangle \, dx$ ergibt die Schranke $\delta \, [a_{\tau_i}(v, v) a_{\tau_i}(w, w)]^{1/2}$ mit $\delta = 1/\sqrt{2}$. Lemma 1 beweist den

---

Satz 11.4.5 Das oben beschriebene Zweigitterverfahren Φ_ℓ^{ZGM} konvergiert monoton in der Energienorm mit der Kontraktionszahl $\| M_\ell^{ZGM} \|_A \leq \frac{1}{2}$. Die gleiche Schranke gilt für den Fall mehrerer Glättungsschritte mit $\mathscr{S}_\ell = \mathscr{S}_\ell^S \circ \mathscr{S}_\ell^W$.

Beweis des zweiten Teiles. $\mathscr{S}_\ell^\nu$ hat die Form $\mathscr{S}_\ell^S \circ (\mathscr{S}_\ell^W \circ \ldots \circ \mathscr{S}_\ell^S \circ \mathscr{S}_\ell^W)$. Es ist
$$\| M_\ell^{ZGM}(\nu,0) \|_A \leq \| M_\ell^{ZGM} \|_A \| S_\ell^W \|_A \cdot \ldots \cdot \| S_\ell^S \|_A \| S_\ell^W \|_A = \| M_\ell^{ZGM} \|_A \leq \frac{1}{2},$$
da $\| S_\ell^W \|_A = \| S_\ell^S \|_A = 1$ für A-orthogonale Projektionen gilt. ▣

Der angegebene Zweigitterbeweis verlangt keine Regularitätsannahme. Häufig wird es als Vorteil gewertet, wenn für mehrgitterähnliche Verfahren Konvergenz ohne Regularität gezeigt werden kann. Man verschenkt jedoch die Effektivitätssteigerung, die durch mehrere Glättungsschritte erzielt werden kann. Die hier diskutierte Variante $\Phi_\ell^{GGK} \circ \mathscr{S}_\ell^S$ ist dafür ein typisches Beispiel. Bei Braess [2] läßt sich nachlesen, wie man (dank einer impliziten Regularitätsannahme!) mit einer verbesserten Form der Cauchy-Schwarz-Ungleichung (6) zu quantitativen Konvergenzaussagen für $\Phi_\ell^{GGK} \circ (\mathscr{S}_\ell^S \circ \mathscr{S}_\ell^W)^\nu$ kommt, die deutlich machen, daß der halbe Glättungsschritt $\mathscr{S}_\ell^S$ nicht optimal ist.

11.4.5 Mehrstufige Schwarz-Iteration

Charakteristisch für die Schwarz-Iteration aus §11.4.2 war die mit $I_0 = \Omega_H$ verbundene Grobgitterkorrektur. Die Zweigittersituation $\{h, H\}$ läßt sich zum Mehrgitterfall $\{h = h_\ell < h_{\ell-1} < \ldots < h_0 = H\}$ verallgemeinern. Dazu schreiben wie die bisherige Aufspaltung als $\{I_{0,\ell}, I_{1,\ell}, \ldots, I_{k_\ell,\ell}\}$, wobei $I_{\varkappa,\ell}$ $(1 \leq \varkappa \leq k_\ell)$ den überlappenden Teilgebieten $\Omega_\varkappa'$ und $I_{0,\ell}$ dem Grobgitter $\Omega_{h_{\ell-1}}$ entsprechen. Die analoge Gebietszerlegung wird nun zur Lösung der Grobgittergleichung eingesetzt: $I_{0,\ell}$ wird ersetzt durch $\{I_{0,\ell-1}, I_{1,\ell-1}, \ldots, I_{k_{\ell-1},\ell-1}\}$, wobei $I_{\varkappa,\ell-1}$ für $1 \leq \varkappa \leq k_{\ell-1}$ überlappende Teilgebiete im groben Gitter und $I_{0,\ell-1} = \Omega_{h_{\ell-2}}$ das nächste Grobgitter repräsentieren. Rekursive Ersetzung von $I_{0,\ell-1}, \ldots, I_{0,1}$ führt auf $\{I_{0,0}, I_{\varkappa,\lambda}: 1 \leq \varkappa \leq k_\lambda, 1 \leq \lambda \leq \ell\}$ mit entsprechenden Prolongationen $p_{\varkappa,\lambda}$.

Anders als beim üblichen Mehrgitterverfahren arbeitet die mehrstufige additive Schwarz-Iteration parallel auf allen Stufen. Dryja – Widlund [2, Theorem 3.2]) beweisen für diese Variante die Konditionszahl $\Gamma/\gamma = O(\ell^2)$, die sich mit wachsender Stufenzahl verschlechtert.

11.4.6 Methode der hierarchischen Basis

Die Abbildungen 3a–c zeigen eine Folge von sich verfeinernden Triangulationen für eine Galerkin-Diskretisierung mit stückweise linearen Funktionen. Sei V^h

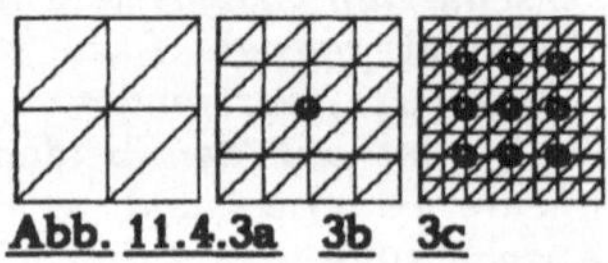

Abb. 11.4.3a   3b   3c

der Raum der stückweise linearen Funktionen über dem Gitter Ω_h aus

Abb. 3c. Entsprechend können V^{2h} über Ω_{2h} und V^{4h} über Ω_{4h} erklärt werden. Es gilt $V^{4h} \subset V^{2h} \subset V^{h}$. Der Galerkin-Unterraum V^{h} kann als Summe von V^{2h} und

(11.4.12a) $V_2 := \{ v \in V^{h}:\ v = 0$ in allen Knotenpunkten von $\Omega_{2h} \}$

geschrieben werden: $V^{h} = V_2 + V^{2h}$. Die vorgeschriebenen Nullstellen von $v \in V_2$ sind in Abb. 3c durch «0» gekennzeichnet. Entsprechend ist $V^{2h} = V_1 + V^{4h}$ mit

(11.4.12b) $V_1 := \{ v \in V^{2h}:\ v = 0$ in allen Knotenpunkten von $\Omega_{4h} \}$.

Mit $V_0 := V^{4h}$ erhält man die Zerlegung

(11.4.12c) $V^{h} = V_0 + V_1 + V_2$.

In allen Räumen $V_{\varkappa}$ ($0 \leqslant \varkappa \leqslant 2$) wähle man die üblichen (Knoten-)Basisfunktionen (zu den verschieden großen Dreiecken). Die Vereinigung der Basen ergeben gemäß (12c) eine Basis für V^{h}, die «_hierarchische Basis_» (vgl. Yserentant [2]). Selbstverständlich können allgemeinere (unregelmäßige) Triangulationen als in Abb. 3a–c und eine größere Anzahl von Gitterstufen verwendet werden. (12c) wird dann zu $V^{h} = V_0 + \ldots + V_{\ell}$.

Die von Yserentant [3] eingeführte Iteration kann als Schwarz-Iteration zur Unterraumzerlegung (12c) interpretiert werden, wobei die Teilaufgaben nicht exakt gelöst, sondern durch eine einfache «Glättung» auf den Knotenpunkten von $\Omega_{2h} \backslash \Omega_h$ bzw. $\Omega_{4h} \backslash \Omega_{2h}$ approximiert werden (vgl. §11.3.4). Dies ist ausreichend, da die Kondition der Teilaufgaben h-unabhängig ist.

Die von Yserentant [3] bewiesenen Abschätzungen ergeben die Schranken $\Gamma = O(1)$ und $\gamma = O(\ell^{-2})$, so daß sich die Kondition wieder wie $O(\ell^2)$ verhält (vgl. auch Bank – Yserentant [1]). Man beachte, daß die maximal mögliche Stufenzahl ℓ mit der Schrittweite durch $\ell = O(|\log h|)$ verbunden ist. Entsprechende Abschätzungen für dreidimensionale Randwertaufgaben fallen jedoch wesentlich schlechter aus.

Eine sehr ähnliche Schwarz-Iteration, die auch auf dreidimensionale Probleme anwendbar ist und die Kondition $O(\ell^2)$ liefert, stammt von Bramble – Pasciak – Xu [2]. Ausgehend von der gleichen Folge hierarchischer Triangulationen Ω_{h_μ} ($\mu = 0, 1, \ldots, \ell$; $h = h_\ell$) wie in Abb. 3a–c, definiert man die assoziierten Teilräume

$$V_0 = Q_0 V^{h}, \quad V_\mu := (Q_\mu - Q_{\mu-1}) V^{h} \qquad (1 \leqslant \mu \leqslant \ell),$$

wobei Q_μ die bezüglich $L^2(\Omega)$ orthogonalen Projektionen auf V^{h_μ} sind:

$$v_\mu = Q_\mu v \iff v_\mu \in V^{h_\mu} \text{ und } \int_\Omega (v - v_\mu) w\,dx = 0 \text{ für alle } w \in V^{h_\mu}.$$

Die Teilprobleme können wieder geeignet approximiert werden, wobei die Kondition $O(\ell^2)$ erhalten bleibt (vgl. Dryja – Widlund [2], Yserentant [5]).

11.4.7 Weitere Ansätze für Zerlegungen in Unterräume

Bisher wurden die Unterräume («Teilgebiete») durch echte Gebietszerlegungen oder Zerlegungen nach verschiedenen Gitterweiten erhalten. Eine weitere Möglichkeit ist die Zerlegung eines Funktionenraumes nach Symmetrien (vgl. Allgower - Böhmer - Zhen [1]). Auch die bei der Frequenzzerlegungsvariante des Mehrgitterverfahrens (vgl. Hackbusch [11]) definierten Prolongationen können unmittelbar als Prolongationen (2.1) der Gebietszerlegungsmethode verwendet werden.

11.5 Schur-Komplement-Methoden

Eine Reihe von Verfahren stellt die Behandlung des Schur-Komplementes (vgl. (6.4.12)) in den Vordergrund.

11.5.1 Nichtüberlappende Gebietszerlegung mit innerem Rand

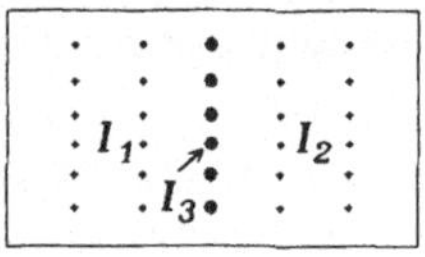

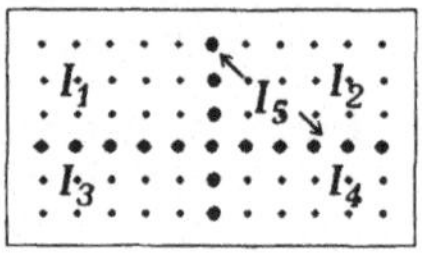

Matrizen A, die (höchstens) Neunpunktformeln darstellen, haben die folgende Eigenschaft. Die als Indexmengen verwendeten Gitterpunkte I_1 und I_2 aus Abb. 1a seien durch eine Gitterlinie I_3 getrennt. Die Prolongationen p_x seien wie in (2.10a) definiert. Dann

Abb. 11.5.1a $k = 3$ **Abb. 11.5.1b** $k = 5$
$k-1$ Teilgitter mit Grenzlinie I_k

sind die Indizes *1* und *3* sowie *2* und *3* verbunden, nicht aber *1* und *2*. Die Gitterlinie I_3 ist die minimale Menge, die I_1 und I_2 in diesem Sinne trennen kann (falls A nicht eine 9-, sondern 25-Punktformel ist, hat man als I_3 eine Doppelreihe von Punkten zu wählen). Allgemein können $k-1$ Teilgebiete I_x ($1 \leqslant x \leqslant k-1$) durch eine Grenzlinienmenge I_k getrennt werden (in Abb. 1b für $k=5$ dargestellt). Die entstehenden Indexteilmengen I_x sind disjunkt (Fall (2.9a)).

Bei geeigneter Numerierung der Indizes (zuerst jene aus I_1, dann aus I_2 u.s.w.) hat A die Blockgestalt

$$(11.5.1) \qquad A = \begin{bmatrix} A_{11} & O & A_{1,k} \\ O & A_{k-1,k-1} & A_{k-1,k} \\ A_{1,k}^H \cdots A_{k-1,k}^H & & A_{k,k} \end{bmatrix}.$$

Wir definieren $I_I := \bigcup_{x=1}^{k-1} I_x$ (innere Indizes) und $I_R := I_k$ (Randindizes) und erhalten A in der 2×2-Blockform

$$(11.5.2) \qquad A = \begin{bmatrix} A_{II} & A_{IR} \\ A_{IR}^H & A_{RR} \end{bmatrix}, \qquad A_{II} := \text{blockdiag}\{A_{xx}: 1 \leqslant x \leqslant k-1\}.$$

11.5.2 Direkte Lösung

Blockweise Gauß-Elimination der Einträge $A_{1,k}^H, \ldots, A_{k-1,k}^H$ in (1) liefert

$$(11.5.3) \qquad \begin{bmatrix} A_{11} & \ddots & & A_{1,k} \\ & & A_{k-1,k-1} & A_{k-1,k} \\ 0 & \cdots & 0 & S \end{bmatrix} x = \begin{bmatrix} b^1 \\ \vdots \\ b^{k-1} \\ \widehat{b}^k \end{bmatrix}, \quad \text{wobei}$$

$$(11.5.4) \qquad S := A_{kk} - \sum_{\varkappa=1}^{k-1} A_{\varkappa,k}^H A_{\varkappa\varkappa}^{-1} A_{\varkappa,k}$$

das _Schur-Komplement_ ist. Die Dimension der Matrix S beträgt $n_k \times n_k$, wobei typischerweise $n_k = O(h^{-1}k)$. Nimmt man die teuere Berechnung des Schur-Komplementes und direkte Verfahren zur Lösung von $Sx^k = c^k$ in Kauf, so erhält man ein direktes, weitgehend parallelisierbares Verfahren.

11.5.3 Die Kapazitätsmatrixmethode

Das Schur-Komplement S tritt auch unter dem Namen «Kapazitätsmatrix» auf. Während die Berechnung von S als Matrix teuer ist, kann das _Matrix-Vektor-Produkt_ $x^k \mapsto Sx^k$ für ein $x^k \in X_k$ relativ leicht über die (für sich parallel ausführbaren) Teilschritte (i) $x^k \mapsto c^k := A_{\varkappa,k}x^k$ (ii) löse $A_{\varkappa\varkappa}y^\varkappa = c^\varkappa$, (iii) $Sx^k := A_{kk}x^k - \sum_\varkappa A_{\varkappa,k}^H y^\varkappa$ berechnet werden, vorausgesetzt direkte Löser für $A_{\varkappa\varkappa}y^\varkappa = c^\varkappa$ stehen zur Verfügung.

Mit A ist auch S positiv definit, so daß das cg-Verfahren auf $Sx^k = c^k$ anwendbar ist. Je nach Größe der Konditionszahl $\varkappa(S)$ ist dieses Vorgehen empfehlenswert oder nicht. Kann man aber die letzte Blockgleichung $Sx^k = \widehat{b}^k$ in (3) (näherungsweise) lösen, ergeben sich die anderen Blöcke aus $A_{\varkappa\varkappa}x^\varkappa = b^\varkappa - A_{\varkappa,k}x^k$.

Im Falle des Poisson-Modellproblemes ergibt sich die Kondition $\varkappa(S) = O(h^{-1})$, so daß die cg-Methode (angewandt auf die Richardson-Iteration) nur die Konvergenzrate $1 - O(h^{1/2})$ liefert. Man kann versuchen, für die Matrix S eine geeignete Präkonditionierung zu finden. Von Dryja [2] stammt der Vorschlag, die über schnelle Fourier-Transformationen berechenbare Quadratwurzel der zweiten Differenzen auf der Gitterlinie I_3 zu wählen (vgl. auch Mróz [1]).

Eine weitere Variante der Kapazitätsmatrixmethode – in der russischsprachigen Literatur als «Verfahren der fiktiven Gebiete» bezeichnet – entsteht, wenn ein Grundgebiet Ω in ein umfassendes Gebiet Ω' eingebettet wird. Dabei wird Ω' z.B. als Rechteck gewählt, damit die (diskrete) Differentialgleichung in Ω' einfach gelöst werden kann. Hierzu sei auf Proskurowski – Widlund [1], Astrachancev [2] und Börgers – Widlund [1] verwiesen.

11.5.4 Gebietszerlegungsmethode mit nichtüberlappenden Gebieten

Statt direkt eine Präkonditionierung von S zu finden, kann man versuchen S mit Hilfe des Schur-Komplementes eines ähnlichen Problems zu präkonditionieren. Die folgende Darstellung ist den Arbeiten von Widlund [2] und Björstad - Widlund [1] entlehnt. Dort finden sich auch weitere Literaturhinweise auf frühere Fundstellen zu dieser Methode.

Das Gebiet Ω sei wie in Abb. 1.1a in disjunkte Teilgebiete $\Omega_\varkappa$ zerlegt. Die inneren Gitterpunkte (Knotenpunkte) seien die in Abb. 1a,b als $I_\varkappa$ $(1 \leqslant \varkappa \leqslant k-1)$ bezeichneten Mengen. Den inneren Rändern $\partial\Omega_\varkappa \cap \partial\Omega_\lambda$ $(1 \leqslant \varkappa, \lambda \leqslant k-1)$ entspricht die Knotenmenge I_k aus Abb. 1a,b. Sei zur Vereinfachung $k = 3$ (2 Teilgebiete; vgl. Abb. 1a) angenommen. Die Verwendung der klassischen Schwarz-Iteration mit den beiden Indexmengen $I_1 \cup I_3$ und I_3 (oder I_1 und $I_2 \cup I_3$) ist nicht empfehlenswert, da zu langsam. Stattdessen kann man die Präkonditionierung des Schur-Komplementes S mit Hilfe folgender Galerkin-Diskretisierung über Ω_1 konstruieren:

$$(11.5.5) \qquad v \in V^h \text{ mit } \quad a_{\Omega_1}(v,w) = (f,w)_U \qquad \text{für alle } w \in V^h.$$

Dabei ist a_{Ω_1} die Bilinearform a mit der Integration über Ω_1 statt Ω (vgl. §11.4.3). (5) liefert die (diskrete) Lösung der Differentialgleichung auf Ω_1 mit der natürlichen Randbedingung auf $\partial\Omega_1 \cap \partial\Omega_2$ (vgl. Hackbusch [15,§7.5]). Das Problem (5) greift nur auf die Indexmengen I_1 und I_3 zurück. Das entstehende Gleichungssystem hat die Blockgestalt

$$(11.5.6) \qquad \begin{bmatrix} A_{11} & A_{13} \\ A_{13}^H & A_{33}' \end{bmatrix} \begin{bmatrix} x^1 \\ x^3 \end{bmatrix} = \begin{bmatrix} c^1 \\ c^3 \end{bmatrix}$$

mit einer anderen Matrix $A_{33}' \neq A_{33}$. Das zugehörige Schur-Komplement

$$(11.5.7) \qquad S' := A_{33}' - A_{13}^H A_{11}^{-1} A_{13}$$

wird als Präkonditionierungsmatrix für S verwendet. Der Beweis von

$$\varkappa(S'^{-1}S) = O(1)$$

verlangt funktionalanalytische Hilfsmittel (Fortsetzungssätze; vgl. Widlund [2]). Gleichungen mit der Matrix

$$A' := \begin{bmatrix} A_{11} & 0 & A_{13} \\ 0 & A_{22} & A_{23} \\ A_{13}^H & A_{23}^H & A_{33}' \end{bmatrix}$$

lassen sich über (6) erst nach den Blöcken x^1, x^3 und anschließend nach x^2 auflösen. Wenn S' eine gute Präkonditionierung für S ist, dann nach der folgenden Übungsaufgabe auch A' für A.

Übungsaufgabe 11.5.1 Sei $\gamma \leqslant 1 \leqslant \Gamma$. Man zeige, daß $\gamma S' \leqslant S \leqslant \Gamma S'$ und $\gamma A' \leqslant A \leqslant \Gamma A'$ äquivalent sind.

Die Auflösung von $A'x = c$ verlangt die exakte Lösung der Teilprobleme (6) und $A_{22}x^2 = c^2$. Die exakte Auflösung kann durch eine approximative Lösung ersetzt werden, indem A' durch A'' ersetzt wird. Die Kondition $\varkappa(A''^{-1}A)$ schätzt man gemäß Lemma 8.3.10 durch $\varkappa(A''^{-1}A')\varkappa(A'^{-1}A) = \varkappa(A''^{-1}A')\varkappa(S'^{-1}S) \leqslant \text{const}\,\varkappa(A''^{-1}A')$ ab.

11.5.5 Mehrgitterähnliche Gebietszerlegungsmethoden

Die Gebietszerlegung kann wie folgt rekursiv durchgeführt werden: Die Indexmenge wird nacheinander disjunkt zerlegt in $I = I_\varrho \cup I'_\varrho$, $I'_\varrho = I_{\varrho-1} \cup I'_{\varrho-1}$, ..., $I'_1 = I_1 \cup I_0$, so daß schließlich $I = I_\varrho \cup I_{\varrho-1} \cup \ldots \cup I_1 \cup I_0$ gilt. Beispielsweise können die Indizes I_μ der Gitterpunktmenge $\Omega_\mu \setminus \Omega_{\mu-1}$ ($\Omega_{-1} := \emptyset$) entsprechen, wenn $\Omega_0 \subset \Omega_1 \subset \ldots \subset \Omega_\varrho$ eine Gitterhierarchie zur Schrittweitenfolge $h_\mu = 2^{-\mu}h_0$ ist. Der Indexaufteilung $I = I_\varrho \cup I'_\varrho$ entspricht eine Partitionierung der Matrix $A = A^{(\varrho)}$. Diese Blockmatrix kann als das Produkt

$$(11.5.8) \quad A^{(\varrho)} = \begin{bmatrix} A_{11}^{(\varrho)} & A_{12}^{(\varrho)} \\ A_{12}^{(\varrho)H} & A_{22}^{(\varrho)} \end{bmatrix} = L^{(\varrho)} \begin{bmatrix} A_{11}^{(\varrho)} & 0 \\ 0 & S^{(\varrho)} \end{bmatrix} L^{(\varrho)H}, \quad L^{(\varrho)} = \begin{bmatrix} I & 0 \\ A_{12}^{(\varrho)H}A_{11}^{(\varrho)-1} & I \end{bmatrix},$$

geschrieben werden, wobei $S^{(\varrho)}$ wieder das Schur-Komplement bezeichnet. Nach Übungsaufgabe 1 braucht man zur Präkonditionierung von A eine gute Präkonditionierung $S'^{(\varrho)}$ von $S^{(\varrho)}$. Da $S^{(\varrho)}$ einer Grobgitterkorrektur entspricht, kann man $S'^{(\varrho)}$ rekursiv über ϱ definieren. Derartige Ansätze findet man bei Axelsson (in Monegato [1]), Vassilevski [1] und Kuznecov [1–3], die auf Verfahren führen, die Ähnlichkeit mit der in §11.4.6 beschriebenen Mehrgittermethode der hierarchischen Basis haben. Gelegentlich wird hierfür der Name «*algebraisches Mehrgitterverfahren*» verwandt. Hierzu sei bemerkt, daß diese Bezeichnung schon früher für ein wirklich algebraisches Verfahren vergeben worden ist (die in der Matrix A enthaltene Information ist ausreichend; vgl. Ende von §10.9.3), während die algebraischen Mehrgitterverfahren neuer Art wie übliche Mehrgitterverfahren auf explizit vorzugebende Diskretisierungshierarchien zurückgreifen.

11.5.6 Weitere Anmerkungen

Statt mittels Gebietszerlegungen Mehrgitterverfahren zu konstruieren, kann man umgekehrt die Mehrgitteriteration einer gegebenen Zerlegung des Grundgebietes Ω in überlappende Teilgebiete anpassen. Das in Hackbusch [14,§15.3.3] beschriebene Verfahren verwendet eine parallel durchführbare Glättung, die als Approximation der additiven Version der klassischen Schwarz-Methode aufgefaßt werden kann. Die in §11.4.1 festgestellte langsame Konvergenz der Schwarz-Methode schadet nicht, da sie glatten Fehleranteilen entspricht. Zu einer Kombination der Schwarz-Iterationsidee mit Mehrgitterverfahren der zweiten Art vergleiche man Hackbuch [5].

Literaturverzeichnis

[Prog] *Quelltexte der Pascal-Programme zu diesem Buch.* Diskette kann vom Autor bestellt werden (Bestellformular auf den Seiten 381/382 unten)

ALEFELD, G.: [1] Zur Konvergenz des Peaceman-Rachford-Verfahrens. *Numer. Math.* **26** (1976) 409–419

ALEFELD, G.: [2] On the convergence of the symmetric SOR method for matrices with red–black ordering. *Numer. Math.* **39** (1982) 113–117

ALEFELD, G. und R. S. VARGA: [1] Zur Konvergenz des symmetrischen Relaxationsverfahrens. *Numer. Math.* **25** (1976) 291–295

ALLGOWER, E., K. BÖHMER und M. ZHEN: [1] On a problem decomposition for semilinear nearly symmetric elliptic equations. In: Hackbusch [19] 1–17

ASHBY, S. F., Th. A. MANTEUFFEL, P. E. SAYLOR: [1] Adaptive polynomial preconditioning for hermitean indefinite linear systems. *BIT* **29** (1989) 583–609

ASTRACHANCEV, G. P.: [1] An iterative method of solving elliptic net problems. *USSR Comput. Math. and Math. Phys.* **11,2** (1971) 171–182

ASTRACHANCEV, G. P.: [2] Methods of fictitious domains for a second-order elliptic equation with natural boundary conditions. *USSR Comput. Math. and Math. Phys.* **18** (1978) 114–121

AXELSSON, O.: [1] Solution of linear systems of equations: iterative methods. In: Barker [1] 1–51

AXELSSON, O.: [2] A survey of preconditioned iterative methods for linear systems of algebraic equations. *BIT* **25** (1985) 166–187

AXELSSON, O. und V. A. BARKER: [1] *Finite element solution of boundary value problems.* Academic Press, Orlando 1984

AXELSSON, O., S. BRINKKEMPER, und V. P. IL'IN: [1] On some versions of incomplete block-matrix factorization iterative methods. *LAA* **58** (1984) 3–15

AXELSSON, O., V. EIJKHOUT, B. POLMAN und P. VASSILEVSKI: [1] Incomplete block-matrix factorization iterative methods for convection-diffusion problems. *BIT* **29** (1989) 867–889

AXELSSON, O. und B. POLMAN: [1] A robust preconditioner based on algebraic substructuring and two-level grids. In: Hackbusch [18] 1–26

BACHVALOV, N. S.: [1] On the convergence of a relaxation method with natural constraints on the elliptic operator. *USSR Comput. Math. and Math. Phys.* **6,5** (1966) 101–135

BANK, R. E.: [1] A comparison of two multilevel iterative methods for nonsymmetric and indefinite elliptic finite element equations. *SIAM J. Numer. Anal.* **18** (1981) 724–743

BANK, R. E.: [2] PLTMG – user guide. Edition 5.0. Techn. Report, University of California at San Diego, 1988

BANK, R. E. und T. F. DUPONT: [1] Analysis of a two-level scheme for solving finite element equations. Report CNA-159, University of Texas at Austin, 1980

BANK, R. E. und T. F. DUPONT: [2] An optimal order process for solving elliptic finite element equations. *Math. Comp.* **36** (1981) 35–51

BANK, R. E., T. F. DUPONT und H. YSERENTANT: [1] The hierarchical basis multigrid method. *Numer. Math.* **52** (1988) 427–458

BANK, R. E. und C. C. DOUGLAS: [1] Sharp estimates for multigrid rates of convergence with general smoothing and acceleration. *SIAM J. Numer. Anal.* **22** (1985) 617–633

BANK, R.E., B. D. WELFERT und H. YSERENTANT: [1] A class of iterative methods for solving saddle point problems. *Numer. Math.* **56** (1990) 645–666

BANK, R. E. und H. YSERENTANT: [1] Some remarks on the hierarchical basis multigrid method. In: Chan – Glowinski – Périaux – Widlund [1] 140–146

BARKER, V. A. (Hsg.): [1] *Sparse matrix techniques*. Proceedings, Copenhagen, Aug. 1976. Lecture Notes in Mathematics 572. Springer, Berlin 1977

BEAUWENS, R.: [1] Approximate factorizations with s/p consistently ordered M-factors. *BIT 29* (1989) 658–681

BERG, L.: [1] *Lineare Gleichungssysteme mit Bandstruktur*. Deutscher Verlag der Wissenschaften, Berlin 1986

BERMAN, A. und R. J. PLEMMONS: [1] *Nonnegative matrices in the mathematical sciences*. Academic Press, New York 1979

BJÖRSTAD (BJØRSTAD), P. E.: [1] The direct solution of a generalized biharmonic equation on a disk. In: Hackbusch [17] 1–9

BJÖRSTAD, P. E.: [2] Multiplicative and additive Schwarz methods: Convergence in the two-domain case. In: Chan – Glowinski – Périaux – Widlund [1] 147–159

BJÖRSTAD, P. E. und J. MANDEL: [1] On the spectra of sums of orthogonal projections with applications to parallel computing. erscheint in *BIT*

BJÖRSTAD, P. E., R. MOE und M. SKOGEN: [1] Parallel decomposition and iterative refinement algorithms. In: Hackbusch [19] 28–46

BJÖRSTAD, P. E. und O. B. WIDLUND: [1] Iterative methods for the solution of elliptic problems on regions partitioned into sub-structures. *SIAM J. Numer. Anal.* **23** (1986) 1097–1120

BÖHMER, K.: siehe ALLGOWER, E. et al.

BÖRGERS, Ch. und O. B. WIDLUND: [1] On finite element domain imbedding methods. *SIAM J. Numer. Anal.* **27** (1990) 963–978

BRAESS, D.: [1] The contraction number of a multigrid method for solving the Poisson equation. *Numer. Math.* **37** (1981) 387–404

BRAESS, D.: [2] The convergence rate of a multigrid method with Gauß-Seidel relaxation for the Poisson equation. *Math. Comp.* **42** (1984) 505-519

BRAESS, D.: [3] A multigrid method for the membrane problem. *Computational Mechanics* **3** (1985) 617-633

BRAESS, D.: [4] On the combination of the multigrid method and conjugate gradients. In: Hackbusch - Trottenberg [2] 52-64

BRAESS, D.: siehe PEISKER, P. et al.

BRAESS, D. und W. HACKBUSCH: [1] A new convergence proof for the multigrid method including the V-cycle. *SIAM J. Numer. Anal.* **20** (1983) 967-975

BRAESS, D., W. HACKBUSCH, U. TROTTENBERG (Hsg.): [1] *Advances in multi-grid methods*. Proceedings, Oberwolfach, Dec. 1984. Notes on Numerical Fluid Mechanics 11. Vieweg, Braunschweig 1985

BRAKHAGE, H.: [1] Über die numerische Behandlung von Integralgleichungen nach der Quadraturformelmethode. *Numer. Math.* **2** (1960) 183-196

BRAMBLE, J. H. und J. E. PASCIAK: [1] New convergence estimates for multigrid algorithms. *Math. Comp.* **49** (1987) 311-329

BRAMBLE, J. H., J. E. PASCIAK und A. H. SCHATZ: [1] An iterative method for elliptic problems on regions partitioned into substructures. *Math. Comp.* **46** (1986) 361-369

BRAMBLE, J. H., J. E. PASCIAK und A. H. SCHATZ: [2] The construction of preconditioners for elliptic problems by substructuring. I: *Math. Comp.* **47** (1986) 103-134; II: *Math. Comp.* **49** (1987) 1-16; III: *Math. Comp.* **51** (1988) 415-430; IV: *Math. Comp.* **53** (1989) 1-24

BRAMBLE, J. H., J. E. PASCIAK und J. XU: [1] The analysis of multigrid algorithms for nonsymmetric and indefinite elliptic problems. *Math. Comp.* **51** (1988) 389-414

BRAMBLE, J. H., J. E. PASCIAK und J. XU: [2] Parallel multilevel preconditioners. In: Chan - Glowinski - Périaux - Widlund [2]

BRANDT, A.: [1] Multi-level adaptive solutions to boundary-value problems. *Math. Comp.* **31** (1977) 333-390

BRANDT, A.: [2] Guide to multigrid development. In: Hackbusch - Trottenberg [1] 220-312

BULEEV, N. I. (БУЛЕЕВ, Н. И.): [1] Численный метод решения двумерных и трехмерных уравнений диффузии (Eine numerische Methode zur Lösung zwei- und dreidimensionaler Diffusionsgleichungen). *Math. Sb.* **51** (1960) 227-238

BULIRSCH, R., R. D. GRIGORIEFF, J. SCHRÖDER (Hsg.): [1] *Numerical treatment of differential equations*. Proceedings, Oberwolfach, July 1976. Lecture Notes in Mathematics 631. Springer, Berlin 1978

BULIRSCH, R.: siehe STOER, J.

BUNEMAN, O.: [1] A compact non-iterative Poisson solver. SUIPR Report 294, Stanford 1969

BUNSE, W. und A. BUNSE-GERSTNER: [1] *Numerische lineare Algebra*. Teubner, Stuttgart 1985

CHAN, T. F., R. GLOWINSKI, J. PÉRIAUX und O.WIDLUND (Hsg.): [1] *Domain decomposition methods.* Proceedings, Jan. 1988, Los Angeles. SIAM Philadelphia 1989

CHAN, T. F., R. GLOWINSKI, J. PÉRIAUX und O.WIDLUND (Hsg.): [2] *Domain decomposition methods.* Proceedings, März 1989, Houston. SIAM Philadelphia 1990

CONCUS, P. und G. H. GOLUB: [1] A generalized conjugate gradient method for nonsymmetric systems of linear equations. In: Glowinski - Lions [1] 56-65

CONCUS, P., G. H. GOLUB und G. MEURANT: [1] Block preconditioning for the conjugate gradient method. *SIAM J. Sci. Stat. Comput.* **6** (1985) 220-252

CONCUS, P., G. H. GOLUB und D. P. O'LEARY: [1] Numerical solution of nonlinear elliptic partial differential equations by a generalized conjugate gradient method. *Computing* **19** (1978) 321-339

DAHLQUIST, G.: siehe KRONSJÖ, L. et al.

DE BOOR, C. und J. R. RICE: [1] Extremal polynomials with applications to Richardson iteration for indefinite linear systems. *SIAM J. Sci. Stat. Comput.* **3** (1982) 47-57

DE ZEEUW, P. M.: siehe SONNEVELD, P. et al., HEMKER, P. W. et al.

DEULHARD, P., R. FREUND und A. WALTER: [1] Fast secand methods for the iterative solution of large nonsymmetric linear systems. Erscheint in *Impact of Computing in Science and Engineering*

D'JAKONOV, E. G. (Аьяконов, Е. Г.): [1] The construction of iterative methods based on the use of spectrally equivalent operators. *USSR Comput. Math. and Math. Phys.* **6,1** (1966) 14-46

D'JAKONOV, E. G.: [2] О шодимости однога итерационного процесса (Über die Konvergenz eines Iterationsprozesses). *Usp. Mat. Nauk* **21** (1966) 179-182

D'JAKONOV, E. G.: [3] Минимизация вычислительной работы – Асимптотически оптимальные алгоритмы для эллиптческих задач *(Minimierung der Rechenarbeit - asymptotisch optimale Algorithmen für elliptische Gleichungen).* Nauka, Moskau 1989

DOUGLAS, C. C.: siehe BANK, R. E. et al.

DRYJA, M.: [1] A capacitance matrix method for Dirichlet problem on polygon region. *Numer. Math.* **39** (1982) 51-64

DRYJA, M.: [2] A finite element - capacitance matrix method for elliptic problems on regions partitioned into subregions. *Numer. Math.* **44** (1984) 153-168

DRYJA, M.: [3] A method of domain decomposition for three-dimensional elliptic problems. In: Glowinski - Golub - Meurant - Périaux [1] 43-61

DRYJA, M.: [4] An additive Schwarz algorithm for two- and three-dimensional finite element elliptic problems. In: Chan - Glowinski - Periaux - Widlund [1] 168-172

DRYJA, M. und O. B. WIDLUND: [1] Towards a unified theory of domain decomposition algorithms for elliptic problems. In: Chan - Glowinski - Périaux - Widlund [2]

DRYJA, M. und O. B. WIDLUND: [2] Multilevel additive methods for elliptic finite element problems. In: Hackbusch [19] 58-69

DUFF, I. S., A. M. ERISMAN und J. K. REID: [1] *Direct methods for sparse matrices*. Clarendon Press, Oxford 1989

DUFF, I. S. und G. A. MEURANT: [1] The effect of ordering on preconditioned conjugate gradients. *BIT 29* (1989) 635-657

DUFF, I. S. und G. W. STEWART (Hsg.): [1] *Sparse matrix proceedings 1978*. Proceedings, Knoxville, Nov. 1978. SIAM, Philadelphia 1979

DUPONT, T. F.: siehe BANK, R. E. et al.

EIERMANN, M., W. NIETHAMMER und A. RUTTAN: [1] Optimal successive overrelaxation iterative methods for p-cyclic matrices. *Numer. Math. 57* (1990) 593-606

EIERMANN, M., W. NIETHAMMER und R. S. VARGA: [1] A study of semiiterative methods for nonsymmetric systems of linear equations. *Numer. Math. 47* (1985) 505-533

EIERMANN, M., I. MAREK und W. NIETHAMMER: [1] On the solution of singular systems of algebraic equations by semiiterative methods. *Numer. Math. 53* (1988) 265-283

EIJKHOUT, V: siehe AXELSSON, O. et al.

ELMAN, H. C.: [1] Relaxed and stabilized incomplete factorizations for non-self-adjoint linear systems. *BIT 29* (1989) 890-915

ERISMAN, A. M.: siehe DUFF, I. S. et al.

EWING, R. E.: [1] Preconditioned conjugate gradient methods for large-scale fluid flow applications. *BIT 29* (1989) 850-866

FEDORENKO, R. P.: [1] A relaxation method for solving elliptic difference equations. *USSR Comput. Math. and Math. Phys. 1,5* (1961) 1092-1096

FEDORENKO, R. P.: [2] The speed of convergence of one iterative process. *USSR Comput. Math. and Math. Phys. 4,3* (1964) 227-235

FINOGENOV, S. A.: siehe LEBEDEV, V.I. et al.

FISCHER, B. und R. FREUND: [1] Chebyshev polynomials are not always optimal. Erscheint in *J. Approximation Theory*

FISCHER, B. und R. FREUND: [2] On the constrained Chebyshev approximation problem on ellipses. *J. Approx. Theory 62* (1990) 297-315

FORSYTHE, G. E. und E. G. STRAUSS: [1] On best conditioned matrices. *Proc. Amer. Soc. 6* (1955) 340-345

FREUND, R: [1] On conjugate gradient type methods and polynomial preconditioners for a class of complex non-Hermitian matrices. *Numer. Math. 57* (1990) 285-312

FREUND, R: siehe DEULHARD, P. et al., FISCHER, B. et al.

FRIDMAN, V. M.: [1] The method of minimum iterations with minimum errors for a system of linear algebraic equations with a symmetrical matrix. *USSR Comput. Math. and Math. Phys. 2* (1963) 362-363

FROBENIUS, G.: [1] Über Matrizen aus positiven Elementen. *Sitzungsbericht Akad. Wiss. Phys.-math. Klasse Berlin* 417–476 (1908) und 514–518 (1909)

GANTMACHER, F. R.: [1] *Matrizenrechnung*, Bände I und II. Deutscher Verlag der Wissenschaften, Berlin 1958 (Bd. I) und 1959 (Bd. II)

GEORGE, J. A.: [1] Solution of linear systems of equations: direct methods for finite element problems. In: Barker [1] 52–101

GLOWINSKI, R.: siehe CHAN, T. F. et al.

GLOWINSKI, R., G. H. GOLUB, G. A. MEURANT und J. PÉRIAUX (Hsg.): [1] *First international* symposium *on domain decomposition methods for partial differential equations.* Proceedings, Jan. 1987, Paris. SIAM, Philadelphia 1988

GLOWINSKI, R. und J. L. LIONS (Hsg.): [1] *Computing methods in applied sciences and engineering.* Lecture Notes in Economics and Math. Systems **134**, Springer, New York 1976

GOLUB, G.: [1] Direct methods for solving elliptic difference equations. In: Morris [1] 1–19

GOLUB, G. H. und Ch. F. VAN LOAN: [1] *Matrix computations.* North Oxford Academic, Oxford 1983

GOLUB, G. H., D. O'LEARY: [1] Some history of the conjugate gradient and Lanczos algorithms: 1948–1976. *SIAM Review 31* (1989) 50–102

GOLUB, G. H. und M. L. OVERTON: [1] The convergence of inexact Chebyshev and Richardson iterative methods for solving linear systems. *Numer. Math. 53* (1988) 571–593

GOLUB, G. H.: siehe CONCUS, P. et al., GLOWINSKI, R. et al.

GRIGORIEFF, R. D.: siehe BULIRSCH, R. et al.

GUNN, J. E.: [1] The solution of elliptic difference equations by semi-explicit iterative techniques. *SIAM J. Numer. Anal. 2* (1964) 24–45

GUSTAFSSON, I.: [1] A class of first order factorization methods. *BIT 18* (1978) 142–156

GUTKNECHT, M. H.: [1] A completed theory of the unsymmetric Lanczos process and related algorithms. Part I: submitted to *SIAM J. Matrix Anal. Appl.*

GUTKNECHT, M. H.: [2] The unsymmetric Lanczos algorithms and their relations to Padé approximation, continued fractions, the QD algorithm, biconjugate gradient squared methods, and fast Hankel solvers. Publikation geplant bei *SIAM Review*

HAASE, G., U. LANGER: [1] On the use of multigrid preconditioners in the domain decomposition method. In: Hackbusch [19] 101–110

HACKBUSCH, W.: [1] A fast iterative method solving Poisson's equation in a general region. In: Bulirsch – Grigorieff – Schröder [1] 51–62

HACKBUSCH, W.: [2] On the convergence of a multi-grid iteration applied to finite element equations. Report 77-8, Univ. zu Köln 1977

HACKBUSCH, W.: [3] On the multi-grid method applied to difference equations. *Computing 20* (1978) 291–306

HACKBUSCH, W.: [4] Convergence of multi-grid iterations applied to difference equations. *Math. Comp. 34* (1980) 425-440

HACKBUSCH, W.: [5] The fast numerical solution of very large elliptic difference schemes. *J. Inst. Maths Applics 26* (1980) 119-132

HACKBUSCH, W.: [6] Die schnelle Auflösung der Fredholmschen Integralgleichung zweiter Art. *Beiträge Numer. Math. 9* (1981) 47-62

HACKBUSCH, W.: [7] On the convergence of multi-grid iterations. *Beiträge Numer. Math. 9* (1981) 213-239

HACKBUSCH, W.: [8] On the regularity of difference schemes. *Ark. Mat. 19* (1981) 71-95

HACKBUSCH, W.: [9] On the regularity of difference schemes - part II: regularity estimates for linear and nonlinear problems. *Ark. Mat. 21* (1983) 3-28

HACKBUSCH, W.: [10] Multi-grid convergence theory. In: Hackbusch - Trottenberg [1] 177-219

HACKBUSCH, W.: [11] The frequency decomposition multi-grid method. Part I: Application to anisotropic equations. *Numer. Math. 56* (1989) 229-245

HACKBUSCH, W.: [12] A parallel variant of the conjugate gradient method. In: Hackbusch [19] 111-119

HACKBUSCH, W.: [13] The solution of large systems of BEM equations by the multi-grid and panel clustering method technique. In: Monegato

HACKBUSCH, W.: [14] *Multi-grid methods and applications.* Springer, Berlin 1985

HACKBUSCH, W.: [15] *Theorie und Numerik elliptischer Differential-gleichungen.* Teubner, Stuttgart 1986

HACKBUSCH, W.: [16] *Integralgleichungen - Theorie und Numerik.* Teubner, Stuttgart 1989

HACKBUSCH, W. (Hsg.): [17] *Efficient solvers for elliptic systems.* Notes on numerical fluid mechanics *10.* Vieweg, Braunschweig 1984

HACKBUSCH, W. (Hsg.): [18] *Robust Multi-Grid Methods.* Proceedings, Kiel, Jan. 1988. Notes on numerical fluid mechanics **23.** Vieweg, Braunschweig 1988

HACKBUSCH, W. (Hsg.): [19] *Parallel Algorithms for PDEs.* Proceedings, Kiel, Jan. 1990. Erscheint in der Reihe «Notes on numerical fluid mechanics» bei Vieweg, Braunschweig

HACKBUSCH, W.: siehe BRAESS, D. et al.

HACKBUSCH, W. und A. REUSKEN: [1] Analysis of a damped nonlinear multilevel method. *Numer. Math. 55* (1989) 225-246

HACKBUSCH, W. und U. TROTTENBERG (Hsg.): [1] *Multi-grid methods.* Proceedings, Köln-Porz, November 1981. Lecture Notes in Mathematics **960.** Springer, Berlin 1982

HACKBUSCH, W. und U. TROTTENBERG (Hsg.): [2] *Multi-grid methods II.* Proceedings, Köln, Oktober 1985. Lecture Notes in Mathematics **1228.** Springer, Berlin 1986

HACKBUSCH, W. und U. TROTTENBERG (Hsg.): [3] *Multi-grid*

methods III. Proceedings, Bonn, Oktober 1990. Erscheint in: ISNM-Reihe, Birkhäuser, Basel, 1991

HAGEMAN, L. A. und D. M. YOUNG: [1] *Applied Iterative Methods*. Academic Press, New York 1981

HANKE, M., M. NEUMANN und W. NIETHAMMER: [1] On the SOR method for symmetric positive definite systems. Erscheint in LAA

HEMKER, P. W.: [1] The incomplete LU-decomposition as a relaxation method in multi-grid algorithms. In: Miller [1] 306–311

HEMKER, P. W.: [2] Mixed defect correction iteration for the accurate solution of the convection diffusion equation. In: Hackbusch - Trottenberg [2] 485–501

HEMKER, P. W.: [3] On the comparison of line-Gauss-Seidel and ILU relaxation in multigrid algorithms. In: Miller [2] 269–277

HEMKER, P., R. KETTLER, P. WESSELING and P. M. DE ZEEUW: [1] Multigrid methods: development of fast solvers. *Appl. Math. Comput.* **13** (1983) 311–326

HEMKER, P. W. und H. SCHIPPERS: [1] Multiple grid methods for the solution of Fredholm integral equations of the second kind. *Math. Comp.* **36** (1981) 215–232

HESTENES, M. R.: [1] *Conjugate direction methods in optimization*. Springer, New York 1980

HESTENES, M. R., E. STIEFEL: [1] Methods of conjugate gradients for solving linear systems. *J. Res. Nat. Bur. Standards* **49** (1952) 409–436

HOLSTEIN, H.: siehe PADDON, D. J. et al.

IL'IN, V. P.: [1] Some estimates for conjugate gradient methods. *USSR Comput. Math. and Math. Phys.* **16,4** (1976) 22–30

IL'IN, V. P.: siehe AXELSSON, O. et al.

JENNINGS, A. und G. M. MALIK: [1] Partial elimination. *J. IMA* **20** (1977) 307–316

JENSEN, K. und N. WIRTH: [1] *PASCAL user manual and report*. 2nd ed. Springer, New York 1978

KACZMARZ, S.: [1] Angenäherte Auflösung von Systemen linearer Gleichungen. *Bulletin de l'Academie Polonaise des Sciences et Lettres* **A35** (1937) 355–357

KERSHAW, D. S.: [1] The incomplete Cholesky-conjugate gradient method for the iterative solution of systems of linear equations. *J. Comput. Phys.* **26** (1978) 43–65

KETTLER, R.: [1] Analysis and comparison of relaxation schemes in robust multigrid and preconditioned conjugate gradient methods. In: Hackbusch - Trottenberg [1] 502–534

KETTLER, R.: siehe HEMKER, P. W. et al.

KOSMOL, P.: [1] *Methoden zur numerischen Behandlung nichtlinearer Gleichungen und Optimierungsaufgaben*. Teubner, Stuttgart 1989

KOSMOL, P. und XINIONG ZHOU: [1] The limit points of affine iterations. Erscheint in *Numer. Funct. Analysis and Optim.*

Kronsjö, L. und G. Dahlquist: [1] On the design of nested iterations for elliptic difference equations. *BIT 11* (1971) 63–71

Kuznecov (Kuznetsov), Ju. A.: [1] Algebraic multigrid domain decomposition methods, I. *Soviet J. Numer. Anal. and Math. Model. 4* (1989) 361–392

Kuznecov, Ju. A.: [2] Multigrid domain decomposition methods for elliptic problems. *Computer Methods in Applied Mechanics and Engineering 75* (1989) 185–193

Kuznecov, Ju. A.: [3] Multigrid domain decomposition methods. In: Chan – Glowinski – Périaux – Widlund [2]

Langer, U.: siehe Haase, G. et al.

Lebedev, V.I.: [1] On a Zolotarev problem in the method of alternating directions. *USSR Comput. Math. and Math. Phys. 17, 2* (1977) 58–76

Lebedev, V.I. und S. A. Finogenov: [1] On the order of choice of the iteration parameters in the Chebyshev cyclic iteration method. *USSR Comput. Math. and Math. Phys. 11,2* (1971) 155–170 und *13,1* (1973) 21–41

Liebau, F.: siehe Wittum, G. et al.

Lions, J. L. Lions: siehe Glowinski, R. et al.

Loan, Ch. F. van: siehe Golub, G. H. et al.

Luenberger, D. G.: [1] *Introduction to linear and nonlinear programming.* Addison–Wesley Publ. Comp., Reading, Mass., Menlo Park 1973

Maess, G.: [1] *Vorlesungen über numerische Mathematik. I. Lineare Algebra.* Birkhäuser, Basel 1985

Maess, G.: [2] Projection methods solving rectangular systems of linear equations. *J. of Comput. and Appl. Math. 24* (1988) 107–119

Maitre, J.-F. und F. Musy: [1] Multigrid methods: convergence theory in a variational framework. *SIAM J. Numer. Anal. 21* (1984) 657–671

Maitre, J.-F., F. Musy und P. Nigon: [1] A fast solver for the Stokes equations using multigrid with a UZAWA smoother. In: Braess – Hackbusch – Trottenberg [1]

Malik, G. M.: siehe Jennings, A. et al.

Mandel, J.: [1] A multilevel iterative method for symmetric, positive definite problems. *Appl. Math. Optim. 11* (1984) 77–95

Mandel, J.: [2] Multigrid convergence for nonsymmetric, indefinite variational problems and one smoothing step. *Appl. Math. Optim. 19* (1986) 201–216

Mandel, J. und S. McCormick: [1] Iterative solution of elliptic equations with refinement. In: Chan – Glowinski – Périaux – Widlund [1] 81–102

Mandel, J.: siehe Björstad, P. E. et al.

Manteuffel, T. A.: [1] Adaptive procedure for estimating parameters for the nonsymmetric Tchebychev iteration. *Numer. Math. 31* (1978) 183–208

Manteuffel, T. A.: [2] An incomplete factorization technique for positive definite linear systems. *Math. Comp. 34* (1980) 473–497

MANTEUFFEL, Th. A.: siehe ASHBY, S. F. et al.

MARCOWITZ, U.: siehe MEIS, Th. et al.

MAREK, I.: [1] Iterative methods of solving linear systems with a rectangular matrix. Report 8132, Universität Nijmegen 1981

MAREK, I.: siehe EIERMANN, M. et al.

McCORMICK, S. (Hsg.): *Multigrid methods.* SIAM, Philadelphia 1987

McCORMICK, S.: siehe MANDEL, J. et al.

MEHRMANN, V.: siehe VARGA, R. S. et al.

MEIJERINK, J. A.: [1] Iterative methods for the solution of linear equations based on incomplete factorisation of the matrix. Shell Publ. 643, Rijswijk 1983

MEIJERINK, J. A. und H. A. VAN DER VORST: [1] An iterative solution method for linear systems of which the coefficient matrix is a symmetric M-matrix. *Math. Comp.* **31** (1977) 148-162

MEIS, Th., U. MARCOWITZ: [1] *Numerische Behandlung partieller Differentialgleichungen.* Springer, Berlin 1978 - Engl. Übers.: *Numerical solution of partial differential equations.* Springer, New York 1981

MEURANT, G.: siehe CONCUS, P. et al., DUFF, I. S. et al., GLOWINSKI, R. et al.

MILLER, J. J. H. (Hsg.): [1] *Boundary and interior layers - computational and asymptotic methods.* Proceedings, Dublin, June 1980. Boole Press, Dublin 1980

MILLER, J. J. H. (Hsg.): [2] *Computational and asymptotic methods for boundary and interior layers.* Proceedings, Dublin, June 1982. Boole Press, Dublin 1982

MONEGATO, G. (Hsg.): [1] Numerical Methods in Applied Science and Industry, Rend. Semin. Mat., Torino. Proceedings, Juni 1990, Turin.

MOE, R.: siehe BJÖRSTAD, P. E. et al.

MRÓZ, M.: Domain decomposition method for elliptic mixed boundary value problems. *Computing* **42** (1989) 45-59

MUNKSGAARD, N.: [1] Solving sparse symmetric sets of linear equations by preconditioned conjugate gradients. *ACM Trans. Math. Software* **6** (1980) 206-219

MUSY, F.: siehe MAITRE, J.-F. et al.

NATTERER, F.: [1] *The mathematics of computerized tomography.* J. Wiley und Teubner, Stuttgart 1986

NEUMAIER, A. und R. S. VARGA: [1] Exact convergence and divergence domains for the symmetric successive overrelaxation iterative (SSOR) method applied to H-matrices. *LAA* **58** (1984) 261-272

NEUMANN, M.: siehe HANKE, M. et al.

NICOLAIDES, R. A.: [1] On multiple grid and related techniques for solving discrete elliptic systems. *J. Comput. Phys.* **19** (1975) 418-431

NICOLAIDES, R. A.: [2] On the ℓ^2 convergence of an algorithm for solving finite element equations. *Math. Comp.* **31** (1977) 892-906

NIETHAMMER, W.: [1] Relaxation bei nichtsymmetrischen Matrizen. *Math. Zeitschr.* **85** (1964) 319-327

NIETHAMMER, W.: [2] Relaxation bei komplexen Matrizen. *Math. Zeitschr.* **86** (1964) 34-40

NIETHAMMER, W.: [3] The SOR method on parallel computers. *Numer. Math.* **56** (1989) 247-254

NIETHAMMER, W. und R. S. VARGA: [1] The analysis of k-step iterative methods for linear systems from summability theory. *Numer. Math.* **41** (1983) 177-206

NIETHAMMER, W.: siehe EIERMANN, M. et al., HANKE, M. et al., STARKE, G. et al.

NIGON, P.: siehe MAITRE, J.-F. et al.

NIKOLAEV, E.S.: siehe SAMARSKII, A. A. et al.

O'LEARY, D. P.: [1] The block conjugate gradient algorithm and related methods. *LAA* **29** (1980) 293-322

O'LEARY, D. P.: [2] Parallel implementation of the block conjugate gradient algorithm. *Parallel Computing* **5** (1987) 127-139

O'LEARY, D. P.: siehe CONCUS, P. et al., GOLUB, G. H. et al.

OPFER, G. und G. SCHOBER: [1] Richardson's iteration for non-symmetric matrices. *LAA* **58** (1984) 343-361

ORTEGA, J. M.: [1] *Introduction to parallel vector solution of linear systems.* Plenum Press, New York 1988

OSTROWSKI, A. M.: [1] Über die Determinanten mit überwiegender Hauptdiagonale. *Commentarii Mathematici Helvetici* **10** (1937) 69-96

OSTROWSKI, A. M.: [2] On the linear iteration procedures for symmetric matrices. *Rend. Math. e. Appl.* **14** (1954) 140-163

OVERTON, M. L.: siehe GOLUB, G. H. et al.

PADDON, D. J. und H. HOLSTEIN (Hsg.): [1] *Multigrid methods for integral and differential equations.* Proceedings, Bristol, Sept 1983. Clarendon Press, Oxford 1985

PAIGE, C. C. und M. A. SAUNDERS: [1] Solution of sparse indefinite systems of linear equations. *SIAM J. Numer. Anal.* **12** (1975) 617-629

PARLETT, B. N.: [1] *The symmetric eigenvalue problem.* Prentice-Hall, Englewood Cliffs 1980

PASCIAK, J. E.: siehe BRAMBLE, J. H. et al.

PEARCY, C.: [1] An elementary proof of the power inequality for the numerical radius. *Michigan Math. J.* **13** (1966) 289-291

PEISKER, P. und D. BRAESS: [1] A conjugate gradient method and a multigrid algorithm for Morley's finite element approximation of the biharmonic equations. *Numer. Math.* **55** (1987) 567-586

PÉRIAUX, J.: siehe CHAN, T. F. et al., GLOWINSKI, R. et al.

PERRON, O.: [1] Zur Theorie der Matrices. *Math. Ann.* **64** (1907) 248-263

PLEMMONS, R. J.: siehe BERMAN, A. et al.

POLMAN, B.: siehe AXELSSON, O. et al.

PROSKUROWSKI, W. und O. WIDLUND: [1] On the numerical solution of Helmholtz's equation by the capacitance matrix method. *Math. Comp.* **30** (1976) 433-468

REID, J. K.: [1] On the method of conjugate gradients for the solution of large sparse systems of linear equations. In: Reid [2] 231-254

REID, J. K. (Hsg.): [2] *Large sparse sets of linear equations.* Proceedings, Oxford, April 1970. Academic Press, New York 1971

REID, J. K.: [3] Solution of linear systems of equations: direct methods (general). In: Barker [1] 102-129

REID, J. K.: siehe DUFF, I. S. et al.

REUSKEN, A.: [1] Steplength optimization and linear multigrid methods. Report RANA 90-01, Universität Eindhoven 1990 - erscheint in *Numer. Math.*

REUSKEN, A.: siehe HACKBUSCH, W. et al.

RICE, J. R.: siehe DE BOOR, C. et al.

ROSENBERG, R. L.: siehe STEIN, P. et al.

RUTTAN, A.: siehe EIERMANN, M. et al.

SAAD, Y. und M. H. SCHULTZ: [1] GMRES: A generalized minimal residual method for solving nonsymmetric linear systems. *SIAM J. Sci. Statist. Comput.* **7** (1986) 856-869

SAFF, E.B.: siehe VARGA, R. S. et al.

SAMARSKII, A. A. und E. S. NIKOLAEV: [1] *Numerical methods for grid equations. Vol. II: Iterative methods.* Birkhäuser, Basel 1989

SAUNDERS, M. A.: siehe PAIGE, C. C. et al.

SAYLOR, P. E.: siehe ASHBY, S. F. et al.

SCHATZ, A. H.: siehe BRAMBLE, J. H. et al.

SCHIPPERS, H.: siehe HEMKER, P. W. et al.

SCHOBER, G.: siehe OPFER, G. et al.

SCHRÖDER, J. und U. TROTTENBERG: [1] Reduktionsverfahren für Differenzengleichungen bei Randwertaufgaben I. *Numer. Math.* **22** (1973) 37-68

SCHULTZ, M. H.: siehe SAAD, Y. et al.

SHELDON, J.: [1] On the numerical solution of elliptic difference equations. *Math. Tables Aids Comput.* **9** (1955) 101-112

SKOGEN, M.: siehe BJÖRSTAD, P. E. et al.

SLUIS, A. VAN DER: siehe VAN DER SLUIS, A.

SONNEVELD, P., P. WESSELING und P. M. DE ZEEUW: [1] Multigrid and conjugate gradient methods as convergence acceleration techniques. In: Paddon - Holstein [1] 117-167

SOUTHWELL, R. V.: [1] Stress-calculation in frameworks by the method of "systematic relaxation of constraints" - parts I,II: *Proc Roy Soc (A)* **151** (1935) 56-95; part III: *Proc Roy Soc (A)* **153** (1935) 41-76

SOUTHWELL, R. V.: [2] *Relaxation methods in engineering science - a treatise on approximate computation.* Oxford Univ. Press, London 1940

SOUTHWELL, R. V.: [3] *Relaxation methods in theoretical physics.* Clarendon Press, Oxford 1946

STARKE, G.: [1] Optimal ADI parameter for nonsymmetric systems of linear equations. Erscheint bei *SIAM J. Numer. Anal.*

STARKE, G. und W. NIETHAMMER: [1] SOR for $AX - XB = C$. Erscheint bei *LAA*

STEIN, P., R. L. ROSENBERG: [1] On the solution of linear simulaneous equations by iteration. *J. London Math. Soc.* **23** (1948) 111–118

STIEFEL, E.: [1] Über einige Methoden der Relaxationsrechnung. *Z. Angew. Math. Phys.* **3** (1952) 1–33

STIEFEL, E.: [2] Relaxationsmethoden bester Strategie zur Lösung linearer Gleichungssysteme. *Comment. Math. Helv.* **29** (1955) 157–179

STIEFEL, E.: siehe HESTENES, M. R. et al.

STOER, J.: [1] *Einführung in die Numerische Mathematik I.* 5. Aufl., Springer, Berlin, 1989

STOER, J.: [2] Solution of large systems of linear equations by conjugate gradient type methods. In: *Mathematical Programming, the state of art* (Hsg.: A. Bachem, M. Grötschel, B. Korte). Springer, Berlin 1983

STOER, J. und R. BULIRSCH: [1] *Einführung in die Numerische Mathematik II.* 3. Aufl., Springer, Berlin, 1990

STOER, J. und R. BULIRSCH: [2] *Introduction to numerical analysis.* Springer, Berlin 1980

STONE, H. L.: Iterative solution of implicit approximations of multidimensional partial differential equations. *SIAM J. Numer. Anal.* **5** (1968) 530–558

STRAUSS, E. G.: siehe FORSYTHE, G. E. et al.

STÜBEN, K.: [2] Algebraic multigrid (AMG): experiences and comparisons. *Appl. Math. Comput.* **13** (1983) 419–451

TANABE, K.: [1] Projection method for solving a singular system of linear equations and its applications. *Numer. Math.* **17** (1971) 203–214

TODD, J.: [1] Applications of transformation theory: A legacy from Zolotarev (1847–1878). In: *Approximation theory and spline functions* (Hrg.: S. P. Singh et al.), Seiten 207–245. Reidel Publ., Dordrecht 1984

TROTTENBERG, U.: siehe BRAESS, D. et al., FREHSE, J. et al., HACKBUSCH, W. et al., SCHRÖDER, J. et al.

VAN DER SLUIS, A.: [1] Condition numbers and equilibrium matrices. *Numer. Math.* **14** (1969) 14–23

VAN DER SLUIS, A. und H. A. VAN DER VORST: [1] The rate of convergence of conjugate gradients. *Numer. Math.* **48** (1986) 543–560

VAN DER SLUIS, A.: siehe AXELSSON, O. et al.

VAN DER VORST, H. A.: [1] Iterative solution methods for certain sparse linear systems with a non-symmetric matrix arising from pde-problems. *J. Comput. Phys.* **44** (1981) 1–19

VAN DER VORST, H. A.: [2] A vectorizable variant of some ICCG methods. *SIAM J. Sci. Statist. Comput.* **3** (1982) 350–356

VAN DER VORST, H. A.: siehe MEIJERINK, J. A. et al., VAN DER SLUIS, A. et al.

VAN LOAN, Ch. F.: siehe GOLUB, G. H. et al.

VARGA, R. S.: [1] Factorization and normalized iterative methods. In: Boundary problems in differential equations (Hrg.: R. E. Langer), Seiten 121–142. University of Wisconsin Press, Madison 1960

VARGA, R. S.: [2] *Matrix iterative analysis.* Prentice Hall, Englewood Cliffs 1962

VARGA, R. S.: [3] On recurring theorems on diagonal dominance. *Lin. Alg. Appl. 13* (1976) 1–9

VARGA, R. S., E. B. SAFF und V. MEHRMANN: [1] Incomplete factorizations of matrices and connections with H-matrices. *SIAM J. Numer. Anal. 17* (1980) 787–793

VARGA, R. S.: siehe ALEFELD, G. et al., EIERMANN, M. et al., NEUMAIER, A. et al., NIETHAMMER, W. et al.

VASSILEVSKI, P.: [1] Multilevel preconditioning matrices and multigrid V-cycle methods. In: Hackbusch [18] 200–208

VASSILEVSKI, P.: siehe AXELSSON, O. et al.

VORST, H. A. VAN DER: siehe VAN DER VORST, H. A.

WACHSPRESS, E. L.: [1] *Iterative solution of elliptic systems and applications to the neutron diffusion equations of reactor physics.* Prentice-Hall, Englewood Cliffs 1966

WALKER, H. F.: [1] Implementation of the GMRES method using Householder transformations. *SIAM J. Sci. Statist. Comput. 9* (1988) 152–163

WELFERT, B. D: siehe BANK, R.E. et al.

WESSELING, P.: [1] Theoretical and practical aspects of a multigrid method. *SIAM J. Sci. Statist. Comput. 3* (1982) 387–407

WESSELING, P.: [2] A robust and efficient multigrid method. In: Hackbusch – Trottenberg [1] 614–630

WESSELING, P.: siehe SONNEVELD, P. et al., HEMKER, P. W. et al.

WIDLUND, O.: [1] A Lanczos method for a class of nonsymmetric systems of linear equations. *SIAM J. Numer. Anal. 15* (1978) 801–812

WIDLUND, O.: [2] Iterative substructuring methods: Algorithms and theory for elliptic problems in the plane. In: Glowinski – Golub – Meurant – Périaux [1] 113–128

WIDLUND, O.: [3] Optimal iterative refinement methods. In: Chan – Glowinski – Périaux – Widlund [1] 114–125

WIDLUND, O.: siehe BJÖRSTAD, P. E. et al., BÖRGERS, Ch. et al., CHAN, T. F. et al., DRYJA, M. et al., PROSKUROWSKI, W. et al.

WINDISCH, G.: [1] *M-matrices in numerical analysis.* Teubner-Texte zur Mathematik, Band 115. Leipzig 1989

WIRTH, N.: siehe JENSEN, K. et al.

WITTUM, G.: [1] *Distributive Iterationen für indefinite Systeme als Glätter im Mehrgitterverfahren am Beispiel der Stokes- und Navier-Stokes-Gleichungen mit Schwerpunkt auf unvollständige Zerlegungen.* Dissertation, Kiel 1986

WITTUM, G.: [2] Multi-grid methods for Stokes and Navier-Stokes equations. Transforming smoothers: Algorithms and numerical results. *Numer. Math.* **54** (1989) 543-563

WITTUM, G.: [3] On the convergence of multi-grid methods with transforming smoothers. Theory with applications to the Navier-Stokes equations. *Numer. Math.* **57** (1989) 15-38

WITTUM, G.: [4] Linear iterations as smoothers in multigrid methods: Theory with applications to incomplete decompositions. *Impact of Computing in Science and Engineering 1* (1989) 180-215

WITTUM, G.: [5] On the robustness of ILU smoothing. *SIAM J. Sci. Stat. Comput.* **10** (1989) 699-717

WITTUM, G.: [6] An ILU-based smoothing correction scheme. In: Hackbusch [19] 228-240

WITTUM, G.: [7] *Filternde Zerlegungen: Ein Beitrag zur schnellen Lösung großer Gleichungssysteme.* Habilitationsschrift, Universität Heidelberg 1990

WITTUM, G. und F. LIEBAU: [1] On truncated incomplete decompositions. *BIT* **29** (1989) 719-740

WOZNIAKOWSKI, H.: [1] Round-off error analysis of iterations for large linear systems. *Numer. Math.* **30** (1978) 301-314

XU, J.: siehe BRAMBLE, J. H. et al.

YOUNG, D. M.: [1] *Iterative methods for solving partial differential equations of elliptic type.* Doctoral thesis, Harvard University 1950

YOUNG, D. M.: [2] *Iterative solution of large linear systems.* Academic Press, New York 1971

YOUNG, D. M.: [3] On the accelerated SSOR method for solving large linear systems. *Adv. in Math.* **23** (1977) 215-271

YOUNG, D. M.: siehe HAGEMAN, L. A. et al.

YSERENTANT, H.: [1] On the convergence of multi-level methods for strongly nonuniform families of grids and any number of smoothing steps per level. *Computing* **30** (1983) 305-313

YSERENTANT, H.: [2] Hierarchical bases of finite element spaces in the discretization of nonsymmetric elliptic boundary value problems. *Computing* **35** (1985) 39-49

YSERENTANT, H.: [3] On the multi-level splitting of finite element spaces. *Numer. Math.* **49** (1986) 379-412

YSERENTANT, H.: [4] Preconditioning indefinite discretization matrices. *Numer. Math.* **54** (1989) 719-734

YSERENTANT, H.: [5] Two preconditioners based on the multi-level splitting of finite element spaces. Erscheint in *Numer. Math.*

YSERENTANT, H.: siehe BANK, R.E. et al.

ZEEUW, P. M. DE: siehe DE ZEEUW, P. M.

Verzeichnis der Pascal-Namen (Prozeduren und Typen)

Bestellung:

Ich bitte um Zusendung der Pascal-Quelltexte zum Buch "Iterative Lösung großer schwachbesetzter Gleichungssysteme" (W. Hackbusch). Außer den Quelltexten der Prozeduren enthält die Diskette Beispielsrahmenprogramme für verschiedene Verfahren.

Die Diskette soll in folgendem Format geliefert werden:

O 3.5" (Atari)
O 3.5" (IBM, MS-DOS)
O 5.25" (IBM, MS-DOS)

Ein Verrechnungsscheck über DM 30.- ist beigefügt.

Datum   Unterschrift

Absender:

____

____

____

____

____

Betrifft:

Pascal-Quelltexte

An
Prof. Dr. W. Hackbusch
Institut für Informatik
 und Praktische Mathematik
Christian-Albrechts-Universität zu Kiel
Olshausenstr. 40
D-2300 Kiel 1

Teubner Studienbücher

Mathematik   Fortsetzung

Jeggle: **Nichtlineare Funktionalanalysis.** DM 32,–

Kall: **Analysis für Ökonomen.** DM 29,80 (LAMM)

Kall: **Lineare Algebra für Ökonomen.** DM 26,80 (LAMM)

Kall: **Mathematische Methoden des Operations Research.** DM 26,80 (LAMM)

Kohlas: **Stochastische Methoden des Operations Research.** DM 26,80 (LAMM)

Kohlas: **Zuverlässigkeit und Verfügbarkeit.** DM 38,– (LAMM)

Kosmol: **Methoden zur numerischen Behandlung nichtlinearer Gleichungen und Optimierungsaufgaben.** DM 29,80

Krabs: **Optimierung und Approximation.** DM 29,80

Lehn/Wegmann: **Einführung in die Statistik.** DM 26,80

Lehn/Wegmann/Rettig: **Aufgabensammlung zur Einführung in die Statistik.** DM 26,80

Louis: **Inverse und schlecht gestellte Probleme.** DM 26,80

Metzler: **Dynamische Systeme in der Ökologie.** DM 28,80

Müller: **Darstellungstheorie von endlichen Gruppen.** DM 28,80

Rauhut/Schmitz/Zachow: **Spieltheorie.** DM 38,– (LAMM)

Schwarz: **FORTRAN-Programme zur Methode der finiten Elemente.** 2. Aufl. DM 26,80

Schwarz: **Methode der finiten Elemente.** 2. Aufl. DM 39,– (LAMM)

Stiefel: **Einführung in die numerische Mathematik.** 5. Aufl. DM 36,– (LAMM)

Stiefel/Fässler: **Gruppentheoretische Methoden und ihre Anwendung.** DM 34,– (LAMM)

Stummel/Hainer: **Praktische Mathematik.** 2. Aufl. DM 39,80

Topsøe: **Informationstheorie.** DM 19,80

Uhlmann: **Statistische Qualitätskontrolle.** 2. Aufl. DM 39,– (LAMM)

Velte: **Direkte Methoden der Variationsrechnung.** DM 26,80 (LAMM)

Vogt: **Grundkurs Mathematik für Biologen.** DM 24,80

Walter: **Biomathematik für Mediziner.** 3. Aufl. DM 28,80

Witting: **Mathematische Statistik.** 3. Aufl. DM 29,80 (LAMM)

Wolfsdorf: **Versicherungsmathematik.**
Teil 1: Personenversicherung. DM 45,–
Teil 2: Theoretische Grundlagen, Risikotheorie, Sachversicherung. DM 39,80

Preisänderungen vorbehalten.

B. G. Teubner Stuttgart